LA

FRANCE INDUSTRIELLE

PARIS. — IMPRIMERIE DE E. MARTINET, RUE MIGNON, 2

LA
FRANCE INDUSTRIELLE

OU

DESCRIPTION DES INDUSTRIES FRANÇAISES

PAR

PAUL POIRÉ

ANCIEN ÉLÈVE DE L'ÉCOLE NORMALE, AGRÉGÉ DE L'UNIVERSITÉ
PROFESSEUR AU LYCÉE ET AUX COURS INDUSTRIELS D'AMIENS

Ouvrage contenant 432 gravures
DESSINÉES PAR BONNAFOUX ET JAHANDIER
ET GRAVÉES PAR LAPLANTE

PARIS
LIBRAIRIE HACHETTE ET Cie
BOULEVARD SAINT-GERMAIN, 79

1873

AVANT-PROPOS

La connaissance des procédés industriels n'occupe pas en France, dans l'instruction de la jeunesse, le rang que son importance semble lui assigner. N'y a-t-il pas lieu de s'étonner de voir nos enfants, arrivés au terme de leur éducation, ignorer encore, et souvent même de la manière la plus absolue, les moyens si variés, si intéressants, par lesquels l'homme transforme la matière pour l'asservir à ses besoins? Cependant la recherche de ces moyens et de leurs perfectionnements a toujours exercé sa sagacité et son intelligence. Que de travaux, que d'efforts et de persévérance souvent cachés dans la découverte des procédés qui nous livrent les objets les plus simples et les plus usuels! Si l'industrie fut longtemps dédaignée comme presque indigne de fixer l'attention d'un esprit élevé, c'est qu'on ne voyait en elle qu'un ensemble de procédés empiriques ne se reliant par aucune loi. A notre époque il n'en est plus ainsi: les sciences physiques et naturelles ont pris, depuis un siècle, un rapide essor; elles se sont largement développées et, tandis que l'étude de leurs lois suffit à procurer aux esprits cultivés des jouissances qui expliquent le rang qu'elles occupent dans l'enseignement, les applications dont elles furent l'objet, la lumière qu'elles jetèrent autour d'elles, en ont fait les sœurs aînées de l'industrie. Sous leur influence vivifiante, celle-ci s'est développée à son tour, a trouvé ses lois et a pris rang au milieu des sciences : elle est devenue l'une des branches les plus importantes des connaissances humaines, l'élément presque essentiel de la prospérité des nations.

Si aujourd'hui la France, encore sous le coup des secousses terribles qui l'ont ébranlée, peut scruter l'avenir sans trop d'inquiétude, si elle peut espérer se libérer bientôt de la dette énorme qui l'accable, c'est que son peuple au goût exquis, à l'esprit délié et inventif, possède véritablement le génie industriel. Elle saura demander à son sol les richesses qu'il recèle, à celui de ses voisins celles que la nature nous a refusées, et, appliquant à toutes le travail et l'intelligence de ses enfants, elle transformera la matière première et lui donnera une plus-value que l'étranger sera bien obligé de lui payer. On peut dire, sans crainte d'être accusé d'exagération, que l'industrie française est nécessaire au monde entier : nous n'en voulons la preuve que dans le souvenir des événements que nous venons de traverser. La France avait été isolée pendant de longs mois de toutes ses relations extérieures ; elle avait dû s'emprunter à elle-même et créer, sous le feu de l'ennemi, presque tous les éléments de sa défense ; la guerre était à peine terminée que l'étranger arrivait chez nous pour nous demander nos produits et rendre l'activité à ses marchés : chacun se mettait à l'œuvre, et cependant l'industrie française manquait de bras pour satisfaire aux commandes qui lui parvenaient de toutes parts.

Est-il besoin d'insister davantage pour montrer tout l'intérêt que présente la connaissance des procédés industriels? Appelé par nos fonctions à vivre depuis quinze ans au milieu des chefs d'usines et des ouvriers, nous avions été plus d'une fois frappé du bien que l'on pourrait faire en vulgarisant l'étude de ces procédés : il nous semblait utile que tous ceux qui se vouent à l'industrie en apprissent de bonne heure les principaux détails; que les fils de l'ouvrier et du patron ne restassent pas étrangers, jusqu'au moment d'entrer dans la carrière, à ce qui devait faire la préoccupation de leur vie, qu'ils connussent les liens qui rattachent toutes les industries. N'est-il pas regrettable, en effet, que celui qui met la dernière main à un produit ignore le plus souvent les phases de sa fabrication et soit, par suite, privé des moyens de perfectionner le travail spécial dont il est chargé? N'est-il pas presque aussi fâcheux que ceux qui vivent en dehors des carrières industrielles, ne possèdent pas la connaissance des procédés employés à la fabrication des objets de consommation usuelle? Chaque jour nous nous servons de choses dont nous ne connaissons ni l'origine, ni la fabrication. C'est cette lacune que nous avons essayé de combler.

Loin de nous la prétention d'avoir voulu composer un traité de technologie ! Nous n'avions pensé d'abord qu'à faire un petit livre de lecture destiné aux enfants de nos écoles primaires. Mais pour lui donner de la vie, pour bien mettre en relief les grandes lignes de chaque industrie et laisser dans l'ombre les détails qui auraient pu nuire à la clarté de l'exposition, l'étude des ouvrages spéciaux n'était pas suffisante : il fallait voir, observer sur le vif et presque rédiger nos descriptions au milieu de l'atelier. Aussi nous sommes-nous décidé à entreprendre une série de voyages qui nous ont mené dans tous les centres industriels et nous ont permis de rassembler les éléments de notre travail. Ces voyages ont bientôt accumulé dans nos mains des documents d'une importance telle, qu'il nous est devenu impossible de les réunir dans un livre de petit format, et, sans abandonner l'idée de la première publication, nous avons préféré réunir ces documents dans un ouvrage plus important : c'est celui que nous publions aujourd'hui.

Restait à grouper ces industries si diverses et à adopter une classification qui permît au lecteur de les étudier avec fruit, de saisir les liens et les analogies qui les rattachent, et de voir se dérouler sans confusion le tableau dont nous voulions lui présenter les principaux traits. Il n'y avait guère que l'embarras du choix, car les économistes ne sont pas absolument d'accord sur cette classification : nous n'avons pas cru pouvoir faire mieux qu'en adoptant, tout en la modifiant quelquefois pour les besoins de notre sujet, celle qu'a suivie M. Levasseur dans son excellent ouvrage de géographie commerciale, *la France et ses colonies.*

Nous croyons utile, nécessaire même, d'exposer ici en quelques lignes le plan général de notre travail, que nous avons divisé en six livres.

L'homme vivant en société se trouve soumis à des besoins qui sont les uns matériels, les autres intellectuels, et l'on pourrait presque dire que l'industrie est l'ensemble des procédés concourant à la satisfaction des besoins de l'homme et à l'amélioration de sa nature physique et morale. Quand nous remontons à l'origine des sociétés, nous le voyons se préoccuper d'abord de préparer les moyens de satisfaire à ces besoins multiples, et emprunter à la terre les premiers éléments de toute industrie. Le sol sur lequel il vit renferme à des profondeurs souvent considérables des richesses qu'il faudra d'abord lui arracher ; c'est là le but des *industries extractives*, qui fournissent à l'homme les matières premières que son travail doit transformer et mettre en œuvre. Nous étudierons ces industries dans le premier livre, où nous plaçons l'exploitation des mines et des carrières, l'extraction des matériaux servant aux constructions (pierre à bâtir, marbre, ardoise, chaux, plâtre, etc.), l'extraction des combustibles comme la houille et la tourbe, celle des minerais métalliques d'où les procédés métallurgiques tirent les métaux nécessaires à la confection des machines. La métallurgie peut être considérée comme appartenant au groupe des industries préparatoires, mais nous l'avons placée dans les industries extractives à cause des liens intimes qui l'unissent à elles. Ici se place une remarque qui s'appliquera à beaucoup d'autres points : la nécessité de ne pas donner à notre travail de trop grands développements et de lui conserver les proportions d'un ouvrage qui pût être lu par tous, nous a forcé de laisser de côté certains des points intéressants, de commettre des omissions volontaires, de n'appeler l'attention du lecteur que sur les choses les plus importantes, en un mot de faire un choix parmi les richesses que nous offrait la mine si féconde qui s'ouvrait à nos investigations. C'est ainsi qu'à propos de la métallurgie, nous n'avons traité avec quelques détails que les procédés largement représentés en France (comme l'industrie du fer), et n'avons donné que le principe de ceux qui nous ont paru d'une moindre importance.

Pour pouvoir approprier à leurs différents usages les matières premières qui lui sont fournies par les industries extractives, l'homme a besoin d'instruments de nature diverse, tantôt des outils, des machines, tantôt des ingrédients ou produits chimiques qui serviront eux-mêmes à la transformation d'autres corps. La fabrication de ces machines et de ces produits constitue l'objet des *industries préparatoires*, que nous étudions dans le second livre et que nous divisons en industries *préparatoires mécaniques*, livrant à l'homme ses machines, ses outils, ses armes et ustensiles divers, et en industries *préparatoires chimiques*, comprenant la fabrication des produits chimiques, l'extraction des corps gras, la savonnerie, la préparation des cuirs, du tabac, du caoutchouc, etc. Là surtout les détails étaient infinis et le choix était nécessaire.

Le troisième livre contient la description des industries qui concourent à l'alimentation de l'homme en transformant les matières premières que lui donne la nature (meunerie, boulangerie, fabrication des pâtes alimentaires, des conserves, des sucres, du chocolat, des dragées, des bonbons, des liqueurs alcooliques, etc.).

De tout temps l'homme a fabriqué des vêtements qui, d'abord très-grossiers et imparfaits, sont devenus de plus en plus aptes à le protéger contre les intempéries. Le quatrième livre renferme les *industries du vêtement et de la toilette*, qui comprennent la filature de la soie, du lin, du coton, de la laine, le tissage des étoffes, les apprêts, la teinture et l'impression dont elles sont l'objet, la fabrication des chaussures, des gants, des chapeaux, et d'un certain nombre de produits que l'on peut regarder comme se rattachant au vêtement et à la toilette. Mais ces vêtements, dont l'homme couvre son corps, ne suffisent pas à le protéger ; il lui faut encore construire des maisons qui l'abritent, des meubles et des objets destinés à en rendre l'habitation plus commode et plus confortable. C'est là le but des *industries du logement et de l'ameublement*, qui font l'objet du cinquième livre et comprennent la construction des maisons, l'ébénisterie, la fabrication des papiers peints, la céramique, la verrerie, la cristallerie, la fabrication des bronzes d'art et d'ameublement, des corps destinés à l'éclairage, etc.

Enfin, dans le sixième livre nous décrirons les industries concourant à la satisfaction des besoins intellectuels, la papeterie, l'imprimerie, la lithographie, la gravure, etc.

Nous n'avons pas, à l'exemple de M. Levasseur, fait de l'industrie des transports une classe spéciale. Ce qui était légitime à son point de vue l'était moins au nôtre. Ces industries, les chemins de fer par exemple, ont un caractère plus commercial qu'industriel, et, quand elles s'occupent de fabrication proprement dite, elles rentrent dans la classe des industries préparatoires.

Dans l'exposé des procédés employés par les différentes industries, nous avons toujours placé, à côté de la description que nous en faisions, les données géographiques et statistiques qui s'y rapportent. On remarquera à ce propos que nous avons considéré comme appartenant encore à la *France industrielle* les industries de l'Alsace et de la Lorraine : notre ouvrage était presque entièrement composé au moment où ont éclaté les événements de 1870. Nous n'avons pas cru devoir le modifier sous ce rapport, car ces industries ne restent-elles pas françaises, au moins par l'origine et le caractère !

Qu'il nous soit permis de remercier, en terminant, tous ceux qui nous ont aidé dans l'accomplissement de la tâche que nous nous étions imposée, et spécialement messieurs les industriels chez lesquels nous nous sommes adressé pour rassembler les éléments de notre travail. Ils ont apprécié l'utilité de notre œuvre et nous ont communiqué leurs procédés avec une générosité et une confiance qui nous ont profondément touché.

Paul POIRÉ.

LA

FRANCE INDUSTRIELLE

LIVRE PREMIER

INDUSTRIES EXTRACTIVES

C'est à la terre que presque toutes les industries empruntent, soit directement, soit indirectement, les matières premières qu'elles doivent transformer et mettre en œuvre, et l'on désigne plus particulièrement sous le nom d'industries *extractives* celles qui s'occupent de l'exploitation et de l'extraction des richesses que renferme la terre à des profondeurs plus ou moins considérables. La distribution géographique de ces industries et leur organisation étant intimement liées à la constitution géologique du sol, nous croyons utile de faire précéder la description des procédés qu'elles emploient de quelques considérations générales sur la nature et la formation des couches qui constituent l'écorce terrestre.

La terre a été pendant longtemps à une température tellement élevée, qu'elle était à l'état de fusion. Les matières liquides qui la formaient subirent un refroidissement lent, dont la conséquence fut la solidification des parties extérieures ; ce refroidissement continuant, la solidification se propagea de la surface vers le centre, et l'on admet généralement qu'aujourd'hui le centre de la terre est encore à l'état liquide. La solidification progressive fut accompagnée de dislocations, de soulèvements, qui furent produits par des causes différentes et déterminèrent d'énormes fissures. Quand ces fissures arrivaient jusqu'à la surface, les matières liquides pouvaient sortir et formaient, en se refroidissant, des montagnes de hauteur variable; c'est ce qui arrive encore de nos jours lors de l'éruption d'un volcan. Dans d'autres cas, des fissures plus étroites, n'arrivant pas à la surface, se trouvaient remplies de matières liquides ou gazeuses qui s'y solidifiaient et formaient, au milieu des terrains, de longues traînées que nous désignons sous le nom de *filons* et dans lesquelles nous allons aujourd'hui chercher la plupart des métaux. — Il arrivait aussi qu'au lieu de matières fondues, des eaux bouillantes, tenant en dissolution des substances minérales, comme la silice, des sels calcaires, s'échappaient à travers les crevasses du globe ; plus tard, elles laissaient déposer ces substances, qui formaient alors de vastes terrains présentant l'aspect de couches superposées et appelés terrains de sédiment. Ces eaux jaillissaient souvent au fond des mers, dont le sol se trouvait élevé par le dépôt des matières solubles. Les terrains de sédiment proviennent aussi, et le plus souvent, des débris transportés par les eaux, alors que des oscillations du sol venaient changer la distribution des eaux de la mer à la surface du globe, débris lentement déposés pendant la période de calme qui suivait ces bouleversements.

En résumé, les géologues reconnaissent deux espèces de terrains : 1° les *terrains cristallisés* ou *primitifs*, partie de la couche terrestre qui s'est solidifiée par refroidissement : ce sont les plus anciens ; 2° les *terrains sédimentaires*, qui, formés comme nous l'avons expliqué plus haut, se sont déposés au-dessus des terrains primitifs. Les terrains sédimentaires se divisent eux-mêmes en plusieurs groupes, qui sont, par ordre d'ancienneté : les terrains de transition, les terrains secondaires, les terrains tertiaires et les terrains quaternaires ou modernes.

Il ne faudrait pas croire qu'en chaque point du globe on rencontre superposées toutes les couches dont nous venons de parler. En certains endroits de la Bretagne, par exemple, on voit à la surface du sol les terrains primitifs qui n'ont pas été recouverts, parce qu'ils ont été soulevés à un niveau supérieur à celui des eaux au milieu desquelles se sont formées les couches sédimentaires d'origine postérieure ; en d'autres points, au contraire, les terrains primitifs sont recouverts par les terrains d'origine plus récente. Cette variété de la nature géologique du sol a plusieurs conséquences au point de vue des industries extractives.

Ces industries varient d'un point à l'autre de la France, puisque l'homme, ne rencontrant pas dans toutes les régions les mêmes substances à exploiter, doit toujours, en chaque lieu, rechercher celles qui sont les plus voisines de la surface et dont l'extraction pourra se faire le plus économiquement. Il est évident que, tandis que l'exploitation du granite peut se pratiquer avec avantage en Bretagne, où il se montre à la surface du sol, elle serait impossible aux environs de Paris, où il se trouve recouvert par la plus grande partie des terrains de sédiment qu'il faudrait traverser pour arriver jusqu'à lui.

Les industries extractives peuvent être considérées comme servant de point de départ à la plupart des autres industries; ce sont elles, en effet, qui fournissent à l'homme, dans un grand nombre de cas, la matière première qu'il transforme par son travail en objets, de nature diverse, destinés à la satisfaction de ses besoins. S'agit-il, par exemple, d'édifier les habitations qui doivent le protéger contre les intempéries des saisons, il faut d'abord qu'il se procure les matériaux pouvant servir aux constructions. C'est la terre qui les lui offre; elle renferme dans son sein des substances qu'il devra aller y chercher souvent au prix de travaux considérables. La pierre à bâtir, le marbre, l'ardoise, sont autant de corps qu'il ne pourra mettre en œuvre qu'après les avoir arrachés à la terre; la houille qu'il employe pour chauffer ses appartements, pour la cuisson de ses aliments, pour la production de la vapeur d'eau utilisée par lui comme force motrice, est enfouie dans le sol, souvent à de grandes profondeurs. Il en est de même des minerais ou composés métalliques qu'il transformera en métaux pouvant servir à la construction de ses outils et de ses machines. L'extraction de toutes ces substances est le but des industries appelées extractives.

Tantôt les matières extraites du sol sont employées par l'homme dans l'état où il les a trouvées : la pierre à bâtir, le marbre, la houille sont dans ce cas. Tantôt, au contraire, la substance utilisable est unie à d'autres corps qu'il faut en séparer. Le fer, par exemple, ne se rencontre pas dans le sol à l'état de métal, mais à l'état de minerai, c'est-à-dire de combinaison plus ou moins complexe d'où il faut l'extraire. Le traitement que devra subir le minerai sera l'objet d'une industrie si étroitement unie à celle qui l'a extraite du sol, que nous la confondrons avec elle et que nous décrirons la métallurgie du fer comme une industrie extractive, quoique à vrai dire elle puisse être considérée comme une industrie préparatoire. La même remarque s'appliquera à la fabrication de l'acier et à celle des différents métaux.

CHAPITRE PREMIER

EXPLOITATION DES MINES ET DES CARRIÈRES

La loi française admettait trois genres d'exploitation du sol : 1° les *carrières*, d'où l'on extrait les matériaux employés pour les constructions, le pavage, etc., tels que le granite, les pierres calcaires, les argiles, les ardoises, le sulfate de chaux ou pierre à plâtre, etc.: les carrières sont ordinairement exploitées à ciel ouvert, quelquefois à l'aide de galeries souterraines, mais situées en général à de faibles profondeurs ; 2° les *mines*, d'où l'on extrait les minerais destinés à la préparation des métaux, la houille, l'anthracite, etc.: ces substances se présentent sous forme de couches, d'amas ou de filons et sont le plus souvent situées à des profondeurs assez considérables ; 3° les *minières* ou exploitations portant sur des couches superficielles ou très-rapprochées de la surface, telles que les couches de minerais de fer, dits minerais d'alluvion, de tourbe, etc. Une loi récente supprime, à partir de l'année 1876, la catégorie des minières.

L'exploitation des mines comporte deux parties bien distinctes : 1° l'abatage ou procédés employés pour détacher les minéraux utiles des roches dans lesquelles ils sont engagés ; 2° l'exploitation proprement dite, qui comprend à la fois les travaux préparatoires par lesquels on va trouver le gîte minéral pour y préparer des chantiers d'abatage et le dessin suivant lequel on construit ces chantiers.

Nous décrirons d'abord les procédés d'abatage, et nous ferons l'étude des principales méthodes d'exploitation à mesure que nous nous occuperons des différentes industries extractives.

L'abatage des roches se fait par plusieurs procédés, mais les différentes méthodes employées supposent l'usage d'outils dont nous allons d'abord dire quelques mots.

Ces outils sont en général fort simples ; leur nature et leurs formes varient d'un pays à l'autre, mais sont toujours subordonnées à l'espèce de travail qu'il s'agit d'effectuer et aux qualités des roches qu'ils sont destinés à entailler. Ces roches sont de consti-

Fig. 1. — Pelle. Fig. 2. — Pelle. Fig. 3. — Pic des houillères de Saint-Chamond.

tution très-variable, non-seulement au point de vue de leur composition chimique, mais aussi à celui de leurs qualités physiques : leur dureté, leur compacité, la résistance plus ou moins grande qu'elles présentent à l'action des outils, dépendent non-seulement de la nature de la substance qui les forme, mais aussi des circonstances si variées dans lesquelles s'est effectuée cette formation.

M. Burat, dans sa *Géologie appliquée*, adopte, après Werner, la classification suivante des roches rencontrées dans les divers terrains. Elle repose sur la résistance qu'elles présentent, lorsqu'on veut pratiquer au milieu d'elles des excavations destinées à en permettre l'exploitation, et sur les divers moyens employés pour les attaquer. Nous distinguerons :

1° Les roches *éboulenses*, telles que les terres décomposées ou terres végétales, les terres sablonneuses ou limoneuses, les sables

Fig. 4. Fig. 5. Fig. 6. Fig. 7. Fig. 8.

Pics de divers modèles pour roches tendres.

et les cailloux roulés (ainsi appelés parce qu'ils doivent leurs formes arrondies à ce que l'eau les a longtemps roulés et que le frottement a abattu leurs angles), les débris de toute nature. Ces roches se défoncent à la pioche et leurs débris sont ensuite enlevés et chargés avec des pelles de formes diverses (fig. 1 et 2). Il est évident que ces pelles ne sont pas employées exclusivement à l'enlèvement de ces roches, mais sont aussi en usage pour celles dont nous allons parler.

2° Les *roches tendres*, roches non scintillantes, c'est-à-dire ne faisant pas feu au choc de l'acier, telles que la houille, le sel gemme, les argiles, les ardoises, la pierre à plâtre, la pierre calcaire à-bâtir. Toutes elles peuvent être abattues au pic. Les pics employés sont de formes variables : leur poids ne dépasse pas en général $2^{kil},75$, y compris le manche. La figure 3 représente le pic des houillères de Saint-Chamond; les figures 4, 5, 6, 7, 8 des pics de divers modèles, mais concourant tous à l'extraction des roches tendres. Ces outils sont de forme assez simple; ils sont, comme on le voit, formés d'un morceau de fer pointu à l'une de ses extrémités et percé à l'autre

Fig. 10. — Pic à deux pointes de Blanzy.

Fig. 11. — Pic des houillères du Nord ou rivelaine.

Fig. 9. — Pic à deux pointes.

d'une ouverture dans laquelle entre le manche, qui permet de les manier. Souvent les pics sont à deux pointes (fig. 9), tels sont, par exemple, le pic à deux pointes des mines de Blanzy (fig. 10) et la rivelaine des houillères du Nord (fig. 11). Cet outil est destiné à creuser dans le bas de la couche de houille une entaille qui la fait porter à vide et qui facilitera l'abatage.

3° Les *roches traitables*, composées de roches non scintillantes, mais compactes et tenaces, ou de roches scintillantes, mais à texture lâche; tels sont : parmi les premières, les marbres, les minerais de fer désignés sous le nom d'hématites rouges et brunes non quartzeuses; parmi les secondes, le grès houiller, le grès de Fontainebleau. Ces roches sont attaquées, comme nous le verrons, à l'aide de la poudre, mais on y joint l'action des *pics à rochers*, plus forts que les précédents, des *masses*, des *coins*, des *leviers*, des *pointe-*

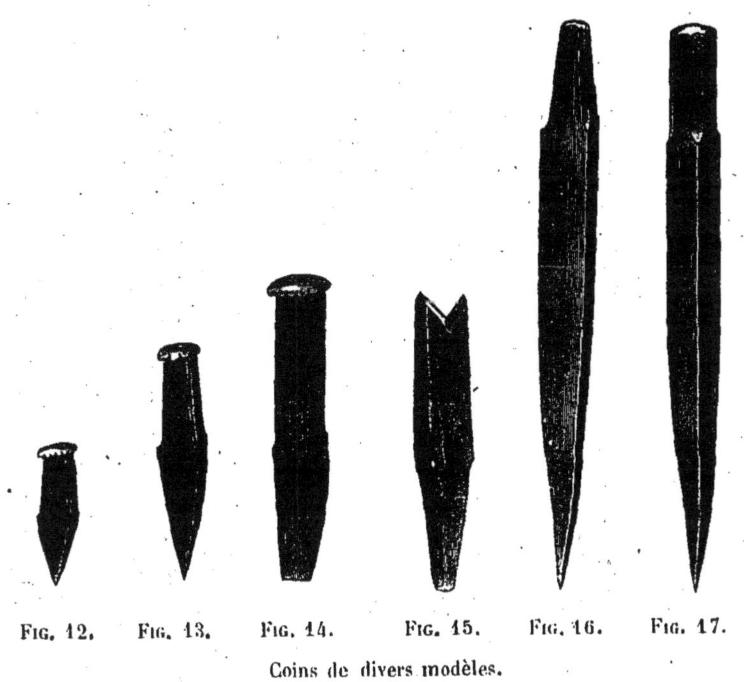

FIG. 12. FIG. 13. FIG. 14. FIG. 15. FIG. 16. FIG. 17.

Coins de divers modèles.

rolles. Dans beaucoup de cas l'usage de la poudre est inutile et ces outils peuvent suffire seuls au travail.

Lorsque le mineur attaque une paroi composée de plusieurs parties de roches, il choisit les parties les plus tendres pour y faire des entailles et s'attache à suivre les points où le terrain est fissuré et par conséquent plus facile à entamer. Cette attaque se fait à l'aide des pics à rochers, qui doivent être aciérés sur une partie de leur longueur; le terrain une fois entaillé, on abat la partie dégagée par l'entaille, avec des coins ou des leviers, qu'on introduit soit dans les fissures naturelles du sol, soit dans des entailles étroites faites artificiellement. Ces coins (fig. 12, 13, 14, 15, 16, 17) et ces leviers (fig. 18) sont introduits à coups de masse. Celles-ci sont en acier, à manche long (fig. 19), et pèsent depuis 4 jusqu'à 8 et 10 kilogrammes. Les leviers sont droits ou courbes, quelquefois épatés en pied de biche; les coins sont en acier, plats ou à quatre pans égaux. Dans quelques circonstances on se sert aussi de coins de bois sec que l'on fait gonfler, au moyen de l'eau, après es avoir chassés dans le sol.

Les pointes des pics s'usent très-rapidement, surtout dans les roches très-dures ; lorsque les pointes sont émoussées, ou lorsque la partie en acier est usée, il faut renvoyer l'outil à la forge pour être réparé. Aussi les mineurs se servent-ils souvent d'un outil appelé *pointerolle* (fig. 20), qui, en cas d'accident, est facilement réparable sur place. La pointerolle est un petit pic à tête, de $0^m,15$ à $0^m,20$ de longueur, avec un manche de $0^m,25$ placé au milieu. Il est en acier ou aciéré à la fois à sa pointe et à sa tête. L'ouvrier s'en sert en plaçant la pointe contre les saillies de la roche et en frappant sur la tête avec une massette de fer, de manière à faire sauter des éclats. Lorsque les roches sont très-dures, les pointes sont bientôt émoussées. Quand cela

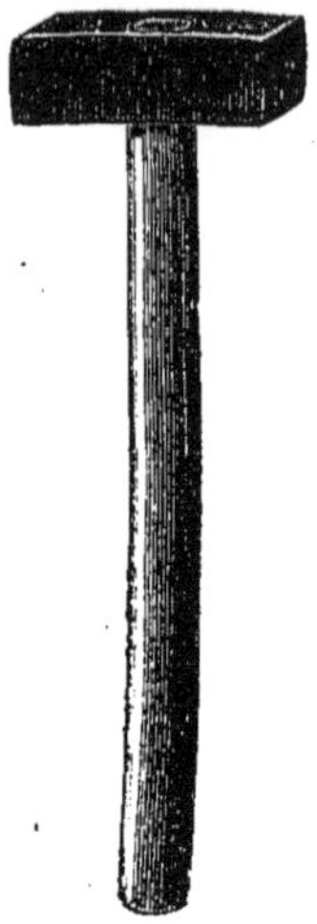

Fig. 19. — Masse.

Fig. 18. Levier.

Fig. 20. Pointerolle.

Fig. 21. Trousses de pointerolles.

arrive, le mineur répare facilement la pointerolle en la démontant et en montant sur le manche une autre pointerolle choisie dans une trousse, où un certain nombre d'outils sont enfilés six par six (fig. 21).

4° *Les roches tenaces*, toutes scintillantes, telles que le fer oxydulé, les hématites compactes, les roches quartzeuses, les granites, etc. Ces roches ne peuvent être abattues qu'à la poudre par des procédés que nous décrirons plus loin.

5° Enfin certaines roches appelées *récalcitrantes*, telles que celles dans lesquelles on trouve les minerais d'étain, de zinc, etc. Elles ne sont exploitées que lorsqu'elles sont riches et sont abattues par l'action successive de la poudre et des pointerolles.

Nous connaissons maintenant les principales espèces de roches

FIG. 22. — Abatage à la lance.

et les outils employés pour les attaquer. Voyons les méthodes suivies pour les abattre, méthodes qui diffèrent avec les circonstances dans lesquelles on se trouve.

Quand on veut détacher dans une carrière, par exemple, ou dans une galerie de mine que l'on creuse, une masse de roche qui n'est pas trop résistante, on peut opérer de la manière suivante. L'ouvrier trace à la partie inférieure de la masse à abattre une rigole d'isolement ; il peut pour cela employer la pointerolle. La roche une fois isolée, il abat la partie dégagée par la rigole à l'aide de coins ou de leviers qu'il introduit à coups de masse, soit dans des fissures naturelles, soit dans des entailles étroites faites artificiellement.

Quand il s'agit de pierres tendres, comme les pierres calcaires à bâtir, on se sert souvent d'un procédé dit à la *lance*. Il consiste à employer une longue barre de fer biseautée et aciérée à l'une de ses extrémités. Cette barre ou *lance* est suspendue horizontalement par son milieu, à l'aide d'une chaîne, à une poutre horizontale, reposant sur des madriers verticaux et reliée à eux au moyen de cordages (fig. 22) : l'ouvrier, en balançant horizontalement la lance, frappe, avec l'extrémité aciérée, des coups répétés sur la roche qui s'entame. On voit que par ce procédé on utilise la masse d'un outil assez pesant sans cependant avoir à en supporter le poids, puisque la lance est suspendue par son milieu et que son poids porte tout entier sur la chaîne. On comprend que la lance devant attaquer des parties situées à des hauteurs variables, il est nécessaire de la placer au niveau convenable, ce qui se fait facilement en allongeant ou en raccourcissant la chaîne. Pour manœuvrer la lance, l'ouvrier est souvent obligé de s'exhausser, afin de se placer à la hauteur où se trouve l'outil ; il se sert quelquefois pour cela d'escabeaux plus ou moins hauts.

Quand la pierre est dure et que son usage ultérieur n'a rien à craindre de l'action du feu, on utilise ce fait que les roches les plus résistantes, brusquement chauffées, se dilatent et se fendent en perdant l'eau dont elles sont pénétrées. Si on les arrose pendant qu'elles sont chaudes, elles se contractent subitement et se fissurent à une profondeur plus ou moins grande. Dans cet état, les roches les plus récalcitrantes peuvent être attaquées par des pointerolles que l'on engage dans toutes les fissures.

L'application du feu se fait à l'aide de caisses de tôle de forme conique (fig. 23) dans lesquelles on allume du bois et que l'on présente à la roche par la face suivant laquelle s'échappe la flamme, qui vient ainsi lécher la pierre.

Il est évident, comme nous l'avons dit, que cette méthode ne peut s'appliquer que pour les roches dont l'usage ultérieur n'a rien à craindre de l'action du feu ; les pierres calcaires employées pour les constructions ne pourraient être extraites par ce procédé, puisque leur solidité serait diminuée et qu'on ne pourrait en tout cas les obtenir par cette méthode qu'en fragments trop petits.

Ce procédé, qui est du reste peu usité maintenant, a l'inconvénient de vicier l'atmosphère de la mine. En Allemagne, l'usage eu a été maintenu dans certaines localités ; on allume le feu le samedi soir et on le laisse brûler jusqu'au lundi matin, pendant l'absence des ouvriers : lorsque ceux-ci doivent reprendre leurs travaux, il est nécessaire de renouveler l'atmosphère de la mine par la ventilation.

FIG. 23. — Abatage par le feu.

Si le procédé que nous venons de décrire est de moins en moins usité dans les travaux de mines ou de carrières, l'usage des substances explosibles, comme la poudre et la dynamite, rend au contraire les services les plus fréquents. A l'aide d'une tige cylindrique de fer F appelée *fleuret* (fig. 24) et armée à son extrémité d'un biseau d'acier, le mineur perce un trou dont l'entrée a été préparée à la pointerolle. Il frappe sur le fleuret avec une masse de deux kilogrammes environ, en le faisant tourner un peu après chaque coup de masse. Il doit verser de l'eau de temps en temps dans le trou, afin d'éviter que la chaleur dégagée par le choc contre la pierre ne détrempe le fleuret. Lorsque la pâte formée par cette eau et par la poussière gêne l'action du fleuret, il l'enlève avec une tringle de fer C courbée à son extrémité en forme de cuiller et appelée *curette*. La profondeur convenable étant atteinte, le trou est nettoyé avec un tampon d'étoupe placé dans l'anneau de la curette. Le mineur prend ensuite une cartouche dans laquelle il enfonce une aiguille de fer ou de cuivre E appelée *épinglette*, qui lui sert à placer cette cartouche au fond du trou ; puis, maintenant toujours l'épinglette dans l'axe du trou, il tasse autour d'elle de l'argile ou bourre avec un *bourroir* B ou tige ronde de fer portant sur le côté une cannelure dans laquelle se loge l'épinglette. Quand le trou est rempli, le mineur retire l'épinglette avec précaution, et dans le canal qui reste libre au milieu du trou, il verse de la poudre ou place des *cannettes*, qui sont des petits rouleaux de papier enduits de poudre délayée et séchée. Il dispose alors à l'entrée du trou une mèche soufrée dont il enflamme l'extrémité. La combustion se propageant dans le canal réservé par l'épinglette arrive jusqu'à la cartouche ; la poudre s'enflamme, les gaz produits par la combustion de celle-ci font alors éclater la roche et la détachent de la masse.

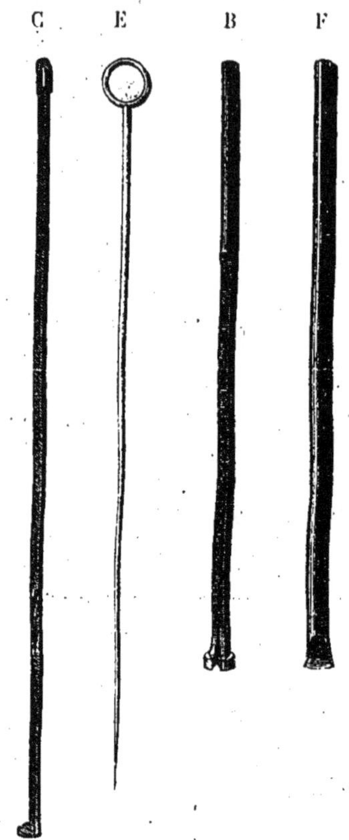

Fig. 24. — Outils pour l'abatage de la poudre.
F. Fleuret. — B. Bourroir. — E. Epinglette. — C. Curette.

La mèche doit être assez longue pour que le mineur ait le temps de se sauver et de se mettre à l'abri des fragments projetés par la détonation.

On se sert beaucoup aujourd'hui des fusées Bickford, qui consistent en une cartouche dans laquelle pénètre une corde imprégnée de poudre et autour de laquelle on effectue le bourrage. Cette corde est enflammée à son extrémité, brûle peu à peu et met le feu à la cartouche.

On emploie beaucoup aussi dans les travaux de mines la *dynamite*, substance d'un pouvoir détonant bien plus grand que la poudre ordinaire, et que l'on fabrique actuellement dans des conditions telles, que son transport n'offre plus de danger. La dynamite est un mélange de 75 pour 100 de nitroglycérine et de 25 pour 100 de silice : elle se présente sous la forme d'une masse pâteuse, de couleur jaune rougeâtre, inattaquable par l'eau. L'inflammation directe de la dynamite dans des espaces restreints est difficile ; elle ne peut se produire à l'aide des mèches ordinaires, ni des cannettes : pour l'obtenir d'une façon sûre et déterminer une détonation énergique, il faut allumer la dynamite au moyen d'une capsule fulminante, que l'on enflamme par l'étincelle électrique.

L'emploi de la dynamite est plus économique que celui de la poudre, de 30 pour 100 environ.

FIG. 25. — Abatage par rigoles et à la poudre.

La position des coups de mine exige de la part des mineurs de l'intelligence et de l'habitude, parce qu'il est difficile de donner aucune règle à ce sujet.

Lorsque la roche attaquée n'est pas trop dure pour être entaillée facilement, la méthode la plus rapide consiste à faire une rigole à la partie inférieure du bloc que l'on veut détacher (fig. 25), puis à placer les coups de mine obliquement.

Lorsque la roche ne peut être dégagée par l'emploi des outils, on procède à ce dégagement par de petits coups de mine de 25 centimètres.

Dans les terrains stratifiés, on isole les blocs à détacher d'une autre manière. Le mineur creuse près du sol une entaille profonde

FIG. 26. — Abatage par havage et à la poudre.

qu'on appelle *havage* ou *souchèvement* (fig. 26), et s'engage au-dessous en ayant soin de soutenir la masse par des étais ; pendant ce temps un autre mineur, monté sur un chevalet, place des coups de mine horizontaux, dont l'effet sera d'opérer le rabatage, c'est-à-dire d'abattre toute la partie située entre le havage et le niveau des coups de mine.

CHAPITRE II

EXTRACTION DES PRINCIPAUX MATÉRIAUX EMPLOYÉS DANS LES CONSTRUCTIONS : PIERRE A BATIR, MARBRES, ARDOISES, ETC.

Maintenant que nous connaissons les principales méthodes d'abatage des roches, nous allons passer en revue les plus importantes des industries extractives. Le sol de la France est excessivement riche, et, parmi les substances utilisables que l'on y rencontre, nous citerons la pierre à bâtir ou pierre de taille, le granite, le marbre, la pierre à plâtre, la pierre à chaux, l'ardoise, les calcaires pour ciments et chaux hydrauliques, les argiles pour la fabrication des briques, de la faïence et de la porcelaine, la houille, la tourbe, le sel gemme, les minerais métalliques.

PIERRE A BATIR

La pierre employée dans les constructions est une pierre calcaire (carbonate de chaux) qui est très-abondamment répandue en France dans les terrains sédimentaires, où elle forme des bancs et des amas considérables, qui sont en général régulièrement stratifiés et alternent avec des lits d'argile, de grès ou de sable.

Les carrières de pierre de taille fournissent d'excellents matériaux pour l'architecture et donnent lieu à une exploitation en général facile et peu coûteuse. Les pierres qu'on en extrait peuvent s'obtenir en blocs de toutes dimensions et présentent l'avantage de se laisser scier, tailler et même sculpter avec facilité, tout en offrant une dureté et une résistance satisfaisantes. Quoi qu'il en soit, toutes les pierres de taille ne présentent pas ces qualités au même degré. On distingue les pierres *dures* et les pierres *tendres*, les pierres de *liais* et la *roche*. La pierre dure ne se laisse scier qu'avec une scie sans dents et avec du grès fin que l'on interpose entre la scie et la pierre. La pierre tendre se laisse scier par la scie à dents. La pierre de liais a un grain fin, homogène; elle est exempte de corps étrangers. La roche contient des grains de mica, de quartz, qui en diminuent la valeur.

On distingue aussi les pierres *sèches*, qui sont exemptes d'humidité, et les pierres *gélives*, qui retiennent une certaine quantité d'eau et se fendent à la gelée par suite de la dilatation que subit cette eau en se congelant. On comprend que l'emploi des pierres gélives dans les constructions doit nuire à la solidité des bâtisses, et que par suite il était très-important de trouver un procédé qui permît de reconnaître en peu de jours si une pierre est gélive ou non. Cette question avait préoccupé Colbert, qui en proposa la solution à l'Académie d'architecture; mais elle ne fut résolue qu'en 1820, par le minéralogiste Brard.

Son procédé consiste à soumettre pendant une demi-heure environ les échantillons de pierre à une dissolution bouillante de sulfate de soude, dissolution saturée et faite à froid; on les retire ensuite et on les suspend à l'aide de fils au-dessus de vases remplis de ce liquide. Vingt-quatre heures après, leur surface est recouverte de petites aiguilles cristallines de sulfate de soude; on les plonge dans la dissolution pour enlever ces cristallisations et l'on recommence l'opération pendant cinq jours environ, chaque fois que les aiguilles sont bien formées. Quand les pierres sont gélives, le sulfate entraîne avec lui des grains, des fragments de pierre, que l'on retrouve au fond des vases : les angles et les arêtes des échantillons s'émoussent. Dans le cas contraire, rien de semblable ne se produit.

Ajoutons qu'on appelle *pierres nettes* et *pierres franches* les pierres de bonne qualité qu'on fait entrer dans les parties extérieures des bâtiments; *pierres de libage*, celles que leur couleur plus ou moins foncée et leur grain plus inégal ou plus grossier font employer pour les fondations et les caves.

Les carrières exploitées en France sont très-nombreuses, et chaque jour il peut s'en ouvrir de nouvelles, tandis que d'autres sont abandonnées. Nous citerons celles qui ont actuellement le plus d'importance. Les carrières de Tonnerre (Yonne) sont ouvertes depuis 1824 ; elles sont situées à 10 kilomètres de Tonnerre et fournissent annuellement de 3 à 4000 mètres cubes d'une pierre que l'on expédie dans toute la France, et qu'on exporte même en Angleterre et en Belgique. Les environs de Caen fournissent aussi une pierre à bâtir très-estimée en France et en Angleterre. Les principales carrières sont celles d'Allemagne, de la Maladrerie, d'Aubigny, de Villers-Canivet, etc. Cette pierre appartient, ainsi que celle de Tonnerre, aux terrains jurassiques. La Lorraine a aussi fourni dans ces derniers temps d'excellente pierre à bâtir, extraite du terrain jurassique, et qui a été employée aux travaux des Tuileries et à la reconstruction des ponts nouveaux. Ce sont les carrières d'Enville (Meuse) qui la produisent; à ce groupe se rattache la pierre d'Alsace, dont la principale exploitation est à Wasselonne. Les environs de Paris, les départements de la Seine, Seine-et-Oise, Seine-et-Marne, Aisne et Oise, possèdent aussi des carrières importantes, ouvertes dans les terrains tertiaires. Citons en outre les carrières du Jura, des Alpes, de Saône-et-Loire, de la Nièvre, d'Angoulême et des environs de Bordeaux.

L'exploitation des carrières de pierre de taille se fait soit à ciel ouvert, soit souterrainement. Pour donner une idée de l'impor-

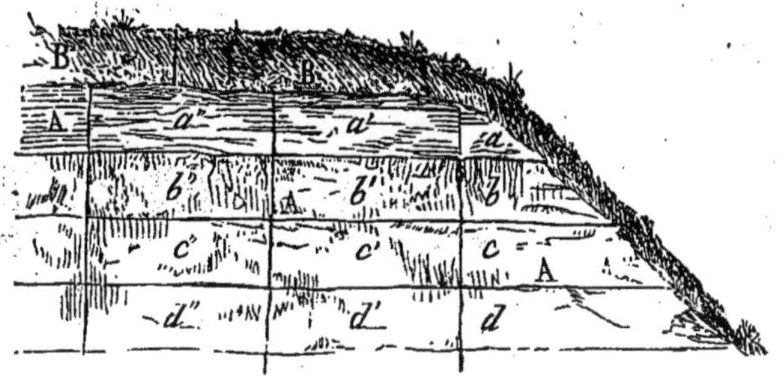

Fig. 27. — Exploitation des carrières à ciel ouvert.

tance relative de ces deux modes d'exploitation, nous dirons que le nombre des ouvriers qui travaillent dans les carrières à ciel ouvert était, d'après les derniers documents officiels, de 88 439, tandis que celui des ouvriers travaillant dans les carrières souterraines était de 21 848.

L'exploitation à ciel ouvert se pratique chaque fois que le banc à exploiter n'est pas recouvert par une épaisseur trop considérable de terres qu'il faudrait déblayer pour arriver jusqu'à lui. Supposons, par exemple, que le banc AAA (fig. 27) vienne affleurer sur le flanc d'un coteau, et qu'il soit recouvert d'une couche BB de terre. On profitera des fissures naturelles du banc pour faire, soit au pic, soit à la lance, des entailles verticales destinées à isoler les blocs; puis, utilisant les fentes dirigées dans le sens de la stratification et appelées *délits*, on fera des entailles horizontales dans lesquelles on introduira des leviers ou des coins qui permettront de

Fig. 28. — Exploitation à ciel ouvert par gradins.

détacher les blocs. Quand on aura, par exemple, enlevé les couches *a*, *b*, *c*, *d*, on aura produit un escarpement plus ou moins élevé, suivant l'épaisseur du banc ; on établira alors contre ses flancs des échafaudages et des échelles qui permettront d'enlever successivement, par blocs, les couches *a'*, *b'*, *c'*, *d'*; puis on continuera de la même manière en s'enfonçant dans le banc, et l'on déblayera au fur et à mesure les terres situées à la partie supérieure, afin de mettre la pierre à nu.

L'exploitation peut être conduite de manière à avoir de gros blocs ou seulement de petits blocs de 30 à 40 centimètres que l'on appelle *parpaings*. Quand on veut avoir des parpaings, on enlève des blocs de 40 centimètres environ de largeur sur 3 à 4 mètres de hauteur et on les débite après l'abatage. Le choix entre ces deux modes d'exploitation est déterminé par la nature de la carrière et par les besoins de la consommation.

On emploie aussi la méthode suivante, qui se pratique souvent aux environs de Paris. Après avoir enlevé les terres superficielles, on creuse au milieu de la carrière et dans la roche une entaille d'une certaine profondeur. Les ouvriers descendent dans cette entaille et creusent, à la base du bloc à extraire et au-dessous de lui, une entaille horizontale dite *souchèvement ;* lorsque le souchèvement a été mené assez loin sous le bloc, on l'étaye pour protéger l'ouvrier qui continue le travail ; puis on pratique deux entailles verticales, l'une à droite, l'autre à gauche, qui vont rejoindre le souchèvement. Le bloc se trouve donc mis à nu sur cinq de ses faces ; sa face postérieure seule reste adhérente ; on creuse alors sur sa face supérieure une petite entaille dans laquelle on engage soit des coins, soit des leviers, à l'aide desquels on détache la masse ; on peut aussi se servir de coups de mine alignés, auxquels on met le feu par une traînée de poudre. Quand on aura abattu des blocs sur toute la longueur de l'entaille primitive, à droite et à gauche, on l'aura transformée en une excavation sur les bords de laquelle on pourra opérer comme précédemment, de manière à l'élargir ; puis on creusera au milieu de l'excavation une nouvelle entaille en profondeur, afin de pouvoir extraire sur ses bords de nouveaux blocs situés plus profondément. On comprend que le travail continuant de la sorte, en profondeur et en largeur, la carrière se trouvera disposée en gradins qui ont, en général, 2 mètres de hauteur, l'entaille suivant laquelle on s'enfonce ayant ordinairement cette profondeur. Il faut avoir soin de ménager des rampes pour le transport des matériaux, et, si l'exploitation est trop profonde, on établit des treuils à l'aide desquels on monte à la surface les blocs extraits. La figure 28 représente ce mode d'exploitation par gradins.

L'exploitation souterraine est pratiquée chaque fois que les bancs sont recouverts par une épaisseur trop considérable de matériaux non utilisables. Elle donne lieu à deux méthodes tout à fait différentes.

La première se pratique chaque fois que la masse à exploiter est homogène, et que les bancs de pierre ne sont pas séparés par des couches de matériaux qu'on ne peut utiliser.

On commence par faire une galerie qui mène au milieu du

gîte, puis on s'avance dans tous les sens à partir de l'extrémité de la galerie, de manière à creuser des chambres plus ou moins grandes, en réservant des piliers de 4 à 5 mètres de côté et séparés l'un de l'autre par des distances, qui varient de 4 à 10 mètres, suivant la solidité des couches supérieures, appelées *toit*. La méthode d'abatage, est la même qu'à ciel ouvert. On fait d'abord à la lance ou au pic des fenderies ou entailles verticales, puis des entailles horizontales, qui permettent d'isoler et de détacher les blocs. Cette méthode est appelée *méthode par piliers tournés*, parce que l'exploitation se fait en tournant autour des masses que l'on veut réserver comme piliers.

Lorsque au contraire les bancs à exploiter sont séparés l'un de l'autre par des couches de matériaux que l'on ne peut utiliser, on opère autrement. On creuse d'abord une galerie d'entrée et, quand on est arrivé en plein gîte, on exploite en s'étendant à droite, à gauche et en avant.

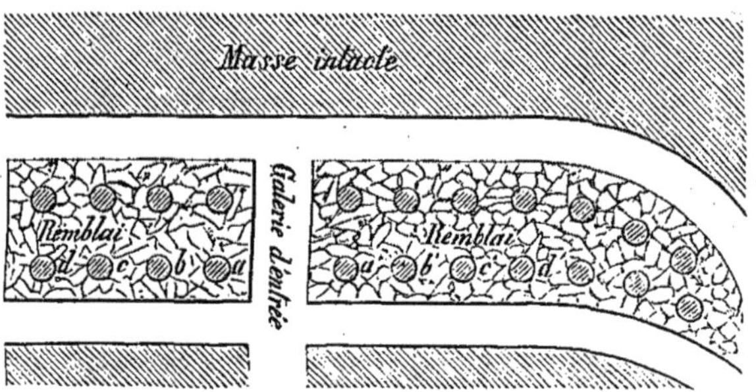

Fig. 29. — Exploitation par hagues et bourrages.

A mesure que l'on avance, on remblaye derrière soi avec les matériaux inutiles : pour cela, avec les plus gros morceaux de ces débris on fait des piliers *a b c d*, *a' b' c' d'* (fig. 29) que l'on élève graduellement et qui sont appelés *piliers à bancs*. L'intervalle des piliers est rempli par les morceaux de plus petites dimensions. Il est bien entendu qu'on doit toujours ménager dans ces remblais le prolongement des galeries qui donnent entrée dans la carrière et qui lui servent d'issue pour le transport des produits extraits. Cette méthode est désignée sous le nom de méthode par *remblais* ou par *hagues et bourrages*.

Dans l'exploitation souterraine des carrières, il peut arriver qu'on ait intérêt, lorsqu'on est assez loin du point de départ, à ne pas faire sortir les matériaux par les issues primitives ; on creuse alors à travers les couches, et de haut en bas, des puits d'extraction par lesquels on remonte la pierre à l'aide de treuils installés sur le bord du puits. Aux environs de Paris, on emploie des treuils sur lesquels on agit, à l'aide de grandes roues à chevilles (fig. 30). Pour manœuvrer cette machine, plusieurs ouvriers montent sur les

FIG. 30. — Treuil des carrières.

chevilles comme sur une échelle; le poids de leur corps force la roue à tourner, la pierre monte, et, lorsqu'elle est arrivée au-dessus de l'orifice du puits, on recouvre cet orifice de forts madriers sur lesquels on la laisse redescendre.

MARBRE

Le marbre est, comme la pierre à bâtir, une pierre calcaire, mais plus compacte, d'une structure cristalline et susceptible de se laisser polir ; c'est ce qui permet de l'employer pour la confection des objets d'art et l'ornementation de nos habitations. Sa coloration dépend des substances qui accompagnent le carbonate de chaux et se trouvent disséminées dans sa masse.

La France est certainement un des pays les plus riches en marbres : elle possède de nombreux gisements de cette substance et quelques-uns fournissent des espèces comparables, pour la qualité et la beauté, aux marbres si célèbres de la Grèce et de l'Italie. Malgré cette richesse de notre sol, l'industrie du marbre n'a pris en France de sérieux développements que depuis quelques années ; jusqu'au commencement de ce siècle, l'exploitation des carrières avait lieu sous la direction et aux frais de l'État, qui se réservait les marbres nécessaires pour ses travaux et vendait le reste aux marbriers. Les particuliers ne se sont engagés d'abord qu'avec timidité dans une industrie exigeant l'avance de capitaux considérables et devant rester longtemps improductifs, par suite du temps assez long qui s'écoule entre le moment où commence le travail d'extraction et celui où le marbre est livré à la consommation. La multiplication des voies de communication et le perfectionnement des moyens de transport ont aidé au développement de cette industrie, qui est maintenant très-prospère.

On peut diviser géographiquement les marbres français en six groupes principaux :

1° Le *groupe du Nord*, qui comprend les carrières et les ateliers situés dans les départements du Nord, du Pas-de-Calais, des Ardennes et de la Meuse. Les carrières du département du Nord (Marpont) fournissent un marbre de couleur foncée. Les marbres de Boulogne sont plus clairs, de couleur grise coupée par des veines blondes ; ils comprennent les variétés désignées sous le nom de marbre *Napoléon*, marbre *lunelle* et marbre *rubané*. Le département de la Meuse fournit un marbre appelé *chaline* ou marbre de l'*Argonne*, qui est très-compacte, très-dur, difficile à tailler, mais prenant bien le poli. C'est une *lumachelle*, c'est-à-dire un marbre formé de coquillages enveloppés dans une pâte calcaire.

2° Le *groupe de l'Ouest* comprend des marbres très-beaux, compactes, exempts de défauts, prenant bien le poli et pouvant s'exploiter en très-gros blocs. Il en existe plusieurs variétés de couleur grise, noire, rose et rouge. Nous citerons les carrières de Sablé et de Joué-en-Charnie dans la Sarthe, celles de Neuvillette et de Grez-en-Bouère dans la Mayenne.

3° Le *groupe du Centre* comprend les carrières du département du Lot, de Lot-et-Garonne, de la Côte-d'Or, de la Nièvre et de l'Allier. Les produits des carrières de Lot-et-Garonne peuvent être mis au nombre des plus beaux que nous possédions en France : ce sont des marbres jaunes d'une très-belle couleur, avec des teintes très-chaudes tirant tantôt sur le violet, tantôt sur le rose et présentant des veines blanches ou grises. On peut joindre à ce groupe les carrières du Jura.

4° Le *groupe des Vosges*, dont les principales carrières sont celles de Chippal et de Laveline (marbre blanc), Vackenback (marbre Napoléon ou brun rougeâtre veiné de blanc et de gris), de Russ (marbre brun vert).

5° Le *groupe des Alpes* comprend les marbres des Hautes-Alpes dont les carrières principales sont celles de Chorges et de Laur (noir veiné de jaune), Guillestre (marbre violet), Saint-Crépin (très-beau marbre noir), les marbres noirs de l'Isère, les marbres jaunes et rouges violacés des Basses-Alpes.

6° Le *groupe des Pyrénées* est le plus important de toute la France, tant pour l'abondance que pour la qualité et la variété des espèces. A ce groupe appartiennent les marbres blancs de Saint-Béat (Haute-Garonne), les marbres si variés de couleurs de la vallée de Campan, de Barousse (Hautes-Pyrénées), de la vallée d'Aspe, les marbres rouges de Caunes dans l'Aude, etc.

La Corse et l'Afrique fournissent aussi des marbres très-estimés.

Le prix des marbres dont nous venons de donner la nomenclature, est très-variable : en blocs, il varie de 80 fr. à 800 fr. le mètre cube.

Les carrières de marbre sont le plus souvent exploitées à ciel ouvert. Quand il s'agit de marbre ordinaire et en couche épaisse, l'extraction se fait à l'aide de coups de mine, et les blocs détachés par l'explosion de la poudre subissent dans la carrière un premier sciage, qui a pour but de les débiter et de les rendre d'un transport plus facile. Il s'exécute à l'aide de scies de fer et sans dents. On interpose, entre la scie et la pierre, du grès pulvérisé que l'on arrose et qui, se trouvant pris entre la scie et le marbre, use celui-ci.

Quand le marbre est plus fragile, d'une qualité supérieure et qu'il y a par suite intérêt à ne pas donner lieu à des fragments nombreux et petits, on débite les blocs sur la roche elle-même et on les en détache à l'aide de la scie et de coins enfoncés au marteau dans des entailles pratiquées à la pointerolle. Il est évident que lorsqu'on veut employer ce dernier procédé, il faut ou que l'exploitation déjà commencée ait donné lieu à des excavations qui permettent le mouvement de la scie, ou qu'on ait creusé des entailles plus ou moins profondes destinées à isoler le bloc.

Les blocs extraits et débités dans les carrières sont ensuite transportés à l'usine où doit se faire le polissage du marbre. Ils y subissent d'abord un second sciage qui les divise en tranches plus ou moins épaisses.

Cette opération se fait souvent à l'aide de châssis garnis de plusieurs lames de scie et mis en mouvement soit par une chute d'eau,

Fig. 31. — Machine à scier le marbre.

soit par une machine à vapeur. Ces châssis (fig. 31) sont de grands rectangles de bois dans l'intérieur desquels on monte, parallèlement aux grands côtés, des lames de scie, dont l'intervalle dépend de l'épaisseur que l'on veut donner aux tranches de marbre. L'un des petits côtés du cadre est articulé avec une tige mise en mouvement de va-et-vient horizontal par la machine motrice. L'ouvrier qui dirige cette opération jette de temps en temps dans les traits de scie un peu de grès pulvérisé qu'il arrose avec de l'eau. Ce travail est plus ou moins long suivant la dureté du marbre; en général, la scie ne s'enfonce pas de plus d'un centimètre par heure.

On comprend que ce sciage ne parvienne pas à donner des surfaces parfaitement planes; elles sont en général plus ou moins irrégulières et doivent être *dressées*. Quand il s'agit de petits morceaux, l'ouvrier dresse les surfaces en frottant les plaques de marbre l'une contre l'autre; elles s'usent réciproquement et les inégalités s'aplanissent. En grand, ce travail est exécuté mécaniquement, soit en faisant frotter deux plaques l'une contre l'autre, soit en frottant la plaque à dresser avec une plaque de fonte. Dans le second cas, on emploie souvent la machine que nous allons décrire.

Sur un massif B en pierre (fig. 32) on dispose horizontalement, et à l'aide de plâtre, la plaque M de marbre à dresser. De chaque côté de ce massif s'élèvent deux montants verticaux qui sont

Fig. 32. — Machine à polir le marbre.

réunis par deux traverses horizontales, à travers lesquelles passe un axe vertical de rotation A. Cet axe, mis en mouvement par une machine à vapeur, communique, à l'aide d'une disposition que montre la figure, un double mouvement de rotation à une plaque P octogonale de fonte, armée sur sa face inférieure de disques de fonte, qui sont en contact avec la pierre à dresser. Voici en quoi consiste ce double mouvement de rotation. En même temps que la plaque octogonale se déplace circulairement sur la pierre à dresser, elle tourne sur elle-même, autour du tourillon *t*, si bien que son mouvement peut être comparé à celui de la main d'un ouvrier qui nettoie une glace ou une vitre. La plaque octogonale armée de disques de fonte est représentée à part (fig. 33).

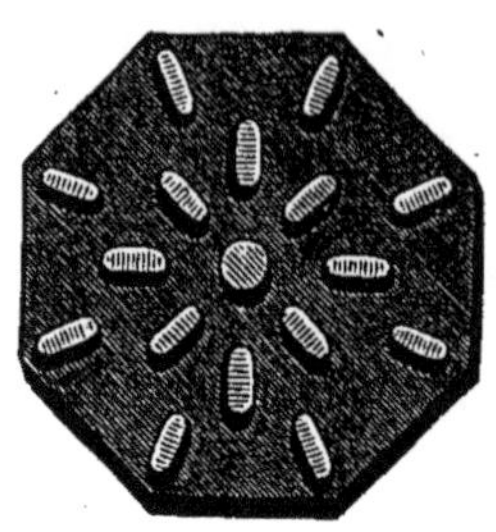

Fig. 33. — Plaque à polir le marbre (vue en dessous).

Pendant le dressage on jette sur le marbre de l'eau et du grès dur à gros grains. Au bout d'une heure et demie en général, le dressage étant terminé, on procède au *doucissage*, qui est un commencement de polissage; il s'effectue avec du grès à grains plus fins et plus tendres. Le polissage se fait ensuite à l'aide de la même machine, dans laquelle on substitue à la plaque garnie de disques de fonte une plaque garnie de tampons de chanvre. Le grès est remplacé par du plomb râpé et par de l'émeri plus ou moins fin.

Le polissage se fait encore à la main dans beaucoup d'établissements. L'ouvrier frotte d'abord à l'eau avec des morceaux de grès; il continue avec un grès artificiel appelé *rabat*, puis emploie la pierre ponce, qui efface les raies du rabat. A la ponce succèdent l'émeri, le plomb râpé et la potée d'étain, que les ouvriers promènent successivement à la surface du marbre, à l'aide de tampons formés de bandes de toile roulées en cylindres.

Le polissage mécanique demande beaucoup moins de temps que celui qui se fait à la main : aussi l'emploie-t-on de préférence dans les grandes exploitations.

Quand le polissage est fini, on nettoie les surfaces et l'on augmente le brillant à l'aide de l'encaustique.

GRANITE

On appelle *granite* une roche dont la formation doit être rapportée presque toujours aux époques les plus anciennes. De même que toutes les roches d'origine ignée, il n'est jamais stratifié; il renferme trois corps différents, que l'on désigne sous les noms de quartz, feldspath et mica. Dans certaines localités, il est susceptible de se décomposer et de se désagréger sous l'influence des agents atmosphériques; mais, en général, il est d'une dureté et d'une inaltérabilité qui le rendent précieux pour les constructions monumentales et le font employer pour dalles et bordures de trottoirs, marches d'escaliers, jetées de port, meules, etc. L'étendue des masses de granite permet d'ailleurs d'y tailler des blocs, dont les dimensions ne sont limitées que par les forces dont on dispose pour les déplacer.

Les Égyptiens de l'antiquité allaient le chercher à de grandes distances et s'en servaient, pour la construction de leurs monuments, de préférence aux grès et aux pierres calcaires qu'ils avaient à leur portée. Leurs sphinx, leurs obélisques, leurs temples, leurs pyramides ont traversé les siècles sans avoir subi d'altération sensible et sont autant de preuves de l'inaltérabilité du granite. Les Romains en faisaient aussi grand usage. Le Moyen Age ne s'en servit pas ; la Renaissance le remit en honneur, et de notre temps l'usage en est relativement restreint.

En France les carrières les plus riches sont celles des Vosges et de l'Ouest.

Le granite des Vosges provient principalement de Cornimont et de la vallée de la Bresse. A Tholy on en trouve une variété assez belle. A Clepcy on en exploite une autre qui est noirâtre et ressemble tout à fait à celle qu'on désigne sous le nom impropre de basalte égyptien. Sa couleur sombre le fait rechercher pour les monuments funéraires. Le granite *feuille morte* qu'on extrait à Saint-Maurice, au pied du ballon d'Alsace et dans la vallée des Charbonniers, est appelé *syénite* par les minéralogistes ; il résulte de l'association de deux minéraux connus sous les noms d'amphibole et de feldspath.

Dans l'ouest de la France on exploite des granites gris fortement micacés et à grains fins : tels sont ceux de Vire, de Saint-Brieuc, de Sainte-Honorine, le granite blanc à petits grains du Bois-de-Gast, près de Saint-Sever. Tous les granites de Normandie et de Bretagne sont homogènes et compactes : ils se taillent avec facilité, surtout lorsque le grain est fin, et se laissent débiter en larges dalles pour trottoirs. Le nombre d'ouvriers employés sur les côtes à cette industrie est d'environ 1500.

L'exploitation du granite se fait à ciel ouvert ; les blocs se dégagent à l'aide de coins et les outils employés pour la taille sont des pics, des pointerolles, des masses et des marteaux.

Le mètre cube de granite rendu à Paris revient de 160 à 200 francs.

GRÈS, MEULIÈRES

La pierre généralement désignée sous le nom de *grès* se compose de grains de sable réunis entre eux par un ciment naturel. La consistance du grès est très-variable ; quand il est dur, compacte, il sert aux constructions, au pavage, au dallage des trottoirs. Nous citerons : 1° les grès de Fontainebleau, de Palaiseau, qui sont employés au pavage dans tout le nord de la France, à Paris, etc. ; 2° le *grès rouge*, le *grès bigarré*, le *grès des Vosges*, si abondants dans l'est de la France, qui donnent des pierres d'excellente qualité pour la construction des édifices, pour le dallage des trottoirs, le pavage des rues, etc. ; 3° le *grès houiller*, qui sert, ainsi que le grès rouge, à la fabrication des meules employées pour user ou polir les corps durs. Les meules de grès présentent, ainsi que les meules de granite, l'inconvénient d'être sujettes à éclater tout à coup avec une sorte d'explosion, lorsqu'on leur imprime un mouvement de rotation rapide ; aussi doit-on les entourer de cercles de fer, ou les envelopper d'un bâti solide destiné à protéger les ouvriers.

L'extraction du grès n'offre rien de particulier; elle se fait, en général, à ciel ouvert et par des procédés analogues à ceux que l'on emploie pour le granite.

Nous citerons encore comme application des pierres siliceuses l'usage des pierres meulières de la Ferté-sous-Jouarre, qui sont formées par un calcaire siliceux ou caverneux présentant toutes les qualités d'une bonne meule à moudre le grain. L'exploitation se fait par des procédés analogues à ceux que nous avons décrits plus haut et qui consistent à isoler les blocs au moyen d'entailles et de rigoles, puis à les détacher de la masse à l'aide de coins.

Quand on veut extraire une meule d'un seul morceau, on isole le bloc par une rigole circulaire, puis on creuse à sa base un petit souchèvement, où l'on chasse avec force des coins de bois de chêne très-sec. On les fait gonfler en jetant de l'eau dans la rigole circulaire; en augmentant de volume, ils soulèvent le bloc, que l'on achève de détacher en enfonçant des coins de fer entre les coins de bois.

Autrefois on faisait les meules d'un seul morceau, mais il y avait à cela un grand inconvénient, puisqu'on ne pouvait donner à telle ou telle portion de la surface les qualités nécessaires au travail que cette portion devait effectuer. Aujourd'hui, les meilleures meules sont composées de dix à vingt morceaux appelés *panneaux* ou *carreaux* et choisis de manière à avoir les qualités requises. Les joints qui doivent réunir ces morceaux sont taillés au burin et cimentés par un plâtre très-fin et très-solide. L'ensemble est maintenu par des ailes de fer posées à chaud.

La pierre meulière est aussi exploitée dans la Brie et dans la Beauce comme pierre de construction. Elle est dure, légère, inaltérable, absorbe facilement le mortier, se l'incorpore et en devient inséparable. Unie aux ciments, elle forme des bétons qui permettent de monter des galeries d'égout de 6 mètres d'ouverture. La meulière constitue le fond de toutes les constructions exécutées par les services publics à Paris.

ARDOISE

On désigne sous le nom d'*ardoise* une roche argileuse qui se trouve dans les terrains de transition, et qui ordinairement est de couleur gris violet plus ou moins foncé. Elle a une structure lamelleuse et feuilletée qui permet de la diviser en plaques qu'on peut employer pour la couverture des édifices. Son inaltérabilité à l'air et à l'humidité la rend propre à cet usage. Elle est employée avec succès pour les carrelages et revêtements de salles de bains, de laiteries, de lampisteries, pour la fabrication des mangeoires d'écuries, des tables de billard, etc.

La qualité de l'ardoise est du reste très-variable. L'ardoise pyriteuse, qui contient du sulfure de fer, est altérable, parce que ce sulfure s'oxyde à l'air et devient pulvérulent. Celles dont la masse est poreuse s'imprègnent de l'eau des pluies, et la moindre gelée suffit pour les briser ; elles ont de plus l'inconvénient d'être perméables. En général, il faut choisir l'ardoise dont la surface est lisse, la structure homogène et serrée, la couleur foncée. On peut se rendre compte de la qualité par une expérience fort simple, qui consiste à immerger la pierre verticalement dans l'eau, de manière qu'elle n'y plonge que jusqu'au tiers ou à la moitié de sa hauteur. Si, au bout de vingt-quatre heures environ, l'extrémité supérieure est parfaitement sèche, l'ardoise sera jugée bonne et d'une compacité suffisante ; dans le cas contraire, elle devra être rejetée, l'ascension de l'eau dans la masse en démontrant la porosité.

L'ardoise est abondamment répandue dans la nature. En France, les gisements les plus importants sont ceux des environs d'Angers et ceux du département des Ardennes. On en trouve aussi dans le Dauphiné, la Corrèze et la Seine-Inférieure.

L'exploitation de l'ardoise se fait tantôt à ciel ouvert, tantôt souterrainement. Nous décrirons les procédés d'extraction employés dans l'Anjou et dans les Ardennes.

L'exploitation des carrières des environs d'Angers a longtemps été faite à ciel ouvert, de la manière suivante :

La couche d'ardoise s'étend du nord-ouest au sud-est sous une

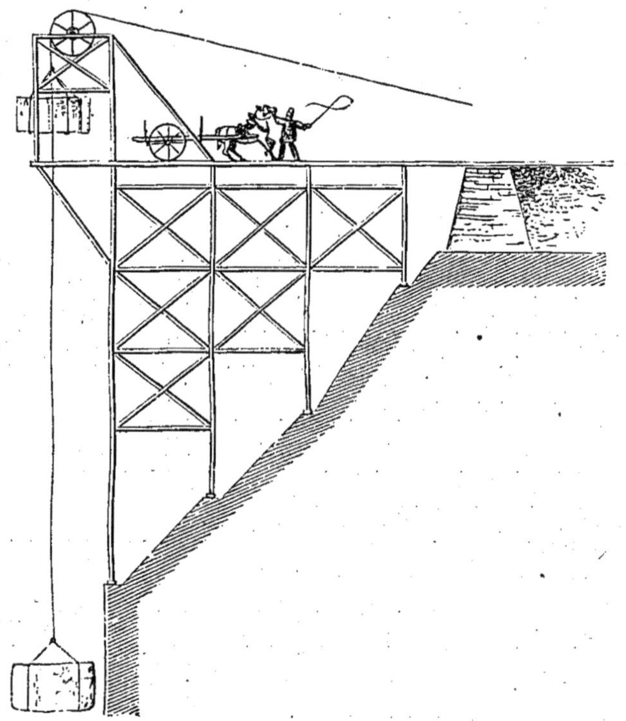

Fig. 33. — Extraction de l'ardoise.

inclinaison de 70° à 80°; quelquefois elle est presque verticale et recouverte d'une couche de terre végétale et d'argile, qui provient de la décomposition de l'ardoise et dont l'épaisseur a jusqu'à 18 mètres. On commence par déblayer cette couche, appelée *cosse*, sur l'étendue que doit avoir la surface de la carrière. A mesure que l'on déblaye et qu'on enlève la cosse, on dresse sur les bords de l'excavation et du côté de l'ouest, par exemple, un système d'échaufaudages excessivement solide, dont les pieds reposent sur des paliers disposés le long du talus, de 5 mètres en 5 mètres (fig. 33). Cet échafaudage permettra à des chariots de venir chercher sur le bord de la carrière l'ardoise extraite. L'ensemble de ces dispositions s'appelle *chef* de règle *de l'ouest*; la paroi opposée s'appelle *chef de l'est*. Lorsqu'on a atteint la couche exploitable, on y creuse d'un chef à l'autre une rigole de 3 mètres de profondeur, de 1 mètre de largeur et se terminant en coin. Cette tranchée s'appelle *foncée*. Au fond de la rigole, on pratique perpendiculairement à sa direction des trous de mine horizontaux; et, lorsque la poudre a détaché en dessous une certaine portion de la roche, on fait d'autres trous de mine verticaux dans le sens même de la *fissilité*, c'est-à-dire dans le sens des lames dont se compose la couche ardoisière. Le coup de mine a pour effet de produire une fente dans laquelle on enfonce des coins jusqu'à ce que le bloc se sépare. On opère sur une largeur de 7 à 8 mètres et l'on détache un bloc de 8 mètres de long sur 3 de hauteur et de 40 à 50 centimètres d'épaisseur. Quand on a opéré ainsi sur toute la longueur de la foncée et sur les deux bords, on l'a transformée en une excavation plus large, sur les bords de laquelle on pourra opérer comme précédemment, tandis qu'en son milieu on pourra creuser une nouvelle foncée, et ainsi de suite. On comprend qu'en continuant de la sorte, à mesure que l'exploitation avancera, l'excavation deviendra à chaque foncée plus profonde de 3 mètres et plus large de deux fois l'épaisseur d'un bloc. Aussi l'ensemble prendra-t-il l'aspect d'un double escalier, descendant de chaque côté jusqu'à la dernière foncée, chaque gradin de cet escalier ayant 3 mètres de hauteur, 50 centimètres environ de largeur, et pour longueur la longueur de la carrière. On n'emploie pas toujours la mine pour faire la première fente; on perce alors, à la pointerolle et suivant les délits de la roche, une série de trous destinés à recevoir les coins : c'est ce qu'on appelle *faire le chemin* ou *enferrer*.

Lorsque les blocs se détachent et tombent dans la tranchée, ils se brisent en morceaux plus petits appelés *crenons*, que l'on subdivise au moyen de coins et de pics.

Les fragments obtenus sont placés dans des caisses appelées *bassicots*, qui sont remontées à la surface à l'aide de machines installées derrière l'échafaudage dont nous avons parlé. Ces bassicots viennent vider l'ardoise qu'ils contiennent dans des chariots qui l'emportent aux ateliers de fendage.

Depuis une vingtaine d'années on pratique aussi, aux environs d'Angers, l'exploitation souterraine, afin d'éviter les frais de découverture. On peut ainsi atteindre jusqu'à une profondeur de 250 mètres, et, à mesure que cette profondeur augmente, la qualité de l'ardoise devient meilleure.

Dans cette méthode, on creuse d'abord un puits vertical dont la section a 5 mètres sur 3 ; arrivé à la profondeur où l'on veut exploiter, on pousse dans la roche quatre galeries à angle droit sur une longueur de 40 mètres environ. Ces galeries deviennent le point de départ d'une exploitation par foncées semblable à celle qui se fait à ciel ouvert. Cette exploitation donne lieu à la formation de vastes chambres souterraines où l'ardoise est abattue, puis mise dans les bassicots qui l'emmènent à la surface. Ces bassicots servent aussi au transport des ouvriers. Quand la couche est épuisée à un certain niveau, on approfondit le puits et l'on exploite un second étage de chambres souterraines au-dessous des premières.

Dans les Ardennes, l'extraction de l'ardoise se fait dans trois centres principaux, qui sont par ordre d'importance : 1° Fumay et Haybes; 2° Rimogne et Harcy; 3° Héville et Monthermé.

Les couches d'ardoises y sont assez tourmentées, elles présentent des replis nombreux ; leur épaisseur est variable ainsi que leur qualité. Elles sont traversées par des fentes naturelles, nommées *accidents* ou *avantages*, qui facilitent l'extraction de la pierre. Si elles sont trop nombreuses, l'ardoise n'est plus exploitable : les ouvriers donnent à ces accidents des noms différents.

L'exploitation dans les Ardennes se fait souterrainement, parce que les couches ardoisières y sont très-inclinées et recouvertes d'une masse énorme de roches que l'on ne peut songer à enlever. On fait ici ce qui se pratique dans beaucoup de cas semblables : on creuse, suivant l'inclinaison du gîte, une galerie inclinée qui servira à l'extraction des produits. Quand on est arrivé à une profondeur où l'ardoise n'est plus altérée par les agents atmosphériques, on dispose de chaque côté de la galerie des chantiers dans lesquels on abat la pierre.

Voici comment s'établissent ces chantiers : On commence par enlever, sur les côtés de la galerie, une épaisseur d'ardoise de 70 centimètres environ sur toute l'étendue que doit avoir le chantier. Cette opération, que l'on appelle *crabotage*, est faite soit au pic, soit à la poudre. Elle est très-pénible pour l'ouvrier, qui, le plus souvent, est obligé de travailler à demi couché. Dans cette chambre, que donne le crabotage et qui a environ 15 à 16 mètres de largeur, suivant le sens de l'inclinaison de la couche, et 90 centimètres de hauteur, on procède alors à l'abatage de l'ardoise, en faisant tomber du toit des blocs rectangulaires. Pour cela on pratique dans ce toit, à l'aide du pic, des entailles de section triangulaire qui circonscrivent le bloc et l'on a soin de ménager quelques parties intactes, ou *boutisses*, qui le retiennent et l'empêchent de tomber inopinément. Lorsque le bloc est dégagé, il suffit souvent pour le détacher complétement d'enlever les boutisses ; mais quelquefois il devient nécessaire, pour déterminer sa chute, de donner quelques coups de mine dans le toit. Ces blocs ont souvent des dimensions considérables. M. Edmond Nivoit, ingénieur des mines, dans un ouvrage sur l'industrie des Ardennes, auquel nous empruntons les détails qui précèdent, dit avoir vu des blocs qui avaient 15 mètres de longueur, sur 30 mètres de largeur et $1^m,50$ d'épaisseur. Après la chute, la pierre est débitée en morceaux d'un transport commode. On continue ainsi à faire tomber le schiste ardoisier en s'élevant sur les remblais provenant de l'abatage, jusqu'à ce que l'on arrive à une partie inexploitable de la veine ou à la roche du toit.

Le mode d'abatage que nous venons de décrire est celui qui est le plus fréquemment employé. Autrefois, à Rimogne, on en suivait un autre, qui consistait à pratiquer le crabotage dans la partie supérieure de la couche et à enlever l'ardoise en s'abaissant. Cette méthode donnait lieu à d'immenses excavations, dangereuses au point de vue de la sécurité des ouvriers : aussi est-elle à peu près abandonnée et ne l'applique-t-on plus que dans des cas exceptionnels. On l'appelle *méthode d'exploitation en abaissant*, tandis que la précédente porte le nom de *méthode d'exploitation en rehaussant.*

Les morceaux d'ardoise débités dans les chantiers sont transportés jusqu'à la galerie inclinée ; là ils sont chargés sur de petits wagons qui roulent sur un chemin de fer établi dans la galerie, et ces wagons sont remorqués et amenés au jour par un câble qui s'enroule sur un treuil mis en mouvement par une machine à vapeur. Autrefois le transport des blocs se faisait à dos d'homme ; maintenant ce travail pénible est abandonné dans presque toutes les ardoisières des Ardennes et l'on a installé des machines à vapeur pour l'extraction des produits. Les ouvriers ne pénètrent jamais dans les travaux par les wagons qui roulent sur la galerie inclinée, car si le câble se rompait, il en résulterait de terribles accidents. Ils descendent à l'aid d'échelles ou d'escaliers. A Fumay, on établit généralement des escaliers que l'on taille dans l'ardoise ou que l'on ménage au travers des remblais ; à Rimogne, où les couches sont plus inclinées, on se sert d'échelles.

L'aérage de la mine et l'extraction des eaux qui s'infiltrent à travers les couches se font à l'aide de moyens que nous décrirons plus tard à propos des mines de houille.

Le schiste ardoisier étant amené à la surface, il est livré aux

FIG. 34. — Repartonnage et taille de l'ardoise.

ouvriers du jour, qui sont chargés de le diviser et d'en faire des ardoises. Ces ouvriers, appelés aussi *fendeurs*, travaillent derrière des abris de paille solidement assujettis, que représente la fig. 34. Leur travail comprend trois parties, qui sont le *repartonnage*, la *taille* et l'*arrondissage*.

Le repartonnage consiste à diviser en fragments plus petits les blocs qui arrivent de la carrière. Il faut ici que l'ouvrier reconnaisse aussi exactement que possible à quel endroit la pierre pourra se *quesner*, c'est-à-dire se casser à peu près perpendiculairement à la direction de la fissilité. Cela fait, à l'aide d'un ciseau d'acier il pratique une entaille oblique sur les bords de la dalle ; puis, l'appuyant à faux sur l'extrémité de ses sabots, il détache, à l'aide d'un maillet de bois, la partie qui doit être séparée du bloc ; par la continuation du travail, celui-ci se trouve divisé en fragments appelés *repartons*. Un bon ouvrier doit juger à l'inspection du bloc s'il a plus d'intérêt à le débiter en grandes ardoises, qui sont payées plus cher, qu'à en faire de petites, dont le prix est moins élevé, mais dont la façon donne lieu à moins de déchets.

L'ouvrier prend ensuite chaque reparton et, le plaçant verticalement entre ses jambes, il le refend en lames, à l'aide d'un outil plat appelé *douzé* et d'un maillet. C'est ce qu'on appelle la *taille*, qui doit être suivie de l'*arrondissage;* cette dernière opération consiste à donner à l'ardoise la forme et les dimensions voulues. L'ouvrier se sert pour cela d'un lourd couteau de fer ou *dolbeau* et d'un bloc de bois garni de fer et appelé *chapus*. La lame d'ardoise est appuyée sur le bord du chapus et à l'aide du dolbeau l'ouvrier détache d'un coup sec toute la partie qui dépasse ce bord.

Au lieu de tailler les ardoises à la main, on se sert depuis plusieurs années d'une machine fort simple, qui se compose de couteaux verticaux disposés suivant la forme que l'on veut obtenir. La lame d'ardoise, ou *fendis*, est placée au-dessous de ces couteaux et, par un mouvement qui leur est imprimé avec le pied ou avec la main, on coupe la lame schisteuse d'un seul coup, comme avec un emporte-pièce; un enfant peut ainsi faire 800 ardoises par heure.

Les ardoises fabriquées sont divisées en classes d'après leurs qualités et leurs dimensions : les ardoises d'Angers ont le grain plus fin que celles des Ardennes, mais ont moins de solidité. Les premières durent de vingt à trente ans, les secondes de quatre-vingt-dix à cent ans.

L'un des reproches que l'on adresse le plus fréquemment aux ardoises de Fumay et de Rimogne est qu'on ne peut les percer aussi facilement que celles d'Angers et que dans cette opération on en casse toujours un certain nombre. M. Nivoit prétend que ce reproche n'est pas fondé et que d'ailleurs il fait l'éloge de la dureté des ardoises ardennaises. Il est possible, dit-il, que des ouvriers habitués à mettre en usage des produits moins durs ne parviennent pas à percer, sans la casser, l'ardoise ardennaise, mais c'est par suite d'un manque d'habitude; car les couvreurs du département des Ardennes, qui n'emploient que des ardoises du pays, réussissent parfaitement à les trouer.

M. Violet a proposé de faire cuire les ardoises dans un four à briques jusqu'à ce qu'elles acquièrent la couleur *rouge pâle;* elles deviennent ainsi plus dures ; mais il faut avoir soin de les percer avant la cuisson, car, lorsqu'elles sont cuites, on ne pourrait les trouer qu'en courant le risque d'en casser un grand nombre.

Les matériaux de construction que nous avons étudiés jusqu'ici nous sont livrés par la nature prêts à être employés; il en est d'autres, comme la chaux, le plâtre et les ciments, qui doivent être préparés à l'aide de procédés spéciaux.

CHAUX

La chaux provient de la décomposition par la chaleur du carbonate de chaux ou calcaire que la nature nous offre en si grande abondance. On emploie surtout pour la fabrication de ce corps les calcaires qui sont rendus impropres aux constructions par le défaut de compacité, de dureté ou par l'eau qu'ils renferment. Telles sont, par exemple, la craie de Paris, celle du département de la Somme, de Saint-Jacques en Jura, la pierre dure de Château-Landon.

L'extraction du calcaire destiné à cette industrie se fait par des méthodes analogues à celles que nous avons décrites pour la pierre à bâtir; souvent c'est à ciel ouvert, dans d'autres cas souterrainement, comme à Meudon aux environs de Paris.

Quand l'exploitation est souterraine, elle se fait souvent par la méthode des galeries et piliers. Elle consiste à creuser un système de galeries croisées qui doivent être protégées contre les éboulements à l'aide de boisages, dont nous indiquerons la disposition à propos de l'extraction de la houille. La matière extraite des galeries est portée au dehors de la carrière à l'aide de petits chemins de fer souterrains qui viennent aboutir sur le flanc des coteaux ou à des puits verticaux. Lorsqu'un niveau est exploité, on attaque la tranche supérieure de la même manière, en ayant soin de laisser entre les deux étages un sol intermédiaire et de faire correspondre les piliers et parois des galeries d'un étage à ceux de l'étage inférieur, afin d'éviter l'écrasement des travaux.

La pierre à chaux, une fois extraite de la carrière, doit être portée à une température assez élevée pour que la décomposition ait lieu. A la température employée, l'acide carbonique du carbonate de chaux quitte la chaux, se dégage à l'état de gaz et laisse une matière solide appelée *chaux vive*. Cette opération se fait dans des *fours à chaux* dont la disposition varie.

Les uns, dits *fours de campagne*, sont des cylindres de briques que l'on revêt d'argile pour éviter la déperdition de chaleur ; on les remplit de pierre à chaux que l'on chauffe avec du bois. Il y en a d'autres d'une installation plus coûteuse, mais plus convenable. Ils sont de forme ovoïde (fig. 35) et garnis à l'intérieur de briques réfractaires. Pour les charger, on fait, au-dessus de la grille sur laquelle est le combustible, une espèce de voûte avec de gros morceaux de pierre à chaux et l'on achève de remplir le four avec des morceaux de moins en moins gros. On brûle dans le foyer des fagots, des broussailles ou de la tourbe. Lorsque la cuisson est terminée, on décharge le four. On voit donc que l'opération est intermittente.

Fig. 35. — Four à chaux à cuisson intermittente.

Les fours dits *coulants* fonctionnent d'une manière continue et par conséquent sont plus économiques. Ils sont employés dans la Mayenne. La pierre à chaux et le combustible y sont chargés par couches alternatives. A mesure que la chaux est cuite, elle est défournée par le bas du four, tandis que par l'orifice supérieur on ajoute de nouvelles charges de calcaire et de combustible (fig. 36). On voit que dans ce procédé la cuisson est continue et qu'on n'a jamais besoin d'arrêter le feu pour recharger le four.

Dans d'autres fours coulants, comme celui de M. Simonneau (fig. 37), le chauffage est fait par foyer latéral. Quatre conduits munis de grilles, où l'on place le combustible, mènent dans le four les produits de la combustion. Le défournement se fait par la partie inférieure. Ce système est très-économique.

La chaux obtenue dans ces différents fours est employée à la confection des mortiers. Cet emploi repose sur la propriété qu'a la chaux de s'emparer de l'eau avec laquelle on la mélange, de former avec elle une pâte plus ou moins liante qui reprend de l'acide carbonique à l'air et se solidifie en se transformant en carbonate de chaux. On comprend que si l'on met entre deux briques ou entre

Fig. 36. — Four à chaux à cuisson continue.

deux pierres à unir une pâte de chaux, cette solidification se fera à la longue et le carbonate formé servira de lien entre les deux pierres; mais comme la chaux subit alors un retrait considérable, on la mélange avec du sable qui, séparant les grains de chaux, empêchera le retrait et contractera avec eux une grande adhérence. Ce mélange, appelé *mortier*, se solidifiera à la longue et établira un lien entre les pierres ou les briques dans l'intervalle desquelles on l'aura placé.

Les chaux se divisent en chaux *aériennes* et chaux *hydrauliques* :

les chaux aériennes se solidifient par l'action de l'acide carbonique et sont employées pour les constructions aériennes ; elles se divisent elles-mêmes en *chaux grasses* qui forment une pâte liante, donnent d'excellents mortiers, et en *chaux maigres* qui fournissent avec l'eau une pâte moins liante et des mortiers de qualité inférieure. Cette différence provient de la composition des calcaires employés à la cuisson.

Les chaux hydrauliques sont obtenues par la cuisson de pierres à

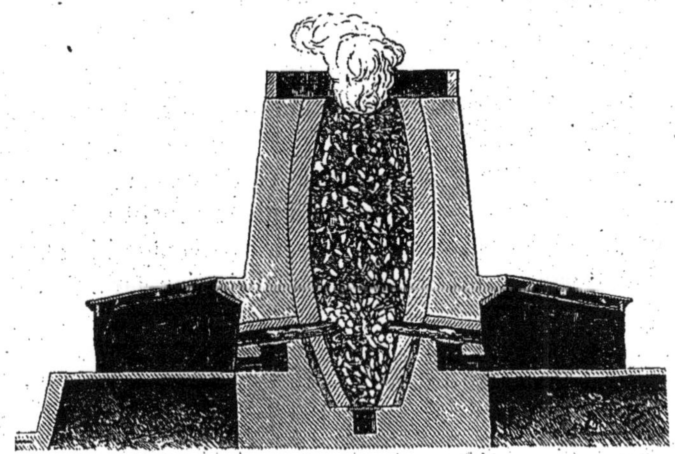

FIG. 37. — Four à chaux à cuisson continue et à foyer latéral.

chaux renfermant une certaine quantité d'argile ; elles jouissent de la propriété précieuse de se solidifier sous l'eau et forment avec le sable des mortiers hydrauliques employés avec avantage dans la construction des ponts, des canaux, des citernes. Vicat a montré qu'on peut faire artificiellement de la chaux hydraulique en cuisant un mélange de craie et d'argile. Cette industrie est pratiquée en grand à Meudon.

La chaux est employée encore à l'épuration du gaz de l'éclairage, dans les savonneries, les raffineries de sucre, les tanneries, etc., etc.

CIMENTS

On appelle *ciments* des chaux tellement hydrauliques qu'elles n'ont besoin que d'être gâchées avec une quantité d'eau convenable pour se solidifier presque immédiatement. Ces ciments proviennent de la cuisson de calcaires suffisamment argileux : nous citerons le ciment de Vassy, qui est vendu et expédié dans toute la France et à l'étranger ; le ciment de Roquefort employé dans tout le midi de la France ; les ciments de Grenoble, de Moissac, d'Antony, de Saint-Dié, de Chartres, de Montélimar, de Vitry, de Boulogne-sur-mer. Leurs qualités différentes proviennent de la composition chimique des calcaires qui les ont fournis. Ils sont tous obtenus en cuisant la pierre, et la cuisson est suivie de broyages et de tamisages.

MM. Demarle et Lonquety fabriquent à Boulogne-sur-mer un ciment appelé ciment de Portland, qui a des qualités précieuses. Cette matière sert non-seulement pour faire des joints de maçonnerie, mais pour faire des revêtements de mur, des dallages, des marches d'escalier, etc. Le ciment de Portland anglais est obtenu par la cuisson d'un mélange d'argile et de craie : le Portland de Boulogne est fait avec un calcaire argileux venant de Neufchâtel, et a sur le précédent l'avantage d'avoir une composition beaucoup plus fixe. Les soins apportés dans sa fabrication garantissent cette qualité.

PLATRE

Le plâtre est une matière plastique usitée dans les constructions, en agriculture et pour le moulage des objets sculptés. On l'obtient en calcinant dans des fours le sulfate de chaux hydraté naturel, ou gypse, qu'on rencontre en assez grande abondance dans les terrains tertiaires et qu'on désigne sous le nom de pierre à plâtre ou plâtre cru. Le gisement le plus important, celui qui donne le meilleur plâtre, est aux environs de Paris. Saint-Maur, Montreuil, Gagny, Ménilmontant, Belleville, Montmartre, Argenteuil, Franconville, Herblay, Creil et Vaux forment une chaîne de petites collines dans lesquelles le gypse est abondant et facile à extraire. Les carrières des environs de Paris alimentent tout le nord de la France ; le Midi est principalement approvisionné par les gypses de Saint-Léger-sur-Dheune et de quelques autres points du département de Saône-et-Loire. Les gypses du Puy-de-Dôme, de la Côte-d'Or et des environs d'Aix fournissent encore d'une manière notable à la consommation. L'extraction se fait à ciel ouvert chaque fois que la couche qui surmonte le gypse n'est pas trop épaisse. Dans le cas contraire, l'exploitation se fait par carrières souterraines.

Le gypse se présente aux environs de Paris sous une épaisseur considérable : une des couches a 25 mètres, mais elle ne présente pas partout les mêmes caractères. Tantôt la roche est assez tendre pour être attaquée au pic par l'ouvrier, qui pratique un souchèvement et des entailles latérales obliques, de manière à isoler la masse à extraire que l'on détache à l'aide de coins ; tantôt la pierre est assez dure pour qu'il y ait avantage à employer la poudre. Quand l'exploitation ne peut être faite à ciel ouvert, on creuse des galeries et des excavations en ménageant des piliers qui servent à soutenir le toit.

La pierre à plâtre extraite des carrières est portée aux usines où se fait la cuisson. Cette cuisson s'opère généralement dans des fours formés de trois murs surmontés d'une couverture en tuiles à claire-voie, soutenue par une charpente qui est en bois ou en fer, suivant qu'elle est placée à une hauteur plus ou moins grande au-dessus du sol (fig. 38). On dispose entre ces trois murs une masse à peu près cubique de moellons en plâtre cru : les plus gros forment, sur un carrelage en plaquettes minces de la même pierre à plâtre, plusieurs voûtes construites à sec, au-dessus desquelles on charge la pierre en fragments de moins en moins gros à mesure qu'on s'élève. Le chauffage se fait au moyen de branchages de bois sec. Au bout de dix à douze heures de chauffe, le gypse a perdu une grande partie de son eau et la transformation en plâtre est opérée. On décharge le four, on pulvérise les morceaux sous les meules et on tamise la poussière. La cuisson de la pierre à plâtre peut s'opérer dans des fours coulants comme ceux que nous avons décrits pour la chaux. Dans certaines usines on rend encore cette cuisson plus économique en substituant au foyer du four coulant ordinaire l'embouchure d'une des cheminées des fours employés à chauffer la houille pour la transformer en coke.

Fig. 38. — Four à plâtre.

Dans ce cas, on adosse plusieurs de ces fours A, A′, A″ (fig. 39) à des fours à plâtre B, B′, B″; tous les fours A, A′, A″ envoient leurs gaz chauds dans une même conduite CC; ces gaz se rendent de là au milieu de la masse de gypse E, après s'être distribués sous les grilles B, la chauffent et s'échappent par des conduits qui les mènent dans une cheminée commune.

Les moyens de cuisson que nous venons d'indiquer s'appliquent aux plâtres destinés aux constructions et à l'agriculture ; mais ils sont en général impropres à la fabrication du plâtre des mouleurs. Ce produit doit être blanc, doué d'une grande plasticité et capable de solidifier une quantité d'eau assez considérable, puisque, pour lui faire épouser tous les détails du moule, on devra l'y couler à l'état de bouillie assez claire. Pour obtenir ces résultats on opère la cuisson dans des fours semblables à ceux des boulangers. On les

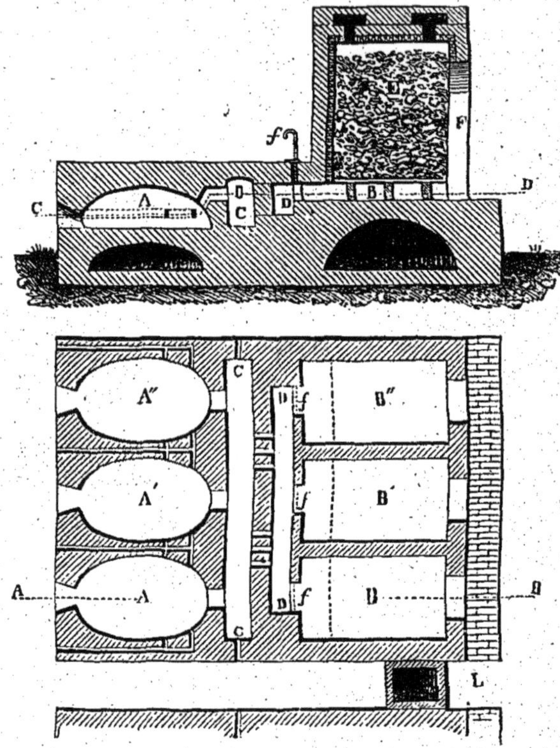

FIG. 39. — Four à plâtre.

chauffe à peine au rouge-brun et l'on y introduit la pierre en plaquettes d'épaisseur égale à 5 centimètres environ et choisies de manière à avoir des morceaux grenus, tendres, dont les interstices laissent facilement évaporer l'eau.

Autrefois, on ne savait utiliser le gypse qui se présente en cristaux lamelleux, fibreux ou compactes, qu'à la fabrication d'un plâtre spécialement destiné à l'agriculture, impropre aux constructions et aux moulages, et par conséquent d'une moindre valeur. On est parvenu à utiliser ces cristaux d'une manière plus avantageuse et à leur communiquer des propriétés de solidification telles, que le plâtre qu'ils donnent dépasse en qualité les meilleurs plâtres usuels.

Voici comment on opère chez M. Guillon, propriétaire des brevets d'invention de M. Kean :

On choisit les pierres, on sépare les morceaux les plus blancs, et ceux qui sont plus ou moins salis par des matières terreuses ou autres servent à la fabrication d'une seconde qualité. Les morceaux, cassés à la grosseur du poing, subissent une première cuisson dans un four coulant ; puis ils sont placés dans des caisses à claire-voie, qui servent à les tremper dans une solution préparée avec de l'eau tiède (à 35 degrés environ), dans laquelle on a fait dissoudre 12 pour 100 d'alun. Au bout de deux ou trois heures, on enlève les caisses, on les laisse égoutter, puis on fait sécher avant de soumettre à une deuxième calcination. La préparation est terminée par un broyage sous un moulin à meules verticales et par un tamisage dans un blutoir mécanique. Le plâtre ainsi fabriqué a besoin de moins d'eau que les plâtres ordinaires, fait prise plus lentement et donne lieu, par suite, à un produit plus dense et d'une grande ténacité. Le gâchage de ce plâtre se fait en délayant 100 parties avec 55 ou 60 d'eau ; la prise n'a lieu qu'au bout de 55 à 60 minutes, tandis que 100 parties de plâtre de Montmartre gâché serré ou clair exigent de 67 à 90 d'eau et font prise en 12 ou 15 minutes.

Les usages du plâtre sont fondés sur la propriété qu'il possède de se solidifier et de former avec l'eau une masse dure et compacte. Si l'on gâche avec l'eau un peu de plâtre en poussière, il s'empare à nouveau de l'eau dont la cuisson l'avait privé et forme avec elle un corps dur et solide. Aussi emploie-t-on le plâtre pour faire des enduits à la surface des murs, pour faire des plafonds, pour sceller le fer dans la pierre.

Les mouleurs s'en servent pour reproduire des médailles, des figurines, des statuettes. Après l'avoir gâché avec une quantité d'eau suffisante pour en faire une bouillie claire, ils le coulent dans le moule en creux de l'objet à reproduire ; le plâtre se solidifie en se gonflant, et, grâce à ce gonflement, remplit bien le moule et en épouse tous les détails. Quand il s'agit de certains objets, d'une statuette par exemple, le moule se compose de deux parties que l'on juxtapose et qu'on maintient unies entre elles ; après la solidification, on sépare les deux parties qui laissent voir la statuette reproduisant tous les détails du moule.

CHAPITRE III

HOUILLE OU CHARBON DE TERRE

On donne le nom de *houille* ou de *charbon de terre* à une substance charbonneuse qui se trouve en masses considérables dans le sein de la terre, et qui est, pour l'industrie comme pour l'économie domestique, un précieux combustible.

Elle peut être considérée comme la source du mouvement et de la vie dans nos usines, puisque c'est avec la chaleur dégagée par sa combustion que l'on produit la vapeur d'eau, qui sert de moteur à ces machines si nombreuses et si variées auxquelles l'industrie doit ses plus beaux triomphes. Elle rivalise d'importance avec le fer, qui est presque exclusivement employé à la construction de ces machines et des organes destinés à leur transmettre la force motrice. Ce sont les deux substances les plus nécessaires au développement de l'industrie des nations ; c'est ce qui faisait dire à Sir Robert Peel, dans un discours prononcé à la Chambre des Communes : « Considérez les richesses minérales de notre sol, ces couches immenses de houille et de minerai, *qui sont comme les nerfs et les muscles de vos manufactures*... »

La houille se trouve dans les terrains de transition, et les géologues expliquent sa formation de la manière suivante : A l'époque de cette formation, la croûte terrestre, encore très-mince, subissait de fréquents affaissements qui enfouissaient sous les eaux de grandes masses de végétaux. Ces végétaux subissaient alors au milieu de l'eau un phénomène de décomposition analogue à celui que nous observons encore de nos jours et qui donne naissance à la tourbe. La houille ne serait donc qu'une espèce de tourbe, d'origine très-ancienne; elle ne s'est pas formée d'une manière continue; dans l'intervalle de temps qui séparait les affaissements, se déposaient, au milieu des eaux, des roches sédimentaires plus tard recouvertes par de nouvelles couches de houille. C'est ainsi que l'on explique la superposition de veines quelquefois très-nombreuses en un même lieu et séparées par des roches sédimentaires.

La compacité de la houille et les différences qu'elle présente avec la tourbe s'expliquent par les actions ignées qu'elle a subies postérieurement à sa formation. C'est aussi à la différence d'intensité de ces actions qu'est due la variété des houilles que nous rencontrons dans le sein de la terre; celles qui sont de formation plus ancienne et qui se trouvaient plus voisines du centre, ont subi davantage l'action de la chaleur centrale et ont été modifiées dans leur composition plus que celles qui se trouvaient à des étages supérieurs. Ainsi l'anthracite, espèce beaucoup plus compacte, plus dure que la houille ordinaire, de formation plus ancienne, a dû être soumise à des actions ignées beaucoup plus intenses, qui ont plus profondément modifié sa nature primitive. Le lignite au contraire serait un intermédiaire entre la houille et la tourbe; d'une origine plus récente que la houille, il a subi dans une plus faible proportion l'action du feu central.

Les couches de houille sont très-souvent sinueuses; ces accidents de stratification sont encore dus à des dislocations postérieures à la formation, dislocations qui ont eu pour effet de plisser les couches à un tel point, qu'un puits, creusé verticalement dans le sol, rencontre souvent plusieurs fois la même couche.

Sans être aussi riche en houille que l'Angleterre, la France est cependant encore un des pays les plus privilégiés pour la quantité de ce précieux combustible que renferme son sol. Le tableau suivant donne, en chiffres ronds, l'étendue des terrains houillers en Europe et leur production pendant une des dernières années :

	Hectares.	Tonnes.
Angleterre	1 570 000	98 000 000
Prusse, Saxe, Bavière	600 000	20 000 000
France	350 000	12 000 000
Belgique	150 000	11 000 000
Autriche, Bohême	150 000	3 000 000
Espagne	150 000	400 000

L'Angleterre a sous ce rapport une grande supériorité sur la France : le prix moyen de la houille sur les carreaux de ses houillères est de 5 à 6 francs la tonne, tandis qu'il s'élève à 10 fr. sur les carreaux des houillères de la France et de la Belgique.

La houille est, avec le fer, la principale richesse minérale de la France, qui possède 71 bassins houillers exploités dans quarante-quatre départements. D'après les derniers documents officiels, les 71 bassins ont, en 1867, produit 127 386 863 quintaux métriques de houille, ayant au lieu de production une valeur de 155 812 909 fr., ce qui donne pour le prix du quintal métrique 1 fr. 20 c.; en 1860, la production n'était que de 83 036 818 quintaux métriques, et en 1852 de 49 039 300. En 1867, le nombre des ouvriers employés à l'extraction de la houille était de 82 501.

Tous les bassins sont loin d'avoir la même importance; nous citerons seulement :

1° Le bassin de la Loire, qui est le plus important. Une trentaine de couches ayant ensemble 50 mètres environ d'épaisseur y donnent le meilleur combustible du continent; la plus forte couche, dite la *grande masse*, mesure jusqu'à 12 mètres d'épaisseur. Le bassin de la Loire fournit plus du quart de la production nationale; en 1864 (1), il a fourni 31 925 295 quintaux.

2° Le bassin du Nord, qui s'étend dans les départements du Nord et du Pas-de-Calais, a eu, en 1864, une production presque égale à celle du bassin de la Loire; elle a été de 31 406 827 quintaux : les couches sont nombreuses, mais peu épaisses. Nous citerons la compagnie d'Anzin, qui est la plus importante et la plus ancienne du bassin du Nord. Elle a été fondée en 1757 par le comte Desandrouin ; elle occupe aujourd'hui 12 000 ouvriers, et la direction générale de l'exploitation est confiée à M. de Commines de Marsilly, ingénieur des mines, déjà connu dans la science par de remarquables travaux sur la houille.

3° Le bassin du Gard, que l'on connaît de temps immémorial comme ceux où le combustible affleure à la surface du sol, mais qui est resté longtemps sans importance. Les houillères d'Alais appartiennent à ce bassin qui, en 1864, a fourni 11 805 156 quintaux.

4° Le département de Saône-et-Loire, où l'on trouve les mines d'Epinac et de Blanzy. La production s'y est élevée en 1864 à 3 627 400 quintaux.

(1) Les documents détaillés que publie l'Administration des mines ne vont pas au delà de l'année 1864.

5° Le département de l'Allier, qui a produit, la même année, 8 406 580 quintaux.

6° Le département de la Haute-Saône, dont la production a été de 2 159 755 quintaux.

7° Le département de la Moselle, qui a produit 407 010 quintaux.

8° Le département de la Nièvre, qui a produit 1 021 760 quintaux.

EXTRACTION DE LA HOUILLE.

L'extraction de la houille exige des travaux considérables; leur exécution immobilise des capitaux dont l'importance va chaque jour en croissant et que l'on peut évaluer en France à plus de 300 millions de francs. Les limites et le but de cet ouvrage ne nous permettent pas d'entrer dans la description détaillée des travaux exécutés dans les houillères ; nous n'en étudierons que les points principaux.

On peut les diviser en travaux préparatoires et travaux d'exploitation proprement dits, mais les uns et les autres doivent être précédés de travaux de recherche.

Lorsque les considérations géologiques, tirées de l'observation des couches du sol, font supposer l'existence de la houille en un lieu donné, il faut, avant de commencer les travaux préparatoires, s'assurer de l'existence des gîtes et recueillir autant de données que possible sur leur nature, leur profondeur et leur puissance. A cet effet on opère des sondages, que l'on poursuit jusqu'à ce qu'on rencontre le terrain houiller, ou que l'apparition de couches inférieures démontre l'absence de ce terrain au lieu du sondage. C'est ce qui constitue les *travaux de recherche*.

Le sondage se fait à l'aide d'appareils connus sous le nom de *sondes*. Ils se composent d'un anneau tournant, appelé *tête*, auquel on suspend des tiges de fer ou de bois qui le relient aux outils chargés d'attaquer et de briser la roche. Ces tiges sont assemblées bout à bout, et leur nombre va croissant à mesure que la profondeur du trou augmente. On se sert d'outils agissant soit par percussion, soit par rotation.

Ceux qui agissent par percussion sont exclusivement réservés pour traverser les roches ayant une certaine dureté; on leur donne le nom de *trépans*, *burins* ou *ciseaux* (fig. 40). La partie supérieure du trépan est vissée dans la dernière tige : un balancier, mû par une machine à vapeur ou par tout autre moteur, soulève les tiges et le burin; lorsque celui-ci est arrivé à une certaine hauteur, il est abandonné à lui-même, tombe et vient heurter de tout son poids le fond du trou, qu'il entaille. Le balancier redescend alors; les tiges, par un mécanisme spécial, ressaisissent le burin qui s'élève de nouveau pour retomber encore. A chaque mouvement, l'ouvrier qui dirige la tige la fait tourner d'un certain angle pour que le burin ne tombe pas toujours à la même place. Les débris de roche broyés forment avec l'eau, que l'on entretient toujours au fond du trou, des boues qui s'enlèvent à l'aide d'un cylindre à soupape semblable à celui que représente la figure 41.

Pour pouvoir bien juger de la nature des terrains que l'on traverse, on a intérêt à retirer du trou des fragments de roche un peu gros. On se sert pour cela d'un trépan en forme de cylindre creux (fig. 42) muni à sa base d'une rangée de dents ou seulement de quatre ou six couteaux; il se manœuvre comme le trépan ordinaire et isole un cylindre dans la roche. Quand on a dégagé ce cylindre que les ouvriers appellent *carotte*, on le brise à sa base avec une espèce de pince à ressort qui le saisit (fig. 43) et on le remonte à la surface.

Dans les terrains tendres et friables on se sert quelquefois d'outils agissant par rotation; ce sont des *tarières*, qui font l'effet de vrilles ou de vilebrequins.

Les sondages durent quelquefois très-longtemps, par suite de la rupture des trépans qui s'engagent dans la roche et dont on ne retire souvent les débris qu'avec une très-grande difficulté et à l'aide d'outils spéciaux.

Quand les travaux de recherche sont établi l'existence de la houille en un point donné, on peut commencer les travaux préparatoires, qui comprennent le percement des puits et des galeries qu'il faut creuser pour arriver à la couche de houille.

Les puits sont des trous presque toujours verticaux, quelquefois inclinés, dont le diamètre varie et va souvent jusqu'à cinq mètres. Ils sont de forme rectangulaire, circulaire ou elliptique. Ils servent à la circulation des ouvriers qui descendent dans la mine ou en remontent, à celle des wagonnets ou berlines qui portent au jour la houille extraite de la couche, enfin au passage du courant d'air qui ventile les galeries de la mine et y entretient une atmosphère respirable.

Le percement des puits se fait par plusieurs procédés. Quand le terrain est compacte et résistant, comme la plupart des calcaires et des grès, le travail est long, mais il consiste seulement dans l'abatage de la roche, qui se fait à la poudre par des coups de mine inclinés ou avec des pics, des coins et des masses. Les parois du trou se soutiennent d'elles-mêmes et n'ont pas besoin de revêtements et d'étais. Mais lorsque la roche est ébouleuse et friable, comme

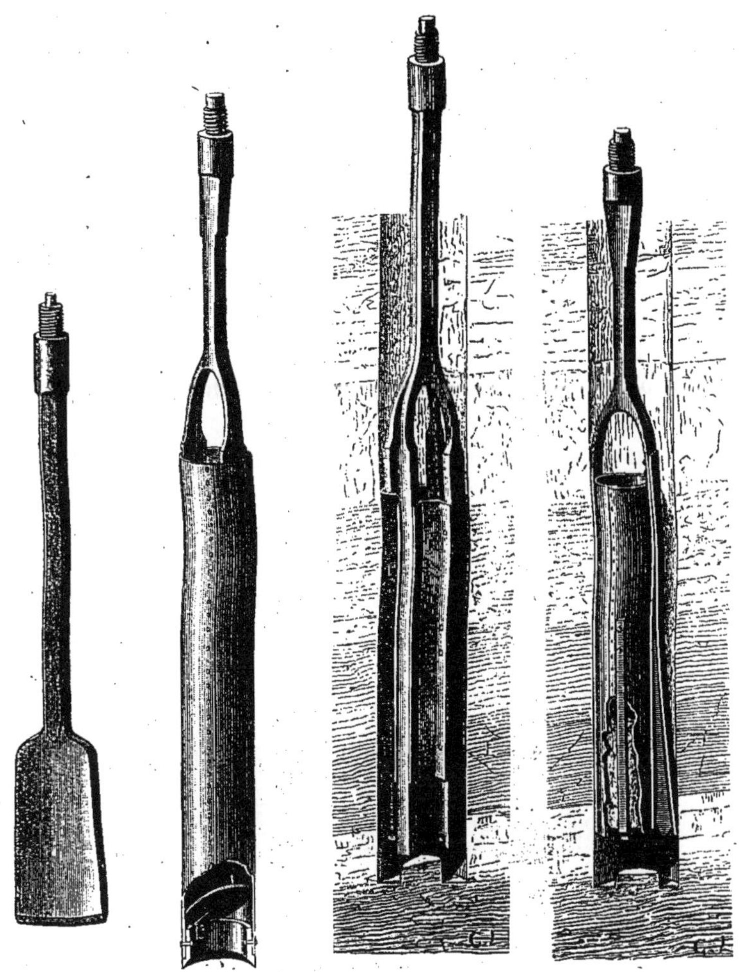

FIG. 40. Trépan ou burin. FIG. 41. Trépan à soupape. FIG. 42. Trépan découpeur. FIG. 43. Emporte-pièce.

certains grès et la plupart des schistes, il faut soutenir les parois du puits pour les empêcher de s'ébouler; on y parvient à l'aide de boisages et de muraillements.

Le boisage se fait en plaçant, dans l'intérieur du puits et de distance en distance, des cadres de bois, dont les côtés longs, appelés *pièces porteuses*, sont engagés dans des entailles, ou *potelles*, pratiquées dans la roche. A mesure qu'on pose les cadres, on chasse derrière eux des bois de garnissage portant à la fois sur deux cadres et serrés par des coins, qui établissent le boisage dans un état de tension générale contre les parois. Pour augmenter la solidité de tout le boisage, on relie les cadres en clouant et en chevillant des planches sur les faces intérieures.

On divise souvent les puits en plusieurs compartiments pour les besoins du service. Cette division augmente la solidité du boisage (fig. 44).

Quand un puits doit servir pendant longtemps, il est préférable d'en soutenir les parois par une maçonnerie, qui est d'un établissement plus coûteux, mais offre plus de solidité. Les puits muraillés sont ordinairement ronds ou elliptiques. La méthode la plus simple de construction consiste à creuser le puits jusqu'à la profondeur qu'il doit avoir en soutenant les parois par un boisage provisoire, puis à élever le muraillement à partir du fond.

Lorsqu'on a à traverser des terrains meubles, on se sert, pour éviter les éboulements, d'un moyen très-ingénieux qui consiste à faire descendre dans le puits, et par leur propre poids, des tours de maçonnerie ou de fonte. Voici comment on opère :

Sur la surface bien nivelée de la couche meuble on dispose un cadre de bois ou de fonte, qui a la forme du puits et dont la base

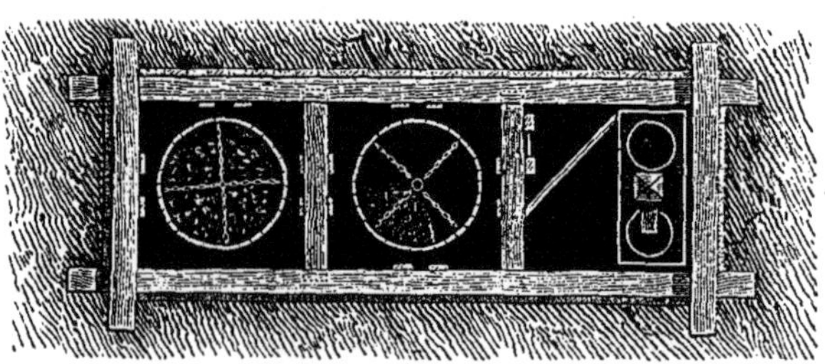

Fig. 44. — Puits boisés.

est taillée en biseau de manière à pouvoir pénétrer dans le sol. Sur ce bâti on construit d'abord une certaine hauteur de maçonnerie, un mètre par exemple. Les ouvriers placés dans l'intérieur du cadre sapent le terrain sur lequel il repose et rejettent les déblais en dehors ; à mesure qu'ils travaillent, les parties de la couche meuble qui se trouvent au-dessous du cadre, s'éboulent dans l'intérieur; le cadre descend, ainsi que la maçonnerie qu'il supporte, et pénètre dans le sol en maintenant les terres mouvantes qui l'entourent. On construit alors une nouvelle portion de maçonnerie au-dessus de la première, et les mineurs recommencent leur travail de manière à faire descendre la tour d'une quantité correspondante à celle qui a été construite. On fait ainsi pénétrer dans des terrains meubles une tour qui s'édifie à sa partie supérieure, à mesure qu'elle descend. Cette tour s'appelle *trousse coupante*. Quand elle est arrivée à fond, la maçonnerie a pu souffrir par suite du mouvement et des frottements latéraux; on la double alors d'un nouveau revêtement intérieur.

Il peut encore se présenter dans le fonçage des puits des difficultés plus grandes que celles dont nous venons de parler : il existe dans les entrailles de la terre des nappes d'eau, des sources, qui envahissent souvent les travaux. Plusieurs moyens peuvent être employés pour exécuter dans ces conditions le fonçage des puits et traverser ces couches envahies par les eaux.

Nous citerons d'abord l'appareil de M. Triger, dont l'invention remonte déjà à près de trente ans. M. Triger eut l'idée d'utiliser, pour refouler les eaux, la force élastique de l'air comprimé et parvint, par le procédé que nous allons décrire, à creuser un puits dans le lit même de la Loire.

Un cylindre de tôle, servant de trousse coupante, fut enfoncé dans les alluvions; il était séparé en trois parties (fig. 45) par des cloisons horizontales, où se trouvaient des portes destinées à établir ou à fermer la communication entre les trois chambres. Le compartiment supérieur restait toujours ouvert et le compartiment inférieur recevait par un tube, représenté à droite de la figure, de l'air comprimé que refoulait une machine à vapeur. La pression de cet air s'exerçant sur le fond du puits empêchait la nappe liquide d'arriver dans le compartiment inférieur et faisait remonter, par un autre tube débouchant à l'extérieur, le peu d'eau qui parvenait à passer. L'ouvrier mineur placé dans le compartiment le plus bas y travaille avec autant de facilité qu'à l'air libre ; à mesure qu'il déblaye les matériaux, ils sont enlevés à l'aide de seaux et de cordes par un ouvrier placé dans la chambre du milieu. Celui-ci, après avoir refermé et calfeutré la porte qui a laissé passer les débris, ouvre celle qui lui permet de communiquer avec la chambre supérieure, et un troisième ouvrier placé en haut de l'appareil enlève à son tour les matériaux pour les rejeter au dehors.

On comprend que l'appareil doit descendre par son poids à mesure que les travaux avancent.

Les ouvriers plongés dans l'air comprimé n'y éprouvent en général aucun malaise : un léger bourdonnement dans les oreilles, un peu d'accélération dans le pouls, la voix qui devient criarde, sont les seuls phénomènes observés sur la plupart ; nous devons dire toutefois que ceux qui ont la membrane du tympan très-délicate, ou qui ont l'habitude de s'enivrer, ne peuvent prolonger leur séjour au milieu de cette atmosphère à haute pression. Ajoutons aussi que, pour écarter toute chance d'accident, il faut faire entrer et sortir les ouvriers avec précaution et éviter les variations trop brusques dans la pression.

Il est évident que les puits ainsi percés dans les terrains aquifères doivent être ensuite cuvelés, c'est-à-dire revêtus d'un boisage solide et imperméable, qui puisse résister à la fois à l'infiltration et à la pression des eaux.

L'invention de M. Triger est passée dans la pratique ; c'est par son procédé qu'ont été établies les fondations de certains ponts, de celui de Kehl, par exemple, jeté sur le Rhin en 1862. Ce procédé ne peut pas, du reste, être employé à de grandes profondeurs.

Dans ces dernières années de nouveaux progrès ont été réalisés : MM. Kind et Chaudron ont exécuté, dans la Moselle, de remarquables travaux, qui leur ont permis de creuser le puits d'extraction de la houillère de Saint-Avold au milieu de couches aquifères, où le travail avait été, jusqu'à eux, regardé comme impossible. Ce progrès, le plus grand qui ait été réalisé depuis longtemps dans l'art des mines, a valu à leurs inventeurs un des grands prix de l'Exposition de 1867.

La difficulté, ou plutôt l'impossibilité d'épuiser les eaux à l'aide de pompes et de maintenir les travailleurs à sec, a décidé MM. Kind et Chaudron à creuser mécaniquement le puits, à le percer à l'aide de la sonde, comme on le fait d'un trou de sonde ordinaire. Ils employèrent successivement des trépans de diamètre croissant et parvinrent à traverser les nappes aquifères : le puits d'extraction de Saint-Avold a été foré au diamètre de $4^{m},10$, celui d'aérage à $2^{m},56$.

Une fois le fonçage poussé au delà des nappes aquifères, le puits se trouvait évidemment envahi par les eaux. Il n'y avait pas à songer à l'épuiser par la pompe, car la nappe était trop abondante et aurait fourni plus d'eau qu'on ne pouvait en enlever. MM. Kind et Chaudron imaginèrent alors d'isoler la nappe elle-même et les couches perméables, qui formaient les parois du puits, de l'eau que celui-ci renfermait. Pour cela, à l'aide de vis verticales mues par des engrenages, on procéda à la descente d'un cuvelage formé d'anneaux de fonte à faces de joint parfaitement dressées. Le

FIG. 45. — Appareil Triger pour le fonçage des puits.

poids total de ce cuvelage était de 640 000 kilogr. pour le grand puits et 258 000 kilogr. pour le puits d'aérage. A la base de l'anneau inférieur appelé *boîte à mousse*, se trouvait une épaisseur de mousse de 1^{m},80 de hauteur, maintenue par un filet. Lorsque le cuvelage fut arrivé sur une banquette circulaire que la sonde avait ménagée au fond du puits, on l'abandonna à son poids qui, pesant sur la couche de mousse, la réduisit à une épaisseur de 0m,25 et en fit un joint capable de résister à l'eau qui s'échappait des terres environnantes. On coula ensuite, entre le terrain et le cuvelage, une couche de béton qu'on laissa durcir pendant six semaines ; puis, à l'aide de pompes, on épuisa l'eau qui remplissait l'intérieur du puits. Le puits de Saint-Avold a été foncé à 160 mètres de profondeur ; le travail a duré, pour le grand puits, 814 jours, y compris 80 jours de chômage, et a coûté 480 000 fr.

FIG. 46.

FIG. 47.

Galeries muraillées.

Lorsque le forage des puits a permis de descendre au niveau de la couche de houille que l'on veut exploiter, il faut arriver jusqu'à elle ; c'est ce qui se fait en perçant des *galeries* ou conduits souterrains qui la mettent en communication avec les puits. Ces galeries sont quelquefois creusées dans la couche elle-même et descendent avec elle, ayant le même *mur* et le même *toit* (1). Quand une galerie sert au transport de la houille, on l'appelle *galerie de roulage ;* à la circulation de l'air, *galerie d'aérage ;* à la sortie des eaux, *galerie d'écoulement.*

On rencontre dans le percement de ces conduits souterrains les

(1) On appelle *mur* ou *sol* d'une couche le banc sur lequel elle repose, et *toit* celui qui la surmonte.

mêmes difficultés que dans le fonçage des puits : elles se trouvent augmentées par la pression des couches supérieures.

On emploie, pour soutenir les galeries, les mêmes procédés que pour les puits ; on opère tantôt par muraillements, tantôt par boisages. Quand elles doivent avoir une longue durée et que le terrain traversé n'est pas résistant, on le revêt d'une maçonnerie ; c'est ce que l'on doit faire chaque fois qu'un ouvrage doit durer plus de dix ans. Le muraillement complet d'une galerie se compose (fig. 46) d'une voûte circulaire ou ovale, la partie supérieure étant destinée à soutenir le *toit*, la partie inférieure à empêcher le gonflement du

Fig. 48.

Fig. 49.

Galeries boisées.

sol et à permettre l'établissement d'un plancher au-dessous duquel les eaux puissent s'écouler. Ce plancher reçoit ordinairement des rails sur lesquels circulent des wagonnets remplis de houille. Quand le sol n'est pas de nature à se gonfler, on donne à la maçonnerie la forme que représente la figure 47.

Le boisage s'applique surtout aux galeries ordinaires, qui sont percées dans un terrain de consistance moyenne et qui ne doivent pas avoir une longue durée. Il est d'une exécution prompte et facile et se prête à toutes les exigences des percements. Quand les quatre faces de la galerie ont besoin d'être contenues, on établit un *boisage complet*, composé de cadres et de garnissages. Chaque cadre complet est formé de quatre pièces : un *chapeau*, ou corniche, placé au faîte de la galerie, deux montants un peu inclinés pour diminuer la portée du chapeau, une *semelle* ou *sole*, servant de base aux montants (fig. 48). Les parties de roches laissées à découvert entre les cadres sont soutenues au moyen de bois de garnissage allant d'un cadre à l'autre. Quand le sol n'est pas de nature à se gonfler, on se dispense de poser une semelle (fig. 49). Les figures 50 et 51 représentent les haches employées par les ouvriers pour tailler les bois destinés au boisage des galeries.

FIG. 50. — Hache de boiseur. FIG. 51. — Hache de boiseur.

Quand le forage des puits et le percement des galeries ont conduit le mineur jusqu'à la couche à exploiter, on commence les travaux d'*exploitation proprement dite*, qui ont pour but l'extraction même de la houille; la direction qu'on leur donne dépend des gîtes, de l'épaisseur et de l'inclinaison des couches.

Sous ce rapport l'industrie houillère a fait depuis un certain nombre d'années de remarquables progrès. La nécessité de produire la houille à bon marché, le besoin de faire rendre aux couches exploitées tout ce qu'elles contiennent d'un combustible si précieux, et enfin le désir d'apporter dans la condition de l'ouvrier mineur des améliorations aussi profitables pour lui que pour les compagnies qui l'emploient, ont transformé complétement cette importante industrie.

Quand les couches ont une puissance et une inclinaison moyennes, on suit ordinairement la méthode par piliers et galeries ou la méthode par grandes tailles.

La méthode *par piliers* et *galeries* consiste à ouvrir dans la houille même, sur toute la hauteur de la couche, des galeries parallèles, dites *tailles*, séparées par des murs de charbon, et l'on recoupe ces murs par des galeries transversales. Tantôt on ne donne aux piliers ménagés dans le percement de ce double système de galeries que les dimensions strictement nécessaires pour soutenir le toit ; tantôt, et c'est le cas le plus fréquent, on leur donne des dimensions plus grandes ; à la fin de l'exploitation on les abat complétement, en partant de celui qui est le plus éloigné du puits d'extraction et en revenant vers ce puits. Ce travail s'appelle *dépilage*. On empêche la chute immédiate du toit à l'aide d'étais, qu'on retire ensuite avec précaution, de manière à faire ébouler peu à peu le terrain à mesure que les ouvriers se retirent.

La méthode par *grandes tailles*, qui ne s'applique qu'aux couches de 1^{m},50 à 2 mètres de puissance, consiste à abattre entièrement le charbon, au fur et à mesure que l'on avance, sans laisser de piliers. On empêche la chute immédiate du toit par des étais : on remblaye derrière soi avec les matériaux provenant du triage de la houille fait sur place, ou bien avec des remblais venus du dehors ; il faut avoir soin de se ménager des galeries à travers les remblais pour retourner au puits d'extraction et pour faciliter l'aération des chantiers.

Quand la couche est fortement inclinée et peu épaisse, on emploie la méthode par *gradins renversés*, qui est fréquemment appliquée dans les houillères du Nord. Elle exige deux galeries horizontales percées dans le plan de la couche à des hauteurs différentes et limitant la portion que l'on veut exploiter. Ces galeries, appelées *niveaux*, vont aboutir aux puits d'extraction et d'aérage : la galerie supérieure sert à l'aérage, la galerie inférieure au roulage. Lorsque la partie à exploiter est ainsi limitée, on perce, suivant l'inclinaison du gîte, des galeries appelées *cheminées* ou *remontées*, qui réunissent les galeries horizontales. Puis, chaque massif ainsi isolé est exploité par les mineurs qui, montés sur des échafaudages ou sur des remblais, découpent la houille par gradins toujours dégagés sur deux faces. Pour se rendre compte de l'aspect que prend le gîte pour l'ouvrier, il n'y a qu'à se supposer placé sous un escalier dont on aurait les marches au-dessus de la tête. A mesure que la houille est extraite, elle est envoyée aux galeries de niveau par les cheminées.

On peut encore, suivant les cas, employer d'autres méthodes, parmi lesquelles nous citerons la méthode par *ouvrage en travers*, pratiquée pour les couches épaisses et très-inclinées, comme celles du Creuzot. On fonce un puits P (fig. 52) dans la roche : arrivé à une certaine profondeur, on rejoint la couche par une galerie G à travers bancs. Dès qu'on l'a atteinte, on ouvre une galerie d'allongement contre le mur (elle est représentée en coupe par un petit carré noir) et on la prolonge à une grande distance du point de départ. Arrivé à l'extrémité, on perce une galerie horizontale allant du mur au toit; puis on la remblaye en revenant du toit au mur. On creuse ensuite une nouvelle galerie à travers le charbon, mais moins loin de l'ouverture de la galerie d'allongement, et l'on revient ainsi vers la galerie à travers bancs. Il est évident que ce travail peut se faire, comme le représente la figure, à des profondeurs différentes et permet d'exploiter la couche dans toute sa hauteur par étages successifs. L'inconvénient le plus grave que présente cette méthode est la difficulté de se procurer des matériaux de remblai.

Fig. 52. — Exploitation par ouvrage en travers.

Quelle que soit d'ailleurs la méthode employée pour l'exploitation, l'abatage de la houille se fait à l'aide de pics, qui varient de forme suivant qu'on attaque le roc dur ou le charbon plus tendre : ils sont à une ou deux pointes. Dans les mines du nord de la France, on emploie des pics d'un modèle spécial, entre autres un pic à deux pointes, appelé *rivelaine* (fig. 11). La rivelaine sert à pratiquer le *havage*, c'est-à-dire une entaille qui dégage la veine. Ce havage se fait au mur, quand celui-ci est facile à entamer, et, à mesure que le travail avance, le mineur soutient la couche par de petits étais pour l'empêcher de tomber brusquement : quand le havage est fait, l'ouvrier pratique deux entailles latérales qui isolent le bloc à abattre, puis à l'aide de coins et de masses, il le fait tomber. L'ouvrier mineur doit tendre à abattre des morceaux aussi gros que possible et à faire peu de *menu* ou *poussier*, ce poussier ayant une valeur moindre que la houille en gros fragments. Il doit, à mesure qu'il abat la houille, faire le triage et séparer du combustible les pierres que l'on y rencontre. Ces pierres servent aux remblayeurs pour exécuter les remblais.

La houille une fois triée doit être transportée de la taille, où elle a été abattue, jusqu'au puits d'extraction. Ce transport s'effectue de diverses manières. Quelquefois il se fait à dos d'homme, ou dans des brouettes, mais c'est là une exception. Dans presque toutes les houillères, on emploie maintenant soit de petits wagons ou berlines, soit des bennes ou tonnes portées sur des plates-formes munies de roues, soit des appareils roulants appelés *couriots* sur lesquels on place des panier sou *couffins* (fig. 53). Le roulage s'effectue

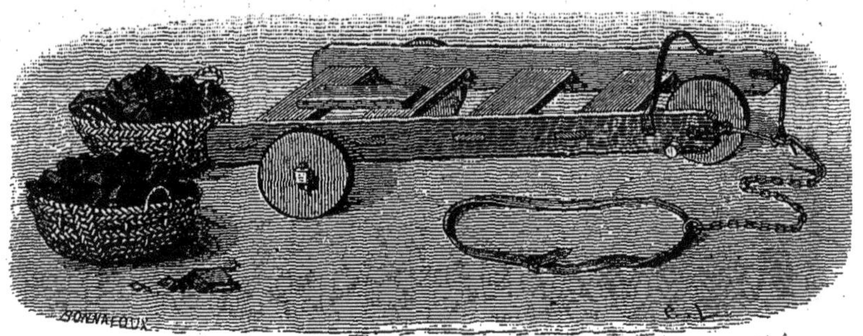

Fig. 53. — Couriots et Couffins.

sur des rails disposés sur le sol des galeries : la pente de celui-ci est ménagée de manière à faciliter le transport des wagons pleins de houille. Des ouvriers appelés *rouleurs* ou *hercheurs* s'attèlent aux wagons à l'aide d'une bricole et les traînent jusqu'à ce qu'ils soient arrivés à des galeries assez hautes pour permettre la circulation des chevaux (fig. 54). Le travail des hercheurs est souvent pénible, car lorsqu'on approche de la taille, dans les couches de faible épaisseur, les galeries deviennent très-basses et l'ouvrier est obligé de marcher presque plié en deux ; du reste, nous devons faire remarquer qu'ils s'habituent assez vite à ce genre de travail, et acquièrent une grande dextérité et une souplesse remarquable. Nous avons été frappé, en visitant les houillères, de l'agilité avec laquelle hommes et enfants circulent dans ces galeries souterraines souvent très-basses, où nous n'avancions nous-mêmes que difficilement et au prix d'une grande fatigue.

Quand les veines sont très-inclinées, l'inclinaison des cheminées ou descenderies ne permet pas le traînage de wagons ; on se sert alors de plans automoteurs. Ces plans se composent de deux voies en fer et d'une poulie de renvoi placée à la partie supérieure du plan. Un câble passe sur cette poulie; il est attaché, par une de ses extrémités, aux wagons pleins de houille qui se trouvent en haut de la pente, et par l'autre extrémité aux wagons vides qui

FIG. 54. — Transport de la houille en wagons traînés par des hommes.

se trouvent en bas. Les wagons pleins sont abandonnés sur la pente, qu'ils descendent pour aller trouver les galeries de roulage, tandis que les wagons vides remontent pour aller recevoir une nouvelle charge. Un frein, qui serre plus ou moins la poulie de renvoi, modère à volonté la rapidité des wagons.

Lorsque la houille est arrivée aux galeries hautes, on forme des convois qui sont traînés par des chevaux jusqu'aux puits d'extraction. Les convois sont ordinairement dirigés par un conducteur qui se trouve en tête et par un enfant ou *galibeau* qui se tient sur les derrières (fig. 55). Les chevaux ne travaillent qu'une partie de la journée ; aux heures de repos, on les conduit dans des écuries très-bien installées à l'intérieur de la mine ; ces animaux, qui ne remontent au jour que lorsqu'ils sont malades ou hors de service, acquièrent bientôt une très-grande habitude de ce genre de travail, qu'ils exécutent avec une docilité remarquable.

La visite d'une houillère laisse des souvenirs impérissables. Rien n'est plus intéressant à observer que l'activité de ce peuple de travailleurs qui circulent dans ces dédales souterrains, éclairés par une lampe attachée soit au chapeau, soit à la ceinture. Tout s'y fait avec ordre, on pourrait dire avec ardeur; car il n'est peut-être pas de profession qui passionne davantage que celle du mineur. Depuis le maître porion jusqu'au galibeau, tous aiment leur métier et l'exercent avec passion. Aussi rencontre-t-on peu d'ouvriers travaillant avec nonchalance; la circulation est active, l'animation est grande dans ces galeries souterraines où se croisent les convois, où brillent au loin les lampes des mineurs, où résonnent les cris des conducteurs s'avertissant à distance de l'arrivée des trains.

Fig. 55. — Train traîné par des chevaux.

La houille une fois extraite et amenée au puits d'extraction, il faut la remonter au jour; autrefois on la versait dans des bennes ou tonnes attachées à un câble qui s'élevait dans le puits et qui en sortait pour aller s'enrouler sur un tambour mis en mouvement par un moteur quelconque. Les bennes servaient aussi au transport des ouvriers. Ce procédé présentait de graves inconvénients; il était dangereux et peu expéditif, aussi l'a-t-on abandonné pour des moyens meilleurs.

On a d'abord cherché à éviter le transbordement dont nous venons de parler, et qui a pour inconvénient de briser les morceaux et d'augmenter la proportion de menu. Pour cela, au lieu de charger la houille dans les bennes, on accrochait au câble les wagons eux-mêmes ou les bennes roulantes. Dans la plupart des mines on emploie maintenant un système meilleur encore. On suspend au câble de grandes cages à deux ou trois étages (fig. 56). Ces cages portent des patins ou glissières qui guident le mouvement, de s'appuyant sur d'énormes poteaux de bois, ou longuerines, installés sur les parois opposées du puits. La cage est descendue au fond du puits et des ouvriers appelés *accrocheurs* y installent les wagons. Cette opération est très-simple, car on manœuvre l'appareil de manière que le sol de chaque étage vienne successivement se mettre au niveau d'une chambre située sur l'un des côtés du puits et dans laquelle aboutissent les galeries de roulage. C'est dans cette chambre que se tiennent les accrocheurs, qui n'ont qu'à rouler les wagons dans les cages. Les ouvriers du fond du puits et le mécanicien qui conduit la machine motrice destinée à produire l'enroulement du câble, correspondent à l'aide d'une sonnette et se donnent le signal des différentes manœuvres.

Les cages que nous venons de décrire servent aussi au transport des ouvriers; aussi a-t-on cherché à les munir d'appareils appelés *parachutes*, destinés à conjurer les dangers effrayants qui résulteraient de la rupture des câbles. Ces câbles sont ordinairement faits en chanvre ou en fil de fer; ils sont ronds ou plats, et malgré leur solidité, ils sont sujets à se rompre.

On a inventé plusieurs espèces de parachutes destinés à arrêter les cages dans leur chute, lorsque le câble vient à casser. Nous ne décrirons que celui qui a été inventé par M. Fontaine, chef d'atelier aux mines d'Anzin.

Le parachute Fontaine se compose (fig. 57) de deux bras de fer inclinés, terminés à l'une de leurs extrémités par une griffe aciérée, et articulés, à l'autre extrémité, avec une chape horizontale invariablement fixée sur la tige verticale à laquelle est accroché le câble. Cette tige prolongée passe au milieu d'une traverse horizontale, terminée par des fourchettes sur lesquelles s'appuient les bras inclinés. Contre cette traverse vient battre un ressort à boudin logé dans une boîte à coulisse dont le fond est formé par un écrou fixé à la tige verticale.

Quand la cage d'extraction est suspendue au câble, le ressort se trouve comprimé et les bras ont la position représentée par la

Fig. 56. — Cage pour l'extraction de la houille.

figure 57. Quand le câble vient à casser (fig. 58), le ressort se détend, pousse l'écrou de haut en bas ; par suite la tige descend ainsi que la chape : mais alors les bras à griffes, qui sont appuyés sur les fourchettes, tournent sur leur articulation et les griffes entrant

Fig. 57. — Parachute Fontaine avant la rupture du câble.

dans les longuerines arrêtent la chute de la cage. Nous ajouterons qu'un toit placé au-dessus du parachute protége les ouvriers contre les corps qui pourraient tomber du haut du puits.

M. Nyst a aussi inventé un parachute ayant sur celui que nous venons de décrire l'avantage de produire un arrêt moins brusque.

Lorsque la houille arrive au jour et qu'elle doit être vendue à l'état où elle sort de la mine, c'est-à-dire comme *tout venant*, comprenant les gros, les petits morceaux et le poussier, elle est chargée dans des bateaux ou dans des wagons qui l'emmènent au lieu de des-

FIG. 58. — Parachute Fontaine après la rupture du câble.

tination. Mais souvent elle subit un triage destiné à ne fournir aux consommateurs que des morceaux d'une grosseur déterminée. On opère ce triage en la faisant glisser sur plusieurs claies inclinées dont les barreaux de fer sont plus ou moins espacés, et sur lesquels les ouvriers la manœuvrent avec des râteaux; ils font en même temps le triage des pierres qui ont pu échapper à l'attention du mineur. Ce criblage donne lieu à trois catégories : 1° la *grosse gailleterie*, composée de morceaux dont la taille est comprise entre 40 et 20 centimètres ; 2° la *petite gailleterie*, ou morceaux dont la grosseur varie entre 4 centimètres et 17 millimètres ; 3° le *poussier*, qui sert à faire des briquettes.

Nous avons décrit les moyens employés pour l'extraction de la houille, et nous n'avons plus qu'à donner quelques détails sur des parties accessoires mais très-importantes de cette industrie : l'aérage des mines, l'éclairage et l'épuisement des eaux.

Le travail dans les houillères ne peut être effectué qu'à condition

Fig. 59. — Aérage naturel des mines.

qu'on établisse un courant d'air qui renouvelle l'atmosphère des chantiers, des puits et des galeries. Cette atmosphère se vicie constamment par la respiration des ouvriers, par la combustion des lampes, et enfin par les gaz qui se dégagent des roches, de la houille et des bois en décomposition.

L'aérage peut être spontané ou artificiel. Il est spontané lorsque deux puits sont mis en communication par les galeries souterraines et ont des orifices situés à des niveaux différents (fig. 59). La température est plus élevée dans les galeries qu'à l'extérieur; l'air chaud qu'elles renferment étant plus léger s'élève à travers le puits le moins haut et se trouve bientôt remplacé par l'air qui vient du dehors et pénètre par le grand puits. Il s'établit alors un courant d'air spontané dans cette espèce de siphon renversé. Cette circulation se produit encore alors même que les puits ont leurs orifices au même niveau, parce que la température et, par suite, la densité de l'air ne sont jamais parfaitement égales dans l'un et dans l'autre et sont presque toujours différentes de celles de l'air extérieur.

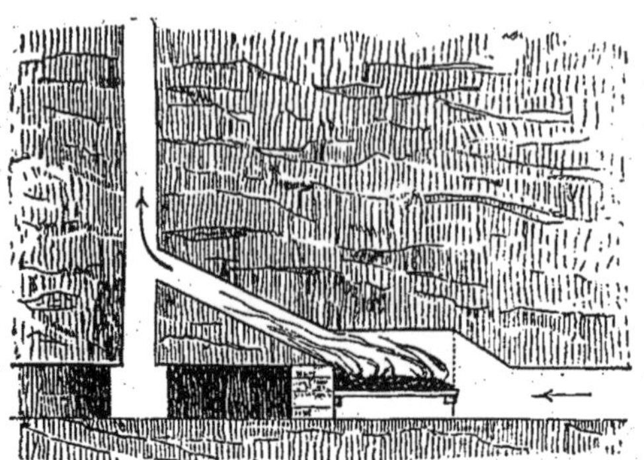

Fig. 60. — Aérage des puits par foyer.

L'aérage spontané ne suffit pas ordinairement pour ventiler les chantiers et les galeries ; la ventilation doit alors être produite artificiellement. Tantôt on dispose sur le côté du puits un foyer dans lequel on brûle du charbon : la combustion détermine alors un tirage qui ventile la mine ; tantôt on installe sur le bord des puits des machines chargées de produire cette ventilation.

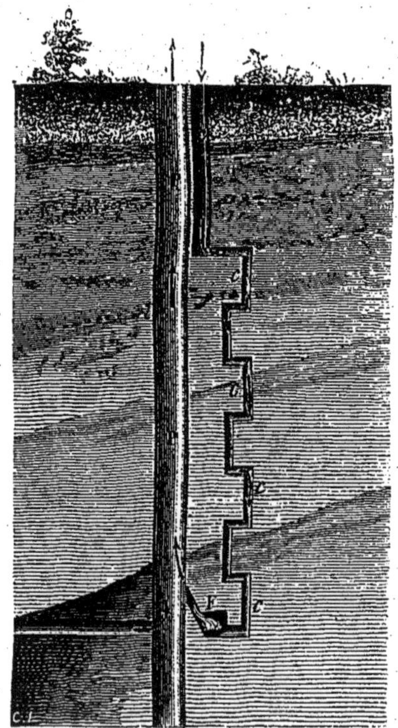

Fig. 61. — Aérage par foyer avec conduit spécial.

Les foyers peuvent être alimentés avec l'air des galeries, lorsqu'il ne se dégage pas dans la mine de gaz inflammable (fig. 60) ; dans le cas contraire, il n'y a plus moyen d'employer cet air à l'alimentation puisqu'on irait ainsi au-devant du danger que l'on veut conjurer ; il faut alors mettre le foyer F en communication par un conduit spécial *ccc* avec l'air extérieur. C'est la disposition que représente la figure 61.

Les appareils employés à l'aération sont ou des ventilateurs ou des machines pneumatiques. Les ventilateurs sont munis de palettes mises en mouvement par la vapeur. La rotation rapide de ces palettes détermine une aspiration de l'air dans l'un des puits, dans les galeries et, par suite, la rentrée de l'air extérieur par un autre puits. Ces ventilateurs sont souvent remplacés par de puissantes machines pneumatiques qui, en faisant le vide dans le puits au bord duquel elles sont installées, déterminent la circulation de l'air. Quelles que soient les machines employées pour l'aérage, les conditions auxquelles elles doivent satisfaire, sont ainsi résumées par M. Combes : 1° déplacer des volumes d'air considérables ; 2° n'imprimer à ces masses d'air que de petites vitesses ; 3° n'augmenter que très-peu la pression de l'air mis en mouvement.

Il ne suffit pas de créer dans une mine des moyens efficaces d'aérage, il faut encore assurer la distribution de l'air dans tous les travaux ; sans quoi, le courant suivant le chemin le plus court et le plus facile, ne pénétrerait pas dans les chantiers d'abatage, dans les petites galeries, et le but ne serait pas atteint. Pour assurer une ventilation générale et uniforme, on dispose à l'entrée de certaines galeries, des cloisons et des portes qui empêchent le courant de s'y engager. La disposition de ces portes et cloisons doit être telle, que le courant descende d'abord au bas des travaux, remonte les voies de roulage, parcoure les chantiers d'abatage de bas en haut, et se rende au puits d'appel par une voie spéciale et non fréquentée.

Les ouvriers, pour s'éclairer dans les mines, se servent de lampes de différents modèles, comme celles que représentent les figures 62, 63, 64, 65, 66, 67.

Ces lampes ne peuvent être employées dans les mines à grisou, c'est-à-dire dans celles où se dégage de la houille un gaz appelé par les chimistes hydrogène protocarboné, par les mineurs *grisou*, et qui constitue avec l'air un mélange inflammable et détonant. Lorsque ce mélange vient à s'enflammer dans une mine au contact d'une lampe ou de toute autre source de chaleur, il en résulte une effroyable détonation, qui provoque souvent l'éboulement des galeries, qui projette les ouvriers contre les parois et détermine en un mot de terribles catastrophes. Autrefois on laissait le mélange se produire et l'on y mettait le feu en l'absence des ouvriers. A cet effet, un ouvrier appelé *pénitent*, couvert de vêtements de cuir mouillé, le visage protégé par un masque à lunettes, s'avançait en rampant dans les galeries, et, à l'aide d'une torche enflammée placée à l'extrémité d'une longue perche, mettait le feu au grisou.

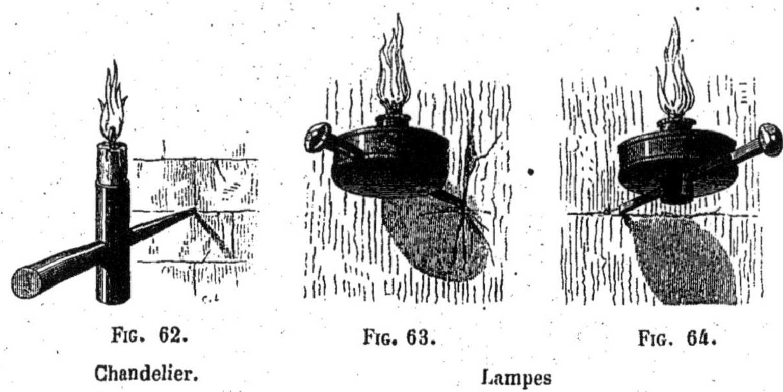

Fig. 62. Chandelier. — Fig. 63. Fig. 64. Lampes

Cette méthode, encore employée, il y a quarante ans, dans le bassin de la Loire, avait de nombreux inconvénients : il arrivait souvent que l'ouvrier chargé de cette dangereuse mission payait de sa vie son dévouement aux intérêts de tous; le feu attaquait la houille et

Fig. 65. — Lampe des mines d'Anzin, portée au chapeau.

le boisage, l'explosion ébranlait les galeries et remplissait les travaux de gaz qui viciaient l'atmosphère de la mine.

Le moyen des *lampes éternelles* était meilleur. Il consistait à suspendre au toit des tailles des lampes constamment allumées. Le grisou, à mesure qu'il se dégageait, montait en vertu de sa légèreté et venait se brûler par petites parties au contact de la flamme. On renonça pourtant à ce procédé, parce que les gaz produits par la combustion du grisou viciaient l'atmosphère.

Les moyens que nous venons de décrire furent les seuls connus pendant longtemps pour diminuer les dangers occasionnés par le grisou; mais ils étaient insuffisants, et l'invention de la lampe de sûreté de Davy rendit un service signalé à l'industrie des houillères. Davy imagina d'entourer la lampe du mineur d'une toile

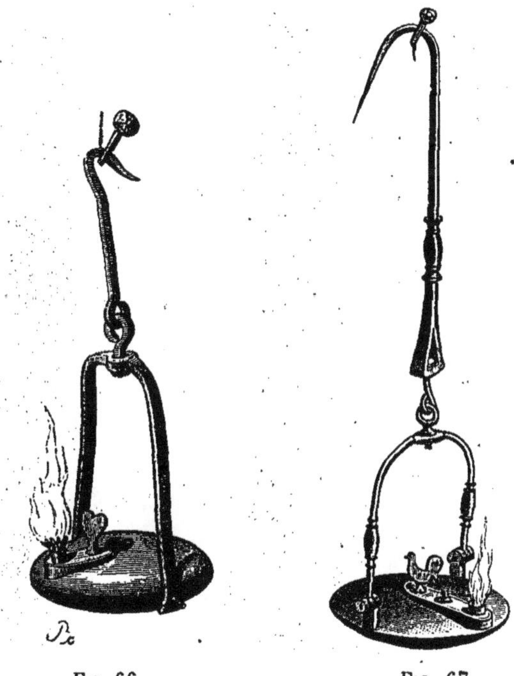

FIG. 66. FIG. 67.

Lampes des mines de Saint-Etienne.

métallique; cette toile permet au grisou et à l'air d'entrer dans la lampe, le mélange vient brûler à l'intérieur, mais la conductibilité de la toile métallique détermine un refroidissement des gaz, qui empêche l'inflammation de se communiquer au dehors. La lampe inventée par Davy et que représentent les figures 68, 69 et 70 avait l'inconvénient de ne donner qu'un éclairage insuffisant, puisque la lumière était en partie arrêtée par la toile métallique.

On l'a perfectionnée en entourant la flamme d'un cylindre de verre surmonté d'une toile métallique, et en adoptant un dispositif tel, que l'ouvrier ne peut ouvrir sa lampe sans l'éteindre. (Les figures 69, 70, 71, 72, 73, 74 et 75, représentent divers modèles perfectionnés.)

Malgré cela, malgré la surveillance exercée sur les ouvriers, on a encore quelquefois à déplorer de terribles accidents causés par l'imprudence des mineurs, auxquels le désir de fumer fait oublier les recommandations faites par leurs chefs.

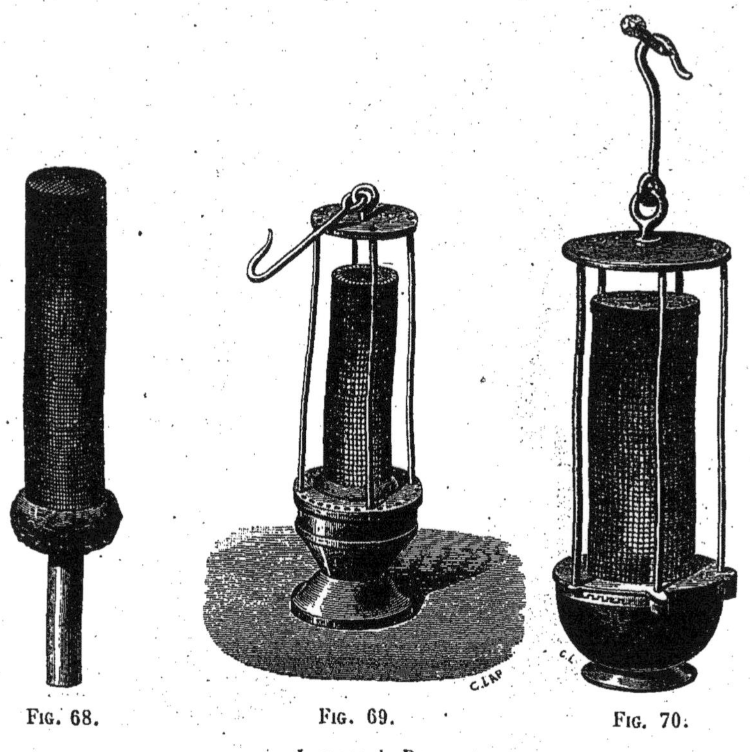

FIG. 68. FIG. 69. FIG. 70.

Lampes de Davy.

Il est un autre ennemi contre lequel il faut toujours être en garde dans l'exploitation des houillères : ce sont les eaux qui filtrent à travers les couches du sol et qui envahiraient les travaux, si l'on ne prenait le soin d'en ménager l'écoulement et de les aspirer au dehors à l'aide de pompes installées au bord des puits et mues par de puissantes machines.

Il est presque inutile d'indiquer les usages de la houille. Tout le monde sait qu'elle sert au chauffage des chaudières à vapeur, à celui des appartements, à la fabrication du coke et du gaz de l'éclairage; en métallurgie, elle est employée dans la plupart des opérations, etc.

L'usage des différentes variétés de houille dépend de leurs qua-

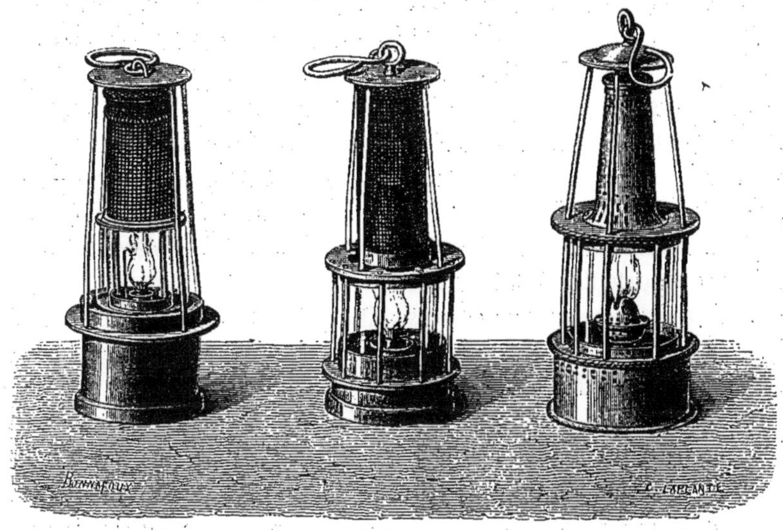

Fig. 71. Fig. 72. Fig. 73.

Lampes de Davy perfectionnées.

lités, qui varient beaucoup d'une espèce à l'autre. On distingue :

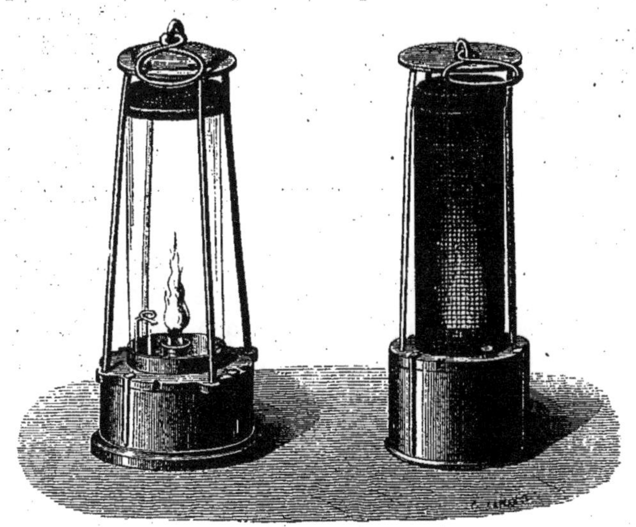

Fig. 74. Fig. 75.

Lampes de Davy perfectionnées.

1° Les *houilles grasses maréchales*, qui éprouvent au feu une espèce de fusion pâteuse et donnent beaucoup de chaleur ; brûlées sur une grille, elles fondent bientôt, leurs morceaux s'agglutinent et le tirage devient moins actif. Elles altèrent les barreaux des grilles. D'autre part, elles sont très-convenables pour le travail de la forge, parce qu'elles donnent une chaleur immédiate et forte, qui se conserve sous les espèces de voûtes qu'elles produisent en se boursouflant. Ces voûtes ne s'écroulent pas lorsqu'on retire le fer pour le forger et peuvent le recevoir de nouveau lorsque, refroidi par le forgeage, il doit être remis au feu pour la continuation du travail. Les cloutiers, les serruriers, les forgerons, préfèrent avec raison cette sorte de houille.

2° Les *houilles grasses et dures*. Elles sont moins fusibles que les précédentes et très-estimées pour les opérations métallurgiques : telles sont celles d'Alais et de Rive-de-Gier.

3° Les *houilles grasses à longue flamme*, moins fusibles encore que les précédentes ; elles sont meilleures pour les grilles. La houille de Mons, connue sous le nom de *flénue*, est la meilleure. Elles conviennent au chauffage domestique et à la fabrication du gaz de l'éclairage.

4° Les *houilles sèches à longue flamme*. Elles ne se fondent pas, ne s'agglutinent point : bonnes encore pour le chauffage des chaudières, elles donnent moins de chaleur que les précédentes.

5° *Houilles sèches qui brûlent sans flamme*. Elles brûlent difficilement et donnent un résidu pulvérulent. On les emploie à la cuisson de la chaux et des briques.

FABRICATION DU COKE ET DES AGGLOMÉRÉS.

Nous citerons comme industries se rattachant à l'exploitation des houillères la fabrication du coke et celle des agglomérés.

On appelle *coke* le résidu charbonneux que l'on obtient par la calcination de la houille en vase clos. Lorsqu'on chauffe la houille, il s'en dégage des produits très-nombreux, et parmi eux le gaz que nous employons à l'éclairage des villes ; le coke obtenu par les fabricants de gaz est un combustible de bonne qualité pour l'économie domestique ; mais sa faible densité, son défaut d'agglomération le rendent peu propre au chauffage des locomotives et aux opérations métallurgiques. Pour ce double usage, on fabrique le coke d'une manière spéciale à l'aide de fours dans lesquels on charge la houille par des ouvertures pratiquées à leur partie supérieure. Dans certaines usines, on laisse perdre les gaz et les produits volatils auxquels donne lieu la distillation de la houille; dans d'autres, et ce système est préférable, on les emploie à chauffer les fours eux-mêmes en les faisant revenir sur la sole du four où ils s'enflamment. On emploie, pour cette fabrication, de la houille réduite en très-petits morceaux, ce qui permet d'utiliser un produit d'une valeur bien moindre que les gros morceaux. Pendant l'opération, ces menus fragments se ramollissent, se tassent, se soudent ensemble et fournissent un coke de densité convenable. On rencontre auprès d'un grand nombre de houillères des usines qui fabriquent le coke dont nous parlons.

Il en est de même de la fabrication des *agglomérés* ou *briquettes* qui servent au chauffage des locomotives. Ces agglomérés sont composés d'un mélange de poussier de charbon et de brai sec qui sert de ciment. (On appelle *brai* le résidu de la distillation du goudron.) Le mélange est malaxé dans une trémie où un chauffage à la vapeur détermine la fusion du brai; puis il est livré à des machines qui font les briquettes. Ces machines sont de diverses sortes : nous citerons celle qui a été inventée par M. Revollier et qui fonctionne à Anzin et à Blanzy.

Elle se compose d'un chariot ou plateau horizontal qui est animé d'un mouvement circulaire de rotation. Ce chariot présente des cavités ou moules, dont le fond est mobile et qui ont la forme que l'on veut donner aux briquettes. Le mouvement de rotation est divisé en quatre temps, qui correspondent aux opérations suivantes : 1° les moules sont amenés à l'orifice du tube qui apporte la matière venant d'un mélangeur et s'emplissent; 2° ils viennent s'arrêter devant un ouvrier qui complète et régularise leur remplissage; 3° une fois pleins, ils sont amenés sous un fort sommier de fonte qui leur sert, en quelque sorte, de couvercle supérieur; en même temps des pistons poussés par une presse hydraulique s'engagent, de bas en haut, dans les moules et compriment le mélange entre le sommier et le fond mobile dont nous avons parlé; par la compression, la matière s'agglomère et se transforme en briquettes; 4° les moules se dégagent ensuite du sommier et sont amenés avec leurs briquettes sous une deuxième presse. Celle-ci chasse dans leur intérieur des pistons qui, par le refoulement du fond mobile, font sortir la briquette et opèrent le démoulage.

CHAPITRE IV

TOURBE ET CHARBON DE BOIS

La tourbe est un combustible employé, dans les pays de production, surtout par les ouvriers et par les habitants de la campagne. Cette substance ne joue pas encore dans la consommation le rôle important auquel elle est appelée dans l'avenir, lorsqu'on sera parvenu, par des préparations convenables, à mettre toutes les espèces de tourbes sous la forme d'un combustible commode à employer, brûlant régulièrement, dépourvu d'odeur et ne donnant ni trop de cendre ni trop de fumée. Un grand nombre d'essais ont été faits dans cette voie et quelques-uns déjà ont donné des résultats très-satisfaisants.

La tourbe est une substance brune, noirâtre, terne et spongieuse, provenant de la décomposition incomplète des végétaux. L'origine végétale de ce combustible ne peut pas être mise en doute; on trouve souvent à la base des bancs de tourbe des troncs d'arbres brisés et enfouis. Si l'on examine la nature du banc, en remontant de la base au sommet, on retrouve les restes évidents d'anciennes végétations. On reconnaît souvent, malgré la décomposition qu'ils ont subie, les végétaux de la surface, avec leurs rameaux les plus fragiles, avec leurs filaments radiculaires, et peu à peu, à mesure qu'on remonte vers le sommet du banc, on trouve ces végétaux dans un état de décomposition moins avancée, qui permet de reconnaître les espèces vivant encore aujourd'hui dans les marais. Parmi les plantes marécageuses, les herbacées sont celles dont les tiges se décomposent et se noircissent le plus vite; les arbres et les arbustes résistent mieux. L'examen des couches de tourbe, celui des débris qui proviennent de l'industrie humaine et que l'on y rencontre assez souvent, prouvent que les marais tourbeux ne sont pas, comme les houillères, le produit des âges géologiques, mais appartiennent à l'époque contemporaine et se forment même encore sous nos yeux.

Les gisements de tourbe sont très-nombreux en France : quelques-uns couvrent de très-vastes étendues. La surface occupée par les marais tourbeux exploitables est de plus de 600 000 hectares, répartis dans trente-cinq de nos départements. Au Nord, les principaux gisements se trouvent dans le département de la Somme, du Pas-de-Calais et du Nord. Ceux de la Somme sont très-importants; ils ont une épaisseur qui dépasse quelquefois 20 mètres et qui est en moyenne de 8 à 10 mètres. Nous citerons encore les gisements et les exploitations des départements de l'Aisne, de la Marne, de l'Oise, de Seine-et-Oise, de la Loire-Inférieure, de l'Isère et du Doubs.

Le tableau suivant, emprunté aux derniers documents officiels, indique l'état de l'extraction de la tourbe dans ces différents départements :

DÉPARTEMENTS.	POIDS DE TOURBES EXTRAITES.	VALEUR.	PRIX MOYEN.	NOMBRE D'OUVRIERS EMPLOYÉS.
	quintaux métr.		fr.	
Somme	1 356 810	1 547 834	1,14	3752
Pas-de-Calais	357 639	274 010	0,76	1288
Aisne	293 600	202 910	0,69	1298
Oise	292 000	227 702	0,79	682
Doubs	214 900	128 943	0,60	5370
Loire-Inférieure	210 000	279 300	1,33	4000
Seine-et-Oise	145 150	174 180	1,20	436
Isère	143 177	114 541	0,80	7322

Pour toute la France, la quantité de tourbe extraite est de 3 758 518 quintaux métriques, d'une valeur de 3 627 035 fr. ; la valeur moyenne du quintal métrique pour toute la France est donc de 96 centimes. Le nombre d'ouvriers employés par cette industrie est de 29 826.

EXTRACTION DE LA TOURBE

L'extraction de la tourbe est une opération des plus simples, cette substance étant assez tendre pour qu'on puisse la couper à l'aide d'un instrument tranchant, une bêche par exemple. Elle peut être coupée à pic sur une assez grande hauteur, sans qu'il y ait à craindre de la voir s'ébouler, pourvu toutefois que l'on évite de déposer sur le bord des entailles les terres qui recouvrent le banc tourbeux et que l'on doit enlever pour arriver à la tourbe. Aussi les entailles que l'on voit dans les marais tourbeux et qui ne sont autres que de vastes cavités envahies par les eaux à mesure qu'on en extrayait la tourbe, ont jusqu'à 8 mètres de profondeur et leurs bords sont taillés à pic.

L'exploitation de la tourbe se fait de deux manières différentes, suivant les circonstances dans lesquelles on opère.

Quand on peut, à l'aide d'une rigole d'écoulement convenablement disposée, faire écouler l'eau qui imprègne toujours le terrain et assécher le sous-sol sur lequel repose le banc de tourbe, on dirige l'exploitation de la manière suivante : Après avoir enlevé les terres de recouvrement, on creuse des tranchées longitudinales de 3 à 4 mètres de large en se plaçant d'abord au point le plus bas de l'exploitation et on enlève la tourbe en remontant. Ces entailles successives sont parallèles entre elles et placées immédiatement à côté les unes des autres, ou au moins le plus près possible. C'est l'extraction dite au *petit louchet*, parce qu'elle s'exécute à l'aide d'un instrument appelé *louchet* (fig. 76). C'est une bêche dont le fer a 32 centimètres de longueur sur 8 de largeur ; elle est armée sur l'un de ses longs côtés d'une lame de fer appelée *aileron*, qui fait un angle légèrement obtus et qui a aussi la largeur de 8 centimètres. Cette lame coupe comme le tranchant de la bêche. On comprend que, l'exploitation une fois commencée, chaque fois que l'ouvrier enfonce son louchet dans le sol, et il le fait comme un jardinier qui manœuvre sa bêche, il dégage le morceau de tourbe sur deux de ses faces, une face latérale et la face postérieure, et, comme les coups de louchet précédents ont dégagé la face antérieure et l'autre face latérale, il en résulte que l'ouvrier n'a plus qu'à peser un peu sur le louchet pour détacher le morceau.

Quand on est pressé, on exploite le banc de tourbe dans la même entaille, par banquettes ou gradins, sur chacun desquels on place un ou deux tireurs.

A chaque coup de louchet, la *pointe* de tourbe extraite est jetée par le tireur à l'ouvrier chargé de la recevoir sur les bords de l'entaille; quand la profondeur dépasse $3^{m},50$, il est nécessaire de placer un ouvrier intermédiaire, qui reçoit les pointes et les jette à la surface.

Les eaux doivent toujours être épuisées au niveau de la banquette la plus basse; quand elles affluent en quantité notable, on augmente le nombre des ouvriers afin d'accélérer l'exploitation. Enfin, quand elles deviennent trop abondantes et qu'il n'y a plus moyen de songer à les épuiser, on travaille dans l'eau à l'aide d'un instrument appelé *grand louchet*, qui a été inventé par Éloi Morel, né en 1735 à Thésy-Glimont, village situé au milieu des marais tourbeux qui avoisinent Amiens. Cette invention a rendu un éclatant service à l'industrie des extracteurs de tourbe, et l'on a élevé sur la place de Thésy-Glimont un monument destiné à perpétuer la mémoire du modeste inventeur.

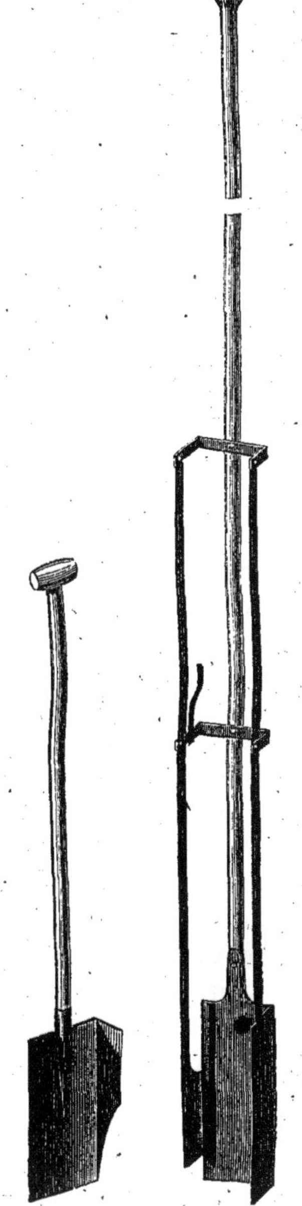

Fig. 76. Petit louchet. Fig. 77. Grand louchet.

Le grand louchet est une espèce de cage à claire-voie prismatique (fig. 77), montée à l'extrémité d'une perche ou manche dont la longueur varie et peut aller jusqu'à 6 à 7 mètres. La cage est formée par des équerres de fer à trois côtés, fixées sur la perche par le côté du milieu et portant à l'extrémité des autres côtés des bandes de fer, qui sont parallèles à la perche et se terminent par des lames coupantes. Une lame coupante est aussi fixée à la partie inférieure du manche. L'ouvrier placé sur le bord de l'entaille enfonce verticalement l'instrument dans la tourbe : les lames découpent un bloc prismatique ou *pointe* qui se loge peu à peu dans la cage. Quand l'instrument est arrivé à fond, l'ouvrier lui imprime un mouvement de balancement destiné à déchirer la pointe à sa base ; puis il retire peu à peu le louchet et le renverse de manière à faire tomber sur le sol le bloc de tourbe qu'il renferme. Ajoutons que, pour maintenir la matière dans l'instrument, des ressorts placés sur les côtés de la cage et longitudinalement appuient sur elle à la manière de ceux qui, dans les wagons de chemin de fer, appuient sur les glaces des portières pour les maintenir partiellement ouvertes pendant la marche. La manœuvre du grand louchet est une opération très-pénible, et il est à désirer qu'elle soit bientôt remplacée par un travail mécanique qui, en même temps qu'il ménagerait les forces des ouvriers, serait plus rapide. Plusieurs essais ont été faits déjà dans cette voie.

A mesure que le tireur dépose sur le bord de l'entaille les pointes extraites, d'autres ouvriers viennent les découper à une longueur convenable au moyen de bêches ; puis ils les transportent plus loin et les abandonnent sur le sol à la dessiccation. Quand elles sont sèches, ce qui demande un certain temps, on les dispose en piles appelées *lanternes*, dans lesquelles on ménage des intervalles destinés à permettre la libre circulation de l'air qui achèvera la dessiccation. On estime que la superficie des terrains employés à faire sécher la tourbe doit être égale à celle de l'entaillement multipliée par le nombre de pointes que l'on extrait sur une même verticale.

Lorsque la tourbe a trop peu de consistance pour donner par découpage des blocs prismatiques, on la jette, à mesure qu'on l'extrait, dans des bateaux placés sur l'entaille, et des ouvriers, jambes nues, la piétinent pour augmenter sa consistance ; on la transporte ensuite sur le bord et on la moule dans des moules analogues à ceux qui servent à la confection des briques.

Quand la tourbe est trop molle pour être extraite au louchet, l'extraction se fait avec des dragues semblables à celles que l'on emploie pour le curage des rivières. Tantôt on se contente de mouler la tourbe ainsi extraite, tantôt on y ajoute une quantité d'eau suffisante pour la réduire en pâte tout à fait molle ; puis, à l'aide d'un râteau ou de tout autre instrument approprié à cet usage, on enlève les débris végétaux imparfaitement décomposés. On jette ensuite cette bouillie dans une grande caisse formée sur le sol avec des planches maintenues par des piquets; on tasse et on égalise la matière avec de larges pelles. Après quelques jours de dessiccation, le souvriers piétinent la tourbe à l'aide de planches qu'ils se sont adaptées aux pieds, et qui ont de 13 à 20 centimètres de largeur sur 35 à 40 de longueur : on recommence ce piétinage assez de fois pour que l'épaisseur de la couche de tourbe soit réduite aux deux tiers environ de ce qu'elle était primitivement. On trace alors à la surface un système de lignes rectangulaires équidistantes, et des ouvriers suivant ces lignes découpent avec une bêche la masse de tourbe en morceaux dont les dimensions sont déterminées par l'espacement des lignes : la dessiccation achève ensuite la séparation des pointes. La tourbe ainsi préparée est, en général, de très-bonne qualité, mais son prix de revient est un peu plus élevé.

FABRICATION DU CHARBON DE BOIS

Nous décrirons ici la fabrication du charbon de bois, quoiqu'elle constitue plutôt l'objet d'une industrie préparatoire que celui d'une industrie extractive.

Cette fabrication est très-importante dans certaines parties de la France : le charbon de bois circule en masses considérables sur nos rivières, nos canaux et nos chemins de fer. La France en produit de grandes quantités, mais pas assez pour sa consommation, puisque la Belgique, l'Allemagne et l'Italie nous en envoient chaque année plus de 100 000 mètres cubes. A Paris, qui est la ville de France où le commerce de charbon de bois s'effectue sur la plus grande échelle, cette marchandise arrive principalement des ports de la Loire, de l'Allier, de la Marne, de l'Yonne, de la Seine, des canaux d'Orléans et de Briare. Le Midi concourt aussi à la fabrication de ce produit ainsi que plusieurs points des départements du Nord et de la Normandie.

Le charbon de bois est le résidu de la combustion incomplète du bois ou de sa distillation. Séché à l'air, le bois se compose sur 100 parties de :

Charbon	38,48
Oxygène et hydrogène dans les proportions qui constituent l'eau	35,42
Eau libre	25,
Cendres	1,10
	100,00

Si l'on calcine du bois à l'abri du contact de l'air, il reste un résidu fixe de carbone qui conserve la forme des végétaux, et il se dégage des produits volatils qui sont des goudrons, de l'oxyde de carbone, de l'acide carbonique, des hydrogènes carbonés, du vinaigre de bois, de l'esprit de bois, etc.

L'opération par laquelle on obtient le charbon de bois s'appelle *distillation sèche* ou *carbonisation*, suivant qu'on opère en vase clos ou à l'air.

La distillation en vase clos est faite dans des cornues de fonte qui sont mises en communication avec des appareils où l'on recueille les produits volatils et condensables, tels que les goudrons, le vinaigre de bois ou acide pyroligneux, l'esprit de bois, etc. Nous nous bornerons à cet exposé du principe de la méthode sans la décrire dans ses détails.

Quant à la carbonisation à l'air libre, on l'effectue dans les forêts pour économiser les frais de transport, car le bois pèse quatre à cinq fois plus que le charbon qu'on en retire. Il ne faut donc pas s'attendre à l'emploi d'aucun appareil compliqué; loin de toute habitation, au milieu des forêts, il n'est possible d'employer que des procédés simples, effectuant la carbonisation, de la manière la plus avantageuse, avec les seuls matériaux qu'on trouve sur place.

La condition fondamentale d'une bonne fabrication est de priver le bois en combustion du contact de l'air, qui activerait trop cette combustion.

Autrefois, lorsque le bois n'avait pas la valeur qu'il a aujourd'hui, et que par conséquent il n'y avait pas lieu de se préoccuper d'un rendement plus ou moins avantageux, la carbonisation se faisait dans des fosses. Ce procédé n'était pas économique, puisqu'on ne pouvait modérer à volonté l'activité de la combustion qui allait quelquefois trop loin ; plus tard, on le remplaça par la carbonisation en meules ou tas recouverts d'un revêtement de terre. La terre, outre qu'on se la procure partout, a l'avantage de suivre parfaitement les progrès de la combustion; elle en maintient la régularité en s'affaissant graduellement avec la meule elle-même. Toutefois, pour que ce résultat soit atteint, il est nécessaire que le sol et l'atmosphère soient dans des conditions favorables. Ainsi, la carbonisation se fait mal par les temps de pluie ou de vent : on doit l'interrompre pendant la saison pluvieuse, de sorte qu'elle ne peut guère s'effectuer avantageusement que du mois de mai au mois d'octobre.

Les considérations qui précèdent font voir que le choix de l'emplacement des meules est un point très-important et exerce une

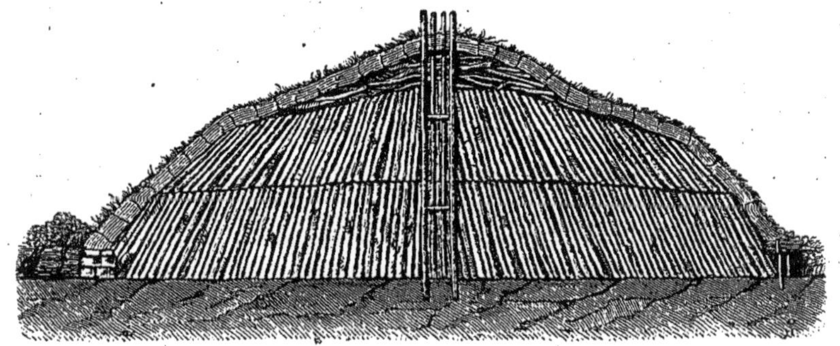

FIG. 78. — Meule pour charbon de bois.

grande influence sur la marche de l'opération. Il est évident que la place choisie doit se trouver, autant que possible, à l'abri du vent et de l'humidité : le sol doit être sec et imperméable à l'air; on va même quelquefois jusqu'à construire une aire artificielle en planches reposant sur lambourdes. Il est cependant préférable, après avoir enlevé le gazon du sol où l'on veut s'établir, de niveler la surface et de disposer par-dessus une couche de 30 centimètres environ de terre mélangée de charbon, couche qu'on laisse se tasser complétement avant de construire la meule.

L'usage améliore beaucoup les aires sur lesquelles on fait la carbonisation; une aire neuve peut donner un rendement inférieur de 16, 20 et même 25 pour 100, à celui que fournit une aire qui a déjà servi plusieurs fois.

Les meules se construisent de plusieurs manières : les meules verticales que nous allons décrire sont celles qui fournissent les meilleurs résultats ; elles doivent leur nom à la position qu'on y donne aux bûches.

Après avoir choisi une aire circulaire, bien préparée et légèrement en pente du centre à la circonférence, on établit la cheminée qui doit former l'axe de la meule et servir à la mise en feu. On emploie pour cela trois ou quatre pieux de 4 à 6 mètres de longueur et distants de 20 à 30 centimètres du centre. En les entourant de branchages, on forme une espèce de cheminée, qu'on emplit de matières facilement inflammables, comme du charbon de bois résineux, des branchages et des *fumerons* (on appelle ainsi les résidus à moitié carbonisés d'une opération précédente). Autour de cette cheminée on dispose les bûches, comme l'indique la figure 78, en ayant soin de les incliner à mesure qu'on approche de la circonférence; sur ce premier lit on en établit un second, et même, pour les grandes meules, un troisième. On serre le bois autant que possible en remplissant les vides avec des branchages. Sur le côté le mieux protégé contre le vent, on ménage un canal, de 15 à 20 centimètres de largeur, placé immédiatement au-dessus du sol : ce conduit sert à allumer le combustible disposé dans la cheminée. Enfin, pour achever la meule, on forme le dôme à sa partie supérieure avec des morceaux que l'on dispose horizontalement; puis on la recouvre d'un revêtement formé par un mélange de terre argileuse ou glaiseuse et de poussier de charbon. Pour soutenir ce revêtement et l'empêcher de tomber dans les interstices laissés par le bois, on doit interposer entre la meule et son revêtement une couche de gazon ou de feuilles, de menus branchages et de mousse. Le revêtement ne doit pas être mené d'abord jusqu'au sol, afin qu'au début de la combustion l'air ait un libre accès par le bas. Aussi le fait-on reposer sur une petite muraille en pierres sèches ou en moellons qui entoure la meule. Après avoir donné au revêtement une épaisseur de 15 à 25 centimètres à la partie inférieure, et de 8 à 10 seulement vers le haut, on le bat fortement pour le faire adhérer.

On procède alors à l'allumage en introduisant, par le conduit latéral dont nous avons parlé, une boule de résine enflammée placée à l'extrémité d'une longue perche. Les matières contenues dans la cheminée s'enflamment peu à peu, et au bout de trois quarts d'heure environ, quand on n'a plus à craindre que le feu s'éteigne, on bouche le conduit latéral. Une fumée épaisse, grise et très-chargée de vapeur d'eau se dégage, pendant que l'air, arrivant par le pourtour inférieur non encore garni de revêtement, pénètre dans la masse et entretient la combustion qui se propage de bas en haut. Peu à peu le bois se dessèche, la vapeur d'eau arrive jusqu'à l'extérieur et atteint le revêtement qui devient humide. Les ouvriers désignent ce phénomène sous le nom de *suée* de la meule. Au bout de huit à dix jours après la mise en feu, on constate un changement dans l'aspect de la fumée : elle est moins épaisse, moins lourde ; elle a une teinte plus claire et, au lieu de descendre lentement sur le sol, elle s'élève dans l'air. En même temps le revêtement se dessèche. A ce degré de la fabrication, la cheminée centrale est détruite et le bois de la meule est déjà en partie carbonisé. Il faut alors ralentir le travail pour éviter que la combustion ne dépasse la limite voulue et ne produise une destruction inutile de charbon. A cet effet on prolonge le revêtement, qui avait été arrêté à la petite muraille circulaire, et on recouvre le pied de la meule avec de la terre; en même temps on renforce le revêtement du dôme. Alors commence la période de carbonisation, pendant laquelle la distillation sèche du bois s'effectue non plus par la combustion, mais par la chaleur accumulée dans la meule.

Au bout de quelques jours, la carbonisation est allée aussi loin qu'elle peut aller dans les conditions où s'effectue le travail, mais elle n'a pu arriver jusqu'à la surface ; il faut alors rendre accès à l'air et rétablir la combustion : c'est ce qu'on appelle la phase du *grand feu*. On ouvre dans le revêtement, en partant du sommet et en descendant vers la base, des trous appelés *évents;* lorsqu'on est arrivé au bas de la meule et que les derniers trous livrent de la fumée bleue, la carbonisation est faite. On bouche alors tous les évents, on renforce le revêtement et on le raffermit par un battage énergique, puis la masse est abandonnée au refroidissement. On n'attend pas que la meule soit complétement éteinte, ce qui exigerait quelquefois plus de deux mois; on l'ouvre du côté opposé au vent, on extrait une certaine quantité de charbon avec un crochet de fer et l'on rebouche l'ouverture ; on en prélève une nouvelle quantité à une autre place et ainsi de suite. On ne doit prendre que 25 à 30 hectolitres à la fois. Les morceaux de charbon qui brûlent encore au moment de leur extraction, sont éteints avec de l'eau ou du sable.

CHAPITRE V

EXTRACTION DU SEL OU CHLORURE DE SODIUM.

Le sel, dont l'économie domestique fait grand usage pour l'assaisonnement des aliments, dont l'industrie consomme des quantités considérables pour la fabrication du sulfate de soude et de la soude artificielle, est désigné par les chimistes sous le nom de *chlorure de sodium*. C'est un des corps les plus répandus dans la nature, où on le trouve soit en dissolution dans les eaux de la mer, de lacs ou de sources souterraines, soit à l'état solide sous forme de roches. C'est dans ce dernier cas qu'il est désigné sous le nom de *sel gemme*.

SEL GEMME

Le sel gemme se rencontre en France dans les départements de la Meurthe, de la Moselle, du Jura, de la Haute-Saône, de l'Ariége, des Landes, des Basses-Pyrénées. Le mode d'exploitation des mines dépend de la nature du gîte.

Quand le gîte est composé presque exclusivement de sel et qu'il a une épaisseur suffisante, on exploite la mine par la méthode des piliers et galeries, que nous avons décrite à propos de la houille. Il faut avoir soin de laisser du sel au couronnement des excavations afin d'éviter de découvrir les argiles du toit, qui se déliteraient au contact de l'air ; les tailles doivent être distribuées de telle sorte que, s'il arrivait quelque irruption des eaux, le chantier envahi pût être abandonné et facilement isolé. C'est par cette méthode qu'a été exploitée la couche de 5 mètres qui existe sous une partie du département de la Meurthe. Attaquée à Vic par des moyens puissants, elle fut exploitée par piliers et galeries, mais l'envahissement des eaux obligea à renoncer à ce mode d'exploitation ; à Dieuze, ce procédé fut appliqué pendant longtemps, mais depuis plusieurs années il a été abandonné pour le même motif ; aujourd'hui il est pratiqué à Saint-Nicolas, près de Nancy, et dans les salines des environs de Bayonne. Quand on a enlevé les deux tiers du sel gemme environ et que la sécurité des ouvriers exige qu'on ne continue pas les travaux par abatage, on peut encore pousser l'exploitation par dissolution et procéder ainsi à un véritable dépilage. Dans ce cas, il suffit de laisser pénétrer un courant d'eau dans la mine, après avoir préparé les moyens nécessaires pour retirer plus tard le liquide. Cette eau dissout le sel ; lorsqu'elle est saturée, elle est remontée par des pompes et l'on en isole le sel par évaporation.

En France, le sel gemme proprement dit ne peut être livré à la consommation dans l'état où on l'extrait de la mine. On met de côté les parties blanches qui sont les plus pures ; les autres parties, qui sont souvent colorées en rouge par de l'oxyde de fer, sont dissoutes dans l'eau ; on évapore ensuite la liqueur dans des chaudières appelées *poêles*. A un moment donné, la quantité du liquide qui a résisté à l'évaporation n'est plus suffisante pour maintenir tout le sel en dissolution et celui-ci se dépose sur le fond des chaudières ; il est enlevé à l'aide de râbles ou râteaux et constitue un produit qu'on appelle *sel raffiné*. Quand on opère à l'ébullition, on l'obtient sous forme de petits cristaux microscopiques destinés aux usages de la table, il est alors appelé *sel fin ;* quand l'évaporation se fait à une température plus basse, il se présente sous forme de cristaux plus gros et reçoit le nom de *sel gris*.

Lorsque le gîte à exploiter, au lieu de présenter des masses importantes de sel à peu près pur, est composé de couches peu épaisses, mélangées d'argile et de substances diverses que l'on désigne sous le nom de *Salzthon* (terre salée), on renonce à l'abatage direct de la roche et l'on opère de la manière suivante : On perce un trou qui pénètre jusque dans le terrain salifère, et l'on y place un tube qui ne le remplit qu'imparfaitement et laisse un intervalle entre lui et la paroi du trou de sonde. On fait couler l'eau d'un ruisseau voisin dans cet intervalle ; elle dissout le sel en formant dans la masse des cavités de dimensions croissantes, mais devenant plus lourde à mesure qu'elle se sature, elle va au fond du trou et remonte dans le tube à une certaine hauteur, où elle est reprise par des pompes qui l'amènent directement dans des chaudières; l'évaporation du liquide y donne le sel sous forme de cristaux.

Les eaux qui traversent les terrains salifères produisent des

FIG. 79. — Bâtiments de graduation.

sources salées dont on peut aussi extraire le sel. En France, on en compte environ trente, qui sont réparties dans les départements de l'Ariége, du Doubs, de la Meurthe, du Jura, des Basses-Alpes, des Landes et des Basses-Pyrénées; quinze seulement étaient exploitées pendant ces dernières années. Les eaux de ces sources ne sont pas en général assez riches en sel pour qu'on les évapore immédiatement par l'action de la chaleur, les frais de combustible seraient trop considérables. On commence par concentrer les eaux à l'air libre. Pour cela, on les fait couler de haut en bas sur des tas de fagots appelés *bâtiments de graduation* (fig. 79);

l'évaporation spontanée qui se produit les concentre, et elles sont recueillies dans des bassins où elles sont reprises par des pompes qui les lancent de nouveau à la partie supérieure des bâtiments. Lorsqu'elles ont été amenées par ce traitement à un degré de concentration suffisante, on les évapore dans des chaudières. Cette industrie devient de jour en jour moins importante.

MARAIS SALANTS

La plus grande partie du sel livré à la consommation est extraite des eaux de la mer par évaporation à l'air libre dans des bassins dont l'ensemble est désigné sous le nom de *marais salants*.

La composition des eaux de l'océan Atlantique et de la Méditerranée est la suivante :

	Océan.	Méditerranée.
Chlorure de sodium	25,10	27,22
— de potassium	0,50	0,70
— de magnésium	3,50	6,14
Sulfate de magnésie	5,78	7,02
— de chaux	0,15	0,15
Carbonate de magnésie	0,18	0,19
— de chaux	0,02	0,01
— de potasse	0,23	0,21
Iodures, bromures et matières organiques	?	?
Eau	964,54	958,36
	1000,00	1000,00

On comptait en France, pendant ces dernières années, 532 marais salants, répartis sur les côtes de l'Océan et de la Méditerranée. La production de la France, d'après les documents officiels les plus récents, est représentée par les nombres suivants :

Marais salants de l'Océan	380 000	tonneaux de 1000	kilogr.
Marais salants de la Méditerranée	321 000	—	—
Mines et sources	212 000	—	—

Les marais salants de l'Océan sont petits et nombreux et leur juxtaposition forme une contrée assez étendue sur les côtes de l'Atlantique, dans les départements de la Charente-Inférieure, de la Loire-Inférieure, de la Vendée et du Morbihan ; le département d'Ille-et-Vilaine en possède aussi de peu importants sur les côtes de la Manche. Les terrains où doit s'opérer l'évaporation des eaux ont été nivelés et les terres provenant de ce nivellement sont transportées aux environs, où elles constituent un sol artificiel appelé *bosses*, qui est consacré à la culture.

La culture des bosses et l'extraction du sel pendant l'été sont pratiquées par toute une population d'ouvriers appelés *paludiers* et *sauniers*. Les premiers récoltent et confectionnent le sel, les autres vont le porter au loin à dos de mulets. Tantôt le saunier

Fig. 80. — Marais salants.

échange son sel contre du blé dans les communes éloignées de la côte, tantôt il en touche le prix en argent; c'est ce qui s'appelle *faire la troque*.

Pour établir un bon marais salant, deux conditions sont essentielles: il faut qu'il puisse recevoir en tout temps l'eau de la mer et qu'il soit assis sur un fond de terre glaise imperméable.

Les marais salants de l'Ouest (fig. 80) se composent, en général, de la *saline* et de ses dépendances. Les dépendances sont d'abord un vaste réservoir d'une seule pièce qui est appelé *vasière*, et quelquefois un second nommé *cobier*, qui est partagé en plusieurs carrés longs séparés l'un de l'autre par de petites banquettes de terre appelées *bossis*. La *saline* se compose d'un certain nombre de compartiments, ou *fares*, semblables à ceux du cobier et communiquant, par de petites rigoles nommées *délivres*, avec les bassins inférieurs ou *œillets*. Tous les compartiments de la saline sont peu profonds, les œillets n'ont que 8 à 10 centimètres de profondeur.

Le travail commence vers la fin d'avril. Après avoir fait écouler les eaux pluviales qui ont couvert la saline pendant l'hiver, des ouvriers appelés *paludiers* réparent les diverses parties du marais. Dans ce travail, qui consiste à unir le fond des bassins et à établir la régularité des cloisons, leurs seuls instruments sont une pelle concave appelée *boguette* et une pelle plate appelée *lousse* (fig. 81).

Fig. 81. — Ouvriers paludiers se rendant au travail.

L'eau de la mer est introduite dans la *vasière* où elle dépose les matières qu'elle tient en suspension, et en même temps sa température s'élève; l'exhaussement du sol de la vasière ne permet, en général, de la remplir que pendant les *reverdies* ou *malines*, c'est-à-dire pendant les grandes marées de la nouvelle et de la pleine lune. On la conduit ensuite dans les œillets en la faisant passer sur le sol échauffé des cobiers et des fares.

Grâce à la chaleur du soleil et à l'action du vent, l'évaporation se produit, le sel forme à la surface une légère couche solide qui exhale une odeur de violette ; au fond de l'œillet se rassemble le gros sel, toujours coloré en gris par de l'argile. A l'aide d'un instrument appelé *las* ou *rouable* et formé d'une planche de 45 centimètres environ située à l'extrémité d'un manche plus ou moins long, le paludier

Fig. 82. — Ouvrières transportant le sel dans les gides.

ramène le sel sur les bords des bassins, et le lendemain, des femmes (fig. 82) courant pieds nus sur les cloisons glissantes de la saline viennent le chercher pour le transporter, au moyen de vases ou *gides* qu'elles portent sur la tête, en un point où il est mis en tas appelés *mulons*. A la fin de la saison, les mulons sont recouverts d'une épaisse couche de terre glaise qui, bien façonnée au battoir, peut conserver le sel pendant nombre d'années sans détérioration. C'est pendant qu'il est en mulons que le sel s'égoutte et se dépouille des substances déliquescentes (1). Lorsqu'il est suffisamment sec, on

(1) On appelle corps déliquescents ceux qui absorbent facilement l'humidité de l'air et s'y dissolvent peu à peu.

le livre au commerce : c'est le sel gris, dont la couleur est due à un peu d'argile.

Quand l'eau a déposé le sel, elle est remplacée par de nouvelle eau prise à la vasière ; dans les mois de juin et de juillet, pendant lesquels l'évaporation est plus rapide, la prise d'eau se fait tous les deux jours, en août et septembre tous les trois jours.

Les sels gris de l'Ouest contiennent toujours du sulfate de magnésie qui leur communique un peu d'amertume et du chlorure de magnésium qui les rend déliquescents. Aussi, lorsqu'ils sont destinés à la table, leur fait-on subir un raffinage par dissolution et cristallisation.

Les marais salants de la Méditerranée ne sont pas, comme ceux de l'Ouest, divisés en de nombreuses et petites exploitations : réunies depuis longtemps par des syndicats, la plupart d'entre elles appartiennent à de puissantes compagnies qui ont introduit dans cette industrie tous les perfectionnements indiqués par la science. Les marais salants sont répartis sur les côtes de la Méditerranée dans les départements de l'Aude, des Bouches-du-Rhône, de la Corse, du Gard, de l'Hérault, des Pyrénées-Orientales et du Var.

Les marées étant presque toujours nulles sur les côtes de la Méditerranée, il faut, pour que les salines puissent être facilement alimentées par la mer, que les bassins où commence l'évaporation soient au-dessous du niveau de celle-ci. On utilise pour cela les étangs peu profonds qui se succèdent d'une manière presque continue depuis Hyères jusqu'à Port-Vendres.

Les premiers bassins d'évaporation sont partagés en grands compartiments nommés *partènements;* ils sont séparés par de petites chaussées appelées *pièces* et communiquent par des canaux ou *buzets*. L'eau dépose d'abord les matières qu'elle tient en suspension et se concentre par l'évaporation : il serait à désirer que, par la pente même, elle pût parcourir une distance suffisamment longue pour arriver saturée à l'extrémité ; mais cela n'est pas possible, et on la conduit alors dans de grands puits dits *puits des eaux vertes*, où elle est reprise par des machines hydrauliques qui l'élèvent et la déversent dans de nouveaux bassins d'évaporation nommés *chauffoirs* ou *partènements intérieurs*. Dans les premières phases de l'évaporation, l'eau dépose du carbonate de chaux, du sesquioxyde de fer et du sulfate de chaux. Puis le liquide des divers partènements se réunit dans un réservoir commun appelé *pièce maîtresse*, d'où il passe dans des puits dits *puits de l'eau en sel.* Il y est repris par des pompes qui le déversent dans des bassins plus petits et plus profonds appelés *tables salantes*, où il laisse déposer le sel. Ce dépôt est annoncé par l'apparition d'une teinte rouge due à l'existence de myriades d'êtres microscopiques et par l'odeur de violette dont nous avons déjà parlé. Les cristaux qui se déposent forment à la fin de la campagne une couche de 5 à 6 centimètres, qu'on enlève au moyen de pelles plates et qu'on amasse en tas appelés *gerbes*. Cette opération est appelée *levage*. Le sel s'égoutte et le chlorure de magnésium déliquescent s'écoule peu à peu. Le sel ainsi obtenu est très-pur.

Les eaux sont renouvelées tous les deux ou trois jours, mais le levage ne se fait qu'à la fin de la saison, tandis que dans les salines de l'Ouest les pluies nécessitent un levage beaucoup plus fréquent, sans quoi le sel se dissoudrait dans le liquide étendu par les eaux pluviales.

Dans les salines du Midi, les eaux qui ont laissé déposer le chlorure de sodium, dites *eaux mères*, étaient autrefois rejetées à la mer. M. Balard a indiqué les moyens de les utiliser et d'en extraire du sulfate de soude et des sels de potasse. Les indications du savant chimiste sont devenues la base de procédés qui sont maintenant appliqués en grand et contribuent à la prospérité de l'industrie que nous venons de décrire.

CHAPITRE VI

MÉTALLURGIE

Les métaux ne se rencontrent pas, en général, dans la nature à l'état de pureté; ils sont combinés à d'autres corps, tantôt avec l'oxygène (oxydes), tantôt avec du soufre (sulfures); quelquefois aussi on rencontre leurs oxydes unis à l'acide carbonique et formant ce qu'on appelle des *carbonates*. Ces combinaisons diverses sont désignées sous le nom de *minerais métalliques*, et la métallurgie est l'ensemble des procédés suivis pour la transformation de ces minerais en métaux. C'est une des branches les plus importantes de l'industrie d'une nation, puisqu'elle est appelée à lui fournir les principaux matériaux employés dans la construction des machines. Elle a fait en France, depuis quelques années, des progrès considérables, surtout pour le fer, qui fait l'objet de la plus considérable de nos industries métallurgiques.

MÉTALLURGIE DU FER

Le fer est avec la houille la plus grande richesse minérale de la France; on l'y rencontre en assez grande abondance à l'état de minerai de composition et de qualités variables. Les variétés principales sont l'*oxyde de fer hydraté*, l'*oxyde rouge*, l'*oxyde magnétique* et l'*oxyde de fer carbonaté*.

Le minerai de fer qui, par l'importance de son extraction, occupe en France le premier rang, est un oxyde de fer hydraté, désigné, suivant les cas, sous les noms d'*hématite*, de *limonite*. Ses gisements sont tantôt des couches et amas placés parallèlement aux couches des terrains stratifiés, tantôt des filons ou amas transversaux. Ce dernier cas est le plus rare, et on le rencontre dans les mines de Vicdenos (Ariége) et de Canizou (Pyrénées-Orientales). Le premier mode de gisement est celui qui se présente le plus souvent. C'est à cet état qu'on trouve la variété d'oxyde de fer hydraté dite *minerai oolithique*, qui donne lieu à une vaste exploitation dans les départements de la Moselle et de la Meurthe, aux environs d'Ottange, de Longwy, d'Hayange, d'Ars-sur-Moselle et de Frouard. Les trente-deux concessions qui ont été accordées jusqu'à présent sur la couche dont nous parlons, occupent une superficie de 14 614 hectares et ont produit en 1866, dans la Meurthe, 641 444 tonnes de minerai d'une valeur de 932 960 fr. Le rendement en fer est de 28 à 40 pour 100.

La même couche est exploitée dans d'autres régions de la France, notamment à Vichery (Vosges), à Jussey (Haute-Saône), à Villebois (Ain), à la Verpillière (Isère), et jusque dans l'Aveyron.

Citons aussi une couche qui est située à un étage plus élevé dans la série des terrains et a une grande importance métallurgique dans la Haute-Marne (Vassy, Saint-Dizier, Eurville), dans la Marne, dans l'Aube (Vandeuvre), dans la Meuse, dans les Ardennes (Grand-Pré), dans le Doubs (Métabief) et dans le Jura (Boucherans). En 1866, la production de la Haute-Marne a été de 93 196 tonnes.

On rencontre aussi l'oxyde de fer hydraté en couches dans le département de Saône-et-Loire, à Mazenay et à Change. Ces deux mines servent à l'alimentation des usines du Creuzot qui n'emploient plus d'autre minerai indigène, mais qui consomment en même temps des minerais d'Algérie et de l'île d'Elbe. L'extraction s'est élevée, en 1866, à 213 000 tonnes.

On trouve dans plusieurs départements de la France une autre variété de fer hydraté qui a aussi une grande importance ; c'est l'*oxyde de fer en grains* ou minerai *pisolithique*. Il appartient aux terrains tertiaires. On l'exploite dans les départements du Cher, de l'Indre, du Doubs, de la Haute-Saône, de la Moselle, de la Côte-d'Or. Il ne forme pas de couches régulières comme les précédents : il remplit des bassins ou des poches dans lesquels il est ordinairement mélangé à l'argile. Il est en général de bonne qualité, mais d'un prix de revient souvent trop élevé pour les conditions actuelles de l'industrie du fer. Son prix moyen dans le département du Cher, qui, en 1866, en a produit 264 474 tonnes, est de 10 fr. 30 c. la tonne. Le département de la Moselle possède aussi ce minerai et en 1866 a fourni 36 604 tonnes, au prix moyen de 9 fr. 13 c., tandis que le prix moyen du minerai oolithique est de 3 fr. 40 c.

L'*oxyde de fer rouge*, désigné sous le nom de *fer oligiste*, se trouve en couche dans le département de l'Ardèche, aux environs de la Voulte et de Privas : à la Voulte, la puissance de la couche est de 14 mètres ; à Privas, elle est de 8^{m},50 ; la production en 1866 a été de 252 000 tonnes.

L'*oxyde de fer magnétique* constitue aussi un minerai depuis longtemps célèbre par les fers d'excellente qualité qu'il produit en Suède et dans l'Oural : il est à peine exploité en France dans les Pyrénées, mais depuis quelques années on supplée à son absence par l'importation de celui qu'on extrait en Algérie dans les environs de Bône ; ces importations ont exercé la plus heureuse influence sur la fabrication du fer et de l'acier.

Le *fer carbonaté* offre deux variétés : la première, dite *fer spathique*, se trouve dans les Alpes françaises et s'exploite aux environs d'Allevard et de Vizille dans l'Isère et à Saint-Georges d'Hurtières dans la Savoie ; la seconde variété, dite *fer lithoïde*, est le principal minerai de fer en Angleterre ; en France, elle est peu exploitée.

Pour donner la mesure de l'importance qu'a en France l'extraction des minerais, nous dirons que le poids de minerai extrait ayant subi les opérations préparatoires dont nous parlerons plus loin, a été, en 1866, de 3 136 710 tonnes d'une valeur de 16 961 274 fr. L'extraction et la préparation avaient occupé 14 879 ouvriers, dont le salaire s'était élevé à 8 978 496 francs.

Les mines de fer, par leur nombre et par l'importance de leurs produits, occupent en France le premier rang après les mines de houille ; elles ne fournissent cependant pas la majorité du minerai employé par nos usines à fer. Les nombreux gisements superficiels, désignés sous le nom de *minières*, concourent dans une plus large mesure à l'alimentation de nos forges : les mines de fer qui sont réparties dans les départements de la Meurthe, de la Moselle, de l'Ardèche, de Saône-et-Loire, de l'Aveyron, du Gard, du Jura, du Doubs, de la Côte-d'Or, ont produit en 1864 environ 850 000 tonnes de minerai, tandis que la production des minières a été environ de 2 300 000 tonnes.

Les détails que nous avons donnés sur les travaux exécutés dans les houillères nous dispenseront de revenir sur les travaux analogues pratiqués dans les mines de fer. Nous prendrons donc le minerai à la sortie de la mine et de la minière pour suivre les opérations qu'il va subir jusqu'à sa transformation en fer.

Les minerais de fer ne sont jamais soumis à des préparations préliminaires compliquées. Ils subissent ordinairement dans la mine un triage ayant pour but d'en séparer les matières stériles qui ont pu se mélanger à lui pendant l'extraction : ces matières stériles sont employées pour faire les remblais.

Après le triage, les minerais de fer ne sont soumis qu'à un simple *débourbage:* cette opération consiste à séparer par l'action de l'eau les matières terreuses qui accompagnent le minerai. Dans le Berry, où l'on exploite un oxyde de fer en grains, formant des espèces de poches à une faible profondeur au-dessous du sol, on extrait généralement le minerai à ciel ouvert pendant l'été, et on l'accumule sur le bord des trous où l'action des agents atmosphériques tend à déliter l'argile; puis, au printemps suivant, lorsque les trous sont remplis d'eau, on y lave le minerai en le mettant dans un panier à claire-voie dit *grappoir*, qui est suspendu à l'extrémité d'un levier à contre-poids et que l'on fait osciller de haut en bas dans l'eau. Le liquide pénétrant à travers la claire-voie désagrége les matières terreuses qui se séparent, se déposent dans l'excavation qu'a produite l'exploitation et servent à la remblayer.

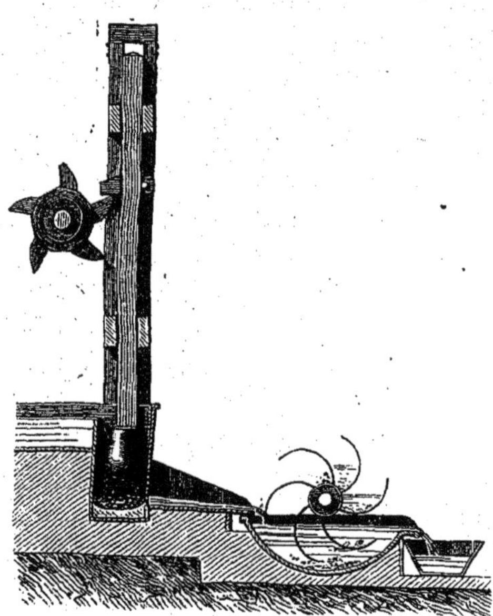

Fig. 83. — Bócard et patouillet.

On emploie aussi pour le lavage des minerais des appareils appelés *patouillets*, qui se composent (fig. 83) d'une cuve ayant la forme d'un demi-cylindre disposé horizontalement et dans laquelle coule un courant d'eau; le minerai constamment agité au milieu du liquide par l'action de bras courbes en fer, tournant autour d'un même axe, se sépare de l'argile qui l'enveloppe. L'eau bourbeuse s'écoule par un déversoir et le fond de la cuve est muni d'une autre ouverture fermée par une porte que l'on enlève de temps en temps pour retirer le minerai lavé.

Lorsque le minerai est en roche au lieu d'être en grains, il doit, avant le débourbage, être concassé à l'aide d'appareils appelés *bocards*, qui sont associés aux patouillets et se composent de pilons verticaux en bois, terminés à leur extrémité inférieure par des socles de fonte. Ces pilons sont disposés verticalement à côté les uns des autres : un arbre horizontal, armé de saillies appelées *cames*, tourne derrière eux d'une manière continue. Les cames rencontrent dans ce mouvement des saillies ou *mentonnets* placés sur les pilons, qui sont ainsi soulevés à une certaine hauteur, où ils sont abandonnés pour retomber de tout leur poids sur le minerai placé dans des auges situées au-dessous d'eux.

Dans certaines régions, comme la Savoie et l'Aveyron, le minerai en roches est soumis à un grillage à l'air qui a pour but de le rendre moins dur, plus poreux, d'expulser l'eau et l'acide carbonique qu'il renferme.

Les minerais étant préparés, il faut maintenant en extraire le fer. Il nous est impossible, dans un ouvrage comme celui-ci, de supposer connus du lecteur les principes de chimie sur lesquels repose la métallurgie du fer, et d'étudier avec détails les réactions auxquelles elle donne lieu. Nous ferons donc un exposé très-sommaire des uns et des autres.

Nous avons vu que les minerais employés à la fabrication du fer sont ou des *oxydes de fer*, c'est-à-dire des corps formés par l'union intime du fer avec un gaz que les chimistes appellent *oxygène*, ou un *carbonate d'oxyde de fer*, c'est-à-dire un corps formé par l'union intime de l'oxyde avec un gaz nommé *acide carbonique*. Le but que se propose le métallurgiste est d'enlever le fer aux corps avec lesquels il est combiné. Pour simplifier l'explication, nous dirons tout de suite que, lorsqu'on chauffe le carbonate d'oxyde de fer, il laisse dégager l'acide carbonique et se transforme en oxyde de fer, de telle sorte que nous pouvons supposer les choses réduites au cas unique où l'on emploie l'oxyde. Or, si l'on mélange de l'oxyde de fer avec du charbon, qu'on enflamme celui-ci et qu'on chauffe le tout dans un courant d'air actif, le charbon brûlera en produisant des gaz, qui, en s'élevant au milieu de la masse, prendront à l'oxyde l'oxygène qu'il renferme et le transformeront en fer métallique.

Mais le minerai employé n'est jamais pur : il est toujours mélangé à une quantité plus ou moins grande de matières terreuses que l'on a extraites du sol en même temps que lui, que l'on désigne sous le nom de *gangue*, et qui ne sont jamais séparées complétement par les préparations mécaniques dont nous avons parlé. Il faut donc isoler cette gangue qui se trouve mélangée au fer et empêcherait les particules métalliques de se réunir. Voici commen on y arrive dans la méthode dite des *hauts fourneaux*. On ajoute au mélange de charbon et de minerai une substance capable de former avec la gangue un corps fusible appelé *laitier* qui surnagera audessus de la masse métallique et que l'on en séparera facilement (1). Mais, pour fondre le laitier, il faut arriver à une température très-élevée, à laquelle le fer se combine lui-même avec une partie du charbon et forme avec lui le corps que l'on désigne sous le nom de *fonte*. Aussi la fonte, dans la méthode des hauts fourneaux, peut-elle être considérée comme un intermédiaire entre le minerai et le fer. Cette fonte, après sa fabrication, sera traitée à nouveau dans des fourneaux spéciaux où elle sera fondue, et, pendant qu'elle sera liquide, on fera passer à sa surface un courant d'air actif qui brûlera le charbon qu'elle renferme et la transformera en fer. Cette seconde opération est appelée *affinage de la fonte*.

Dans les Pyrénées on suit une autre méthode, que l'on appelle *méthode catalane*, et qui permet de fabriquer le fer en une seule opération sans faire de fonte. Cette méthode ne peut être employée que dans le cas où l'on a des minerais très-riches, parce qu'alors, au lieu d'introduire une substance destinée à fondre la gangue, on sacrifie à cet effet une partie de l'oxyde de fer lui-même. Mais le laitier fait avec la gangue et l'oxyde de fer étant beaucoup plus fusible que celui des hauts fourneaux, on n'est pas obligé d'élever autant la température, et le fer ne passe pas à l'état de fonte. On obtient ainsi une masse que l'on peut comparer à une éponge en fer ramollie et enfermant dans ses pores le laitier fondu; en battant ensuite cette éponge à l'aide de puissantes machines, on en exprime

(1) Lorsque la gangue du minerai est argileuse, la substance ajoutée est du calcaire et s'appelle *castine* ; quand au contraire la gangue est calcaire, la substance ajoutée est de nature argileuse et s'appelle *erbue*.

le laitier et on agglomère le fer. La méthode catalane donne un métal d'excellente qualité, mais elle est peu employée : la Corse et les départements de l'Ariége, des Pyrénées (Basses, Hautes et Orientales), sont les seuls où elle soit mise en pratique : en 1864, elle a produit 3300 tonnes de fer, tandis que la production des hauts fourneaux a été de près de 800 000 tonnes. Nous ne décrirons avec détails que cette dernière méthode.

FABRICATION DE LA FONTE DANS LES HAUTS FOURNEAUX

On appelle *haut fourneau* le fourneau dans lequel se fait la transformation du minerai en fonte. Il offre l'apparence (fig. 84) d'une tour ronde ou carrée d'une hauteur de 15 à 18 mètres. Cette tour, formée de trois enveloppes concentriques, dont l'intervalle est environ de 10 centimètres, est garnie à son intérieur de briques réfractaires de qualité excellente. La cavité intérieure du haut fourneau a la forme de deux troncs de cône réunis par leur grande base. Le tronc de cône supérieur est appelé *cuve*. L'ouverture supérieure G de la cuve porte le nom de *gueulard ;* elle est surmontée d'une cheminée, nommée *gueule*, percée de plusieurs portes servant au chargement du combustible et du minerai. Le tronc de cône inférieur s'appelle *étalage* et se continue par un espace prismatique O nommé *ouvrage*, à la partie inférieure duquel aboutissent des tuyères T qui lancent dans le haut fourneau un courant d'air actif. Au-dessous de l'ouvrage est le creuset H qui recevra la fonte liquide : l'une des parties du creuset est formée par une pièce A appelée *dame* qui se termine au dehors par un plan incliné AC.

Lorsque le haut fourneau n'a pas encore servi, on commence par le sécher parfaitement au dedans, en faisant pendant quinze ou vingt jours un feu assez vif à la partie inférieure. Lorsqu'on juge que la maçonnerie est suffisamment sèche, on emplit le fourneau jusqu'à quatre ou cinq mètres au-dessous du gueulard avec du coke, au-dessus avec des charges de minerai et de combustible ; puis on met le feu à la masse par la partie inférieure où se trouvent de la paille et des fascines. Au bout de quelques jours, on commence à voir la fonte en fusion tomber en gouttelettes dans le creuset ; il est temps alors de poser les tuyères et de faire arriver le *vent*. Ce vent est de l'air chassé avec une grande force par de puissantes machines soufflantes, qui dans certaines usines, au Creuzot par exemple, atteignent des proportions colossales; il augmente l'activité de la combustion et élève par conséquent la température. Le minerai se dessèche et commence à se réduire

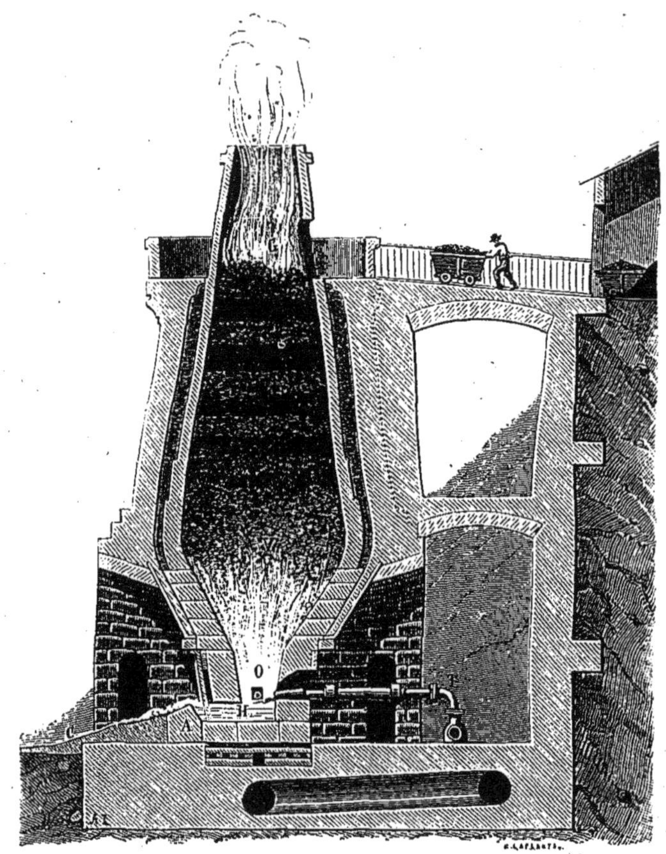

FIG. 84. — Haut fourneau.

dans la cuve, où il perd environ le tiers de l'oxygène qu'il renferme; il descend peu à peu et arrive dans les étalages et dans l'ouvrage; c'est là qu'ont lieu surtout la décomposition du minerai et sa transformation en fer; mais c'est là aussi que le métal, se combinant avec le charbon, se change en fonte. La fonte liquide tombe dans le creuset où arrive en même temps le laitier en fusion qui, en vertu de sa plus grande légèreté, flotte à la surface de la fonte et, lorsque son niveau a atteint le bord de la dame, s'écoule d'une manière continue sur le plan incliné AC dont nous avons parlé.

Dans certaines usines, à Hayange par exemple, le laitier tombe directement dans des wagons qui s'emplissent peu à peu et qui, une fois pleins, l'emportent au loin. Dans d'autres usines, au Creuzot, il s'écoule sur un lit de sable; des barres de fer tordues en crochets sont placées sur le chemin de la matière liquide qui se solidifie autour d'elles; à ces crochets on fixe des chaînes, et au moyen d'un treuil on tire au dehors ces masses sans cesse renouvelées, que des wagons transportent sur les lieux où elles doivent servir de remblais.

On est arrivé dans ces derniers temps à faire avec le laitier des briques et des pavés d'un emploi avantageux.

La marche ou allure du haut fourneau est indiquée par l'aspect des laitiers. Ainsi, par exemple, s'ils coulent facilement, s'ils sont presque transparents ou d'un gris clair, l'allure est *bonne*. S'ils affectent une teinte bleue, jaune ou verte, ce qui indique qu'ils ont absorbé une certaine quantité d'oxyde de fer, on est averti que l'allure est *froide*, que la réduction du minerai est incomplète. Leur apparence la plus mauvaise est lorsqu'ils sont d'un brun foncé, presque noir, et qu'ils coulent en un jet large et boursouflé; cela indique que la charge de combustible a été insuffisante pour produire la réduction du minerai.

Toutes les douze ou huit heures on procède à la coulée de la fonte. Pour cela, on enlève un tampon d'argile qui ferme une ouverture pratiquée au bas de la dame; la fonte s'élance alors du creuset sous la forme d'un jet incandescent que l'on voit se diriger en serpentant dans les rigoles creusées au milieu du sable, qui constitue le sol de l'usine au pied du haut fourneau. La fonte se refroidit peu à peu, et se présente, après la solidification, sous forme de lingots appelés *gueuses*. La coulée terminée, on rebouche le trou et l'opération continue comme auparavant.

Après avoir exposé les principaux détails de la marche d'un haut fourneau, nous allons revenir sur quelques points essentiels que nous avons à dessein laissés de côté pour rendre l'exposition plus claire et plus rapide.

Le choix du combustible fixera d'abord notre attention; il est d'une très-grande importance dans la fabrication de la fonte et exerce une influence directe sur la qualité des produits.

Dans l'origine le charbon de bois était partout employé; sa pureté, comparée à celle des autres combustibles, l'énergie de ses affinités chimiques, et par suite la facilité avec laquelle il prend feu sont des qualités d'une grande valeur, partout où l'on peut se le procurer en quantité considérable et à prix modérés ; mais ces circonstances sont rares et son emploi devient de plus en plus restreint, quoique la fonte fabriquée avec le charbon de bois soit de qualité supérieure à celle que l'on obtient avec les autres combustibles.

Le coke est très-employé dans la métallurgie du fer. Il provient de la calcination de la houille en vase clos. Cette calcination a pour effet d'éliminer le soufre et les autres substances nuisibles aux qualités du métal.

Depuis que dans la plupart des usines on a substitué, comme nous le verrons, l'emploi de l'air chaud à celui de l'air froid, on ne regarde pas toujours comme nécessaire d'opérer à part la transformation de la houille en coke : on charge le haut fourneau avec de la houille, et, sous l'influence de l'élévation de température produite par l'emploi de l'air chaud, cette houille se transforme en coke dans la partie supérieure de l'appareil avant d'agir sur le minerai.

Le métallurgiste ne saurait apporter trop d'attention au choix des houilles ; de leur qualité dépend celle des fontes et des fers fabriqués. Aussi, dans certaines usines, la houille est-elle concassée, lavée, triée avec soin et mélangée en proportions variables, suivant les provenances, avant d'être transformée en coke ou d'être livrée au fourneau. L'emploi de ce combustible devient plus important chaque jour ; on le mélange quelquefois avec le charbon de bois. De 1860 à 1864, la production de la fonte au charbon de bois a diminué de 2 746 586 quintaux métriques à 2 109 736 quintaux, tandis que celle de la fonte aux deux combustibles (végétal et minéral) a varié, dans le même laps de temps, de 736 017 quintaux à 883 059 quintaux métriques.

De 1861 à 1864, la production de la fonte au combustible minéral seul (houille ou coke) a varié de 5 471 767 quintaux métriques à 8 204 424 quintaux métriques.

L'ouverture supérieure du haut fourneau se trouvant en général à une assez grande hauteur au-dessus de sa base, on a dû se préoccuper de trouver des moyens commodes et économiques pour y transporter le combustible et le minerai.

Quand la situation de l'usine le permet, on adosse le haut fourneau à une colline au haut de laquelle arrivent le combustible et le minerai, qui se trouvent ainsi transportés au niveau du gueulard; quand cette disposition est impossible, on se sert d'appareils différents destinés à établir une communication entre le sol et le gueulard.

Le monte-charge, appelé *balance d'eau*, est souvent employé à cet effet. Il se compose de deux plateaux disposés de manière que, pendant que l'un monte, l'autre descende; l'un des plateaux reçoit les charges, l'autre est creux et présente l'aspect d'une caisse plus ou moins grande. Chacun d'eux est attaché par une chaîne à un treuil commun, de telle sorte que, pendant que l'une des chaînes se déroule du treuil, l'autre s'y enroule. Supposons le plateau creux au haut de sa course. En y arrivant, il ouvre de lui-même un robinet qui laisse couler dans la caisse un courant d'eau. Dès que celle-ci en contient une quantité suffisante pour l'emporter sur le poids qu'il s'agit d'élever, elle commence à descendre en fermant d'abord d'elle-même, par un mécanisme très-simple, le robinet d'alimentation. A mesure qu'elle descend, elle fait tourner le treuil auquel elle est attachée, et celui-ci élève l'autre plateau sur lequel ont été disposés des wagonnets pleins de minerai ou de combustible. Parvenus à la partie supérieure, ces wagonnets sont vidés dans le gueulard et remis en place; mais, pendant ce temps, la caisse pleine d'eau en arrivant en bas est venue toucher un butoir qui a soulevé la soupape qu'elle porte à sa partie inférieure; elle se vide, et, devenue plus légère, elle remonte d'elle-même, tandis que l'autre plateau, plus lourd, redescend pour aller chercher de nouvelles charges.

Avant de quitter les hauts fourneaux, nous décrirons un dernier perfectionnement dont le traitement du fer a été l'objet. Pendant longtemps on a laissé perdre par la partie supérieure des fourneaux les gaz provenant de la combustion du charbon et de la décomposition du minerai. Des expériences faites avec le plus grand soin ont conduit MM. Bunsen et Playfair à conclure qu'au haut fourneau d'Alfreton on perdait, sous forme de gaz, 81 p. 100 de matières combustibles encore utilisables, représentant par vingt-quatre heures 11 tonnes de charbon; que ces gaz, qui étaient inflammables, étaient capables en brûlant de produire une température assez élevée pour fondre le fer. Depuis cette époque, la plupart des métallurgistes ont soin de les recueillir et les emploient à chauffer soit des chaudières à vapeur, soit l'air injecté par les tuyères.

Ces gaz doivent être recueillis sans qu'il en résulte de perturbation dans la marche du haut fourneau ; pour cela, il faut les prendre au point où l'on est sûr qu'ils ont cessé d'exercer leur action, et en même temps à une distance telle du gueulard qu'ils puissent sortir à l'état sec. Il est facile de comprendre que dans la partie supérieure du haut fourneau le minerai et le combustible

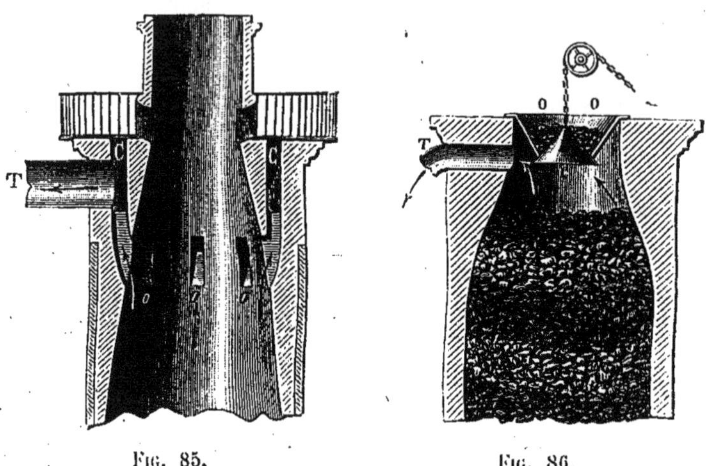

Fig. 85. Fig. 86.

Prise de gaz dans les hauts fourneaux.

se dessèchent et cèdent aux gaz qui les traversent l'eau qu'ils renferment.

On a employé plusieurs dispositions : nous décrirons deux d'entre elles.

Sur la figure 85 le haut fourneau est fermé à la partie supérieure. En *o*, *o*, *o*, sont des ouvertures par lesquelles s'échappent les gaz qui se rendent dans une chambre annulaire C, d'où ils passent par le tuyau T dans les appareils où l'on doit les utiliser.

Sur la figure 86, la partie supérieure du haut fourneau est formée par une espèce d'entonnoir OO dont l'orifice inférieur peut être fermé par un cône en fonte C supporté par une chaîne et un contre-poids : les gaz s'échappent en T. On charge le combustible et le minerai dans l'entonnoir, et, quand on veut les faire entrer dans le gueulard, on abaisse le cône C.

L'utilisation des gaz des hauts fourneaux est chaque jour la cause d'une économie considérable et de progrès importants.

Nous en dirons autant de l'emploi de l'air chaud, quoique ses avantages aient été plus discutés. L'air que lancent les machines soufflantes est pris par elles au milieu de l'atmosphère, et, au lieu de se rendre directement dans les tuyères, il passe soit à travers des chambres remplies de briques que l'on a chauffées en y faisant circuler pendant un certain temps les gaz des hauts fourneaux, soit à travers des tubes de fonte dont l'extérieur est chauffé par ces mêmes gaz. La température à laquelle on élève l'air varie de 70 à 450 degrés, avec la nature des minerais et des fontes.

Suivant la nature du minerai employé et surtout suivant la température à laquelle s'est opérée la fusion, on produit dans les hauts fourneaux des fontes de propriétés diverses que l'on peut ramener à deux types principaux : la *fonte blanche* et la *fonte grise*. La première est obtenue à une température plus basse que la seconde, et, par suite, c'est celle dont la fabrication exige la moins grande consommation de combustible. Elle est de couleur blanche, très-dure, fond à 1100 degrés, n'est jamais très-fluide et convient surtout à la fabrication du fer et de l'acier. La fonte grise est produite à une température plus élevée ; elle est douce, grenue, facile à travailler : elle n'entre en fusion qu'à 1260 degrés ; mais comme elle devient très-fluide, elle est très-convenable pour le moulage des objets en fonte dont nous parlerons plus tard. En raison des usages auxquels on destine ces deux espèces de fonte, on donne souvent dans l'industrie à la première le nom de fonte *d'affinage*, à la seconde celui de fonte *de moulage*.

TRANSFORMATION DE LA FONTE EN FER.

Pour transformer la fonte en fer, il faut lui enlever le charbon qu'elle contient ainsi que les autres matières étrangères, telles que le silicium, le soufre et le phosphore. Ces trois substances ont des origines différentes. Le silicium et le phosphore proviennent de la gangue qui se trouvait mélangée aux minerais. Quant au soufre, il provient ordinairement de la houille ou du coke employés : s'il en existait dans les minerais, on devrait s'en débarrasser par un grillage préalable qui transformerait le soufre en gaz sulfureux. Ces trois substances nuisent à la qualité du fer, diminuent sa résistance et le rendent cassant ; le charbon de bois ne pouvant introduire de soufre dans la fonte, il en résulte que les fers au bois sont meilleurs que les fers à la houille.

Le principe de l'affinage de la fonte est de la soumettre, pendant qu'on la maintient en fusion, à un courant d'air actif qui brûle les matières étrangères dont nous venons de parler : le charbon et

Fig. 87. — Affinage au petit foyer.

le silicium sont faciles à enlever, le premier se transformant en gaz acide carbonique qui se dégage, le second en acide silicique qui s'unit à une certaine quantité d'oxyde de fer pour donner un silicate fusible éliminé sous forme de *scorie* ou *laitier*. Quant au soufre et au phosphore, il est très-difficile de les séparer; aussi les fontes qui en contiennent ne donnent-elles que des fers de qualité inférieure.

On affine la fonte de deux manières, soit au charbon de bois, soit à la houille.

L'affinage de la fonte par le charbon de bois a lieu dans un petit foyer quadrangulaire formé par des plaques de fer recouvertes d'argile, dans lequel le vent est amené par une tuyère légèrement inclinée (fig. 87). Le foyer étant rempli de charbon allumé, on place au-dessus du combustible la quantité de fonte qui doit être affinée. Elle entre en fusion et tombe en gouttelettes liquides qui passent devant les tuyères et subissent l'action oxydante de l'air lancé par ces appareils; la silice provenant de l'oxydation du silicium se combine avec une partie du fer et donne des scories fusibles que l'on enlève de temps à autre. Au bout d'un certain temps, la fonte liquide a pris plus de consistance, ce qui indique un commencement d'affinage. L'ouvrier la soulève alors avec une barre de fer, nommée *ringard*, et la ramène au-dessus du

Fig. 88. — Marteau.

combustible. C'est ce qu'on appelle *avaler la loupe*. On ajoute du charbon frais et l'on augmente la force du vent. Sous l'influence de cette action oxydante plus énergique, la fonte se transforme en fer.

Lorsque l'affinage est terminé, que le fer *a pris nature*, l'ouvrier retire la masse métallique du four, la bat avec son ringard et la livre à d'autres hommes qui la traînent encore incandescente sous une enclume, où elle reçoit les coups redoublés d'un marteau pesant de 300 à 600 kilogr. et dont la tête est en fer aciéré (fig. 88); le marteau est soulevé par les *cames* ou saillies d'une roue mue mécaniquement, puis il retombe de tout son poids lorsque, dans la rotation, la came l'abandonne. Pendant que le marteau fonctionne, l'ouvrier retourne la loupe en tous sens pour qu'elle soit battue de tous les côtés. Sous l'influence de ces coups redoublés, les scories interposées dans le métal et encore liquides sont projetées au loin, et les parties métalliques se soudent ensemble. Cette opération porte le nom de *cinglage de la loupe*. Elle donne des barres de fer prismatiques que l'on coupe en morceaux plus petits appelés *lopins*. Chacun d'eux, après avoir été réchauffé au foyer, est forgé à nouveau avec un marteau plus petit appelé *martinet*, puis il est étiré en barres à l'aide de laminoirs que nous décrirons plus loin.

Ce procédé donne du fer de bonne qualité que l'on appelle *fer au bois*. Mais chaque jour son importance diminue par suite de la nécessité de produire des fers à bon marché et on ne l'applique plus que dans des cas spéciaux. La production du fer au bois, en 1864, tant par la méthode catalane dont nous avons dit quelques mots que par l'affinage au bois, a été en France de 584 760 quintaux métriques. Le département du Doubs entre dans ce chiffre

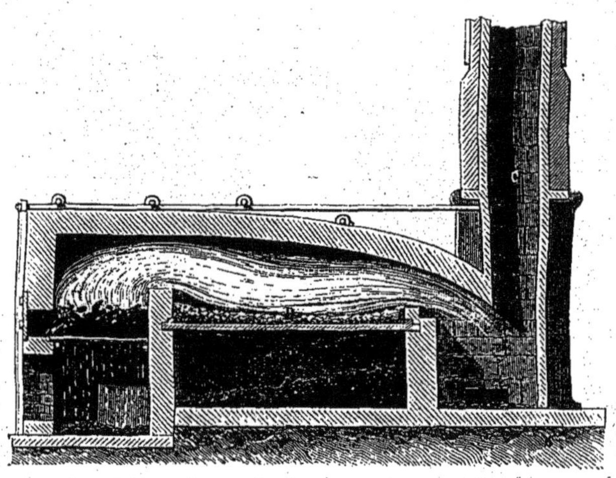

Fig. 89. — Puddlage de la fonte.

pour 179 030 quintaux métriques. Les départements du Jura, des Ardennes, des Vosges, du Cher, de la Nièvre et de la Haute-Saône sont après lui ceux où la production a été la plus considérable.

Pendant que l'affinage au bois diminue chaque jour d'importance, l'affinage à la houille se répand de plus en plus ; ce procédé, qui est anglais, est appelé *puddlage* (du mot anglais *puddle*, qui veut dire *brasser*). La théorie de l'opération est la même que pour l'affinage au bois ; on oxyde les matières étrangères et l'on forme des scories avec le fer et la silice qui provient de l'oxydation du silicium ; mais le combustible et le four ne sont plus les mêmes. Les figures 89 et 90 représentent un four à puddler, la première en coupe verticale, la seconde en perspective. La houille est brûlée dans le foyer latéral, et la flamme qui s'en échappe passe dans le compartiment voisin, appelé *réverbère*, et le porte à une haute température.

La fonte est jetée en morceaux sur le fond de la sole D du réver-

Fig. 90. — Four à puddler.

bère ; elle y entre en fusion, et, sous l'influence du courant d'air déterminé par la cheminée C, l'affinage se produit. Pendant cette fusion, l'ouvrier doit continuellement renouveler les surfaces de la masse métallique ; aussi brasse-t-il le mélange avec un ringard qu'il passe par la porte, mais en l'ouvrant le moins possible, de peur qu'une trop grande quantité d'air ne pénètre dans le foyer et n'y détermine une trop forte oxydation du fer. Ce travail est très-pénible et demande beaucoup d'habileté de la part de l'ouvrier qui doit, à l'aspect de la masse métallique, juger du point où est arrivée l'opération.

Fig. 91. — Chariot pour porter la loupe.

On a cherché dans ces derniers temps à diminuer le rôle de l'ouvrier dans le puddlage et à faire mécaniquement le brassage des matières. MM. Duméril et Lemut ont inventé un système qui donne

Fig. 92. — Chariot pour porter la loupe.

d'excellents résultats, et que nous avons vu employer avec succès dans quelques usines de l'est de la France. Il se compose de plusieurs leviers qui, mus par la vapeur, impriment au ringard des mouvements analogues à celui du brassage à la main et lui font parcourir successivement toutes les parties de la sole.

Lorsque l'ouvrier pense que l'affinage est suffisamment avancé, il fait écouler une partie des scories et rassemble avec son ringard les parties de fer affiné qu'il soude entre elles en les comprimant. Il forme ainsi un noyau qu'il roule sur la sole du four pour augmenter son volume par la réunion de fragments de fer incandescent qui s'attachent à lui. Quand la boule ou *loupe* a acquis un volume suffisant, il la sort du four et la fait tomber sur de petits chariots représentés par les figures 91 et 92. Un autre ouvrier entraîne immédiatement le chariot et porte la loupe au cinglage.

FIG. 93. — Marteau-pilon.

Le cinglage peut se faire avec le petit marteau que nous avons décrit à propos de l'affinage au bois; mais on se sert plus souvent d'un instrument appelé *marteau-pilon*, dont nous allons dire quelques mots.

Ce puissant appareil de percussion, qui est très-employé maintenant dans les forges et dans les ateliers de construction, est représenté par la figure 93. Il se compose d'une masse en fonte dont le poids varie de 3000 à 5000 kilogr., qui peut glisser entre

Fig. 94 — Laminoir.

des colonnes verticales. A sa partie supérieure est adaptée une tige de fer qui est en même temps la tige du piston d'une petite machine à vapeur superposée au bâti de l'appareil. Un levier, manœuvré par un ouvrier spécial, permet de faire entrer la vapeur sous le piston. Par sa force élastique elle soulève le marteau, et lorsqu'il est arrivé au haut de sa course, l'ouvrier, agissant une seconde fois sur le levier, met la partie inférieure du cylindre en communication avec l'air extérieur. La vapeur s'échappe au dehors et le marteau retombe de tout son poids sur l'enclume où l'on place la loupe à cingler.

Le marteau-pilon constitue un outil remarquable par sa puissance, par la rapidité de son action et par la facilité avec laquelle on le gouverne. L'ouvrier qui manœuvre le levier peut, en réglant la sortie de la vapeur, faire descendre le marteau avec la rapidité ou la lenteur nécessaire. Pour donner une idée de la sensibilité de cet appareil, nous dirons qu'il peut boucher, sans la briser, une bouteille de verre posée sur l'enclume.

L'ouvrier cingleur placé près du marteau-pilon, saisit avec de fortes pinces la loupe apportée du four, la met sur l'enclume et la retourne en tous sens pendant que le marteau la frappe à coups redoublés. Le cingleur, pour se garantir des éclaboussures du lai-

Fig. 95. — Intérieur d'usine. — Laminoirs.

tier incandescent, porte une véritable armure; il est muni de grandes bottes, de brassards de tôle, d'un masque de toile métallique et d'un épais tablier de cuir.

Rien n'est plus saisissant que l'aspect d'une forge importante où l'on voit en circulation les chariots portant les loupes incandescentes: le feu jaillit de toutes parts; de robustes ouvriers, aux épaules athlétiques, manient avec aisance les masses de fer qu'ils façonnent peu à peu sous les coups répétés des marteaux-pilons.

Après le cinglage, la loupe est immédiatement portée au laminoir, qui doit la transformer en barres. Le laminoir se compose d'une ou plusieurs paires de cylindres (fig. 94) tournant en sens inverse au moyen d'engrenages à vapeur. Chaque train de laminoir comprend deux équipages, formés chacun par deux cylindres superposés qui présentent à leur surface des cannelures de formes diverses. Le premier équipage, dit *dégrossisseur* et que l'on voit à droite de la figure, est muni de cannelures à section ogivale dont les dimensions vont en diminuant progressivement; le second, ou *finisseur*, se compose aussi de deux cylindres: le cylindre inférieur porte des cannelures rectangulaires dans lesquelles pénètrent les saillies de même forme que l'on voit à la surface du cylindre supérieur. Les laminoirs sont faits avec des fontes d'excellente qualité et leur fabrication exige beaucoup de soin.

Lorsque la loupe déjà façonnée arrive au laminoir, l'ouvrier la saisit à l'aide de fortes pinces et présente une de ses extrémités à la cannelure la plus grosse de l'équipage dégrossisseur: les deux cylindres, en tournant, l'entraînent dans leur mouvement de rotation et la forcent à s'aplatir et à s'allonger, en même temps qu'elle prend la forme de la cannelure dans laquelle elle passe. Un ouvrier, placé de l'autre côté de l'appareil, prend avec des pinces la barre ainsi formée, et, la soulevant par-dessus le laminoir, la repasse au premier ouvrier qui la présente à la seconde cannelure, et ainsi de suite. Lorsque la barre a passé dans toutes les cannelures ogivales, on la livre à l'équipage finisseur, qui la réduit en lames plates là section rectangulaire. On comprend qu'en écartant plus ou moins le cylindre supérieur du cylindre inférieur à l'aide de vis de commande, on augmentera ou diminuera l'intervalle existant entre le fond des cannelures et la surface des saillies; par suite, la barre qui passera dans ces intervalles sera plus ou moins épaisse.

La figure 95 représente l'intérieur d'une usine dans laquelle s'effectue le travail que nous venons de décrire.

Le fer que l'on obtient ainsi n'est pas du fer *marchand*, c'est encore du fer brut : ses parties sont mal soudées ; il présente des défauts appelés *pailles ;* en un mot, sa qualité médiocre ne le rend propre qu'à un nombre d'usages très-restreint. Avant de pouvoir être employé dans l'industrie, il doit être soumis à une opération qu'on appelle *corroyage*. Pour cela, les barres de fer sont découpées en morceaux à l'aide de puissantes cisailles C, C′, mues par la

Fig. 96. — Cisaille.

vapeur (fig. 96). En superposant ces morceaux et en les liant avec du fil de fer, on en fait des paquets que l'on réchauffe dans un four à réverbère, appelé *four à souder*, qui diffère peu du four à puddler. Quand les paquets sont à la température du blanc soudant, c'est-à-dire à une température à laquelle les morceaux de fer ramollis pourront se souder entre eux par la pression, on les retire du four et on les fait passer dans des laminoirs exécutés avec plus de soin que ceux qui travaillent le fer brut. Sous l'influence de la pression, les différentes pièces se soudent et l'on obtient des barres d'un fer très-homogène et ne présentant plus les défauts du fer brut.

En 1864, la France a produit 7 920 581 quintaux métriques de fer d'une valeur de 193 893 156 francs ; nous donnons en note les détails de cette production (1).

(1) La production du fer marchand au combustible minéral (houille ou coke) a

TÔLE.

La tôle est du fer réduit en feuilles. On la fabrique généralement avec des barres plates de fer corroyé, découpées en morceaux appelés *bidons*. On les chauffe d'abord dans des fours et on les soumet ensuite à l'action de laminoirs dont les cylindres sont à surface unie et dont on diminue progressivement l'écartement, de manière à forcer le fer à s'étaler en lames de plus en plus minces. Après plusieurs passages, le métal s'est refroidi et doit être réchauffé : on met pour cela les plaques dans des *fours dormants*, ainsi nommés parce qu'ils sont presque sans tirage, l'introduction d'une trop grande quantité d'air pouvant avoir pour résultat d'oxyder les surfaces, de brûler et même de trouer les tôles. Les plaques réchauffées sont soumises de nouveau à l'action de laminoirs dont les cylindres sont plus durs et plus fins que ceux des précédents. Quand elles sont amenées aux dimensions voulues, les bords sont irréguliers et déchirés en festons : on dit alors qu'ils sont *criqués;* pour les rendre bien nets, on les rogne à la cisaille. Les tôles ainsi fabriquées sont appelées *tôles sur bidons*.

Lorsqu'on veut avoir des produits d'un prix moins élevé, on fait des tôles *directes*. Cette fabrication consiste à passer les paquets de fer brut dans le laminoir à cannelures plates, à découper les barres

été, en 1864, de 7 060 253 quintaux métriques, d'une valeur de 159 831 970 francs (prix moyen au quintal, 22 fr. 63). En 1863, une production de 6 744 386 quintaux métriques avait consommé 12 996 433 quintaux métriques de houille d'une valeur de 20 035 332 fr., et 60 326 quintaux métriques de coke d'une valeur de 156 846 francs. (Le chiffre représentant la consommation de combustible pour l'année 1864 n'a pas encore été publié par l'administration des mines.) Les départements de la Moselle, de la Loire, de Saône-et-Loire, de la Haute-Marne, du Nord, de l'Allier, de la Nièvre, des Ardennes, de l'Aveyron, du Gard, de la Meuse et du Jura, tiennent les premiers rangs dans cette production.

En 1864, la France a produit 275 562 quintaux métriques de fer fabriqué par l'emploi des deux combustibles (houille et charbon de bois), d'une valeur de 10 814 434 francs (prix moyen au quintal, 39 fr. 24). En 1863, une production de 754 440 quintaux métriques avait consommé 166 134 quintaux de charbon de bois, 22 682 quintaux de bois, et 120 885 quintaux de houille, d'une valeur totale de 1 479 537 francs.

En 1864, la production du fer au charbon de bois a été de 584 766 quintaux d'une valeur de 23 246 752 francs (prix moyen au quintal, 39 fr. 75). En 1863, la production avait été de 754 440 quintaux métriques d'une valeur de 30 998 316 francs, et avait consommé 1 003 443 quintaux de bois d'une valeur de 6 600 940 francs.

encore chaudes qui en sortent et à les livrer ensuite au laminoir à tôle. On évite ainsi le chauffage des bidons, et par conséquent le déchet de fer et la consommation du combustible.

Quand on veut donner à la tôle de l'élasticité et en diminuer la dureté, on la *recuit*, c'est-à-dire qu'on la chauffe dans de grandes caisses de fer, hermétiquement fermées, d'où on ne la retire qu'après un refroidissement lent et complet.

La France a produit, en 1864, 1 000 042 quintaux de tôle d'une valeur de 35 423 648 francs.

FIL DE FER.

Le fil de fer ne se fabrique qu'avec des fers de bonne qualité. A cet effet, les barres de fer carrées, produites par les laminoirs ordinaires, sont découpées en morceaux que l'on réchauffe au blanc et que l'on passe ensuite dans les cannelures d'un laminoir à trois cylindres superposés, animé d'une grande vitesse. La première cannelure est ovale, les suivantes sont circulaires. La tige de fer, qui a de 25 à 30 centimètres de côté et de 60 centimètres à 1 mètre de long, passe en moins d'une minute dans dix de ces cannelures et en sort à l'état d'une tige ronde de 8 à 10 millimètres de diamètre et de 9 à 10 mètres de longueur. Ce spectacle est plein d'intérêt : le morceau de fer s'allonge à mesure que son diamètre diminue par le passage dans des cannelures de plus en plus petites ; on voit alors le métal incandescent courir à la surface du sol sous forme de serpents de feu, dont les ouvriers doivent éviter les replis avec la plus grande attention. Pour empêcher les accidents et en même temps la confusion qui résulterait du mélange des différents morceaux, de jeunes ouvriers armés de crochets saisissent le fil incandescent à mesure qu'il sort du laminoir, s'éloignent en l'entraînant et guident ses mouvements à la surface du sol.

Lorsque le fer est arrivé au diamètre voulu, il est enroulé encore chaud sur des bobines manœuvrées à la main ; les paquets circulaires qui résultent de cet enroulement sont, après leur refroidissement, placés dans des caisses de fonte bien lutées, que l'on chauffe au rouge sombre pour les laisser ensuite se refroidir lentement. Cette opération, appelée *recuite*, a pour but de rendre au fer toute sa ductilité (1), qu'il a perdue en partie par l'action du laminoir et qui lui est nécessaire pour pouvoir subir l'étirage à la filière et être amené à un diamètre moindre.

Fig. 97. — Tréfilerie.

On appelle *filière* une plaque d'acier trempé percée de trous de grandeurs décroissantes. En forçant un morceau de fer à passer

Fig. 98. — Décapage du fil de fer.

successivement à travers ces différents trous, on en diminue de plus en plus le diamètre et l'on fait un fil qui va en s'allongeant à

(1) On appelle *ductilité* la propriété qu'a un métal de se laisser étirer en fils.

chaque passage. L'opération s'exécute sur un banc à tirer, ou table de tréfilerie, représenté par la figure 97.

Sur une table sont fixées verticalement, de distance en distance, des filières placées entre des *montants verticaux ;* derrière ces filières sont disposées des bobines sur lesquelles est enroulé du fil de fer à étirer, qui vient du laminoir et des fours à recuire ; en avant on voit d'autres bobines pouvant tourner autour d'un axe vertical qu'une machine à vapeur peut mettre en mouvement. L'extrémité du rouleau de fil est amincie de manière à pouvoir passer dans l'un des trous de la filière, le plus gros par exemple ; on l'y engage et elle est saisie de l'autre côté par une pince placée à la partie inférieure de la bobine correspondante ; dès que celle-ci est mise en mouvement, elle entraîne le fil, le force à passer dans le trou et à s'enrouler ensuite sur elle. Quand tout le fil a passé par le premier trou, on l'enroule de nouveau sur la première bobine, puis on appointe son extrémité et on l'engage dans le second trou. On continue ainsi jusqu'à ce qu'il ait le diamètre désiré ; mais comme par ces passages successifs à la filière le fer devient très-cassant, on lui rend sa ductilité en le recuisant de temps en temps. Ces recuites ont pour effet de l'oxyder ; quand on veut avoir sa surface nette et brillante, on le décape en plaçant les paquets dans un bain d'acide sulfurique étendu d'eau, qui dissout l'oxyde. Pendant qu'ils sont dans le liquide, on prend une des extrémités que l'on passe dans la filière, et, à mesure que le fil sort décapé du bain acide, il subit un dernier étirage (fig. 98).

La France a produit, en 1864, 405 291 quintaux de fil de fer d'une valeur de 17 567 040 francs.

RAILS.

Les rails employés dans les chemins de fer sont fabriqués à l'aide d'un fer dur, fort et très-résistant à froid. Les paquets destinés à cette fabrication sont faits avec du fer brut et du fer corroyé que l'on associe, de manière que le fer brut forme le centre et le fer corroyé les faces supérieures et inférieures du rail. Ces paquets sont chauffés au blanc soudant dans des fours à réchauffer ordinaires, puis soudés et étirés en une seule chaude dans un laminoir, dont les cannelures donnent à la barre de fer la forme que doit avoir le rail. En sortant du laminoir le rail, encore chaud et rouge, est porté sur une machine qui le découpe à longueur. Cette machine se compose essentiellement de deux scies circulaires tournant rapidement (fig. 99) et séparées

Fig. 99. — Découpage de rails.

par une longueur égale à celle que doit avoir le rail. Celui-ci est assujetti sur une plate-forme horizontale qui est mobile; la plate-forme, déplacée à l'aide d'un mécanisme que nous ne décrirons pas, s'avance à la rencontre de scies et vient présenter le métal à leur action. A mesure que le rail avance, la scie pénètre à son intérieur en projetant une gerbe de feu produite par les parcelles métalliques incandescentes. Quand le rail est coupé, il est ensuite dressé et paré. Cette dernière opération consiste à limer ses extrémités et à enlever les bavures qu'il présente.

En 1863, la France a produit 2 159 831 quintaux métriques de rails d'une valeur de 43 167 868 francs.

FER-BLANC ET FER GALVANISÉ.

Le fer exposé à l'air humide a la propriété de s'oxyder et de se couvrir d'une couche de rouille qui augmente incessamment, de telle sorte que les pièces peu épaisses ne tardent pas à se trouer. Aussi, pour obvier à cet inconvénient, on étame la tôle, c'est-à-dire qu'on fait adhérer à sa surface une couche d'étain qui la protége de l'oxydation. La tôle ainsi étamée est appelée *fer-blanc* et peut servir à une foule d'usages auxquels le fer ordinaire ne résisterait pas. Il y a deux sortes d'étamages : le premier, qu'on dit brillant, pour lequel on n'emploie que de l'étain pur; le second, qui est terne, est fait avec un alliage formé de 1/4 d'étain et de 3/4 de plomb. Voici comment sont fabriquées les lames de fer-blanc livrées au commerce :

On prend des lames de fer rectangulaires appelées *bidons ;* on les chauffe à une température intermédiaire entre le blanc et le

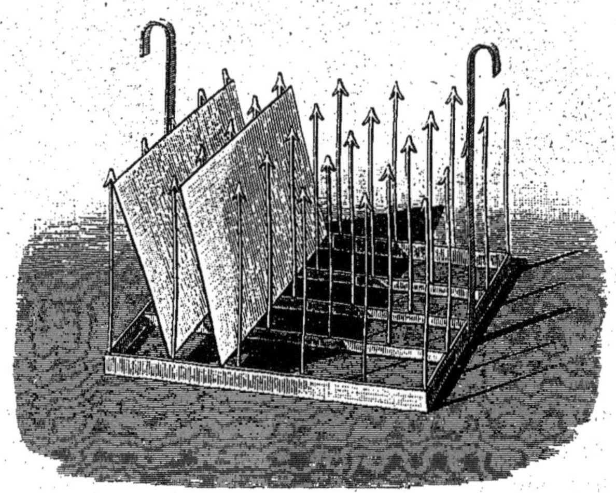

Fig. 100. — Égouttage du fer-blanc.

rouge cerise et on les lamine. Après un premier laminage, les bords, qui sont *criqués*, sont régularisés à la cisaille; puis on procède au *dérochage*, qui a pour but de dissoudre l'oxyde formé à la surface des lames de tôle par l'action de l'air et de la température à laquelle elles ont été portées. Ce dérochage se fait en les plongeant dans un bain d'eau acidulée avec 1/4 d'acide chlorhydrique. Au bout de cinq minutes environ, on les retire pour les mettre dans des bâches métalliques que l'on ferme hermétiquement et que l'on introduit dans un four. Après un séjour qui varie de six à trois heures, suivant le mode de chauffage, on les retire et on les polit en les faisant passer cinq ou six fois sous des cylindres lamineurs travaillés avec le plus grand soin. Après les avoir recuites et décapées encore une fois, on les trempe sans les sécher dans un bain de suif, qui a pour effet de détacher du métal la couche d'air adhérente à sa surface. On les prend alors par paquets que l'on plonge dans un premier bain d'étain fondu, où elles restent deux minutes environ; on les sort avec une pince pour les placer dans un second bain d'étain, qui est moins chaud que le précédent; on les en extrait par paquets, puis l'ouvrier prend les feuilles l'une après l'autre et passe sur les deux faces de chacune d'elles une brosse de laine qui enlève l'excès d'étain. Chaque lame est déjà recouverte d'une certaine épaisseur d'alliage; on achève l'étamage en les plongeant, sans les y laisser séjourner, dans un bain d'étain qui n'a pas encore servi; ensuite on les place dans l'appareil que représente la figure 100 pour les faire égoutter dans un bain de suif. Mais, dans cet égouttage, l'étain s'accumule à la partie inférieure de chaque lame et forme un bourrelet que l'on fait disparaître en le fondant dans un bain d'étain, profond seulement de 7 à 8 millimètres. Enfin on enlève la couche de suif qui reste à la surface des lames en les passant dans des caisses remplies de son.

On fabrique aussi, pour les besoins de l'industrie, du fil de fer que l'on recouvre d'une couche de zinc et qu'on appelle *fer galvanisé.*

La galvanisation se fait de la manière suivante : Le fil de fer se déroulant d'une bobine passe dans un bain d'acide sulfurique étendu, puis dans un bain de chlorhydrate d'ammoniaque où il achève de se décaper. A la sortie de ces bains de décapage, il traverse un bain de zinc fondu, à la surface duquel on a mis une couche de petits morceaux de coke pour empêcher que le métal fondu ne s'enflamme. Le fer s'allie au zinc et à la sortie du bain s'enroule sur une bobine.

ACIER.

L'acier est, comme la fonte, un composé de fer et de charbon; mais il contient moins de charbon qu'elle, 1 à 3 pour 100 seulement. Aussi ses propriétés physiques sont-elles peu différentes du fer et peut-il se travailler comme lui. Mais lorsqu'il a subi la *trempe*, c'est-à-dire, quand après l'avoir porté à la chaleur rouge, on le refroidit brusquement en le plongeant dans l'eau froide ou tout autre liquide réfrigérant, il acquiert une dureté extrême et devient propre à la confection des outils. L'acier jouit aussi d'une élasticité que n'a pas le fer : c'est ce qui le fait employer à la fabrication des ressorts de toute espèce et en particulier pour les ressorts de voiture.

Jusque dans ces derniers temps, on classait les aciers en trois catégories bien distinctes : 1° les *aciers naturels*, 2° les *aciers cémentés*, 3° les *aciers fondus*. Deux nouvelles catégories ont dû y être ajoutées par suite de l'invention plus récente de deux autres procédés de fabrication ; ce sont : 4° les *aciers puddlés* (datant de l'année 1850), 5° les *aciers Bessemer* (1856). Par suite des progrès considérables accomplis dans la fabrication des aciers depuis une quinzaine d'années, cette branche d'industrie acquiert de jour en jour plus d'importance et ce corps tend à se substituer au fer dans un grand nombre d'usages, pour lesquels il est doué de qualités supérieures à celles de ce dernier.

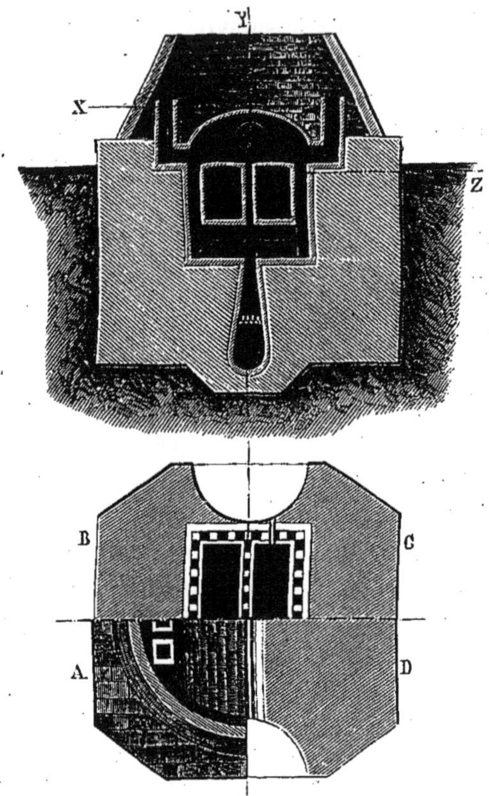

Fig. 101. — Four de cémentation (coupe et plan).

Les procédés de fabrication de l'acier reviennent à deux méthodes principales tout à fait différentes. La première, dans laquelle rentre la fabrication des aciers naturels, puddlés et Bessemer, consiste à enlever à la fonte une partie du charbon qu'elle contient et à ne lui laisser que ce qui est nécessaire pour faire de l'acier. La seconde consiste, au contraire, à prendre du fer et à le combiner avec une proportion convenable de charbon.

Les aciers *naturels* se produisent, en général, en affinant la fonte dans des fourneaux au charbon de bois, semblables à ceux

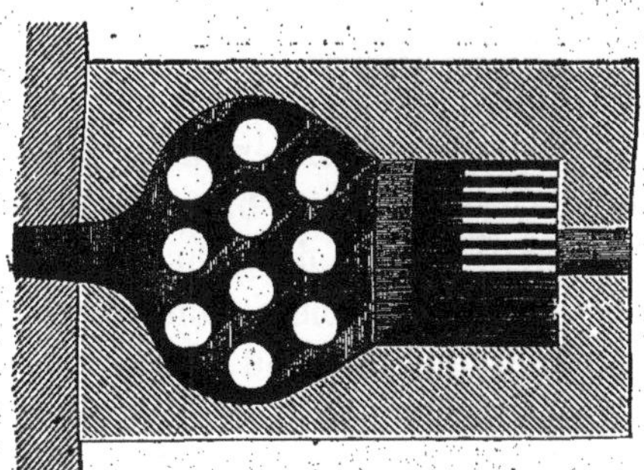

Fig. 102. — Four à fusion de l'acier (coupe et plan).

que l'on emploie dans la métallurgie du fer; la différence entre les deux opérations consiste en ce que, dans la fabrication de l'acier naturel, l'affinage n'est pas poussé aussi loin; on modère davantage l'action du vent et des scories sur la fonte en fusion. L'acier brut ainsi obtenu est ensuite *lanquetté*, c'est-à-dire aplati sous un laminoir et un martinet, qui le transforment en barres que l'on met en paquets et que l'on corroie.

L'acier *puddlé* se produit dans des fours à réverbère en y chauffant, au moyen de la houille, les fontes déposées sur un lit de scories, jusqu'à ce qu'elles entrent en fusion et commencent à s'affiner. Il est nécessaire d'éviter les fontes sulfureuses et phosphorées, car le soufre et le phosphore ne sont pas éliminés complétement par le puddlage, et leur présence dans l'acier nuit à la qualité du métal. Les aciers puddlés peuvent être employés non corroyés à la fabrication de beaucoup d'objets; mais si l'on veut les rendre plus homogènes, il faut les soumettre au corroyage. Ils sont bien supérieurs aux aciers naturels.

Les aciers *cémentés* s'obtiennent en chauffant du fer de bonne qualité (fer de Suède ou de Russie) avec du charbon en poudre, dans des caisses de briques réfractaires autour desquelles on fait circuler la flamme du foyer (fig. 101). On peut, comme pour les précédents, en améliorer la qualité par le corroyage.

On emploie aussi, pour donner à l'acier l'homogénéité qu'exigent certaines applications, un moyen qui est plus efficace que le corroyage: c'est la fusion. La fusion de l'acier s'opère dans des creusets, à l'abri des gaz de la combustion; elle donne un métal excellent, qui peut servir à la confection d'instruments tranchants d'une qualité supérieure. La figure 102 représente le four employé pour cette opération.

L'invention de l'*acier fondu* date de 1740; elle est due à Benjamin Huntsmann, qui éleva, près de Sheffield un établissement important où il fit le premier l'acier fondu.

Quoique cette fabrication ait été bien perfectionnée depuis son origine, elle présentait encore de grandes difficultés quand on voulait obtenir des pièces d'un volume considérable: chaque creuset ne contenant environ que 40 à 50 kilogr. de métal fondu, on n'arrivait que très-difficilement à couler des objets d'un poids élevé. En août 1856, M. Bessemer publia en Angleterre un mémoire où il annonçait avoir trouvé un procédé par lequel il pouvait, au moyen de la fonte, obtenir de l'acier fondu en grandes masses, et par conséquent diminuer considérablement le prix de ce métal, tout en lui donnant la possibilité de se mouler. Ce procédé fut immédiatement employé à Sheffield, aux mines d'Atlas-Works; depuis, il s'est répandu en France et fonctionne avec régularité dans les forges d'Imphy, du Creusot, de Rive-de-Gier, de Terre-Noire, de Voulte et Bességes, de Châtillon, de Commentry et de Niederbronn.

Il consiste à faire passer au milieu d'une masse de fonte en fusion un courant d'air actif dont l'oxygène brûle le silicium

Fig. 103. — Fabrication de l'acier Bessemer.

et le charbon combiné au fer. Cette combustion produit une telle chaleur, que le fer provenant de l'affinage reste lui-même liquide. Lorsqu'on reconnaît à l'aspect de la flamme que le silicium et le charbon sont complétement brûlés, on mélange au fer fondu une certaine quantité de fonte qui, suivant sa nature et la proportion dans laquelle on la fait intervenir, forme les aciers de différentes marques.

La fabrication de l'acier Bessemer est encore un de ces spectacles imposants dont l'industrie du fer nous a déjà donné quelques exem-

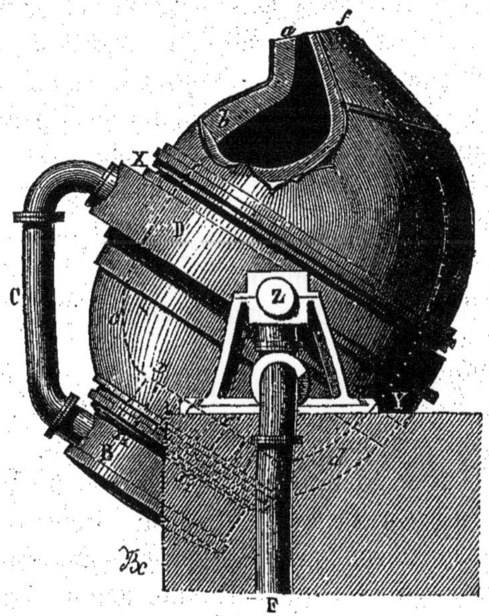

Fig. 104. — Convertisseur Bessemer.

ples. Elle se pratique dans de grandes cornues ou *convertisseurs* en terre réfractaire, recouvertes d'une tôle épaisse et fortement boulonnée. La cornue (fig. 103 et 104) peut pivoter autour de deux tourillons horizontaux, de manière à prendre différentes positions. Lorsque l'appareil est vertical, il présente le bec sous une hotte de tôle surmontée d'une cheminée. Le vent arrive d'une machine soufflante à l'appareil par un tuyau F, se répand dans l'espace D, et de là, par le tuyau C, passe dans une boîte B ; au-dessus de cette boîte se trouve un bouchon mobile *xx* qui loge des tuyères ou canaux en terre réfractaire, par lesquels l'air entre dans le convertisseur.

La fonte destinée à l'affinage est fondue dans des fourneaux ou *cubilots*, situés à un niveau supérieur à celui du convertisseur. On commence par faire brûler du coke dans le convertisseur pour le porter à une haute température. Quand il est assez chaud, on le fait basculer, de manière à mettre son ouverture en communication avec une rigole métallique que l'on installe depuis le fourneau de fusion de la fonte jusqu'à lui. On ouvre le trou de coulée du cubilot, et la fonte liquide s'écoule dans le convertisseur. Quand il en a reçu une quantité suffisante, on le relève et l'on procède à l'affinage par l'action du courant d'air. Une flamme rougeâtre s'élance au dehors; elle est accompagnée de brillantes gerbes d'étincelles. Peu à peu ces étincelles diminuent, la flamme devient plus blanche et plus vive, pour diminuer ensuite d'intensité et d'éclat. Cette décroissance annonce la fin de l'opération. On fait basculer de nouveau le convertisseur et l'on verse à l'aide d'une poche mobile la quantité de fonte en fusion destinée à produire l'aciération ; cette addition de fonte produit un bouillonnement tumultueux, et au bout de quelques secondes l'opération est terminée. La partie gauche de la figure 103 représente l'addition de la fonte.

Dix-huit minutes suffisent pour faire 3000 kilogrammes d'acier. Il faut maintenant procéder à la coulée. Au pied du convertisseur se trouve en général une grande plate-forme circulaire; autour d'elle est creusé un fossé, où l'on a placé les moules qui doivent recevoir l'acier. Au centre de cette plate-forme circulaire se dresse un cylindre creux, dans lequel peut tourner et se mouvoir dans le sens vertical un autre cylindre, qui porte une longue tige soutenant à l'une de ses extrémités une poche garnie de terre réfractaire. Cette poche est entourée de tôle et son fond est muni d'une soupape que l'on peut ouvrir ou fermer du dehors. Le cylindre creux communique avec une presse hydraulique dont la pression servira à le soulever.

Au moment de procéder à la coulée, on fait agir la presse hydraulique qui amène la poche de terre jusqu'au niveau du convertisseur que l'on fait basculer pour la troisième fois : l'acier fondu coule dans la poche, et, lorsqu'elle est remplie, on la laisse redescendre pour la promener ensuite au-dessus des différents moules ; on l'arrête au-dessus de chacun d'eux et l'on soulève la soupape. Le métal liquide s'écoule et remplit le moule.

Cette méthode permet de couler des pièces d'acier d'un volume considérable : les pièces d'un mètre cube se font d'une manière courante.

On peut dire que la découverte de l'acier Bessemer est appelée à produire une véritable révolution dans l'industrie : l'acier se substituera de plus en plus au fer, et les organes de nos machines seront à la fois plus solides et plus légers. Les compagnies de chemins de fer commencent déjà à substituer les rails d'acier aux rails de fer. On estime qu'un rail de fer est mis hors de service lorsque la circulation des trains a fait passer sur lui un poids total de douze millions de tonnes. La résistance des rails d'acier peut être regardée comme six ou sept fois plus grande. La tonne de rails de fer coûte aujourd'hui 210 fr., et le même poids en acier coûte 240 fr. Il est probable qu'on parviendra encore à abaisser le prix de revient de l'acier, et, par suite, à augmenter le nombre de ses applications.

CHAPITRE VII

EXTRACTION DES MÉTAUX USUELS AUTRES QUE LE FER.

Nous insisterons fort peu sur les industries métallurgiques autres que la métallurgie du fer, attendu qu'elles n'ont en France qu'une très-minime importance ; quelques-unes même n'y sont pas représentées.

PLOMB

Le plomb s'extrait d'un minerai que l'on désigne sous le nom de *galène* et qui est une combinaison de plomb et de soufre. La galène renferme souvent de l'argent ; aussi le traitement qu'on lui fait subir a-t-il ordinairement un double but : l'extraction du plomb et celle de l'argent.

Si le minerai n'a pas une gangue trop siliceuse, on se contente de le griller dans un four où passe un courant d'air ; le soufre brûlé par l'air se dégage sous forme de gaz appelé *acide sulfureux* et le plomb reste sur la sole du four ; quand, au contraire, la gangue est siliceuse, cette méthode n'est pas applicable, parce qu'une partie du plomb se combinerait avec la silice de la gangue et passerait dans les scories à l'état de silicate de plomb. On chauffe alors dans des fours à sole inclinée le minerai mélangé à une certaine quantité de fer ; ce dernier métal décompose la galène et lui prend son soufre pour se transformer en sulfure de fer ; quant au plomb mis en liberté, il s'écoule au dehors.

Le plomb obtenu par ces deux méthodes est appelé *plomb d'œuvre;* il contient le plus souvent une certaine quantité d'argent, que l'on extrait par une double opération. La première, appelée *patissonnage*, du nom de son inventeur, M. Patisson, consiste à fondre le plomb d'œuvre et à le laisser refroidir lentement; dans ce refroidissement, une partie du plomb pur se sépare en se solidifiant et se dépose au fond du bain, où on l'enlève avec des

Fig. 105. — Fourneau de coupellation.

écumoires; le reste du plomb forme avec l'argent un alliage qui demeure plus longtemps liquide. En répétant plusieurs fois cette opération, on arrive à concentrer la presque totalité de l'argent dans une masse de plomb beaucoup plus petite, que l'on soumet à une seconde opération nommée *affinage par coupellation.*

Elle consiste à fondre l'alliage métallique dans un fourneau (fig. 105) dont la sole, appelée *coupelle*, est concave et recouverte de marne; pendant la fusion, on lance à la surface du bain un courant d'air qui oxyde le plomb et le transforme en un corps qu'on livre au commerce sous le nom de *litharge* et qui sert à la fabrication du minium. Quant à l'argent, il devient liquide ainsi que le plomb, mais n'éprouve aucune altération et reste au fond de la coupelle.

En France, la galène se trouve à l'état de filons, d'où elle est extraite par exploitation souterraine. Ces filons sont très-nombreux, mais ne sont exploités régulièrement que dans un très-petit nombre de localités. Nous citerons les mines de Pontpean (Finistère), de l'Argentière (Hautes-Alpes), de Poullaouen et de Huelgoat (Finistère), du département du Gard, de Vialas (Lozère), de Pontgibaut (Puy-de-Dôme), du Grand-Clot et de la Grave (Isère). (On pratique dans les mines du Grand-Clot la méthode d'abatage par le feu, dont nous avons parlé plus haut.) La quantité de galène extraite en France s'est élevée, dans l'une des dernières années, à 952 608 quintaux métriques d'une valeur de 3 099 190 francs. Le Puy-de-Dôme entre pour plus du tiers dans cette valeur totale.

Les principaux centres où la galène est soumise aux traitements métallurgiques que nous venons de décrire sommairement, sont Pontgibaud, Villefort, Vialas et le Rouvergne (Lozère et Gard), les fonderies et laminoirs de Biache Saint-Vast, près d'Arras, où l'on traite les minerais venant de Sardaigne, des Pyrénées et d'Algérie; les fonderies de Coueron (Loire-Inférieure) où l'on exploite les minerais de France, de Sardaigne et d'Espagne.

Le plomb sert, à l'état de feuilles minces, pour la couverture des toits, pour les gouttières, pour garnir intérieurement les réservoirs. Il est aussi employé à la fabrication des fils dont se servent les jardiniers; il entre dans l'alliage fusible des caractères d'imprimerie, dans la soudure des plombiers. Il sert à la confection des balles, du plomb de chasse et des tuyaux destinés à la conduite des eaux et du gaz de l'éclairage.

Pour fabriquer le plomb en feuilles, on coule d'abord le métal sur des tables, où il se solidifie en prenant la forme de plaques, que l'on passe ensuite au laminoir. Quant aux tuyaux de plomb, leur fabrication se fait par un procédé très-ingénieux, et, quoiqu'elle appartienne à la classe des industries préparatoires que nous étudierons plus loin, nous en donnerons ici la description.

Un piston P (fig. 106) peut être poussé de bas en haut par une presse hydraulique dans un réservoir R rempli de plomb fondu; ce piston est surmonté d'une tige qui passe à travers une plaque d'acier F, percée d'un trou dont le diamètre est égal au diamètre extérieur que doit avoir le tuyau; la tige a un diamètre égal au diamètre intérieur. Si l'on fait fonctionner la presse hydraulique, elle refoule le piston qui force le plomb à se réfugier dans l'espace annulaire laissé entre la tige et la plaque d'acier ; à mesure que le métal fondu sort, il se solidifie contre la tige et s'enroule sous

FIG. 106. — Fabrication des tuyaux de plomb.

forme de tuyaux continus sur un cylindre placé au-dessus de l'appareil. On voit, sur les côtés de la figure, le foyer destiné à maintenir le plomb à l'état liquide, et en E le récipient qui le fournit au réservoir R.

CUIVRE

La métallurgie du cuivre en France est peu importante ; la plus grande partie de ce métal nous vient du Chili ou de l'Angleterre. La fabrication du Chili a beaucoup augmenté depuis ces dernières années, et ce développement a eu pour conséquence de nous affranchir du monopole qu'avaient nos voisins d'outre-Manche.

Le principal minerai de cuivre est une pyrite cuivreuse,

ou sulfure double de cuivre et de fer ; l'oxyde de cuivre et le cuivre carbonaté constituent des minerais moins abondants.

Parmi les rares mines de cuivre que possède la France, nous citerons celles de Chessy et de Saint-Bel, près de Lyon, où l'on trouve la pyrite cuivreuse, l'oxyde de cuivre et le cuivre carbonaté; la quantité de cuivre fabriqué à Saint-Bel en 1866 a été de 180 tonnes.

Plusieurs usines, en France, se livrent à l'exploitation du minerai venu de l'étranger et particulièrement du Chili, ou à l'affinage du cuivre brut importé par les Chiliens. Nous citerons spécialement les usines des Ardennes et de la Seine-Inférieure.

La métallurgie du cuivre étant assez compliquée, nous n'en indiquerons que le principe. Quand il s'agit de cuivre oxydé ou de cuivre carbonaté, on le chauffe avec du charbon qui met le métal en liberté. Quand, au contraire, le minerai est la pyrite cuivreuse, c'est-à-dire le sulfure double de cuivre et de fer, on le soumet à une série de grillages et de fusions dont l'effet est d'éliminer peu à peu le fer, qui passe dans les scories, et de donner naissance à un produit appelé *matte blanche*, beaucoup plus riche en sulfure de cuivre que le minerai. Par le grillage et la fusion on transforme cette matte en *cuivre brut*, que l'on affine ensuite dans un four où, sous l'action de l'air, tous les métaux étrangers s'oxydent et passent dans les scories. Le produit obtenu est nommé *cuivre rosette :* il contient encore un peu d'oxyde qui le rend cassant; une nouvelle fusion en présence du charbon l'en débarrasse et le transforme en cuivre rouge, que l'on coule dans des moules de fonte avant de le livrer à l'industrie.

Le cuivre est, dans un grand nombre de cas, employé à l'état d'alliages, dont les plus importants sont le *laiton* ou *cuivre jaune* et le *bronze.*

Le cuivre jaune est un alliage de cuivre rouge et de zinc, qui remplace souvent le cuivre rouge : il est moins altérable à l'air. Le laiton destiné à être travaillé sur le tour, doit être un peu sec afin de ne pas graisser les outils; pour lui donner cette qualité, on y introduit un peu de plomb et d'étain (il se compose de 61 à 65 de cuivre, de 36 à 38 de zinc, 2,15 à 2,5 de plomb et 0,25 à 0,40 d'étain). Celui qui doit être travaillé au marteau renferme environ 70 de cuivre et 30 de zinc.

Le laiton se prépare en fondant ensemble dans des creusets ou sur la sole d'un four à réverbère le mélange des métaux qui doivent entrer dans sa composition. Lorsque l'alliage est fondu, on le coule dans des moules de granit, dont l'intérieur est garni d'une couche d'argile grasse très-mince.

Le cuivre pur se prête difficilement au moulage, parce qu'il se forme dans sa masse et à sa surface des soufflures qui gâtent la pièce coulée; on corrige ce défaut en l'alliant avec l'étain. On a ainsi l'alliage qui porte le nom de *bronze*, et qui est employé pour la fabrication des objets d'art, des cloches, des canons, etc. Sa composition varie suivant sa destination ; le bronze des canons contient 90 parties de cuivre et 10 d'étain, celui des cloches 78 de cuivre et 22 d'étain, etc. Le bronze destiné à l'art statuaire doit avoir un ensemble de qualités qu'on ne peut atteindre qu'en alliant ensemble le cuivre, le zinc et l'étain.

Le bronze ne se fabrique pas à l'avance : au moment de couler l'alliage dans des moules, on fond ensemble les métaux qui doivent entrer dans sa composition. Il présente une propriété remarquable : refroidi lentement, il devient dur et cassant; chauffé au rouge et refroidi brusquement par immersion dans l'eau froide, il devient malléable, ductile et facile à travailler. La trempe a donc sur lui une action contraire à celle qu'elle produit sur l'acier.

ZINC

Le zinc s'extrait de deux minerais qui sont : le sulfure de zinc ou *blende* et le carbonate de zinc ou *calamine*. On les ramène tous deux à l'état d'oxyde de zinc, le premier par un grillage à l'air qui brûle le soufre et oxyde le métal, le second par une calcination qui lui fait perdre son acide carbonique. L'oxyde de zinc provenant de l'une ou de l'autre de ces opérations, est mélangé au charbon, puis chauffé dans des cornues. Le charbon s'emparant de l'oxygène de l'oxyde forme avec lui des produits gazeux et met le zinc en liberté; le métal se vaporise et va se condenser dans un récipient communiquant avec la cornue. Le zinc obtenu par la réduction du minerai est dit *brut;* il doit être refondu avant d'être livré à l'industrie.

La métallurgie du zinc est fort peu importante en France; la blende et la calamine se rencontrent cependant en plusieurs endroits, notamment aux environs d'Alais (Gard), de Figeac (Lot), de Seintein, près d'Aulies (Ariége), près de Pierrefitte (Hautes-Pyrénées), et enfin à Ponpéan (Ille-et-Vilaine). Il n'y a guère d'usines se livrant à l'extraction de ce métal que celles de M. Garmer à Viviers, et Pauchot dans l'Aveyron; elles traitent des minerais de provenances diverses. Leur fondation ne date que de l'année 1858 et leur production annuelle atteignait en 1866 le chiffre de 24 000 tonnes.

ALUMINIUM

L'*aluminium* peut être regardé comme un métal d'origine toute française. M. Wöhler, chimiste allemand, était parvenu en 1845 à l'obtenir en petits globules d'apparence métallique, sur lesquels il put constater les principales propriétés de ce corps. «Mais, comme le dit M. H. Debray, dans un article publié dans le *Dictionnaire de chimie* de M. Wurtz (1), « on était bien loin de se douter à cette époque que l'aluminium pût devenir un métal usuel: cette découverte, résultat d'une étude plus approfondie du métal obtenu à l'état de pureté parfaite, était réservée à M. Henri Sainte-Claire-Deville (1854). La préparation industrielle de l'aluminium a présenté de très-grandes difficultés, parce qu'il fallut créer trois autres industries annexes qui fournissent les matières nécessaires à cette préparation, c'est-à-dire l'alumine, le chlorure d'aluminium et le sodium. Ces difficultés sont heureusement surmontées, et la fabrication de l'aluminium est aujourd'hui une opération constante et régulière.

» Les recherches de M. Deville, commencées au laboratoire de l'École normale, furent d'abord continuées à Javel. C'est de cette usine que provenait le métal des lingots et des divers objets d'aluminium qui figuraient à l'exposition universelle de 1854. L'année suivante, M. Deville, associé à MM. Debray, Morin et Rousseau, établit, dans l'usine de MM. Rousseau, à la Glacière, les procédés qui, perfectionnés à Nanterre sous la direction de M. Morin, sont employés aujourd'hui dans les usines où l'on fabrique ce métal.

» Il faut ajouter qu'en 1855 le docteur Percy présenta à la Société royale de Londres un échantillon d'aluminium extrait de

(1) Deux volumes gr. in-8. Paris, Hachette et Cie.

la cryolithe, fluorure double d'aluminium et de sodium que l'on trouve seulement au Groënland. M. H. Rose a publié sur ce sujet un mémoire détaillé, et, en 1856, les frères Tissier fondèrent à Anfreville, près de Rouen, une usine où l'aluminium fut préparé par ce procédé pendant plusieurs années. »

L'aluminium est un métal blanc, légèrement bleuâtre, très-peu dense, quatre fois et demie moins que l'argent. Il est ductile, malléable, doué d'une grande sonorité, inaltérable à l'air à toutes les températures, et ne noircit pas comme l'argent au contact des émanations sulfureuses. Il ne s'allie pas au mercure, mais peut s'unir à la plupart des métaux. Il forme avec le cuivre un alliage appelé *bronze d'aluminium*, dont la découverte est due à M. Debray, alliage qui est formé de 90 parties de cuivre pour 10 d'aluminium et jouit de propriétés précieuses. Ce bronze est d'une belle couleur jaune, susceptible d'un beau poli, d'une ténacité supérieure à celle du fer, capable d'être martelé à chaud, et très-peu altérable à l'air. A la fonte, il se comporte comme le meilleur métal fusible ; il se laisse facilement travailler et se prête à toutes les opérations mécaniques qu'on peut avoir à lui faire subir. On fabrique aujourd'hui avec le bronze d'aluminium des couverts, des montres, des chaînes de montre et un grand nombre d'objets pour l'orfévrerie religieuse (chandeliers d'autel, ostensoirs, etc.).

Quant à l'aluminium, il est employé pour tous les usages où l'on a besoin d'une grande légèreté unie à une grande ténacité. On s'en sert pour la fabrication des longues-vues, des lorgnettes de spectacle, etc.

Nous n'indiquerons pas les différentes phases par lesquelles a passé la fabrication de l'aluminium entre les mains de M. Sainte-Claire-Deville et de ses collaborateurs. Nous dirons seulement qu'aujourd'hui on prépare ce métal à Salyndris en chauffant, dans des fours de forme spéciale, un mélange de sodium, de cryolithe et de chlorure double d'aluminium et de sodium. De la réaction mutuelle de ces différentes substances résulte l'aluminium, qui reste liquide sur la sole du four. On l'extrait en le faisant passer, par une rigole convenablement disposée, dans une poche de fonte qui sert à le couler immédiatement en lingots. On devra néanmoins le refondre deux ou trois fois pour le débarrasser des scories qu'il a entraînées.

ÉTAIN, MERCURE, ARGENT, OR ET PLATINE.

L'*étain*, le *mercure*, l'*or*, l'*argent* et le *platine* ne sont pas fabriqués en France. Le minerai d'étain, qui est l'oxyde d'étain, subit un traitement analogue à celui de l'oxyde de zinc; il est livré à l'industrie française soit par l'Angleterre, soit par la Hollande, qui exercent le monopole de son extraction.

Le mercure, que l'on extrait du sulfure de mercure ou cinabre, nous vient d'Illyrie ou d'Espagne. L'or et l'argent nous sont livrés principalement par les mines du nouveau monde. L'or se trouve au milieu de sables qui sont soumis à des lavages, l'argent est extrait du sulfure d'argent. Quant au platine, il nous est fourni par la Russie. MM. Sainte-Claire-Deville et Debray ont, par leurs travaux sur le platine, apporté à l'extraction de ce métal d'importantes modifications.

LIVRE DEUXIÈME

INDUSTRIES PRÉPARATOIRES

Les matières premières, qui sont fournies à l'homme par les industries extractives, par l'agriculture, doivent être mises en œuvre et transformées par lui ; c'est là le but des industries qu'il nous reste à décrire. Mais, pour pouvoir opérer cette transformation complète de la matière première, l'homme a besoin d'instruments de nature diverse : tantôt ce sont des moteurs dans lesquels la force de la vapeur ou de l'eau remplace la force musculaire (machines à vapeur, roues hydrauliques) ; tantôt des machines qui opèrent mécaniquement, avec plus de rapidité et presque toujours avec plus de précision, la mise en œuvre de la matière (machines-outils, machines de filature, de tissage, etc.) ; tantôt enfin ce sont des produits ou ingrédients qui serviront eux-mêmes à la transformation d'autres corps. La fabrication de ces machines, de ces produits, constitue l'objet des industries préparatoires, que nous diviserons en industries *mécaniques*, fournissant à l'homme ses machines, ses outils, ses armes et ustensiles divers, et en industries *chimiques*, fournissant les acides, les sels, les matières grasses, les cuirs, les savons, etc.

Parmi les industries mécaniques préparatoires, nous citerons la fabrication des pièces forgées, celle des objets fondus, la tréfilerie (dont nous avons parlé plus haut), la clouterie, la boulonnerie, la visserie, la quincaillerie, la taillanderie, la chaudronnerie, la construction des machines motrices, des machines de toutes sortes, la fabrication des armes. Nous dirons quelques mots de chacune d'elles.

Nous rangerons dans la classe des industries chimiques préparatoires : la fabrication des produits chimiques, l'extraction des corps gras, la fabrication des savons, la préparation des peaux des animaux et comprenant le tannage, la corroierie, la mégisserie, la préparation du tabac, etc.

CHAPITRE PREMIER

FONDERIE ET FORGEAGE.

FONDERIE

L'art du fondeur consiste à reproduire, avec des matières fusibles, des objets de forme plus ou moins compliquée, en fondant ces substances et en les coulant à l'état liquide dans des moules représentant tous les détails que l'on veut obtenir. Cet art a pris dans ces derniers temps une très-grande importance; c'est surtout la fonderie de fer qui s'est considérablement dévevelopée. Répandue dans toute la France, elle s'exerce principalement dans les grands centres industriels et dans les régions productrices du fer; elle donne lieu à la fabrication d'un nombre infini d'objets servant à l'économie domestique et à la construction des machines.

Les fontes employées en fonderie doivent avoir les qualités suivantes : 1° devenir assez fluides par la fusion pour bien remplir les moules dans lesquels on les verse; 2° ne pas prendre par le refroidissement un retrait trop considérable; 3° lorsqu'elles sont à l'état solide, elles doivent pouvoir se travailler facilement et satisfaire à toutes les conditions de ténacité qu'on peut en attendre. Ces différentes qualités se trouvent réunies à un plus haut degré dans les fontes grises que dans les fontes blanches; aussi ce sont celles qui servent en fonderie, et elles sont désignées sous le nom de *fontes de moulage*. On peut employer les fontes dans le moulage, soit en première fusion, à la sortie du haut fourneau, soit en seconde fusion, c'est-à-dire après les avoir refondues dans des fourneaux appelés *cubilots*. Les fontes de seconde fusion, ayant plus de ténacité, plus d'homogénéité, servent spécialement pour les pièces qui entrent dans la construction des machines; les fontes de première fusion pour la poterie, les tuyaux, les pièces sans ajustage et pour tous les objets qui n'ont pas besoin d'une grande ténacité.

La fabrication d'un objet en fonte suppose trois opérations distinctes : la *fabrication du moule*, la *fusion du métal* et la *coulée*.

Les moules dans lesquels on coule la fonte liquide sont faits soit en sable, soit en terre.

Le sable ne doit pas contenir trop d'argile; quand on l'écrase dans la main, il ne doit pas coller aux doigts, ce qui indiquerait un excès de plasticité qui ne serait pas sans danger. Il est mélangé à une certaine quantité de poussier de houille, puis broyé sous des meules et souvent même tamisé. L'introduction du poussier a pour but, comme nous le verrons plus tard, de faciliter la sortie des gaz. Le sable peut être employé à l'état de *sable vert* ou à l'état de *sable d'étuve*. La première dénomination s'applique aux cas où il n'est pas besoin, comme cela arrive pour les petites pièces, de dessécher le moule à l'étuve; la seconde correspond, au contraire, aux cas où cette dessiccation est nécessaire, par exemple quand la pièce a une forme compliquée, lorsqu'il faut donner au moule une grande solidité et obtenir des surfaces parfaitement saines.

On se sert de terre pour le moulage principalement s'il s'agit d'objets qui peuvent se faire sans modèle et au moyen de ce que nous appellerons tout à l'heure *trousse* ou *trousseau*. La terre employée doit être assez grasse pour se lier parfaitement, mais ne doit pas cependant donner lieu à trop de retrait; on la mélange avec 1/3 à 1/5 de crottin de cheval ou de bourre hachée, dont la présence est indispensable pour empêcher les moules de se crevasser pendant le séchage et pour favoriser le passage des gaz.

Il y a deux méthodes principales pour la confection des moules : 1° le moulage *au châssis*; 2° le moulage *au trousseau*.

On appelle *châssis* des cadres de bois, mais le plus souvent de fonte, dans lesquels on confectionne le moule. Le fond de ces châssis est ordinairement traversé par des pièces de fonte quadrillées, destinées à soutenir le sable qu'on y comprime (fig. 107).

Fig. 107. — Châssis de fonte quadrillé.

Supposons que le fondeur ait à faire une *chaise* (fig. 108), comme celles qui sont employées dans les usines pour supporter les transmissions (1).

Il fera d'abord exécuter un modèle en bois représentant exactement les formes et dimensions de la chaise à reproduire. Ce modèle sera livré au mouleur qui s'en servira pour la confection des moules. A cet effet, il disposera sur le sol de l'atelier un châssis d'une grandeur convenable et commencera à y piler ou *fouler* du sable. Ce foulage, qui s'exécute avec des outils appelés *battes*, a pour

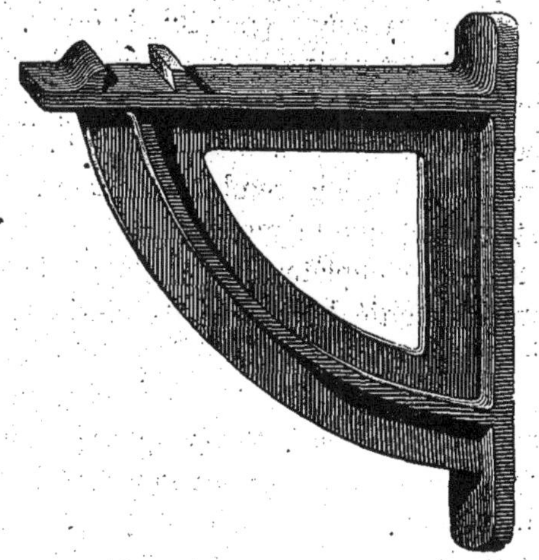

Fig. 108. — Chaise de transmission.

(1) On appelle *transmissions* les arbres, poulies et engrenages qui transmettent aux différentes machines l'action du moteur de l'usine.

résultat de donner au sable une certaine compacité et de relier entre elles toutes ses parties. Quand l'ouvrier a pilé une quantité suffisante de sable, il place le modèle à plat sur la couche ainsi obtenue, dont l'épaisseur devra être telle que la moitié de la chaise, suivant son épaisseur, sorte du châssis; c'est-à-dire que si la chaise doit avoir 10 centimètres d'épaisseur, le sable arrivera à 5 centimètres des bords supérieurs du châssis (fig. 109). Le modèle une

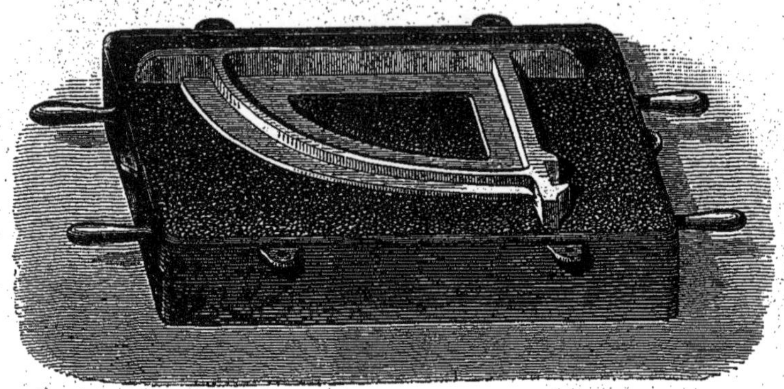

Fig. 109. — Châssis inférieur avec le modèle.

fois placé, l'ouvrier pile, dans tous les vides, du sable qu'il asperge de temps en temps pour lui donner un peu de plasticité. Quand le châssis est plein, le mouleur étend une couche de sable sec à la surface du sable humide; puis il procède à la confection de la seconde partie du moule. Pour cela, il pose sur le premier châssis un second châssis semblable et l'emplit de sable qu'il pilonne. Il est évident que le modèle va se trouver recouvert, et que lorsqu'il sera complétement enveloppé de sable, il aura imprimé ses formes, moitié dans le châssis inférieur, moitié dans le châssis supérieur.

L'ouvrier procède alors au *démoulage*. A cet effet, il enlève le châssis supérieur. Cette opération est facilitée par la couche de sable sec dont nous avons parlé; sans elle, les deux parties du moule auraient contracté une adhérence qui, au moment de la séparation, déterminerait un arrachement; puis le modèle en bois est lui-même enlevé. Dans le démoulage, il peut se produire quelques accidents; les arêtes du moule perdent de leur vivacité, certaines parties se trouvent écorchées: l'ouvrier, à l'aide d'outils spéciaux, répare ces avaries et lisse la surface du moule avec un peu de poussier de charbon humide. Enfin, après avoir fait sécher les moules soit à l'étuve, soit autrement, il replace le châssis supérieur sur le châssis inférieur. On comprend que l'ensemble formera un bloc de sable dans lequel se trouvera une cavité reproduisant exactement la chaise en question (fig. 110). Cette cavité est mise en relation avec le dehors par une ouverture qui servira tout à l'heure à introduire le métal fondu.

Quand les châssis sont grands, il serait bien difficile de les bouger sans s'exposer à briser la masse de sable qu'ils ren-

Fig. 110. — Châssis représentant l'empreinte de la chaise.

ferment. Pour augmenter la solidité de ce sable, les châssis présentent, comme nous l'avons dit, des cloisons quadrillées qui le soutiennent; on se sert aussi dans ce but de crochets de métal que l'on suspend aux parois des châssis et qui, tombant dans l'intérieur, se trouvent entourés par le sable. Ce sont autant de points d'appui, de liens entre lui et les bords du châssis.

Nous ferons remarquer que nous avons choisi un cas simple, celui d'un objet pouvant se mouler en deux châssis; mais il arrive souvent qu'on est obligé d'en superposer un plus grand nombre.

Quand il s'agit de pièces très-grandes, et représentant des

solides de révolution, comme une portion de sphère, on emploie le *moulage au trousseau*. Nous prendrons, pour en expliquer les détails, l'exemple d'une chaudière hémisphérique munie d'un cordon saillant sur son bord.

On commence par placer dans le sol de l'atelier une plaque de

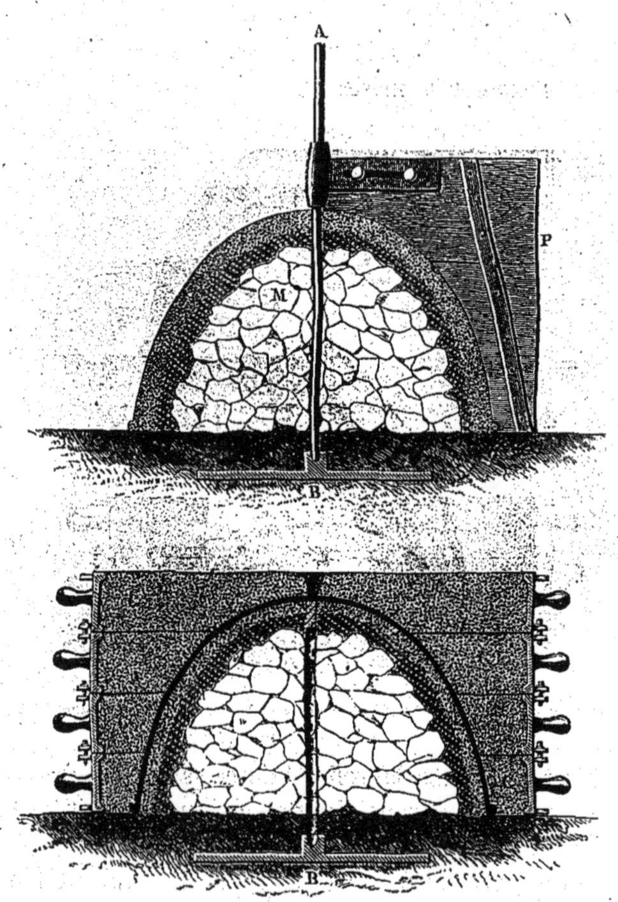

Fig. 111. — Moulage au trousseau.

fonte B sur laquelle on pose un arbre A vertical, pouvant tourner dans une cavité creusée dans cette plaque; autour de l'arbre et à une hauteur à peu près égale à la profondeur de la chaudière, on élève une maçonnerie M représentant grossièrement la forme hémisphérique. A sa surface extérieure, on applique un revêtement de terre à crottin d'une certaine épaisseur, et l'on fixe à l'arbre A une cloison en bois P, qu'on aura découpée en lui donnant exactement la forme du profil extérieur de la chaudière. C'est ce qu'on appelle la *trousse* ou le *trousseau*. En faisant tourner l'arbre on promène le trousseau sur la surface de la couche de terre de manière à la racler et à lui donner exactement la forme extérieure de la chaudière. Ensuite on fait sécher et, après avoir enlevé le trousseau, on entoure la masse de terre de châssis superposés, dans lesquels on foule du sable qui se modèle sur la demi-sphère en terre. Il est évident qu'après ce foulage l'ensemble de ces châssis, qu'on a eu soin de relier entre eux, offrira dans la masse de sable qu'ils renferment l'empreinte de la forme extérieure de la chaudière. Puis on enlève tous les châssis et l'on fixe sur l'arbre un autre trousseau représentant le profil intérieur de la chaudière, et avec lequel on racle la couche de terre ; si l'épaisseur de la chaudière doit être de 1 centimètre, le trousseau raclera 1 centimètre de terre. On aura ainsi une demi-sphère en terre qui reproduira exactement par son volume extérieur la capacité intérieure de la chaudière. Si l'on vient alors à replacer les châssis dans leur position primitive, il y aura un espace vide d'une épaisseur de 1 centimètre entre la demi-sphère modelée dans le sable des châssis et la demi-sphère de terre. La fonte coulée dans cet intervalle formera la chaudière commandée au fondeur. Il est presque inutile d'ajouter qu'avant la coulée il faudra enlever l'arbre et boucher le trou qu'il laissera.

Nous venons de prendre l'exemple d'une pièce qui devait rester creuse; la maçonnerie et la terre qui se trouvaient au centre pour ménager la cavité de la chaudière forment ce qu'on appelle le *noyau* du moule.

On a souvent à couler des pièces creuses et l'on se sert toujours de *noyaux* pour ménager les cavités. Nous citerons un autre cas. Supposons que l'on veuille couler en fonte une colonne creuse ; on fabriquera d'abord un modèle en bois représentant exactement la colonne, mais on réservera à son extrémité deux portées (fig. 112); puis on fera le moule en deux châssis. Si l'on coulait sans autre précaution, on obtiendrait une colonne massive de la forme du modèle en bois ; pour l'avoir creuse, il suffira de placer dans le moule un cylindre ou noyau d'un diamètre extérieur égal au diamètre intérieur de la colonne. Ce noyau est fabriqué sur une lanterne, c'est-à-dire sur un tuyau de terre ou de fonte percé de trous, que l'on entoure d'abord de paille tressée et que l'on recouvre ensuite de couches de terre à crottin. On ajoute de la terre

FIG. 112. — Modèle d'une colonne. — Modèle placé dans le sable. — Empreinte.

jusqu'à ce que le noyau ait le diamètre voulu; la surface doit être lisse et la terre séchée après l'addition de chaque couche. Ce noyau

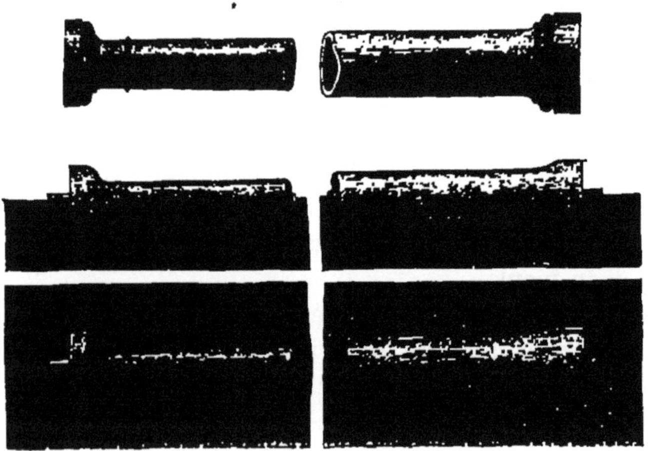

FIG. 113. — Colonne creuse. — Noyau. — Noyau placé dans le moule.

est placé dans le châssis inférieur, la lanterne reposant par ses extrémités dans les cavités que les portées du modèle ont faites dans le moule (fig. 113). On place ensuite le châssis supérieur. Il est facile de comprendre que lorsqu'on coulera la fonte liquide, elle se répartira dans le moule en enveloppant le noyau; après refroidissement, on aura une colonne creuse dont la cavité sera remplie par le noyau que le peu de solidité de la terre à crottin permettra d'enlever facilement.

Nous connaissons maintenant les principaux procédés employés pour la fabrication des moules; il nous reste à voir les moyens en usage pour fondre et couler le métal.

La fonte est liquéfiée dans des fourneaux appelés *cubilots* (fig. 114). Un cubilot se compose essentiellement d'un cylindre de fonte ou

FIG. 114. — Cubilot.

de tôle de 2 à 6 mètres de hauteur, dont l'intérieur est garni en sable réfractaire ou en briques. La fonte et le combustible, qui est ordinairement le coke, sont introduits à la partie supérieure ; des tuyères lancent dans la masse un courant d'air actif qui élève la température et liquéfie le métal. Quand le moment de la coulée est venu, on ôte un tampon d'argile qui bouchait un orifice inférieur; la fonte s'échappe liquide, incandescente et on la reçoit dans des poches de tôle garnies à leur intérieur d'une couche d'argile (fig. 115). Souvent ces poches sont très-lourdes et on les suspend à des grues, qui les portent au-dessus des moules dans lesquels la coulée doit être faite.

La coulée exige des précautions dans le détail desquelles nous

FIG. 115. — Cubilot.

n'entrerons pas. Nous dirons seulement que la grande préoccupation du fondeur doit toujours être de ménager une issue facile aux gaz, qui se dégagent du moule au moment où l'on y introduit le métal chaud. On comprend en effet que l'air qui se trouve en-

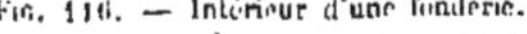

Fig. 116. — Intérieur d'une fonderie.

Ouverture du cubilot. — Coulée. Moulage par châssis superposés. — Ouvrier réparant les moules.

fermé dans le sable se dilate beaucoup, et, si on ne lui a pas ménagé des issues, il crève et fissure le moule. Le poussier de charbon mélangé au sable a pour but de faciliter le dégagement des gaz ; il divise le sable et crée, en brûlant, des vides qui deviennent autant d'issues ouvertes aux gaz. Le mouleur fait aussi dans le moule des trous qui sont de véritables cheminées d'échappement; c'est dans le même but que les lanternes des pièces à noyaux sont percées de trous. (Voyez fig. 116 l'intérieur d'une fonderie.)

Nous ajouterons que lorsqu'on veut obtenir des objets à surface très-dure, comme les cylindres de laminoir, on coule la fonte dans des moules de métal qui produisent une espèce de trempe superficielle ; c'est ce qu'on appelle *couler en coquilles*.

Lorsque la fonte sort du moule elle présente quelques irrégularités, des bavures qu'il faut enlever au burin ; ce travail se fait à la main et s'appelle *ébarbage ;* on lui donne le nom de *ciselage* quand il s'applique à des fontes artistiques qui doivent avoir plus de fini.

Le moulage des pièces de cuivre ou de bronze peut s'exécuter par les mêmes procédés que celui des objets en fonte, mais on emploie plus généralement le moulage en sable d'étuve qui donne des résultats meilleurs sous le rapport de la netteté. Le cuivre et le bronze sont fondus dans des creusets en terre réfractaire ou en plombagine.

La fonderie de zinc commence à prendre en France des développements considérables pour la fabrication des faux bronzes. Cette industrie, que nous décrirons plus loin, a fait de remarquables progrès depuis qu'elle emploie les moules en bronze.

FORGEAGE

La fabrication des pièces de forge est basée sur la propriété précieuse que possède le fer de se ramollir avant de se fondre et de pouvoir alors se souder à lui-même. Après le soudage il passe, par degrés, de l'état pâteux jusqu'à la consistance la plus nerveuse et la plus tenace. Sous ces différents états, l'action du marteau, combinée avec des réchauffages réitérés, permet de le travailler et de l'amener, par des transformations successives, à la forme et aux dimensions que doit avoir l'objet que l'on veut fabriquer, mais cette combinaison du réchauffage et du forgeage exige, de la part de l'ouvrier, de l'intelligence, du coup d'œil et de la sûreté de main. Aussi les forgerons ont-ils en général un salaire élevé.

Il convient de distinguer deux espèces de forgeage : le forgeage à la main et le forgeage mécanique.

Le premier s'exécute au moyen d'une forge ordinaire, ou *forge de maréchal*, qui se compose essentiellement : 1° de l'*âtre* ou partie de la forge sur laquelle se trouvent le combustible et, au milieu de lui, la pièce à chauffer ; 2° du *contre-cœur* ou paroi perpendiculaire à l'âtre ; 3° d'une *tuyère* qui lance dans le charbon un courant d'air destiné à activer la combustion et à élever la température. Dans les petites forges, le courant d'air est lancé par un soufflet que fait fonctionner l'aide du forgeron ; mais dans tous les établissements de quelque importance, on emploie des machines soufflantes d'une puissance plus grande. La tuyère doit être disposée de manière que le fer placé au milieu du charbon ne reçoive le courant d'air que lorsqu'il a traversé la masse de combustible.

Fig. 117. — Enclume.

Quand le fer est arrivé à la température ou à la chaude voulue, on le saisit au moyen de pinces et de tenailles, de formes et de grandeurs diverses, et on le porte sur l'enclume. Cet appareil, que tout le monde connaît, est en fonte, ou mieux en fer forgé ; il se compose d'une *table* (fig. 117) ou partie plane, et de deux *bigornes* ou portions pyramidales adossées par leur base à la table ; l'enclume repose sur un bloc de bois en partie noyé dans le sol et destiné à amortir les vibrations et les chocs. Le fer retourné sur l'enclume, à l'aide des pinces qui servent à le tenir, reçoit le choc des marteaux manœuvrés soit par le forgeron, soit par ses aides.

La température à laquelle on porte la pièce dépend du travail qu'on veut lui faire subir. A la chaude du *blanc soudant*, ou *chaude suante*, qui correspond à une température de 1500 à 1600 degrés, le fer peut être soudé et corroyé. Nous avons déjà dit que le corroyage, qui consiste à souder plusieurs barres ensemble, améliore la qualité du métal en lui donnant du nerf et de l'homogénéité. A la chaude *rouge blanc* ou *chaude grasse* (1300 degrés environ), le fer peut être étiré, façonné, modifié dans ses formes ou dimensions. A la chaude *rouge cerise* (900 à 1000°), on corrige les défauts de la pièce obtenue à la chaude rouge blanc et on la *pare* en arrosant légèrement sa surface pendant qu'on la bat. Enfin la *chaude rouge brun*, qui correspond à 700 degrés, température la plus basse à laquelle il convient de forger le fer, est donnée à la pièce quand elle est finie; elle a pour but d'enlever au métal l'aigreur qu'il a contractée à la fin de l'opération lorsqu'on a continué à le marteler, pendant que sa température commençait à n'être plus assez élevée. Cette chauffe est désignée sous le nom de *recuit;* elle dilate le métal et permet aux molécules de reprendre leur état primitif.

Pour la manœuvre des pièces lourdes, de l'âtre à l'enclume et réciproquement, chaque forge dispose d'une machine appelée *grue* qui effectue facilement le transport.

Le forgeage à la main s'applique avec avantage et facilité aux pièces dont le poids ne dépasse pas 130 kilogrammes ; au delà de cette limite, le fer ne peut être forgé dans de bonnes conditions que mécaniquement.

L'application de la vapeur à la traction sur les chemins de fer, à la navigation fluviale ou maritime, a rendu nécessaire la création d'appareils mécaniques puissants pour le soudage, le forgeage et le corroyage du fer, qui a dû remplacer la fonte dans la construction des pièces soumises à des chocs fréquents et à des vibrations auxquelles elles ne sauraient résister sans se rompre. La texture fibreuse, le nerf du fer, le rendent plus apte à ces applications, parce que sous un volume moindre il présente une élasticité et une résistance supérieures à celles de la fonte.

Pendant longtemps on ne crut pas pouvoir dépasser dans le forgeage du fer le poids de 200 à 300 kilogrammes ; encore même était-on réduit à multiplier les réchauffages et à souder sur une pièce centrale appelée *âme* des pièces auxquelles on donnait le nom de *mises*. De là résultaient des imperfections nombreuses, des soudures vicieuses, l'absence d'homogénéité, une main-d'œuvre et des déchets considérables. Dans ces dernières années l'industrie de la forge a fait de remarquables progrès et l'on arrive à forger des arbres coudés du poids de 30 à 40 000 kilogrammes. A l'Exposition universelle de 1867, la France offrait sous ce rapport les spécimens les plus intéressants.

Nous citerons comme tenant le premier rang dans cette partie de notre industrie nationale les établissements de la société Pétin, Gaudet et Ce, situés à Rive-de-Gier et à Saint-Chamond; de MM. Marrel frères, à Rive-de-Gier, qui, en 1867, ont exposé un arbre à trois coudes, du poids de 30180 kilogrammes, destiné à la frégate cuirassée *le Suffren;* de MM. Russerry et Lacomte à Rive-de-Gier; le grand établissement du Creuzot, dirigé par M. Schneider; les forges d'Hayange, de Moyeuvre et de Styring-Wendel, appartenant à MM. de Wendel.

Le forgeage mécanique exige l'emploi de fours à réverbère dans lesquels on chauffe le fer, d'appareils puissants de percussion, comme les marteaux-pilons, de grues qui servent à transporter les pièces du four à l'outil de percussion et réciproquement.

En général, les fours sont chauffés au charbon, mais l'emploi des fours Siemens, qui le sont par la combustion des gaz provenant de la distillation de la houille, tend à se généraliser. Nous les avons vus fonctionner avec avantage dans plusieurs usines. Le chauffage d'une pièce carrée de 40 centimètres de côté qui, à la houille, demandait six heures pour la première chauffe, se fait dans ces fours en deux heures; les autres chauffes durent une demi-heure au lieu de trois heures.

Dans la composition des paquets pour le forgeage des grosses pièces, on emploie exclusivement le fer brut, c'est-à-dire cinglé, dégrossi et réchauffé sans être corroyé; on obtient ainsi une soudure plus parfaite et plus homogène. La masse de fer destinée à la fabrication de la pièce est suspendue à une grue, puis introduite dans le four; lorsqu'elle est arrivée à la température voulue, la grue la rapporte sous le marteau-pilon qui la forge pendant que, sur les ordres du maître forgeron, la pièce est retournée en sens convenable pour présenter ses différentes parties à l'action du marteau. Cette manœuvre se fait à l'aide de leviers que l'on place dans des trous pratiqués à la surface d'une espèce d'anneau qui embrasse l'extrémité de la masse métallique.

Les pièces de forme un peu compliquée se font par *étampage*. Pour cela l'enclume du marteau-pilon reçoit une matrice dans laquelle est représentée en creux la forme que doit avoir l'une des moitiés, en épaisseur, de la pièce; le marteau est lui-même armé sur sa face inférieure d'une autre matrice où se trouve aussi représentée la forme de l'autre moitié. Le fer ramolli est apporté sur l'enclume, et les coups répétés du marteau le forcent à épouser les détails du double moule, dont les deux parties ne sont séparées, au moment du choc, que par la masse métallique qui est obligée de se modeler sur elles.

C'est ainsi qu'on opère pour les roues de wagons ; elles sont souvent en fer forgé et se font en quatre pièces. Une masse de fer sortant du four est traînée vers le marteau-pilon ; l'enclume porte en creux la forme d'un quart de roue à moitié épaisseur ; le marteau est aussi muni d'une matrice semblable, de telle sorte que, lorsque les deux matrices sont superposées, elles laissent une cavité représentant le quart de la roue à fabriquer. On comprend alors que, si l'on place sur l'enclume le morceau de fer chauffé à une température suffisamment élevée, le marteau en s'abattant sur lui le comprime dans la double matrice et le force à en prendre la forme. Lorsqu'il manque du fer en certains points, on y place des morceaux, on reporte au four et, après le ramollissement, on les soude par un nouveau forgeage. Quand les quatre parties de la roue sont faites, on les assemble dans un cercle, on réchauffe le tout et l'on soude à la forge.

CHAPITRE II

QUINCAILLERIE

L'industrie de la *quincaillerie* est des plus complexes; en outre de la clouterie, de la boulonnerie et de la visserie, elle comprend la fabrication d'une infinité d'objets qui, différant par la forme, les dimensions et l'usage, se fabriquent dans les mêmes centres de production et sont livrés à la consommation par les mêmes intermédiaires. Il nous serait impossible de décrire ici les procédés de fabrication de tous ces objets, parmi lesquels on peut citer les *ustensiles de ménage (fer battu, casseroles, cuillers, fourchettes de* fer, etc.); les articles en tôle vernie, tels que les plateaux de limonadier, les vases de fonte émaillée, les limes, les marteaux, les enclumes, les scies, les faux, les serrures, les verroux, les charnières, etc. Nous n'arrêterons notre attention que sur la fabrication de quelques-uns de ces nombreux produits.

CLOUTERIE

De temps immémorial on a fabriqué les clous à la main sur tous les points de la France, mais c'est surtout dans les pays producteurs du fer que cette industrie a dû se concentrer. Nous citerons le département des Ardennes, les villes de Valenciennes, Saint-Amand, Condé, Lille, dans le département du Nord; Saint-Chamond, Firmigny, dans la Loire; la Mure et Yzeaux, dans l'Isère; Tinchebray et ses environs, dans l'Orne; enfin le département de l'Ariége. L'invention des clous dits *pointes de Paris* ou *clous d'épingles* et les applications de plus en plus répandues des procédés mécaniques ont fait une concurrence redoutable à la clouterie à la main, mais elle n'en a pas moins conservé une importance réelle : la production annuelle de la France est encore maintenant de 15 à 16 millions de kilogrammes, dont les Ardennes fournissent environ la moitié.

Les clous se font ordinairement en fer ; nous en distinguerons quatre espèces principales : 1° les clous forgés ; 2° les clous d'épingles ou pointes de Paris ; 3° les clous découpés dans la tôle de fer ; 4° les clous fondus.

Les *clous forgés* se font avec du fer en verge de bonne qualité. L'ouvrier cloutier a toujours un certain nombre de verges qu'il fait chauffer dans le feu d'une petite forge à la houille (fig. 118 et 119). Le soufflet de la forge des Ardennes est le plus souvent mis en mouvement par un chien qui, placé dans une roue creuse, marche à l'intérieur et lui imprime un mouvement de rotation qu'un mécanisme très-simple communique au soufflet. Chaque ouvrier cloutier a ordinairement plusieurs chiens se succédant dans ce travail qu'ils exécutent avec une grande fidélité. Lorsque la verge est chauffée au blanc, l'ouvrier la prend, forge sur l'enclume ou *place* P l'extrémité chauffée, l'allonge, l'étire et la façonne en pointe. Puis, à l'aide d'un ciseau fixe B sur lequel il l'appuie, il en coupe une longueur suffisante pour faire un clou, sans cependant détacher le morceau entièrement de la verge, qui lui sert à placer le clou dans la *cloutière* pour y façonner la tête. La cloutière est une plaque de fer située à l'extrémité de l'enclume et garnie sur sa face supérieure d'une table d'acier bien dressée ; elle est percée d'un ou de plusieurs trous et doit avoir une épaisseur plus petite que la longueur du clou ; les trous ne sont pas assez larges pour laisser passer facilement la partie supérieure du clou. Le cloutier place le clou dans le trou, la pointe en bas, et, par une pesée exercée sur la verge, la détache à l'endroit où a été donné le coup de ciseau ; puis avec le marteau il rabat sur les bords du trou la partie de métal qui excède la cloutière et façonne ainsi la tête.

Quand la tête doit être ronde, comme dans les clous à souliers, elle se fait par *étampage*, c'est-à-dire que l'ouvrier, armé d'une plaque d'acier, nommée *étampe*, présentant sur l'une de ses faces une cavité ayant la forme que doit avoir la tête, pose cette cavité sur la partie supérieure du clou, et, d'un coup de marteau frappé sur l'étampe, force le métal à prendre la forme de la cavité. Lorsque le clou est fini, l'ouvrier le fait sauter par un coup sec donné sur la pointe et recommence l'opération.

FIG. 118. — Outils du cloutier.

T. Tas ou pied d'étappe.
C. Cloutière (ou vulgairement cloulère).
P. Place.
D. Darbot.
A. Plaque.
B. Ciseau.
E. Étampe.
G. Pince.
H. Billot.

Ce travail est en général exécuté avec une grande dextérité ; un bon cloutier fait plusieurs clous par chaude et arrive à en fabriquer 15 et 20 par minute.

FIG. 119. — Intérieur d'une clouterie.

A la sortie de la cloutière les clous sont jetés dans un vase de tôle D appelé *darbot* que l'on voit sur la figure 118.

Les *clous d'épingles* ou *pointes de Paris* se font avec du fil de fer. Le travail se compose de trois opérations : 1° on coupe à la cisaille le fil métallique par bouts de 30 centimètres environ et on le dresse ; 2° on appointe ces bouts à l'aide d'une meule de bois garnie sur sa circonférence d'une virole d'acier taillée en lime ; la pointe étant faite, on découpe à la cisaille le morceau nécessaire à la confection d'un clou, puis on appointe de nouveau et l'on détache la matière d'un second clou, et ainsi de suite ; 3° on reprend enfin ces morceaux et l'on y façonne la tête du clou. A cet effet, l'ouvrier place le clou la pointe en bas, entre les mâchoires d'un étau, en laissant sortir au-dessus d'elles assez de fer pour faire la tête. Ces mâchoires se ferment à vis à l'aide d'un levier que le cloutier manœuvre avec l'un de ses pieds ; puis, de l'autre pied, il agit sur un marteau assez lourd suspendu au-dessus de l'étau et le laisse tomber de tout son poids. Le bout de fil de fer excédant les mâchoires s'aplatit et forme la tête du clou.

Ce procédé de fabrication est le plus souvent remplacé maintenant par d'ingénieuses machines dont nous donnerons seulement le principe.

Le fil de fer est placé sur une espèce de dévidoir d'où il se déroule mécaniquement pour entrer dans la machine. A chaque tour d'une manivelle mue par la vapeur, le fil s'avance d'une quantité constante ; dans ce mouvement, il vient présenter son extrémité à l'action d'un marteau mû mécaniquement et dans le sens horizontal ; le choc de ce marteau forme la tête par refoulement du métal. Un autre mouvement amène le fil entre deux couteaux qui, le coupant sous un angle aigu, font la pointe du clou et le détachent.

Cette fabrication est très-expéditive et le prix de revient du clou fabriqué dépasse de fort peu le prix du fer qui a servi à sa fabrication.

Les *clous à souliers* ou *béquets* se font par quantités énormes dans la Moselle, les Vosges, le Doubs, le Jura et aussi dans les Ardennes, où un industriel de Charleville, M. Gailly fils, a installé, il y a plusieurs années, un établissement important qui fabrique mécaniquement d'excellents clous à souliers. Le fer est employé à l'état de fil. La machine en diminue la grosseur à l'endroit qui doit former la tige, et laisse au contraire intacte la partie où la tête doit être prise ; on obtient ainsi un clou à tige fine et à grosse tête, qui a le double avantage de ne pas déchirer le cuir et de préserver convenablement la semelle. Le même procédé et d'autres qui s'en rapprochent plus ou moins sont en usage dans les Vosges et en Franche-Comté.

On appelle *clous découpés* les clous fabriqués avec des bandelettes découpées dans la tôle de fer. La fabrication peut être faite à la main ou mécaniquement.

Quand on opère à la main, la tôle est divisée en petites bandelettes pointues de la longueur d'un clou ; on saisit ensuite chacune d'elles dans un étau, en laissant sortir des mâchoires la partie destinée à faire la tête, qui se forme d'un seul coup par la chute d'un marteau.

La clouterie mécanique en tôle date de 1826, époque où elle a été importée d'Angleterre dans les Ardennes ; elle s'y est développée graduellement, et aujourd'hui ce département compte dix fabriques d'importance diverse qui produisent annuellement plus de 4 millions de kilogrammes de petits clous dits *semences*, *bossettes*, *clous à ardoises*, *béquets*, etc. Grâce à l'invention récente d'une machine automatique qui dirige la bandelette de tôle à découper et la retourne sans le secours de l'ouvrier, cette industrie peut maintenant lutter plus facilement avec la concurrence anglaise ou belge.

Une branche, aussi florissante qu'intéressante, de la clouterie mécanique en tôle est la *clouterie à chaud* comprenant la fabrication des grands clous employés dans la construction : les clous à navires ou à bateaux, les clous à caisses, etc. ; d'origine américaine, elle fut importée d'abord en Angleterre, puis introduite en 1857 dans les Ardennes, où elle a pris une certaine importance dans l'usine de Saint-Marceau.

On prend le fer en barres plates de 2 millimètres et demi à 12 millimètres d'épaisseur, et on le découpe en bandelettes de longueur variant avec les dimensions des clous à obtenir. Ces bandelettes sont chauffées au rouge dans des fours à courant d'air forcé, puis portées à la machine, où se pratiquent trois opérations successives : le *découpage*, qui divise le fer en barrettes ; le *laminage*, qui forme la lame du clou au moyen d'une molette en acier servant à allonger régulièrement le métal; enfin le *rabatage*, qui fabrique la tête par le choc d'un marteau. Une machine de ce genre donne 20 000 à 50 000 clous en douze heures; la production de l'usine est d'environ 1 500 000 kilogrammes par an.

La fabrication des clous à cheval est un peu plus compliquée, à cause du renflement destiné à former la tête.

Les clous fabriqués dans la tôle découpée n'ont jamais les arêtes bien nettes, celles-ci sont toujours plus ou moins rugueuses. Quand ils sont destinés aux constructions, on a soin de leur laisser les aspérités qui augmentent l'adhérence du fer avec le bois; pour les autres clous, on les fait disparaître par l'*ébarbage*. Cette opération consiste à les mettre avec un peu de gravier dans des tonneaux auxquels on imprime un mouvement de rotation autour de leur axe. En roulant les uns sur les autres les clous se polissent mutuellement.

Si l'on veut les blanchir, on les agite dans des tonneaux avec des rognures de cuir.

On soumet quelquefois les clous à l'opération de la galvanisation, qui les recouvre d'une couche de zinc destinée à les protéger de l'oxydation. Il suffit pour cela de les plonger dans du zinc en fusion.

Les *clous fondus* se font avec de la fonte de fer. Ils sont d'un usage assez restreint et se fabriquent par coulage dans des moules.

Jusqu'à ces dernières années, on obtenait aussi par la fonderie les *clous dorés pour tapissier*, qui étaient composés d'une tête hémisphérique creuse et d'une tige pointue. Ils avaient le caractère d'irrégularité des objets fondus, l'inconvénient de présenter d'une part des tiges peu résistantes qui se cassaient lorsqu'on les implantait dans les meubles, d'autre part des têtes dont les bords à bavures coupantes pouvaient altérer les étoffes qu'ils pressaient. M. Carmoy est parvenu à éviter ces inconvénients par un procédé de fabrication qui consiste à faire la tête du clou à l'aide d'un disque de cuivre, de fer ou d'acier auquel on donne la forme voulue, et à y fixer ensuite une pointe de Paris.

Cette fabrication comprend trois opérations principales : un découpage et deux étampages. S'il s'agit de clous à tête de cuivre dont la tête hémisphérique doit avoir une épaisseur d'environ un quart de millimètre, M. Carmoy fait découper dans une planche d'un millimètre d'épaisseur de petits disques circulaires ou *flans*, puis, à l'aide d'une matrice présentant une rigole annulaire dans la région centrale, il exerce sur eux une forte pression qui aplatit le disque et force le métal à entrer dans la rigole. On comprend

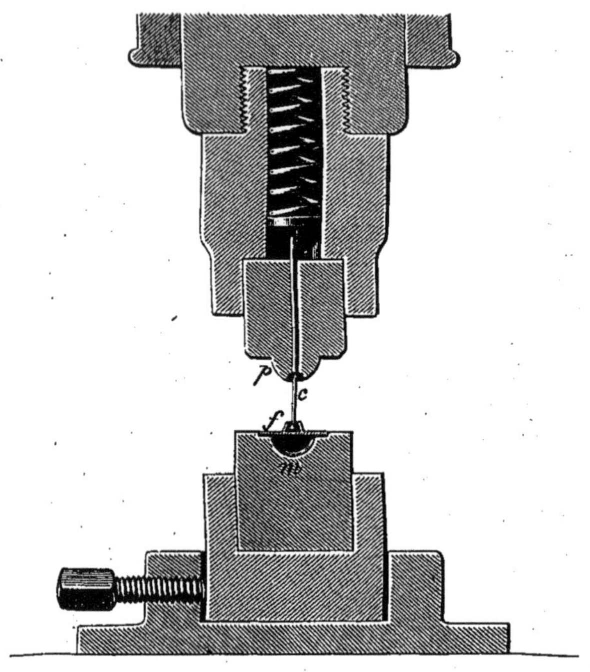

FIG. 120. — Fabrication des clous de tapissier.

qu'à la suite de ce premier étampage, le disque circulaire est transformé en une pièce dont les bords sont plats et dont le centre présente une saillie creuse (fig. 120).

Cette pièce *f* est ensuite placée sur le bord d'une matrice *m* ayant la forme hémisphérique que l'on veut donner à la tête du clou; dans la saillie creuse qui surmonte le flan, on pose, verticalement et la tête en bas, une pointe de Paris *c*. Au-dessus de la matrice se trouve un poinçon convexe *p* qui a extérieurement la forme que doit avoir intérieurement la tête du clou et qui présente, suivant son axe, un canal cylindrique dans lequel pourra se loger la pointe de Paris. Lorsque avec une force suffisante on fait descendre le poinçon, il appuie sur le flan, le force à entrer dans la matrice et à en prendre la forme; en même temps, il rabat les bords de la saillie circulaire sur la tête de la pointe de Paris, qui se trouve ainsi sertie et fixée solidement à la demi-sphère. Ajoutons que pendant que le poinçon étampe le clou, la pointe est maintenue en place par un ressort à boudin que représente la figure.

Tel est le principe de cette fabrication : pour que cette invention devînt pratique, il était nécessaire d'avoir un appareil qui se chargeât d'exécuter avec rapidité et précision les opérations que nous venons de décrire. C'est ce qu'a fait M. Colas, de Belleville, inventeur d'une ingénieuse machine qui met les disques en position sur les matrices, pose les pointes de Paris, étampe et enlève le clou fabriqué pour faire place à un autre. Cette machine fabrique 20 000 clous par jour, tandis que le travail à la main en produit au plus 6 000.

BOULONS.

On appelle *boulon* une pièce, ordinairement en fer, qui sert à réunir deux morceaux de bois ou de métal. Il se compose d'une tige cylindrique de fer dont l'une des extrémités A (fig. 121) est carrée et porte une tête T; l'autre extrémité est munie d'un pas de vis sur lequel on peut visser une espèce d'anneau E fileté à son intérieur et appelé *écrou*.

Pour boulonner deux pièces de bois, on perce dans chacune un trou capable de laisser passer la tige du boulon mais d'un diamètre inférieur à celui de la tête; on les superpose en faisant coïncider les trous dans lesquels on engage le boulon, puis on visse et on serre l'écrou; les deux pièces de bois se trouvent alors prises et serrées entre la tête du boulon et l'écrou (fig. 122).

La boulonnerie a atteint en France une très-grande importance : dans le département des Ardennes seul elle occupe plus de 2000 ouvriers. L'est de la France, le bassin de la Loire et la ville de Paris concourent également pour une part très-large à cette industrie.

On fabrique les boulons avec des barres de fer rond que l'on découpe à la cisaille en morceaux de longueur convenable; on les fait rougir au feu et l'ouvrier, prenant un de ces morceaux, le forge, l'étire et le place ensuite dans un trou carré percé dans une enclume. Ce trou a des dimensions telles qu'il laisse passer librement l'extrémité étirée du boulon, mais arrête l'extrémité

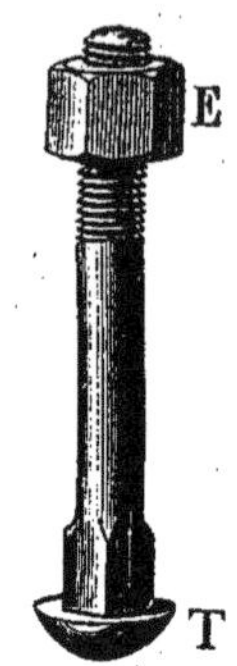

FIG. 121. — Boulon.

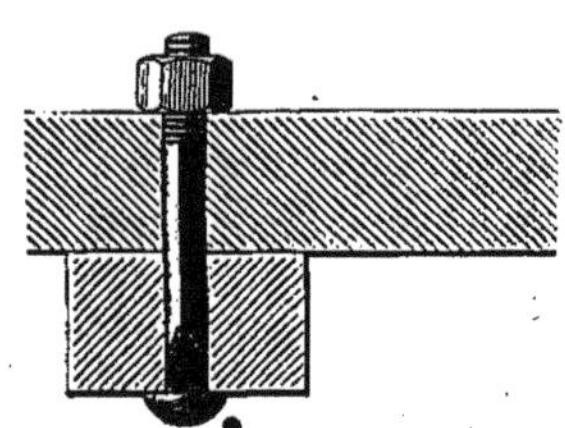

FIG. 122. — Assemblage par boulon.

supérieure qui est restée plus grosse et qui est destinée à faire la tête et la partie carrée. L'ouvrier, à l'aide d'un marteau, refoule le fer dans le trou carré et façonne la tête sur l'enclume; puis, d'un coup de marteau frappé sur l'extrémité inférieure qui passe au-dessous de l'enclume, il fait sauter le boulon et recommence l'opération. Quand la partie carrée doit être très-longue, on prend du fer carré et l'on façonne la portion cylindrique à l'aide d'une plaque d'acier dans laquelle se trouve creusée une rigole hémi-cylindrique; on y place le fer chauffé au rouge et on l'y martèle en le tournant de manière à le rendre cylindrique. A l'aide d'une petite étampe, on donne ensuite à la tête la forme carrée ou hexagonale.

Tel est le moyen de fabriquer les boulons bruts; cette fabrication, comme celle des écrous bruts, est exécutée dans les villages des Ardennes, et le filetage dans des usines où l'ouvrier porte le produit de son travail.

Quant à l'écrou brut, il se fabrique de deux manières. On peut découper des barres de fer en fragments carrés et les percer d'un trou à l'aide d'un poinçon. Le plus souvent on prend une barre de fer plate que l'on fait chauffer, que l'on enroule autour d'un fer rond de même diamètre que le boulon auquel l'écrou est destiné, et que l'on soude de manière à en former une bague ronde qui reçoit ensuite, à chaud, la forme hexagonale à l'aide d'une étampe et du marteau.

Le filetage du boulon, ou fabrication du pas de vis, se fait avec

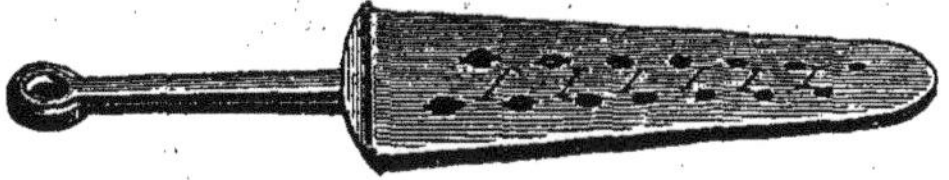

Fig. 123. — Filière simple.

une *filière*, et celui de l'écrou avec un *taraud*. La *filière à fileter* (fig. 123) est une plaque d'acier percée de trous taraudés, c'est-à-dire munis intérieurement d'arêtes en spirales vives et coupantes. On fixe verticalement le boulon entre les mâchoires d'un

Fig. 124. — Filière à coussinets.

étau et l'on engage son extrémite cylindrique dans l'un des trous de la filière, que l'on fait tourner en la forçant à descendre le long de la tige du boulon. Dans ce mouvement les arêtes saillantes entaillent le métal et tracent à la surface un pas de vis en relief.

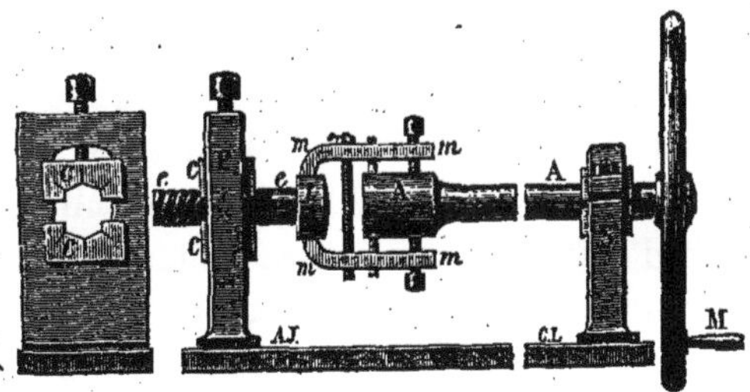

Fig. 125. — Machine à fileter.

Souvent aussi on se sert d'une filière double (fig. 124) composée de deux coussinets d'acier que l'on peut rapprocher graduellement l'un de l'autre à l'aide de vis de pression et qui laissent entre eux un orifice taraudé. On serre dans un étau la pièce à fileter, on l'engage dans la filière, et, en faisant tourner celle-ci, on la force à descendre et à tracer sur le métal le filet de vis.

Le plus souvent le filetage s'exécute sur le tour, appareil que nous décrirons plus tard, ou bien on se sert d'une petite machine à tarauder que représente la figure 125.

Le boulon *e e* est saisi par sa tête *t* dans deux mâchoires *m m* fixées à l'extrémité d'un arbre AA que l'on peut faire tourner avec une manivelle M. La partie à fileter du boulon s'engage entre deux coussinets d'acier CC montés dans une poupée P (cette poupée est représentée à part et de face sur la droite de la figure). Les coussinets, que l'on peut rapprocher ou éloigner à l'aide de la vis, sont munis à leur intérieur de pas de vis coupants. On fait tourner la manivelle en poussant l'arbre AA vers la poupée fixe, et le boulon en passant entre les coussinets s'y filète.

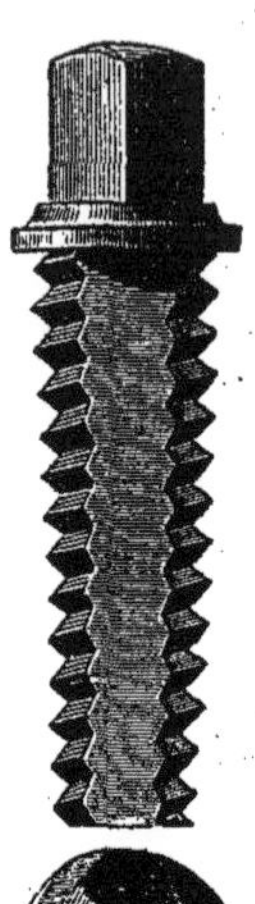

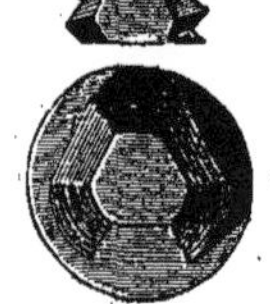

Fig. 126 — Taraud.

Quant à l'écrou, il est fileté au moyen d'un *taraud*. Cet outil n'est autre chose qu'une vis légèrement conique en acier trempé, dont on a abattu des pans (fig. 126), de manière à rendre les angles des filets coupants et propres à entamer le métal. Quand on veut tarauder à la main, on fixe l'écrou dans un étau et l'on introduit le bout du taraud dans le trou de l'écrou; puis à l'aide d'un levier appelé *tourne à gauche*, que l'on fixe sur la tête carrée du taraud, on fait entrer celui-ci dans l'écrou en tournant et en détournant successivement. Le métal s'entame et le filet de vis se forme. On peut tarauder mécaniquement soit sur un tour, soit à l'aide de la machine à fileter que nous avons décrite et que l'on transforme en machine à tarauder. Pour cela il suffit d'établir l'écrou entre deux supports fixes et d'adapter un taraud à l'extrémité de l'arbre AA (fig. 125). En tournant la manivelle, on fait entrer le taraud dans l'écrou où se creuse le pas de vis.

VIS.

La fabrication des vis constitue aussi une branche importante de la quincaillerie; elle est surtout exercée dans les pays producteurs du fer, dans l'Est et dans le Centre.

Quelle que soit la destination des vis, on les fabrique à l'aide de filières, ou sur le tour, ou bien encore avec des machines spéciales. Ce que nous avons dit à propos des boulons sur le filetage, ce que nous dirons plus tard à propos du tour nous dispense d'insister maintenant sur les deux premiers procédés.

Nous signalerons seulement l'existence de machines perfectionnées employées dans la fabrication des vis à bois et des vis destinées à réunir les plaques de tôle avec lesquelles on blinde les navires.

Avant 1806, la vis à bois n'était pas fabriquée en France; la Westphalie nous fournissait une vis mal faite et taraudée à la lime; c'est à MM. Jappy frères que l'on doit l'invention des moyens de fabrication qui ont affranchi la France du tribut qu'elle payait à l'étranger. A la suite de perfectionnements successifs, la maison Jappy, à Beaucourt (Doubs), est arrivée à inventer des machines qui fabriquent la vis à bois automatiquement; elles sont de trois espèces: celles qui font la tête de la vis, celles qui tournent et pratiquent une fente dans la tête, enfin celles qui taraudent la vis.

Les machines, qui font la tête de la vis, prennent le fil de fer en botte, le redressent et le coupent. Elles donnent aux morceaux de fil une longueur suffisante pour qu'on y trouve la matière nécessaire à la confection d'une vis, y compris la tête qui a un diamètre double au moins de celui du fil et se fait par refoulement sous une forte pression.

Une seconde machine, très-ingénieuse et d'une admirable précision, tourne et fend la tête. Toutes les vis sont jetées sur un plateau, où une fourchette à deux dents et recourbée vient les saisir pour les conduire dans un canal d'où elles s'échappent une à une. La fourchette est construite de telle sorte que la vis ne peut y rester que la tête en haut; il en résulte qu'à sa sortie du canal, la vis est toujours dans la même position. C'est alors qu'elle est saisie par une pince qui la soumet à l'action d'un burin chargé de tourner la tête. Cela fait, la pince vient présenter la vis à une scie circulaire qui fend la tête. Les vis se succèdent dans la pince avec une grande vitesse, qui n'est limitée que par l'échauffement de l'outil.

Quant au filetage, il est exécuté par une machine analogue sous le rapport des organes chargés d'opérer le transport des vis.

Les vis sont ensuite nettoyées, polies et rendues brillantes; on les place pour cela dans des tambours remplis de sciure de bois et animés d'un mouvement de rotation continu.

Au moyen des machines que nous venons de décrire un ouvrier fait autant de travail que dix-huit ouvriers par les anciens procédés de fabrication.

Des machines automates semblables sont aussi employées pour la fabrication mécanique des vis pour métaux.

Les vis de plaques de blindage se fabriquent par étampage. On se sert à cet effet de deux empreintes en fonte portant chacune en creux la moitié du filet de la vis, suivant le diamètre, de sorte que, si on les superposait, l'ensemble formerait un écrou de la longueur de la partie filetée. L'une d'elles est fixée sur une enclume et l'on y place un morceau de fer que l'on a chauffé au blanc soudant; l'autre est adaptée à la partie inférieure d'un marteau-pilon pesant 200 kilog. Lorsque le pilon s'abaisse et vient frapper l'enclume, le morceau de fer se trouve pris entre les deux empreintes et, le métal ramolli étant refoulé dans les creux, le filet se fait d'un seul coup de marteau. Il n'y a plus maintenant qu'à enlever les bavures; cet ébarbage est pratiqué par des outils spéciaux.

FABRICATION DES ENCLUMES

Une *enclume* est un morceau de fer recouvert d'acier sur laquelle on forge les métaux. Le corps de l'enclume et les extrémités pointues, appelées *bigornes*, sont en fer à la houille que l'on forge au marteau-pilon pour lui donner la forme voulue. La face supérieure ou *table* doit être *dure* et *lisse*, car c'est sur elle que l'on place les métaux pour les battre; il en est de même des bigornes, sur lesquelles l'ouvrier façonne différentes pièces. Pour communiquer à la table et aux bigornes ces qualités que n'a pas le fer à un degré suffisant, on les recouvre d'une plaque d'acier que l'on soude à chaud et au marteau; puis on trempe l'acier pour lui rendre la dureté que la chaleur lui a fait perdre.

La fabrication des enclumes est très-développée dans le département des Ardennes à Donchéry, dans plusieurs villes du Nord, (Maubeuge, Cambrai), dans le centre (Nevers et Saint-Étienne). Les mêmes villes fabriquent aussi des étaux.

USTENSILES DE MÉNAGE EN FER BATTU ÉTAMÉ

L'emploi du cuivre pour la fabrication des casseroles, chaudrons et autres vases destinés à la préparation de nos aliments, a plusieurs inconvénients; son prix élevé et les dangers qu'il présente, quand il est mal étamé, ont beaucoup restreint l'usage des ustensiles en cuivre qui, dans la majorité des ménages, ont été remplacés par les vases en fer battu étamé. Ces derniers jouissent d'une grande solidité et la modicité de leur prix les met à la portée de toutes les bourses.

La confection des vases en fer battu se fait à froid et de deux manières : par le martelage à la main, comme la chaudronnerie de cuivre, ou par procédés mécaniques. Quel que soit le mode employé, on doit faire usage de tôles très-malléables et de première qualité.

Le martelage à la main se pratique dans les Ardennes de la manière suivante : On prend la lame de tôle destinée à la fabrication du vase et on l'*emboutit* avec un marteau à tête ronde. Cette opération consiste à lui donner une forme concave en frappant sur la partie centrale d'une des faces de la lame, dont les bords se relèvent peu à peu en accusant de plus en plus la concavité. Lorsque l'emboutissage est assez avancé, on pose la concavité sur l'extrémité ronde d'une enclume et on frappe sur la face extérieure du métal jusqu'à ce qu'on ait atteint la forme cherchée. Les objets ainsi fabriqués sont ensuite munis de queues ou manches que l'on fixe avec un rivet, puis on les livre à l'étameur.

Les ustensiles en fer battu faits à la main ont l'inconvénient de présenter à leur surface des irrégularités provenant du travail du marteau, inconvénient qui est complétement évité dans la fabrication mécanique des mêmes objets.

C'est encore à MM. Jappy, de Beaucourt, qu'on doit cette industrie, qui date de 1825 et a pris une très-grande importance. Nous allons en exposer les principaux détails.

A l'aide de cisailles on découpe d'abord dans des tôles d'excellente qualité, comme celles de la Franche-Comté, des disques circulaires destinés à être emboutis mécaniquement entre un mandrin et une matrice représentant l'un et l'autre la forme de l'objet. Le disque qui doit, par exemple, servir à la fabrication d'une casserole, est posé sur la matrice, et le mandrin, mû à la vapeur, venant s'abattre sur lui, le force à prendre la forme de cette matrice.

La tôle qui a subi l'emboutissage est devenue un peu cassante, elle a perdu sa souplesse et sa malléabilité primitives : on les lui rend par le *recuit*, opération qui consiste à chauffer les pièces embouties dans un four et à les laisser ensuite refroidir lentement. La chaleur ayant déterminé à leur surface la formation d'une couche d'oxyde, on les décape avec soin en les plongeant dans des bains acidulés et en les frottant avec du sable.

Il faut ensuite procéder au *planage*, qui a pour but de faire disparaître les irrégularités superficielles, les plis formés pendant l'emboutissage. Pour cela, on monte la pièce sur un axe animé d'un mouvement de rotation très-rapide et, pendant qu'elle tourne, on appuie sur sa surface des roulettes qui la rendent parfaitement lisse dans toutes ses parties. Les bords sont découpés et dressés par des outils spéciaux ; enfin on perce les trous qui doivent recevoir les rivets servant à fixer le manche ou les anses des vases.

Certains ustensiles, comme les poêles à frire, sont polis à l'intérieur. Ce polissage se fait mécaniquement sur des tours à vapeur.

Les casseroles et les autres vases du même genre sont étamés par immersion dans trois bains successifs d'étain en fusion.

Les plateaux de limonadiers sont vernis à la main, chaque couche de vernis est séchée dans des étuves ; puis on peint à leur surface les sujets les plus variés.

Enfin les vases destinés à contenir les liquides corrosifs sont recouverts d'émail inattaquable. A cet effet on applique d'abord une couche d'un liquide gommeux sur laquelle on saupoudre de l'émail réduit en poussière très-fine. On sèche dans une étuve, l'émail reste fixé par la gomme, et on porte la pièce dans un four chauffé au rouge vif. A cette température la gomme brûle et la poussière d'émail se fond en formant un enduit inattaquable et continu à la surface du vase.

Les ustensiles en fer battu ne se fabriquent pas seulement à Beaucourt, mais aussi dans d'autres établissements de l'Est. Nous devons citer les usines d'Ars-sur-Moselle, près Metz, et celles de Plombières.

L'usine de Plombières a pour spécialité principale la fabrication des cuillers et fourchettes en fer battu, fabrication qui se fait de la manière suivante : On découpe dans de fortes tôles des bandes dont on élargit les extrémités en les aplatissant sous des laminoirs spéciaux; on recuit ensuite ces bandes et, par un emboutissage mécanique, on leur donne la forme définitive qu'elles présentent d'habitude. Après avoir enlevé à la meule les bavures du métal, on étame et on polit.

TAILLANDERIE

La taillanderie comprend la fabrication des scies, des faux, des limes, etc. : cette industrie est centralisée dans les départements du Haut-Rhin, du Bas-Rhin et du Doubs; Mutzig, Molsheim et Zornhof sont des centres importants de production.

La *scie* est un instrument bien connu, formé par une lame d'acier laminé, trempé très-dur et portant sur l'un de ses côtés des dents bien égales faites soit mécaniquement, soit à l'aide d'une lime triangulaire nommée *tiers-point*. La forme des dents dépend de l'usage auquel l'outil est destiné. Pour faciliter le dégagement de la sciure, on incline plus ou moins les dents, alternativement d'un côté ou de l'autre. C'est ce qu'on appelle donner *de la voie* aux scies. Une bonne lame de scie doit être parfaitement élastique et sonore.

Les scies à lames courtes et épaisses s'emmanchent comme des limes; les autres se montent par leurs extrémités dans un châssis de forme variable, mais construit de telle sorte qu'on puisse toujours à volonté faire varier la tension de la lame et l'empêcher de plier. On doit avoir bien soin, avant de les monter, de les détremper aux deux bouts, en les faisant recuire, pour éviter qu'elles se rompent à l'endroit où elles sortent des pièces entre lesquelles elles sont serrées.

Pendant longtemps les scies anglaises ont été les plus estimées, mais les usines de l'Alsace et du Doubs sont arrivées à n'avoir plus rien à envier, pour cette fabrication, à celles de l'Angleterre.

La *lime* est un outil en acier de forme très-variable dont les usages sont bien connus et dont la surface est rendue rugueuse par des aspérités régulièrement disposées. Les limes sont forgées en acier, puis on les taille, c'est-à-dire qu'un ouvrier fait des sillons réguliers à la surface de l'outil. Il se sert pour cela d'un burin qu'il place sur la lime et qu'il y fait pénétrer plus ou moins profondément à l'aide d'un marteau. Ensuite il trempe l'outil pour lui donner de la dureté.

On a essayé dans ces derniers temps d'opérer mécaniquement la taille des limes, mais on n'est pas encore fixé sur la valeur de ces procédés.

On met au premier rang pour leurs qualités les limes de fabrication parisienne; mais le prix élevé de la main d'œuvre dans la capitale ne permet pas de les produire à bon marché.

Milourd et Maubeuge dans le Nord, Brévannes dans la Haute-Marne, Lahutte dans les Vosges, Amboise, Orléans, Toulouse, Pamiers, Molsheim et Zornhoff (Bas-Rhin), Valentigney et Montbéliard dans le Doubs, Saint-Étienne et le Chambon dans la Loire, Saint-Maur près Paris, sont les localités à citer pour l'importance de leur fabrication et la qualité des limes qu'elles livrent à l'industrie.

Les *faux* se divisent en deux grandes catégories, les faux *forgées* et les faux *laminées*. Les premières se fabriquent au martinet, à l'aide duquel on martèle un bidon d'acier naturel, qui est généralement soudé à une partie en fer; le tranchant est pris dans l'acier et le fer forme le dos. Les faux laminées ont toutes un dos rapporté que l'on soude ou que l'on ajuste avec de petits rivets.

Molsheim (Bas-Rhin), Port-Salomon (Haute-Loire) sont les centres principaux pour la fabrication des faux.

SERRURES.

On appelle *serrure* une petite machine ordinairement en fer, quelquefois en cuivre, que l'on applique sur le bord d'un vantail de porte ou d'armoire, sur les coffres, tiroirs ou secrétaires et qui sert à les fermer.

Une serrure complète se compose de trois parties: 1° le *coffre*, que l'on applique sur la porte; 2° la *clef*, qui sert, en faisant mouvoir les pièces contenues dans le coffre, à ouvrir et à fermer la porte; 3° la *gâche*, que l'on pose sur le battant ou partie fixe.

Le coffre est une boîte qui renferme ordinairement tout le mécanisme de la serrure. Le fond de cette boite est nommé *palastre* (fig. 121). Sur ce fond s'adaptent des côtés relevés; le plus haut, appelé *rebord*, est celui à travers lequel passera le pêne de la serrure quand l'on fera jouer la clef; les trois autres, formés d'une seule pièce de tôle repliée et fixée à rivets sur le palastre, constituent ce qu'on nomme la *cloison*. Le pêne est une espèce de verrou qui peut être animé d'un mouvement de glissement dans le sens de la longueur de la serrure; il se compose d'une

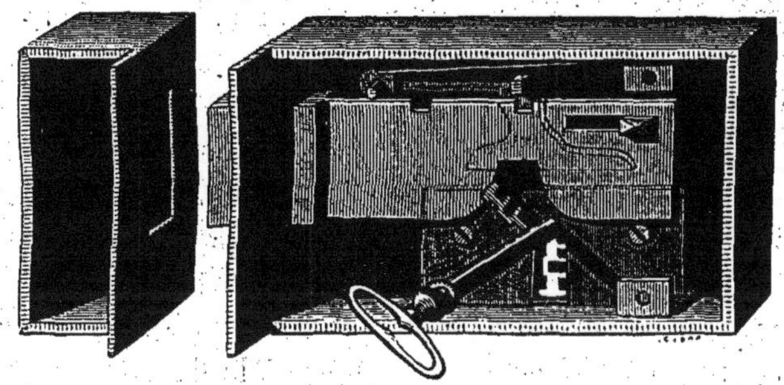

FIG. 121. — Serrure simple.

tête qui viendra s'engager dans la gâche et d'une queue, qui est munie d'un côté de *saillies* qu'on appelle *barbes du pêne*, ou d'une partie entaillée comme dans la figure, de l'autre côté, d'encoches dans lesquelles peut tomber un ergot que termine un ressort appelé *arrêt du pêne*.

Enfin dans le coffre se trouvent des pièces de tôle plus ou moins contournées qui s'accordent avec les découpures faites dans la clef:

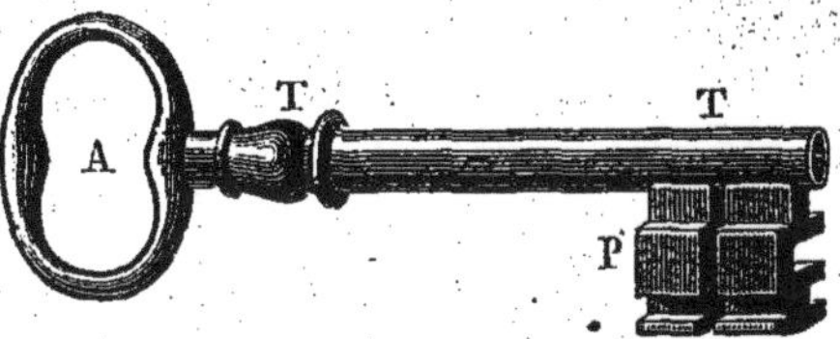

FIG. 122. — Clef.

ce sont les *gardes* ou *garnitures* de la serrure; elles s'opposent au mouvement de toute clef qui n'aurait pas les entailles correspondant à leur conformation.

La clef se compose de l'anneau A (fig. 122) où l'on applique la main, de la tige TT qui prend le nom de *canon* quand la clef est forée, de *bout* quand elle ne l'est pas, enfin du *panneton*, partie plate et découpée que l'on voit en P.

La tige de la clef peut être forée ou pleine; quand elle est forée, elle est guidée, au moment où on l'introduit dans la serrure, par une tige fixée perpendiculairement au palastre et qui; à mesure qu'on enfonce la clef, entre dans le trou de celle-ci (c'est le cas des serrures *à broches*); quand la clef n'est pas forée, elle penètre dans un tube qui la guide et, lorsqu'elle est arrivée au fond de ce tube, la partie ronde qui la termine tourne dans un trou pratiqué dans le palastre. C'est le cas des serrures *bénardes*.

Voyons maintenant comment fonctionne une serrure. Quand on fait tourner la clef, le panneton va buter contre les barbes du pêne ou entre dans l'entaille. En tournant dans un sens on fait sortir le pêne à travers le rebord et on le fait pénétrer dans la gâche : la porte est fermée. Lorsqu'on tourne dans l'autre sens, le pêne sort de la gâche, rentre dans le coffre et la porte s'ouvre.

L'ergot, dont nous avons parlé, tombe dans les encoches après chaque mouvement du pêne, de manière à le fixer dans la position qu'il a prise. Pour que le pêne puisse bouger, il faut que l'ergot sorte de l'encoche : c'est aussi la clef qui se charge de ce mouvement; avant que le panneton dans sa rotation vienne appuyer sur les barbes du pêne, il rencontre une pièce à ressort qu'il déplace et qui, comme le représente la figure, fait sortir l'ergot de l'encoche.

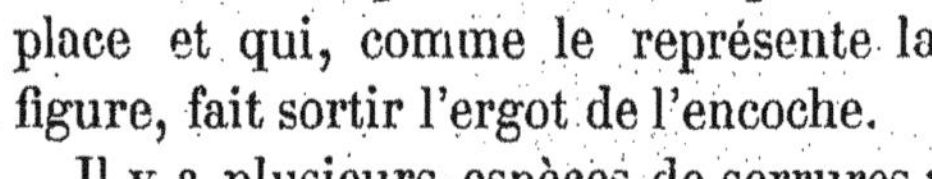

Fig. 123. — Serrure bec de cane.

Il y a plusieurs espèces de serrures ; nous citerons les principales.

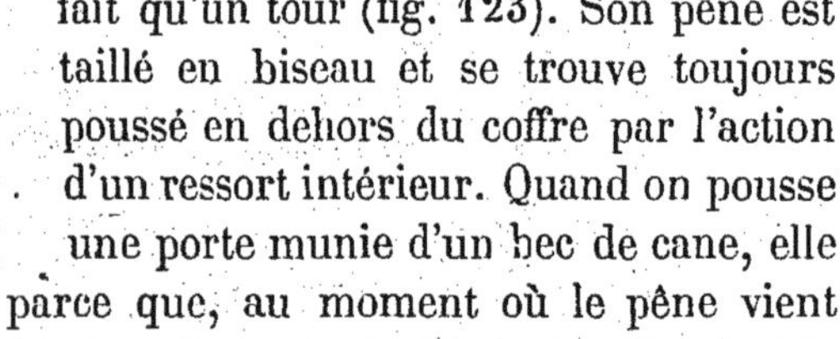

Le *bec de cane* est une serrure qui ne fait qu'un tour (fig. 123). Son pêne est taillé en biseau et se trouve toujours poussé en dehors du coffre par l'action d'un ressort intérieur. Quand on pousse une porte munie d'un bec de cane, elle se ferme d'elle-même, parce que, au moment où le pêne vient toucher la gâche, son biseau glisse sur le bord de celle-ci et le fait rentrer en dedans ; mais, aussitôt que le pêne est devant l'ouverture de la gâche, le ressort agit pour l'y pousser et la porte se ferme. Le bec de cane proprement dit n'a pas de clef; il s'ouvre avec un bouton.

La serrure à *pêne dormant* est celle dans laquelle le pêne ne sort que lorsqu'il est chassé au dehors par une clef.

La serrure *à un tour et demi* renferme, comme le bec de cane, un pêne poussé par un ressort et disposé de telle sorte que, par un tour de clef, il peut sortir de la serrure et entrer dans la gâche plus profondément qu'il ne le ferait par l'action du ressort seul.

La serrure *à deux tours et demi* se compose de la serrure à pêne dormant et du bec de cane réunis (fig. 124); le pêne est

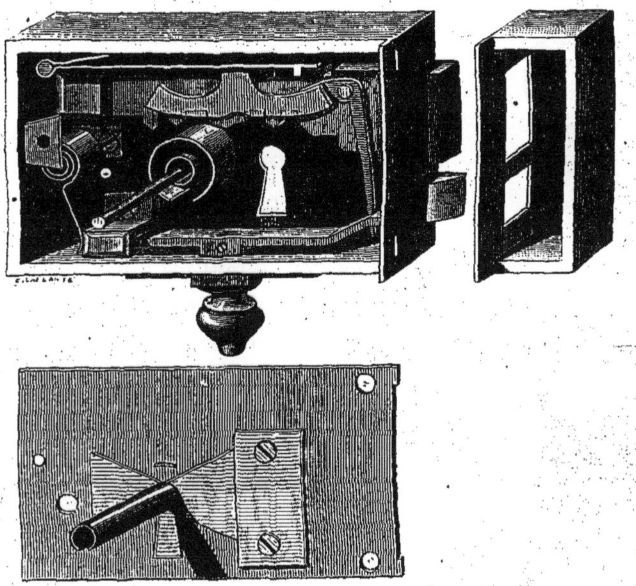

Fig. 124. — Serrures à deux tours et demi avec barbes au pêne.

manœuvré par une clef à deux tours et le bec de cane par une clef ou un bouton.

Il existe un autre genre de serrures dans lesquelles le pêne reste toujours enfermé dans le coffre; il faut alors que la pièce qui lui sert de gâche porte des anneaux plats pouvant entrer dans le corps de la serrure. Les cadenas appartiennent à cette classe (fig. 125). Enfin il y a des serrures plus compliquées et plus difficilement crochetables; telles sont les *serrures à gorges*, que nous ne décrirons pas.

La fabrication des serrures se fait principalement en Picardie, dans l'arrondissement d'Abbeville, dans l'Orne et le Jura, à Saint-Étienne, à Saint-Bonnet-le-Château. Paris confectionne les serrures pour meubles.

La Picardie est le centre le plus important de cette industrie. Les communes d'Ault et d'Escarbotin, de Béthencourt, Woincourt, Fressenneville, etc., sont habitées par une population trèsindustrieuse qui s'occupe de la fabrication des serrures. Pendant longtemps le travail se faisait exclusivement chez l'ouvrier, qui découpait, façonnait et ajustait les pièces; la matière première lui était livrée par un patron, auquel il rendait ensuite les serrures fabriquées. Aujourd'hui la serrurerie ne s'exerce plus ainsi. De grandes usines ont été fondées et les pièces qui composent une serrure y sont fabriquées mécaniquement à l'aide de diverses machines-outils. Les unes découpent la tôle en morceaux destinés à former les parois du coffre; d'autres y percent les ouvertures qu'elles doivent présenter; d'autres encore découpent et taillent les différentes pièces qui entrent dans la construction de la serrure. Les clefs sont faites par étampage dans une matrice en acier. Toutes ces pièces sont ensuite livrées aux ouvriers qui, travaillant chez eux, les ajustent et montent la serrure.

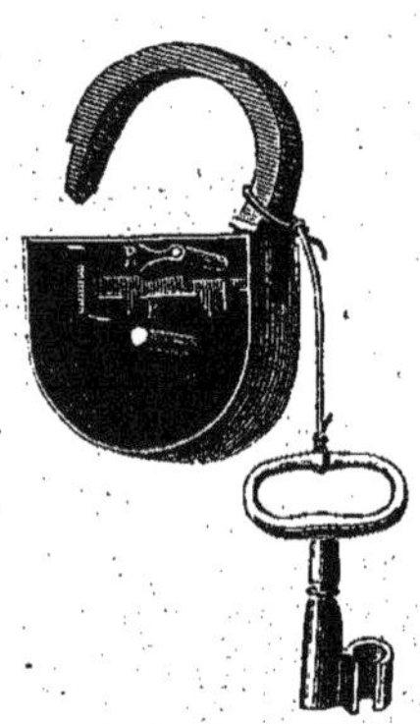

Fig. 125. — Cadenas.

Certaines usines de Picardie sont parvenues, par la division du travail et par des machines habilement appropriées à la fabrication de chaque pièce, à réduire dans une proportion étonnante le prix des différents articles de serrurerie. C'est ainsi qu'on arrive à faire des cadenas qui ne reviennent pas au fabricant à plus de 90 centimes la douzaine, et chaque cadenas est composé de dix-sept pièces distinctes; on fabrique des serrures à 3 francs la douzaine; le coffre de ces serrures est fait par emboutissage dans un seul morceau de tôle et d'un seul coup de balancier.

On emploie aussi dans la serrurerie à bon marché beaucoup de clefs fondues en fonte malléable.

CHAPITRE III

COUTELLERIE ET FABRICATION DES ARMES BLANCHES.

Avant d'exposer les procédés employés pour la fabrication des objets de coutellerie, nous indiquerons la nature de ces objets, en décrivant les principales pièces dont ils se composent.

On distingue deux espèces principales de coutellerie : la coutellerie non fermante, dans laquelle figurent les couteaux de table, et la coutellerie fermante, qui comprend les couteaux de poche.

Un couteau non fermant (fig. 126) se compose d'une lame L, ordinairement en acier, terminée par une queue ou *soie* S, plus étroite et plus épaisse que la lame : la soie entre dans un manche en bois, en ivoire ou en os ; entre la lame et la soie se trouve une embase saillante appelée *bascule*, qui a pour but d'empêcher la lame de toucher la nappe et de la salir lorsque, pendant nos repas, après nous être servis du couteau, nous le posons sur la table.

Un couteau fermant se compose d'une lame de forme variable, ordinairement en acier, et d'un manche. La lame est articulée sur le manche de manière à pouvoir basculer sur lui et venir enfermer la partie tranchante dans une cavité pratiquée pour la recevoir. Le manche est une espèce de petite boîte longue dont les parois latérales sont constituées par des plaques P de tôle ou de laiton que l'on désigne sous le nom de *platines*. Le fond de cette boîte est un ressort R, en fer ou en acier, dont nous verrons l'usage. Les platines sont recouvertes par des plaques G dont la nature varie avec le prix du couteau. Elles sont en écaille, en ivoire, en os, en corne ou même en bois. A l'extrémité voisine de la lame, elles sont revêtues de plaques en fer, en argent ou en melchior appelées *garnitures*. La lame peut tourner autour d'un axe qui va d'une garniture à l'autre, et son extrémité opposée à la pointe est arrondie de manière à pouvoir glisser faci-

Fig. 126. — Couteaux fermants et non fermants.

lement sur le fond de la boîte quand on ouvrira ou fermera le couteau.

Voyons maintenant quel est le but du ressort dont nous avons parlé. Il a pour effet d'empêcher le couteau de s'ouvrir ou de se fermer de lui-même. On comprend que, si la lame pouvait simplement basculer autour de l'axe qui traverse les garnitures, au bout de peu de temps le jeu de cette lame deviendrait si facile que le couteau s'ouvrirait ou se fermerait de lui-même à la moindre cause. Le ressort a pour but d'obvier à cet inconvénient et de maintenir le couteau soit fermé, soit ouvert, jusqu'à ce qu'une force suffisante vienne agir sur lui ; pour cela, il est fixé aux platines dans sa partie la plus éloignée de l'articulation, mais la moitié voisine de cette articulation peut osciller entre les deux platines.

Lorsque le couteau est fermé, le ressort est droit et appuie sur la lame en la maintenant dans sa position ; pour l'ouvrir, il est nécessaire d'exercer un certain effort, et, pendant la rotation de la lame, le ressort s'infléchit comme on le voit en *r* et sort même un peu des platines. Le couteau une fois ouvert, le ressort reprend sa position droite en venant se loger dans une entaille pratiquée à l'extrémité de la lame qu'il maintient dans sa nouvelle position. Lorsqu'on voudra fermer le couteau, il faudra de nouveau faire basculer le ressort.

Dans les couteaux dits *couteaux poignards*, les précautions prises pour empêcher la lame de se fermer sont encore plus grandes. L'extrémité du ressort porte un trou dans lequel vient se loger un petit éperon qui se trouve à l'extrémité de la lame ; lorsqu'on veut fermer le couteau, il faut, par un effort assez grand, faire sortir l'éperon du trou dans lequel il est logé.

La coutellerie française a quatre centres principaux de fabrication : Thiers, dans le Puy-de-Dôme ; Nogent, dans la Haute-Marne ; Châtellerault, dans la Vienne, et Paris.

Thiers est le centre le plus important ; sa production annuelle dépasse 12 millions. On y fabrique tous les articles des genres communs et demi-fins. Nogent fait surtout la coutellerie fine et demi-fine ; sa production annuelle est de 250 000 francs. Châtellerault était autrefois renommée pour la coutellerie fermante et les ciseaux ; mais la plupart des ouvriers ont renoncé à la coutellerie pour travailler à la manufacture d'armes qui fut établie dans cette ville vers 1830. Aujourd'hui cette industrie est presque exclusivement concentrée sur la coutellerie de table, qui se fait dans des usines dont nous parlerons. A Paris, l'art du coutelier consiste surtout à monter les pièces faites en province, principalement pour ce qui regarde la coutellerie de luxe.

COUTELLERIE NON FERMANTE

La fabrication des couteaux de table se fait à Thiers et à Châtellerault, mais c'est surtout dans cette dernière ville qu'elle est arrivée à un remarquable degré de perfection, grâce à M. Eugène Mermilliod, qui a fondé un important établissement, où il a installé d'ingénieuses machines servant à la fabrication mécanique des différentes pièces.

L'acier employé pour la fabrication des lames est parfaitement corroyé ; il est livré aux couteliers à l'état de barres de 1^{m},30 environ et de dimensions variables, suivant l'usage auquel il est destiné. Quand l'ouvrier forge à la main, il façonne à chaud la barre d'acier en se servant d'un marteau et d'étampes ; il amincit le tranchant en fortifiant le dos et étire la soie. C'est le moyen usité dans la plupart des lieux de fabrication, mais il a l'inconvénient de n'être pas rapide (un ouvrier habile ne pouvant faire plus de quatre douzaines de lames par jour) et de produire bien souvent des pièces manquées.

M. Mermilliod a inventé des machines qui forgent la lame et lui donnent sa forme avec une grande régularité. Voici le principe sur lequel elles reposent : supposons un laminoir à deux cylindres ; dans une direction perpendiculaire à l'axe gravons à la surface des cylindres, et à la même distance des extrémités, une cavité représentant la moitié en *épaisseur* de la lame et de la soie. Il est évident que si l'on développait les deux cylindres du laminoir et qu'on superposât les feuilles obtenues, on aurait par cette superposition une cavité représentant le couteau et telle qu'en y coulant du plomb on ferait un couteau de plomb, avec sa lame, sa bascule et sa soie. Supposons maintenant que, pendant la rotation des cylindres l'un sur l'autre et au moment où les deux cavités commencent à se superposer, on engage entre elles une lame d'acier chauffé ; on comprend que le métal en se laminant va être refoulé dans la cavité et en reproduira successivement tous les détails, de telle sorte que, lorsque les deux cavités auront passé suivant toute leur longueur sur la barre d'acier, celle-ci en aura pris la forme.

Au lieu de graver sur les cylindres, M. Mermilliod a préféré appliquer à leur surface deux matrices courbes et saillantes (fig. 127). L'ouvrier prend avec des pinces la lame d'acier déjà ébauchée et la présente à la machine ; dès que les matrices ont passé sur elle, elle redevient libre, il la retire, l'examine et, si elle a quelques défauts, la présente une seconde fois pour achever l'œuvre commencée par le premier passage. Cette machine donne facilement 100 douzaines de lames par jour.

La substitution des deux matrices aux cavités dont nous avons parlé a un avantage dont il est facile de se rendre compte. Si la forme du couteau était gravée en creux dans les cylindres, la lame une fois engagée ne redeviendrait libre que lorsqu'elle serait arrivée de l'autre côté du laminoir ; un second ouvrier devrait la recevoir et la repasser au premier qui l'achèverait. Ici, au contraire, comme les deux matrices font saillie sur les cylindres, la lame redevient libre dès qu'elles ont roulé l'une sur l'autre ; elle n'a pas quitté la main de l'ouvrier et celui-ci la représente immé-

Fig. 127. — Machine à forger les lames de couteaux de table.

diatement à l'action de la machine, si le premier passage n'a pas suffi à lui donner exactement la forme qu'elle doit avoir.

L'appareil que nous venons de décrire a ménagé dans la lame un renflement qui est destiné à constituer l'embase ou bascule. Cette partie du couteau est présentée à une autre machine qui façonne la bascule par étampage et qui opère aussi avec une très-grande rapidité. Les lames sont ensuite limées avec des fraises ou limes mécaniques et finies à la main.

Enfin on procède à la *trempe*, qui doit donner à l'acier les qualités voulues. Les lames sont chauffées au rouge plus ou moins vif, soit dans un feu de forge, soit dans un bain de plomb fondu ; on les refroidit ensuite brusquement en les plongeant dans l'eau froide ou dans l'huile. La trempe rend le métal aigre et cassant ; souvent même il arrive qu'elle déforme la lame, qui ne peut être redressée au marteau que si on lui rend un peu de malléabilité. On lui restitue cette qualité par le *recuit* en portant lentement la pièce à une température assez élevée, mais toujours inférieure au rouge naissant. Cette opération exige une grande habitude de la part de l'ouvrier, qui est guidé par l'observation des couleurs différentes que prend l'acier pendant le recuit.

La lame forgée, limée et trempée doit encore être *émoulue*, *aiguisée* et *polie*, ce qui s'exécute au moyen de meules de différentes grandeurs. Les meules à émouler et à aiguiser sont en grès fins des

Vosges ; elles ont 1^{m},30 de diamètre environ et sont mises en mouvement par une machine à vapeur ou par une roue hydraulique. Elles sont continuellement mouillées par l'eau et, pendant qu'elles tournent, l'ouvrier appuie la lame sur leur contour. Le polissage s'effectue à l'aide de meules plus petites ; elles sont en bois recouvert d'une lame de feutre ou de buffle sur laquelle on étend de l'émeri délayé dans un corps gras.

Les manches de couteaux de table étaient autrefois faits à la main ; aujourd'hui cette fabrication est exécutée par d'ingénieuses machines chargées de débiter l'ébène, l'ivoire ou l'os en prismes qui se trouvent rabotés sur les six faces, reçoivent des moulures faites aussi mécaniquement, et enfin sont percés, suivant leur axe, d'un trou destiné à recevoir la soie de la lame. Ce travail mécanique est beaucoup plus rapide et plus parfait que le travail à la main.

A l'extrémité voisine de la lame, le manche est garni d'une virole V de consolidation (fig. 126). Cette virole est en melchior ou en argent. Elle se fait par étampage à froid en deux pièces que l'on soude ensemble et que l'on fixe ensuite sur le manche.

Pour monter la lame, on entre la soie dans le trou pratiqué suivant l'axe du manche, et on l'y consolide au moyen de matières résineuses. Souvent le trou, au lieu de s'arrêter à une petite distance de l'extrémité, va jusqu'au bout ; la soie est alors un peu plus longue que le manche et on la rive sur une petite plaque *s* encastrée dans le bois.

La fabrication mécanique permet aujourd'hui de faire des couteaux de table qui sont livrés au commerce au prix de 4 à 6 fr. la douzaine.

Plusieurs industriels de Châtellerault ont imité l'exemple de M. Mermilliod, et ses machines ou d'autres analogues fonctionnent maintenant à Nogent, à Paris et à Thiers ; mais c'est à lui qu'on doit la création de la fabrication mécanique du couteau de table. Châtellerault fabrique aussi les rasoirs, et les procédés employés sont analogues à ceux que nous venons d'exposer.

COUTELLERIE FERMANTE.

Les détails dans lesquels nous sommes entrés à propos de la coutellerie de table, nous permettront d'être plus succinct dans la description des procédés employés pour la coutellerie fermante. Les moyens mécaniques n'ont pas encore une grande importance dans cette industrie, qui se pratique généralement à la main ; on comprend en effet que la variété infinie des modèles est un obstacle à l'emploi des machines. Le forgeage, la trempe, l'émoulage, l'aiguisage et le polissage n'ont rien de particulier. Ces opérations sont faites au marteau, à la lime et à la meule ; la fabrication des pièces qui composent le manche s'exécute aussi à la main.

Thiers est, comme nous l'avons dit, le centre le plus important de cette industrie. Les fabricants fournissent aux ouvriers les matières premières, soit brutes, soit ébauchées ; l'un forge la lame, l'autre fait le ressort, celui-ci les platines, celui-là le manche, et d'autres sont chargés de la trempe et du recuit, de l'émoulage et du montage. Sauf quelques ateliers où les ouvriers sont réunis, chacun travaille séparément au milieu de sa famille, à raison d'un prix déterminé par grosse de pièces. (La grosse est de 12 douzaines.) La coutellerie de Thiers s'est beaucoup améliorée depuis quelques années ; outre la coutellerie commune, on y fait aussi des articles plus fins, qui peuvent rivaliser avec ceux de Nogent.

Nogent fabrique surtout la coutellerie fine et demi-fine. Les ouvriers, dont le nombre dépasse 5000, sont disséminés dans soixante à quatre-vingts communes aux environs de Nogent. Chacun, après avoir acheté au détail les matières dont il a besoin, façonne lui-même les différentes pièces et les monte. Il vient ensuite, le dimanche, vendre à la ville le produit de son travail de la semaine. On voit qu'on n'applique pas ici le principe de la division du travail, si fécond dans beaucoup d'industries et particulièrement à Thiers. Nogent possède aussi quelques usines où sont réunis des ouvriers se livrant à la fabrication des couteaux et des ciseaux.

L'usine de Courcelles fait avec succès les ciseaux par voie d'étampage. On arrive en quelques chaudes à donner aux branches la forme voulue, en ne laissant que très-peu de travail pour l'ébarbage et la lime.

ARMES BLANCHES.

L'État fait fabriquer les armes blanches (sabres et baïonnettes) à Châtellerault et à Saint-Étienne. Cette fabrication, quoique assez simple dans ses procédés, demande une grande expérience de la part de l'ouvrier forgeron. L'acier lui est livré par barres de longueur convenable, qu'il chauffe et qu'il forge avec des étampes reproduisant les détails de forme, les cannelures que doivent avoir certaines armes, comme le sabre de cavalerie. Après le forgeage, les lames sont trempées, recuites, puis émoulées à l'aide de meules de grès dont la surface présente des saillies et des sillons inverses des cannelures de l'arme, de sorte qu'en appuyant la lame sur la meule elle est émoulée dans les sillons comme sur les cannelures.

Le polissage se fait ensuite à l'aide de meules de bois sur la surface desquelles on met de l'émeri empâté dans l'huile ; quand on veut avoir un poli plus parfait, pour les sabres d'officiers par exemple, on recouvre les meules de bandes de buffle.

Avant d'être montées, les lames sont soumises à une série d'essais qui ont pour but de s'assurer de leur élasticité et consistent à les plier de diverses manières et à vérifier si elles redeviennent parfaitement droites. Comme dernière épreuve, on frappe, par le dos et par le tranchant, sur un morceau de bois qu'elles doivent entailler sans se rompre ni s'ébrécher.

Le montage des lames se fait dans des poignées de bois où l'on enfonce la soie du sabre ; ces poignées sont recouvertes de ficelle serrée sur laquelle on applique, avec du fil de laiton, une bande de cuir ; la garde est en laiton.

On fabrique les fourreaux de sabre ou de baïonnette en emboutissant à froid de la tôle d'acier autour d'un mandrin et en soudant à chaud la jointure ; le fourreau est ensuite terminé à la lime et au marteau.

CHAPITRE IV

ARMES A FEU

On désigne sous le nom d'*armes à feu* des armes servant à lancer des projectiles par la force élastique des gaz que développe la combustion de la poudre, qui est un mélange de soufre, de charbon de bois et de salpêtre. Nous distinguerons les *armes de guerre*, comprenant les canons et les fusils destinés à l'armée, et les *armes de luxe*, dont on se sert pour la chasse.

FABRICATION DES CANONS

La fabrication des canons est ordinairement exécutée par l'État. Mais, pendant la dernière guerre, l'industrie privée est venue largement au secours des manufactures nationales, impuissantes à produire le nombre de bouches à feu nécessaires à la défense du pays ; les établissements de MM. Pétin-Gaudet, à Rive-de-Gier, de M. Cail, à Paris, sont à citer parmi ceux qui, par leur activité, ont puissamment contribué à la réorganisation de notre matériel de guerre, matériel qui, par suite des premiers désastres de la néfaste campagne de 1870, était en partie tombé entre les mains de l'ennemi.

La fabrication des canons ne comporte pas l'emploi de procédés bien spéciaux. Nous avons vu, ou nous verrons dans la suite de cet ouvrage, la description des principales opérations qui concourent à cette fabrication (fonderie, tournage, alésage, etc.); aussi n'avons-nous que peu de détails à donner en ce moment sur cette industrie, et ferons-nous porter principalement notre étude sur la description de l'objet à fabriquer, sur les modifications qu'il a subies dans sa construction, et sur les qualités des différentes matières premières employées.

Personne n'ignore ce que c'est qu'un canon ; tout le monde sait que cet engin de guerre se réduit à un tube métallique plus ou moins gros, plus ou moins épais et fermé par un bout.

L'*âme* de la pièce est le vide intérieur qu'elle présente ; la partie antérieure est la *volée ;* la partie postérieure reçoit le nom de *culasse ;* l'entrée de l'âme est appelée *bouche*, et le renflement qui termine la volée est le *bourrelet en tulipe*. La pièce est percée, vers le fond de l'âme et suivant le rayon, d'un trou nommé *lumière*, par lequel on met le feu à la charge de poudre qui sera placée dans la culasse. Elle porte sur les côtés deux tourillons qui reposent sur un appareil roulant nommé *affût* (fig. 128).

Pour pointer la pièce dans la direction voulue, on se sert d'une hausse située à sa partie postérieure et qui se compose d'une plaquette pouvant glisser verticalement entre deux glissières divisées ; le pointeur dirige un rayon visuel qui doit passer par deux crans placés l'un sur la plaquette de la hausse, l'autre, à l'extrémité antérieure du canon, sur le bourrelet en tulipe. On doit déplacer la pièce jusqu'à ce que le rayon visuel passe par le point que l'on veut atteindre. La hausse que nous venons de décrire, connue sous le nom de *hausse médiane*, sert à pointer aux distances comprises entre 2500 et 1500 mètres ; une hausse latérale et un cran, appelé *guidon*, situé sur le tourillon, servent à pointer à la distance extrême. (Elle est de 3200 mètres pour le canon rayé de campagne.)

L'affût se compose de deux pièces de bois nommées *flasques*, sur lesquelles reposent les tourillons de la bouche à feu ; elles sont garnies à cet effet de sous-bandes de fer ; avec elles sont assemblées deux pièces de bois qui constituent la flèche ; le tout est monté sur deux roues. Sur la flèche et au-dessous de la partie postérieure du canon se trouve fixé un écrou dans lequel une vis verticale peut être manœuvrée à l'aide d'une manivelle à quatre bras qui en forment la tête. Le canon repose sur cette vis, qui, suivant qu'on l'élève ou qu'on l'abaisse, le fait tourner sur ses tourillons dans un sens ou dans l'autre et fait varier l'inclinaison de l'axe. L'affût du canon forme l'arrière-train de la pièce ; l'avant-train est constitué par une petite voiture que l'on peut réunir à l'affût et qui sert à porter les munitions.

Pour charger la pièce, on introduit dans le fond un sachet rempli de poudre (le poids de cette poudre varie suivant la force du canon); on emploie pour cela un instrument appelé *refouloir*, qui sert à pousser le sachet; ensuite on place le projectile (boulet ou obus) de la même manière.

Pour enflammer la charge, autrefois on remplissait la lumière de poudre, à laquelle on mettait le feu avec une mèche; aujourd'hui on se sert d'une *étoupille*, c'est-à-dire d'un tube de cuivre que l'on entre dans la lumière. Il renferme de la poudre fulminante, qui est contenue dans un petit tube concentrique au premier et traversé par un fil de cuivre terminé par un T appelé *rugueux*. L'autre extrémité du fil sort au dehors de l'étoupille; elle est repliée et forme boucle. Le tube de l'étoupille est fermé à sa partie inférieure par de la cire, à sa partie supérieure par une rondelle de caoutchouc, un petit tampon de bois et de la cire.

Lorsqu'on veut faire feu, un des servants de la pièce accroche une corde terminée par une boucle à la boucle du fil de cuivre. Cette corde, appelée *tire-feu*, se termine par un bracelet de cuir que le servant tient dans la main droite. Au commandement de *feu*, le servant tire la corde; il fait ainsi remonter le fil de cuivre dans l'étoupille; le rugueux frotte sur le fulminate et l'enflamme, celui-ci communique l'inflammation à la poudre de l'étoupille, la cire qui forme la base inférieure se fond et la combustion se propage jusqu'à la poudre du sachet. Les gaz produits prennent une tension considérable et chassent le projectile en avant.

Au début, la tension est très-grande, car la masse du boulet l'empêche de se mettre immédiatement en mouvement; un effort violent se produisant sur le fond, sur les parois du canon et sur le projectile, celui-ci s'avance comme poussé par un ressort puissant qui se détendrait au fur et à mesure. Tant qu'il n'est pas sorti de l'âme de la pièce, comme les gaz ne peuvent s'échapper que par le très-faible espace appelé *vent*, existant entre lui et les parois, ils continuent à exercer une pression qui va en diminuant, mais qui pousse le projectile et tend à faire éclater le canon. Au moment où le projectile sort, la pièce prend elle-même d'avant en arrière une vitesse qui est d'autant plus petite que sa masse est plus grande et qui constitue le *recul*.

Le boulet, en quittant l'âme de la pièce, fait avec l'horizon un angle égal à celui que fait lui-même l'axe du canon ou *angle de tir;* il parcourt dans l'air une ligne courbe appelée *trajectoire*, et, suivant la portée de la pièce, il va frapper le sol en un point plus ou moins éloigné.

La quantité de poudre est variable ; son poids peut être le tiers, le quart ou le cinquième de celui du projectile. Le calibre du canon et du projectile s'évalue d'après le poids de ce dernier exprimé ordinairement en livres, ou d'après le diamètre de l'âme de la pièce.

Les canons que nous venons de décrire sont lisses à leur intérieur, et le boulet sphérique ne remplit pas exactement l'âme : entre lui et les parois existe un espace libre que nous avons désigné sous le nom de *vent;* il en résulte que le projectile a un mouvement plus ou moins irrégulier dans l'intérieur de la bouche à feu ; il est sujet à des battements, à des ricochets contre les parois de l'âme et la justesse du tir se trouve diminuée.

Depuis le commencement du siècle on avait cherché à remédier à ces inconvénients ; mais ce n'est guère que depuis 1850 que des essais véritablement sérieux furent tentés dans cette voie. Parmi les officiers français qui se sont le plus occupés de cette question et dont les travaux ont mené à la solution de cet important problème, nous citerons MM. Tamisier, Burmer, Didion, Chanal, Treuille de Beaulieu.

Les nombreux essais faits en France, de 1850 à 1859, conduisirent à l'adoption du *canon rayé français,* qui fit son apparition dans la campagne d'Italie, et donna de si excellents résultats.

L'âme de ce canon, au lieu d'être lisse, est munie de rayures ou rigoles disposées en hélice. Le projectile, au lieu d'être rond, a la forme oblongue et porte à sa surface des saillies en zinc qui s'engagent dans les rayures ; il en résulte qu'il doit tourner sur lui-même pour avancer dans l'intérieur de l'âme sous l'influence de la pression des gaz. Ce mouvement de rotation rapide autour de son axe lui fait conserver sa pointe en avant, diminue les effets de la résistance de l'air et, par suite, donne au tir plus de justesse et de précision.

Dans les canons rayés français, néerlandais et norvégiens, comme dans les anciens canons rayés russes, suisses, italiens, espagnols et autrichiens qui se chargent par la bouche, le projectile est guidé dans l'âme par douze ailettes ou appendices en zinc qui s'engagent dans douze rayures ayant une forme telle, que l'ailette ne les remplit pas, mais laisse derrière elles un peu de jeu ou *vent.*

L'artillerie autrichienne, dont les canons se chargent aussi par la bouche, a adopté six rayures, dans lesquelles glissent six côtes en plomb saillantes sur le boulet.

On comprend facilement que lorsqu'on doit charger une pièce par la bouche, il est nécessaire de donner aux ailettes des dimensions un peu plus petites que celles des rayures, sans quoi on ne pourrait faire pénétrer le projectile jusqu'au fond de la pièce, par suite de la résistance que crée le frottement de l'ailette contre l'intérieur de la rayure. Il en résulte que le vent n'est pas complétement supprimé. Dans les canons prussiens, anglais, belges, suisses, italiens, espagnols et russes, comme dans le canon de 7 qui a été construit pendant le siége de Paris, on a supprimé complétement le vent en enveloppant le projectile d'une chemise de plomb cannelée transversalement; celui-ci, poussé par les gaz, s'avance dans l'âme de la pièce pendant que l'enveloppe de plomb pénètre dans les rayures et s'y force de manière à ne pas laisser de jeu. Le frottement est beaucoup plus considérable, mais comme les gaz ne peuvent s'échapper, la vitesse initiale est plus grande encore.

Il est important de remarquer qu'il y a intérêt à diminuer autant que possible l'effet du choc qui se produit toujours plus ou moins dans le tonnerre au moment où le projectile se met en mouvement. On a adopté à cet effet plusieurs dispositions.

Pour les canons de la marine française, qui sont en fonte, on emploie un système de rayures paraboliques dont l'inclinaison sur l'axe, nulle dans la culasse, va en augmentant lorsqu'on approche de la bouche. Dans les canons à projectile complétement forcé, comme les canons prussiens et le canon de 7, système de Reffye, la chambre où se trouve la gargousse a un diamètre un peu plus grand que celui de l'âme rayée et se raccorde avec elle par une partie conique qui forme la chambre du projectile; il en résulte que les rayures viennent mourir à fleur de l'âme dans cette partie conique. De plus, on facilite le forcement de la chemise de plomb dans ces rayures en leur donnant une largeur qui va en diminuant depuis le tonnerre jusqu'à la bouche.

Il est évident que le système des projectiles forcés dans l'âme de la pièce ne permet pas d'employer le chargement par la bouche et qu'il est nécessaire de charger par la culasse.

En France, ce dernier mode de chargement n'était adopté, avant la campagne de 1870, que pour les pièces de marine. Le système de fermeture est un bouchon fileté que l'on visse dans la culasse filetée elle-même à sa partie postérieure. Mais comme le vissage et le dévissage complet exigeraient un temps trop long, puisqu'il faudrait faire faire au bouchon autant de tours qu'il y aurait de pas filetés (1), on a imaginé la disposition suivante : la surface extérieure du bouchon a été divisée en six parties ; sur trois de ces parties, et de deux en deux, on a abattu les filets de vis, de sorte que la surface latérale du bouchon se compose de trois *parties filetées et saillantes*, de trois *parties lisses et en creux*. Dans la culasse on a exécuté la même opération sur les filets de vis. On voit alors que, pour fermer le canon, il suffira d'entrer le bouchon en faisant glisser ses parties filetées dans les parties lisses de la culasse et réciproquement ; lorsque le bouchon sera entré à fond, on n'aura qu'à le faire tourner d'un sixième de circonférence pour mettre ses filets en prise avec ceux de la culasse. Une poignée et un bras de levier placés sur la tête du bouchon facilitent cette opération. Pour assurer une obturation complète et empêcher la fuite des gaz par la culasse, une rondelle d'acier circulaire est fixée à la partie antérieure du bouchon, de manière qu'au moment de l'inflammation des gaz, ceux-ci, par leur tension, l'appliquent fortement sur le joint qu'elle est destinée à fermer hermétiquement.

Ajoutons que, pour faciliter la manœuvre et permettre de démasquer complétement l'ouverture par laquelle on charge la pièce, on a imaginé un ensemble de dispositions destinées à porter et à diriger le bouchon. Un cadre de bronze est fixé autour de l'ouverture du trou de culasse ; il supporte une console creusée d'une gouttière qui reçoit le bouchon à sa sortie. Cette console doit ensuite être déplacée pour démasquer l'ouverture postérieure de la pièce. Ce déplacement s'obtient de deux manières, soit en faisant glisser la console sur une glissière établie à l'arrière, en travers de la culasse, soit en la faisant tourner autour d'une charnière fixée à la tranche de culasse.

Pendant le siége de Paris on a construit en France un grand nombre de canons se chargeant par la culasse, et l'industrie privée a rendu alors les plus éclatants services à la défense nationale. Le canon inventé par le colonel de Reffye est celui qui a été le plus employé. Les figures 134 et 135 le représentent dans son ensemble et

(1) On appelle *pas* d'une vis la distance de deux filets consécutifs.

dans ses détails. Il est en bronze, rayé et muni d'un système de fermeture analogue à celui des canons de marine. Le bouchon est

Fig. 134. — Pièce de 7 se chargeant par la culasse. — Système de Reffye.

fileté et présente des segments lisses et saillants, comme celui que nous avons déjà décrit. Il est porté par un collier CC, à charnière,

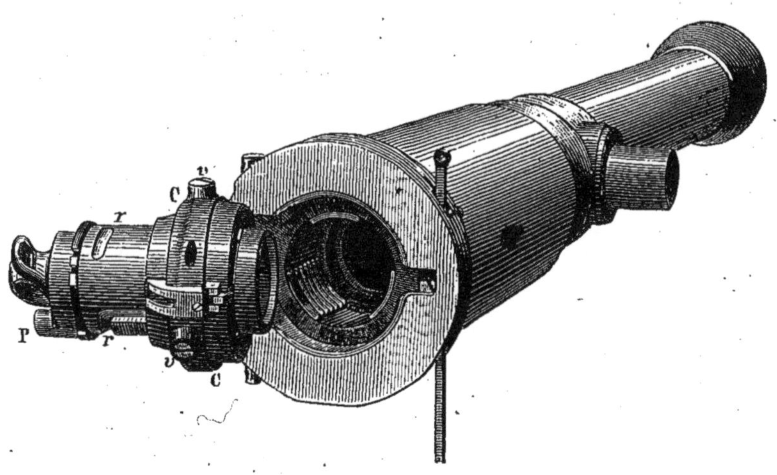

Fig. 135. — Détail de la culasse (pièce de 7).

dans lequel il peut glisser horizontalement, grâce à des vis, *v v*, qui traversent le collier et entrent dans des rainures, *r*, pratiquées sur la partie postérieure du bouchon. Quand on veut charger, on introduit le projectile par l'ouverture béante ; puis, en faisant tourner tout le système de fermeture autour de la charnière, on entre le bouchon dans la culasse, on fait glisser ses parties saillantes dans les parties lisses de celle-ci ; et, par une rotation d'un sixième de circonférence, ses filets sont mis en prise avec ceux de la culasse.

D'autres modes de fermeture ont été adoptés à l'étranger pour les canons à culasse ; nous citerons les systèmes Withworth, Wahrendorf, Armstrong, Wiesener et Kriner, et enfin celui de Broadwell, qui a été perfectionné par M. Krupp pour l'artillerie prussienne (1).

Ce dernier système se compose d'un verrou d'acier qui peut glisser, perpendiculairement à l'axe de la pièce, dans une ouverture faite dans l'épaisseur de celle-ci, épaisseur qui est plus grande à la culasse qu'à la volée. Ce verrou présente une ouverture circulaire qui a le même diamètre que l'âme de la pièce. Quand on veut charger le canon, on place le verrou dans une position telle, que son ouverture circulaire corresponde à l'âme ; lorsque le projectile et la poudre sont introduits, on repousse le verrou de manière que sa partie pleine vienne remplacer l'ouverture circulaire. Ce mouvement s'obtient à l'aide d'un mécanisme spécial que nous ne décrirons pas ; la manœuvre se fait rapidement et sans accident. Quant à l'obturation, elle est produite soit par un anneau de cuir que la force élastique des gaz presse fortement contre le joint, soit par la gargousse elle-même au moyen d'un culot de carton ou de cuivre que les gaz appliquent contre le joint en l'emboutissant.

Avant d'étudier le mode de fabrication des canons, nous dirons quelques mots sur la nature des projectiles employés par l'artillerie moderne. Aux XIVe et XVe siècles, on se servait de flèches de fer en forme de pyramide quadrangulaire, plus tard de balles de plomb, de boulets sphériques en pierre, puis de boulets en fonte. Aujourd'hui, on a adopté des obus creux, de forme oblongue, contenant de la poudre qui s'enflamme quelque temps après avoir quitté la pièce ; au moment de l'inflammation, l'obus éclate et lance de toutes parts, soit seulement ses propres fragments, soit des projectiles plus petits renfermés dans son intérieur.

Il y a deux espèces d'obus, les obus *fusants* et les obus *percu-*

(1) Voyez pour les détails, un article publié en décembre 1870 par M. Jordan dans le *Bulletin de la Société des ingénieurs civils*.

tants. Les premiers portent à leur partie supérieure un trou appelé *œil* qui correspond à l'intérieur du projectile. Il est fileté et reçoit un bouchon à vis appelé *fusée*, qui est en bronze et dans la tête duquel sont pratiqués des trous horizontaux nommés *évents*, correspondant eux-mêmes à des canaux verticaux remplis aussi de composition fusante et aboutissant à l'intérieur de l'obus. Les

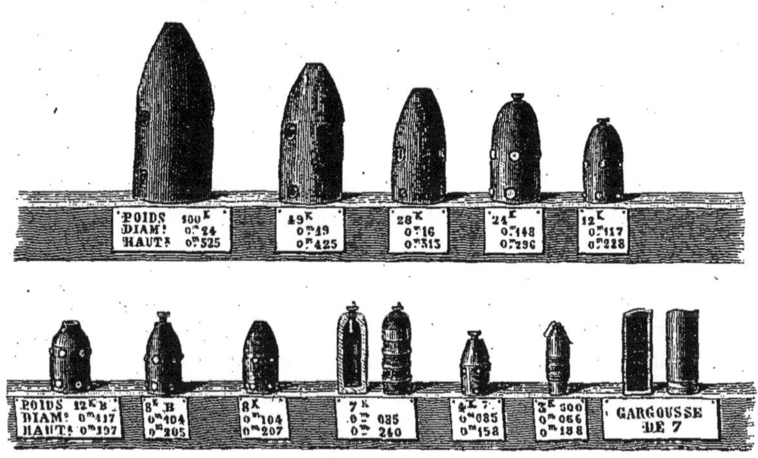

Fig. 136. — Obus français.

canaux horizontaux n'ont pas tous la même longueur dans la tête de la fusée ; ils sont plus ou moins longs, pour que la poudre qu'ils contiennent mette plus ou moins de temps à brûler. Les évents sont bouchés extérieurement avec des rondelles de papier portant des chiffres indiquant la distance à laquelle doit éclater l'obus. Avant d'introduire le projectile dans la pièce, on enlève la rondelle correspondant à la distance du point qu'il faut atteindre. Si l'on veut que l'obus éclate à 800 mètres, on arrache la rondelle marquée 800. Au moment de l'inflammation de la poudre contenue dans le canon, les gaz de la combustion enflamment la composition renfermée dans l'évent débouché, le projectile s'avance dans l'air et la composition fusante, ayant besoin pour brûler de tout le temps que doit mettre l'obus à atteindre le point visé, n'enflamme la poudre du projectile et ne le fait éclater que lorsqu'il est arrivé à 800 mètres. Dans la pratique, on débouche aussi les évents marqués de chiffres supérieurs à 800, afin que si l'évent à 800 mètres ne fonctionnait pas bien, les autres fissent éclater l'obus, mais à une distance plus grande, il est vrai, que celle que l'on avait en vue.

La seconde classe d'obus comprend les obus percutants : leur structure est variable. Nous dirons seulement qu'ils renferment une composition fulminante qui, par suite du choc de l'obus lorsqu'il arrive contre le point visé, s'enflamme et communique l'inflammation à la poudre qui doit faire éclater le projectile. Souvent le moyen employé pour produire la détonation du fulminate est le suivant : le bouchon de l'obus présente une tige ou *broche* qui, au moment du choc, s'enfonce à l'intérieur, vient frapper le fulminate et l'enflamme.

La matière servant à la fabrication des canons doit satisfaire à plusieurs conditions ; il faut qu'elle offre : 1° une ténacité suffisante pour que, sans exiger des dimensions énormes qui augmenteraient le poids de la pièce et la rendraient d'un transport difficile, elle puisse résister à la pression des gaz ; 2° une dureté assez grande pour que la pièce ne soit pas promptement détériorée par l'action du projectile dans l'âme. Les chiffres suivants, déterminés aux États-Unis par le major Wade, donnent une idée des qualités des métaux employés à la construction des canons :

	Ténacité.	Dureté.
Fonte de fer....................	6 à 32	4 à 33
Fer..........................	27 à 52	10 à 12
Bronze..........................	12 à 40	4 à 6
Acier..........................	90	»

Le métal doit avoir une structure telle, que, si le canon ne peut résister à la pression des gaz, la fissure commence à l'intérieur et, se propageant de proche en proche, arrive jusqu'à l'extérieur, de manière que la pièce s'ouvre sans éclater. Le fer et le bronze présentent cet avantage, tandis que la fonte en est dépourvue ; aussi est-on obligé de donner aux canons de fonte une épaisseur beaucoup plus grande. Ajoutons enfin que le prix du métal ne doit pas être trop élevé, à cause de la valeur énorme que représente l'artillerie d'une nation.

Jusqu'ici la France a employé le *bronze* pour la construction de ses canons, à l'exception toutefois de ceux de la marine qui sont en fonte. Le bronze à canons est composé de 11 parties d'étain pour 100 de cuivre ; on a essayé des alliages de nature un peu différente, mais on est toujours revenu à celui dont nous venons de donner la composition. Les pièces faites avec ce métal ont l'avantage de ne pas éclater en cédant brusquement à la pression intérieure des gaz, mais d'avertir, au contraire, par des dégradations apparentes, du moment où l'emploi de la pièce devient dangereux. Le prix de la matière est assez élevé, mais il conserve une grande partie de sa valeur alors même que la pièce est hors d'usage, car le métal peut être refondu.

Les canons de bronze sont obtenus par coulée du métal dans des moules; nous n'entrerons pas dans la description de l'opération et renverrons le lecteur aux détails donnés à propos de la fonderie en général. Nous ferons seulement quelques remarques sur le cas particulier qui nous occupe.

Les bouches à feu en bronze se coulent toujours pleines et sans noyau, à l'exception des mortiers de gros calibre.

Le *modèle* de la culasse s'exécute en plâtre; celui du corps de la pièce est en terre et façonné sur un axe en bois appelé *trousseau*, que l'on enveloppe de tresses de paille, qui sont ensuite recouvertes de terre, de manière à atteindre les dimensions indiquées par un *gabaril* ou planche découpée suivant la section extérieure de la pièce; les tourillons faits en plâtre sont supportés au moyen de grands clous.

Le *moule* de la culasse et celui du corps de la pièce se font à part à l'aide d'un mélange d'argile, de sable, de crottin de cheval et de brique pilée; on les superpose ensuite et on les entoure de terre bien damée, puis on coule le bronze qui a été fondu dans des fourneaux à réverbère. La coulée *se fait en siphon*, c'est-à-dire que le canal de coulée arrive à la partie inférieure de la pièce pour que le métal fondu remplisse le moule de bas en haut en chassant peu à peu l'air devant lui. On donne toujours au moule une longueur plus grande que celle du canon, pour obtenir à la partie supérieure une masse appelée *masselotte* qui sera plus tard séparée. La masselotte présente plusieurs avantages: elle peut être considérée comme un réservoir qui fournit du métal à mesure que celui des parties inférieures se contracte en se refroidissant; elle retarde le refroidissement dans la partie supérieure de la pièce, ce qui rend le tassement du bronze plus régulier; elle reçoit les gaz et les matières étrangères qui, en vertu de leur légèreté, s'élèvent à la partie supérieure.

Les bouches à feu étant coulées pleines, on les termine à l'extérieur par le tour et la ciselure, à l'intérieur à l'aide de machines à forer qui creusent le trou devant former l'âme et l'amènent au diamètre voulu. Nous n'avons pas à entrer à ce sujet dans de grands détails ; ce que nous dirons plus tard sur ces sortes de machines permettra de comprendre cette opération. Nous remarquerons seulement qu'elles se composent essentiellement d'un foret qui entre dans la pièce à mesure que celle-ci, animée d'un mouvement de rotation, vient présenter le métal à l'action de l'outil.

Quant aux rayures, elles sont creusées au moyen d'une machine faisant avancer des lames tranchantes dans la pièce, en leur communiquant un mouvement hélicoïdal.

Depuis près de deux siècles, on a fabriqué des bouches à feu en fonte de fer pour l'armement des places fortes et des navires de guerre. Le prix peu élevé de la fonte et la résistance qu'elle présente à l'usure la rendent excessivement propre aux besoins de l'artillerie ; malheureusement elle est sujette à se briser par la pression des gaz de la poudre : aussi en a-t-on abandonné l'usage exclusif, excepté dans les pays qui, comme la Suède, la Norvége et les États-Unis, possèdent des fontes d'une ténacité supérieure. Dans ces pays, on fabrique en fonte de fer non-seulement les canons de place et de marine, mais ceux de campagne. Les officiers d'artillerie des États-Unis se sont livrés à d'importantes recherches à ce sujet, et le major Rodmann est arrivé à modifier le système de coulée.

On coulait habituellement les canons pleins ; mais, dans ce cas, le refroidissement de la fonte se faisant de l'extérieur au centre, il en résultait, par suite du retrait du métal, une disposition moléculaire qui diminuait la résistance des couches extérieures. Aussi, dès 1851, le major Rodmann a été conduit à couler les pièces creuses avec un noyau dans lequel circule un courant d'eau, afin que le refroidissement de la fonte et sa solidification commencent au centre. Par ce système, les couches intérieures se solidifiant les premières se trouvent comprimées par les couches extérieures qui se refroidissent sur elles et, en se contractant, produisent l'effet d'anneaux superposés qui serrent les parties intérieures et accroissent leur résistance.

En France, la marine de guerre a adopté les canons en fonte de fer dont la solidité est augmentée par l'usage d'une double épaisseur d'anneaux d'acier puddlé ou *frettes* dont on entoure le canon.

C'est à Ruelle, près d'Angoulême, que se fabriquent les bouches à feu destinées à la marine française.

Ces canons sont coulés creux ; le moule est fait en sable, avec un modèle en sapin, dans des châssis qui, après dessiccation à l'étuve, sont superposés et reliés entre eux ; on le dresse ensuite verticalement dans une fosse creusée dans le sol. Autrefois la culasse formait la partie inférieure du moule ; aujourd'hui on préfère la mettre à la partie supérieure et la surmonter d'une masselotte qui sera enlevée plus tard ; car on a reconnu que, dans un cylindre de fonte coulé verticalement, le métal le plus dur et le plus résistant se trouve au milieu de la hauteur environ. On coule en siphon et de bas en haut.

Après solidification de la fonte on procède au *démoulage*, qui est facilité par une précaution prise avant la coulée et consistant à enduire l'intérieur du moule de poudre de coke. Après refroidissement complet, on enlève au burin les inégalités de la surface : c'est ce qui constitue le *décroûtage*. On sépare la masselotte en la coupant par morceaux ne devant pas dépasser 300 kilogrammes et qui seront refondus pour une autre coulée. Cette dernière opération, appelée *décapitage*, est suivie de l'alésage du canon, que l'on fixe pour cela sur un banc de forerie ; il y est immobile et un burin tournant dans son intérieur coupe le métal et amène l'âme au diamètre voulu.

La pièce est ensuite montée sur un tour qui, l'animant d'un mouvement de rotation, présente sa surface extérieure à l'action d'un outil chargé de lui donner la forme prescrite. La partie destinée à recevoir les frettes doit être tournée avec une grande précision. Ces frettes sont des anneaux d'acier puddlé que l'on pose à chaud, de manière que le refroidissement, en les contractant, leur fasse serrer la fonte. On en place deux rangs l'un sur l'autre, en ayant soin de disposer la rangée supérieure de telle sorte que la ligne de séparation de chacun d'eux corresponde au milieu des frettes inférieures, et réciproquement. L'une des frettes extérieures porte les tourillons qui servent à faire reposer la pièce sur ses coussinets. C'est principalement dans l'usine de MM. Petin-Gaudet, à Saint-Chamand, que se fabriquent les frettes en acier.

Lorsque le canon a reçu sa garniture de frettes moins une, on le replace sur le tour pour égaliser parfaitement la surface formée par leur juxtaposition et effacer toute distinction entre elles. Il n'y a plus alors qu'à poser le cercle de culasse à l'arrière de la pièce, ce qui se fait de la même manière que pour les autres frettes.

Le canon retourne aux ateliers de forerie, où la partie destinée à recevoir le bouchon mobile est alésée et filetée mécaniquement.

La première tentative sérieuse pour construire des canons en fer forgé a été faite par M. D. Treadwell, professeur de mécanique aux États-Unis, qui fit fabriquer des bouches à feu formées par une spirale en fer dont les spires étaient soudées entre elles à la forge.

En 1849, MM. Petin-Gaudet fabriquèrent, sur la demande du gouvernement français, sept bouches à feu en fer forgé sous le marteau-pilon. Mais ces essais ne donnèrent pas d'excellents résultats, et les officiers d'artillerie s'opposèrent à l'adoption de ce système. Plus tard, les canons Armstrong, en Angleterre, montrèrent tout le parti qu'on peut tirer du fer forgé pour les bouches à feu. L'âme de ces canons est formée par des rubans de fer enroulés en hélice et soudés à la forge ; le tube intérieur ainsi fait est renforcé extérieurement par d'autres tubes ou manchons fabriqués de la même manière et posés à chaud. Dans ces dernières années, le canon Armstrong a été modifié en ce sens que le tube intérieur est en acier doux.

La grande ténacité de l'acier constitue pour la construction des bouches à feu un avantage sérieux ; on fut arrêté pendant longtemps par la difficulté de fondre ce métal en grandes masses. Ce progrès a été réalisé par M. Krupp, d'Essen, et toute l'artillerie prussienne est aujourd'hui en acier fondu.

Les canons Krupp sont construits par le forgeage d'un seul lingot d'acier doux, les tourillons étant pris sur le bloc même qui forme le canon. Ils sont ensuite forés, alésés et rayés par un travail analogue à celui que subissent les canons de bronze.

On fait aussi chez M. Krupp des canons de gros calibre dans lesquels les tourillons sont portés par une frette en acier forgé, sans soudure. Le gros canon pesant 20 tonnes qui figurait à l'Exposition universelle en 1867, avait trois rangées de frettes autour du tonnerre et deux autour du reste de la culasse.

MM. Petin-Gaudet et Cie ont fait pour la marine de guerre un certain nombre de gros canons en acier formés d'un tube central et de plusieurs rangs de frettes rapportées extérieurement. Le tube est coulé creux avec un noyau ; puis, pour le forger, on introduit à son intérieur un mandrin de fer qui sert en quelque sorte d'enclume.

Les canons d'acier joignent à l'avantage d'une grande ténacité celui de la légèreté ; toutefois ce dernier avantage est en partie compensé par le poids qu'il faut donner à l'affût pour que le recul ne soit pas trop considérable ; mais cette légèreté rend plus faciles les manœuvres de montage et de démontage. La pièce de 4 prussienne, en acier, pèse 275 kilogrammes et lance un obus de 4^{kil},25 ; la pièce de 4 française, en bronze, pèse 330 et lance un obus de 4 kilogrammes.

MITRAILLEUSES.

Les détails dans lesquels nous sommes entré à propos de la

Fig. 137. — Mitrailleuse Christophe et Montigny.

fabrication des canons nous permettent de ne pas insister sur celle des mitrailleuses. Cependant l'usage qui a été fait, dans ces derniers temps, de ces armes dont les effets sont terribles, quoiqu'ils laissent à désirer sous le rapport de la précision, nous engage à donner la description de la mitrailleuse Christophe et Montigny. Comme toutes les armes de ce genre, elle permet de lancer un grand nombre de projectiles qui se succèdent très-rapidement.

Elle se compose essentiellement : 1° d'une partie fixe formée par

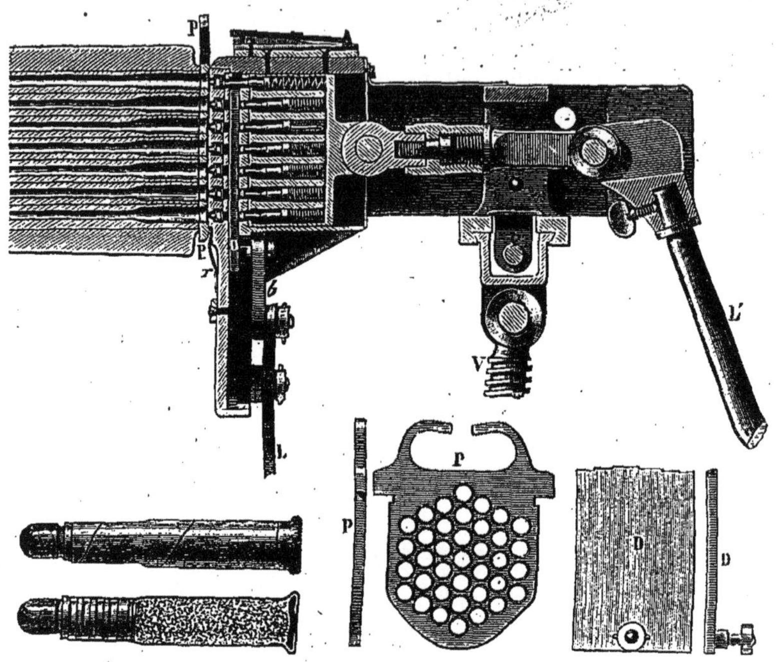

Fig. 138. — Détails de la mitrailleuse Christophe et Montigny.

la réunion de canons juxtaposés ; 2° d'une partie mobile dans laquelle se trouvent les percuteurs qui, en frappant sur les cartouches, en déterminent l'inflammation : la partie mobile, par l'action du levier L', peut être éloignée ou approchée de l'orifice postérieur des canons ; 3° d'un porte-cartouches P et d'une plaque de détente D, qui sont représentés à part : le premier est percé de trous qui reçoivent chacun une cartouche. Après avoir éloigné la partie mobile, on place le porte-cartouches PP de manière que chaque cartouche entre dans un canon. Derrière lui se trouve la plaque de détente, de telle sorte que, lorsqu'il a été mis en place et que par l'action du levier L' on a rapproché la partie mobile, les percuteurs, poussés par des ressorts que montre la figure, viennent presser contre la plaque de détente. Si alors, par l'action du levier L, on vient à abaisser cette plaque, les ressorts poussent les percuteurs contre les pièces que l'on voit en avant de chacun d'eux; celles-ci viennent frapper sur les cartouches dont elles enflamment la poudre. La plaque de détente ne descendant que lentement, toutes les cartouches ne partent pas en même temps, et, pour empêcher que toutes celles qui sont sur une même horizontale ne fassent explosion simultanément, on a échancré la partie supérieure de cette plaque, et les saillies qu'elle présente retiennent les percuteurs en regard au moment où les échancrures voisines laissent passer les autres. On voit en V la vis de pointage à mouvement ascensionnel et en *v* celle à mouvement latéral.

FUSIL CHASSEPOT

La fabrication des fusils comprend celle des armes de guerre et celle des armes de chasse ou de luxe.

Le fusil adopté aujourd'hui pour l'infanterie française est le fusil Chassepot, que l'on fabrique à Saint-Étienne et à Châtellerault.

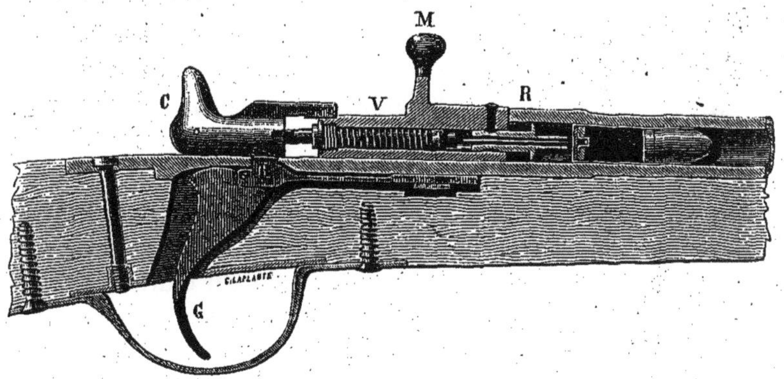

Fig. 139. — Fusil Chassepot.

Cette arme se compose essentiellement d'un canon auquel est vissée, à la partie postérieure, une espèce de boîte ou culasse qui peut s'ouvrir et dans laquelle glisse un appareil de percussion appelé *culasse mobile*. La culasse mobile se compose (fig. 139 et 140) d'un cylindre creux capable de remplir la culasse fixe; dans ce cylindre se trouve une aiguille, longue de 11 centimètres environ et fixée à l'extrémité d'une tige dont l'autre extrémité est réunie à une pièce C appelée le *chien*. La tige est entourée d'un ressort à boudin s'appuyant, d'une part, sur un écrou qui forme le fond du cylindre, et, d'autre part, sur un *manchon* établi dans le cylindre et percé d'un trou destiné à laisser passer l'aiguille. L'extrémité antérieure de la culasse mobile est formée par une virole garnie d'une rondelle R de caoutchouc (c'est la *tête mobile*) servant à bien fermer le canon du fusil, et se prolongeant par un petit cylindre creux, ou *dard*, qui pourra laisser sortir l'aiguille. Ajoutons enfin que la culasse mobile est garnie latéralement d'un levier M qui sert à la manœuvrer.

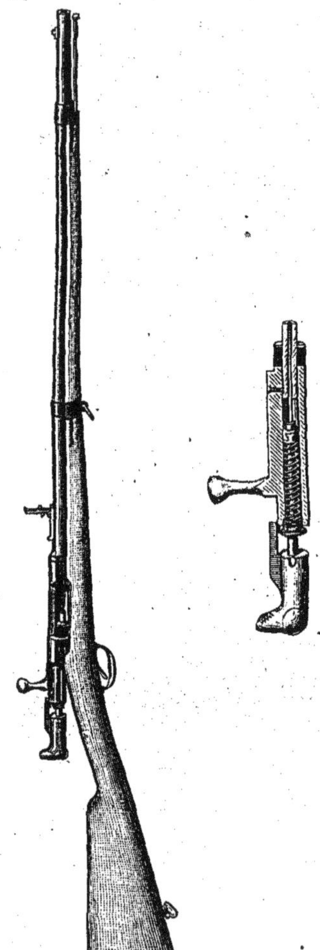

Fig. 140.

Quand le soldat veut charger le fusil, il tire à lui le chien qui ramène l'aiguille en arrière et comprime par suite le ressort à boudin ; à ce moment une pièce R′, reliée à la gâchette G, entre dans une encoche pratiquée au-dessous du chien et le fixe dans la position qu'on lui a donnée ; l'aiguille a suivi le chien dans le mouvement en arrière et est rentrée dans la culasse mobile.

Agissant alors sur le levier M qui est horizontal, le soldat le place verticalement, ce qui fait tourner la culasse mobile de 90°, et tirant ensuite à lui ce levier il recule la culasse mobile qui découvre l'ouverture postérieure du canon, où il place la cartouche. Celle-ci se compose d'un étui au fond duquel se trouve du *fulminate* ou poudre capable de s'enflammer par le choc ; au-dessus de ce fulminate est une certaine quantité de poudre ordinaire, et enfin, au-dessus de celle-ci, une balle conique présentant vers sa base un petit renflement.

Quand la cartouche est placée, le tireur pousse en avant la culasse mobile dont la rondelle R vient boucher le canon, et, en faisant basculer la poignée, ferme le fusil. Il met alors en joue, et en agissant sur la gâchette il fait basculer la pièce R′ qui tenait le fusil armé ; le ressort à boudin, qui se trouvait comprimé, se détend, ramène le chien en avant, pousse l'aiguille de 9 millimètres environ en dehors de la culasse mobile ; l'aiguille venant frapper le fulminate l'enflamme. L'inflammation se communique à la poudre et les gaz produits par la combustion font avancer la balle. Le renflement que porte celle-ci s'engage dans une rainure héliçoïdale qui la force à prendre un mouvement de rotation ayant pour effet de donner au tir plus de justesse et plus de portée.

Lorsqu'on ne doit pas tirer immédiatement après la charge, au lieu de placer le levier horizontalement, on lui donne une position un peu inclinée, c'est ce qui s'appelle *mettre le fusil au repos.* Dans cette position la culasse mobile vient présenter au chien un *cran de sûreté*, contre le fond duquel il vient buter, sans pouvoir aller plus loin alors même qu'on toucherait à la gâchette.

Les extraits suivants d'un rapport adressé à Napoléon III, le 26 mai 1868, par le maréchal Niel, alors ministre de la guerre, donneront une idée des résultats obtenus avec le fusil Chassepot :

« Quelque récente que soit encore, surtout pour beaucoup de corps d'infanterie de la ligne, l'époque de la mise en service du nouveau fusil, les épreuves déjà faites permettent cependant d'asseoir, dès à présent, l'opinion sur sa valeur réelle comme arme de guerre.

» Sa portée réglementaire efficace est de 1000 mètres et peut facilement atteindre 1100 mètres.

» Le projectile, animé d'une vitesse initiale de 410 mètres à la seconde, parcourt une trajectoire assez tendue pour qu'à la distance de 230 mètres elle ne s'élève pas à plus de $0^m,50$ au-dessus de la ligne de mire, tension qui constitue l'une des conditions les plus favorables à l'efficacité du tir.

» Par suite de la simplicité et de la promptitude du chargement que l'homme peut exécuter avec la même facilité dans toutes les positions, à genou, assis, couché aussi bien que debout, les soldats arrivent à tirer, par minute, 7, 8 et même 10 coups en visant, et jusqu'à 14 coups sans viser.

» Il n'est pas inutile de rappeler ici que, pour l'ancien fusil d'infanterie, le maximum de portée efficace n'a jamais dépassé 600 mètres avec une vitesse initiale de 324 mètres par seconde seulement, et c'est à peine si, dans les conditions normales d'un tir régulier, le soldat bien exercé pouvait tirer plus de deux coups par minute avec une arme dont le chargement par la bouche, ne pouvant s'exécuter que dans la position debout, le contraignait en outre à se découvrir en toutes circonstances.

» Ainsi, augmentation considérable, presque double de l'ancienne, dans la portée du tir, accroissement du double de vitesse du projectile, tension beaucoup plus grande de la trajectoire ; telles sont, jointes à une rapidité de tir inconnue jusqu'alors, les qualités essentielles que révèle tout d'abord la pratique du fusil modèle 1866.

» Au point de vue de la précision, ses avantages ne sont pas moins satisfaisants.

» J'ai fait faire avec soin le relevé des séances consacrées au tir à la cible dans les différents corps, depuis qu'ils sont en possession du nouveau fusil.

» Le tableau ci-après indique le nombre moyen de balles, sur 100, mises dans la cible aux différentes distances, d'abord avec l'ancien fusil, puis avec le nouveau, pour chacune des catégories de troupes correspondant aux époques successives de l'armement. »

MOYENNES OBTENUES	MOYENNES DE TIR AUX DISTANCES DE				
	200m	400m	600m	800m	1000m
Avec l'ancien fusil rayé : infanterie de ligne.	30,8	15,8	8,3	»	»
Avec le fusil modèle de 1866 : infanterie de ligne (instruction commencée depuis peu).	35,6	26,2	19,7	14,3	8,2
Infanterie de la garde (instruction plus avancée).	59,4	37,3	26,0	21,0	16,0
Chasseurs à pied de la garde (instruction complète).	69,8	46,6	36,4	28,4	27,7

Nous connaissons maintenant la structure du fusil Chassepot, et nous pouvons décrire la fabrication des différentes pièces qui le constituent.

Les canons de fusils Chassepot sont en acier fondu et forgé. Lorsque la barre destinée à la fabrication d'un canon est forgée, on la monte sur une machine chargée de percer le trou devant former l'âme du fusil. Pour cela, la barre d'acier est fixée verticalement sur un plateau horizontal qui lui communique un mouvement de rotation autour d'un axe vertical. Au-dessus d'elle se trouve un foret qui ne tourne pas, mais descend peu à peu. La barre d'acier tournant au contact de ce foret se creuse d'une manière régulière. De l'eau de savon coulant constamment sur le métal l'empêche de s'échauffer et facilite le glissement. A mesure que le forage avance, on change les forets. Une même machine peut percer 36 canons par jour.

Au forage succède l'*alésage*, qui a pour but de donner au canon le diamètre intérieur qu'il doit avoir. Cette opération s'exécute aussi mécaniquement. Le canon est monté horizontalement sur un chariot qui le porte à la rencontre d'un foret, ou alésoir, taillé en lime et animé d'un mouvement de rotation ; à mesure que le déplacement du chariot le fait pénétrer dans l'âme du canon, le foret en alèse les parois. Le dernier alésage se fait avec une mèche lisse et le polissage avec un outil de bois.

Le canon est ensuite *dressé*, c'est-à-dire qu'à l'aide du marteau on le rend parfaitement droit. L'ouvrier est guidé dans cette opération par le jeu et la réflexion de la lumière dans l'*intérieur* du canon poli, à travers lequel il regarde, après l'avoir dirigé, pour l'éclairer, vers une fenêtre de l'atelier ; la nature des ombres portées sur la surface polie lui indique dans quel sens il doit agir pour rendre l'âme parfaitement rectiligne. Les ouvriers chargés de ce travail dans nos manufactures d'armes, l'exécutent avec une justesse de coup d'œil vraiment surprenante.

Lorsque le canon est dressé on tourne sa surface extérieure à l'aide de machines-outils qui le transforment en un prisme à un grand nombre de facettes ; un aiguisage à la meule fait disparaître ces facettes et achève de le rendre cylindrique.

La rainure héliçoïdale, dont nous avons parlé, est creusée par une machine à rayer qui déplace, dans l'intérieur du canon, un burin d'acier auquel elle communique un mouvement en spirale. La rainure a une profondeur de 3 dixièmes de millimètre et se fait en plusieurs passes.

La culasse est aussi travaillée mécaniquement. On la visse sur la partie inférieure du canon appelée *tonnerre*. Sa fabrication et celle de la culasse mobile constituent un travail d'ajustage à la main.

Enfin les canons doivent être soumis à trois épreuves qui ont pour but de vérifier leur solidité et leur résistance.

La première épreuve est faite avec 16 grammes de poudre au

Fig. 141. — Machine à copier pour fabriquer les bois de fusil.

lieu de 5 grammes que contiennent les cartouches réglementaires; la deuxième avec un poids peu supérieur à 5 grammes; la troisième avec la cartouche réglementaire. Pour que ces essais puissent s'exécuter sans mettre en danger la vie des personnes qui en sont chargées, un certain nombre de canons sont montés sur un appareil appelé *banc d'épreuve*. Près de ce banc se trouve un mur derrière lequel se place l'essayeur; celui-ci, à l'aide d'un système de leviers, peut produire l'inflammation de la poudre dans les différents canons en agissant sur une corde qui arrive jusqu'à lui. Les armes qui n'ont pas résisté à ces trois épreuves sont rejetées.

Quant au bois de fusil sur lequel le canon doit être fixé, il est maintenant fabriqué mécaniquement par des *machines à copier*. Nous ne décrirons pas dans tous leurs détails ces appareils qui permettent de façonner les bois de fusil avec plus de rapidité et d'économie que le travail à la main ; mais nous allons essayer d'en faire comprendre le principe.

Le morceau de noyer destiné à la fabrication de la pièce, après avoir été dégrossi à la scie mécanique, est monté horizontalement sur la machine. Parallèlement à lui et à une certaine distance se trouve placé un modèle de cuivre représentant exactement la forme que devra avoir le bois du fusil (fig. 141). La pièce de bois et le modèle sont tous les deux animés d'un mouvement rapide de rotation. La pièce de bois en tournant vient se présenter à l'action d'un burin chargé d'entamer sa surface. Il est certain que la quantité de bois que le burin *mangera*, dépendra de sa position ; plus il avancera sur le bois, plus l'épaisseur mangée sera grande. Or, ce burin, qu'un ouvrier ne pourrait arriver à conduire convenablement, est guidé avec une grande précision par le modèle de cuivre. Voici comment : Contre ce dernier s'appuie un galet qui est relié au burin, et quand le modèle vient présenter une saillie ou aspérité au galet, celui-ci est rejeté en arrière; par suite, le burin s'éloigne du morceau de noyer et en enlève une quantité moindre. La saillie du modèle se trouve par conséquent reproduite sur le bois. Si, au contraire, le modèle présente au burin une partie d'un diamètre plus petit, un contre-poids, convenablement disposé, fait avancer le galet contre cette partie ; le burin s'avançant en même temps contre le bois l'entame plus profondément et en réduit le diamètre. La machine elle-même se charge de déplacer le galet suivant la longueur du modèle et, par conséquent, le burin suivant la longueur du morceau de bois. Nous avons supposé, pour plus de simplicité, qu'il n'y avait qu'une machine à copier chargée de faire le bois ; il y en a deux : l'une fait la crosse, l'autre le devant du bois.

La rigole dans laquelle on loge le canon ainsi que les diverses entailles destinées au montage de l'arme sont aussi faites mécaniquement sur d'autres machines.

ARMES DE CHASSE OU DE LUXE.

Les canons des fusils de chasse ne se fabriquent pas par les procédés que nous avons décrits plus haut. Il y a plusieurs méthodes.

Dans la première, on prend une lame de fer très-doux, très-ductile et sans pailles; on en fait sur l'enclume et au marteau un fourreau hémicylindrique ayant les dimensions du canon à fabriquer; on le chauffe au blanc soudant dans un feu de forge convenablement dirigé, puis on soude les deux bords de cette lame en les martelant sur un mandrin représentant l'intérieur du canon. Le soudage terminé, on porte successivement toutes les parties du canon au rouge blanc et on le martèle dans une rainure hémicylindrique pratiquée dans l'enclume, mais, cette fois, on n'introduit plus le mandrin.

La seconde méthode consiste à enrouler en spirale, sur un moule, une ou plusieurs bandes de fer ou d'acier de manière à avoir un tube

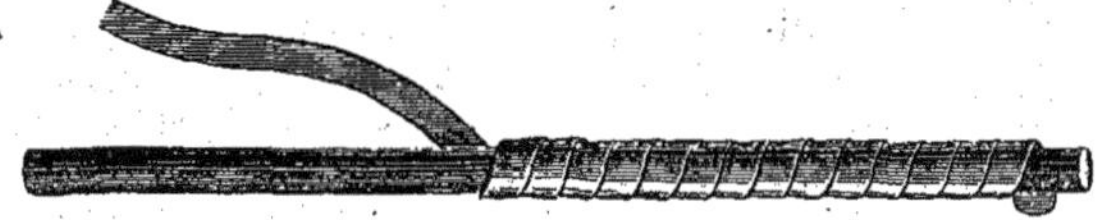

Fig. 142. — Canon de fusil à ruban.

ormé par la juxtaposition des spires ainsi produites (fig. 142) ; on le chauffe au rouge blanc et on le martèle ensuite pour souder ensemble les bords contigus des spires.

Les fusils en *acier damassé* sont faits par un procédé analogue, seulement le métal destiné à leur fabrication est préparé spécialement. Pour cela on prend des bandes d'acier et de fer très-minces, on les juxtapose en les alternant, puis, après les avoir chauffées, on les soude bord à bord par le martelage. On obtient ainsi une plaque métallique formée de bandes alternatives de fer et d'acier ; on la réchauffe, on la tord sur elle-même à plusieurs reprises et on l'étire en un ruban que l'on enroule et dont on soude ensuite les spires comme ci-dessus. On peut dire que l'acier damassé est fabriqué par le pétrissage de bandes de fer et d'acier alternées.

Les canons forgés sont ensuite alésés, dressés, polis par des moyens semblables à ceux que l'on emploie pour les armes de guerre. La fabrication des armes de luxe est partagée entre Saint-Étienne et Paris.

CHAPITRE V

CONSTRUCTION DES MACHINES

La construction des différentes machines employées par l'industrie constitue la branche la plus importante des industries préparatoires. Il est évident que nous ne pouvons ici décrire la construction de toutes ces machines dont le nombre est très-grand; elle se fait, du reste, d'après les dessins des ingénieurs chargés de la diriger; mais elle suppose l'emploi de quelques procédés généraux qui s'approprient à chaque cas spécial et dont nous indiquerons les principaux traits.

Quelle que soit la complication d'une machine, les pièces qui la composent peuvent être ramenées à deux types spéciaux : les pièces *plates* et les pièces *rondes*. Les pièces plates sont fabriquées à la lime, au ciseau, au marteau ou à l'aide de machines qui en tiennent lieu. Parmi les pièces rondes, les unes sont cylindriques ou coniques, les autres ont des formes plus ou moins compliquées. Ces dernières sont généralement faites en fonte et obtenues par le coulage du métal fondu dans des moules reproduisant les détails de la forme cherchée; les pièces cylindriques ou coniques sont travaillées au tour.

Autrefois, toute cette fabrication se faisait exclusivement à la main, mais le développement de l'industrie a nécessité l'emploi de machines de dimensions telles, que le travail à la main est devenu insuffisant, et a dû être remplacé par l'emploi d'engins mécaniques qui produisent avec plus d'économie, plus de force et plus de précision la mise en œuvre de la matière première.

Ces engins sont appelés *machines-outils;* leur forme est très-variée et doit dans chaque cas être appropriée au but poursuivi, mais elles ne sont toutes que des modifications plus ou moins profondes d'un petit nombre de machines types.

MACHINES-OUTILS.

Les principales machines servant au travail des métaux et des bois sont les tours, les machines à raboter, les machines à mortaiser, les machines à aléser, les machines à percer, etc., etc.

Le *tour* est sans contredit la plus importante des machines-

Fig. 143. — Tour à pédale.

outils ; il sert à la fabrication des pièces qui sont dites de *révolution*, c'est-à-dire telles qu'en les coupant par un plan perpendiculaire à leur axe on a un cercle comme section, par exemple les cylindres, les cônes, les sphères, etc. Il est possible d'obtenir sur le tour des corps ne présentant pas ce caractère, mais c'est à l'aide de montages spéciaux qui sont exceptionnels.

La figure 143 représente un tour à *pédale*, qui peut être considéré comme le point de départ de toutes les modifications qu'on a fait subir à cette machine. Il se compose du bâti, des poupées et du support. Le bâti est formé par deux pièces longues appelées *jumelles*, en bois ou en fonte, et supportées par des pieds. Sur la traverse qui réunit deux de ces pieds repose l'axe d'une roue que l'ouvrier met en mouvement à l'aide d'une pédale; sur cette roue passe une corde sans fin qui va s'enrouler sur une poulie fixée à un arbre pouvant tourner entre les coussinets de la poupée P placée sur les jumelles. La pièce à tourner se monte à l'extrémité de l'arbre et on la soutient, si elle est longue, par la contre-pointe ou arbre pointu que porte la seconde poupée C.

Le montage de la pièce varie suivant les cas : on visse, sur l'ex-

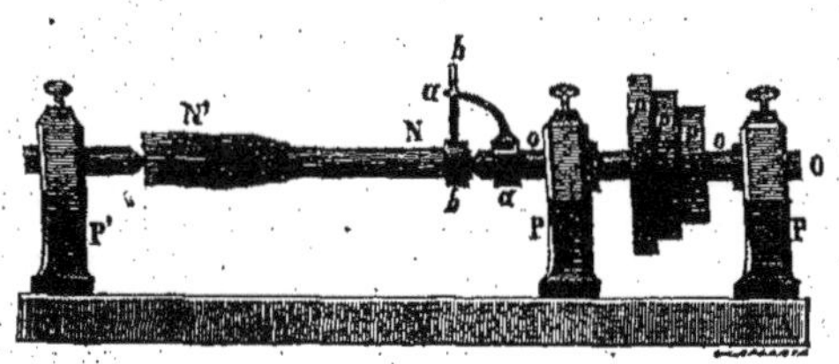

Fig. 144. — Tour à pointes.

trémité de l'arbre, tantôt un mandrin creux dans lequel on entre à force une des extrémités de la pièce, c'est le cas de la figure 143; tantôt une pièce en fer à trois dents non situées dans le même plan et appelée *trident ;* si la pièce est en bois on peut, à l'aide du marteau, faire entrer les dents dans l'un de ses bouts et soutenir le centre de l'autre bout par la contre-pointe.

Lorsque l'arbre est mis en mouvement à l'aide de la pédale, la pièce tourne et vient se présenter à l'action d'un outil tranchant que l'ouvrier tient à la main et qu'il appuie sur le support S. Le tranchant de l'outil enlève d'autant plus de matière que l'ouvrier le pousse davantage contre la pièce ; on comprend qu'en transportant son outil tout le long du morceau de fer ou de bois monté sur le tour, le tourneur pourra le transformer, soit en cylindre, soit en cône, soit en tout autre solide de révolution.

L'appareil qui vient d'être décrit est appelé *tour en l'air*. Le *tour à pointes*, qui est très-souvent employé, surtout pour les métaux, diffère de celui-là en ce que l'arbre de rotation *o o* (fig. 144) se termine par une pointe et que la pièce NN′ est montée entre cette pointe et la contre-pointe. On comprend que ce montage ne suffirait pas à faire tourner la pièce avec l'arbre, ou que tout au moins elle s'arrêterait lorsque l'outil l'attaquerait. Pour assurer sa rotation et la rendre tout à fait solidaire de l'arbre, on fixe sur elle une bague munie d'une queue droite *bb* appelée *toc*; sur l'arbre du tour est vissée une autre bague à queue courbe *a a* assez longue pour venir rencontrer *b*; lorsqu'on mettra l'arbre en mouvement la queue *a* viendra rencontrer *b* et, la poussant devant elle, fera tourner la pièce.

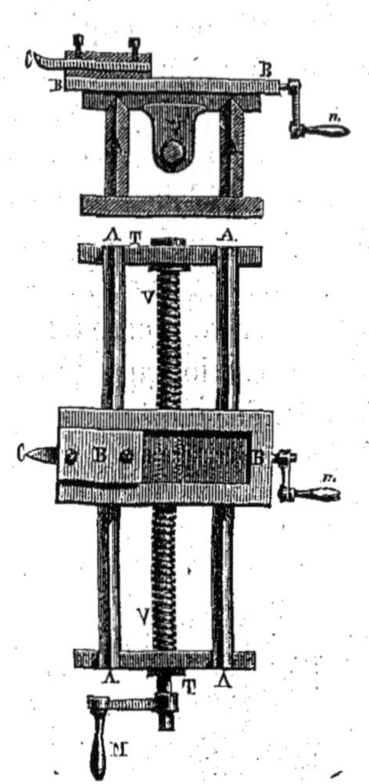

Fig. 145. — Tour parallèle.

Le tour au pied a été transformé pour répondre aux besoins de l'industrie. La modification la plus importante que l'on ait faite est le *tour parallèle à chariot*. L'outil C nommé *crochet*, au lieu d'être tenu par la main de l'ouvrier, est porté sur une pièce BB appelée *chariot*, qui, comme le représente la figure théorique 145, repose sur les jumelles AA du tour et peut glisser sur elles. Pour le déplacer dans le sens de la longueur du tour, on a établi une vis VV qui court entre les deux jumelles et porte un écrou fixé à la partie inférieure du chariot, de sorte qu'en faisant tourner la vis on déplacera l'écrou et par conséquent le chariot dans le sens longitudinal. Quant à l'outil, à l'aide d'une vis que l'ouvrier met en mouvement en agissant sur la manivelle *m*, il peut à volonté être approché ou éloigné de la pièce et par suite mordre plus ou moins sur elle. La figure 146 représente l'ensemble d'un tour parallèle.

A l'extrémité du tour se trouvent des engrenages qui reçoivent le mouvement de la machine à vapeur de l'usine et qui le transmettent à l'arbre et à la pièce; en même temps ces engrenages font tourner lentement la vis longitudinale, de sorte que, pendant que l'outil approché à distance convenable mord sur la pièce, il parcourt celle-ci dans toute sa longueur, entraîné lui-même dans le mouvement du chariot.

Le même tour pourra servir à fabriquer des vis. En effet, supposons que nous voulions faire sur une tige cylindrique montée sur le tour une vis dont le pas soit d'un centimètre (1) ; il est évi-

Fig. 146. — Tour parallèle à chariot.

dent qu'il suffira de munir le tour d'engrenages qui déplaceront le chariot d'un centimètre pendant que la tige fera un tour. C'est par ce procédé que s'exécutent la plupart des tiges filetées qui entrent dans la construction des machines.

Les *machines à raboter* servent à dresser les surfaces, c'est-à-dire à les rendre plates. Il y en a de deux sortes : 1° celles dans lesquelles la pièce à dresser est mobile, tandis que l'outil est fixe; 2° celles dont l'outil se meut dans un plan horizontal, tandis que la pièce est maintenue fixe pendant le travail.

La figure 147 représente une machine à raboter à outil fixe. Sur

(1) On dit qu'une vis à un pas de 1 centimètre quand deux spires consécutives sont distantes d'un centimètre.

deux jumelles AA, dont les faces supérieures sont bien planes, peut glisser un chariot BB sur lequel est montée la pièce PP à ra-

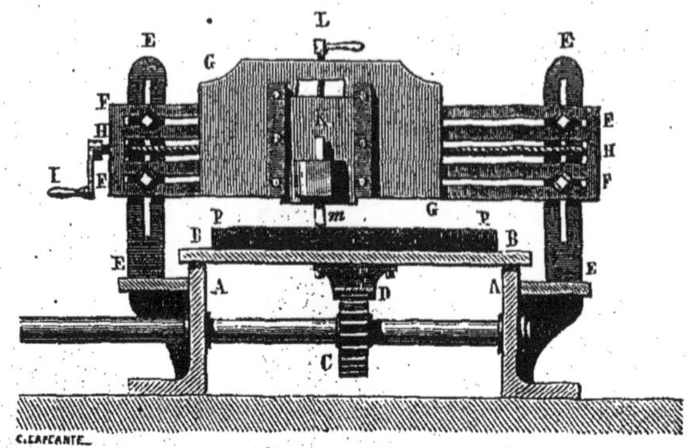

FIG. 147. — Machine à raboter.

boter. Le chariot porte à sa partie inférieure une crémaillère D qui engrène avec une roue dentée C, fixée sur un arbre que met en mouvement la machine à vapeur de l'usine. On comprend qu'en faisant

FIG. 148. — Machine à raboter.

tourner cet arbre tantôt dans un sens, tantôt dans l'autre, on imprimera au chariot un mouvement alternatif de translation suivant la longueur de la machine. Au-dessus du chariot et soutenu par des supports EE se trouve le *porte-outil.* Il se compose d'un cadre FF le long duquel peut glisser, grâce à une vis HH, mue par la manivelle I, une plaque GG appelée *curseur*, où est fixé l'outil *m*, qui peut lui-même être déplacé verticalement à l'aide d'une vis manœuvrée par la manivelle L.

On voit que, lorsqu'on a placé l'outil à la hauteur convenable pour qu'il s'engage dans le métal, si l'on met le chariot BB en mouvement, la plaque PP viendra passer sous le crochet *m*, qui enlèvera à sa surface une bande ayant la largeur du tranchant. Si l'on suppose maintenant que le chariot, après avoir décrit sa course, soit ramené à sa position primitive, il suffira, pour enlever une bande contiguë à la première, de déplacer latéralement l'outil *m*. L'ouvrier qui dirige la machine n'a donc qu'à mettre l'outil hauteur convenable et à le déplacer latéralement à mesure que le travail avance.

La figure 148 représente en perspective une machine à raboter.

On comprendra facilement qu'on puisse arriver à exécuter le travail précédent avec des machines dans lesquelles la pièce à raboter serait fixe, tandis que l'outil se promènerait à sa surface, tout en pouvant être aussi animé d'un mouvement latéral.

On se sert aussi de machines semblables pour canneler les surfaces cylindriques.

Les *étaux-limeurs* sont de petites machines à raboter destinées à dresser des pièces de petite et de moyenne dimension, ou des surfaces comme la tranche ou le bord d'une planche de fer dont les autres faces auraient été dressées par la machine à raboter. Ils rendent de très-grands services dans les ateliers.

La *machine à mortaiser* sert à pratiquer des entailles dans des pièces métalliques. C'est une espèce de machine à raboter dans laquelle le jeu de l'outil est vertical; on met au-dessous de lui la pièce à travailler qui est montée sur un tablier que l'on peut déplacer de manière à présenter à l'outil les parties à attaquer.

Les *machines à percer* servent, comme leur nom l'indique, à pratiquer des trous dans les métaux. La figure 149 représente une des nombreuses dispositions employées. L'outil, ou *foret*, est adapté à l'extrémité d'une tige cylindrique appelée *porte-foret*, qui peut tourner entre des guides et se déplacer verticalement. Le mouvement est communiqué par des engrenages mus à la vapeur ou à la main. Quand on veut percer un trou dans une pièce de fer, par exemple, on la place sur la table de la machine et, comme le repré-

Fig. 149. — Machine à percer.

sente la figure, l'ouvrier agit de la main gauche sur une vis qui fait descendre le foret à hauteur convenable, puis il le met en mouvement et, à mesure que le trou se perce, il fait descendre l'outil.

Pour percer dans les plaques de tôle qui servent à la construction des chaudières à vapeur les trous destinés, comme nous le verrons, à recevoir les rivets, on se sert des machines à *poinçonner*. L'outil est un *poinçon* ou cylindre d'acier aiguisé sur la circonférence de sa base inférieure; la pression d'un balancier auquel il est relié et qui est mû par la vapeur, le fait entrer dans la tôle, et le trou est percé avec une parfaite netteté.

On appelle *machine à aléser* un appareil servant à raboter intérieurement la surface concave de certaines pièces, comme les cylindres de machines à vapeur, et à leur donner le diamètre intérieur qu'elles doivent avoir. Nous citerons celle de MM. Stéhalin et Cᵉ, qui est maintenant très-employée. Le cylindre à aléser AA (fig. 150) est installé solidement sur une plateforme BB de manière que son axe géométrique coïncide avec l'axe d'un arbre DD, le long duquel peut glisser, par un mécanisme spécial, le disque C, qui est le porte-outil de la machine. Sur la circonférence de ce disque sont disposés des burins chargés d'entailler la surface intérieure du cylindre. On comprend que si, à l'aide de la vis sans fin VV et de la roue dentée RR fixée à l'arbre DD, on communique un mouvement de rotation à celui-ci, les burins entailleront le cylindre et seront transportés le long de sa hauteur par le porte-outil, qui se déplacera verticalement par l'effet des roues dentées et de la crémaillère que montre la partie supérieure de la figure. On arrivera ainsi à donner au cylindre le diamètre qu'il doit avoir, tout en dressant parfaitement sa surface intérieure.

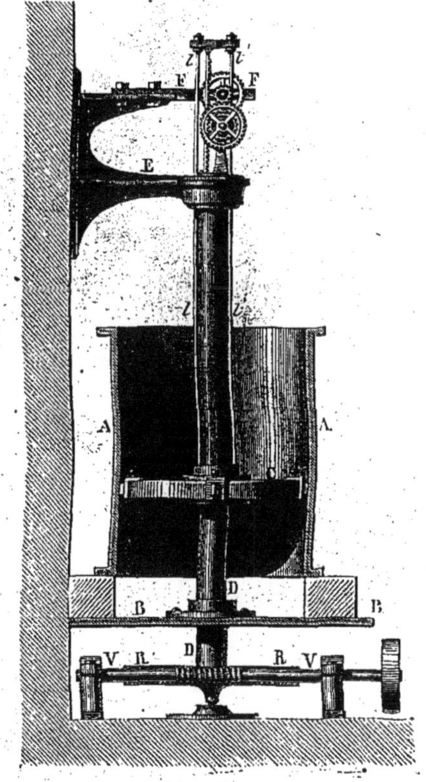

Fig. 150. — Machine à aléser.

On se sert souvent aussi dans la construction des machines, pour courber certaines pièces métalliques, d'appareils qui ont reçu le nom de *machines à cintrer*. Elles se composent essentiellement, comme le représente la figure 151, de deux cylindres parallèles juxtaposés, et d'un troisième placé au-dessus de l'intervalle des deux

Fig. 151. — Machine à cintrer.

premiers. La pièce à cintrer est engagée entre le cylindre supérieur et les deux autres, et, par le mouvement de la machine, le cylindre supérieur en tournant la force à se cintrer dans l'espace laissé entre les deux cylindres inférieurs.

Nous devons encore citer parmi les machines-outils rendant de grands services à l'industrie les *machines à tailler les roues d'engrenage*. La disposition la plus employée est la suivante : La roue R (fig. 152) sur la circonférence de laquelle on veut faire des dents, est calée sur un arbre horizontal O qui repose sur des supports fixes. Sur le même arbre est montée une plate-forme PP munie de trous sur sa circonférence ; dans ces trous peut entrer une cheville placée à l'extrémité d'un levier AB mobile autour du point fixe A pris sur le support de l'arbre. Lorsque la cheville est dans l'un des trous de la plate-forme, l'arbre ne peut tourner et la plate-forme est fixe, ainsi que la roue R.

Pour entailler celle-ci, on se sert de l'outil F, qui peut être animé d'un mouvement rapide de rotation par l'intermédiaire d'une corde

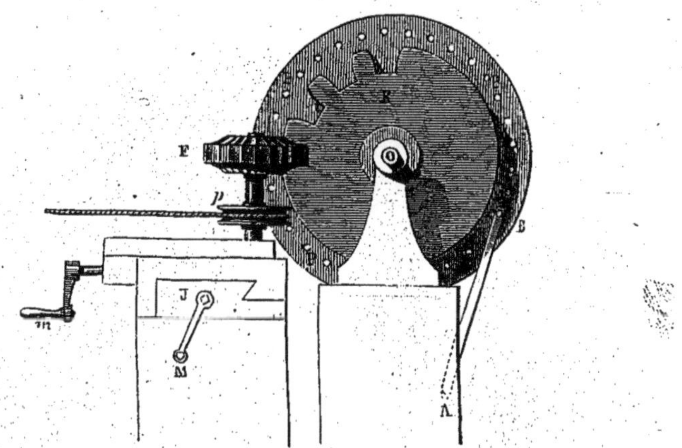

Fig. 152. — Machine à tailler les dents d'engrenage.

sans fin, s'enroulant sur une poulie p montée sur son axe. Il présente des saillies tranchantes dont le profil est celui de l'intervalle de deux dents ; il est d'ailleurs fixé sur un chariot semblable au porte-outil du tour parallèle et peut être animé de deux mouvements rectangulaires : la manivelle m le fait avancer dans le sens du rayon de la roue R, et la manivelle M dans le sens de son épaisseur.

Quand on veut faire fonctionner la machine, à l'aide de la manivelle M on place l'axe de l'outil dans le plan qui diviserait l'épaisseur de la roue en deux parties égales ; puis, en agissant sur la manivelle m, on porte l'outil vers la roue. A mesure qu'il avance, il tourne d'un mouvement rapide et creuse dans la roue une entaille de plus en plus profonde. Quand il a atteint la profondeur correspondant à l'intervalle de deux dents, on le fait reculer, on retire la cheville du trou où elle était placée, on la fixe dans le suivant, ce qui fait tourner R, et l'on recommence l'opération. La plate-forme est ordinairement munie de plusieurs systèmes de trous dont la distance correspond à l'écartement que l'on veut donner aux dents de la roue d'engrenage.

Les nombreuses industries qui font usage de bois dressés emploient maintenant des machines-outils qui remplacent par un travail mécanique celui que l'on faisait autrefois à la main.

Fig. 153. — Scie à châssis vertical.

Parmi ces machines nous signalerons celles qui servent à débiter les bois et à les raboter.

Le débitage des bois est l'opération qui consiste à les diviser en poutres, en madriers, en planches et en feuillets minces. Ce travail s'opère quelquefois à la main, mais le plus souvent il a lieu à l'aide de scies mécaniques, que l'on peut répartir en deux grandes classes :

1° Les scies à mouvement rectiligne alternatif;

2° Les scies à mouvement continu.

La première classe comprend les scies *verticales* et les scies *horizontales*.

Les scies verticales sont celles qui sont le plus généralement employées. Elles se composent essentiellement d'un châssis (fig. 153) dans lequel se trouvent montées plusieurs lames de scies, et qui est animé d'un mouvement de va-et-vient dans le sens vertical. Il est évident que si l'on vient présenter aux lames la pièce à débiter en la poussant contre elles, elles entreront dans le bois et

Fig. 154. — Scie circulaire.

le sciage s'effectuera d'une manière continue. Cette pièce est d'ailleurs amenée au contact des lames par un chariot mobile dont le mécanisme moteur est relié à celui du châssis; par suite, à chaque mouvement de la scie, le chariot et la pièce de bois avancent d'une certaine quantité contre les lames. Les lames sont en acier et la forme de leurs dents dépend de la nature des bois.

Les scies *horizontales* sont spécialement destinées au sciage des *bois de placage*. On donne ce nom à des feuilles très-minces de bois souvent exotiques, avec lesquels les ébénistes recouvrent les bois de pays. Les organes mécaniques dont elles se composent ne diffèrent pas sensiblement de ceux des scies verticales. Le châssis porte-lame se meut horizontalement, et le chariot sur lequel est placé le bois se meut verticalement. Dans les machines de cette espèce, il n'y a qu'une lame très-mince et très-étroite; elle forme l'un des côtés du cadre qui la porte et agit par son arête inférieure.

La classe des scies à mouvement continu comprend les scies *circulaires* et les scies *à ruban.*

La scie circulaire proprement dite est un simple disque de tôle d'acier (fig. 154), dont la circonférence est garnie de dents. Le disque est monté sur un arbre de fer auquel on communique un mouvement rapide de rotation. La scie sort ordinairement à travers une fente pratiquée dans une table dont elle dépasse le niveau;

Fig. 155. — Scie à ruban.

en faisant glisser le bois sur cette table et en le poussant contre l'outil on le scie avec une grande régularité et en très-peu de temps. Souvent plusieurs lames sont montées sur le même arbre et fonctionnent à la fois. Le mouvement de la pièce de bois est produit à la main ou mécaniquement.

On appelle *scie à ruban* une scie formée par une lame d'acier très-flexible, dont les deux extrémités sont réunies et qui passe sur deux poulies chargées de lui communiquer un mouvement de rotation continue. La pièce de bois est déplacée mécaniquement ou à la main pendant que la lame qui se meut verticalement pénètre dans son intérieur.

La figure 155 représente une scie à ruban employée pour le débitage des bois en grume. La pièce à scier est portée sur un chariot qui est animé d'un mouvement lent, en vertu duquel elle se déplace à mesure que le travail avance. Pour que les scies à ruban fonctionnent bien et que les lames ne se brisent pas, il faut qu'elles aient une très-grande vitesse.

L'industrie emploie aussi des machines à raboter qui permettent de dresser les bois sur une, deux, trois ou quatre faces. Nous ne les décrirons pas.

CHAUDRONNERIE.

On comprend sous le nom de *chaudronnerie* le travail des métaux en feuilles, s'appliquant surtout à la confection de vases métalliques destinés à chauffer des liquides, soit dans l'économie domestique, soit dans la grande industrie. Nous distinguerons la petite et la grosse chaudronnerie.

La petite chaudronnerie a particulièrement en vue la confection des vases servant à la cuisson des aliments. Elle peut s'appliquer au fer (pour la fabrication des objets en fer battu, voyez plus haut, chapitre QUINCAILLERIE), ou bien au cuivre rouge, dont la malléabilité est assez grande pour que le chaudronnier puisse lui donner par le martelage les formes les plus diverses.

L'opération la plus difficile pour le chaudronnier est celle de la *retreinte* ou *retreint*. Elle a pour but de façonner une concavité avec le marteau sans avoir recours à la soudure. On *emboutit* d'abord une plaque de cuivre, c'est-à-dire qu'en la martelant sur une de ses faces avec un marteau à tête ronde on force les bords à se relever peu à peu et la pièce à prendre une forme concave. Cet emboutissage ne peut se faire sans enlever au métal une partie de son élasticité ; aussi est-on obligé de la lui rendre par le *recuit*, opération qui consiste à le faire rougir au feu et à le laisser ensuite refroidir. On recuit autant de fois que cela est nécessaire. Lorsque la plaque a été suffisamment emboutie, on la pose par sa surface intérieure sur la bigorne ronde d'une enclume, et l'on frappe sur la face extérieure en la faisant tourner après chaque coup de marteau, jusqu'à ce qu'on ait donné au vase la forme cherchée.

Au lieu d'opérer comme nous venons de le dire, on peut assembler les diverses parties du vase et les souder ensemble. Par exem-

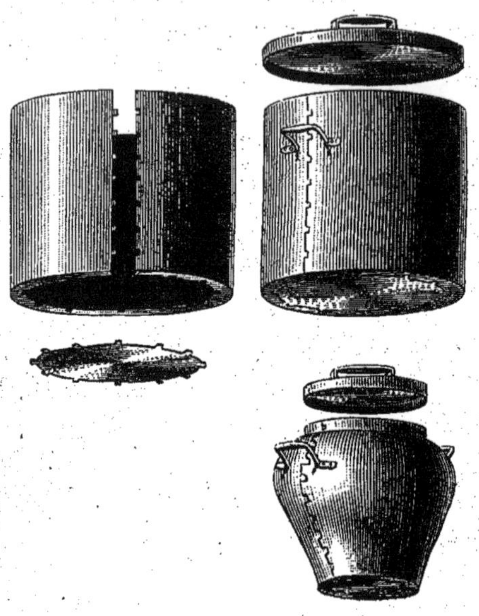

Fig. 156. — Fabrication d'une marmite.

ple, pour faire une marmite par cette méthode, on prend une bande de cuivre d'une longueur égale au contour de la marmite, on découpe ses extrémités de manière à leur donner une forme dentelée et on la replie cylindriquement en joignant les extrémités et en faisant pénétrer les dents de l'une d'elles dans les intervalles des dents de l'autre et réciproquement (fig. 156). Cela fait, à l'intérieur du cylindre et sur les joints, on met du borax mouillé et de la soudure formée d'un alliage de laiton et de zinc : on chauffe la pièce, la soudure fond, coule dans les interstices, et, en s'y solidifiant par le refroidissement, maintient unies les extrémités de la lame. On rapporte ensuite un fond circulaire par le même procédé.

La petite chaudronnerie s'exerce à peu près partout en France ; mais les principaux centres de fabrication sont Villedieu (Manche) et Aurillac, dans le Cantal. Paris fabrique, par des procédés mécaniques, certaines pièces de chaudronnerie, comme les moules destinés à donner à la pâtisserie, aux crèmes, etc., des formes plus ou moins régulières. Ces moules se font par emboutissage mécanique à l'aide de machines analogues à celles que nous avons décrites à propos des vases en fer battu.

La grosse chaudronnerie s'occupe de la fabrication des cuves et des chaudières employées dans les différentes industries. Nous dirons quelques mots de la construction des chaudières à vapeur.

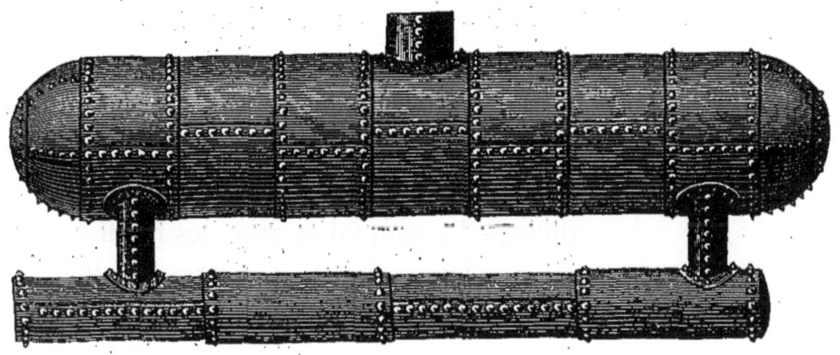

Fig. 157. — Chaudière à vapeur.

On désigne sous ce nom de vastes récipients de tôle de fer ou de tôle d'acier dans lesquels on chauffe l'eau de manière à la transformer en vapeur, que l'on utilise ensuite comme force motrice. Ces chaudières ont en général la forme de cylindres (fig. 157) terminés par des calottes sphériques et réunis à d'autres cylindres plus petits, appelés *bouilleurs*. La partie cylindrique n'est pas ordinairement faite avec une seule feuille de tôle, mais avec plusieurs cylindres emboîtés les uns dans les autres et réunis par des *rivets*. On obtient ainsi une résistance plus considérable en se mettant à l'abri des inégalités de structure que pourrait présenter une feuille de tôle aussi grande que celle qui serait nécessaire à la construction d'une chaudière. De plus, l'industrie métallurgique ne fournirait pas de feuilles de dimensions aussi considérables. Les plus grandes tôles sont de $3^m,80$ sur 2 mètres.

Le chaudronnier qui a reçu la commande d'une chaudière à vapeur commence par en faire géométriquement le tracé et par déterminer la véritable grandeur de toutes les pièces qui doivent y figurer. Il fait ensuite découper, à l'aide de puissantes cisailles, les feuilles de tôle d'après les épreuves ou patrons qu'il a établis. Puis il *trace* les tôles, c'est-à-dire qu'il détermine les *clouures* ou lignes suivant lesquelles devront être percés les trous destinés à recevoir les rivets. En général, les trous sont percés, par des machines à poinçonner, à un diamètre double de l'épaisseur de la tôle et séparés les uns des autres d'une quantité égale à trois fois leur diamètre.

Il faut ensuite donner aux feuilles de tôle la forme qu'elles doivent avoir. S'il s'agit des calottes sphériques qui terminent les chaudières, on peut les emboutir en plaçant la tôle à chaud sur des formes en fonte et en la battant au marteau jusqu'à ce qu'elle soit modelée sur ces formes. Cette opération s'exécute aussi mécaniquement à l'aide de machines à emboutir.

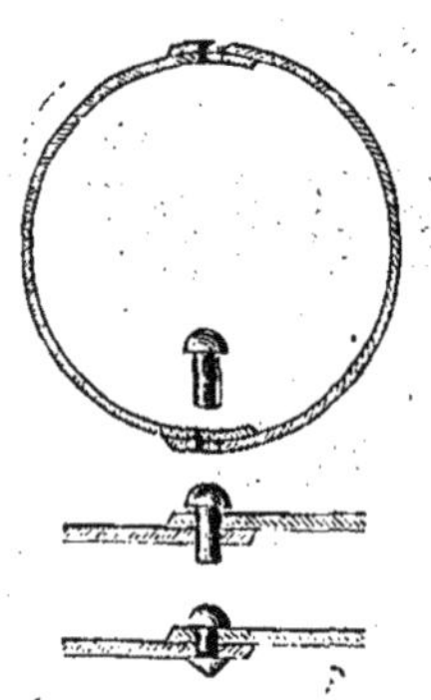

Fig. 158. — Assemblage des tôles par rivets.

Quant aux parties cylindriques de la chaudière, elles sont faites avec des feuilles de tôle auxquelles on donne la forme hémicylindrique, que l'on juxtapose par leurs bords et qu'on réunit par des rivets, comme nous le verrons plus loin. La forme hémicylindrique est donnée par des machines à cintrer.

Lorsque les feuilles sont cintrées, on les assemble en faisant correspondre les trous de rivets ; dans quelques-uns de ces trous, on place des boulons qui fixent provisoirement cet assemblage ; puis on emboîte les cylindres l'un dans l'autre comme on le ferait pour assembler les tronçons d'un tuyau de poêle. Des lignes circulaires de rivets devront aussi réunir ces tronçons ; on boulonne quelques-uns des trous percés sur ces lignes. Cet assemblage provisoire étant fait, on le rend définitif au moyen de rivets ou clous à deux têtes posés à chaud.

La figure 158 montre ce qu'on appelle un *rivet*. Veut-on réunir deux feuilles de tôle, on les place de manière que les trous percés à leur surface coïncident; puis on passe dans chacun d'eux un gros clou à une tête que l'on a porté au rouge. Ce clou a une longueur supérieure à l'épaisseur des deux feuilles réunies, et lorsque sa tête repose sur l'une des surfaces, l'extrémité opposée dépasse de l'autre côté. Supposons maintenant que, pendant qu'un ouvrier appuie sur la tête, un autre martèle l'extrémité saillante, elle s'aplatira et l'on pourra la transformer en une tête semblable à la première; les feuilles de tôle seront donc prises entre les deux têtes du rivet. Nous remarquerons de plus que le refroidissement amenant la contraction du clou, il se produira un serrage très-énergique exercé par les deux têtes sur les feuilles de tôle.

Le rivage des chaudières s'exécute à la main ou mécaniquement.

Le *rivage à la main* peut se faire ou au marteau ou à la bouterolle.

A l'intérieur de la chaudière se trouve disposé un levier qui est appuyé sur une poutre de bois et dont l'extrémité porte une pièce

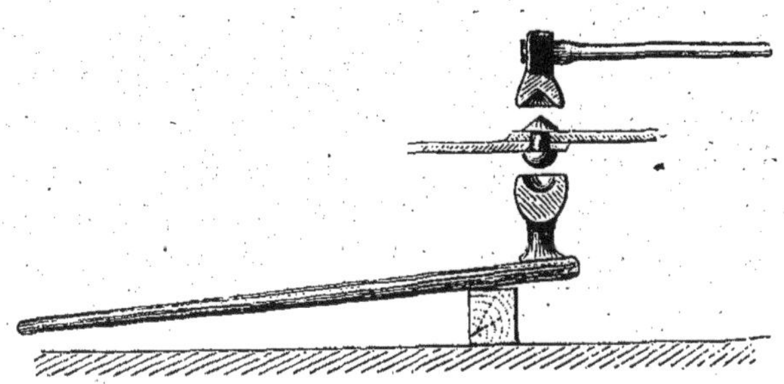

Fig. 159. — Rivage à la bouterolle.

de fer appelé *turc* ou *mandrin* (fig. 159). Le turc présente une cavité qui a la forme de la tête du rivet. Pour faire le rivet, voici comment on opère : Un ouvrier placé dans la chaudière reçoit du dehors un clou porté au rouge; il le fait passer à travers le trou à river, en appliquant la tête du clou contre la face intérieure de la chaudière et il l'appuie à l'aide du turc contre la feuille de tôle. Il lui suffit pour cela de peser sur l'extrémité du levier qui basculant autour de pièces de bois, appelées *abloquages*, pousse le turc contre la tête du clou; souvent même un autre ouvrier assis à l'extrémité du levier agit de tout son poids pour serrer la tête du rivet entre le turc et la chaudière. C'est alors à l'ouvrier placé extérieurement à façonner la seconde tête. Quand il opère au marteau, il bat l'extrémité du clou, l'aplatit sur la chaudière et lui donne la forme ronde ou à facettes qu'elle doit avoir.

Souvent il se sert d'une espèce de matrice en fer ou *bouterolle* présentant en creux la forme que doit avoir la tête du clou (fig. 159). Pour cela, saisissant la bouterolle par le manche à l'extrémité duquel elle est montée, il la place sur l'extrémité du clou et les aide riveurs, frappant sur elle à coups redoublés, d'après les ordres du maître riveur, forcent le fer chaud à se modeler dans la bouterolle.

Le rivage peut aussi s'exécuter *mécaniquement* à l'aide d'une machine que nous ne décrirons pas, et disposée de telle sorte que l'une des extrémités du clou rougie au feu est refoulée par une pression de vapeur dans une bouterolle fixe.

La grande chaudronnerie s'exerce principalement dans tous les centres industriels et dans les grandes usines à fer. Paris, Lille, Rouen, Mulhouse, Amiens, etc., ont d'importants ateliers de chaudronnerie.

La grosse chaudronnerie de cuivre présente beaucoup moins de difficultés que celle de fer, parce que le cuivre peut se travailler à la température ordinaire. Elle a pris une grande importance par suite des développements de l'industrie sucrière; nous n'insisterons pas sur ses procédés de fabrication qui ont beaucoup d'analogie avec ceux que nous venons de décrire pour la chaudronnerie de fer.

CHAPITRE VI

PRODUITS CHIMIQUES

L'industrie des produits chimiques comporte la fabrication d'un grand nombre de substances employées à des usages très-divers, comme les acides, les bases, les sels, la fécule, l'amidon, l'alcool, etc.

Elle est répartie dans un certain nombre de centres industriels, dont les principaux sont :

1° *Dans le Nord-Ouest :* Saint-Gobin et Chauny, Paris, Ivry, Vaugirard, Aubervilliers, Saint-Ouen, Saint-Denis, Lille, Amiens, Rouen, Corbehem (Pas-de-Calais). Sur les bords de la mer, la présence de la soude dans les plantes marines appelées *varechs* a donné naissance aux usines de Cherbourg et du Conquet (Finistère).

2° *Dans le Nord-Est :* Dieuze (Meurthe), Bouxwiller (Bas-Rhin), Strasbourg, Thann et Mulhouse.

3° *Dans le Midi :* Lyon, Marseille, Avignon, Bordeaux, Montpellier, Dijon et Dôle.

Les traités de chimie donnant sur ce sujet tous les détails nécessaires, nous ne porterons notre attention que sur les plus importants des produits chimiques, pour indiquer leurs usages et les principes sur lesquels repose leur préparation.

SOUFRE.

Le soufre est un corps d'une grande importance au point de vue industriel; il sert, comme nous le verrons, à la fabrication de l'acide sulfurique et entre dans la composition de la poudre à canon, qui consiste en un mélange de soufre, de charbon et de salpêtre. C'est avec le soufre qu'on prépare l'acide sulfureux destiné au blanchi-

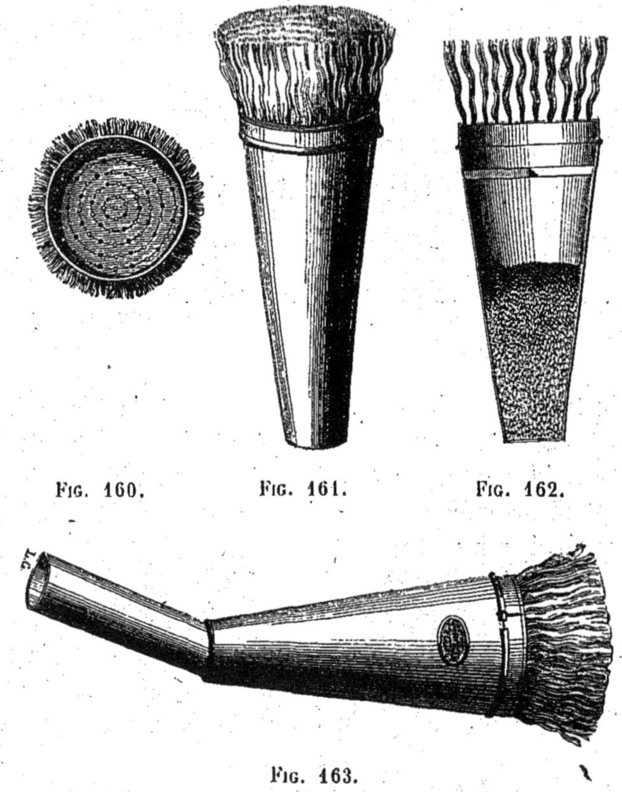

Fig. 160. Fig. 161. Fig. 162.

Fig. 163.

Boîtes à houppe pour soufrage des vignes.

ment de la laine, de la soie, des chapeaux de paille; il concourt à la fabrication des allumettes, sert à la volcanisation du caoutchouc, et l'industrie vinicole en tire un très-grand profit pour combattre la maladie de la vigne; il est employé dans ce cas à l'état de poudre très-fine que l'on désigne sous le nom de *soufre en fleurs* ou *fleur de soufre*.

On a construit divers ustensiles propres à répandre régulièrement la fleur de soufre. Depuis 1856 MM. Ouin et Franc ont fait adopter un appareil très-simple et fort peu dispendieux, dit *boîte à houppe;* les figures 160, 161 et 162 permettent d'en comprendre la construction. Il se compose d'une boîte conique de fer-blanc, con-

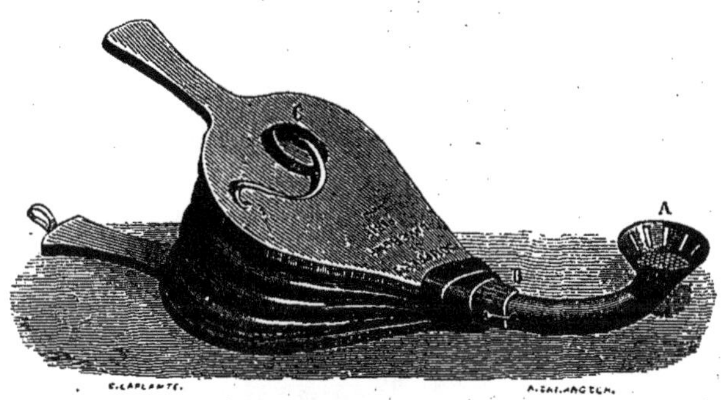

Fig. 164. — Soufflet à soufre.

tenant environ un demi-kilogramme de soufre lorsqu'elle est pleine : la partie supérieure peut se fermer à l'aide d'un couvercle à mouvement de baïonnette, qui est garni de mèches de laine disposées sur cinq cercles concentriques, entre lesquels se trouvent des trous ronds, comme l'indique la figure 160. Lorsqu'on secoue cette boîte à demi pleine, le soufre s'en échappe par les trous, et, divisé par les mèches de laine, tombe en nuage de poussière, qui s'insinue entre toutes les parties des ceps et se dépose sur elles.

La boîte à houppe est souvent munie (fig. 163) d'une douille, qui reçoit un manche plus ou moins long quand il s'agit d'atteindre la partie élevée des plantes (ceps de vigne en hauteur, pêchers, etc.).

L'opération du soufrage est rendue plus facile et plus économique par l'emploi du soufflet sans soupape de M. Lavergne (fig. 164). Lorsqu'on fait manœuvrer ce soufflet, l'air qui afflue dans la douille B agite la poudre de soufre qui a été introduite par la bonde A et la jette au dehors sous forme de nuage.

La consommation de soufre en poudre faite par les vignerons est devenue tellement considérable, qu'une nouvelle industrie s'est formée pour subvenir au défaut de la fleur de soufre. Elle consiste à broyer, à l'aide de meules verticales ou horizontales, le soufre en canons ou le soufre brut de première qualité.

La France consomme annuellement 70 à 80 millions de kilogr. de soufre. Ce corps est très-répandu dans la nature ; on le rencontre combiné avec la plupart des métaux, mais on l'extrait ordinairement des mélanges de terre et de soufre que l'on trouve aux environs des volcans ; l'Italie et surtout la Sicile sont les pays qui le fournissent à la France. Ce minerai est soumis sur place à un premier traitement qui a pour effet d'isoler une grande partie des matières terreuses ; le produit de l'opération est désigné sous le nom de *soufre brut*. A son arrivée en France, une partie de ce soufre

FIG. 165. — Raffinage du soufre.

brut est employée à la fabrication de l'acide sulfurique ; le reste est soumis au raffinage.

Le raffinage s'exécute surtout à Marseille, qui, par sa position géographique, est très-bien située pour recevoir le soufre brut : il y constitue une industrie importante qui livre le corps soit à l'état de poudre impalpable appelée *fleurs de soufre*, soit à l'état de morceaux cylindriques désignés sous le nom de *soufre en canons*. Le raffinage se fait en chauffant le soufre à une température suffisamment élevée pour qu'il se vaporise ; les vapeurs se séparent des matières terreuses et vont se condenser dans de vastes chambres en maçonnerie. L'appareil employé est représenté par la figure 165.

Le soufre brut est d'abord fondu, par la chaleur perdue du foyer, dans une chaudière supérieure qui communique par un tube avec la cornue placée sur ce foyer. Cette première fusion a pour but d'opérer la séparation des matières terreuses qui, en vertu de leur poids, tombent au milieu de la masse liquide et vont au fond de la chaudière. A l'aide du tube de communication, on fait écouler le soufre fondu dans la cornue, où il est vaporisé par l'action d'une forte chaleur; sa vapeur se rend dans une grande chambre en maçonnerie où elle se condense.

Pour faire le soufre en fleurs, on dirige la distillation de manière que la chambre ne s'échauffe pas au-dessus de 111 degrés. La vapeur en y arrivant s'y condense à l'état de soufre en poudre que l'on enlève par la porte, lorsque la couche qu'il forme sur le sol a atteint une hauteur de 50 à 60 centimètres.

Quand on veut au contraire avoir du soufre en canons, on pousse la distillation plus activement de manière à échauffer davantage la chambre; la vapeur du soufre se liquéfie au lieu de se solidifier et le liquide coule sur le sol de la chambre d'où il est extrait de temps à autre par une ouverture O, pour être coulé dans des moules de bois.

ACIDES SULFURIQUE, NITRIQUE ET CHLORHYDRIQUE.

L'acide sulfurique, désigné aussi sous le nom d'*huile de vitriol*, est sans contredit le plus important des produits chimiques: ses applications, ses usages sont tellement nombreux, que M. Dumas a pu dire qu'il était possible de mesurer la prospérité industrielle des nations par les quantités d'acide sulfurique qu'elles consomment. Aussi les efforts des chimistes se sont-ils constamment portés sur les améliorations à introduire dans la préparation de ce corps que l'on obtient à un prix fort peu élevé (16 francs les 100 kil.).

Voici le principe de sa fabrication: produire un corps gazeux appelé *acide sulfureux*, en grillant du soufre ou des composés de soufre et de fer nommés *pyrites*, diriger ce corps dans de vastes récipients et l'y transformer en acide sulfurique en le combinant avec une certaine quantité d'oxygène, qui est fournie par l'acide nitrique. L'acide nitrique en oxydant l'acide sulfureux perd une partie de son oxygène et se trouve lui-même transformé en d'autres corps que le fabricant ne laisse point perdre, et d'où il régénère l'acide nitrique par l'intervention de l'air et de la vapeur.

L'acide sulfureux est produit dans des fours où l'on grille le soufre ou les pyrites et, de là, dirigé dans une série de chambres dont les parois sont garnies de feuilles de plomb soudées entre elles, le plomb étant de tous les métaux usuels celui qui s'attaquera le moins.

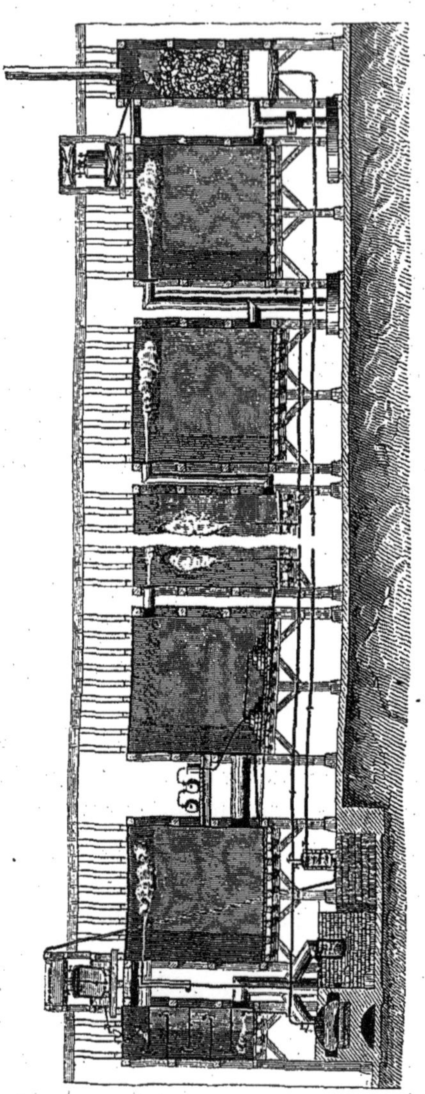

Fig. 166. — Chambres de plomb.

L'acide sulfureux lancé dans les chambres y rencontre l'air, l'acide nitrique et la vapeur d'eau; de leur réaction mutuelle résulte l'acide sulfurique, qui coule sur le sol incliné des chambres. On l'en extrait pour le soumettre à une distillation qui le prive de la plus grande partie de l'eau qu'il renferme.

La figure 166 représente l'appareil employé dans l'industrie. Sur la gauche de la figure et à la partie inférieure, on voit les fours destinés à produire l'acide sulfureux; au-dessus est la chaudière où se fera la vapeur d'eau nécessaire à l'opération, vapeur qui arrive par le petit tube que l'on voit déboucher au bas de la première chambre à gauche où un gros tuyau amène l'acide sulfureux. Dans la plupart des usines, les fours à pyrites sont assez loin des chambres et reliés avec elles par un gros tuyau que le gaz sulfureux est obligé de parcourir. Pendant ce trajet il se refroidit et arrive dans l'appareil à une température convenable. Dans la première chambre se trouvent des tablettes inclinées sur lesquelles coule de l'acide sulfurique qui est contenu dans un réservoir supérieur et dont nous verrons la provenance. Les tablettes sont supprimées maintenant dans la plupart des fabriques : on se contente de conduire l'acide en question sur le sol de la première chambre; dans la seconde coule, sur des escaliers de briques, l'acide nitrique nécessaire à la réaction. Ces escaliers sont souvent remplacés par une colonne de terrines superposées et l'acide nitrique se déverse de l'une dans l'autre. La chambre suivante, qui n'est qu'incomplètement représentée, est beaucoup plus vaste que les autres. C'est là que se fait surtout la réaction de l'acide sulfureux, de l'acide nitrique, de la vapeur d'eau. Dans les deux autres s'achève la fabrication. Enfin, pour éviter que les produits gazeux nitreux provenant de la désoxydation de l'acide nitrique ne s'échappent au dehors, ce qui serait une perte pour l'industriel et pourrait produire des effets nuisibles dans le voisinage de l'usine, on force les gaz, au sortir de la dernière chambre, à traverser une colonne que l'on voit sur la droite de la figure. Elle est remplie de coke sur lequel coule de l'acide sulfurique faible, qui rencontre les produits nitreux et les dissout. C'est cet acide chargé de gaz nitreux, encore utilisables pour l'oxydation de l'acide sulfureux, que l'on envoie dans la première chambre.

L'acide sulfurique est employé à la fabrication des autres acides commerciaux, des aluns, des sulfates industriels, des bougies stéariques, à l'affinage de l'argent, au décapage des métaux, à l'épuration des huiles, etc., etc.

Les acides *chlorhydrique* et *nitrique*, dont les usages sont moins nombreux que celui de l'acide sulfurique, sont fabriqués, le premier par l'action de l'acide sulfurique sur le sel marin ou sur le sel gemme, le second en décomposant par l'acide sulfurique l'azotate de potasse (salpêtre) ou l'azotate de soude. Nous n'insisterons pas sur leur préparation.

SOUDES ET POTASSES.

La soude artificielle, ou carbonate de soude, a des usages très-nombreux et très-importants. Elle sert, à l'état brut, aux savonniers, aux blanchisseurs, aux fabricants de verres à bouteilles. Raffinée, elle est employée dans la fabrication des glaces, de la verrerie fine, des savons de toilette. La teinture et le blanchissage, l'impression des tissus en font aussi une consommation considérable.

La soude était autrefois extraite des cendres de certaines plantes croissant dans la mer ou sur ses bords : on la fabrique aujourd'hui par la calcination d'un mélange de charbon, de craie et de sulfate de soude. Ce dernier corps est obtenu par l'action de l'acide sulfurique sur le sel marin ou sur le sel gemme, réaction qui donne lieu en même temps à l'acide chlorhydrique.

La découverte du procédé de fabrication de la soude artificielle a exercé sur les progrès d'un certain nombre d'industries une influence si considérable, que nous devons donner quelques détails sur les circonstances dans lesquelles elle s'est produite.

L'ancienne Académie des sciences avait depuis longtemps fondé un prix de 2400 francs pour la conversion du chlorure de sodium en carbonate de soude. Des essais infructueux avaient été tentés dès 1777 par le P. Malherbe, par Macquer et Montigny, puis par Guyton de Morveau qui, associé avec Carny, avait fondé au Croisic un établissement où il appliqua, sans grand succès, un procédé dans lequel il faisait agir la chaux et l'air sur le sel marin. De son côté, de la Métherie proposait, en 1789, de calciner le sulfate de soude avec le charbon ; il espérait obtenir ainsi le carbonate de soude. Ce fut cette supposition inexacte qui conduisit Leblanc, alors médecin de la famille d'Orléans, à la découverte du procédé qui est encore pratiqué aujourd'hui. Il essaya d'appliquer l'idée de la Métherie, mais il en reconnut bientôt l'inexactitude, et imagina d'associer le carbonate de chaux au sulfate de soude et au charbon. C'était là qu'était la solution de ce grand problème, solution si importante pour les progrès de notre industrie, puisqu'elle nous affranchissait des puissances étrangères, et en particulier de l'Espagne, qui nous fournissaient la plus grande partie des soudes consommées. S'associant alors avec le duc d'Orléans, Dizé et Shée, Leblanc tenta de rendre sa découverte industrielle ; une usine fut fondée à Saint-Denis, et le 23 septembre 1791, sur le rapport de d'Arcet, Desmarets et de Servières, il obtenait un brevet d'invention de quinze années.

Mais bientôt les événements de la Révolution française amenaient le séquestre des biens du duc d'Orléans et celui de l'usine dans laquelle il était intéressé. Les complications politiques extérieures nous privaient en même temps des soudes espagnoles, et l'industrie française aux abois ne savait plus où trouver les éléments essentiels à son travail. Le Comité de salut public demanda aux inventeurs de procédés relatifs à la conversion du sel marin en soude de faire à la patrie le sacrifice de leurs travaux et de leurs découvertes. Leblanc répondit le premier à l'appel du comité et autorisa la publication de son procédé, et chacun put le mettre librement en pratique. Les biens du duc d'Orléans furent vendus ainsi que l'usine de Saint-Denis ; plus tard cependant elle fut rendue à Leblanc pour l'indemniser du dommage qu'il avait subi ; mais il ne put réunir les capitaux nécessaires à l'exploitation de sa découverte,

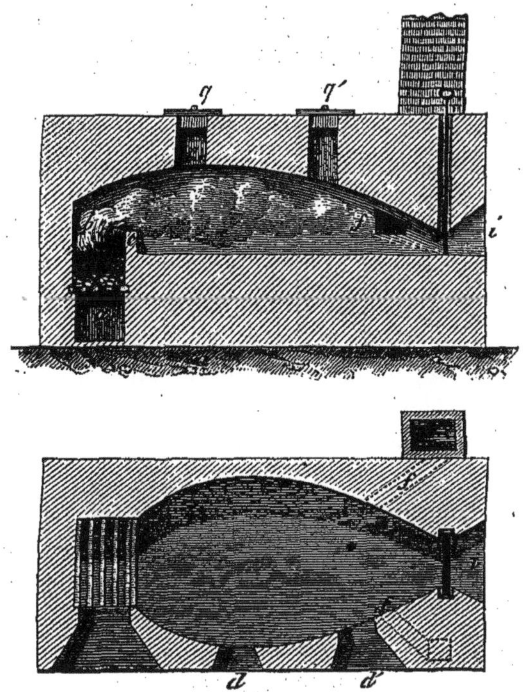

Fig. 167. — Four à soude.

et le malheureux inventeur mourait, en 1806, aux prises avec la misère ! Après lui, Payen, puis Carny appliquaient le procédé Leblanc, le premier à Paris, le second à Dieuze, sur le sel gemme. Quelques modifications faites par d'Arcet à la forme des fours en assurèrent le succès, et aujourd'hui l'industrie demande encore à ce procédé toute la soude qu'elle consomme. Nous en exposerons très-sommairement les différentes phases.

La calcination du sulfate de soude, de la craie et du charbon se fait dans des fours représentés par la figure 167. Ces substances sont introduites dans le four par les ouvertures q et q', étalées sur la sole et chauffées par la flamme du foyer *a*; la chaleur détermine la formation du carbonate de soude et d'un produit insoluble; le mélange est brassé pendant l'opération à l'aide de ringards introduits par les ouvertures *d* et *d'*. Lorsque la réaction est terminée, on fait écouler, par la porte *f*, le carbonate encore liquide dans de petits wagonnets de fer, où il se solidifie sous forme de masse noirâtre, que l'on concasse et dont on soumet les morceaux à un lessivage méthodique qui enlève tout le carbonate de soude et laisse le résidu insoluble. Lorsque l'eau est saturée de carbonate de soude, on l'envoie dans des bassines de fonte, où le sel cristallise.

Les potasses du commerce servent dans la fabrication des verres de Bohême, dans la cristallerie, dans la confection des savons, dans le chamoisage des peaux, en agriculture, etc., etc.

Leur origine est très-variée. Les potasses d'Amérique et de Russie sont extraites des cendres provenant de la combustion des bois à l'air; ces cendres constituent un mélange de substances diverses que l'on traite par l'eau, qui dissout la potasse qu'elles renferment; l'évaporation des lessives ainsi obtenues laisse un résidu que l'on appelle *salin* et qui, par la calcination dans des fours, devient blanc et constitue la potasse d'Amérique ou de Russie.

On emploie souvent aussi, tantôt les potasses provenant de la décomposition, par la chaleur, du tartre renfermé dans les lies de vin, tantôt celles que l'on extrait des résidus que laisse la distillation des mélasses fermentées qui ont servi à la fabrication de l'eau-de-vie de betteraves. Ce dernier mode d'extraction est très-appliqué dans les départements du Nord et de l'Aisne. On évalue à 2485 tonnes de 1000 kilogrammes la production de la France en potasses de betteraves.

Les eaux provenant du lavage des laines brutes contiennent aussi de la potasse. Reims et Elbeuf, où se lavent des quantités considérables de laines, possèdent des usines qui font l'extraction de cette en potasse; leur production annuelle surpasse 250 tonnes.

FÉCULERIES ET AMIDONNERIES.

On rencontre en abondance dans les organes d'un grand nombre de végétaux une substance que l'on désigne d'une manière générale sous le nom de *matière amylacée*.

Elle existe plus particulièrement dans les graines des céréales (blé, orge, seigle), dans celles des légumineuses (fèves, haricots, pois, lentilles), dans les tubercules de pommes de terre.

C'est du blé et de la pomme de terre que l'industrie extrait la matière amylacée, qui prend le nom d'*amidon* lorsqu'elle est extraite du blé, et celui de *fécule* quand elle provient de la pomme de terre. Cette double industrie est pratiquée sur différents points de la France : Paris, Saint-Denis, Strasbourg, Nancy, Essonne, Poitiers, sont les principaux centres de production.

L'amidon du blé sert presque exclusivement à la confection de l'empois employé pour apprêter le linge blanchi. La fécule sert à la fabrication des sirops de fécule et à l'alimentation ; la teinture et l'impression des tissus l'emploient pour certains apprêts et pour épaissir les couleurs. Elle peut être transformée, par une température de 210 degrés environ, en une substance appelée *dextrine*, soluble dans l'eau, et qui est elle-même utilisée dans l'apprêt des tissus, pour parer lès fils de chaîne destinés au tissage des étoffes, pour la fabrication des étiquettes gommées, et celle des bandes agglutinatives employées par la chirurgie dans la réduction des fractures.

L'amidon se trouve uni dans le blé à une substance appelée *gluten* qui sert à la fabrication des pâtes alimentaires. On l'extrait par deux méthodes principales. La première consiste à abandonner à lui-même un mélange de blé concassé et d'eau ; une fermentation s'établit dans la masse et, sous son influence, le gluten se transforme en matières solubles qui se dissolvent dans l'eau, tandis que les grains d'amidon restent intacts. Il n'y a plus alors qu'à effectuer la séparation d'une manière complète, en jetant le mélange sur des tamis de toile métallique où il est agité au milieu de l'eau. Ce liquide entraîne les grains d'amidon et laisse sur le tamis les matières grossières, comme le son. Cette opération ne donne pas un produit d'une pureté suffisante ; aussi l'amidon est-il lavé plusieurs fois, égoutté d'abord sur une toile, puis sur une aire en plâtre. La dessiccation est achevée dans une étuve, et, par suite du retrait qu'occasionne la chaleur, il se divise en aiguilles prismatiques assez régulières ; cette forme est une garantie de la pureté de ce produit, car on ne peut l'obtenir avec la fécule. Le procédé que nous venons de décrire est insalubre à cause des gaz qui se dégagent pendant la fermentation ; il a de plus l'inconvénient de détruire le gluten du blé, mais peut être employé pour les farines avariées d'où il n'est pas possible d'extraire cette substance.

La seconde méthode par laquelle on extrait l'amidon du blé consiste à pétrir, sous un filet d'eau, une pâte de farine. Sous l'action de ce pétrissage et du courant d'eau, l'amidon est entraîné et le gluten reste sur le pétrisseur. L'appareil employé est dû à M. Martin, de Grenelle, et s'appelle *amidonnière*.

Fig. 168. — Amidonnière.

Il se compose (fig. 168) d'une auge à deux compartiments dont le fond est une toile métallique ; dans toute la longueur de chaque compartiment et à une petite distance du fond peut se mouvoir un cylindre cannelé. La pâte de farine, prise entre le cylindre et le fond de l'auge, laisse échapper l'amidon, qui se trouve entraîné par un filet d'eau continu à travers les mailles de la toile métallique.

L'amidon ainsi préparé n'est pas suffisamment pur : il contient encore quelques parcelles de gluten dont on le débarrasse par une fermentation qui dure moins longtemps que dans le procédé que nous avons décrit plus haut ; puis il est lavé, égoutté et desséché à l'étuve.

Ce procédé a l'avantage d'être plus salubre que le précédent, d'isoler et de conserver intact le gluten, qui trouve aujourd'hui un débouché important dans la fabrication des pâtes alimentaires; mais il exige l'emploi de farines de bonne qualité et ne permet pas d'opérer avec des farines avariées, dont le gluten ne pourrait se rassembler.

L'extraction de la fécule contenue dans la pomme de terre se compose d'opérations purement mécaniques ayant pour effet d'isoler ce principe du tissu cellulaire qui le retient dans ses mailles. La proportion de fécule existant dans les pommes de terre varie suivant les circonstances. L'espèce de pomme de terre, la nature du climat, l'époque même où s'exécute le travail, sont autant de causes qui amènent des variations dans le rendement. Une pomme de terre qui a commencé à germer contient moins de fécule qu'avant la germination, attendu qu'une partie de la fécule insoluble s'est transformée en dextrine soluble qui se dissout dans les eaux de lavage. M. Payen a démontré que la composition moyenne d'une pomme de terre est la suivante:

Eau	74,00
Fécule	20,00
Epiderme, tissu cellulaire	1,65
Matières albuminoïdes	1,50
Asparagine	0,12
Matières grasses	0,10
Sucre, résine, essence	1,07
Sels minéraux	1,56
	100,00

L'extraction de la fécule comporte les opérations suivantes:

Il est nécessaire de débarrasser d'abord les pommes de terre des matières argileuses et des pierres qui les accompagnent ordinairement. On les laisse à cet effet tremper dans l'eau pendant plusieurs heures; ce trempage étant insuffisant, on les jette ensuite dans une trémie E (fig. 169), d'où elles passent dans un cylindre C à claire-voie formé de lames de bois montées sur un châssis de fer et légèrement incliné. Ces lames sont assez éloignées l'une de l'autre pour laisser passer les matières terreuses, mais trop rapprochées pour livrer passage aux pommes de terre. Le cylindre tourne autour de son axe avec une vitesse de 24 tours par minute et plonge à moitié dans l'eau que renferme l'auge A; il est muni intérieurement d'une espèce de vis héliçoïdale, appelée *colimaçon*, qui, tournant en sens inverse, fait frotter les pommes de terre les unes contre les autres et contre la claire-voie du cylindre : ce frottement les nettoie. La vis les conduit ensuite, par l'intermédiaire d'un plan incliné, dans une caisse appelée *épierreur*, au fond de laquelle se meut une fourche formée de griffes qui ramassent les

Fig. 169. — Extraction de la fécule.

tubercules et les jettent sur un second plan incliné, tandis que les pierres retombent dans les intervalles des griffes. Du plan incliné les pommes de terre tombent dans une boîte R où se meut une râpe cylindrique, ou *dévorateur*, armée, parallèlement à son axe de rotation, de petites lames de scie qui déchirent la pomme de terre et la réduisent en pulpe ou gâchis. Cette râpe tourne avec une vitesse de 700 à 800 tours par minute. La pulpe se rend dans un conduit ou *caniveau*, d'où elle est chassée par un courant d'eau dans un réservoir commun F ; elle constitue un mélange formé par la fécule et par le tissu cellulaire du tubercule. Pour séparer la fécule on soumet ce mélange à un tamisage. Autrefois cette opération se faisait à la main, mais aujourd'hui on l'exécute avec des appareils mécaniques qui produisent beaucoup plus.

La pulpe aqueuse est reprise dans le réservoir F par la pompe P qui la lance dans un tuyau F (fig. 170), d'où elle tombe dans un tamis T de toile métallique, tournant à l'intérieur d'une auge hémicylindrique. Un intervalle de quelques centimètres reste libre entre la toile métallique et le fond de l'auge. La pulpe est soumise dans cet appareil au mouvement de rotation du tamis, à

Fig. 170. — Extraction de la fécule.

l'action d'un filet d'eau qui vient déboucher dans son intérieur, enfin à celle de brosses fines frottant contre les parois intérieures du tamis et tournant en sens contraire. Sous cette triple influence, la séparation s'opère : la fécule passe avec l'eau à travers la toile métallique pour se rendre dans un second tamis T' semblable au premier, mais à mailles plus fines et capables de retenir les débris de tissu cellulaire qui auraient pu passer à travers le premier. La pulpe qui est restée sur les tamis T et T' tombe dans un réservoir commun O, où elle sera reprise plus tard pour être soumise à un nouveau tamisage qui séparera les dernières traces de fécule. Quant à l'eau qui a traversé la succession des tamis, dont le nombre peut aller jusqu'à quatre, elle s'écoule dans des rigoles inclinées U U, où elle dépose peu à peu la fécule en même temps que des matières terreuses qui vont être séparées par l'opération du *dessablage*. Pour cela, la matière déposée dans les rigoles est reprise à la pelle et jetée dans de grands cuviers pleins d'eau où on l'agite. On laisse ensuite reposer le liquide et, après quatre heures, on constate qu'il s'est formé un dépôt présentant plusieurs couches : à la partie inférieure se trouve un produit blanc, c'est la fécule la plus pure, à la partie supérieure un produit coloré par de petites parcelles de son. On siphonne l'eau surnageante et l'on enlève de la surface du dépôt les portions les plus foncées qui constituent ce qu'on nomme le *premier gras de fécule*. Cette matière est destinée à être traitée à part. La fécule qui forme la couche inférieure est de nouveau tamisée, dessablée, égouttée d'abord dans des baquets percés de trous et garnis d'une toile grossière, puis séchée sur une aire en plâtre qui absorbe l'eau. A cet état elle constitue ce qu'on appelle la *fécule verte* qui contient une quantité d'eau variant de 33 à 45 pour 100. Quand on veut l'avoir plus sèche, on l'expose pendant dix-huit à vingt heures dans des étuves à air chaud, dont la température, qui au début ne doit pas dépasser 50 degrés, est ensuite vivement portée à 70 degrés et même à 80 degrés.

La fécule destinée aux usages alimentaires est, après dessiccation, soumise à un blutage, puis mise en sacs ou en paquets. Bien sèche, elle doit faire entendre un craquement particulier lorsqu'on vient à la presser dans le sac qui la renferme.

FABRICATION DU GLUCOSE.

La confiserie et la fabrication des liqueurs consomment aujourd'hui de grandes quantités de glucose et de sirop de glucose. Le glucose est un sucre obtenu par l'action de l'acide sulfurique sur la fécule : il se fait ordinairement dans les féculeries. Pour cela la fécule est délayée dans l'eau et introduite dans une cuve où l'on ajoute de l'acide sulfurique. On fait bouillir le liquide et, au bout de cinq heures, la transformation est opérée : le glucose est dissous dans l'eau, mais il faut priver le liquide de l'acide sulfurique qu'il renferme. A cet effet on y verse de la craie qui s'empare de l'acide et forme avec lui du sulfate de chaux ou plâtre ; celui-ci est insoluble et se dépose au fond des bacs où l'on fait rendre la dissolution de glucose. Après une journée de repos, on enlève le liquide clair que l'on filtre et que l'on clarifie, puis on le soumet à une évaporation qui, chassant l'eau à l'état de vapeur, donne le glucose comme résidu. Cette évaporation est faite par des procédés analogues à ceux que nous verrons employés dans les sucreries.

ALCOOL.

L'*alcool* jouant un assez grand rôle dans l'alimentation, nous renvoyons aux INDUSTRIES ALIMENTAIRES la description de sa préparation.

CHAPITRE VII

HUILES ET SAVONS

On trouve, dans certaines plantes et dans les animaux, des matières grasses dont les usages sont très-variés : les unes servent à l'éclairage, les autres à l'alimentation, d'autres au graissage des machines, à la fabrication des savons, etc. Le commerce et l'économie domestique en distinguent plusieurs espèces : les *huiles*, qui sont liquides à la température ordinaire ; les *beurres*, les *graisses* et les *suifs*, qui sont solides, mous et fondent entre 35 et 38 degrés ; les *cires*, qui sont dures et cassantes et ne fondent qu'à partir de 60 degrés.

Nous ne nous occuperons en ce moment que des huiles, les industries alimentaires et l'éclairage devant nous fournir plus tard l'occasion de parler des autres corps gras.

HUILES.

Les huiles végétales que l'on rencontre dans le commerce sont extraites des graines ou des fruits des plantes oléagineuses. Cette industrie a pris en France un très-grand développement. Aix et la Provence fabriquent l'huile d'olive employée dans l'alimentation ; Marseille, Caen, les départements du Nord et de la Somme, Boulogne-sur-mer, Bayonne, Eu, Bischwiller, Arles, possèdent d'importantes usines, où se pratique l'extraction des huiles contenues dans les graines de colza, de lin, d'œillette, de sésame, dans le fruit de l'arachide, etc. Les usages de ces huiles sont très-variés ; les huiles d'œillette, de sésame, d'arachide servent à l'alimentation, l'huile de colza à l'éclairage, l'huile de lin à la peinture; plusieurs d'entre elles servent aussi à la fabrication du savon. Les unes sont fournies par des graines récoltées en France, comme celles de colza, d'œillette, de lin; les autres par des substances importées: le sésame nous vient de Roumanie, des bords du Danube et de l'Inde; l'arachide est surtout produite par le Sénégal. Les différentes huiles sont exprimées des corps qui les renferment à l'aide d'une forte pression. On opère *à froid* pour les huiles très-fluides, qui sont employées comme aliments, *à chaud* pour celles qui ont moins de fluidité.

L'extraction des huiles dites *huiles de graine* a une grande importance dans les départements du Nord. Autrefois cette fabri-

FIG. 171. — Concasseur de grains.

cation se faisait, surtout aux environs de Lille, dans des moulins à vent qui mettaient en mouvement des pilons chargés de concasser les graines et des meules qui en exprimaient l'huile. Ce genre de fabrication tend à disparaître; il est remplacé par celui que nous allons décrire.

La première opération est le *concassage*, qui réduit les graines en petits fragments, afin d'éviter qu'elles ne roulent sous les meules à l'action desquelles elles seront soumises. Elle s'exécute dans une espèce de laminoir de fonte, ou *concasseur*, alimenté par une trémie de bois (fig. 171), au fond de laquelle tourne un petit cylindre cannelé dont la vitesse de rotation est réglée de manière à ne laisser passer qu'une quantité de graines proportionnée

Fig. 172. — Meules à écraser les graines oléagineuses.

à l'action des grands cylindres. Ceux-ci tournent très-lentement et les graines, en passant dans l'intervalle qui existe entre eux, se trouvent concassées; de là elles sont portées sous des meules verticales de granit ou de grès.

Ces meules que représente la figure 172 roulent sur le fond d'une grande auge ordinairement de fonte. La paire pèse de 7000 à 8000 kilos; on peut se les figurer comme deux roues montées sur le même essieu fixé lui-même à un arbre vertical qui reçoit le mouvement du moteur de l'usine. Il est évident que si cet arbre se met à tourner, les meules tourneront autour de lui en roulant elles-mêmes sur leur axe, et écraseront les graines oléagineuses placées dans l'auge de fonte; mais elles n'atteindraient certainement que celles qui sont placées sur leur passage, si l'on ne prenait soin de ramener continuellement devant elles celles qui se trouvent en dehors. Pour cela deux lames courbes, appelées *rabats* et fixées à l'arbre, tournent avec lui en glissant sur le fond de l'auge et remuent les graines en les amenant sous les meules. De temps en temps une trappe située vers la circonférence de l'auge s'ouvre pour laisser tomber la graine écrasée, qui forme une pâte dont l'huile est la partie liquide. Quelquefois on soumet immédiatement cette pâte à une forte pression pour en faire sortir l'huile, qui est alors une huile *vierge*, d'un goût agréable et très-propre à l'assaisonnement de nos aliments. Mais cette manière d'opérer donne un rendement trop faible, que l'on augmente en soumettant les graines à l'action de la cha-

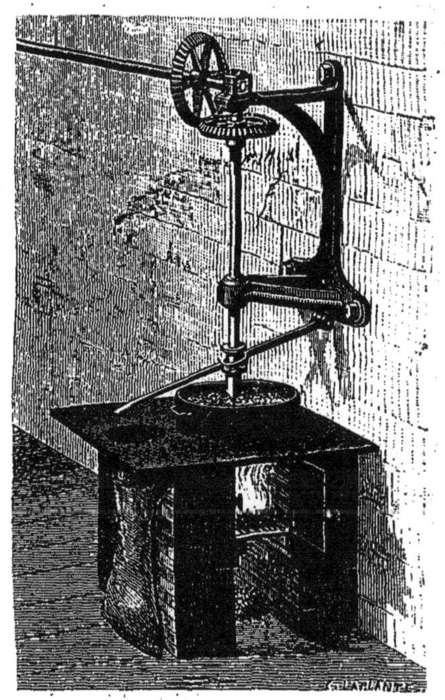

FIG. 173. — Chauffoir à feu nu.

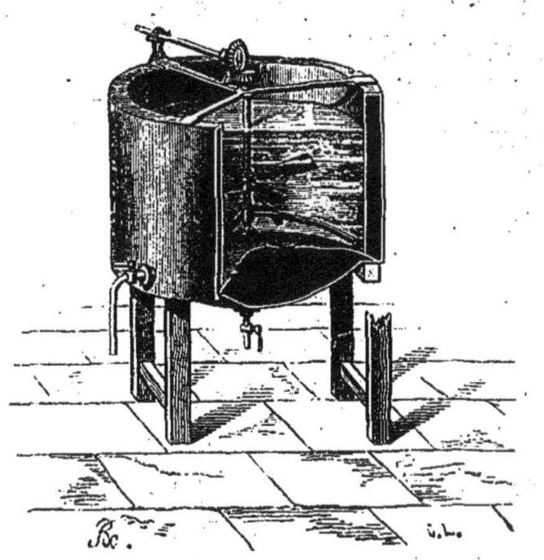

FIG. 174. — Chauffoir à vapeur.

leur dans des appareils nommés *chauffoirs*, dont le fond est chauffé soit à feu nu, soit à la vapeur.

Le chauffoir à feu nu consiste (fig. 173) en une plaque de fonte placée sur un foyer et sur laquelle repose un cylindre de tôle sans fond, appelé *payelle*, destiné à circonscrire l'espace réservé à la farine. On jette celle-ci sur la plaque de fonte et dans la payelle; un agitateur remue la masse; lorsque la farine est suffisamment chaude, on remonte l'agitateur, on attire la payelle à soi et l'on fait tomber ce qu'elle contient dans des entonnoirs au-dessous desquels sont accrochés des sacs.

Les chauffoirs à vapeur (fig. 174) sont des espèces de marmites de fer munies d'un double fond dans lequel arrive la vapeur. Un agi-

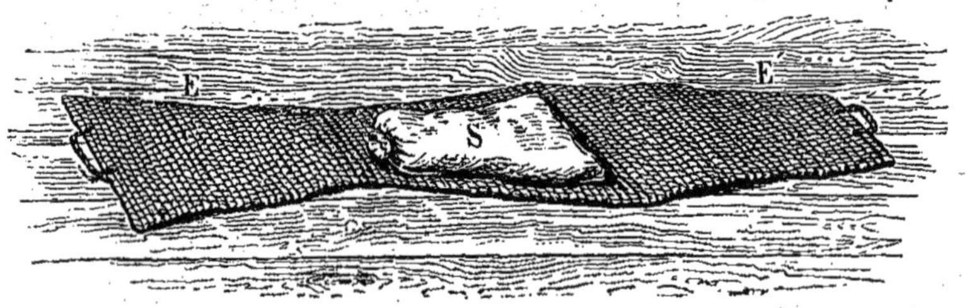

Fig. 175. — Etreindelle.

tateur à palettes remue la masse. Sous l'influence de la chaleur l'huile devient plus liquide, plus facile à extraire, mais son goût sera moins délicat.

A la sortie des chauffoirs la farine est mise dans des sacs S que l'ouvrier enveloppe dans une *étreindelle* EE', c'est-à-dire dans une pièce d'étoffe de crin doublée de cuir et formée de trois parties pouvant se replier l'une sur l'autre (fig. 175). Toutes les étreindelles garnies de sacs sont soumises à l'action d'une presse qui peut exercer une force équivalente à celle d'un poids de 6000 kilogr. L'huile s'écoule au dehors et tombe dans des conduits qui la mènent aux réservoirs où elle doit plus tard être épurée. (Nous ne décrirons pas les différents genres de presses employées; les meilleures sont les presses hydrauliques.) Après avoir subi cette première pression, la farine se trouve agglomérée et forme une espèce de plaque appelée *tourteau.* Comme elle contient encore de l'huile, on la soumet à des meules moins lourdes que les premières et que l'on appelle *meules à rebattre;* elles la réduisent en une pâte que l'on réchauffe de nouveau et qu'on envoie ensuite à d'autres presses nommées *presses à rebattre*. Leur force est plus grande et va jusqu'à 150 000 kilogr. Les presses à rebattre sont souvent disposées de manière que l'extraction se fasse à chaud : elles sont formées de plateaux creux, chauffés à la vapeur, entre lesquels on place les sacs. L'huile extraite est de moins bonne qualité que le produit de la première pression, et ne doit point être mélangée avec lui. Quant aux tourteaux, ils sont livrés à l'agriculture, qui les emploie comme engrais et pour la nourriture des bestiaux.

En sortant des presses, les huiles entraînent avec elles des mucilages et d'autres matières étrangères ; un repos prolongé les clarifie en partie, mais ne les sépare point de matières qui les rendent impropres à bien des usages et ne peuvent être enlevées que par un procédé chimique consistant à agiter les huiles en présence de 1,50 à 1,75 pour 100 d'acide sulfurique. Cette opération dure trois quarts d'heure environ et se fait dans un réservoir où se meut, au milieu du mélange d'huile et d'acide, un arbre armé de palettes. Après quarante-cinq minutes de battage, on ajoute 3 à 4 pour 100 d'eau et l'on recommence à battre pendant cinq minutes ; l'eau s'empare de l'acide. On laisse reposer pendant un temps suffisant ; l'eau, l'acide et les matières qu'il a carbonisées vont au fond du réservoir former une couche noire. L'huile surnage, on la décante et on la reçoit d'abord dans des caisses où on la laisse reposer pendant sept à huit jours ; puis on la soumet à une filtration à travers de la sciure de bois placée entre deux planches percées de trous : ceux de la planche inférieure sont garnis de petits tampons de coton qui complètent la filtration. Ce premier filtre est appelé *dégraisseur ;* son action est complétée par un second appareil nommé *filtre*, semblable au premier, mais dans lequel la planche supérieure est remplacée par une toile.

L'*huile d'olive* s'extrait des olives en les écrasant sous des moulins à une seule meule verticale, qui les réduit en une pulpe qu'on renferme dans des cabas ou *scouffins* pour la soumettre à l'action de presses hydrauliques horizontales. On appelle *huile d'olive vierge* celle qui est fabriquée avec des olives récoltées à la cueillette et non à la gaule, soigneusement triées et portées sous une presse aussitôt après leur réduction en pulpe. L'huile vierge est verdâtre et, malgré son goût de fruit, elle est très-recherchée pour les aliments.

L'huile ordinaire de table s'obtient en arrosant d'eau bouillante la pulpe des olives qui ont fourni l'huile vierge, et en la soumettant à la pression. Cet échaudage gonfle la pulpe, coagule les parties albumineuses, et, en rendant l'huile plus fluide, facilite son écoulement. Elle est d'une belle couleur jaune et moins agréable au goût que l'huile vierge. Cette méthode économique et rationnelle n'est malheureusement pas suivie dans toutes les huileries ; un certain nombre emploient encore un procédé plus long et plus imparfait.

L'huile de première pression est en général déposée dans de grandes jarres placées dans des appartements exposés au midi, où l'on entretient une température d'environ 10 degrés. Lorsque l'huile est transparente, on transvase la partie claire et on laisse encore reposer la partie trouble. Quand on a de grandes quantités d'huile à conserver, on les met dans des fosses bien cimentées qu'on nomme *piles*.

SAVONS.

On appelle *savons* des substances qui servent au blanchissage du linge, de la soie, de la laine, au dégraissage des laines brutes. Ces corps sont des combinaisons de certains acides gras (acides margarique, stéarique, oléique) avec une base alcaline, la potasse ou la soude. Nous ne parlons ici que des savons solubles, et laissons de côté les savons insolubles que forment les autres oxydes métalliques.

Les savons agissent par l'alcali, c'est-à-dire par la potasse et la soude qu'ils renferment, ces deux corps ayant la propriété de se combiner avec les corps gras et de former avec eux des composés solubles; de sorte que si un linge est gras et sale, il suffirait de le laver avec une dissolution de potasse ou de soude pour le blanchir, puisque cette potasse ou cette soude se combinant avec le corps gras l'enlèverait au linge et l'entraînerait dans l'eau à l'état de corps soluble. L'usage de la potasse et de la soude peut avoir quelques inconvénients. Employées à trop grande dose et sans précaution, elles peuvent nuire à la qualité du linge ; elles agissent avec énergie sur les mains des laveuses ; aussi préfère-t-on les prendre à l'état de combinaison soluble avec un acide gras, combinaison qui conserve la propriété de dissoudre les graisses, les huiles, etc.

Les acides gras nous sont fournis par des corps d'origines différentes, les suifs de mouton, de bœuf, de chèvre, les huiles d'olive, de sésame, d'arachide, d'œillette, de colza, de palme, de palmiste, de coco, etc. Ces corps ne renferment pas l'acide gras à l'état libre, mais ordinairement combiné avec une substance que l'on désigne sous le nom de *glycérine* et qui forme avec eux des composés différents : avec l'acide oléique, l'oléine, avec l'acide margarique, la margarine, avec l'acide stéarique, la stéarine. Les corps gras d'origine végétale sont essentiellement formés d'oléine et de margarine, et ceux d'origine animale contiennent en plus la stéarine.

Le savon étant, comme nous venons de le dire, le résultat de la combinaison d'un ou de plusieurs acides gras avec une base alcaline, la potasse ou la soude, sa fabrication consiste à éliminer la glycérine de ses combinaisons avec les acides gras pour lui substituer la potasse ou la soude. Or, cette élimination se fait justement à l'aide de l'une de ces deux bases : lorsqu'on met un corps gras en présence de l'une d'elles, elle chasse la glycérine, prend sa place et se combine avec l'acide gras pour former avec lui un savon, qui est *dur* si la base est la soude, qui est *mou* si la base est la potasse.

Tels sont les principes chimiques sur lesquels repose la fabrication des savons. La science les doit à M. Chevreul, qui publia en 1813 un important travail sur les corps gras, et fit voir qu'ils n'étaient pas, ainsi qu'on l'avait cru jusqu'à lui, des principes immédiats comme le sucre, l'amidon ou l'alcool.

Nous devons ajouter que si la découverte de M. Chevreul a été le point de départ d'industries diverses créées pour l'exploitation des corps gras, l'industrie du savon l'avait précédée (1).

Les peuples anciens ont connu le savon ; on prétend trouver son existence mentionnée dans la Bible ; d'autres pensent que le mot hébreux *borith*, qui avait été longtemps considéré comme l'équivalent de notre mot *savon*, signifie plus exactement *alcali*. Sans chercher à décider cette question d'érudition, nous ajouterons que Pline, dans son Histoire naturelle, parle, de la manière la plus nette, du savon des Gaulois ; il l'indique comme composé de suif et de cendre et signale l'usage que l'on peut en faire pour *se rougir les cheveux*.

Quoi qu'il en soit, il est facile de voir, d'après le passage de Pline, que le savon était un simple amalgame de graisse et d'alcali tiré des

(1) Nous empruntons une partie des détails historiques qui vont suivre à un travail de M. Jules Roux sur la savonnerie.

cendres de bois et de quelques plantes marines. Il n'y a jamais eu dans l'antiquité un ensemble de moyens constituant un procédé uniforme, régulier et conduisant à un produit déterminé. Cette fabrication se révéla à l'état d'industrie au commencement du XVIIe siècle dans une petite ville d'Italie appelée Savone, et devint bientôt si renommée, que Gênes et quelques autres villes d'Italie se l'approprièrent. Il est à regretter que le nom de l'inventeur ne soit pas venu jusqu'à nous, car le procédé au moyen duquel on a fabriqué pendant si longtemps en Italie, en France et en Espagne le produit si universellement connu sous le nom de *savon blanc* et de *savon marbré*, a été tellement complet dès l'origine, que rien d'essentiel n'y a été changé.

La savonnerie fut introduite en France sous l'administration de Colbert. Elle s'établit d'abord à Toulon et le choix de cette localité, située à côté des contrées qui produisent l'huile d'olive, indique que le grand ministre se préoccupait surtout de trouver un débouché nouveau aux produits du sol. Il avait également en vue de donner du travail aux ouvriers nationaux à l'exclusion des étrangers; car, quelques années plus tard, Louis XIV rendit un arrêt dans le but de *constituer un monopole pour la fabrication du savon en faveur du sieur Rigat, de Lyon*, à la condition qu'il n'emploierait que des ouvriers français et des huiles françaises. Le décret, qui avait soulevé des tempêtes à son apparition et ne fut enregistré au parlement d'Aix que sur injonction royale, ne dura que deux ans; la force des choses en fit justice. Le sieur Rigat perdit son privilége par un arrêté du 10 octobre 1669. L'industrie savonnière, libre de choisir son milieu le plus convenable, vint s'établir à la fin du XVIIe siècle à Marseille qui, par son important commerce avec les pays producteurs d'huiles d'olive et par les avantages qu'offrait son grand marché, était pour cette fabrication spéciale dans des conditions incontestables de supériorité.

A cette époque, le procédé de fabrication inventé à Savone n'était plus un secret pour personne. A Gênes il fut appliqué dès l'origine et les Génois s'y acquirent une grande réputation. Dans plusieurs villes d'Espagne, à Alicante principalement, il avait été mis en pratique. Malgré cette concurrence, c'est à Marseille seulement que la savonnerie a pris l'immense développement qui, pendant près de deux siècles, a fait du savon de Marseille le savon type.

Quand on étudie la marche de cette industrie depuis Colbert jusqu'à nos jours, on voit que la réglementation sévère à laquelle

elle a été soumise dès l'origine, en maintenant l'observation rigoureuse du procédé normal et la bonne qualité des produits, a puissamment contribué à sa richesse. Est-ce à dire que l'industrie de Marseille n'ait jamais livré à la consommation que des savons exempts de toute fraude? Non, et malgré le rigorisme dont elle a paru se targuer vis-à-vis des villes rivales, Marseille a eu, à ce point de vue, ses moments de faiblesse, et ses produits n'ont pas toujours eu la pureté que les Marseillais semblent réclamer comme privilége de leurs savons. En 1790, les lavandières adressaient aux états généraux une plainte dans laquelle elles s'élevaient contre les falsifications du savon blanc et demandaient l'application de mesures répressives. En 1791, le conseil municipal de Marseille lui-même faisait à l'Assemblée législative une demande semblable.

La découverte de Leblanc sur la fabrication de la soude artificielle devait exercer une influence heureuse sur l'industrie qui nous occupe; en même temps qu'elle affranchissait la France de la nécessité de demander des soudes à l'étranger, elle fournissait pour la fabrication du savon un produit plus pur que les soudes naturelles, exempt de tout alcali déliquescent, et permettant de mélanger à l'huile d'olive l'huile d'œillette, dont la culture avait pris naissance à la même époque dans les départements du Nord.

Malgré ces avantages les fabricants de savon ne firent pas tout d'abord à cette découverte l'accueil qu'elle méritait; le nouveau produit fut longtemps en butte aux préjugés les plus absurdes. On s'imaginait que le savon fait avec la soude artificielle gâtait le linge et nuisait à la santé de ceux qui l'employaient. Les paysans se figuraient que les fabriques de soude repoussaient les nuages et empêchaient la pluie. Cette croyance ridicule s'était tellement répandue qu'on fut obligé, en 1815 et 1816, de faire camper des troupes pendant quelque temps à Septème pour préserver d'une destruction presque certaine les fabriques de soude situées dans cette localité.

Nous trouvons dans l'histoire de la science et de l'industrie plus d'un fait semblable. Les plus belles découvertes n'ont parfois été accueillies qu'avec froideur et défiance; le préjugé et la routine ont frappé de stérilité les efforts les plus nobles. C'est là pour nous un enseignement précieux que nous ne devons pas oublier : ne repoussons jamais les procédés nouveaux qui nous sont présentés, mais étudions-les toujours sans enthousiasme ni prévention, et ne les condamnons que lorsque l'expérience nous a démontré leur insuffisance.

Dès 1834 la culture de la betterave devint tellement envahissante dans le Nord que celle de la graine d'œillette fut négligée et les usines de Marseille furent exposées à manquer de cet utile auxiliaire. Pour suppléer à ce déficit, on dut recourir alors aux graines de lin de la Baltique et surtout de l'Égypte et de la mer Noire. Mais l'huile de lin ne pouvant avoir en savonnerie qu'un emploi assez borné à cause de l'odeur et de la couleur qu'elle communique au savon, on rechercha si d'autres graines oléagineuses ne donneraient pas une huile plus convenable.

On pensa au *sésame*, connu dans tout l'Orient depuis un temps immémorial, et la culture de cette graine fut d'abord essayée en Égypte. Les premiers essais ayant réussi, les champs de l'Égypte, de l'Anatolie, de la Roumanie, puis ceux de Karamanie, de la Syrie et de la Palestine, se couvrirent de sésames. Quelques années plus tard, cette culture s'introduisit dans l'Inde et dépassa bientôt en importance celle des provinces turques et égyptiennes.

Pendant que la graine de sésame se récoltait ainsi aux deux extrémités de l'Asie et sur les bords du Nil, une autre graine oléagineuse, l'*arachide*, était recueillie sur les côtes occidentales d'Afrique et venait fournir à la navigation et à l'activité nationale de nouveaux éléments de travail et de fortune.

Mentionnons aussi l'*huile de palme*, qui provient du fruit de l'avoira de Guinée (plante qui appartient à la famille des Palmiers). Cette huile s'extrait par l'action de l'eau bouillante sur le sarcocarpe fibreux qui enveloppe le noyau du fruit. Les Anglais, qui ont de nombreuses factoreries de cette huile sur la côte occidentale d'Afrique, en importent chez nous des quantités considérables; ce produit est pour les nègres de la côte l'objet d'un commerce d'échange fait avec les Européens.

Le noyau du fruit de l'avoira est aussi importé en France, et on en extrait, par expression, l'*huile de palmiste*, que l'on utilise comme la précédente dans la fabrication des savons.

L'huile de coco, qui nous vient de Pondichéry, de Cochin, de Karical, de Ceylan et de Sidney, est extraite, par expression ou par fusion, de l'amande de plusieurs espèces de cocotiers (*Cocos nucifera*, *Elais butyracea*). En même temps que ces différents corps, l'acide oléique, qui est un résidu de la fabrication des bougies stéariques, prenait sa place dans la savonnerie.

Il était facile de prévoir que du jour où Marseille appelait au secours de son industrie les corps gras que nous venons de citer, d'autres villes, aussi bien placées qu'elle pour les recevoir, voudraient concourir à la production du savon et lui disputer le monopole qu'elle avait conservé si longtemps et qu'elle ne devait, en définitive, qu'à sa situation géographique auprès des régions où pousse l'olivier. Ce fut en effet ce qui arriva, et plusieurs villes du nord et de l'ouest de la France entreprirent la fabrication du savon : Rouen, Nantes, Paris, Elbœuf, Reims, Dijon, Amiens et Tours sont à citer parmi celles où cette industrie s'est le plus développée.

La fabrication du savon telle qu'elle se pratique à Marseille comprend deux phases principales : 1° la préparation des lessives de potasse ou de soude, ou caustification ; 2° la fabrication proprement dite du savon.

L'industrie des produits chimiques ne livre pas au savonnier la potasse et la soude à l'état de bases caustiques ; elles sont ordinairement combinées avec une proportion plus ou moins grande d'acide carbonique dont il faut les priver pour qu'elles puissent agir efficacement sur les corps gras. C'est là le but de la caustification. On met la dissolution de potasse ou de soude en présence d'une certaine quantité de chaux qui, s'emparant de l'acide carbonique combiné avec l'alcali, forme avec lui un composé insoluble appelé *carbonate de chaux ;* ce composé tombe au fond du récipient où se fait la caustification, tandis que le liquide surnageant constitue une lessive contenant en dissolution la potasse et la soude caustiques. A Marseille la préparation des lessives se fait dans des bassins de pierre appelés *barquieux.* Après avoir concassé la soude artificielle, on y ajoute un tiers en poids de chaux parfaitement éteinte et le mélange est placé dans les barquieux. L'eau pure, ou une lessive faible provenant d'un lavage précédent, est amenée dans ces bassins. La dissolution de la soude s'opère peu à peu, la chaux lui enlève son acide carbonique. Au bout d'un certain temps, on soutire cette première lessive dans des citernes placées au-dessous des barquieux et appelées *trous.* Le résidu est épuisé par des additions d'eau pure, et la lessive faible qui provient du dernier lavage sert à dissoudre une nouvelle quantité de soude neuve, et ainsi de suite. Quand on veut avoir des lessives concentrées, ce qui est nécessaire à certains moments de la fabrication, on a recours à des lavages méthodiques : au lieu d'un seul barquieux on en a quatre, qui contiennent des soudes à des états différents, depuis la soude neuve jusqu'à la soude épuisée. L'eau pure est dirigée d'abord sur les soudes les plus pauvres ; comme son pouvoir dissolvant est encore entier, elle a plus de facilité pour dissoudre les éléments solubles qui sont disséminés dans ces produits déjà épuisés par de précédents lavages; de là elle est dirigée de proche en proche sur la soude neuve et, lorsqu'elle y arrive, elle s'y concentre.

La fabrication du savon proprement dit comprend trois phases principales : l'*empâtage*, le *relargage* et la *coction*. L'huile n'étant pas miscible à l'eau, il est nécessaire de la diviser pour la faire arriver au contact de l'alcali avec lequel elle doit se combiner : tel est le but de l'*empâtage*, qui émulsionne l'huile, c'est-à-dire qui la met, à l'état de division extrême, en suspension dans l'alcali. On se sert à Marseille pour cette opération de grandes chaudières en maçonnerie, dont la capacité est en général de plus de 200 hectolitres. Leur fond est en tôle et a une forme hémisphérique; il est en contact avec le foyer et constitue la surface de chauffe. On y verse d'abord la lessive et, lorsqu'elle est à la température voulue, on fait rouler des barriques contenant l'huile sur deux fortes planches mises en travers de la chaudière. L'huile en tombant dans la lessive s'émulsionne : la matière d'abord très-limpide va peu à peu en épaississant et, au bout de vingt-quatre à quarante-huit heures d'ébullition, elle a acquis une consistance et une homogénéité suffisantes.

Il faut alors procéder au *relargage*, c'est-à-dire enlever au mélange la trop grande quantité d'eau qu'il renferme. Pour cela, on ajoute en plusieurs fois une lessive chargée de sel marin; en même temps un ouvrier armé d'un *redable* (outil composé d'une planche de noyer traversée par un manche de 5 à 6 mètres de long) remue constamment la masse pour y répartir la lessive salée. L'émulsion savonneuse, insoluble dans l'eau salée, se grumèle et se réunit à la surface sous forme de pâte consistante et colorée, en abandonnant l'excès d'eau qu'elle retenait; cette eau entraîne avec elle la glycérine, l'huile en excès et la plus grande partie des sels contenus dans la lessive d'empâtage et dans celle qui a servi à relarguer. On laisse alors tomber le feu et, après quelques heures de repos, on soutire le liquide à l'aide d'un tuyau placé au fond de la chaudière, ouvrant au dehors et appelé *épine*.

Après le relargage on procède à la *coction*, qui consiste à faire bouillir le savon avec de nouvelles lessives douces et concentrées, mélangées, vers la fin de l'opération, à des lessives salées. La saponification s'achève, le sel marin contracte la pâte et la réduit en grumeaux. Lorsque la pâte comprimée entre le pouce et l'index résiste à la pression, forme une plaque solide et se dissout complétement dans l'eau sans laisser d'yeux à sa surface, le savon est fait, et on le met à sec en épinant de nouveau.

Il est d'un bleu foncé, tirant sur le noir et ne contient que 16 pour 100 d'eau. Sa couleur est due à un sulfure de fer mêlé à un savon à base d'alumine et de protoxyde de fer qui provient de la soude brute employée.

Le savon ainsi obtenu est ordinairement transformé soit en *savon blanc*, soit en *savon marbré*.

Pour le convertir en *savon blanc*, on le délaye peu à peu avec des lessives faibles à une douce chaleur. Ce travail, qui s'exécute en versant dans la masse de petites quantités de lessive qu'on y incorpore peu à peu en brassant continuellement avec un redable, est connu sous le nom de *liquidation ;* il est fort pénible et exécuté par un ouvrier qui, pieds nus et debout sur une planche placée en travers de la chaudière, remue la matière en enfonçant le redable jusqu'au fond et en le ramenant ensuite à la surface. Lorsque la pâte est devenue homogène, on la maintient à l'état de fluidité en allumant un peu de feu sous la chaudière, et on laisse reposer : une certaine quantité de savon nommée *gras* se dissout dans la lessive et va au fond de la chaudière, en entraînant avec elle l'excès d'eau, le sulfure de fer, le savon d'alumine et de fer. Quant au savon proprement dit, insoluble dans cette même lessive, il reste à la surface; après avoir enlevé l'écume produite par l'ébullition, on le puise avec des poches de cuivre appelées *pouadous* et, à l'aide de cornues de bois, nommées *servidous*, on le transporte dans la salle des mises, où il est coulé, soit sur un lit de chaux délitée, soit sur des feuilles de papier gris lorsqu'il doit servir au décreusage de la soie.

Plusieurs jours après l'*empli* des mises et lorsque le savon s'est solidifié, on l'aplanit et on le rend plus compacte en frappant sur toute sa surface avec de larges battes de bois. Après quelques jours de repos on procède au *découpage*. A cet effet, un ouvrier commence à tracer à la règle et au poinçon les lignes de séparation; ensuite, au moyen d'un long couteau manœuvré par trois ouvriers, on découpe la masse en pains de 20 à 25 kilogr. Ces morceaux seront plus tard divisés en briques plus petites par un fil de fer.

Lorsque la pâte de savon blanc a été enlevée de la chaudière, il reste au fond de celle-ci une couche de *gras* dissous dans le grand excès de lessive faible employée pour la liquidation. On ajoute de la lessive concentrée et salée pour ne pas perdre cette partie dissoute et la faire grener; on la coule et on la met en réserve pour la travailler avec le *gras* des cuites suivantes.

Quand, au lieu de savon blanc, on veut fabriquer du *savon marbré*, on ajoute vers la fin de l'empâtage, et par cuite, 2 à 3 kilogr. de sulfate de fer dissous dans l'eau; il se forme du sulfure de fer et la pâte prend une couleur vert bleu. Les lessives servant dans la coction du savon marbré doivent être plus salées que lorsqu'il s'agit de savon blanc; car il faut que le grain de la pâte reste assez sec pour empêcher la précipitation de la matière colorante, résultat que l'on obtient par un excès de sel, ce corps ayant pour effet, comme nous l'avons dit, de produire la séparation du savon et de l'eau. Pour bien distribuer dans la masse le savon ferrugineux en veines plus ou moins grandes qui produiront une espèce de *marbrure* ou *madrure*, des ouvriers montés sur des planches en travers de la chaudière brassent continuellement la pâte avec le redable. Cette agitation aide aussi à l'absorption des lessives qui ne se ferait que difficilement, la réussite de l'opération exigeant qu'on ne porte pas le liquide à l'ébullition. L'ouvrier madreur agite d'abord la surface de la masse : c'est ce qu'on appelle *rompre la pâte*. Il se transporte à différents points de la planche qui traverse la chaudière; quand il l'a parcourue tout entière, il a effectué une *passée*. Il doit faire trois ou quatre *passées* pour *rompre*, puis il achève en *tirant du fond*, c'est-à-dire qu'après avoir enfoncé son redable jusqu'au fond de la chaudière, il le retire verticalement jusqu'à la surface et par mouvements saccadés.

Le madrage est un des points les plus délicats de la fabrication du savon; car si la pâte est trop délayée, ou se refroidit trop lentement, la matière colorante s'isole et tombe au fond de la chaudière; si, au contraire, la pâte est trop épaisse ou se refroidit trop vite, la matière colorante ne peut se rapprocher pour former des marbrures.

Lorsque l'opération est finie, on puise la pâte à l'aide de *pouadous*, et on la verse dans des conduits en bois qui la mènent dans les mises ou bassins en maçonnerie de 70 à 80 centimètres de profondeur. En se refroidissant, elle abandonne l'excès de lessive qu'elle contenait encore et, au bout de huit à dix jours, elle a assez de consistance pour pouvoir être découpée.

Nous ferons remarquer que le savon marbré est souvent préféré dans la consommation au savon blanc. Voici la cause de cette préférence : la marbrure ne peut se faire qu'à condition que la pâte ne soit pas trop fluide, et par conséquent ne contienne pas trop d'eau ; c'est une garantie que l'on n'a pas avec le savon blanc, qui peut contenir une proportion d'eau plus considérable, et qui est alors appelé savon d'*augmentation* ou *augmenté*.

Dans les autres parties de la France, où l'industrie de la savonnerie se sert de procédés qui diffèrent un peu des procédés marseillais, et qui ont sur eux, dans certains cas, des avantages incontestables, les savons sont faits avec les huiles de palme, de coco, de sésame, d'arachide, l'acide oléique, etc.

Pour donner une idée de ce genre de fabrication, nous extrairons les détails suivants d'un rapport que nous avons fait à la Société industrielle d'Amiens sur le bel établissement de M. Alexandre Duflos, fabricant de savons à Amiens.

L'atelier de fabrication est une vaste halle divisée en trois travées disposées à des niveaux différents dans la longueur de l'atelier et communiquant entre elles par deux escaliers.

Dans la travée supérieure se fait la caustification des lessives. Dans toute sa longueur se trouve une série de bacs à caustifier contenant chacun 50 hectolitres ; à leur centre est disposé un axe vertical armé de palettes et mis en mouvement par la machine à vapeur de l'usine. Ces bacs sont remplis d'eau qui, en peu de temps, est chauffée à une température de 70 à 80 degrés par une arrivée de vapeur. On accroche sur leurs bords des paniers de tôle percés de trous, on y place le carbonate de potasse ou de soude, et l'eau passant à travers les trous dissout peu à peu le sel. La dissolution est, du reste, facilitée par le mouvement de l'agitateur qui, en remuant le liquide, éloigne du sel les parties saturées pour mettre en contact avec lui d'autres parties qui ne le sont pas. Lorsque le carbonate alcalin est dissous, et que la lessive marque 20 à 22 degrés à l'aréomètre Baumé, on le remplace dans les paniers par de la chaux vive. Celle-ci s'éteint, se dissout peu à peu, décompose le carbonate, s'empare de l'acide carbonique pour former avec lui du carbonate de chaux insoluble, et la potasse ou la soude caustifiée par cette action reste en dissolution dans le liquide. Le mouvement de l'agitateur, en renouvelant continuellement les surfaces, accélère la décomposition.

Le but des paniers de tôle suspendus dans les bacs est double : d'abord, ils arrêtent les silex qui peuvent être dans la chaux et qui, se trouvant pris entre le fond des bacs et les palettes inférieures de l'agitateur, pourraient déterminer leur rupture ; en second lieu, ils empêchent que des fragments de carbonate, ou *grabeaux*, n'aillent séjourner au fond des bacs et n'échappent à la caustification, car ils s'enroberaient bientôt d'une couche de carbonate de chaux qui empêcherait leur dissolution complète.

Lorsque la caustification est faite, il n'y a plus, pour que la lessive soit prête à servir, qu'à la séparer du carbonate de chaux solide qu'elle tient en suspension. A cet effet, on arrête l'agitateur et l'on abandonne le liquide. Le carbonate de chaux se dépose au fond du bac; le liquide qui surnage se sépare en deux couches : la première, et de beaucoup la plus épaisse, contient la lessive claire : on la fait écouler dans les chaudières, dont nous parlerons tout à l'heure, à l'aide d'un robinet placé à une hauteur convenable; la seconde contient un liquide alcalin tenant en suspension du carbonate de chaux qui ne s'est pas déposé : un second robinet placé un peu plus bas permettra de faire écouler ce liquide dans des citernes de réserve placées au-dessous.

Mais le carbonate de chaux, qui se trouve au fond du bac et qui y forme une pâte plus ou moins épaisse, contient encore des proportions considérables de lessive qu'il ne faut point laisser perdre; aussi le lave-t-on plusieurs fois à l'eau pure, jusqu'à ce que le liquide ne marque plus que 1 degré à l'aréomètre. Les lessives ainsi produites sont envoyées dans les citernes de réserve. Quant au carbonate de chaux épuisé, on l'extrait à l'aide d'une soupape située dans le fond du bac. Il constitue pour les fabricants de savon un résidu encombrant qu'ils envoient aux décharges publiques.

Nous ne quitterons pas la travée de la caustification sans dire que l'on y amène aussi les huiles solides, comme l'huile de palme, de palmiste, de coco, etc.; qu'à l'aide d'un jet de vapeur elles sont facilement liquéfiées dans leur tonneau, et que par un tuyau mobile, on les fait rendre dans les chaudières de la seconde travée.

Descendons maintenant dans la travée de fabrication. Nous y trouvons des chaudières de tôle enterrées dans un massif de maçonnerie disposé de telle sorte que les gaz produits par la combustion du charbon dans un foyer latéral puissent circuler autour d'elles et les porter à une température convenable. C'est dans ces chaudières que se fait la saponification.

Supposons qu'il s'agisse de savon à l'acide oléique. On introduit dans la chaudière une certaine quantité de lessive faible provenant d'une opération précédente, et contenant non-seulement de la soude caustique, mais aussi du carbonate de soude non caustifié.

Puis on ajoute la quantité de corps gras en proportion du volume de lessive employée. Comme l'acide oléique est déjà, par la fabrication des bougies, séparé de la glycérine, il décomposera sans difficulté le carbonate non caustique et se combinera avec la soude libre ou provenant de cette décomposition. On marche ainsi pendant une journée : c'est ce qu'on appelle le *premier service*. Le lendemain la lessive s'est rassemblée au fond de la chaudière, les corps gras et le savon surnagent ; on introduit alors dans la masse le tuyau d'aspiration d'une pompe mobile. Il descend jusqu'au fond et, par le jeu du piston, extrait la lessive, qui se trouve refoulée dans les citernes de réserve dont nous avons déjà parlé.

On donne alors le *second service*, qui dure un jour et qui est fourni par une lessive forte, pesant 22 degrés à l'aréomètre et appelée *première*. C'est pendant ce second jour que s'opère la plus grande partie de la saponification commencée par le premier service. La lessive bouillonne dans la chaudière, de grosses bulles montent à la surface, crèvent la croûte, et le liquide alcalin en se déversant sur la masse opère la saponification.

Pendant la nuit, le savon fabriqué se rassemble à la surface ; les lessives vont au fond, et le lendemain on les extrait à l'aide de la pompe mobile, pour les remplacer par une nouvelle lessive plus faible en alcali, mais qui contient du sel marin et dont le degré aréométrique est plus élevé. Cette lessive achèvera la saponification des corps gras qui sont encore libres, et le sel, en augmentant la densité du liquide, facilitera la séparation du savon.

Le quatrième jour, on procède à l'opération que l'on désigne sous le nom de *liquidation*. Elle consiste à chasser de la pâte l'excès de sels alcalins qu'elle retient, ce qui peut se faire de deux manières : Quand le savonnier juge que la pâte est très-chargée d'alcali, il y verse une quantité d'eau suffisante pour que cette eau, allant chercher dans toutes les parties de la masse le sel qui s'y trouve réparti, le dissolve et fasse avec lui une liqueur assez dense pour qu'elle puisse facilement se séparer, par dépôt, du savon fabriqué. Quand, au contraire, la pâte ne contient pas assez d'alcali, il *liquide* avec une lessive de moyenne force et capable de produire, avec l'alcali libre du savon, la liqueur de densité voulue ; cette opération dure aussi un jour. Cela fait, on arrête le feu et on laisse reposer pendant quatre à cinq jours. La masse se sépare en plusieurs parties : au-dessus une couche épaisse de savon, au-dessous une couche moindre mais renfermant, avec des produits divers, des corps gras non saponifiés et désignés sous le nom de *nègre;* enfin, au fond de la chaudière une lessive peu concentrée, qui, suivant sa valeur, sera rejetée ou envoyée aux citernes de réserve.

Lorsque le savon est fait, il faut l'introduire dans les récipients où il se solidifiera. Cette opération s'exécute dans la troisième travée, que nous désignerons sous le nom de *travée des mises.*

Ces mises sont, soit des caisses de bois, soit des caisses de tôle à parois mobiles ; elles sont disposées sur le sol par rangées perpendiculaires à l'axe longitudinal de la travée. Lorsqu'on veut faire la coulée, on les réunit au tuyau de vidange de la chaudière à l'aide d'une rigole de tôle assez longue pour courir tout le long d'une rangée, et divisée, par des vannes mobiles, en compartiments correspondant à chacune des mises et munis de soupapes. Quand on commence la coulée, toutes les vannes sont levées et la pâte liquide s'écoule jusqu'au bout de la rigole. On soulève la dernière soupape et la mise qui est au-dessous d'elle s'emplit; on ferme ensuite la soupape, on abaisse la dernière vanne, et le savon, arrêté par elle, ne coule plus que jusqu'à l'avant-dernière mise, que l'on remplit de la même manière, et ainsi de suite.

Le refroidissement, qui dure six jours dans les mises de tôle, dix dans celles de bois, donne des blocs de savon qu'il faut découper en tranches. Pour cela, on démonte les parois mobiles des mises, et l'on entoure le bloc par une pile de châssis ayant chacun 10 centimètres environ de hauteur. Entre le premier et le second, deux ouvriers glissent un fil de fer qu'ils tirent à eux en le forçant à traverser le bloc de savon. Ils isolent ainsi une première tranche ayant pour base la base du bloc, et pour hauteur 10 centimètres. Après l'avoir enlevée ainsi que le premier châssis, ils répètent l'opération entre le second et le troisième et continuent jusqu'au bas du bloc.

Ces tranches sont chargées dans des wagonnets et portées à l'atelier de découpage, où elles doivent d'abord être divisées en quilles. A cet effet, on place chaque tranche sur un chariot horizontal qui est muni de fentes longitudinales et qui peut, par l'action d'une manivelle et d'un engrenage, se déplacer horizontalement à la surface d'une table, sur laquelle se dresse un cadre où sont tendus six fils de fer verticaux; ce cadre est assez large pour laisser passer le chariot mobile. Lorsqu'on met celui-ci en mouvement, le savon rencontre les fils de fer qui, pénétrant dans sa masse et dans les fentes longitudinales, le débitent en morceaux prismatiques. Tantôt ces morceaux sont expédiés sans autre découpage, tantôt ils sont découpés en cubes à l'aide d'un couteau à guillotine.

Il ne reste plus qu'à donner à chaque bloc l'estampille de l'usine et la marque qui indiquera au consommateur la qualité du savon. Cet estampillage doit être précédé d'un étuvage, qui a pour effet de durcir la surface du savon et de la rendre plus apte à recevoir l'empreinte avec netteté.

L'estampille est appliquée à la main ou mécaniquement. Dans le premier cas, un ouvrier place au-dessus de chaque morceau de savon qui lui est présenté par un aide, une petite matrice portant, en relief ou en creux, les caractères à reproduire; d'un coup de maillet il fait pénétrer les saillies de la matrice dans le morceau que l'aide retourne immédiatement pour présenter une autre face à la même opération.

L'estampillage mécanique se fait avec un appareil composé de deux parties: la première est une boîte cubique de bronze, sans fond et s'ouvrant, suivant une de ses arêtes, autour d'une charnière passant par l'arête opposée. Les quatre faces intérieures portent, en relief ou en creux, le dessin qui doit être imprimé sur les faces latérales. La seconde partie de l'appareil est une machine à balancier, semblable à celle qui sert à marquer le papier à lettres. L'ouvrier estampilleur ouvre la boîte, place le morceau de savon sur la table de l'appareil, l'enveloppe ensuite en refermant la boîte, et d'un coup de balancier il y comprime le savon. Cette méthode est moins rapide que la première, mais la marque a plus de finesse.

Les savons par *empâtage* ou à *froid* se font, pour ainsi dire, d'un seul coup et par un seul service d'une lessive forte. La fabrication s'exécute à une température moins élevée que par les autres procédés. On fait fondre à part un poids déterminé de corps gras et l'on y ajoute en une seule fois la quantité de lessive chaude nécessaire à la saponification, on cuit et l'on coule en mises. Le savon ainsi fabriqué retient toutes les impuretés des corps gras, des lessives, beaucoup d'eau et presque toujours un excès d'alcali; quoique vendu à un prix inférieur, il ne présente aucun avantage au point de vue de l'économie.

Les *savons mous*, dits *savons noirs* ou *savons verts*, sont à base de potasse, et sont fabriqués avec les huiles les moins chères, huile de chènevis, d'œillette, de colza. Leur préparation est des plus simples : on fait bouillir les huiles, dans des chaudières de tôle à fond conique, avec des lessives de potasse que l'on introduit en trois fois, en commençant par les plus faibles ; on concentre le mélange pour chasser l'excès d'eau, puis on le coule dans des tonneaux lorsqu'il a atteint la consistance voulue. Ces savons sont verts quand on les fait avec des huiles jaunes et qu'on y ajoute vers la fin de la cuisson un peu d'indigo ; ils sont noirs quand on emploie l'huile de chènevis et qu'on colore par du sulfate de cuivre, du sulfate de fer, du tannin et du bois de campêche.

Les *savons de toilette* se faisaient autrefois avec du savon blanc de Marseille ; mais la fabrication de ce dernier ayant laissé à désirer, les parfumeurs préfèrent maintenant le fabriquer eux-mêmes. Les corps gras employés sont des huiles de palme, quelquefois des huiles d'olive et souvent des graisses fraîches achetées avant qu'aucune fermentation ait eu le temps de s'y développer. Les chaudières sont ordinairement de métal et de dimensions beaucoup plus petites que celles que l'on emploie à Marseille. Lorsque le savon est fabriqué, il faut le parfumer. Pour cela, on le réduit d'abord en copeaux à l'aide de machines remplaçant avantageusement le travail à la main ; puis ces copeaux sont livrés à une *broyeuse*, ou laminoir à trois cylindres de granit ; ils sont amenés par une trémie entre les deux premiers cylindres et réduits à l'état de lames très-fines, qui sont détachées du troisième cylindre par un couteau d'acier. Ces lames sont ensuite mélangées intimement au parfum et à une matière colorante, à l'aide de deux meules verticales de granit.

Après avoir fait subir au savon cette préparation, on le divise en morceaux de grosseur régulière, compactes et parfaitement secs. A cet effet, la pâte est mise dans une boîte de fonte percée de deux trous circulaires sur l'une de ses faces : par la face opposée entre un piston carré qui, poussé mécaniquement dans la boîte, comprime le savon et le force à sortir, sous forme de deux blocs cylindriques, par les deux trous circulaires. A leur sortie ces blocs sont divisés à l'aide de fils de laiton. Les morceaux cylindriques ainsi obtenus sont desséchés à l'étuve et débarrassés, au couteau ou sur le tour, de la couche pulvérulente qui s'est formée dans l'étuve ; puis ils sont comprimés dans une matrice de métal, ayant la forme que doit avoir le morceau de savon et portant en creux les caractères que l'on veut tracer en relief à sa surface.

CHAPITRE VIII

PRÉPARATION DES PEAUX

L'homme a de tout temps utilisé les peaux des animaux à un certain nombre d'usages : la fabrication des chaussures constitue la plus importante de ces applications ; nous citerons aussi l'emploi qu'en font le sellier, le carrossier, les fabricants d'articles de voyage, de maroquinerie, etc. Mais ces peaux ne peuvent servir à l'état naturel ; elles ne tarderaient pas à entrer en putréfaction, si on ne les soumettait à un certain nombre d'opérations dont l'ensemble constitue le tannage.

TANNAGE.

Le *tannage* consiste à combiner la peau avec une substance capable de former avec elle un produit imputrescible et moins perméable à l'eau. Le tannin, corps que l'on rencontre dans un grand nombre de végétaux et surtout dans l'écorce du chêne, jouit de cette propriété au plus haut degré ; il sert exclusivement en France à l'usage que nous venons d'indiquer.

Les écorces propres à la tannerie sont celles de chêne, de sapin, de hêtre, de châtaignier ; mais la première est généralement préférée : dans certains pays, tels que l'Angleterre et les États-Unis, on n'en emploie pas d'autre. Dans le nord de l'Europe, où les chênes sont plus rares, on utilise l'écorce des sapins, qui sont plus abondants. En France, on récolte des écorces à tan dans les départements des Ardennes, de la Moselle, de la Meuse, de la Meurthe, du Bas-

Rhin, de la Nièvre, de l'Yonne, de Saône-et-Loire, de la Côte-d'Or, d'Ille-et-Vilaine, des Deux-Sèvres, de la Gironde, de la Haute-Garonne, de Vaucluse, de l'Hérault, des Bouches-du-Rhône, du Var, de la Corse.

L'industrie du tannage est pratiquée dans toutes les parties de la France, mais les villes où elle est le plus développée sont Paris, Lyon, Bordeaux, Marseille, Nantes, Strasbourg et Metz. Les peaux employées sont principalement celles de taureau, de vache, de buffle, de veau, de cheval, etc.; elles proviennent des animaux tués dans nos pays, ou sont importées en France des principaux ports de l'Amérique méridionale. Les races bovine et chevaline se développent avec une grande promptitude dans les plaines immenses de l'Amérique du Sud et de l'Australie. Les bœufs et les chevaux errent en liberté par bandes innombrables dans les excellents pâturages de ces régions, et les troupeaux fournissent à l'industrie des cuirs très-estimés; nous citerons ceux de Buenos-Ayres et de Caracas.

Les peaux, avant le tannage, se divisent en trois catégories : les *peaux fraîches*, comme celles qui sont vendues par les bouchers, les *peaux salées* et les *peaux desséchées*. C'est dans ces deux derniers états que nous arrivent celles de l'Amérique du Sud; on a dû les saler ou les dessécher pour les conserver jusqu'au moment où elles subissent l'opération du tannage.

Les peaux de buffle et de bœuf servent à la fabrication des cuirs *forts* employés pour semelles; les peaux de vache, de veau, de cheval, à la fabrication des cuirs *mous*. Les procédés de tannage ne sont pas les mêmes suivant que l'on se propose d'obtenir les uns ou les autres.

Quand il s'agit de faire des *cuirs mous*, on doit d'abord laver les peaux pour les ramollir et leur faire perdre le sang qu'elles contiennent. Ce lavage s'exécute autant que possible dans une eau courante; il ne dure que deux ou trois jours pour les peaux fraîches, mais il est plus long pour les peaux sèches et pour les peaux salées.

Il faut ensuite enlever à la peau les poils et les morceaux de chair qui y sont adhérents; mais cela ne peut se faire qu'à condition d'attaquer sa surface par un agent chimique qui diminue l'adhérence des poils pour le cuir. Cette opération, que l'on appelle *pelanage*, consiste à passer successivement les peaux dans des cuves nommées *pelains*, contenant un lait de chaux, dont la concentration va en croissant d'une cuve à l'autre. Le pelanage dure de quinze jours à trois semaines et, chaque jour, les ouvriers doivent lever deux fois les peaux pour renouveler les surfaces.

Vient ensuite le *débourrage* ou *épilage* qui, comme son nom l'in-

Fig. 176. — Travail des peaux sur le chevalet.

dique, consiste à enlever le poil, ce qui se fait en plaçant les peaux sur un chevalet et en les raclant de haut en bas avec un couteau émoussé dit *couteau rond;* ensuite on les lave et on les racle avec un couteau tranchant à lame circulaire pour enlever la chair et les impuretés qui restent attachées à la surface. Puis on doit adoucir le grain, du côté du poil, avec une pierre à affuter emmanchée comme le couteau rond et appelée *quœurce;* enfin on nettoie parfaitement les deux faces de la peau avec un couteau à lame circulaire, jusqu'à ce que l'eau de lavage soit bien limpide. Dans ces différentes opérations on n'a pas seulement pour but de nettoyer la surface de la peau, mais d'en faire sortir toute la chaux que le pelanage y a déposée et qui nuirait aux opérations suivantes.

Les peaux de vache doivent avoir le plus de souplesse possible et exigent un travail supplémentaire, qui est le *foulage*. Après les façons précédentes, qu'on appelle souvent *façons de rivière*, quatre hommes armés d'un pilon de bois dur frappent sur les peaux placées dans un baquet contenant un peu d'eau. Ils rompent ainsi le nerf de la peau, ce qui lui donne de la douceur et de la souplesse.

Après avoir été ainsi nettoyées, les peaux sont soumises à l'action du tan ou écorce de chêne hachée, séchée et pulvérisée. Cette action ne doit pas être trop brusque, mais graduelle, pour permettre au cuir de s'assouplir. Aussi, avant l'opération du tannage proprement dit, fait-on passer les cuirs dans une dissolution faible et légère d'écorce de chêne appelée *passement*.

Ce passement est enfermé dans une cuve où l'on empile les peaux ; elles y restent un mois et, pendant ce temps, on renouvelle quatre fois l'écorce sans changer le liquide. Le séjour au milieu du passement assouplit le cuir et commence le tannage.

On procède alors au *tannage proprement dit :* On superpose les peaux dans des cuves de bois ou de maçonnerie, en les séparant par des couches de tan, puis on y fait arriver une quantité d'eau suffisante. L'eau est l'intermédiaire nécessaire entre la peau et le tannin ; elle dissout ce dernier, pénètre avec lui dans la peau et facilite la formation du composé imputrescible. Le séjour dans les fosses varie avec la nature des cuirs : les peaux de vaches *reçoivent trois poudres*, c'est-à-dire qu'on renouvelle trois fois la poudre, en ayant soin à chaque fois de détacher la tannée qui est adhérente ; la première poudre dure trois mois et les deux autres quatre mois.

Les peaux destinées à faire des cuirs *forts* sont, comme nous l'avons dit, celles de bœuf, de buffle, etc. Leur préparation diffère un peu du traitement que nous venons de décrire. Le pelanage à la chaux est supprimé, parce qu'il rendrait le cuir trop poreux ; il est remplacé par une fermentation qui facilite l'épilage. Cette fermentation est produite de deux manières :

On peut opérer par *échauffe naturelle*, c'est-à-dire qu'après avoir empilé les peaux, on les abandonne à elles-mêmes jusqu'à ce qu'un commencement de fermentation s'établisse spontanément. Il faut avoir soin de visiter souvent la pile, afin de saisir le moment où la fermentation doit être arrêtée, et ne pas attendre que le poil tombe trop facilement. *Le poil doit crier en s'arrachant ;* si la fermentation continuait trop longtemps, le cuir se trouverait altéré. Cette méthode s'emploie surtout pour les peaux fraîches.

On peut aussi placer les peaux dans une chambre que l'on chauffe de manière à élever la température et faciliter la fermentation. Deux ou trois jours suffisent en été, huit jours en hiver; on introduit dans les chambres à fermentation une certaine quantité de vapeur d'eau.

On procède ensuite à l'épilage comme pour les cuirs mous, et l'on fait gonfler les peaux en les soumettant à l'action de jus de tan aigres ; les premiers bains doivent être peu concentrés : au bout de huit jours, le cuir commence à *s'affamer*, comme disent les tanneurs; il faut alors le nourrir en lui donnant des bains plus forts, sans quoi l'effet produit par les premiers se détruirait, le cuir *retomberait*. Après douze jours on commence le tannage. Les cuirs forts pour semelles doivent recevoir quatre poudres : la première est de neuf semaines, les deux suivantes de quatre mois et la dernière de cinq mois.

Le cuir pour semelles doit être battu pour acquérir de la compacité. C'est la seule opération qu'il subisse après le tannage : dans les grands établissements, elle se fait avec de puissants marteaux mus mécaniquement.

CORROIERIE.

Les cuirs destinés à d'autres usages qu'à la fabrication des semelles de chaussures subissent différentes préparations qui les assouplissent et les mettent en état de servir aux besoins de l'industrie. Ils passent pour cela, en sortant des mains du tanneur, dans celles du corroyeur, qui les met d'abord tremper dans l'eau ; lorsque le séjour au milieu de ce liquide les a suffisamment amollis, il les *butte*, c'est-à-dire qu'à l'aide d'une lame d'acier, appelée *étire*, il enlève les chairs encore adhérentes aux cuirs.

Cette opération est suivie d'un travail consistant à mettre la peau à l'épaisseur voulue et à enlever les inégalités. Autrefois cela se faisait à la main au moyen d'outils tranchants qui occasionnaient des déchets considérables. Aujourd'hui les cuirs sont refendus à l'épaisseur voulue par une *machine à refendre*, qui se compose d'un couteau fixe aigu, contre lequel la peau se trouve poussée par un rouleau qui fait office de laminoir : la peau en passant contre ce couteau est refendue, suivant son épaisseur, en deux lames, dont l'une a l'épaisseur uniforme que l'on a voulu lui donner ; l'autre, d'épaisseur irrégulière, au lieu de passer dans les déchets, est employée comme peau de qualité inférieure.

Après la *refente* ou *tranchage*, on assouplit le cuir en l'étendant

Fig. 177. — Travail à la marguerite.

sur une table et en le frottant avec une *marguerite* (fig. 177). Cet instrument, en bois de poirier, a la forme d'un arc de cercle cannelé ; il est muni d'une poignée qui permet de le tenir et d'appuyer en frottant sur le cuir. Cette opération se fait d'abord du côté de la *fleur* ou épiderme, ensuite du côté de la chair. Dans le premier cas, on dit qu'on *corrompt le cuir*, dans le second, qu'on le *rebrousse*.

Puis on *met au vent*, c'est-à-dire qu'avec une étire on frotte le cuir sur une table, de manière à faire sortir la chaux qu'il a pu rapporter du tannage.

Ensuite on *met le cuir en huile*, afin de le nourrir et de l'empêcher de durcir à l'usage : pour cela, après l'avoir étalé sur une table de marbre, on étend à sa surface, à l'aide d'une brosse, une couche d'huile ou de dégras. On laisse sécher, et l'on enlève par le décrassage l'excès de dégras sur la chair et sur la fleur.

Enfin vient le *blanchissage*, qui consiste à unir la peau étalée sur une table en la raclant à l'aide d'une étire, et qui est suivi du *tirage au liége*, opération par laquelle, au moyen d'une marguerite de liége, on adoucit la surface de la peau.

Il n'y a plus maintenant qu'à cirer le cuir, ce qui se fait en l'enduisant, avec une brosse, de cirage noir formé d'huile, de noir de fumée et de suif, qu'on incorpore ensuite et qu'on répartit également en frottant avec une lame de glace dont l'épaisseur sert de racloir. Le brillant est donné par une couche de colle étendue avec une éponge.

La corroierie comprend encore, dans certains cas, d'autres opérations que nous laisserons de côté. Nous dirons seulement quelques mots de la préparation des *cuirs vernis*.

Après avoir subi les opérations premières que nous venons de décrire, les cuirs destinés à être vernis passent à l'*apprêtage*. Ce travail a pour but de boucher les pores de la peau en étendant à sa surface un mélange d'huile de lin, d'oxyde de plomb et de terre d'ombre. On donne plusieurs couches de cet apprêt et on polit à la pierre ponce après chaque couche ; puis on délaye le même apprêt dans l'essence de térébenthine et on l'étend au pinceau ; c'est ce qu'on appelle *donner la couleur*. Les diverses couches d'apprêt et de teinture doivent être séchées dans des étuves avant d'être poncées. Enfin, après avoir nettoyé la surface de la peau, on y applique le vernis. Chaque fabricant conserve secrète la composition de son vernis, mais on peut dire qu'il est essentiellement formé d'huile de lin siccative et colorée par du bleu de Prusse et du bitume de Judée. La cuisson du vernis demande beaucoup d'expérience et d'habileté ; elle est ordinairement commencée à l'étuve et finie au soleil.

MÉGISSERIE.

Les mégissiers rendent les peaux imputrescibles par l'action de l'alun et du sel; ils traitent les peaux de mouton et de chèvre destinées à la ganterie. L'épilage est préparé par l'action de la chaux et de l'orpin (sulfure d'arsenic). Ces deux corps sont employés, soit à l'état de bouillie avec laquelle on barbouille le côté de la chair, soit sous forme de dissolution aqueuse que l'on fait arriver dans des cuviers où l'on a empilé les peaux. Puis l'on soumet celles-ci à l'action de couteaux qui les épilent, les écharnent, en brisent le nerf et les assouplissent. Cette opération s'exécute à l'aide de chevalets analogues à ceux dont se servent les tanneurs. Les peaux sont aussi foulonnées dans des baquets, afin d'en exprimer la chaux et le suint; puis on leur fait subir une fermentation dans un mélange de son et de froment, qu'on appelle *confit :* cette fermentation, dont la durée varie suivant la saison, a pour but d'assouplir la peau, qui est ensuite imprégnée d'une pâte composée de farine, d'œufs, d'alun et de sel, et mise à l'air libre où elle se sèche. Certaines peaux, comme les fourrures, doivent conserver leurs poils; on les soumet aux mêmes opérations, moins l'épilage.

CHAMOISERIE.

Le chamoiseur emploie les mêmes peaux que le mégissier, et les premières opérations qu'il leur fait subir sont les mêmes. A la sortie du bain de son, il imprègne la peau d'huile de poisson par des foulonnages répétés; cette huile remplace le mélange d'œuf, de farine, d'alun et de sel. Elle est incorporée par un grand nombre de foulonnages séparés les uns des autres par une dessiccation à l'étuve.

On appelle *maroquin* des peaux de chèvre teintes de diverses couleurs et grainées. On emploie aussi pour cette fabrication les peaux de mouton, qu'on désigne alors sous le nom de *moutons maroquinés*, et qu'on travaille de la même manière que les peaux de chèvre.

Quand il s'agit de faire du maroquin rouge, il faut teindre avant de tanner. La peau de chèvre reçoit d'abord les *façons de rivière* qui, à cause de sa nature sèche et aride, sont plus nombreuses que pour les autres peaux. L'épilage peut s'exécuter par les procédés ordinaires, mais généralement on préfère étaler du côté de la chair un mélange de chaux et d'orpin, replier la peau en quatre et l'abandonner dans cet état pendant vingt-quatre heures. Ce procédé a l'avantage de ne pas salir la laine, comme le fait la chaux des pelains.

Les peaux sortant du travail de rivière sont cousues deux à deux par leurs bords, la fleur en dehors, de manière à former des sacs que l'on passe d'abord dans un bain de chlorure d'étain, puis dans un bain de cochenille. Le chlorure d'étain sert de mordant et fixe sur la peau la matière colorante de la cochenille. Après rinçage, on tanne. Pour cela, l'on découd le sac sur l'un des côtés, et l'on y introduit du sumac (on appelle ainsi la poudre obtenue par la trituration des tiges et des feuilles de certains arbrisseaux riches en tannin). Après avoir insufflé de l'air dans les sacs et en avoir ficelé l'ouverture, on les agite dans deux bains successifs de sumac, et on laisse reposer. Au bout de quarante-huit heures, le tannage est effectué.

Quand on veut faire des maroquins destinés à recevoir une autre couleur que le rouge, les peaux sont d'abord tannées au sumac, puis séchées et mises en magasin. Avant de les teindre, on les fait *revenir* en les plongeant dans de l'eau à 30 degrés, puis en les soumettant à un foulonnage énergique. On les passe ensuite dans des bains colorants dont la nature varie avec la nuance que l'on veut obtenir. On comprime fortement les peaux de même couleur à l'aide de la presse hydraulique pour chasser l'excès d'eau et la couleur non fixée.

Avant que le maroquin soit complétement desséché, on l'amincit avec un couteau droit, puis on le lustre avec des cylindres lamineurs de cristal. S'il doit être lisse, le travail est terminé; s'il doit présenter un grain à sa surface, on le roule, la fleur en l'air, sous des outils appelés *paumelles*, qui sont formés d'un morceau de bois plat, plus long que large et garni de peau de chien marin dont les rugosités déterminent la formation du grain.

Au lieu de se servir de la paumelle, on imprime souvent le grain sur la fleur de la peau en lui faisant subir la pression de cylindres cannelés; mais le résultat obtenu est inférieur à celui que donne l'autre procédé.

On peut faire un grain en losanges en passant sur le cuir, dans deux directions obliques l'une par rapport à l'autre, un cylindre de bois dur taillé en vis très-fine.

CHAPITRE IX

CAOUTCHOUC ET GUTTA-PERCHA

L'industrie du caoutchouc est tout à fait moderne. Ce corps, qui était presque inconnu à la fin du dernier siècle, est devenu l'objet d'applications dont le nombre et l'importance vont chaque jour en croissant. Quoique employé depuis longtemps dans les régions tropicales de l'ancien et du nouveau monde, le caoutchouc n'a été connu en Europe qu'à la suite d'un voyage fait au Pérou par les académiciens français pour mesurer un arc du méridien, mesure qui devait servir à déterminer la forme de la terre. Ce fut en effet un membre de cette commission scientifique, de la Condamine, qui envoya en 1736 le premier échantillon de caoutchouc que l'on ait eu en Europe. Il annonçait à l'Institut de France les usages auxquels il avait vu employer cette substance, qui paraissait avoir été connue de tout temps et qui, roulée dans des feuilles de bananier, servait à l'éclairage et constituait un flambeau improvisé. Plus tard, à Quito, il la retrouvait utilisée à la fabrication de quelques vêtements. Dès cette époque, le caoutchouc devint l'objet de nombreuses recherches, mais jusqu'en 1820 il ne fut guère employé que pour effacer les traces de crayon sur le papier, usage auquel il doit son nom anglais d'*India rubber* (effaceur indien). En 1820, Nadler indique le moyen de découper et de tisser le caoutchouc; en 1823, Macintosh (de Glascow) découvre et applique à la fabrication des vêtements imperméables la solubilité du caoutchouc dans l'essence de houille. Enfin, les travaux de MM. Rattier, Guibal, Aubert et Gérard imprimèrent à la nouvelle industrie un remarquable essor, auquel contribua aussi la découverte de la volcanisation du caoutchouc faite par l'Américain Goodyear. Aujourd'hui cette substance a des applications variées, parmi lesquelles nous citerons la fabrication des vêtements et des chaussures imperméables, des tubes, des plaques et rondelles pour machines à vapeur, des tissus élastiques, des rouleaux d'impression, des ressorts pour tampons de locomotives, des courroies, la confection des nombreux objets faits en caoutchouc durci, etc., etc. La consommation annuelle de la France dépasse 1 250 000 kilogrammes.

Le caoutchouc est le résultat de la dessiccation du suc laiteux de certaines plantes exotiques, comme le *Siphonia cautshu*, *Iatropha elastica*, *Ficus elastica*, que l'on rencontre aux Indes, l'*Hevaea guyanensis* qui est principalement exploité en Amérique, d'où nous proviennent les meilleures espèces. Dans le bassin des Amazones, et spécialement dans la province de *Para*, on rencontre d'immenses forêts d'*Hevaea*. Tous les ans, à l'époque de la récolte, des bandes d'émigrants appelés *seringarios* se livrent dans ces forêts à l'extraction du caoutchouc. Armés d'une hachette, ils font sur les arbres des incisions d'où s'écoule immédiatement un suc laiteux ; au-dessous de cette incision, ils fixent, avec de la terre glaise, un vase dans lequel le liquide se rassemble ; au bout de trois heures le suc cesse de s'écouler et la plaie se cicatrise ensuite naturellement. Le seringario réunit dans un plus grand vase le produit des différentes incisions qu'il a faites et y plonge une planchette de bois qui se recouvre de suc laiteux ; il la présente ensuite à la flamme fumeuse d'un feu de bois vert qui dessèche le liquide et le coagule sous forme d'une mince pellicule. De nouvelles immersions, alternées avec la dessiccation au feu, finissent par recouvrir et envelopper la planchette d'une plaque de caoutchouc ; quand cette plaque a atteint une épaisseur suffisante, on la fend avec un couteau, on l'étend et on retire le moule. Le caoutchouc Para ainsi obtenu est certainement la meilleure espèce, parce que le mode d'extraction que nous venons de décrire a l'avantage de n'y introduire, comme substance étrangère, que le charbon provenant de la fumée avec laquelle il a été mis en contact. On le rencontre aussi quelquefois sous la forme de poires, forme qui lui est donnée par des moules de terre glaise que l'on trempe dans le suc laiteux ; quand on les a recouverts de couches successives et que l'épaisseur produite est suffisante, on les trempe dans l'eau qui délaye peu à peu la terre et la sépare du caoutchouc.

Aux Indes et au Gabon, la récolte est faite avec beaucoup moins de soins : aussi ne livre-t-elle qu'un produit impur et mélangé à des substances terreuses et autres. Dans ces contrées le suc qui s'écoule soit de fentes naturelles, soit d'incisions faites à dessein, est recueilli dans des tranchées creusées dans le sol et s'y coagule. Ce mode tout primitif d'extraction ne donne qu'un produit assez impur, car le liquide ramasse et emprisonne toutes les matières étrangères qu'il rencontre sur son passage. Si l'on joint à cela que les naturels introduisent souvent dans le caoutchouc des substances destinées à en augmenter le poids, on comprendra facilement qu'avant d'être employé à la fabrication des différents objets qu'il constitue, le caoutchouc devra être soumis à un traitement de purification.

Ce traitement, inventé par Nickel en 1837, est désigné sous le nom de *régénération*. Il s'exécute en soumettant le caoutchouc impur et ramolli par l'eau chaude à l'action de deux cylindres de fonte qui tournent avec des vitesses inégales et le laminent ; on répète cinq ou six fois cette opération, en faisant couler sur lui un filet d'eau chaude qui rend le travail plus facile et entraîne toutes les matières étrangères. Le caoutchouc sort de cet appareil à l'état de lames minces, granuleuses, percées d'une infinité de petits trous qui offriront une grande surface à l'action des liquides servant à l'épurer et à celle de l'air employé à sa dessiccation. Ces trous sont produits par la différence de vitesse des cylindres ; celui qui tourne le plus vite soumet le caoutchouc à un étirement violent, d'où résultent de nombreuses déchirures. Les lames ainsi produites sont étendues sur des toiles, où elles sèchent très-facilement. Le caoutchouc est alors dans un état très-propre à la préparation des dissolutions qui servent, comme nous le verrons, à certaines branches de cette industrie.

Mais lorsqu'il doit être employé sans être préalablement dissous, on lui fait subir un véritable *pétrissage*, qui a pour effet de souder ensemble toutes ses parties. Les lames produites par le laminage sont mises à l'étuve ou seulement dans un endroit chauffé, afin que la chaleur les rende plus souples et plus adhérentes à leur surface ; puis elles sont livrées à un appareil appelé *loup* ou *diable*. Il se compose d'un cylindre A (fig. 170) en fonte massive de fer, dont la surface est armée de chevilles et qui tourne dans une enveloppe cylindrique BC, fixe et garnie de cannelures ou de saillies en forme de tête de diamant. L'appareil peut s'ouvrir à sa partie supérieure, et l'on introduit le caoutchouc laminé, ainsi que les déchets d'autres opérations, entre l'enveloppe et le cylindre; on donne à celui-ci un mouvement rapide

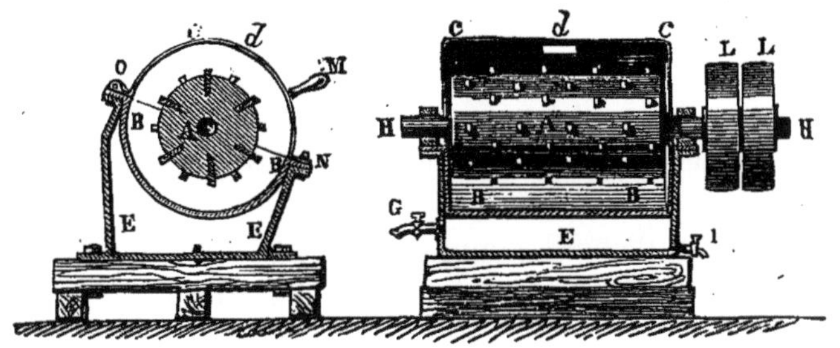

Fig. 178. — Loup ou machine à pétrir le caoutchouc.

de rotation, et le caoutchouc pris entre les saillies de la partie fixe et de la partie mobile se pétrit et roule sur lui-même.

On estime que, retenu par les pointes de l'enveloppe, il ne fait guère qu'une révolution autour de l'axe pendant que le cylindre en exécute trente ou quarante. Par suite de la résistance de la matière, cette opération exige une grande force mécanique; on diminue cette résistance en chauffant l'enveloppe par l'introduction de la vapeur dans un double fond E. On voit en AA (fig. 179) la forme qu'a le rouleau de caoutchouc au sortir du loup. Les rouleaux obtenus sont passés entre deux cylindres chauffés et écartés de 2 à 3 centimètres; puis on réunit un certain nombre des galettes ainsi produites et, sans les laisser refroidir, on les soumet pendant plusieurs jours à l'action d'une presse hydraulique qui les soude ensemble et en forme des blocs prismatiques, que l'on abandonne dans un endroit frais où ils doivent séjourner plusieurs mois pour prendre une homogénéité parfaite. On donne souvent à ces blocs la forme cylindrique, en plaçant les rouleaux dans un moule creux et en les y comprimant au moyen d'un piston poussé par une presse hydraulique.

Fig. 179. — Rouleau de caoutchouc à la sortie du loup.

Le caoutchouc Para, extrait avec les soins que nous avons expliqués plus haut, n'a pas besoin d'être soumis à la régénération ; il nous arrive en lames ou en poires. Dans le premier cas, on soude les lames entre elles par la pression afin d'obtenir des blocs ; dans le second, on refend les poires pour en former des lames que l'on soude ensuite.

Les objets de caoutchouc se fabriquent par deux procédés principaux, avec le caoutchouc solide ou bien avec des dissolutions de ce corps.

Nous dirons d'abord comment on fait les fils servant à la confection des tissus imperméables. On emploie à cet effet soit des pla-

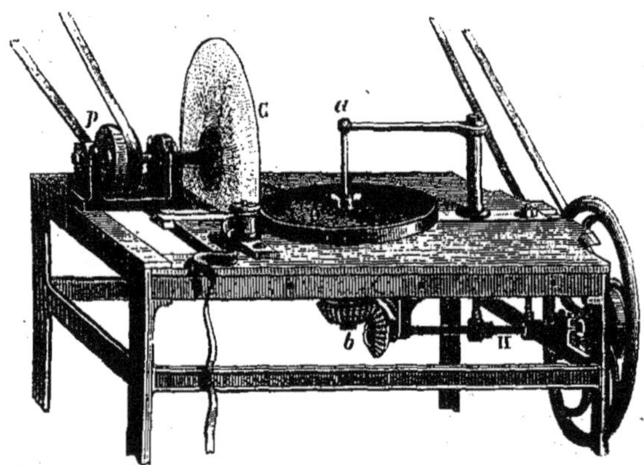

Fig. 180. — Machine à découper les rubans de caoutchouc.

ques de caoutchouc Para, soit des blocs de caoutchouc régénéré, que l'on découpe en rubans à l'aide d'une lame circulaire C (fig. 180), montée sur un arbre horizontal tournant avec une vitesse de quinze cents à deux mille tours par minute. La table de l'appareil est traversée par un axe vertical *a* qui tourne sur lui-même et sur lequel on fixe horizontalement, à l'aide de pointes qu'il porte à sa base, le morceau de caoutchouc O à découper. Celui-ci est amené au contact de la lame coupante, et, à mesure qu'elle découpe une bande de caoutchouc, il tourne pendant que l'axe vertical, déplacé latéralement par un chariot inférieur, maintient le caoutchouc en contact avec la lame et lui présente toujours la même épaisseur à découper.

Les rubans ou lanières obtenues par ce découpage sont ensuite divisées en fils d'égale longueur, au moyen de lames circulaires montées huit par huit sur des arbres parallèles tournant avec une grande rapidité, et placés de telle sorte que la première lame de l'arbre du bas vient passer entre la première et la seconde de l'arbre du haut, la seconde du haut entre la première et la seconde du bas, et ainsi de suite.

Ces lames ne sont pas taillées en ciseau sur leur circonférence, mais présentent deux angles vifs, de manière que lorsqu'on engage le ruban entre les lames du haut et celles du bas, il se trouve pris entre les angles vifs et découpé, comme avec une cisaille, en fils que le mouvement de rotation entraîne et qu'un enfant reçoit et tire légèrement de l'autre côté de la machine. Le fil à section carrée ainsi obtenu est enroulé sur des dévidoirs que l'ouvrier fait tourner d'une main, pendant que de l'autre il le soumet à un étirage qui d'un mètre de fil peut en faire six ou dix. Quand le fil vient à casser, on prend ses deux extrémités et, après les avoir essuyées, on les coupe en biseau : les deux coupures fraîches sont appliquées l'une sur l'autre et soudées par la pression des doigts. On laisse les fils sur les dévidoirs pendant trente-six à quarante-huit heures ; par cette tension prolongée ils perdent toute leur élasticité, et, quand on les déroule pour les renvider sur des bobines, ils conservent la longueur qu'on leur a donnée par l'extension et peuvent être employés au tissage. Il est cependant préférable de les recouvrir d'un fil très-fin de soie ou de coton, à l'aide de métiers *à lacets* dans lesquels une bobine vient enrouler, autour du fil de caoutchouc qui passe à son centre, le coton ou la soie dont elle est chargée.

Les fils ainsi fabriqués servent à constituer la chaîne des tissus auxquels ils sont destinés ; la trame est de soie ou de coton et la contexture de l'étoffe est telle que les fils de caoutchouc sont cachés entre les faces, qui forment l'endroit et l'envers. Après tissage, on repasse le tissu avec un fer chaud de manière à faire *revenir* le caoutchouc : tous les fils de la trame se resserrent et l'étoffe jouit alors de l'élasticité qui lui est propre. M. Gérard, auquel nous empruntons une partie des détails qui précèdent (1), est parvenu à faire des fils à section ronde, par un procédé spécial que nous décrirons plus loin.

(1) *Dictionnaire de chimie industrielle* de Barreswil et Gérard.

Il fabrique aussi des feuilles et des tubes sans fin par une méthode reposant sur ce principe, que le caoutchouc, maintenu pendant quelque temps à la température de 110 à 120 degrés, conserve la forme qui lui a été donnée pendant l'application de la chaleur; ainsi, dit M. Gérard, un fil de 10 centimètres peut être facilement étiré à 50 centimètres; si on le soumet alors, dans l'eau ou dans la vapeur d'eau, à une température de 115 degrés, il s'y recuit et la longueur de 50 centimètres, qui était pour lui factice ou passagère, devient sa longueur réelle; il peut alors être étiré de nouveau. M. Gérard prend du caoutchouc épuré et le fait passer, quand il s'agit de fabriquer des lames, dans des cylindres lamineurs chauffés à 115 degrés environ et marchant avec assez de lenteur pour permettre à la feuille mince de caoutchouc, qui passe entre eux, de se recuire et de conserver la forme qui lui est donnée par le laminage des cylindres.

Pour la fabrication des tubes, une presse puissante fait sortir à travers une filière à tube, chauffée à 115 degrés, le caoutchouc qui, se recuisant à son passage, conserve la forme de l'orifice par lequel il sort.

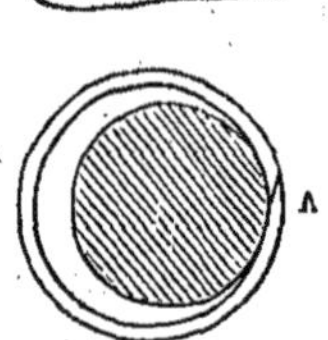

Fig. 181. — Fabrication des tubes de caoutchouc.

Un autre procédé est aussi employé pour la préparation des tubes de caoutchouc : on se sert d'une pâte composée de 59 parties de caoutchouc, 35 d'oxyde de zinc et 1 de chaux pulvérulente ; on en fait des feuilles que l'on recuit en les plaçant pendant une heure sur une table creuse chauffée à la vapeur ; puis on présente à des ciseaux la double épaisseur d'une feuille de caoutchouc, pliée sur une largeur convenable pour faire un tube du diamètre voulu. L'incision (fig. 181) se fait sous un angle de 45 degrés; on applique ensuite les deux surfaces de section l'une sur l'autre en enroulant la feuille sur un mandrin qui donnera la forme cylindrique. Une pression exercée par quelques coups d'une règle plate suffira pour effectuer la soudure. La volcanisation, dont nous parlerons bientôt, s'effectuera en plongeant les tubes et les mandrins dans un cylindre chauffé à 135 degrés.

Certains objets se fabriquent aussi au moyen de dissolution de caoutchouc : tels sont les vêtements imperméables, les feuilles dites *relevées*, les fils à section ronde et les chaussures. Ces dissolutions se préparent en dissolvant le caoutchouc dans l'huile légère obtenue par la distillation de la houille, ou dans l'essence de térébenthine, puis en broyant, au moyen de cylindres, la pâte gluante ainsi produite. Les dissolutions faites avec le sulfure de carbone ont l'avantage de ne jamais donner un caoutchouc gras et poisseux, ce qui arrive lorsqu'on emploie des huiles de houille ou des essences mal rectifiées.

Quand on veut faire des vêtements imperméables, on peut, à l'aide de ces dissolutions, recouvrir d'un enduit de caoutchouc les étoffes qui doivent servir à leur confection. On les enroule à cet effet sur un cylindre horizontal posé devant une espèce de couteau long, horizontal aussi et qui servira à étendre l'enduit. La dissolution est versée sur l'étoffe en avant du couteau; et, lorsqu'on force celle-ci à se dérouler et à passer sous le couteau en s'appuyant sur une barre qui lui est parallèle, cet outil, plus ou moins écarté du tissu, suivant l'épaisseur que l'on veut donner à la couche imperméable, étend d'une manière uniforme l'enduit de caoutchouc. L'évaporation du dissolvant laisse le caoutchouc à la surface de l'étoffe : lorsqu'elle est complète, ce qui exige dix minutes pour la dissolution au sulfure de carbone et deux à trois heures pour les essences légères, on étend à la surface une couche de vernis formé de gomme laque dissoute dans l'alcool. Ordinairement ces enduits ont une couleur noire, que l'on obtient en mélangeant du noir de fumée à la pâte avant de la broyer.

On fait les feuilles de caoutchouc dites *relevées*, en appliquant à la surface d'une toile, par le procédé que nous venons de décrire, dix, quinze et vingt couches d'enduit qui forment une épaisseur que l'on sépare en mouillant le dessous de la toile avec un dissolvant.

Les vêtements obtenus par enduits présentent des inconvénients sérieux : le soleil, la chaleur, les corps gras, les rendent poisseux; ils se durcissent au froid. La volcanisation, qui consiste à combiner le caoutchouc à une certaine quantité de soufre, remédierait à ces inconvénients; malheureusement la soie et la laine, employées à la confection des vêtements de luxe, ne peuvent supporter, lorsqu'elles sont en contact avec le soufre, la température nécessaire à cette opération. Le coton, le chanvre et le lin résistent au contraire très-bien. Aussi M. Gérard a-t-il mis à profit cette résistance pour faire des vêtements imperméables solides et à bon marché; il étend à la surface d'étoffes faites avec ces textiles une couche de dissolution de caoutchouc mélangée au soufre, puis il enroule ces étoffes sur un cylindre de tôle, et les soumet à l'action de la vapeur à 140 degrés pour déterminer la volcanisation.

Enfin, M. Gérard est parvenu à faire des fils à section ronde en dissolvant du caoutchouc dans une fois et demie son poids de sulfure de carbone additionné de 6 à 8 pour 100 d'alcool. Il obtient ainsi une pâte qu'il place dans un réservoir communiquant avec un cylindre percé de trous. Dans ce réservoir peut descendre un piston qui est mû par une forte pression et oblige la pâte à sortir, par les trous du cylindre, à l'état de fils que l'on reçoit sur une toile en mouvement : le sulfure de carbone s'évapore à l'air et le fil obtenu peut être employé au tissage ; il offre l'avantage de ne pas présenter d'angles comme le fil découpé dont nous avons parlé, et a, par suite, moins de chances de s'écorcher et de se casser.

Les chaussures de caoutchouc se font avec des étoffes recouvertes d'un enduit appliqué mécaniquement. Le caoutchouc est mélangé avec environ deux fois son poids de substances étrangères, telles que la craie, la litharge, le noir de fumée et le soufre en fleurs destiné à le volcaniser ; le mélange peut se laminer entre des cylindres chauffés par un courant de vapeur. Ces cylindres sont au nombre de trois : la lame obtenue par le passage entre les deux premiers s'engage entre le second et le troisième ; à la surface de celui-ci elle rencontre un tissu auquel elle se soude. Avec ces étoffes on fait les chaussures, dont les différentes parties (semelle, empeigne, renfort du talon) sont soudées au lieu d'être clouées et vissées. On recuit et on place les souliers, encore en formes, dans des étuves chauffées à 130 degrés, où la chaleur détermine la volcanisation du caoutchouc.

Cette dernière opération a pour but d'empêcher le caoutchouc de durcir au froid et de se ramollir à une basse température, inconvénients qui restreignirent pendant longtemps le nombre des applications de cette substance. Elle consiste, comme nous l'avons déjà dit, à le combiner avec une certaine quantité de soufre.

C'est à M. Charles Goodyear que l'on doit cette importante découverte : tandis qu'en Angleterre on développait l'emploi du caoutchouc au point de vue de l'imperméabilité des étoffes, et qu'en France on profitait de son élasticité pour la fabrication de certains tissus, on l'utilisait aux États-Unis à la confection des chaussures imperméables, en se basant sur les procédés découverts par M. Charles Goodyear. Dès 1842, cet industriel importait en Europe des chaussures remarquables par leur élasticité presque illimitée, permanente, et qui résistaient à l'abaissement de température ; on pouvait presser l'une contre l'autre deux lames de cette variété de caoutchouc sans qu'elles manifestassent la moindre adhérence. Or, ce sont là les qualités remarquables du caoutchouc volcanisé. M. Balard, dans un rapport fait à propos de l'Exposition de 1851, raconte dans les termes suivants les circonstances de cette découverte :

« Préoccupé peut-être d'une idée, trop souvent justifiée d'ailleurs, que la spécification d'une patente n'est qu'une occasion d'attirer l'attention des contrefacteurs, peut-être aussi dépourvu en ce moment de ressources pécuniaires, plus nécessaires en Angleterre, où les prix pour la prise d'un brevet sont assez élevés, M. Goodyear, sans avoir fait constater légalement son invention, essayait en Europe de tirer parti de sa découverte en la communiquant comme un procédé dont il avait seul le secret, qui pouvait être perdu pour l'humanité et disparaître avec son unique possesseur, lorsque M. Thomas Hancok, de Newington, près de Londres, qui s'occupait en Europe du traitement du caoutchouc avec non moins de persévérance et de succès que M. Goodyear en Amérique, obtint une patente avant que M. Goodyear, le premier inventeur, en demandât, mais trop tard, une pour le même objet. M. Thomas Hancok découvrit qu'une bande de caoutchouc trempée dans du soufre fondu, et qui, à raison de sa porosité, s'imprégnait de ce corps, sans perdre aucune de ses propriétés, acquérait, quand on l'exposait à une température de 150 degrés centigrades, des aptitudes toutes nouvelles, qui étaient précisément celles que possédait la matière employée par M. Goodyear pour les chaussures imperméables.

» Il appela cette transformation opérée par le soufre d'un nom qui rappelait l'origine volcanique de ce combustible, et de là le nom de *volcanisation*, sous lequel elle est depuis lors généralement connue. Ce fut là, comme on le voit, une découverte réelle, mais la découverte nouvelle d'un fait déjà découvert auparavant. Or on sait que rien n'aide plus à la solution d'un problème que de savoir qu'il a été déjà résolu. »

Plusieurs méthodes sont aujourd'hui employées pour produire cette volcanisation. On peut avoir recours à celle d'Hancok, qui consiste à mettre à l'étuve les objets façonnés avec le caoutchouc naturel, et à les y laisser pendant vingt-quatre à trente-six heures, de façon que les soudures se consolident parfaitement et que les traces d'humidité ou d'huile essentielle puissent s'échapper. On plonge ensuite les objets étuvés dans le soufre en fusion et porté à une température de 130 degrés environ. La combinaison du soufre et du caoutchouc commence bientôt, et au bout de deux ou trois heures elle est complète. Pour juger du point auquel est arrivée l'opération, on a ordinairement de petits morceaux de caoutchouc de l'épaisseur des objets à volcaniser, que l'on plonge dans la chaudière en les suspendant à l'aide d'un fil de fer ; de temps en temps on les retire et on les examine. Quand la volcanisation est faite, les objets sont plongés dans l'eau froide. Ce procédé présente de graves inconvénients. Le caoutchouc n'est pas volcanisé d'une manière assez régulière, l'extérieur l'est trop et l'intérieur pas assez.

Le second mode de volcanisation, qui est celui de M. Goodyear, est plus généralement employé ; il produit des résultats bien meilleurs. On détermine à l'avance la proportion de soufre à combiner au caoutchouc, au lieu de la laisser incertaine comme dans le procédé précédent ; elle varie de 7 à 10 pour 100 du poids du caoutchouc employé. Le mélange des deux corps se fait soit en les pétrissant ensemble, soit en répartissant le soufre dans une dissolution de caoutchouc. Le produit ainsi obtenu sert à fabriquer les différents objets, et, quand ils sont façonnés, on les enferme dans des chaudières où on les soumet à l'action de la vapeur. Deux à trois heures de chauffe, à une pression de quatre atmosphères, suffisent en général.

Le procédé Parkes consiste à traiter les objets à volcaniser par le chlorure de soufre dissous dans quarante ou cinquante fois son poids de sulfure de carbone : il suffit de plonger le caoutchouc dans cette dissolution pour qu'en peu de temps le chlorure de soufre ait agi à froid comme le soufre le fait à chaud. Cette méthode présente de grands avantages, mais elle a un inconvénient qui en fait rejeter l'emploi : une réaction acide se développe bientôt dans le caoutchouc, qui devient très-cassant.

Enfin, M. Gérard a proposé un procédé qui réussit très-bien, mais seulement pour les objets de petite épaisseur. Il plonge le caoutchouc dans une solution de persulfure de potassium à 25 ou 30 degrés Baumé, maintenue pendant trois ou quatre heures dans un appareil clos à une température de 150 degrés environ (5 atmosphères de pression).

Nous citerons encore comme application du caoutchouc la préparation du *caoutchouc durci*, qui sert à la fabrication d'un grand nombre d'objets, peignes, boutons, baleines et cannes, articles d'ébénisterie, plateaux de machines électriques, etc.

Ce produit s'obtient en augmentant notablement la proportion du soufre dans la volcanisation. Il se prépare spécialement avec du caoutchouc de l'Inde que l'on ramollit à 80 degrés, et qu'on débite en petits fragments qui sont soumis ensuite à l'action d'un appareil appelé *pile*, dont l'effet est de le découper en très-petits morceaux et de lui enlever toutes les impuretés qu'il renferme. Les morceaux ainsi déchiquetés sont séchés, battus et traités par une dissolution de soude qui achève la purification. Après un nouveau passage à la pile, le caoutchouc parfaitement nettoyé est livré à un laminoir chauffé à 50 ou 60 degrés, et, pendant ce laminage, on lui incorpore la proportion de fleur de soufre qui doit le volcaniser et qui varie entre 25 et 35 pour 100. La pâte ainsi obtenue a une couleur jaune ; elle est cuite, dans des chaudières hermétiquement closes, par l'action de la vapeur à une pression de quatre atmosphères et demie. La cuisson la durcit et lui communique une très-belle couleur noire.

Le caoutchouc durci est ordinairement réduit en plaques que l'on travaille à la lime, au grattoir et à la scie. On peut aussi fabriquer certains objets par moulage de la pâte dans des moules de métal ; mais la cuisson qu'on leur fait subir pour durcir le caoutchouc a l'inconvénient de produire des déformations dues au retrait inégal que la pâte et le métal prennent pendant le refroidissement.

La *gutta-percha* est une substance présentant beaucoup d'analogie avec le caoutchouc ; quoique d'aspect bien différent, elle a la même composition chimique que lui. Elle provient du suc laiteux qui s'écoule d'un arbre (*Isonandra percha*) croissant au midi de l'Asie. Elle fut envoyée en Europe en 1822 par le docteur Montgommerie. Les Malais la récoltent par un procédé barbare, qui consiste à couper l'arbre et à le placer dans une position inclinée pour faciliter l'écoulement de la séve, qu'ils reçoivent dans des vases placés au-dessous de lui. La gutta-percha diffère du caoutchouc en ce qu'elle se ramollit très-facilement sous l'action de la chaleur, et qu'à froid elle n'a pas l'élasticité qu'il présente: la volcanisation peut lui communiquer l'élasticité et l'empêcher de se ramollir à la chaleur.

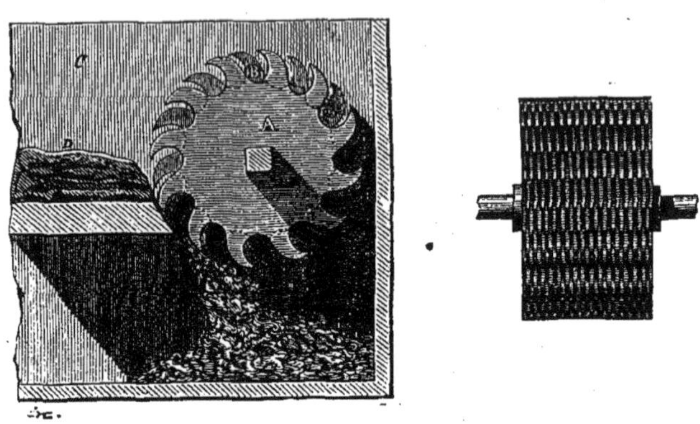

FIG. 182 et 183. — Râpe à déchirer la gutta-percha.

Quand elle nous arrive sur les marchés de l'Europe, elle contient une grande quantité d'impuretés dont il faut d'abord la débarrasser. On la découpe en prismes avec une scie circulaire que l'on arrose pendant le travail; puis, à l'aide d'une râpe (fig. 182 et 183)

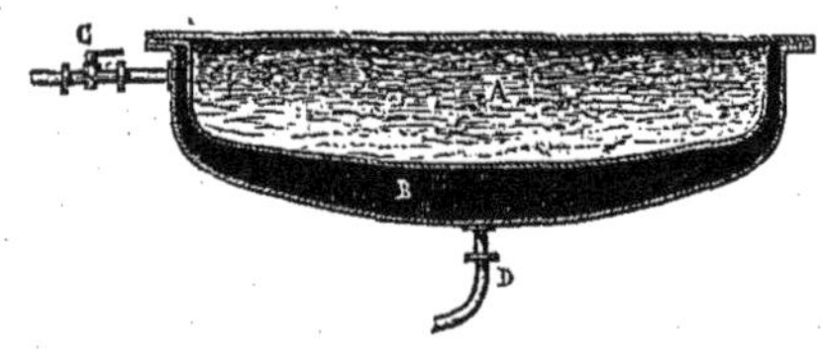

FIG. 184. — Chaudière à souder les feuilles de gutta-percha.

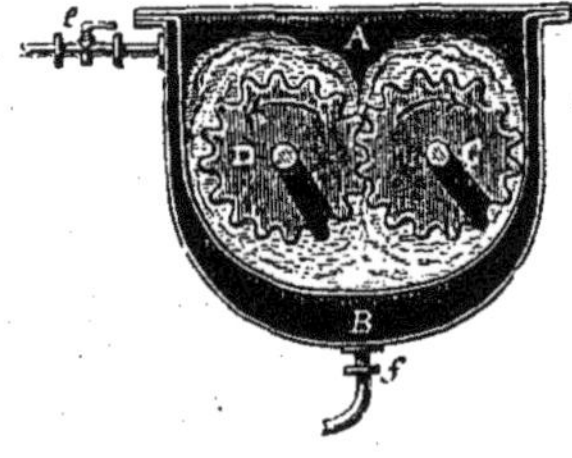

FIG. 185. — Pétrisseur pour la gutta-percha.

formée de disques dentés A, que l'on a montés sur un même arbre en alternant leurs dents; on déchire ces prismes continuellement arrosés avec de l'eau et on les réduit en pulpe. Cette pulpe est ensuite épurée par un lavage à trois eaux, séchée et malaxée entre les deux cylindres d'un laminoir chauffé à la vapeur. On la réduit ainsi en feuilles que l'on soude par une fusion pâteuse dans une chaudière plate A (fig. 184), munie d'un double fond dans lequel on fait arriver un jet de vapeur par le tuyau C. Lorsque la pâte est parfaitement desséchée, elle est portée dans un pétrisseur à deux cylindres cannelés D et C (fig. 185), qui tournent en sens inverse dans une chaudière A présentant aussi un double fond B chauffé à la vapeur. Aú bout d'une heure de malaxation, la pâte de gutta-percha est livrée à des cylindres chauffés dont la forme varie : ils sont plats quand on veut des feuilles unies, cannelés quand il s'agit de faire des fils ou des cordes, à parties creuses et plates quand il faut obtenir des lanières ou des courroies.

Les tuyaux de gutta-percha se fabriquent comme ceux de caoutchouc en faisant passer la matière ramollie dans un intervalle annulaire : à leur sortie on les reçoit dans l'eau froide. Pour recouvrir les fils télégraphiques, on se sert du même moyen, mais on fait passer au centre de la filière le fil de cuivre qui doit être recouvert de gutta-percha.

Beaucoup d'objets, comme les cadres, moulures ou sculptures diverses, s'obtiennent en comprimant, dans des moules solides et chauds, la gutta chaude et, par conséquent, capable d'en épouser la forme.

La gutta-percha peut être volcanisée comme le caoutchouc, mais il faut prendre quelques précautions indispensables à la réussite de l'opération : par exemple, chauffer la matière à 150 degrés environ pendant quelques heures avant d'y introduire le soufre, afin de chasser une huile essentielle qui produirait des soufflures dans le produit volcanisé. En augmentant les proportions de soufre on peut aussi la durcir comme le caoutchouc.

CHAPITRE X

TABAC

La consommation du tabac en France devient chaque jour plus considérable, et sa fabrication fait l'objet d'une industrie importante dont l'État a pris le monopole depuis 1811, monopole qui constitue pour lui annuellement un bénéfice de plus de deux cents millions.

La plante qui fournit le tabac appartient à la même famille botanique que la pomme de terre : c'est une *solanée* et elle est aussi originaire de l'Amérique méridionale. Elle fut introduite en Europe par les Espagnols et les Portugais au commencement du XVIIIe siècle, et c'est Jean Nicot, ambassadeur de France à Lisbonne, qui l'importa en France en 1559. Catherine de Médicis adopta l'herbe nouvelle, qui passa pendant longtemps pour guérir tous les maux et porta les noms de *nicotiane*, *nicotiana tabacum*, *herbe à la reine*. Ce sont les sauvages de l'Amérique qui enseignèrent aux Européens à fumer et à mâcher le tabac; mais l'usage du tabac à priser a pris naissance sur notre continent.

Les tabacs étrangers ne suffisent pas à la consommation de la France; aussi seize départements cultivent-ils cette plante. Cette culture n'est pas libre; les seize départements autorisés à la faire sont : ceux des Alpes-Maritimes, Var, Bouches-du-Rhône, Ille-et-Vilaine, Gironde, Lot-et-Garonne, Meurthe, Moselle, Nord, Pas-de-Calais, Hautes-Pyrénées, Landes, Haute-Saône, Haute-Savoie et Savoie; elle est soumise à une surveillance active de la part de l'administration. Les cultivateurs ne peuvent employer les graines de leur choix; chaque année ils reçoivent les espèces appropriées à la nature des terrains cultivés.

Quand la plante est arrivée à maturité, c'est-à-dire lorsque les feuilles se rident, deviennent plus rugueuses et plus cassantes, on la coupe et on la laisse sécher. On dépouille les tiges de leurs feuilles en séparant celles du sommet de celles d'en bas en deux ou trois classes. Après une nouvelle dessiccation, on les réunit au nombre de dix ou douze liées ensemble. Ces petites bottes, appelées *manoques*, sont expédiées dans les centres de fabrication. L'État possède actuellement seize manufactures, qui sont celles de Paris (Reuilly et Gros-Caillou), Lille, le Havre, Dieppe, Lyon, Marseille, Nice, Toulouse, Châteauroux, Tonneins, Bordeaux, Morlaix, Nancy, Nantes et Riom. Strasbourg et Metz étaient aussi le siége de manufactures importantes. Le tabac fabriqué dans ces établissements est livré à des entrepôts chargés de le distribuer entre les différents débits, qui sont au nombre de 40559. La remise faite aux débitants a été, en 1868, de 28800676 fr. 22 c., soit en moyenne 709 fr. 39 c. par débit. Paris et le département de la Seine, dans leurs 1071 débits, ont consommé en 1868 pour 39758900 francs de tabac.

A l'arrivée dans les manufactures, les caisses, tonneaux ou ballots de tabac sont éventrés et l'on en extrait les manoques. Après un mouillage à l'eau salée, destiné à diminuer la friabilité des feuilles, celles-ci sont séparées les unes des autres; c'est ce qui constitue l'*époulardage*, opération qui est suivie d'un triage fait avec soin pour séparer les qualités en vue des différentes fabrications.

Le tabac est livré à la consommation sous quatre formes principales : le *râpé*, ou tabac à priser ; les *rôles*, ou tabac à mâcher ou à *chiquer;* le *scaferlati*, ou tabac à fumer en pipes ou en cigarettes; les *cigares*.

RAPÉ OU TABAC A PRISER.

On choisit pour la fabrication du râpé les espèces de tabac qui renferment la plus grande proportion d'une substance appelée *nicotine*, car c'est elle qui communique au tabac le *montant* que recherchent les priseurs. On fait un mélange composé, pour 100 parties, de : Virginie, 25; Kentucky, 5; Nord, 8; Ille-et-Vilaine, 5; Lot-et-Garonne, 12; Lot, 18; coupures de Kentucky, 5; côtes et rejets d'autres fabrications, 22.

Quand le mélange est fait, il est entassé dans des compartiments dont le sol est dallé en pierres et il est arrosé avec de l'eau salée : c'est l'opération qu'on appelle la *mouillade*. L'emploi de l'eau salée a un double but : le sel agira comme substance antiseptique, c'est-à-dire qu'il empêchera la fermentation des matières animales contenues dans les feuilles, et, en sa qualité de corps essentiellement hygrométrique, il maintiendra dans le tabac le degré d'humidité nécessaire à la fabrication. Le liquide pénètre les feuilles, prend une couleur brunâtre et s'échappe par des rigoles qui le conduisent à un réservoir où il est repris par les ouvriers et versé une seconde fois sur les feuilles. Il est ensuite vendu à raison de 30 centimes le litre aux agriculteurs, qui s'en servent pour guérir la gale des moutons. Après la mouillade, qui dure trois jours, on laisse reposer la masse pour que l'humidité s'y répartisse bien également, et l'on transporte les feuilles dans l'atelier où elles doivent être hachées.

Le *hachage* a pour but de réduire les feuilles en lanières larges d'un centimètre environ. Il est fait à l'aide d'un appareil dont l'organe principal est un tambour armé de six lames tranchantes, obliques, et animé d'un mouvement de rotation (120 tours par minute). Les paquets de feuilles sont poussés, par un ouvrier, dans une auge aboutissant à deux cylindres cannelés qui les saisissent et les présentent à l'action du tambour. Cette machine hache facilement 1200 kilogr. de tabac en une heure. Le mouvement de rotation du tambour imprime à l'air une vitesse qui entraîne les lanières dans des sacs placés à l'orifice de la machine pour les recevoir.

Ce tabac ainsi haché est ensuite porté dans de vastes salles où l'on en fait des meules carrées appelées *masses*, contenant chacune de 40 à 50 000 kilogr. La fermentation ne tarde pas à s'y établir ; elle a pour résultat de décomposer la matière azotée que renferme le tabac et de donner lieu à une certaine quantité d'ammoniaque qui, s'emparant de l'acide naturel combiné à la nicotine, met ce dernier corps en liberté. La nicotine, avec l'excès d'ammoniaque, communique au tabac l'odeur que recherchent les priseurs. La fermentation élève la température jusqu'à 75 et 80 degrés. On surveille attentivement, à l'aide du thermomètre, cette élévation de température, car un excès de chaleur pourrait amener la carbonisation et la combustion du tabac. Quand le développement de chaleur est trop grand, on fait à la pioche des tranchées dans les masses de manière à permettre la circulation de l'air, qui les refroidit. Il ne faut pas moins de six mois pour que le tabac ait acquis les qualités nécessaires à l'usage auquel on le destine. Au bout de ce laps de temps, les masses, qui sont installées au rez-de-chaussée des manufactures, sont démolies ; pendant la fermentation, les lanières se sont agglutinées et forment des mottes que l'on désagrége en frappant dessus, puis on monte le tabac au troisième étage, où il est versé dans des trous munis de manches de toile qui le conduisent au second étage et le déversent dans les appareils de *râpage*.

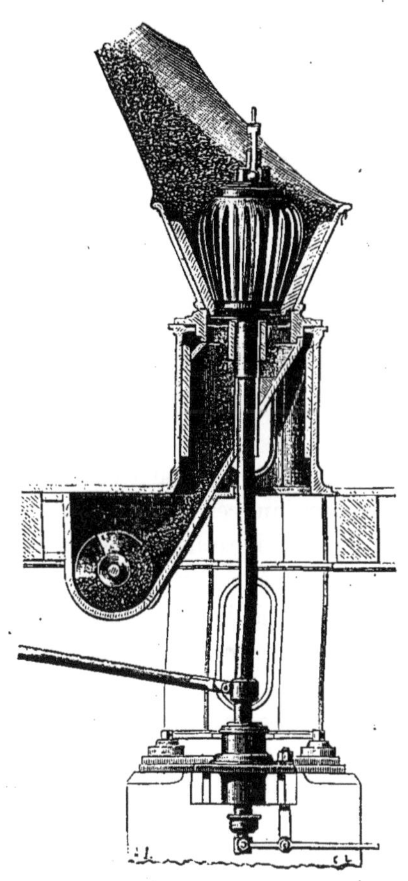

Fig. 186. — Machine à râper le tabac.

Ces appareils sont des moulins dont la construction ressemble à celle des moulins à café. Dans une cloche conique (fig. 186) renversée et garnie de lames verticales, se meut d'un mouvement alternatif une noix verticale munie de lames héliçoïdales : le tabac pris entre les lames de la cloche et celles de la noix se pulvérise. La poudre ainsi obtenue est formée de grains inégaux ; elle tombe, par une ouverture que porte chaque moulin, dans un canal où se meut une vis d'Archimède, qui l'entraîne et la conduit au premier étage dans une espèce de grande armoire. Une chaîne à godets, ou espèce de drague, vient y puiser le tabac et le transporte au troisième étage, où il est soumis à l'action de tamis animés d'un mouvement de va-et-vient. Les grains qui sont à la grosseur voulue passent à travers les mailles du tamis et tombent dans des sacs destinés à les recevoir ; les autres sont repris par une vis d'Archimède qui les conduit de nouveau aux moulins. On a calculé qu'un fragment de tabac, avant d'arriver à passer à travers le tamis, devait faire environ dix fois le voyage circulaire que nous venons de décrire: ainsi 45000 kilogr. de tabac livrés au moulin en une journée ne donnent dans le même temps que 500 kilogr. de poudre. Après le tamisage, le tabac, qui est alors nommé *râpé sec*, est abandonné pendant deux mois, à l'abri de la lumière, dans des cases de bois de chêne; puis il subit une seconde mouillade effectuée avec 18 pour 100 d'eau contenant 15 pour 100 de sel; de sorte que la première et la seconde mouillade incorporent environ 5 kilogr. de sel dans 100 kilogr. de tabac. Il est alors appelé *râpé humide* et mis de nouveau dans des cases fermées, où il subit une seconde fermentation: la température s'y élève jusqu'à 45 degrés. Au bout de trois mois on le change de case, en le remuant avec soin, et, après un an de seconde fermentation, le râpé a acquis les qualités qu'il doit avoir. Il est ensuite porté dans la salle des mélanges, qui peut contenir 400000 kilogr. de tabac à priser. Le produit de toutes les cases est soigneusement mélangé, puis reporté aux tamis qui séparent les grumeaux formés pendant la fermentation. Après ce second tamisage, le râpé est mis dans des tonneaux où il est piétiné par un ouvrier qui le tasse avec un pilon de fer. Au bout de deux mois de séjour dans ces tonneaux, où son odeur et son parfum s'accroissent encore, il est livré à la consommation.

En résumé, si l'on compte, à partir du jour de la récolte, le temps pendant lequel le tabac doit rester, dans les magasins, en masses, en cases et en tonneaux, on trouve qu'il ne faut pas moins de trois années et quatre mois pour amener à l'état de râpé la feuille de tabac récoltée par le cultivateur.

TABAC A MACHER.

La consommation du tabac à mâcher croît chaque jour: en 1861, elle était de 533918 kilogr.; en 1868, elle s'est élevée jusqu'à 718519 kilogr. Ce sont surtout les matelots qui consomment cette espèce peu appétissante de tabac; on a prétendu que l'usage qu'ils en faisaient les préservait du scorbut. Ce serait là la seule excuse à un goût aussi dépravé.

On distingue trois espèces de tabac à mâcher: les *carottes*, les *gros rôles*, les *menus filés*. Les *carottes* sont des cylindres faits avec des feuilles fortement pressées et qu'on entoure d'une ficelle. On les abandonne à une fermentation lente à basse température. Les *gros rôles* sont formés par des feuilles disposées longitudinalement et tordues sur elles-mêmes à l'aide d'un rouet semblable à celui qui sert à faire les cordes. Les feuilles employées à cette fabrication doivent avoir été préalablement mouillées et écôtées, c'est-à-dire privées de leurs côtes. Les *menus filés* sont faits de la même manière avec des demi-feuilles enroulées sur elles-mêmes.

Les uns et les autres sont ensuite plongés dans du jus de tabac concentré qu'on appelle *sauce*. Cette opération, qui est assez répugnante, a pour but d'augmenter la saveur du tabac et de le préserver d'une dessiccation trop rapide. Les produits de la fabrication que nous venons de décrire sont enfin pelotonnés par paquets qu'on soumet à l'action d'une presse hydraulique pour n'y laisser que la quantité de jus qu'ils doivent conserver et leur donner une forme régulière.

TABAC A FUMER OU SCAFERLATI.

On distingue plusieurs sortes de scaferlati : l'*ordinaire* est un mélange de tabacs indigènes, de Kentucky et de Maryland ; les *étrangers* sont composés uniquement soit de Maryland, soit de Latakié, soit de tabac du Levant, etc. Les procédés de fabrication sont les mêmes.

Lorsque toutes les manoques ont été secouées, elles sont *écabochées*, c'est-à-dire qu'à l'aide d'un large couteau manœuvrant autour d'une charnière on en coupe le sommet au-dessus du lien qui réunit les différentes feuilles. Ces *caboches*, ou têtes de manoques, sont utilisées dans la fabrication du tabac à priser.

Après l'écabochage, les feuilles sont mouillées avec 28 pour 100 d'eau salée ; au bout de vingt-quatre heures de mouillade, on les soumet à l'*écôtage*, travail destiné à enlever à certaines espèces les côtes qui ne doivent pas exister dans un scaferlati bien préparé. A l'écôtage succède le *capsage*, opération qui consiste à superposer les feuilles dans le même sens et dans des mannes qui sont portées à l'atelier de *hachage*.

Les hachoirs sont très-différents de ceux qui sont employés dans la fabrication du râpé. Ils se composent essentiellement d'un couteau oblique (fig. 187), monté dans un châssis animé d'un mouvement de va-et-vient vertical, et de deux toiles sans fin qui se meuvent d'un mouvement horizontal très-lent et viennent présenter les feuilles à l'action de ce couteau.

Le tabac livré à la partie postérieure de la machine est saisi par les deux toiles sans fin qui sont situées à une certaine distance l'une

FIG. 187. — Machine à hacher le tabac.

de l'autre. Serré entre elles dans le sens de la hauteur de la machine et entre deux plans fixes dans le sens de la largeur, il s'avance lentement. Les feuilles sont disposées en long et se présentent perpendiculairement à l'action du couteau, de manière que les côtes soient hachées en tranches menues, dites *œils de perdrix;* on évite ainsi la présence dans le scaferlati des fragments trop volumineux auxquels le consommateur a donné le nom de *bûches*.

Le tabac haché doit être soumis à une torréfaction qui enlèvera l'excédant d'humidité et le fera friser. Autrefois, cette opération était très-pénible pour les ouvriers et se faisait dans des bassines de cuivre, par un procédé analogue à celui que l'on pratique pour la cuisson des marrons; aujourd'hui elle s'exécute à l'aide du torréfacteur inventé par M. Rolland. Cet appareil se compose d'un cylindre formé d'une double enveloppe de tôle et garni à son intérieur de nervures héliçoïdales; ce cylindre, animé d'un mouvement de rotation autour de son axe, est chauffé extérieurement et de plus est traversé dans le sens de sa longueur par un courant d'air chaud. Le tabac livré à l'entrée du cylindre est pris par les nervures héliçoïdales qui le font progresser pendant que la rotation de l'appareil le retourne et l'agite en tous sens. Le courant d'air chaud non-seulement aide à élever la température du tabac, mais il entraîne avec lui dans la cheminée les vapeurs produites.

La température du torréfacteur doit être réglée avec le plus grand soin, car le scaferlati prend un goût désagréable dès qu'elle dépasse sensiblement 100 degrés. Aussi M. Rolland a-t-il adapté à cette machine un régulateur très-ingénieux dont voici le principe : un tube métallique, placé dans l'un des conduits par lesquels s'chappent les gaz du foyer, est plein d'air; si la température de ces gaz devient trop élevée, l'air se dilate et agit par sa force élastique sur un levier qui ferme par une soupape l'entrée des foyers, empêche l'air extérieur d'y arriver et par suite diminue l'activité de la combustion. Plus tard l'air du tube se contractera et la soupape s'ouvrant laissera rentrer dans le foyer l'air extérieur qui ranimera le feu. L'usage de ce régulateur fait varier la température entre 92 et 97 degrés.

Du torréfacteur le scaferlati passe au *sécheur*, grand cylindre de bois dans lequel il est soumis à un courant d'air froid lancé par un ventilateur. Refroidi par cette opération, il est ensuite l'objet d'un *épluchage*, qui en extrait les parties les plus grossières; enfin il est mis en masses pendant un mois.

Au bout de ce temps, on le livre aux paqueteurs qui le pèsent et le mettent dans des paquets que l'on scelle avec une étiquette longue sur laquelle sont désignés la nature du tabac, le poids du paquet et la date de la fabrication. Le nombre 20, par exemple, placé sur l'étiquette indique qu'au moment de la mise en paquet le tabac contenait 20 pour 100 d'humidité.

Ce paquetage, qui était exécuté autrefois à la main, l'est maintenant par des machines, grâce auxquelles un ouvrier peut faire 600 paquets à l'heure. Les paquets sont ensuite emballés dans des tonneaux qui contiennent 200 kilogrammes et sont expédiés dans les entrepôts.

CIGARES.

La consommation des cigares a pris aussi depuis quelques années un grand développement. En 1857, elle était devenue telle, qu'il était difficile de satisfaire aux demandes et que les fabricants de la Havane menaçaient d'élever leurs prix. A cette époque, l'administration résolut de ne plus borner sa fabrication à celle des cigares communs, mais d'acheter des tabacs en feuilles à l'étranger et de fabriquer en France les cigares, qui, comme les millares, les trabucos et les londrès, nous arrivaient tout faits de la Havane. Cet essai réussit parfaitement, et aujourd'hui la manufacture de Reuilly à Paris fabrique avec les tabacs achetés à la Havane des cigares de luxe, tels que les *londrès*, *trabucos*, *régalias de la reina*, vendus depuis 25 jusqu'à 50 centimes.

Un cigare est composé de trois parties : l'intérieur, ou *tripe*, présentant à peu près la forme du cigare ; la *sous-cape*, feuille de tabac plus grande qui enveloppe la tripe ; enfin la *robe*, qui s'enroule autour du cigare et en ferme hermétiquement la surface, afin que l'air aspiré par le fumeur soit obligé de passer par l'extrémité allumée et entretienne la combustion. La régularité de cette combustion dépend d'ailleurs de la fabrication du cigare et de la composition chimique des feuilles : plus elles contiennent de sels de potasse, plus elle est active et régulière.

Lorsque les feuilles destinées à la fabrication des cigares de luxe nous arrivent de la Havane, elles sont encore humides malgré le long voyage qu'elles ont fait. Cela tient à ce que les planteurs, avant d'emballer le tabac, l'aspergent avec un liquide appelé *betun*, obtenu en faisant macérer dans l'eau des détritus de feuilles, des côtes, etc. Cette aspersion a pour but de déterminer une fermentation utile à la qualité des cigares.

Les manoques, assemblées par paquets nommés *poupées*, sont dénouées avec soin, secouées, trempées dans l'eau et égouttées.

Lorsque les feuilles sont devenues flexibles, elles sont soumises à l'*époulardage*, opération exécutée par des ouvrières expérimentées qui les déplient avec précaution, les écôtent, les examinent attentivement, les classent suivant leurs qualités, et décident à quelle espèce de fabrication de cigares elles seront employées, si elles devront servir à former l'intérieur ou l'extérieur. Les feuilles de choix sont roulées ensemble les unes par-dessus les autres, à l'aide d'une machine spéciale, et réservées pour faire la *robe* des cigares.

Pour acquérir les qualités des cigares faits à la Havane, les feuilles doivent être mises autant que possible dans des conditions analogues à celles que présentent les climats chauds. On les enferme pour cela dans une salle où elles sont disposées sur des claies; chaque tas est muni d'un thermomètre destiné à indiquer la température, que l'on maintient entre 25 et 30 degrés; un jet de vapeur entretient la quantité d'humidité nécessaire. Sous l'influence de la chaleur et de l'humidité, le tabac subit une fermentation lente qui développe son parfum : ajoutons que la salle où se fait cette opération doit être privée de lumière.

Les feuilles sont ensuite séchées et livrées aux femmes chargées de faire les cigares : chacune d'elles en a à sa disposition une certaine quantité; elle choisit celles qui doivent servir à former la tripe, les dispose sur une planche de caoutchouc volcanisé, de manière qu'elles ne présentent ni pli, ni partie dure; puis, avec la paume de la main, elle les roule dans une feuille de qualité moyenne appelée la *sous-cape*. Le cigare est presque achevé; mais sa surface n'a pas encore la régularité désirable; pour la lui donner, l'ouvrière l'enveloppe dans une feuille de choix nommée la *robe*, qui a été découpée avec un couteau dont la lame tranchante est constituée par une roulette d'acier: cette feuille est enroulée en spirale autour du cigare et l'extrémité correspondante à la pointe est fixée avec un peu de colle colorée par du jus de tabac.

Les cigares sont ensuite coupés à la longueur voulue. Ajoutons que la régularité du travail, au point de vue de la forme et de la grosseur, est facilitée par l'usage d'un outil appelé *calibre* ou *gabarit*. C'est une plaque de zinc percée d'un trou dont la forme et la dimension sont celles que doit avoir le cigare.

Une bonne ouvrière, par journée de dix heures de travail, peut faire cent cinquante cigares.

Après la fabrication, on examine attentivement les cigares pour voir s'ils ont les dimensions prescrites, s'ils sont faits avec régularité : on les pèse ensuite par masses de deux cent cinquante, pour reconnaître s'ils renferment la quantité de tabac réglementaire, puis on les enferme dans un séchoir où ils restent environ six mois. A la sortie, ils sont triés, classés suivant leur nuance en *claros* et en *colorados*, mis en boîtes et expédiés dans les entrepôts.

Le tabac qui entre dans la composition des cigares de 5 et 10 centimes est, en majeure partie, du tabac indigène auquel on ajoute pour les cigares de 5 centimes des feuilles du Mexique et pour ceux de 10 centimes des feuilles de Kentucky, d'Algérie et de Hongrie.

Comme nos tabacs indigènes renferment une trop grande quantité de nicotine qui incommoderait le fumeur, on est obligé de faire subir aux feuilles des lavages qui éliminent l'excédant d'alcali ; les jus de ces lavages ne doivent pas être rejetés, car on parvient avec eux à communiquer à certaines espèces les qualités dont elles sont dépourvues : c'est ainsi que des feuilles trop pauvres en potasse, et par suite difficilement combustibles, seront améliorées par leur contact avec des jus provenant d'espèces plus riches en sels de potasse. Il arrive souvent aussi qu'on fait macérer ensemble les diverses sortes de tabacs destinés à la confection d'un même genre de cigares. Cette macération a pour effet de diminuer la force du tabac et de fondre dans la masse les goûts et les qualités de chaque espèce. Le jus est ensuite séparé par décantation et par la pression.

La fabrication des cigares de 5 et de 10 centimes n'exige pas autant de soin que celle des cigares de luxe : le travail est en général partagé entre trois classes d'ouvrières : les *pourpières*, les *rouleuses* et celles qui préparent les *robes*. Les pourpières fabriquent l'intérieur des cigares en disposant la quantité de tabac correspondant à chacun d'eux dans des rainures pratiquées dans une planche placée devant elles ; les rouleuses posent la robe, collent l'extrémité et confectionnent la pointe avec un couteau en V qui donne la forme conique. Les cigares sont ensuite coupés à la longueur prescrite, examinés par des employés spéciaux et, après admission, mis en paquets et expédiés dans les entrepôts.

LIVRE TROISIÈME

INDUSTRIES DE L'ALIMENTATION

Nous rangerons dans cette classe toutes les industries qui concourent à l'alimentation de l'homme en transformant les matières premières que lui livre la nature. L'agriculture, la chasse et la pêche fournissent, moins l'eau et le sel, toutes les substances employées dans l'alimentation. Tantôt les produits qu'elles nous offrent n'ont besoin que de subir une manipulation domestique et une simple cuisson, comme les légumes et la viande; tantôt, au contraire, ils réclament l'intervention de l'industrie pour être transformés en aliments : le blé, par exemple, pour être converti en pain, doit être livré successivement au meunier, qui le réduit en farine, et au boulanger, qui fabrique du pain avec cette farine.

Nous allons décrire les procédés employés pour la fabrication des principales substances alimentaires ; la meunerie, la boulangerie, la fabrication des pâtes alimentaires, du beurre, des fromages, des conserves, du sucre, du chocolat, des dragées, des bonbons, du vin, de la bière, du cidre, etc., fixeront particulièrement notre attention.

CHAPITRE PREMIER

FARINES, PAIN ET PATES ALIMENTAIRES

Les graines de froment et des céréales en général renferment des principes qui les rendent précieuses pour l'alimentation ; riche à la fois en amidon et en matières azotées, telles que le gluten, le froment forme presque partout le principal et quelquefois le seul aliment de l'homme ; mais il faut pour cela qu'il soit réduit en une poudre appelée *farine*, que l'on obtient en écrasant les grains de blé et en séparant les parties corticales qui constituent ce qu'on nomme le *son*. C'est là le but de l'industrie que l'on désigne sous le nom de *meunerie* dans le nord de la France et sous celui de *minoterie* dans le Midi.

MEUNERIE.

L'industrie de la meunerie s'exerce dans toute la France, tantôt dans des usines plus ou moins importantes qui achètent le blé pour le transformer en farine, tantôt dans des moulins où chacun va porter son blé et où il est réduit en farine moyennant une certaine redevance. Ce dernier mode devient chaque jour moins important. Les villes où la meunerie est le plus développée sont : Corbeil (Seine-et-Marne), Gray (Haute-Saône), Poitiers, Moissac (Tarn-et-Garonne), Montauban, enfin nos grands ports où sont convertis en farine les grains venus de l'étranger : Marseille en première ligne, le Havre en seconde, puis Bordeaux.

Avant de décrire les opérations de la meunerie, étudions en quelques mots la constitution du grain de blé, afin de mieux comprendre ce qui va suivre.

Le grain de blé se compose d'une enveloppe externe, qui est éliminée à l'état de son, et d'une partie interne ou noyau farineux. La partie interne du noyau est la plus tendre ; elle donne une farine très-blanche et très-fine (*fleur*), mais pauvre en gluten et par suite peu nourrissante. La zone qui enveloppe le noyau est plus dure ; à la mouture elle donnera le gruau blanc. La zone extérieure du noyau à farine est encore plus dure et constitue le gruau gris.

La transformation du blé en farine comporte trois phases principales : 1° le *nettoyage*, qui a pour but d'enlever au blé toutes les matières étrangères, comme la terre, la poussière, les débris de paille, etc.; 2° la *mouture*, qui écrase le grain ; 3° le *blutage*, qui est un tamisage destiné à séparer la farine du son.

Le *nettoyage du blé* se fait dans des appareils spéciaux dont la disposition varie d'une usine à l'autre. Le grain y est soumis à l'action de surfaces rugueuses qui le frottent en tous sens, pendant qu'un courant d'air rapide lancé par un ventilateur sépare la poussière, les débris de paille, etc.

Le blé parfaitement nettoyé est ordinairement pris par des chaînes à godets qui le transportent mécaniquement à l'étage où se trouve le réservoir à grains appelé *engreneur*. De là il tombe par son poids dans un entonnoir qui surmonte les meules où il doit être écrasé. Ajoutons toutefois que les blés durs subissent l'action de cylindres *comprimeurs* qui font l'office de laminoirs et qui, en écrasant le grain, le préparent à la mouture.

Une paire de meules se compose de deux cylindres de pierre dure MM′ (fig. 188) formés généralement de morceaux réunis avec du plâtre très-fin et serrés par un cercle de fer. La meule inférieure M′ est fixe, elle s'appelle le *gîte* ou la *meule dormante ;* la meule supérieure M, placée à une très-petite distance au-dessus de la première, est mobile et se nomme la *meule courante*. Elle est fixée à un axe de rotation B qui traverse la meule dormante, et repose sur lui par l'intermédiaire d'une pièce de fer A, nommée *anille*, encastrée dans un trou pratiqué à son centre. L'anille n'intercepte qu'en partie l'ouverture centrale de la meule courante. L'intervalle compris entre l'axe B et les parois du trou central de la meule dormante M′ se trouve rempli par des morceaux de drap. Les faces en regard des meules ne sont pas planes ; elles sont munies de rainures peu profondes dirigées du centre à la circonférence, comme l'indique la fig. 189.

Le blé versé dans l'entonnoir qui surmonte la paire de meules tombe par le trou central de la meule courante; comme les morceaux de drap l'empêchent de s'engager entre l'axe B et le trou de la meule dormante, il est entraîné entre les meules par la

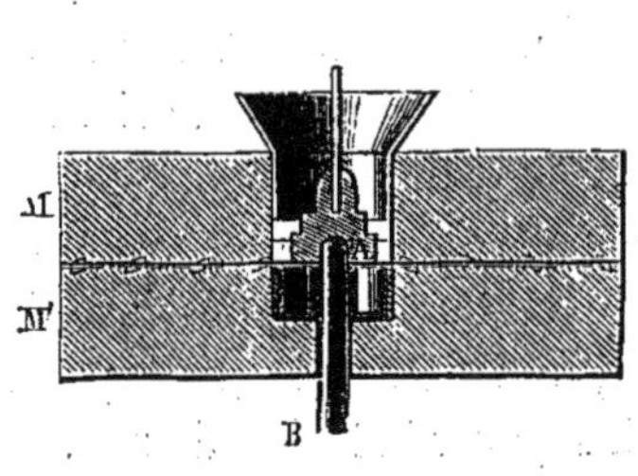

Fig. 188. — Meules de moulin.

Fig. 189. — Plan de meule.

rotation de la meule courante. Dans ce mouvement les grains de blé, se trouvant pris entre les rainures comme entre les lames d'une paire de ciseaux, sont broyés, moulus et en même temps portés vers la circonférence. La poudre résultant de ce broyage tombe dans un intervalle annulaire compris entre la meule et l'enveloppe de bois qui l'entoure. Entraînée par elle, elle va sortir par un orifice latéral; là elle est reprise et transportée mécaniquement dans un *refroidisseur*, qui se compose d'une grande cavité cylindrique au fond de laquelle se meut circulairement un râteau. Voici le but de cet appareil : le blé, en passant sous les meules, s'est échauffé par le frottement et il est bon de refroidir immédiatement le mélange de farine et de son (appelé *boulange*) afin d'empêcher son altération. Remué dans l'intérieur du refroidisseur par le râteau, il est bientôt refroidi et déversé dans les bluteries.

Le *blutage* n'est autre qu'un tamisage ayant pour effet de séparer les farines de grosseurs diverses qui constituent le mélange sortant des meules, depuis la farine la plus fine jusqu'aux pellicules les plus grosses.

Les blutoirs le plus généralement employés se composent d'un arbre de bois qui porte des bras sur lesquels sont fixés de longues tringles de bois parallèles à l'axe et formant les arêtes d'un prisme à six pans. Une gaze de soie est tendue sur cette carcasse dont l'axe est incliné. L'appareil est enfermé dans une espèce de coffre. La boulange est introduite par l'ouverture supérieure, et, pendant que l'appareil tourne, la farine assez fine pour traverser les mailles de la gaze tombe dans le coffre. Cette première farine est appelée *farine de blé;* elle est composée des parties les plus ténues qui proviennent de l'écrasement des portions les moins dures des

Fig. 190. — Blutoir.

grains. Tout ce qui ne passe pas dans ce premier blutage constitue le son, c'est-à-dire un mélange de pellicules et de grains plus gros que ceux qui forment la farine de blé.

Ce mélange de gruau et de son est envoyé à un autre blutoir qui est garni de gazes de finesses différentes T, T', T'' (fig. 190); la grosseur des mailles va en augmentant depuis l'entrée du blutoir jusqu'à la sortie. Le coffre dans lequel il se meut est divisé en compartiments correspondants à chaque espèce de gaze. On comprend qu'à travers la première gaze passera le gruau le plus fin qui tombera dans le premier compartiment; dans le second se trouvera un gruau un peu moins fin, et ainsi de suite jusqu'au son le plus gros. On a, en général, trois espèces de gruaux et trois qualités de son.

Les gruaux doivent être remoulus et le produit de cette mouture est mélangé à la farine de blé en proportions variables pour faire des farines de qualités diverses.

PAIN.

Le pain est la substance qui joue le rôle le plus important dans l'alimentation de l'homme ; il est ordinairement préparé avec la farine de blé. On le fabrique en délayant la farine dans l'eau de manière à en faire une pâte ; mais, comme cette pâte serait trop compacte et trop lourde à digérer, on mélange à la farine une certaine quantité d'une substance nommée *levain* qui, déterminant dans la masse un phénomène de fermentation, décompose une partie de l'amidon que renferme le blé et la transforme en alcool et en un gaz appelé *acide carbonique*. On met ensuite le pain dans un four chaud ; la chaleur arrête la fermentation commencée et fait dilater toutes les bulles de gaz. Celles-ci, en réagissant sur la pâte, la distendent et y produisent toutes ces petites cavités qui rendent le pain moins compacte et par suite plus facile à digérer. L'élasticité de la pâte est due à une substance que renferme la farine et qui est nommée *gluten*. Cette substance est un aliment précieux ; aussi plus une farine contient de gluten, plus le pain qu'elle donne est léger et nutritif.

Tels sont les principes sur lesquels repose la panification, que nous allons maintenant étudier dans ses détails.

La fabrication du pain se compose de trois opérations distinctes : 1° la *préparation des levains ;* 2° le *pétrissage de la pâte ;* 3° la *cuisson du pain.*

On se sert en France de deux sortes de levain : la *levûre de bière* et le *levain de pâte*. La levûre de bière est une substance qui se produit dans la fabrication de la bière et qui a la propriété de déterminer dans la pâte de farine le phénomène de fermentation dont nous avons parlé. On l'emploie lorsqu'on n'a point de pâte provenant d'une panification précédente ; mais, en général, on préfère se servir du levain de pâte, que l'on prépare en prélevant à la fin de chaque opération une certaine quantité de la pâte, et en l'abandonnant dans un endroit chaud. Elle y fermente et devient elle-même un véritable ferment, capable de provoquer la fermentation de la pâte dans laquelle on la mettra.

Le boulanger verse d'abord dans le pétrin, espèce de coffre de bois de chêne, le levain gardé d'un précédent pétrissage et ajoute la quantité d'eau et de sel que l'habitude lui fait juger nécessaire. Il divise le levain avec les mains, puis introduit dans la masse liquide la quantité de farine destinée à la fabrication de la pâte. Cette opération s'appelle la *frase*. Elle est suivie de la *contre-frase*, qui consiste à retourner la pâte de droite à gauche et de gauche à droite, à la soulever et à la laisser retomber ensuite de manière à y introduire de l'air. Ce travail a pour effet de faire un mélange très-homogène ; il est très-pénible et provoque chez l'ouvrier une transpiration abondante.

Fig. 191. — Pétrin Boland.

Depuis une vingtaine d'années le pétrissage mécanique tend à se substituer au pétrissage à bras, sur lequel il présente des avantages incontestables sous le rapport de l'hygiène, de la propreté et de la régularité du travail. On a inventé plusieurs systèmes de pétrin mécanique ; nous ne parlerons que du pétrin Boland. Il se compose (fig. 191) d'un demi-cylindre dans lequel se meut, sous l'influence de la vapeur ou de tout autre moteur, un système de lames de fer façonnées en spirale et disposées de telle sorte que leurs différentes parties en tournant soulèvent, allongent, élèvent la pâte et la déplacent avec lenteur, ce qui est préférable à un mouvement rapide qui la déchirerait.

Lorsque le pétrissage est terminé, soit à bras, soit mécaniquement, on *tourne* la pâte, c'est-à-dire qu'on la divise en *pâtons* qui sont pesés et placés dans des corbeilles garnies de toile saupoudrée de farine, ou même dans les replis d'une toile. On les abandonne pendant quelque temps à proximité du four : la fermentation se

Fig. 192. — Four ordinaire.

développe et les pâtons se gonflent sous l'influence des gaz. Il faut surveiller ce phénomène et ne pas laisser faire trop de progrès à la fermentation, sans quoi l'alcool produit se transformerait lui-même en vinaigre ; celui-ci, en liquéfiant le gluten, diminuerait la ténacité de la pâte, qui laisserait échapper les gaz et s'affaisserait ; la panification serait manquée.

Lorsque les pâtons sont convenablement levés, il n'y a plus qu'à les cuire. Pour cela ils sont introduits dans un four chauffé à l'avance et y restent environ trente-cinq à soixante minutes suivant leur grosseur. L'enfournement s'opère avec une pelle à long manche, saupoudrée de petit son. Les fours ordinaires ont une forme elliptique (fig. 192); la sole est plane; la voûte très-surbaissée est percée de plusieurs ouvertures qui communiquent avec la cheminée principale. On les chauffe en y brûlant du bois. Lorsque la température est de 290 à 300 degrés, on enlève la braise résultant de la combustion du bois, on balaye la sole et l'on enfourne.

Depuis quelques années on emploie dans les grandes villes des fours qui présentent sur les précédents de grands avantages au point de vue de la propreté, de l'économie du combustible et de la régularité de la cuisson.

Ces fours appelés *aérothermes* ne reçoivent ni le combustible, ni

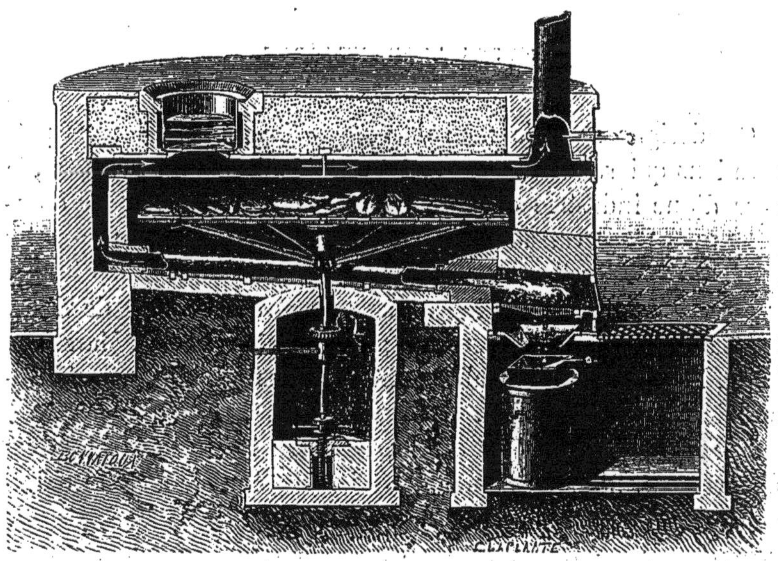

Fig. 193. — Four aérotherme.

les gaz provenant de sa combustion. Dans le four Rolland, qui est un des meilleurs, le combustible (bois, coke ou houille) est brûlé dans un foyer pratiqué dans un massif en maçonnerie situé sur le côté du four. Les gaz de la combustion (fig. 193) sont dirigés en sortant du foyer dans six tuyaux qui circulent sur un carrelage incliné formant la paroi inférieure du four; ils gagnent ensuite des conduits verticaux pratiqués dans les parois latérales, et de là passent dans une espèce de plafond creux formé par deux plates-formes de fonte situées à une certaine distance l'une de l'autre; enfin ils gagnent la cheminée d'échappement. On conçoit que, par cette disposition, le four se trouve chauffé dans toutes ses parties sans être sali par le combustible ou par les produits de sa combustion.

Quant à la sole, elle présente l'avantage de faciliter l'enfournement et le défournement : c'est une plate-forme horizontale en plaques de tôle soutenues par une armature de fer et recouverte par un carrelage. On peut, à l'aide d'une manivelle extérieure, la faire tourner autour d'un axe vertical et présenter successivement ses différentes parties en face la porte du four.

Le pain bien cuit doit avoir les caractères suivants : être ferme, avoir une couleur d'un jaune doré, une odeur agréable et aromatique, et résonner quand on frappe le dessous avec les doigts.

PATES ALIMENTAIRES.

On désigne sous le nom de *pâtes alimentaires* diverses préparations qui sont devenues, surtout depuis quelques années, la base d'une industrie et d'un commerce importants et qui occupent une place considérable dans l'alimentation. Tels sont les semoules, vermicelles, macaronis, nouilles, pâtes de forme diverse.

Cette industrie est développée dans un certain nombre de villes. Clermont-Ferrand est le centre le plus important ; Paris, Marseille, Lyon, Nancy et Poitiers fabriquent aussi des quantités considérables de pâtes alimentaires.

Les matières premières employées sont : 1° les beaux blés durs d'Auvergne ; 2° les blés durs d'Algérie, dont l'usage a été introduit dans cette industrie par M. Brunet, de Marseille ; 3° les farines de divers froments (durs, demi-durs et tendres) que l'on améliore quelquefois, surtout à Paris, en y ajoutant le gluten produit dans la préparation de l'amidon.

La *semoule* n'est autre que du blé réduit en granules fins par l'action de meules semblables à celles qui servent à faire la farine. Marseille consomme annuellement pour cette fabrication plus de 200 000 hectolitres de blés durs d'Algérie.

L'action des meules sur le blé donne un mélange de farine, de granules et de son. A l'aide de blutoirs semblables à ceux que nous avons décrits plus haut, on sépare le son, la farine et la semoule. Le son est employé à la nourriture des bestiaux, la farine sert à la fabrication du pain. Les farines de blés durs traités à Marseille sont très-estimées dans les Cévennes, où on les préfère à la farine de seigle. Elles donnent un pain très-nutritif et se vendent à moitié prix de la farine de première qualité. La semoule est recueillie à part pour être soumise à un triage qui sépare les granules de grosseurs différentes et les parcelles de son qui les accompagnent. Ce triage se fait à l'aide de tamis dont le fond est en peau de chèvre percée de trous. L'ouvrier imprime au tamis un mouvement spécial qui ramène à la surface toutes les parties légères, qu'il enlève de temps en temps avec une manille métallique. Le résidu est renvoyé aux meules. Quant aux granules de semoule, ils passent à travers le tamis. Par trois tamisages on arrive à avoir la *semoule en grains* destinée aux potages; celle qui doit servir à la préparation des pâtes alimentaires est beaucoup plus fine.

Le *vermicelle* se fait avec de la farine ou mieux encore avec de la semoule ; on peut y ajouter une certaine quantité de gluten, ce qui le rend plus nourrissant et capable de mieux supporter la cuisson. Quelquefois, pour avoir une pâte plus blanche, on substitue au quart de la farine ou de la semoule une égale quantité de fécule de pommes de terre, mais le produit est moins nutritif et offre l'inconvénient de se délayer pendant la cuisson.

Quel que soit le dosage adopté, on pétrit la farine, la semoule et le gluten avec de l'eau bouillante. Comme la quantité d'eau ajoutée est très-petite (25 pour 100 environ du poids de la substance employée), le pétrissage ne se fait pas par les procédés ordinaires. Autrefois on se servait d'un outil, appelé *broie du vermicellier*, qui n'était autre qu'un madrier de 3 mètres taillé en couteau sur une partie de sa longueur ; l'une de ses extrémités était suspendue par un anneau à un piton enfoncé dans la muraille; au-dessous de lui était une table à rebords ou *pétrin*. Le vermicellier, agissant à l'autre extrémité de la broie, la soulevait et l'abaissait de manière à l'abattre sur la pâte, qui se trouvait écrasée et mélangée. Le pétrissage durait deux heures, pendant lesquelles on repliait douze fois la pâte sur elle-même pour renouveler autant que possible les surfaces offertes à l'écrasement.

Aujourd'hui, dans les usines bien installées, on parvient plus économiquement au même résultat à l'aide d'une meule A qui se meut circulairement dans une auge BD où est placée la pâte (fig. 194).

Quand la pâte est pétrie, on lui donne la forme de filaments en l'introduisant toute chaude dans un cylindre DF (fig. 195 et 196) de bronze dont le fond (fig. 197) est percé de trous d'un diamètre égal à celui que doivent avoir les brins de vermicelle. La partie inférieure *d* du cylindre est chauffée par une double enveloppe dans laquelle circule de l'eau chaude ou de la vapeur. On fait descendre

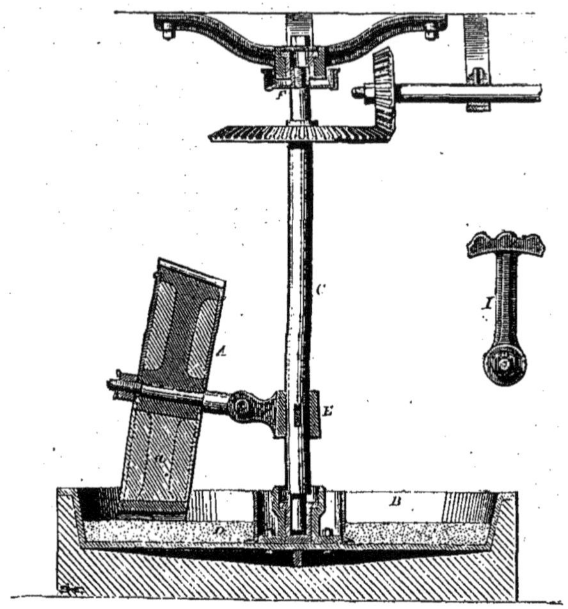

Fig. 194. — Machine à pétrir le vermicelle.

dans ce cylindre un piston C qui, poussé par une forte pression hydraulique, appuie sur le disque *h* entouré de chanvre, comprime la pâte et la force à passer à travers les trous du fond.

Voici comment s'opère le mouvement du piston C : il fait corps avec un cylindre creux B, dans lequel descend un autre cylindre creux et fixe A. Par le trou *a* on injecte de l'eau dans les cylindres A et B, et à l'aide d'une presse hydraulique on exerce sur le liquide une forte pression qui pousse de haut en bas le cylindre B et par suite le piston C.

La pâte sort à l'état de fils qui sont refroidis à leur sortie par un ventilateur E ou par une palette flexible de cuir avec laquelle le vermicellier les évente ; puis il coupe les fils de pâte à la longueur de 75 centimètres à 1 mètre, les contourne et les porte à l'atelier d'étendage, où des femmes dévident ces gros écheveaux en petits nouets qu'elles répartissent sur des claies couvertes de papier, pour les faire sécher dans une étuve à courant d'air.

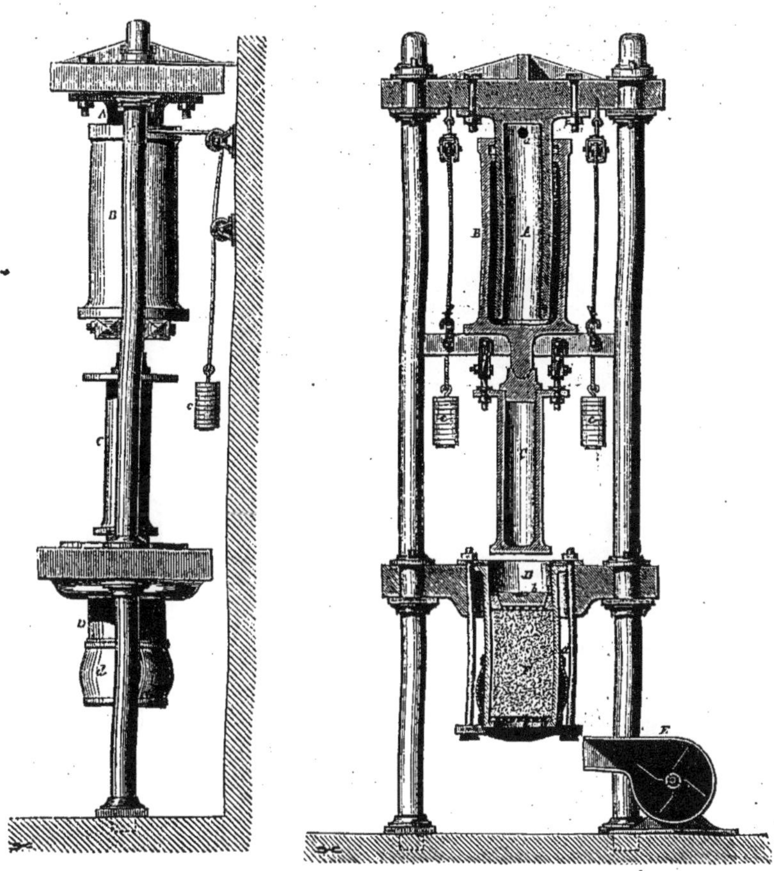

Fig. 195. Fig. 196.

Machine à faire le vermicelle.

Le macaroni se fabrique d'une manière analogue; il suffit d'adapter au cylindre un autre fond dont les trous sont d'un plus

Fig. 197. — Fond de la machine à vermicelle.

Fig. 198. — Fond de la machine à macaroni.

grand diamètre; ils sont évasés (fig. 198) et portent dans leur milieu un noyau cylindrique dont le diamètre extérieur est celui que doivent avoir intérieurement les tubes creux qui sont la forme ordinaire du macaroni. Ce noyau est fixé à la partie supérieure du fond. On comprend facilement que la pâte, obligée de passer dans l'espace annulaire compris entre les parois du trou et celles du noyau, prend la forme de tubes que l'on sèche ensuite à l'étuve.

Pour préparer des pâtes en formes de lentilles, d'étoiles, d'ellipses plates, etc., on se sert d'une presse horizontale AB

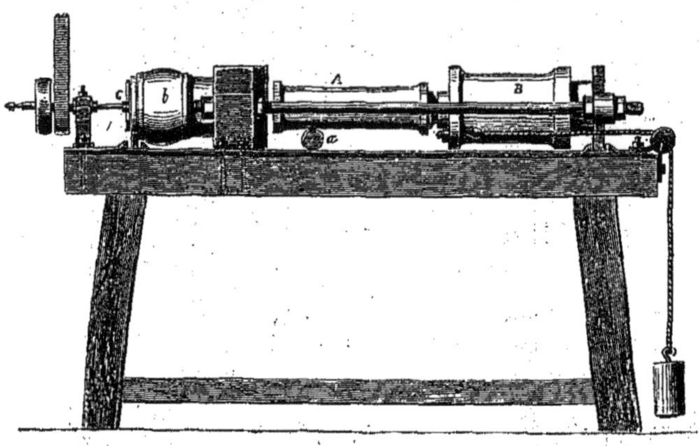

Fig. 199. — Machine à faire les pâtes d'Italie.

(fig. 199); le fond du cylindre est percé de trous lenticulaires, étoilés ou elliptiques, et la pâte, à mesure qu'elle sort, est découpée en plaques d'épaisseur convenable par un couteau circulaire *c*, qui tourne rapidement à une certaine distance du fond.

On prépare aussi, sous le nom de *gluten granulé*, une pâte alimentaire très-nutritive et dans la fabrication de laquelle on utilise le gluten des amidonneries. C'est un mélange de gluten frais et de farine que l'on remue dans un cylindre, à l'aide d'un agitateur, de manière à le réduire en grains que l'on sèche à l'étuve et que par un tamisage on trie en granules de différentes grosseurs.

CHAPITRE II

BEURRE ET FROMAGES

Le *lait* est un liquide sécrété par les glandes mammaires des femelles des animaux connus sous le nom de *mammifères*. Il sert à la nourriture de leurs petits et constitue un aliment précieux et *complet*, c'est-à-dire contenant tous les principes nécessaires à la nutrition. Le lait de vache, le plus généralement employé dans l'alimentation, sert à la fabrication du beurre et du fromage.

Le lait est composé d'une proportion d'eau considérable tenant en dissolution des principes appelés *caséine* et *sucre de lait;* au milieu de ce liquide on trouve en suspension des globules formés par une matière grasse. Lorsqu'on abandonne le lait à lui-même, il se sépare en deux couches distinctes : la couche supérieure, que l'on nomme la *crème*, est jaunâtre, onctueuse et épaisse ; elle se compose des globules qui sont montés à la surface, entraînant avec eux une certaine quantité du liquide au milieu duquel ils étaient en suspension ; la couche inférieure est bleuâtre, plus dense, moins consistante : elle est désignée sous le nom de *lait écrémé.*

Le beurre est formé par les globules gras qui se trouvent dans le lait et qui constituent la crème. Pour les transformer en beurre, il suffit de les souder entre eux, ce qui se fait en agitant la crème ou le lait non écrémé dans des appareils appelés *barattes*.

Quant au fromage, on le produit en déterminant la coagulation du principe qui se trouve dissous dans l'eau du lait et que nous avons appelé caséine : on se sert pour cela soit de lait écrémé, soit de lait ordinaire, auxquels on ajoute de la *présure.* La présure est une membrane interne de l'estomac du veau ; elle a la propriété, lorsqu'elle se trouve en présence du lait, de déterminer la coagulation de la caséine.

La fabrication du *beurre* constitue une industrie très-importante et très-répandue en France. Les départements du Calvados (Bayeux, Isigny, Trévières, etc.), de l'Orne, de la Manche, de la Seine-Inférieure, d'Indre-et-Loire, du Loiret, du Nord, du Pas-de-Calais, et la Bretagne sont les lieux principaux de production du beurre. Aucune substance alimentaire grasse ne donne lieu en France à un commerce aussi considérable; la quantité de ce produit exportée par nos agriculteurs était représentée, il y a quelques années, par une valeur de 28968142 francs.

Nous avons dit déjà qu'on préparait le beurre en battant soit la crème du lait, soit le lait non écrémé. Le battage de la crème, méthode généralement employée, fournit, avec la même quantité de lait, un produit plus abondant mais moins délicat. Par le battage du lait non écrémé, on fabrique le beurre si renommé de la Prévalaye.

Pour séparer la crème du lait, après avoir filtré celui-ci sur un tamis garni d'un linge très-propre, on l'abandonne dans des vases en poterie de grès qui doivent être tenus dans un état de propreté parfaite. On a proposé de les remplacer par des vases de zinc, mais il est préférable de rejeter l'emploi de ce métal, qui peut produire des sels nuisibles à la santé. La laiterie, où l on abandonne le lait, doit être à une température de 14 à 16 degrés; on la chauffe en hiver, et en été on la refroidit par des arrosages. Au bout de vingt-quatre heures en été et quarante-huit en hiver, la séparation est faite et l'on peut écrémer. Dans quelques laiteries on enlève la crème, à mesure qu'elle se sépare, pour la battre immédiatement, car on a reconnu que plus elle est fraîche, plus le beurre est délicat et estimé.

L'écrémage se fait souvent à l'aide d'appareils spéciaux appelés *crémeuses*. Nous citerons la crémeuse Girard (fig. 200), qui se compose d'une table portant trois vases de fer battu, munis à leur partie inférieure d'un ajutage débouchant au-dessus d'une rigole longitudinale. On verse le lait dans ces vases, et lorsque la crème est formée, on débouche les ajutages qui laissent écouler le lait écrémé dans la rigole, et de là dans un seau placé au-dessous. La crème reste dans les vases de fer battu, car on rebouche les ajutages dès qu'elle arrive à leur niveau.

Le battage de la crème ou du lait se fait dans des appareils auxquels on donne généralement le nom de *barattes ;* aussi est-il

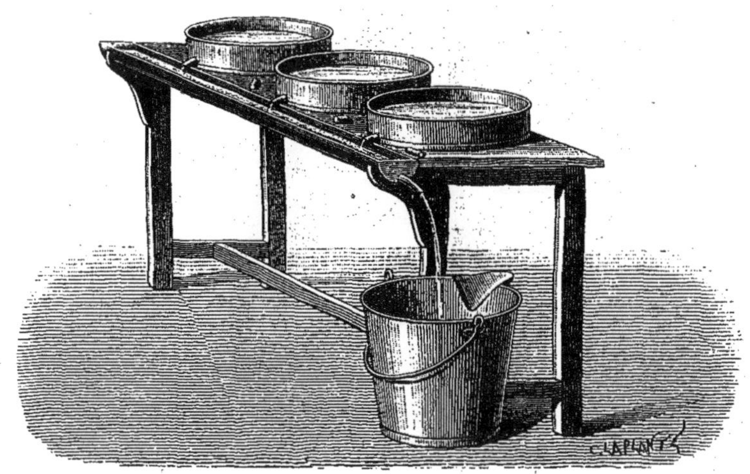

Fig. 200. — Crémeuse Girard.

souvent désigné sous le nom de *barattage*. Leur forme varie d'une contrée à l'autre. La baratte qui est le plus généralement employée se compose d'un vase conique de bois (fig. 201) que l'on peut fermer avec une rondelle plate, percée d'un trou assez grand pour permettre à un bâton d'y glisser avec facilité. Ce bâton, qu'on appelle *batte-beurre*, *baraton* ou *piston*, porte à sa partie inférieure un disque de bois percé de trous. La personne chargée de battre la crème l'introduit dans l'appareil et, en donnant un mouvement de va-et-vient vertical au baraton, elle force le liquide à se diviser, en passant à travers les trous du disque, et les globules graisseux à se souder entre eux.

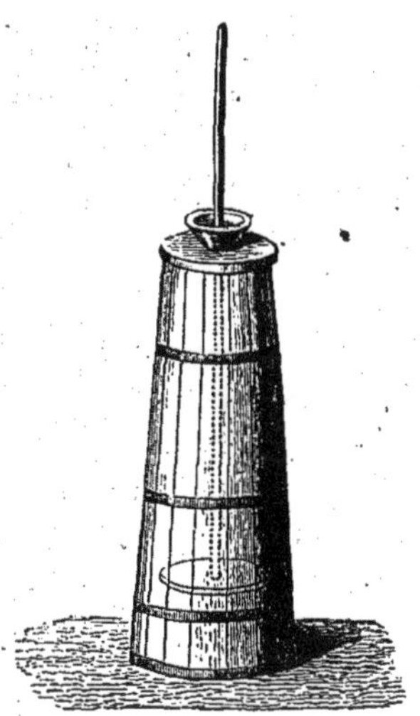

Fig. 201. — Baratte.

En Normandie la baratte employée, appelée *serène*, a la forme d'un baril qui peut tourner sur un chevalet (fig. 202). Dans l'intérieur sont disposées des planchettes fixées à des douves opposées du baril.

Une déchirure faite dans la figure laisse voir l'une des planchettes.

Fig. 202. — Baratte normande.

La baratte Girard se compose (fig. 203 et 204) d'une boîte dans laquelle on met le lait qui se trouve battu par des ailettes A mises en mouvement rapide de rotation à l'aide de la roue R et du pignon P. La partie hémicylindrique L où se trouve le lait est entourée d'une enveloppe E qui renferme de l'eau et constitue un bain-marie destiné à entretenir le lait ou la crème à une température convenable (19 à 20 degrés pour le lait, 13 à 15 pour la crème). En BB sont les orifices destinés à vider la baratte et le bain-marie.

Après le barattage, il faut procéder au *délaitage*. Cette opération, très-importante pour la conservation du beurre, consiste à séparer entièrement du beurre le petit-lait et la caséine. On y parvient en le pétrissant avec de l'eau après l'avoir lavé dans la baratte. Lorsque les lavages sont terminés, le beurre disposé en mottes est couvert avec soin d'un linge très-propre, puis placé dans un panier et entouré de paille fraîche.

Le rendement de la crème en beurre varie suivant la qualité et la composition du lait. On admet qu'en moyenne 28 litres de lait produisent 1 kilogramme de beurre.

Lorsqu'on expose le beurre au contact de l'air, surtout pendant l'été, il s'altère, devient rance et acquiert un goût prononcé. Pour retarder son altération, on doit le placer dans un endroit très-frais, au milieu d'eau fraîche que l'on renouvelle fréquemment, ou bien le

Fig. 203. — Baratte Girard.

couvrir d'un linge mouillé. Mais si on veut le conserver longtemps,

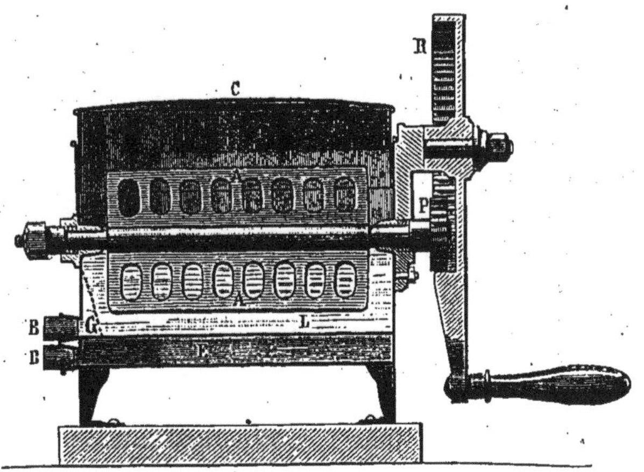

Fig. 204. — Coupe longitudinale de la baratte Girard.

il faut le saler ou le fondre dans une chaudière de fonte afin d'évaporer l'eau qu'il contient, et enlever ensuite les écumes formées, en grande partie, de caséine coagulée. Les beurres d'Isigny expédiés en Angleterre et en Allemagne sont salés avec le plus grand soin. On pétrit 500 grammes de sel avec 10 kilogr. de beurre et l'on introduit le beurre salé dans des pots ou dans des barils, puis on recouvre la surface avec une couche de sel.

L'usage le plus productif du lait pour l'agriculteur est la vente en nature. Ainsi M. Heuzé a établi que le lait est vendu à raison de 15 à 20 centimes le litre, que, transformé en fromage, il produit environ 10 centimes, et que, si l'on en extrait le beurre, il rapporte moins de 8 centimes. Mais, comme le lait est une substance très-altérable, il ne peut sans inconvénient être transporté à une grande distance; c'est ce qui fait que, lorsqu'une région ne peut consommer tout le lait qu'elle produit, l'excédant est ordinairement employé à la fabrication des fromages.

La fabrication du fromage remonte à la plus haute antiquité; elle constitue pour certaines contrées une industrie très-importante et une source de richesses. Outre les fromages frais que l'on prépare partout, il existe un grand nombre d'espèces diverses qui sont surtout produites par les départements de l'Aveyron, de la Seine-Inférieure, du Calvados, de la Marne, de Seine-et-Marne, de la Creuse, du Cantal, des Vosges, de l'Isère, etc. La production annuelle de la France est de plus de 130 millions de kilogrammes.

Les fromages peuvent, d'après la nature du lait employé à leur fabrication, se diviser en quatre classes : 1° les fromages préparés avec du lait de vache; 2° ceux qui sont préparés avec du lait de chèvre; 3° les fromages au lait de brebis; 4° les fromages faits avec des laits mélangés. Chacune de ces classes peut elle-même se subdiviser en deux catégories comprenant les fromages *mous* (frais ou salés), et les fromages *à pâte ferme*. On distingue aussi les fromages *maigres* et les fromages *gras*. Les premiers sont obtenus en faisant cailler le lait écrémé; les seconds sont préparés avec du lait non écrémé et quelquefois additionné d'une certaine quantité de crème.

Les fromages *frais*, destinés à être mangés immédiatement, se font avec le lait écrémé, avec le lait non écrémé, ou bien encore avec du lait auquel on ajoute de la crème provenant de la traite précédente. Dans ce dernier cas on les appelle *fromages à la crème*.

Le fromage *blanc*, ou fromage *à la pie*, qui est connu partout, se fabrique avec du lait écrémé chaud additionné d'une certaine quantité de crème. On détermine la coagulation au moyen de présure, puis on met le caillé dans des moules et on le fait égoutter en le chargeant d'une rondelle de bois. Quand il est égoutté, on le sort des moules et on le pose sur un lit de feuilles ou de paille. Ce fromage peut se conserver huit à quinze jours.

Les fromages que l'on vend à Paris sous le nom de *fromages de Neufchâtel* ont la forme de petits cylindres d'une longueur de 7 centimètres sur 4 centimètres de diamètre. Chaque fromage est enveloppé dans du papier joseph qu'on mouille pour le tenir frais. Il y en a de plusieurs espèces : le fromage *à la crème*, pour lequel on ajoute de la crème au lait doux ; *le fromage à tout bien*, fait avec le lait naturel ; le *fromage maigre*, fait avec du lait écrémé. Le second est celui dont on consomme le plus ; voici comment on le fabrique :

Après chaque traite, le lait est transporté dans une pièce dite *pièce de l'apprêt ;* on le coule, à travers une passoire, dans des cruches où il est mis en présure. Ces cruches sont placées dans des caisses que l'on recouvre de couvertures de laine et vidées le surlendemain dans des paniers de bois, dont le fond est formé par une toile attachée sur les bords. On place ces paniers sur des éviers ; le fromage s'égoutte jusqu'au soir ; on le retire avec la toile que l'on replie sur lui, et pendant qu'il est ainsi enveloppé on le met sous presse jusqu'au lendemain matin. Puis on pétrit cette pâte dans un linge blanc, comme de la pâtisserie, jusqu'à ce que les parties caséeuses et butyreuses soient bien agglomérées. Cela fait, on procède au moulage en introduisant dans des moules de bois des pâtons un peu plus forts que le moule, puis on les y comprime en les posant sur la table et en appuyant sur leur face supérieure avec la paume de la main. A l'aide d'un couteau de bois on enlève sur chaque base ce qui sort du moule et l'on démoule en frappant légèrement. Ces fromages sont ensuite salés sur leurs bases et roulés dans du sel fin. Après les avoir fait égoutter pendant vingt-quatre heures, on les transporte au magasin, où on les pose sur un lit de paille. C'est là que par un séjour de trois mois environ ils se raffinent ; pendant ce temps on les retourne souvent, on les change de place et l'on renouvelle la paille. On est renseigné sur la marche de l'opération par l'apparition de boutons rouges qui ne doivent être ni trop secs ni trop coulants, et suivant leur nature on modifie l'humidité de l'apprêt.

Les *fromages de Brie* que l'on trouve dans le commerce sont faits avec du lait non écrémé. Le lait chaud de la vache est versé dans un baquet où il reçoit la présure. Au bout d'une heure, lorsque le caillé est formé, on en remplit des moules placés sur une clayette d'osier nommée *cagereau ;* quand le caillé s'est bien égoutté, c'est-à-dire au bout de vingt-quatre heures, on retourne les fromages et on les sale sur une de leurs bases ; le lendemain on les sale sur l'autre. Puis on les place sur des tablettes à claire-voie, où on les retourne tous les jours en surveillant l'état de la pâte. S'ils sont trop mous, on les porte dans un lieu plus sec et plus aéré ; s'ils sont trop durs, dans un endroit frais et moins aéré. Au bout de quinze jours ou trois semaines, ils sont livrés au commerce.

Pour affiner les fromages on superpose, dans un endroit frais, des couches alternatives de fromage et de paille : en quelques mois ils sont affinés ; si on les laisse trop longtemps, il se produit une fermentation et la pâte coule. A Meaux, à mesure que la pâte des fromages s'écoule, on la ramasse soigneusement sur des planches tenues très-proprement et on la renferme dans de petits pots : cette pâte en pots se vend sous le nom de *fromages de Meaux*.

La production annuelle du département de Seine-et-Marne est évaluée à 12 000 000 de francs.

En Auvergne, les vaches sont traites deux fois par jour : le lait, transporté à la fromagerie dans de grands seaux de bois, appelés *gerbes*, est passé dans des tamis de crin et immédiatement mis en présure. Le *vacher* qui dirige la fromagerie doit savoir apprécier la consistance du caillé. Au bout de cinq quarts d'heure en été, il divise et rompt le caillé dans tous les sens avec une spatule de bois. Cette opération a pour effet de déterminer la séparation du petit-lait, que l'on décante. Le petit-lait est consommé dans le ménage, ou bien on en extrait par le repos le peu de crème qu'il contient encore. Cette crème sert à faire le beurre connu sous le nom de *beurre de montagne*. La pâte qui reste après la décantation du petit-lait est mise dans une auge A percée de trous que l'on place sur la table à fromage (fig. 205). Le vacher, les bras nus et le pantalon retroussé jusqu'au-dessus du genou, monte sur la table et comprime cette pâte avec ses bras et ses jambes de manière à en faire sortir le reste du petit-lait. Cette opération ne dure pas moins d'une heure et demie. La pâte bien pétrie porte le nom de *tôme*.

On la met dans une grande gerbe et on la laisse fermenter durant quarante-huit heures. Pendant cette fermentation la tôme devient spongieuse; on l'émiette avec soin, on la sale et on la place dans un moule, puis on soumet le fromage à la presse. Au bout de vingt-quatre heures, il peut être mis à la cave, où on doit le sur-

FIG. 205. — Fabrication du fromage d'Auvergne.

veiller avec attention : pendant l'été surtout, il faut le frotter avec un linge blanc trempé dans l'eau fraîche.

Le *fromage de Gruyère* est d'origine suisse, mais sa fabrication s'est répandue en France, et particulièrement dans les départements du Jura, du Doubs et de l'Ain. Il est fait avec du lait de vache et l'on en fabrique trois espèces : le fromage *gras*, dans lequel on laisse toute la crème ; le *mi-gras*, qui se fait avec la traite du matin et celle de la veille que l'on a écrémée ; le *maigre*, qui se fabrique avec le lait écrémé. Le mi-gras est l'espèce la plus répandue dans le commerce.

Dans les trois départements de la Franche-Comté, la fabrication du fromage de Gruyère s'effectue, comme en Suisse, par associations connues sous le nom de *fruitières*. Les cultivateurs d'une commune nomment une Commission de plusieurs membres chargée de faire exécuter le règlement de l'association, et cette Commission choisit un *fruitier*, c'est-à-dire l'homme chargé de fabriquer le fromage. C'est chez lui que les femmes portent le lait qu'il doit transformer. Voici comment il opère:

Il verse le lait dans une chaudière suspendue dans la cheminée à une potence qui permet de la mettre facilement au-dessus du feu et de l'en éloigner. Aussitôt que le lait est versé dans la chaudière, on la place sur le feu de manière à élever la température à 25 degrés centigrades; puis on l'éloigne du feu et l'on y verse la présure, qu'on mêle en agitant le liquide en tous sens; après un repos de vingt minutes environ, le lait est caillé. Quand la coagulation est complète, le fruitier brasse la masse, d'abord avec un couteau de bois, puis avec un instrument appelé *brassoir;* il la réduit ainsi en morceaux gros comme des pois; ensuite il replace la chaudière sur le feu et, sans cesser de brasser, il élève la température jusqu'à 33 degrés; puis il retire la chaudière et continue le brassage jusqu'à ce que le caillé se change en grains d'un blanc jaune qui, lorsqu'on les presse dans la main, se collent et forment une pâte élastique et croquant sous la dent. Après le brassage, la matière caséeuse tombe au fond de la chaudière en gâteau d'une consistance assez ferme. Pour l'en retirer et la séparer du petit-lait, le fruitier prend une baguette flexible et y fixe par un enroulement de deux ou trois tours une toile très-propre; il plie la baguette, la passe entre le fond de la chaudière et le caillé, et tire à lui la toile pendant qu'un aide placé de l'autre côté de la chaudière tient l'autre extrémité de cette toile. Quand celle-ci se trouve bien arrangée sous le pain, il la prend par ses quatre coins, et en la soulevant sort le fromage du petit-lait; il laisse égoutter pendant quelque temps et met le caillé avec la toile dans un moule qui n'est autre qu'un cercle de bois de sapin ou de hêtre que l'on peut rétrécir à volonté. Le fromage ne doit pas dépasser le moule de plus de 3 centimètres. On pose une planche dessus et l'on soumet à la presse. Au bout d'une demi-heure, on retourne le fromage, on change la toile, on rétrécit le moule, et, après y avoir replacé le fromage, on soumet de nouveau à la presse. On répète l'opération jusqu'à ce que tout le petit-lait soit écoulé. Les fromages sont ensuite marqués du nom de celui qui a fourni le lait et portés au magasin. On les dépose sur des tablettes et on les saupoudre de sel toutes les vingt-quatre heures pendant soixante à quatre-vingts jours. Les bons fromages de Gruyère doivent rester dix-huit mois ou deux ans en magasin, et pendant ce temps on doit les frotter souvent avec un linge mouillé d'eau ou mieux de vin blanc.

On fabrique dans les Vosges un fromage très-estimé qu'on vend sous le nom de fromage de *Gérardmer* ou de *Géromé;* il est fait avec du lait de vache. Le lait arrivant de l'étable est transvasé dans un baquet où on le mêle à la présure. Après quinze minutes la coagulation est faite et, à l'aide d'une grande cuiller ovale de cuivre, on extrait tout ce qu'on peut enlever de petit-lait. Puis on sort le caillé avec cette même cuiller et on le met dans des moules dont le fond est percé de trous ; il s'égoutte et, à mesure qu'il se durcit, on le change de moule un certain nombre de fois. Au bout de deux jours, on procède à la salaison: le fromage est extrait du moule, roulé dans le sel, remis en forme et salé sur sa base supérieure; on répète plusieurs fois l'opération en le retournant à chaque fois. Il est ensuite sorti du moule et porté à la cave, où il suffit de le laisser pendant un temps qui varie de quinze jours à deux mois.

A Livarot et à Pont-l'Évêque dans le Calvados, à Camembert dans l'Orne, on fabrique avec du lait de vache des fromages très-estimés. On fait bouillir le lait non écrémé de la traite du soir et l'on y ajoute le lait écrémé provenant de deux ou trois traites précédentes. Le mélange est agité et mis en présure pendant qu'il est encore chaud. Au bout d'une heure, on rompt le caillé et on le met dans des moules cylindriques de fer blanc. Au bout de deux jours on sale, et quatre jours après on porte les fromages dans des séchoirs appelés *haloirs*, sur des râteliers couverts de paille ou même sur des claies de bois menu. On les retourne souvent et, lorsqu'ils laissent exsuder un peu de liquide, on les transporte à la cave, où ils séjournent environ vingt-cinq jours. La production annuelle du Camembert peut être évaluée à environ 600 000 pains et celle du Livarot à 2 000 000.

Avec le lait des chèvres élevées dans les étables du mont Dore, on prépare des fromages renommés que l'on expédie par boîtes dans toute la France et même à l'étranger. Leur fabrication ne présente rien de particulier; ils ne sont pas pressés, mais seulement égouttés. La même observation s'applique au fromage de Montpellier, qui est fait avec du lait de brebis.

Dans quelques pays, notamment à Roquefort (Aveyron), à Sassenage (Isère), au Mont-Cenis (Savoie), on fait des fromages avec des laits mélangés. Le plus estimé de tous est celui de Roquefort. On évalue à 100000 le nombre des brebis qui vivent sur les plateaux de Lazac et concourent à la fabrication du fromage de Roquefort. On les trait deux fois par jour et on mêle leur lait à une quantité plus ou moins grande de lait de chèvre. On verse le mélange, à travers une étamine, dans une chaudière de cuivre, et on le fait quelquefois chauffer un peu pour l'empêcher de s'aigrir; puis il est mis en présure: quand le caillé est formé, on le pétrit comme de la pâte et l'on extrait le petit-lait par la décantation. La pâte est placée ensuite dans des moules percés de trous où on la comprime avec les mains; quand les moules sont pleins, on pose une planche par-dessus et l'on charge avec des poids. Au bout de douze heures, pendant lesquelles on a eu soin de retourner plusieurs fois les fromages, on les porte au séchoir, après les avoir entourés d'une sangle de toile pour les empêcher de se fendiller. Après quinze à vingt jours d'exposition, on peut les porter dans les caves. Ces caves, adossées contre un rocher qui entoure le village de Roquefort, sont naturellement à une température qui varie entre 4 degrés et 6 degrés, et c'est à cette basse température que l'on doit les qualités que le fromage y acquiert. On range les fromages par piles sur lesquelles on projette du sel, on répète l'opération plusieurs fois; puis on les met sur des tablettes où ils se couvrent de duvets que des ouvrières raclent avec soin de quinze en quinze jours.

CHAPITRE III

CONSERVES ALIMENTAIRES

Le nom de *conserves alimentaires* s'applique principalement aux viandes et aux légumes préparés de telle façon qu'on retrouve en eux, au bout de plusieurs années, les qualités qu'ils avaient à l'état frais. La préparation de ces conserves est devenue l'objet d'une industrie dont les centres principaux sont Nantes, Bordeaux, le Mans et Paris.

Pour comprendre les procédés, très-simples d'ailleurs, qui sont employés dans la préparation des conserves alimentaires, il est nécessaire de connaître les causes de la putréfaction que subissent les matières organiques. Elle est produite par le développement, au milieu de ces substances, d'êtres microscopiques dont les germes se trouvent dans l'atmosphère. Il suffit donc de détruire ces germes, ou de mêler aux matières à conserver des substances *antiseptiques* capables d'empêcher leur développement. Le principe de la première méthode est dû à Appert, et c'est encore ce procédé qui est le plus généralement suivi aujourd'hui. Il consiste à introduire dans des boîtes de fer-blanc fabriquées avec soin les viandes ou les légumes, après les avoir fait cuire et leur avoir donné l'assaisonnement qui leur convient. On soude le couvercle des boîtes et on les place ensuite, pendant un temps qui varie avec la nature de la conserve, dans un bain-marie d'eau bouillante, ou mieux dans de l'eau salée dont on élève la température jusqu'à 105 ou 106 degrés. Les viandes et les légumes ainsi préparés sont préservés de la putréfaction, parce que la coction a d'abord détruit les germes qu'ils renfermaient, et que la température du bain-marie a tué ceux que contenait l'air de la boîte. Les viandes ainsi conservées sont encore bonnes après quinze ou vingt ans.

Les boîtes, en sortant du bain-marie, doivent avoir leur fond bombé par suite de la dilatation des gaz et des vapeurs qui sont à leur intérieur; plus tard le refroidissement change cette forme convexe en une forme concave; mais si la conserve n'est pas réussie, elle ne tarde pas à fermenter et les gaz produits par la fermentation font reprendre au fond de la boîte sa forme bombée.

Un des moyens de conservation les plus efficaces consiste à dessécher les substances alimentaires et, par suite, à rendre impossible le développement des germes. Ce procédé appliqué à la viande laisse beaucoup à désirer sous le rapport des produits obtenus, mais il donne de bons résultats pour les pruneaux, figues, poires tapées et pour les légumes. Voici la méthode suivie pour la conservation des légumes. Après les avoir épluchés avec soin, les avoir lavés et coupés, on les cuit complétement par la vapeur dans des appareils à haute pression où ils subissent une température de 112 à 115 degrés. Au bout de quelques minutes la cuisson est faite et les légumes sont rangés, sur des châssis en canevas, dans des séchoirs où circule un courant d'air sec et chaud (45 degrés à l'entrée, 30 degrés environ à la sortie). Sous l'action de ce courant d'air, les légumes se dessèchent bientôt et en sortant du séchoir ils sont secs et cassants. On les expose à l'air pendant quelque temps pour qu'ils reprennent un peu de vapeur d'eau qui les rend flexibles et maniables. Lorsqu'ils sont destinés à l'approvisionnement des navires et de l'armée, on les comprime avec des presses hydrauliques de manière à les rendre d'un transport plus facile. Trempés dans l'eau pendant une demi-heure, ils reprendront leur volume primitif et pourront être cuits comme des légumes frais.

On sait depuis longtemps que certaines substances appelées *antiseptiques* ont la propriété de préserver les viandes de la putréfaction. La viande fumée, par exemple, se conserve parce que l'acide phénique et la créosote qui se dégagent pendant la combustion du bois et imprègnent la viande fumée, sont de très-bons antiseptiques.

Le sel jouit aussi de cette propriété, et la salaison est très-souvent employée pour la conservation des viandes; elle fait même l'objet d'une importante industrie.

Le système d'abatage des animaux dont la chair doit être salée n'est pas indifférent; on a reconnu que l'assommage donnait les meilleurs résultats. Les animaux destinés à la salaison doivent être dépecés et vidés avec beaucoup de soin et de propreté. Le saleur saupoudre la viande avec du sel, et, pour le faire pénétrer dans les tissus, il frotte chaque pièce pendant une minute. Les morceaux de viande passent ainsi dans la main de trois ou quatre ouvriers : le dernier les examine attentivement, écarte les gros muscles et fait pénétrer le sel dans les parties qui n'en ont pas encore reçu; puis ils sont rangés dans des cuves, où on les abandonne pendant quinze jours, en ayant soin de les arroser tous les matins avec de la saumure que l'on extrait du fond des cuves à l'aide d'une pompe. Enfin on embarille en disposant dans des tonneaux la viande et le sel par rangées alternatives.

Pour compléter ces notions sur la fabrication des conserves alimentaires, nous donnerons quelques détails sur la pêche et la préparation de la sardine, de la morue et du hareng, ces trois poissons donnant lieu, sur nos côtes, à une industrie considérable.

La *sardine* est, comme le hareng, un poisson voyageur et, comme lui, voyage par bancs très-nombreux; il est très-difficile de tracer la marche suivie par ces migrations, qui sont cependant régulières. On trouve la sardine dans toutes les mers du globe, mais la pêche n'est organisée que dans les mers d'Europe. En France, elle s'exécute surtout sur les côtes de Bretagne ; elle occupe plus de deux mille bateaux, depuis le 1er mai jusqu'au mois de novembre, et se fait au filet. Chaque embarcation, montée par six hommes qui rament vent de bout, traîne le filet attaché à l'arrière. A droite et à gauche de ce filet, on jette des œufs de maquereau : la sardine, attirée par cet appât qu'on appelle *rogue*, se lève du fond par bancs très-nombreux ; lorsque le patron aperçoit le poisson, il jette une nouvelle quantité de rogue; la sardine se précipite dessus et en voulant traverser le filet se prend par les ouïes dans les mailles. Après la pêche, qui se fait au lever de l'aurore et au coucher du soleil, on rentre au port pour y vendre le poisson, soit à l'amiable, soit aux enchères. Le produit de la vente est partagé entre l'armateur, le patron et les matelots en proportions déterminées à l'avance. Le poisson, une fois vendu, est porté au lieu de salaison à l'aide de paniers où on le saupoudre de sel en même temps qu'on le remue. Enfin il reçoit une dernière préparation qu'on appelle l'*arrimage*, et qui consiste à l'arranger par couches avec du sel dans des paniers ou bachots, ou bien dans des *bailles*. (La baille est une barrique coupée par son milieu.) Quand la sardine doit être expédiée à l'état de sardine salée, elle est arrangée avec soin dans des tonneaux où on la mélange au sel. Lorsqu'elle est destinée à faire de la sardine à l'huile, on la vide ; pour cela on enlève la tête et *la tripe suit*. Les sardines sont ensuite lavées, rangées sur des grils de fils de fer ou dans des paniers, et mises à sécher à l'air, à l'étuve ou au four. Puis on les cuit dans des bassines remplies d'huile chaude et on les égoutte sur des paniers. Quand elles sont froides, on les dispose dans des boîtes, on les couvre d'huile et, après avoir soudé le couvercle, on chauffe de nouveau la boîte.

La *morue* est un poisson qui joue un grand rôle dans l'alimentation et qui fait l'objet d'un commerce considérable. Elle prend naissance dans les glaces du pôle Nord et descend chaque année dans les mers septentrionales de l'Europe et de l'Amérique. Nos navires français vont la pêcher sur les côtes de Terre-Neuve et des îles Saint-Pierre et Miquelon. Cette pêche a occupé, en 1868, 471 bateaux (de 60 293 tonnes) et un personnel de 11 354 hommes : elle a produit 14 975 160 francs.

La morue est livrée au commerce sous deux états : 1° à l'état de morue salée, séchée et mise en balles : c'est la *morue sèche;* 2° à l'état de *morue verte*, qui est simplement salée et mise en barils.

Nos pêcheurs partent du 10 au 30 mars et ont une traversée qui varie de dix à trente jours suivant le temps et la direction des vents. Arrivés dans les mers où doit se faire la pêche, ils opèrent de plusieurs manières. Certains bateaux se mettent au mouillage et débarquent leurs hommes, qui construisent à terre les cabanes qu'ils doivent habiter et le *chaufaud* ou établissement nécessaire pour la préparation du poisson ; ils nettoient la place où la morue doit être séchée, puis chaque jour les embarcations vont à la pêche. Cette pêche se fait *à la ligne*, c'est-à-dire avec une corde grosse comme le doigt et qui porte à son extrémité un plomb de 4 kilogrammes; au plomb se trouve attachée la *pêle*, qui est une corde de même grosseur servant à suspendre l'*hameçon*. Les pêcheurs emploient, comme appâts, de petits poissons appelés *lançons* et *capelans*. Au lieu de ligne on se sert souvent d'une *arbalète*, qui n'est autre chose qu'une ligne à trois hameçons. Chaque jour les embarcations rapportent le poisson, qui est préparé par les hommes restés à terre. Il est d'abord *flaqué* : cette opération consiste à enlever les intestins et une partie de l'arête ; puis il est lavé, salé et séché. Certains pêcheurs ne font pas sécher à terre, mais donnent à bord une salaison provisoire et le poisson n'est séché qu'à son retour en France.

Quant à la morue verte, voici comment on la prépare : quand le marin la sort de l'eau, il lui ôte la langue, lui fait une saignée au cou et la jette dans un bac sur le pont. Lorsqu'il y en a une certaine quantité, le patron crie : *pêche et démaque*, ce qui veut dire qu'une partie des hommes doivent arriver sur le pont pendant que les autres continuent à pêcher. La morue est d'abord flaquée, les œufs et les foies sont mis de côté. Puis on la passe à un matelot qui la lave de manière à la rendre bien blanche ; celui-ci la livre au saleur qui prend l'aileron, y fait un pli dans lequel il jette une poignée de sel et place la morue dans un tonneau en la contournant et en la recouvrant de sel. Le tonneau est rempli entièrement, et, au bout de quarante-huit à soixante-douze heures, on sort les morues pour les laver dans la saumure et les resaler *au sec* dans une autre tonne. En peu de temps une partie du sel a fondu ; le tonnelier doit alors faire écouler le liquide salé, sans quoi la morue jaunirait ; c'est ce qu'on appelle *étancher*. On bouche le trou qui a servi à étancher, et l'on descend le tonneau à fond de cale. Arrivées en France, les morues sont lavées à l'eau douce par des femmes armées de brosses et placées sur une table où on les examine, afin de couper les morceaux qui ne sont pas propres. Enfin on les trie suivant leur longueur en *extra-grosses*, *grosses*, *moyennes* et *petites*, puis on les sale en les mettant en tonneau. La veille de leur expédition, l'on étanche et l'on resale, ce qui s'appelle *repagner*.

Le *hareng* est aussi un poisson voyageur qui nous arrive des mers polaires. La pêche se fait sur les côtes de France depuis le commencement d'octobre jusqu'à la fin de décembre ; en été sur les côtes d'Écosse, des Orcades, de l'île de Man, à trois milles au moins de la laisse de basse mer. Elle a occupé, en 1868, 534 bateaux (de 13 752 tonnes), un personnel de 6845 hommes, et a produit 9 640 821 francs.

Cette pêche a lieu la nuit, en général, et au filet, à peu de distance des côtes. Quand la mer est trouble, elle peut se faire pendant le jour, mais elle est moins abondante. Le long du bord du filet sont attachées de distance en distance des cordes fixées à de petits barils que l'on jette à la mer en même temps que lui : les barils flottent à la surface de l'eau et soutiennent le filet qui est amarré au bateau. Le hareng, qui voyage par bandes excessivement nombreuses, se prend par les ouïes dans les mailles du filet

Fig. 206. — Mée pour les harengs.

qu'on lève de temps en temps pour en extraire le poisson. La pêche est quelquefois tellement abondante, que les petits canots ne peuvent pas rapporter tout ce qu'ils prennent.

Arrivé à terre, le hareng est vendu, puis mis immédiatement en préparation. Il y a deux procédés différents, suivant que l'on veut en faire du *hareng salé* ou du *hareng saur*.

Dans le premier cas, on commence par lui enlever les intestins : c'est ce qu'on appelle *caquer*. On caque dans des mannes, et, à mesure qu'elles sont pleines, on les vide dans une auge, ou *mée*, longue de 3 à 4 mètres et qui est portée sur des pieds peu élevés (fig. 206).

Le hareng est versé à l'une des extrémités, et tandis qu'à l'aide d'une pelle représentée par la figure 207, un ouvrier le retourne en tous sens et le fait avancer jusqu'à l'autre extrémité de la mée, un autre ouvrier le saupoudre de sel. De là on le fait tomber dans de grandes fosses en maçonnerie sur les bords desquelles on avait installé les *mées :* de temps en temps on jette du sel dans la fosse, et quand elle est pleine, *on fait le couvercle* en terminant par une couche épaisse de sel. Au bout de dix jours, on le sort des fosses

Fig. 207. — Pelle à remuer les harengs.

pour le laver dans des cuviers où se trouve une saumure faite avec du sel fondu dans le sang provenant de la caque. De ce cuvier il

Fig. 208. — Salle de bouffisserie.

repasse dans la mée, où des femmes le prennent pour le trier et le mettre en tonneaux.

Quand le hareng doit être sauri, il n'est pas caqué, mais *brayé* à la mer, ce qui consiste à le saler sur le pont dans de petites mées que l'on pose sur deux tonneaux. Les matelots, munis de gants de drap commun et sans doigts, le retournent dans la mée en le salant. Arrivés à terre, ils vendent séparément les harengs brayés et les harengs caqués. Avant le saurissage, on les met dans l'eau afin de les dessaler, parce qu'on leur a donné un excès de sel pour les mieux conserver. Après les avoir lavés dans plusieurs eaux, des femmes les enfilent par la tête avec des baguettes appelées *hénets*, et les suspendent dans des cheminées où l'on fait du feu avec du bois de hêtre (fig. 208) ; ces cheminées sont nommées *bouffisseries*. Quand la fumée les a empreints de corps antiseptiques, c'est-à-dire au bout d'une semaine environ, le saurissage est terminé ; on les trie et on les met en tonneaux.

La pêche du maquereau, poisson qui voyage par bandes nombreuses comme le hareng, se divise en grande et petite pêche. La première présente de grandes analogies avec celle du hareng : elle se fait sur les côtes de l'Écosse et des Sorlingues ; elle est fermée du 10 mars au 15 juin : le poisson pris est salé à bord même du bateau. La petite pêche se pratique sur nos côtes soit au filet, soit à la ligne : la ligne est une corde de vingt-quatre brasses, à laquelle se trouvent attachés des fils verticaux portant des hameçons que l'on amorce avec des débris de maquereau. On attache deux lignes à chaque bord du bateau. La pêche a lieu pendant le jour et à la même époque que celle du hareng. Le produit de la petite pêche est vendu à l'état frais.

Indépendamment des pêches précédentes, la population maritime de nos côtes se livre à la pêche du poisson frais destiné à approvisionner nos marchés. Cette pêche a occupé, en 1868, 17 271 bateaux (de 148 167 tonnes), un personnel de 66 866 hommes et a produit 40 251 760 francs. Elle se fait tantôt au *châlus*, tantôt à la *ligne*.

Le châlus est un grand filet (fig. 209) formant la bourse et attaché sur une pièce de bois de 7 à 8 mètres portant à ses extrémités des étriers de fer. Lorsque le bateau a gagné le large, les hommes de l'équipage laissent tomber le châlus au fond de la mer après l'avoir amarré à l'aide de câbles. Le bateau en marchant le traîne derrière lui, et les poissons qui se trouvent sur son passage sont emprisonnés dans ses mailles. De temps en temps on remonte le châlus à l'aide du cabestan et l'on en retire le poisson qui a été pris. C'est ainsi que se fait la pêche de la sole, du turbot, de la barbue, des rougets, des vives, etc.

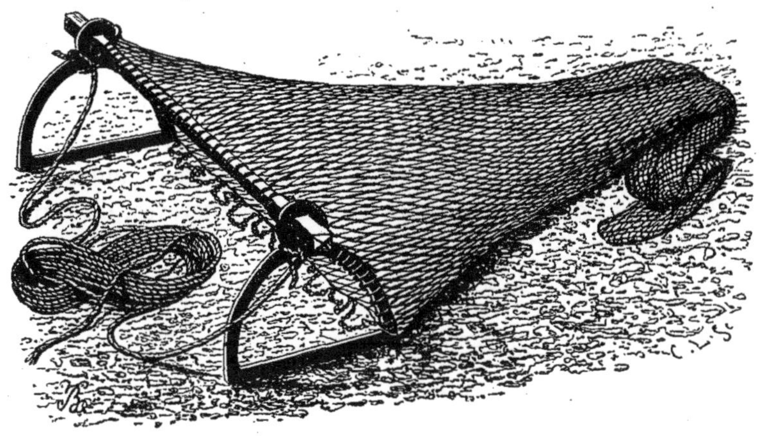

Fig. 209. — Châlus.

Le merlan se pêche à la ligne de fond, depuis le mois de novembre jusqu'à la fin de l'hiver.

La pêche des huîtres, qui est l'une de nos plus importantes industries maritimes, se pratique sur presque toutes nos côtes, mais principalement sur celles de Normandie et de Bretagne. L'administration la réglemente en indiquant les bancs sur lesquels elle peut être faite, afin de laisser à ceux qui sont appauvris le temps de se repeupler. Les travaux de M. Coste ont apporté à l'état de nos huîtrières d'heureuses modifications.

Cette pêche est ouverte depuis le 1er septembre jusqu'au 30 avril, du lever au coucher du soleil. Elle se fait à la *drague*, sorte de râteau ou de pelle de fer pourvue d'un filet et attachée par un long câble à l'arrière du bateau. Celui-ci, voguant à pleines voiles, traîne la drague qui racle le fond de la mer : les huîtres se détachent et tombent dans le filet. Arrivées à terre, elles sont mises dans des bassins appelés *parcs*, qui communiquent avec la mer : elles s'y engraissent et y deviennent plus tendres et plus savoureuses.

CHAPITRE IV

SUCRE, CONFISERIE, DRAGÉES, CHOCOLAT

Le sucre, qui joue maintenant un si grand rôle dans notre alimentation, est très-répandu dans le règne végétal. Il se rencontre surtout dans la canne à sucre, qui dans les pays chauds croît généralement à l'état sauvage, dans la séve des palmiers, des érables, des bouleaux, dans les racines de betteraves, de carottes, de navets, etc.

La canne et la betterave sont les plantes d'où l'on extrait le sucre.

Ce corps a été connu de toute antiquité, et l'Inde fut probablement le berceau de sa fabrication ; aussi les premiers auteurs qui en ont fait mention le désignent-ils sous le nom de *sel indien*. La canne à sucre fut importée d'Asie en Europe, soit par les Sarrazins lors de leurs nombreuses incursions au commencement du XIIe siècle, soit par les Européens eux-mêmes au retour des croisades. Cultivée d'abord avec succès dans l'île de Chypre et en Sicile, elle fut transportée vers 1520 à Madère ; la culture y réussit parfaitement ainsi qu'aux îles Canaries, et, jusqu'à l'époque de la découverte de l'Amérique, ce furent ces îles qui approvisionnèrent l'Europe de la majeure partie du sucre qui s'y consommait. Après la découverte du nouveau-monde, les Espagnols et les Portugais développèrent dans leurs nouvelles colonies la culture de la canne.

Le sucre n'a été employé pendant plusieurs siècles qu'à l'état de médicament. Sous le règne de Henri IV, cette substance était encore si rare, qu'on la vendait à l'once chez les pharmaciens. Sa rareté eut pendant longtemps une double cause : non-seulement les procédés de fabrication étaient encore très-imparfaits, mais la canne était à peu près la seule plante exploitée pour son extraction. Ce fut vers l'année 1605 qu'Olivier de Serres, célèbre agronome français, signala le premier la présence du sucre dans la betterave; plus tard, en 1747, Margraff, chimiste allemand, reprit et continua les expériences d'Olivier de Serres; mais le marché européen se trouvait à cette époque abondamment approvisionné de sucre de canne, dont le prix ne s'élevait pas à plus de 90 centimes le kilogramme. Cette découverte ne présentait pas encore l'importance qu'elle devait prendre plus tard; aussi demeura-t-elle plus d'un demi-siècle sans recevoir d'application sérieuse. Vingt ans après, un chimiste de Berlin, Achard (dont le nom révèle une origine française), fit à son tour des recherches sur le sucre de betterave et fut vivement encouragé dans ses études par Frédéric le Grand. Ses travaux, interrompus par la mort du roi, ne furent repris qu'en 1795.

Dans un mémoire publié à cette époque, Achard énumère tous les avantages que l'on peut tirer de la culture de la betterave tant au point de vue agricole que sous le rapport industriel, et en 1799 il présenta au roi de Prusse des échantillons de sucre indigène et un mémoire qui provoqua un avis favorable de la commission nommée pour examiner ses procédés.

Vers cette époque, en l'an VIII de la République, parvint en France la nouvelle des résultats obtenus par Achard, et l'Institut soumit la question à l'examen d'une commission dans laquelle figuraient les plus grands chimistes de l'époque, Chaptal, Fourcroy, Guyton de Morveau et Vauquelin. Le rapport qu'elle fit fut favorable, mais le cours du sucre était encore trop bas pour permettre à l'industrie nouvelle de s'établir dans des conditions avantageuses. Les essais, interrompus de nouveau jusqu'en 1810, furent repris sous la puissante impulsion de l'empereur Napoléon.

La guerre avec l'Angleterre et le blocus continental, qui en était la suite, avaient élevé le prix du sucre jusqu'à 6 francs la livre ; il y avait dès lors espoir de bénéfices assez larges pour permettre à l'industrie nouvelle de prendre naissance et de courir les chances des insuccès qui devaient inévitablement se produire dans les débuts. Barruel, Aimard furent chargés des expériences officielles, et Benjamin Delessert arriva bientôt, dans son usine de Passy, à obtenir en grand le sucre de betterave.

« On ne se figure plus aujourd'hui, dit M. de Flourens dans son *Éloge historique de B. Delessert*, à cinquante ans de distance, et quand d'ailleurs toutes les circonstances ont tellement changé, l'intérêt passionné qui s'attachait alors à ces grands travaux. Le 2 janvier de l'année 1812, B. Delessert annonce son succès à Chaptal. Celui-ci en parle aussitôt à l'empereur. Napoléon, ravi, s'écrie : Il faut aller voir cela, partons. Et en effet il part. Delessert n'a que le temps de courir à Passy, et quand il arrive, il trouve déjà la porte de son usine ouverte par les chasseurs de la garde impériale qui lui ferment le passage. Il se fait connaître, il entre. L'empereur avait tout vu, tout admiré, il était entouré des ouvriers de la fabrique, fiers de cette grande visite ; l'émotion était à son comble. L'empereur s'approche de Delessert, et détachant la croix d'honneur qu'il portait sur la poitrine, il la lui remet. Le lendemain, le *Moniteur* annonçait *qu'une grande révolution dans le commerce français était consommée*. L'empereur avait raison, la science venait de créer une richesse nouvelle et qui s'est trouvée immense. »

Depuis Margraff, depuis Achard jusqu'à Delessert, depuis Delessert jusqu'à nous, l'art d'extraire le sucre de la betterave a fait des progrès continus ; il en fait chaque jour encore, et plus on étudie cette belle découverte sous le rapport du commerce, de l'industrie et de l'agriculture, plus elle paraît grande.

Après bien des vicissitudes, l'extraction du sucre indigène est devenue chez nous une industrie de premier ordre, qui produit annuellement plus de 400 millions de kilogrammes de sucre.

L'industrie sucrière n'a pas encore atteint en France un développement en rapport avec l'importance du rôle que joue le sucre au point de vue de l'hygiène et de l'alimentation; cette substance est d'un prix trop élevé pour qu'elle puisse rendre dans les campagnes tous les services que l'on peut en attendre : la consommation n'est encore en France que de 8 kilogrammes environ (par individu et par an), tandis qu'en Angleterre elle dépasse 13 kilogrammes, quoiqu'elle ne soit pas arrivée à son maximum. Il y a lieu de croire qu'en France les progrès de la richesse générale et de l'industrie sucrière élèveront bientôt cette moyenne.

DE LA BETTERAVE, SES VARIÉTÉS. — CULTURE DE CETTE PLANTE, SES AVANTAGES POUR L'AMÉLIORATION DU SOL.

L'espèce de betterave qu'on exploite de préférence pour l'extraction du sucre est la betterave blanche de Silésie, variété à collet rose (fig. 210). On connaît encore la betterave de la disette, ou betterave à vaches, la betterave rouge et la betterave jaune. La récolte de la betterave blanche de Silésie est d'un rendement plus faible que celle des autres variétés, mais cette espèce donne beaucoup plus de sucre; cultivée dans de bonnes conditions, elle peut contenir jusqu'à 12, 13, 14, et même 15 pour 100 de sucre : en moyenne 10,5.

Fig. 210. — Betterave.

Elle a une composition très-complexe; on peut la considérer comme composée en moyenne de :

Eau	83,5
Sucre	10,5
Sels acides et matières diverses	6,0
	100,0

La culture de la betterave présente pour l'agriculteur de nombreux avantages. Elle améliore le sol de différentes manières : à cause de la grande profondeur à laquelle pénètrent ses racines, la betterave remue et rend perméable le terrain où elle est cultivée; de plus, cette culture n'épuise pas la terre, car les sucres bruts et raffinés qu'on extrait de la plante sont presque absolument dépourvus des principes qui font la fertilité du sol; et si la betterave a pris à celui-ci pendant sa végétation une certaine quantité de ces principes, ils lui sont bientôt rendus après la fabrication du sucre, soit sous forme d'engrais directement fabriqués, soit sous forme de pulpe donnée comme aliment aux bestiaux et transformée par eux en engrais fécondants.

Nous ajouterons enfin que la betterave, puisant sa nourriture à une grande profondeur dans le sol, amène ainsi à la surface des principes qui sans elle auraient été perdus pour les années suivantes. Malgré les avantages de cette culture, il ne faudrait pas qu'elle devînt exclusive dans une localité, car les insectes et les plantes parasites vivant aux dépens de la betterave se développeraient outre mesure et compromettraient gravement les récoltes; mais lorsqu'elle ne revient dans l'assolement qu'au bout de trois ou quatre années seulement, elle a pour le sol de grands avantages, le prépare pour d'autres cultures, et peut accroître la production des prairies artificielles et des céréales.

La betterave peut être semée à la main ou avec un semoir et en lignes, ce qui facilite toutes les façons ultérieures. On doit choisir de préférence les terrains profonds, argilo-sableux, un peu calcaires.

Pour éviter les ravages considérables que les insectes exercent sur les betteraves, il est bon de faire développer les graines rapidement; on y parvient en les laissant tremper dans l'eau pendant vingt-quatre heures et en les mettant ensuite en tas jusqu'à ce que la germination commence. Avant de les semer, on les roule encore humides dans du noir animal fin; cette espèce de polissage facilite la distribution au semoir et active la végétation, puisqu'elle fournit de l'engrais à la jeune plante.

Lorsque les betteraves ont acquis un diamètre de 1 ou 2 centimètres, on les espace dans les lignes en en arrachant une partie que l'on repique à la place des graines avortées ou détruites. On doit sarcler le sol plusieurs fois pendant la végétation pour le débarrasser des plantes parasites, qui absorberaient une partie de la nourriture destinée à l'accroissement de la betterave.

Quand la plupart des feuilles bien développées se fanent ou jaunissent, la plante est arrivée à un degré de maturité convenable et l'on procède à l'arrachage. Il faut éviter de blesser les racines, ce qui produirait une altération rapide de la plante. On se sert avec avantage pour cette opération d'une petite fourche à deux dents et à manche court que l'ouvrier manœuvre facilement: il l'enfonce dans le sol et, tandis que d'une main il pèse sur elle pour soulever la motte de terre qui entoure la racine, il saisit de l'autre main les feuilles de la plante et l'arrache facilement. Il procède ensuite à l'*étêtage*, opération qui consiste à couper la tête ou tige conique portant les feuilles, soit avec un couteau, soit à l'aide d'une petite bêche que l'on appuie sur les betteraves couchées à terre.

Les betteraves arrachées sont mises en tas dans les champs et couvertes de feuilles jusqu'au moment de leur enlèvement. Si l'on veut les conserver plus longtemps, on les jette dans des silos creusés dans des terrains un peu plus élevés que les champs contigus; on les recouvre ensuite de terre pour les préserver de la gelée et on les retire de ces silos au fur et à mesure des besoins de la fabrication.

EXTRACTION DU SUCRE DE BETTERAVE.

Les voitures qui amènent la betterave à la fabrique de sucre sont pesées à leur entrée sur de grandes bascules qui donnent le poids de la charge et de la voiture elle-même ; à leur sortie, après le déchargement, elles sont de nouveau pesées afin d'avoir le poids de la voiture ; en retranchant ce poids de la première pesée, on obtient celui des betteraves déchargées. Il faut remarquer ici que les betteraves sont toujours entourées d'une certaine quantité de terre qui est restée adhérente au moment de l'arrachage et que le fabricant de sucre ne doit évidemment point payer. Aussi sur chaque voiture prélève-t-on un échantillon que l'on pèse ; on gratte ensuite la surface des betteraves pour enlever la terre et l'on pèse de nouveau. La différence des deux pesées donne la proportion de terre contenue dans un échantillon de poids connu ; on sait, par suite, la quantité de terre qui se trouvait dans la voiture et, en établissant le compte du cultivateur qui a livré la betterave, on défalque ce poids.

La première opération que doivent subir les betteraves est le *lavage*, qui les débarrasse de la terre et des petites pierres qu'elles ont emportées du sol au moment de l'arrachage.

Ce lavage s'effectue de la manière suivante. Les betteraves, apportées mécaniquement en AA (fig. 211), tombent dans une espèce d'entonnoir où elles sont prises par une chaîne sans fin formée d'une large courroie BB, de gutta-percha, garnie de planchettes que l'on voit implantées perpendiculairement à sa surface. Cette courroie, ainsi que les machines que nous allons décrire, est mise en mouvement par le moteur de l'usine et, comme elle tourne d'une manière continue, chaque planchette en passant emporte avec elle une ou plusieurs betteraves qu'elle élève et va déverser dans le laveur C. Ce laveur se compose d'un cylindre de tôle un peu incliné et percé de trous; il plonge à moitié dans l'eau d'une auge située au-dessous de lui et tourne autour de son axe; les betteraves y sont remuées au milieu du liquide qui passe à travers les trous et se séparent de la terre et des petites pierres. De

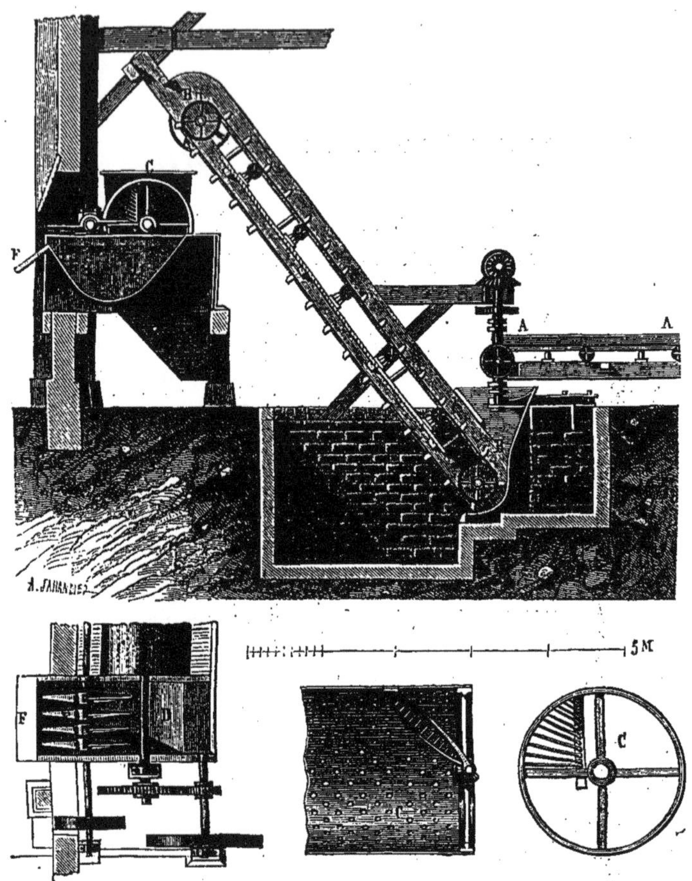

Fig. 211. — Machine à laver les betteraves.

ce cylindre elles tombent, par l'action d'une grille en hélice que l'on voit sur les figures de détails, dans l'auge de l'épierreur D, où elles sont enlevées par les dents d'une fourche et rejetées sur un plan incliné F, qui les mène à la râpe destinée à les écraser.

Le *râpage* des betteraves a pour but de les réduire en une sorte de bouillie semi-liquide. La râpe se compose d'un cylindre AA (fig. 212), armé de dents très-fines que l'on voit sur sa surface extérieure, et animé d'une vitesse de rotation de mille tours par minute. Les betteraves, jetées par l'épierreur sur le fond incliné C d'une trémie, tombent sur la râpe A; elles sont poussées par une pièce B, que l'on appelle le *pousseur*, écrasées entre lui et la râpe, et réduites en une bouillie rendue plus liquide par l'arrivée de minces filets d'eau que lance un tube T. Ces filets d'eau facilitent

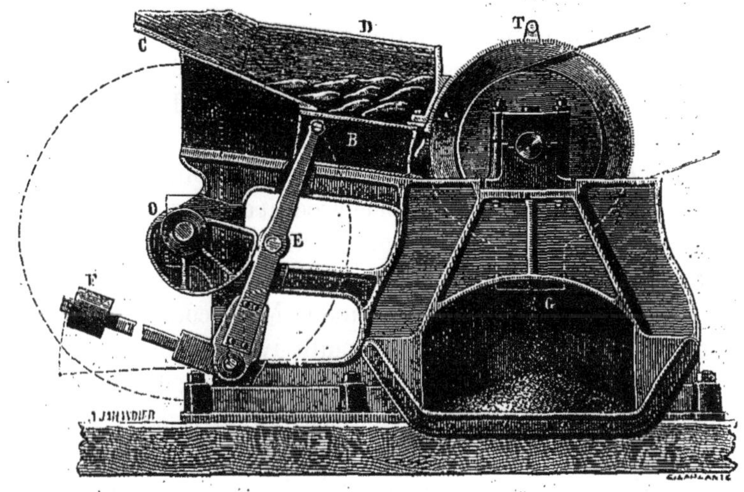

Fig. 212. — Machine à râper les betteraves.

l'action des dents et les dégagent de la pulpe qui s'écoule dans un réservoir G, d'où elle passe ensuite dans des auges.

Des pelles mues mécaniquement la prennent dans ces auges et la versent dans des sacs de laine que présentent des ouvriers. Ces sacs sont ensuite superposés horizontalement et séparés l'un de l'autre par des claies métalliques de tôle de fer. Lorsqu'on en a superposé un certain nombre, on soumet la pile ainsi formée à l'action de presses hydrauliques mises en mouvement par la machine à vapeur de l'usine. La pression exercée est considérable : elle est de 800 000 kilogrammes. Sous l'influence de cette pression, le jus de la betterave passe à travers les sacs et s'écoule dans des rigoles qui le conduisent dans de vastes chaudières. Quant aux matières solides et insolubles qui composaient en quelque sorte la charpente de la betterave, elles restent dans les sacs à l'état de pulpe très-compacte, qui est vendue à l'agriculture et sert à la nourriture des bestiaux. Ordinairement les agriculteurs qui ont vendu la betterave au fabricant de sucre se réservent le droit de lui racheter la pulpe.

C'est du liquide obtenu par l'action des presses que s'extrait le sucre. Mais, comme la betterave est d'une composition très-complexe, le jus renferme aussi un grand nombre de substances étrangères qu'il faut d'abord séparer. Ces substances sont des acides, des matières gommeuses, de l'albumine ou blanc d'œuf, des matières grasses et des matières colorantes. Pour opérer la séparation de ces substances, on procède à une opération appelée *défécation*, qui consiste à mélanger le jus à 2 ou 3 pour 100 de chaux délayée dans l'eau et à le chauffer dans de grands bacs à l'aide de vapeur d'eau amenée au milieu du liquide par un tuyau correspondant avec une des chaudières de l'usine. La chaux s'unit avec un certain nombre des principes à éliminer et produit des corps solides et insolubles. Parmi ces corps se trouve l'albumine; elle forme avec la chaux une espèce de réseau qui, dans sa chute, entraîne les autres matières solides et clarifie le liquide. Mais, comme le sucre lui-même s'est uni à la chaux et a produit avec elle un corps qui s'est dissous et que l'on nomme *saccharate de chaux*, il faut maintenant opérer la décomposition de ce saccharate et séparer le sucre de la chaux. Pour cela, à l'aide d'un appareil appelé *monte-jus*, le liquide des chaudières où s'est fait le mélange avec la chaux, est monté dans de grands bacs; il y est chauffé par la vapeur d'eau qu'amène un tube serpentant au milieu de lui et nommé *serpentin;* en même temps une machine soufflante injecte dans le liquide sucré un gaz appelé *acide carbonique*. Ce gaz est celui qui se dégage des fours à chaux quand on chauffe la craie pour faire de la chaux. C'est de cette manière qu'il est fabriqué dans les sucreries où la chaux que l'on obtient comme résidu, est utilisée pour la défécation. L'acide carbonique en arrivant dans les chaudières décompose le saccharate dissous, sépare la chaux du sucre, reforme avec elle de la craie en poudre fine qui est insoluble; quant au sucre, il reste dissous. Pendant cette opération, qu'on appelle la *carbonatation*, la dissolution est continuellement remuée à l'aide de pelles que manœuvrent les ouvriers.

La figure 213 représente la suite des appareils dans lesquels s'effectuent ces différentes opérations. En AA, on voit le four à chaux où se fabrique l'acide carbonique. Ce gaz s'échappe par le tube FF′ et va se purifier dans un épurateur divisé en plu-

Fig. 213. — Fabrication du sucre.

sieurs chambres L, M, N, O, par des cloisons trouées sur lesquelles coule de l'eau qui arrive en *b* et se déverse de l'une sur l'autre par les trop-pleins verticaux que représente la figure. Le gaz arrive par le tube *h* percé de trous, passe en L; sa pression soutient l'eau sur la première cloison; il barbotte à travers et passe dans les autres chambres, laissant au milieu de l'eau les cendres qui ont été entraînées par le tube de sortie; il se rend dans un épurateur à sec R, où il est appelé par une pompe et où il abandonne les gouttelettes d'eau entraînées. La pompe aspirante S refoule le gaz dans le récipient U sous une pression suffisante pour être distribué par le robinet *u'* dans les chaudières de défécation; l'une d'elles est figurée en V.

Après la carbonatation on lève une soupape de fond et le jus passe dans des bacs de dépôt X; lorsqu'il est clair, on le soutire par un tube de caoutchouc, dont une extrémité est maintenue à la surface par un flotteur et dont l'autre extrémité communique avec le robinet chargé de le déverser dans un filtre Y, où se trouve du noir animal en gros morceaux. Le liquide décanté et filtré est reçu dans un appareil appelé *monte-jus*, qui par une pression de vapeur l'envoie dans un tube Z vertical destiné à le conduire dans des chaudières où il subit une seconde carbonatation. Cette seconde carbonatation a pour but de détruire les parties de saccharate de chaux qui auraient pu échapper à la première.

Le liquide est très-coloré en brun; il est ensuite envoyé dans de grandes tonnes verticales remplies de noir animal à travers lequel il est filtré (fig. 214), et sort de ces tonnes à l'état de sirop clair et en partie décoloré; c'est de ce sirop qu'il faut maintenant extraire le sucre.

Pour faire comprendre le traitement qui va suivre, nous devons préalablement exposer quelques principes très-simples de physique expérimentale.

Lorsque l'eau contenue dans un vase ouvert est soumise à l'action de la chaleur, on ne tarde pas à voir s'élever au-dessus d'elle un brouillard formé par la vapeur à laquelle elle donne naissance; cette vapeur se dissipe dans l'air environnant et peu à peu la quantité de liquide diminue dans le vase et finit même par disparaître tout à fait. Si le liquide employé était une dissolution de sucre, le phénomène se produirait aussi; mais on retrouverait dans le vase le sucre que l'eau maintenait dissous, ce dernier n'étant pas susceptible de se transformer en vapeur.

On voit donc que, si l'on chauffe le sirop lorsqu'il sort des filtres à noir, on évaporera l'eau et il ne restera dans les chaudières, où on l'aura chauffé que le sucre qu'il renfermait. Mais, pour que celui-ci ne s'altère pas dans cette opération, il est important de vaporiser l'eau en élevant le moins possible la température. C'est ce à quoi on arrive en enlevant du vase où se fait l'évaporation, l'air qu'il renferme et la vapeur à mesure qu'elle s'y produit. L'expérience suivante va nous permettre de mettre ce fait en évidence.

Fig. 214. — Filtres à noir.

Soit un petit ballon de verre contenant de l'éther et réuni à un grand réservoir par un tuyau de plomb. Supposons que le réservoir soit muni d'un robinet et qu'on y ait fait le vide à l'aide d'une pompe pneumatique, c'est-à-dire qu'on ait enlevé l'air; si nous ouvrons le robinet, l'air du ballon se précipitera dans le réservoir et nous verrons l'éther bouillir avec autant d'activité que si nous avions posé le ballon sur un foyer. Mais peu à peu la vapeur produite par l'éther s'accumulant, le liquide cessera de bouillir. Si, au lieu de laisser la vapeur s'accumuler, on l'enlevait à l'aide d'une pompe au fur et à mesure de sa production, l'éther continuerait à bouillir tant qu'il en resterait dans le ballon.

C'est en appliquant ces principes que les fabricants de sucre parviennent à produire l'évaporation de leur sirop, à séparer l'eau du sucre, sans que la chaleur ait altéré celui-ci. Ils se servent pour cela d'appareils dont les meilleurs sont certainement les appareils à triple effet de MM. Cail et Cie.

Sans en donner la description détaillée, nous indiquerons rapidement la manière dont ils fonctionnent.

Le liquide sucré des filtres à noir est introduit (fig. 215) du réservoir R dans une première chaudière C, située à droite de la

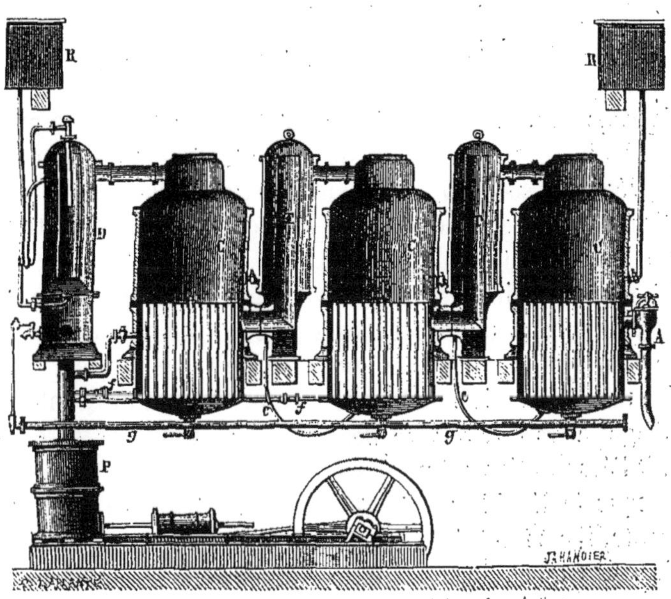

FIG. 215. — Appareil à évaporer les sirops.

figure. Cette chaudière présente des tubes verticaux où descend le sirop; autour d'eux circule un jet de vapeur. La pompe P fait le vide dans cette chaudière et y réduit la pression atmosphérique environ d'un quart. Par suite de cette diminution de pression, le sirop chauffé par la vapeur qui circule autour des tubes, entre en ébullition à une température de 80 à 90 degrés; la vapeur qu'il émet se rend dans une espèce de cloche où arrive un tube T. Cette cloche constitue un appareil de sûreté où s'arrêteront, pour retourner ensuite dans la chaudière, les gouttelettes de sucre entraînées par la vapeur; celle-ci s'échappant alors par le tube T ira se répandre dans l'intervalle des tubes d'une seconde chaudière C semblable à la première; le sirop s'échauffera et entrera en ébullition entre 50 et 60 degrés. Sa vapeur ira échauffer à son tour les tubes d'une troisième chaudière, après avoir passé dans un appareil de sûreté semblable à celui qui existe entre la première et la seconde. Quant à la vapeur que donnent les sirops de la troisième chaudière, elle se rend dans un appareil de condensation D, passe dans le gros tube central et s'y condense au contact de l'eau froide qu'y amènent deux tubes que représente la figure. La condensation de cette vapeur entretient le vide dans les chaudières, vide qui va en décroissant de la troisième à la première; c'est ce qui explique pourquoi la température d'ébullition va elle-même en décroissant.

Ajoutons que, lorsque les sirops ont été amenés dans la première chaudière à un certain degré de concentration et qu'ils marquent 10 degrés au pèse-sirop, on les fait passer par un tube de communication dans la seconde, d'où ils sont conduits dans la troisième où on les concentre à 25 degrés.

Est-il besoin d'insister sur les avantages de cet appareil qui, non-seulement permet d'évaporer les sirops à une température assez basse pour que la qualité du sucre ne soit pas altérée, mais qui réalise une économie notable de combustible en utilisant pour le chauffage la vapeur perdue des machines motrices et celle que fournit l'évaporation même des sirops.

Lorsque le liquide sucré est arrivé à un degré de concentration suffisante, il est filtré de nouveau sur du noir et envoyé à l'appareil à cuire. Cet appareil se compose d'une grande chaudière dans laquelle on peut faire le vide et où le sirop est chauffé à l'aide d'un courant de vapeur qui circule dans un serpentin. Lorsque le sirop est assez cuit, ce que l'on voit à travers une fenêtre vitrée que porte la chaudière, on laisse rentrer l'air et l'on fait écouler la masse sucrée, qui est pâteuse, dans de grandes cuves de refroidissement, où elle se solidifie (la figure 216 représente les chaudières à cuire les sirops).

Le sucre se présente alors sous forme de petits grains ou cristaux d'un jaune brun assez foncé. Cette couleur est due au mélange du sucre blanc avec des mélasses et des produits de qualité inférieure. Pour opérer la séparation du sucre blanc, on se sert d'appareils appelés *toupies* ou *turbines*. Ils se composent d'une enveloppe cylindrique de fonte AA (fig. 217) dont le fond porte un pivot sur lequel peut tourner, avec une très-grande vitesse, une tige CD, qui entraîne avec elle dans sa rotation une espèce de panier LL dont les parois sont percées d'un grand nombre de trous. Le sucre est placé dans ce panier; pendant la rotation, il se développe une force, dite *force centrifuge*, qui tend à porter aussi loin que possible de l'axe CD les matières que renferme le vase LL; le sucre se trouve donc appliqué contre les parois, les grains solides ne peuvent passer à travers les trous, mais les mélasses et autres produits liquides et colorés qui sont mélangés au sucre passent en M et peuvent s'écouler au dehors dans le tube O. Dans l'espace de huit à dix minutes

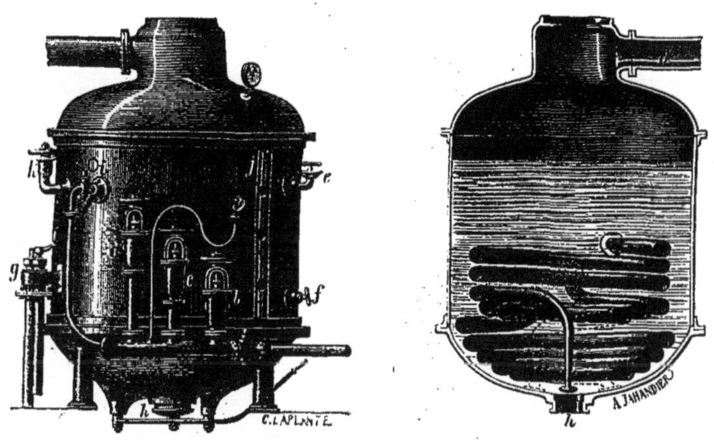

FIG. 216. — Chaudières à cuire les sirops.

la matière brune est éliminée et le sucre se présente sous forme de petits grains blancs qui constituent le *sucre blanc indigène*.

Les produits impurs extraits par le tube O sont traités à nouveau et donnent des sucres de qualités inférieures. Il en est de même des écumes et du dépôt qu'ont fournis les sirops à la sortie des cuves de défécation ; le sirop contenu dans ce dépôt est extrait à l'aide de filtres spéciaux appelés *filtres-presses*.

Le suc brut indigène ou *cassonade* et le sucre de canne qui nous arrive des colonies ont besoin d'être soumis à un *raffinage* avant d'être livrés à la consommation à l'état de sucre blanc. On commence par délayer la cassonade avec un peu de sirop et on la soumet à l'action de turbines semblables à celles que nous venons de décrire. Puis elle est dissoute dans le moins d'eau possible avec du noir animal et du sang de bœuf ; le liquide est monté dans de grandes chaudières à double fond et chauffé par la vapeur qui circule entre les deux fonds. L'ébullition coagule l'albumine contenue dans le sang de bœuf. Celle-ci monte à la surface comme une espèce de réseau emprisonnant entre ses mailles les matières solides en suspension dans la liqueur et produit une clarification de bas en haut. On sépare les écumes et l'on fait passer le sirop dans des filtres de toile d'une nature particulière; il s'y clarifie et passe de là dans de grandes tonnes remplies de noir animal qui, par sa propriété d'absorber les matières colorantes, le décolore. Il

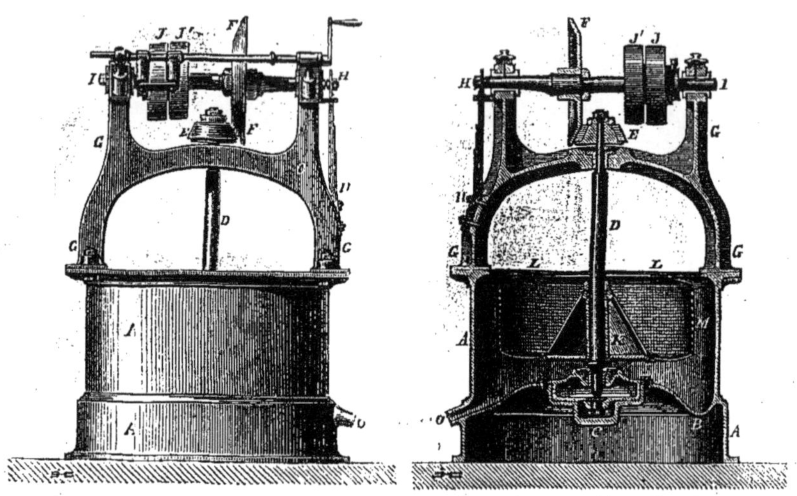

Fig. 217. — Turbines à sucre.

est ensuite envoyé dans les appareils à cuire dans le vide et il y est amené à un état de concentration suffisante. A sa sortie il est réchauffé à nouveau et versé dans des vases coniques ou *formes*. Les formes sont placées le sommet en bas et portent à ce sommet un petit trou qui est bouché par un tampon et par un clou appelé *tapette*. Le sirop se refroidit lentement et le sucre prend l'état solide en cristallisant. Il a dû être réchauffé avant d'être coulé dans les formes, sans quoi la cristallisation serait trop brusque, le sucre n'aurait pas de grain et serait trop compacte. Pour ralentir encore le refroidissement, on place les formes dans des greniers chauffés.

Le sucre ainsi cristallisé contient encore quelques impuretés; pour les lui enlever, on procède à l'opération du *clairçage*, qui consiste à verser sur la base du pain de sucre un sirop de plus en plus pur appelé *claircе*. Celle-ci s'infiltre dans le pain, entraîne avec elle les impuretés et s'écoule par le trou inférieur que l'on a débouché; puis on laisse égoutter. Autrefois l'égouttage des dernières parties de claircе durait cinq ou six jours; aujourd'hui il se fait rapidement à l'aide d'un appareil appelé *sucette*, qui consiste en un tube muni de tubulures garnies de rondelles de caoutchouc; on pose sur ces tubulures la pointe des formes coniques, avec une pompe on fait le vide dans le tube et l'on aspire toute la clairce qui est encore dans les pains. Quand ils sont complétement égouttés, on les fait sortir de la forme en la frappant sur un billot de bois et l'on reçoit le pain sur la main. Cette opération, appelée *lochage*, est suivie d'un travail qui rend la base parfaitement plane et régularise le sommet du cône.

Le sucre est encore humide et friable : pour le rendre solide et sonore on le met à l'étuve; la température ne doit pas dépasser 50 à 55 degrés. L'étuvage dure de six à huit jours. Au sortir de l'étuve, les pains sont placés dans un magasin chauffé, où ils sont mis en papier. Cette dernière opération s'appelle l'*habillage*.

On désigne sous le nom de *sucre candi* le sucre en gros cristaux

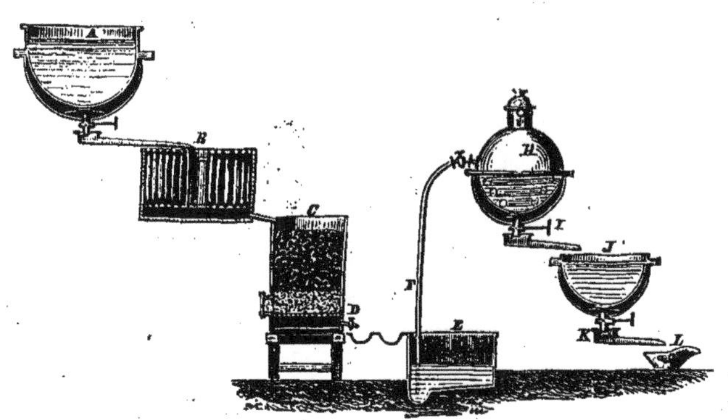

Fig. 218. — Appareil à faire le sucre candi.

à facettes et à angles bien nets. On en distingue trois espèces, dont les prix et les noms varient suivant les nuances, qui proviennent elles-mêmes de la sorte de sucre employée à la fabrication : ce sont les candis *blanc*, *paille* et *roux*. Nous les avons nommés dans l'ordre de prix décroissant.

Le candi blanc se fait avec du sucre en pains ordinaire, le candi paille soit avec du sucre de betterave en grains, soit avec des sucres de la Havane et de l'Inde, le candi roux avec du sucre brut du Brésil. Quelle que soit l'espèce employée comme matière première, on la traite, en présence de l'eau, par le noir animal dans une chaudière à double fond A chauffée à la vapeur (fig. 218) ; on clarifie avec des blancs d'œufs et l'on filtre d'abord sur des filtres de toile B, puis sur du noir en grains C. Le sirop est dirigé par le robinet D dans un réservoir E ; lorsqu'il est parfaitement limpide, on le cuit d'abord dans une chaudière à cuire dans le vide H, puis, à l'air libre et à l'ébullition, dans une chaudière J ; la concentration du

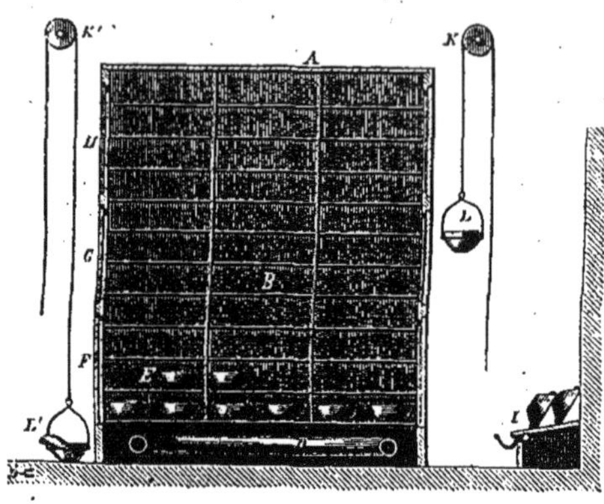

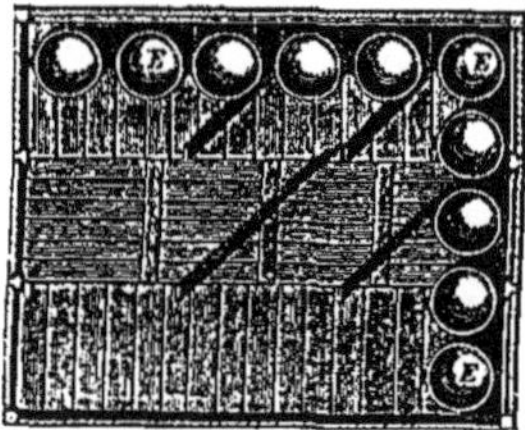

Fig. 219. — Étuve à sucre candi.

liquide est poussée plus ou moins loin suivant la qualité de sucre employée. Aussitôt que la cuite est à son terme, on distribue le liquide, à l'aide des vases L, L′ (fig. 219), dans des terrines de cuivre hémisphériques. Des trous pratiqués dans leurs parois opposées servent à faire passer des fils de lin ou de chanvre maintenus horizontalement dans le liquide et autour desquels se fera la cristallisation ; une feuille de papier collée contre la paroi extérieure ferme les trous et empêche la déperdition du sirop. Les terrines E remplies de sirop cuit sont disposées sur les tablettes de l'étuve AB chauffée à 60 degrés par des tubes où circule la vapeur. Après soixante-douze heures de chauffe, on abandonne les terrines dans l'étuve fermée. Au bout de douze jours la cristallisation est terminée, on perce la croûte cristalline pour faire écouler le sirop en excès; on ravive les cristaux avec de l'eau tiède, on fait égoutter en maintenant les terrines renversées et inclinées comme on le voit en I, ce qui permet au liquide sucré de s'écouler dans une gouttière qui le mène dans un réservoir. Enfin on détache les pains hémisphériques des terrines et, après les avoir desséchés par un nouveau passage à l'étuve, on les livre au commerce.

CONFISERIE.

La confiserie est une industrie qui consiste dans la fabrication de produits dont la forme et la composition sont très-variables. Elle est répandue dans toutes les grandes villes : Paris se place en première ligne; après Paris viennent Marseille, Bordeaux, Lyon, Rouen, Montpellier, etc. Quelques villes de moindre importance fabriquent des articles spéciaux qui font leur réputation. C'est ainsi que Verdun est renommé pour ses dragées, Bar-le-Duc pour ses confitures de groseilles, Orléans pour sa gelée de coings, Clermont pour ses pâtes d'abricots, Montélimart pour ses nougats. Nous ne pouvons évidemment donner la description des différents procédés employés par les confiseurs pour la fabrication de produits aussi variés. Nous dirons seulement quelques mots de ceux qui peuvent être considérés comme rentrant dans la grande industrie, par exemple les dragées, les pastilles et les boules de gomme, les pastilles à l'emporte-pièce.

Les *dragées* proprement dites sont formées d'un noyau entouré de sucre. Ce noyau est tantôt naturel comme les amandes, les avelines, les anis, etc., tantôt il est fait avec un fondant ou avec de la liqueur.

Les dragées à noyau naturel se fabriquent par le procédé suivant : Les noyaux sont placés dans des bassines (fig. 220), dont les parois sont formées par un tube de cuivre enroulé en spirale, dans lequel circule de la vapeur; elles sont animées d'un mouvement de rotation autour d'un axe incliné passant par leur sommet. Par suite de ce mouvement, les noyaux sont constamment remués et roulent l'un sur l'autre; on les arrose de temps en temps avec du sirop de sucre cuit à un degré convenable; des tuyaux verticaux, en communication avec un ventilateur, amènent dans chaque bassine un courant d'air chaud ou froid, qui facilite l'évaporation ; le sucre se solidifie et enveloppe les noyaux de couches successives qui finissent par former autour d'eux l'épaisseur voulue. Pour les qualités communes on ajoute de temps en temps de la farine au lieu de sirop.

Les petites dragées qui présentent à leur surface des aspérités et sont désignées sous le nom de *perles*, sont fabriquées par un procédé analogue. Les noyaux formés par des fragments d'anis, de vermicelle, etc., sont arrosés avec du sirop contenu dans un entonnoir promené mécaniquement au-dessus d'eux dans un appareil représenté sur la droite de la figure 220 ; cet entonnoir contient un sirop très-concentré qu'il laisse tomber goutte à goutte : les gouttelettes saisies par la solidification forment à la surface des bonbons les aspérités qui sont le caractère de cette espèce de dragées.

Pour les dragées à liqueur on commence par fabriquer le noyau. Après avoir tassé de l'amidon en poudre dans un cadre de bois, on applique à la surface de cet amidon une planche en plâtre présentant des aspérités qui ont la forme du noyau et qui, faisant leur empreinte dans l'amidon, y produisent autant de cavités dans lesquelles on coule un mélange, en proportions convenables, de sirop et de la liqueur à employer (kirsch, marasquin, etc.). Par un phénomène très-curieux, le sucre cristallise en se séparant de la liqueur et en l'emprisonnant. Quand le noyau est fait, on le recouvre de sucre comme pour les dragées à noyau naturel.

Les *sucres cuits* sous forme de drops, de tablettes, boules, etc., sont obtenus mécaniquement au moyen d'un laminage du sucre. Lorsque celui-ci est cuit au degré convenable et amené à l'état de pâte malléable, on l'oblige à passer entre deux cylindres gravés en creux, d'où il sort avec des empreintes en relief qui permettent de le diviser, après refroidissement, en autant de bonbons séparés.

On fabrique *les pâtes* et *pastilles à la gomme* en coulant du sirop de sucre et de gomme dans des moules en amidon, semblables à ceux que nous avons décrits plus haut.

Les *pastilles à l'emporte-pièce* sont composées de sucre en poudre vivement battu avec de la gomme adragant et de l'eau. La pâte, à cet état, offre assez de corps pour être manipulée. Après l'avoir parfumée avec des essences de menthe, d'orange, de citron, etc., elle est réduite en lames de l'épaisseur requise et

FIG. 220. — Fabrication des dragées.

découpée en tablettes circulaires ou elliptiques à l'aide d'une machine ingénieuse dont l'inventeur est M. Derriez.

CHOCOLAT.

Le chocolat est un mélange de cacao broyé et de sucre, auquel on ajoute un aromate qui varie d'un pays à l'autre et qui, en

FIG. 221. — Mélangeur à chocolat.

France, est ordinairement la vanille. Le cacao, ou fruit du cacaoyer, nous vient ordinairement de l'Amérique ; les meilleurs, les Caracas et les Maragnan, nous arrivent de l'Amérique méridionale. L'usage alimentaire du cacao en Europe remonte à la conquête du Mexique (1520) : les indigènes l'enseignèrent aux Espagnols qui d'abord en firent un mystère et le révélèrent plus tard au reste de l'Europe. L'industrie du chocolat a pris de grands développements ; la consommation annuelle de la France dépasse douze millions et demi de kilogrammes, représentant une valeur de plus de trente et un millions de francs. En 1856, elle n'était que de 6 millions de kilogrammes.

FIG. 222. — Boudineuse à chocolat.

La fabrication du chocolat est une opération très-simple. Le cacao subit d'abord, dans des appareils analogues à ceux qui servent à griller le café, une torréfaction dont l'effet est de développer son arome, de lui enlever de l'âcreté en volatilisant les principes amers et de rendre les coques plus fragiles. La coque ainsi préparée est triée et livrée à un appareil décortiqueur qui enlève la pellicule. Puis le cacao est broyé dans un *mélangeur*, qui se compose (fig. 221), d'une auge où tournent des meules verticales de granit ; le fruit s'écrase et les huiles qu'il renferme forment avec la partie solide une pâte qui devient de plus en plus liquide à mesure que le broyage avance. On ajoute à cette pâte une certaine quantité de sucre, en moyenne les deux tiers, et le mouvement des meules incorpore le sucre dans la masse. Le mélange étant opéré, la pâte est livrée à d'autres appareils qui ont pour but de la rendre plus homogène et d'écraser d'une manière plus parfaite les grains de sucre. Ce sont des cylindres de granit roulant l'un sur l'autre et faisant l'office de laminoirs. Mais pendant ce broyage la pâte est devenue moins liquide ; on lui rend sa liquidité par un séjour à l'étuve et on la livre de nouveau au mélangeur. Ensuite elle passe dans un appareil nommé *boudineuse*, qui a pour but d'extraire les bulles d'air et se compose (fig. 222) d'un entonnoir ou trémie au fond duquel se meut une vis d'Archimède horizontale. Cette vis prend la pâte et la refoule dans un trou d'où elle sort à l'état de boudin, que l'on divise en portions de poids déterminé ; ce pesage se fait le plus souvent sur des balances ordinaires, mais dans certaines usines on se sert de *peseuses automatiques ;* nous citerons l'ingénieuse machine inventée par M. Abraham (d'Amiens).

Chacun des morceaux obtenus par le pesage est placé dans des moules de fer-blanc appelés *formes*. On dispose un certain nombre de ces moules sur une planche que l'on place sur un appareil à secousses nommé *tapoteuse*. Les secousses imprimées à la planche forcent la pâte à se répartir dans le moule, pendant que l'ouvrier, à l'aide des mains et de l'avant-bras, achève de la tasser et lui donne le poli extérieur. Cette opération est désignée sous le nom de *dressage*. Il faut ensuite refroidir le chocolat brusquement pour le solidifier et pouvoir le démouler : on y parvient en portant les moules dans une pièce où circule un courant d'air lancé par un ventilateur. Enfin le chocolat en tablettes est livré aux ateliers de pliage, où il est mis en papier par des femmes. Dans certaines usines le pliage se fait mécaniquement.

CHAPITRE V

BOISSONS

VINS.

Le vin est une liqueur obtenue par la fermentation du jus de raisin ; ce liquide contient du sucre qui, sous l'influence de la fermentation, se transforme partiellement en alcool et en un gaz appelé *acide carbonique.*

La fabrication du vin constitue en France l'objet d'une industrie considérable : il n'y a que douze départements qui ne produisent pas de vin, leur climat n'étant pas assez chaud pour que le raisin y atteigne le degré de maturité nécessaire à la vinification. La production de la France en 1866 a été de 63837633 hectolitres ; elle n'était en 1861 que de 29738243 hectolitres. La superficie des terres cultivées en vignes est de 2 millions d'hectares environ.

Les différents vins que produit la France peuvent se diviser en six classes principales :

1° Les vins de Bordeaux et leurs similaires, dont la production s'étend dans dix-neuf départements. Le département de la Gironde fournit les meilleurs vins de cette classe : les Château-Laffitte, Château-Margaux, Château-la-Tour, Château-Haut-Brion, Sauterne, Saint-Emilion, sont connus par leur fraîcheur et leur bouquet, aussi les nations étrangères viennent-elles y faire des achats considérables. En 1866, la Gironde a produit 3215000 hectolitres.

2° Les vins de Bourgogne et leurs similaires, dont la production s'étend dans douze départements. La Côte-d'Or tient le premier rang par ses crus si fameux de Chambertin, Romanée, Vougeot, Corton, Beaune ; elle fabrique environ un million d'hectolitres.

3° Les vins du Midi, qui ont en général un goût moins délicat que les précédents ; mais ils sont très-abondants et l'on y trouve quelques crus très-estimés, celui de l'Ermitage, par exemple, dans la Drôme. Le département de l'Hérault fait à lui seul de 6 à 9 millions d'hectolitres. Les vins de cette classe proviennent de dix-sept départements.

4° Les vins de l'Est sont produits dans douze départements. Le Jura est celui qui donne les plus remarquables ; ceux d'Arbois sont très-estimés.

5° Les vins mousseux, qui reçoivent des soins et des préparations spéciales, modifiant leur nature primitive. Nous citerons ceux de Champagne, qui tiennent toujours le premier rang, ceux de la Basse-Bourgogne et notamment ceux de Châblis, Tonnerre, Épineuil ; ceux de Tours, Vouvray et Rochecorbon.

6° Les vins de liqueur, que fournissent quelques départements méridionaux, parmi lesquels on distingue les vins muscats de Frontignan, de Rivesaltes et d'Alicante. A Cette, on fabrique de remarquables imitations des vins d'Espagne.

La fabrication du vin est une opération assez simple, dont les détails varient d'une région à l'autre, mais qui peut être ramenée à quelques principes généraux que nous exposerons seulement, en commençant par le vin rouge qui fait l'objet de la plus grande consommation.

La fabrication du *vin rouge* comprend quatre phases principales : 1° la *vendange*, ou récolte du raisin ; 2° le *foulage*, ou expression du jus, opération qui est quelquefois précédée de l'*égrappage ;* 3° la *fermentation du moût*, qui doit développer l'alcool du vin ; 4° le *décuvage*, le *pressurage*, la *mise en tonneau*, etc.

La vendange a lieu à des époques variables suivant les années et les régions, mais en général du commencement de septembre au 15 octobre. On doit attendre pour la faire que les raisins soient bien mûrs. Lorsqu'on juge qu'il en est ainsi, les vendangeurs (femmes, vieillards, enfants) sont répartis dans les vignes et, armés de ciseaux ou de sécateurs dont l'usage est préférable à celui des couteaux ou des serpettes, ils coupent les grappes de raisin qu'ils placent dans des paniers, qui sont ensuite vidés dans des hottes de bois ou d'osier.

La récolte étant achevée, il faut maintenant extraire le jus du raisin pour le faire fermenter ; car, tant qu'il reste protégé par son enveloppe contre le contact de l'air, il n'éprouve que des modifications à peine appréciables. Pour cela les grappes sont soumises au foulage, qui est souvent précédé de l'*égrappage*. L'égrappage consiste à séparer les grains de la queue qui les porte ou *rafle*. La rafle ne peut céder au vin qu'un principe astringent, surtout formé de tannin ; ce principe est utile à certains vins, mais pour ceux qui sont

Fig. 223. — Égrappage au trident.

déjà astringents par eux-mêmes, il est bon de les en débarrasser par l'égrappage. Cette opération se pratique de plusieurs manières : la plus simple consiste à se servir d'une fourche (fig. 223) à trois dents que l'on agite dans un cuvier contenant les grappes : les grains se détachent de la rafle que l'on sépare à la main. Il y a avantage à se servir d'un châssis (fig. 224) à claire-voie dont les intervalles peuvent laisser passer les grains, mais arrêtent les rafles. Le raisin versé sur ce châssis est remué à la main ; les grains et le jus traversent le châssis et tombent sur un plan incliné qui les mène dans la cuve ou dans le pressoir.

Le foulage se fait ordinairement par des hommes qui, les jambes et les pieds nus, piétinent le raisin placé sur un sol en dalles légèrement incliné et entouré d'un rebord de 10 à 15 centimètres de hauteur (fig. 225). L'écrasement par les pieds nus a l'avantage de faire sortir le jus du grain sans écraser les pepins qui communiqueraient au vin une saveur désagréable. A mesure que le jus sort du grain, il s'écoule dans un baquet en bois de chêne appelé *barlong* ou *douil;* on l'y puise pour le verser dans des vases de bois nommés *tines* ou *comportes*, à l'aide desquels on le

FIG. 224. — Égrappoir au châssis.

porte aux cuves de fermentation, qui sont ordinairement de grandes cuves en chêne de 40 à 50 hectolitres de capacité, de forme conique ou carrée. Le raisin foulé et encuvé ne tarde pas à entrer en fermentation, si toutefois la température n'est pas inférieure à 20 degrés. Les celliers où sont les cuves doivent être disposés de telle sorte qu'on puisse élever leur température au degré voulu.

Il y a deux méthodes générales pour opérer la fermentation : d'après l'une, la plus ancienne et la plus employée quoique la moins bonne, on fait fermenter au libre contact de l'air atmosphé-

Fig. 225. — Piétinage du raisin. Cellier de fermentation.

rique, tandis que dans la seconde on interdit plus ou moins le contact de l'air.

Dans la première méthode, au deuxième jour d'encuvage, la fermentation commence : la température s'élève et le sucre se transforme en alcool et en acide carbonique. Les matières solides soulevées par le dégagement du gaz s'accumulent à la surface et forment une croûte d'écume, qu'on appelle le *chapeau*. Au bout de quelques jours la fermentation devient moins tumultueuse, puis s'arrête : on brasse alors le mélange de manière à immerger entièrement le chapeau et remettre de nouveau en contact le jus sucré et les matières solides ; la fermentation recommence, moins tumultueuse que la première fois, et, lorsqu'elle est arrêtée, on procède au *décuvage*. Il est important, lorsque la fermentation a lieu à l'air libre, de bien saisir le moment où doit se faire le décuvage ; si l'on attend trop tard, le vin peut s'aigrir ou au moins s'appauvrir par l'évaporation de son alcool. Ces inconvénients sont évités par la seconde méthode, qui consiste à recouvrir la cuve avec un couvercle qu'on lute sur elle et qui porte un tube destiné à mener l'acide carbonique au dehors.

Le décuvage peut se faire en enfonçant dans la cuve un panier d'osier, qui se remplit du liquide et lui sert de filtre en le séparant des matières solides. On y puise le vin et on le verse dans des tonneaux munis d'un large entonnoir. Mais ce procédé est défectueux : il expose trop le vin à l'action acidifiante de l'air ; il est préférable d'adapter une grosse cannelle près du fond de la cuve, et, à l'aide d'un tuyau, de diriger dans des tonneaux le liquide soutiré.

Lorsqu'on a soutiré tout le vin qui peut s'écouler spontanément, les matières solides restant dans la cuve et formant le *marc*, sont enlevées dans des hottes et portées au pressoir. On en extrait par la pression le vin qu'elles renferment encore et qui est d'une qualité inférieure au premier. On traite aussi le marc par l'eau pour faire la *piquette*, qui est la boisson ordinaire du vigneron.

Dans les tonneaux où l'on a mis le vin et que l'on a transportés dans les celliers, le liquide continue à fermenter lentement et à dégager de l'acide carbonique. Dans certaines localités, on remplit chaque jour le tonneau de manière que, par la fermentation, l'écume et les impuretés qui se trouvent à la surface du liquide, soient expulsées et rejetées au dehors par l'ouverture de la bonde : c'est ce qu'on appelle *ouiller*. Dans d'autres régions, on ne remplit pas entièrement le tonneau : on laisse un espace vide capable de contenir l'écume, qui se dépose à la longue et tombe au fond lorsque la fermentation se ralentit ; c'est alors qu'on doit fermer la *bonde*. Quel que soit le procédé d'*ouillage* employé, il est important de soigner le vin dans les celliers, de le séparer par plusieurs soutirages de la *lie* qui s'est déposée au fond des tonneaux.

Enfin on le rend tout à fait limpide par le *collage*. Cette opération s'effectue en y versant de la gélatine ou du blanc d'œuf. Ces substances forment avec le tannin du vin des flocons insolubles qui entraînent avec eux, au fond du tonneau, les matières en suspension.

La fabrication du *vin blanc* diffère sur quelques points de celle du vin rouge. D'abord le pressurage doit précéder la fermentation. Voici pourquoi : la matière colorante du raisin se trouve dans la pellicule du grain et ne peut se dissoudre qu'à l'aide de l'alcool produit dans la fermentation ; si donc, avant la fermentation, on sépare par le pressurage la pellicule et le jus, il ne pourra y avoir de coloration puisque la matière colorante sera restée dans la pellicule. Pour atteindre ce résultat, après le foulage qui écrase les grains sans en écraser les pepins, on livre le raisin au pressoir. Le premier moût obtenu par le piétinage produira le meilleur vin blanc. Le moût est ensuite mis dans des tonneaux où il subit la fermentation, qui pour les vins rouges se fait dans les cuves. Ces tonneaux ont une capacité de 200 à 250 litres. Dans certains cas le moût, avant d'y être introduit, est mis dans une cuve, où il dépose quelque temps et qu'on appelle *cuve de débourbage*. Dans la Gironde, le vin blanc est toujours fait avec du raisin blanc ; les raisins rouges ne donneraient pas de bon vin blanc.

Quant aux vins blancs *mousseux*, ils doivent la propriété de mousser à la grande quantité d'acide carbonique qu'ils tiennent en dissolution et qui provient de ce que le vin est mis en bouteilles avant que la fermentation soit achevée.

La plupart des vins de Champagne se préparent avec du raisin rouge, dont le jus est généralement plus sucré que celui du raisin blanc. Le marc foulé et soumis à une pression donne le vin rosé. Les vins de différents crus sont mélangés ensemble d'après les proportions qui ont été reconnues avantageuses. Le mélange est versé ensuite dans des tonneaux de deux hectolitres, que l'on place dans des locaux à 15 ou 20 degrés de chaleur. La fermentation s'effectue lentement en huit ou quinze jours suivant la température, puis on le descend dans des caves fraîches à 10 ou 12 degrés ; la fermentation active s'arrête et se transforme par le refroidissement en fermentation lente. C'est là une opération à laquelle se prêtent parfaitement les vins de Champagne et qui rencontre de sérieuses difficultés pour les vins récoltés dans des régions plus méridionales. Les vins de Champagne ont pour caractère de garder leur sucre avec opiniâtreté. On soutire et on colle trois fois et, vers le mois d'avril, on met en bouteilles. Les grands vins de Champagne contiennent encore à cette époque assez de sucre pour qu'on ne soit pas obligé d'en ajouter et pour que la fermentation lente de ce sucre donne dans la bouteille l'acide carbonique qui doit rendre le vin mousseux. Pour les vins moins riches, on verse dans chaque bouteille une certaine quantité de *liqueur à sucre*, c'est-à-dire d'une dissolution de sucre de canne dans le vin blanc.

La mise en bouteilles et la conservation des vins mousseux exigent des soins très-nombreux. Les bouteilles doivent être neuves; si elles avaient déjà servi à renfermer du champagne, leur solidité, altérée par la pression intérieure qu'elles auraient supportée une première fois, ne pourrait résister à une seconde épreuve. Le tirage du vin doit se faire dans un local chaud ou chauffé à 20 degrés. Les bouteilles sont présentées au boucheur qui, à l'aide d'une machine spéciale, y fait pénétrer un bouchon bien choisi et beaucoup plus gros que le goulot. Le bouchon ne doit pas avoir moins de 50 millimètres de longueur sur 30 millimètres de diamètre et doit pénétrer de 20 millimètres au moins dans le goulot, qui n'a que 18 à 20 millimètres de diamètre. Lorsque la bouteille est bouchée, elle passe successivement dans les mains du *ficeleur* et du *metteur en fil*, qui serrent le bouchon dans le goulot, le premier avec deux nœuds de ficelle huilée, le second avec deux fils de fer. Ainsi bouchées, les bouteilles sont *entreillées*, c'est-à-dire disposées horizontalement par lits réguliers. La fermentation du sucre continue et produit la mousse. Lorsque, par la formation des dépôts ou par la rupture de quelques bouteilles, on est averti que le travail de la mousse est commencé, on descend les bouteilles en cave ou dans un local à température constante de 10 degrés ; on les entreille de nouveau et on les y laisse au moins dix-huit mois, pendant lesquels un grand nombre sont cassées par la pression du gaz, surtout aux mois de mai, juin et août. Quand le dépôt est bien formé et que le vin est limpide, on désentreille et l'on *met sur pointe*, c'est-à-dire qu'on place les bouteilles, le goulot en bas, sur des planches trouées disposées le long des murs des caves. Le dépôt, grâce au remuage des bouteilles qu'effectue de temps en temps un ouvrier appelé *remueur*, descend et se réunit sur le bouchon.

Il faut alors procéder au *dégorgeage* : les bouteilles prises avec soin, le fond en l'air et le goulot en bas, sont portées au dégorgeur qui, les tenant dans la même position, tire prestement le bouchon ; la pression intérieure fait sortir le dépôt et le dégorgeur retournant rapidement la bouteille en essuie le goulot, y met un bouchon provisoire et la passe à l'*égaliseur*, qui est chargé de vérifier si le dégorgeage n'a pas fait sortir des quantités inégales de vin et de ramener au même volume le liquide de chaque bouteille. Enfin on ajoute dans chacune d'elles une certaine quantité d'une liqueur sucrée nommée *liqueur d'expédition*, et dont la composition varie suivant le goût des habitants des contrées auxquelles le vin est destiné; c'est ce qu'on appelle *opérer* le vin. Pendant ces différentes manipulations il s'est perdu moins de gaz qu'on ne serait porté à le croire, attendu que le vin de Champagne, surtout celui des bons crus, retient ces gaz avec une certaine force. Le vin une fois opéré est de nouveau bouché et ficelé. Les bouchons d'expédition doivent être neufs, de premier choix, bien lavés au vin et ramollis à la vapeur. Enfin des femmes sont chargées d'essuyer les bouteilles, d'envelopper le bouchon et le goulot d'une feuille d'étain et de coller l'étiquette.

BIÈRE.

Dans les contrées du Nord où la vigne ne peut être cultivée avec avantage, on prépare des boissons qui remplacent le vin. La bière est celle que l'on consomme le plus. La production est considérable dans les départements du Nord et en Alsace, où Strasbourg a acquis une réputation méritée par l'excellente qualité de ses produits. Lyon fabrique aussi une bière estimée, mais l'importance de cette industrie tend à y diminuer par suite de la facilité avec laquelle on se procure les bières de l'Est et de l'Allemagne.

La bière est une boisson légèrement alcoolique, résultant de la *saccharification* de l'amidon que renferment les graines de certaines céréales, surtout l'orge, et de la *transformation du sucre en alcool* après une addition des principes aromatiques et amers du houblon.

Nous allons exposer les principales opérations de la fabrication de la bière.

L'orge est d'abord soumise à un *mouillage*, qui a pour but d'introduire dans les graines une quantité d'eau suffisante pour la germination. Il s'effectue dans des cuves de fer ou à parois garnies de ciment et dure de cinquante à quatre-vingts heures, pendant lesquelles on renouvelle l'eau deux fois par jour pour l'empêcher de prendre une mauvaise odeur. Quand le grain est devenu assez souple pour qu'on puisse le plier sur l'ongle sans le briser, le mouillage est achevé.

Il faut alors procéder à la *germination*, dont l'effet sera de développer dans les grains un principe appelé *diastase* qui doit ultérieurement transformer l'amidon en matière sucrée. On transporte pour cela le grain dans des caves dont le sol est ordinairement fait, dans les brasseries d'Alsace, en pierres de Ratisbonne qui n'absorbent pas l'humidité, et on l'étale par terre en couches de 50 centimètres environ : la température des caves doit être de 12 à 15 degrés. Sous l'influence de cette température, l'orge entre en germination : les organes appelés *gemmule* et *radicelle*, qui deviendraient plus tard la tige et la racine de l'orge si la végétation devait continuer, sortent de chaque grain ; la couche s'échauffe et l'on doit la remuer assez souvent pour l'empêcher de s'échauffer trop. On diminue progressivement son épaisseur, et lorsque la gemmule a atteint une longueur à peu près égale à une fois et demie ou deux fois celle du grain, ce qui arrive au bout de cinq à huit jours, on porte l'orge dans des greniers très-aérés où elle se dessèche. Pour achever cette dessiccation, qui a pour but d'arrêter la germination, le grain est placé dans des appareils nommés *tourailles*, où il est graduellement porté à une température de 115 à 120 degrés par un courant d'air chaud.

Une touraille est, en général, une tour de 5 à 6 mètres de côté, chauffée à sa partie inférieure, et dans l'intérieur de laquelle sont disposés des plateaux métalliques percés de trous ; sur ces plateaux on étend le grain à dessécher. Un foyer, situé à la partie inférieure de l'appareil, envoie dans la tour les produits de la combustion mélangés à une certaine quantité d'air extérieur, qui les refroidit et constitue avec eux un mélange à une température convenable. Cet air chaud passant par les trous des toiles métalliques traverse la couche de grain et la dessèche. Il est important que la température soit réglée avec le plus grand soin : elle doit être peu élevée au début et monter progressivement. Si l'élévation de température était trop brusque, l'amidon de l'orge se transformerait en empois, les grains se racorniraient et ne seraient plus susceptibles de se laisser pénétrer par l'eau dans les opérations subséquentes. En faisant varier la quantité d'air extérieur introduit dans la touraille, on peut évidemment abaisser à volonté la température des gaz venant du foyer.

Il existe plusieurs espèces de tourailles, qui reviennent toutes au même principe : dessiccation dans un courant d'air chaud sur des plaques trouées. Les différents étages communiquent par des trappes ou autrement. Dans la plupart de celles que l'on construit maintenant, ce ne sont pas les gaz de la combustion qui passent à travers le grain, mais un courant d'air échauffé par un calorifère.

Le temps de la dessiccation varie : il y a en général deux plateaux et le grain reste sur chacun d'eux, en Alsace douze heures,

FIG. 226. — Bière : Cuve-matière.

en Angleterre cinq à six jours, en Bavière quarante-huit heures. Lorsque l'air arrive au plateau supérieur, il n'a pas plus de 65 à 70 degrés.

Quand le grain est sec, on le sépare des radicelles qui communiqueraient de l'amertume à la bière. On se sert pour cela d'appareils appelés *dégreneurs*. Puis on moud le grain soit à l'aide de meules, soit en le faisant passer par des cylindres cannelés qui l'écrasent, et il constitue alors ce qu'on désigne sous le nom de *malt*.

Le malt est soumis à la *saccharification* ou *brassage*. Cette opération a pour but de faire agir la diastase sur l'amidon du grain, de le transformer en matières sucrées et de dissoudre le sucre dans l'eau. Elle est faite dans des cuves appelées *cuves-matières*.

Dans les petites brasseries, la cuve-matière est une cuve de bois munie (fig. 226) d'un double fond percé de trous, qui sert à supporter l'orge et à faciliter l'écoulement du liquide. Le brassage ou agitation de la matière y est fait à l'aide de fourches de bois nommées *fourquettes*. Dans les grands établissements les cuves-matières sont installées dans de meilleures conditions. Ce sont généralement de grands réservoirs de tôle garnis extérieurement d'une enveloppe de bois pour éviter les pertes de chaleur (fig. 227) et pouvant être chauffés à la vapeur qui arrive par le tuyau *mm*. Le faux-fond est formé de plaques de cuivre percées de trous que l'on peut enlever facilement après chaque opération pour nettoyer la cuve. Dans l'intervalle des deux fonds se trouvent le tuyau qui

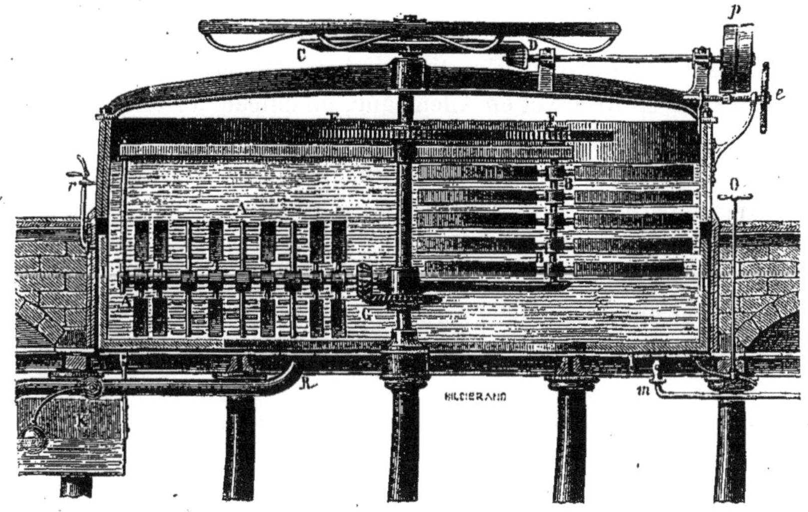

Fig. 227. — Bière : Cuve-matière.

amènera l'eau chaude et le tube RR destiné à vider la cuve. Enfin à l'intérieur de la cuve-matière se meut un agitateur mécanique à palettes A et B.

Le brassage peut s'effectuer par deux méthodes distinctes : l'une, appelée méthode par *infusion*, se pratique en Angleterre et dans les pays du Nord ; l'autre, appliquée dans l'Est et en Allemagne, se nomme méthode par *décoction*.

Le brassage par infusion se fait de la manière suivante : On verse de l'eau à 40 degrés dans la cuve-matière et l'on y ajoute la quantité nécessaire de malt écrasé, de manière à former une pâte assez épaisse ; après agitation du mélange pendant un quart d'heure, on laisse reposer pendant une demi-heure pour que le grain se trempe bien. On verse alors de l'eau chaude et l'on élève la température à 60 ou 65 degrés ; on brasse fortement et on laisse reposer pendant une heure afin que la transformation de l'amidon en sucre s'effectue; la cuve doit être couverte avec soin. Le liquide appelé *moût* est envoyé par le tube RR dans une cuve K d'où il est conduit dans la chaudière *à cuire*. On répète deux fois l'opération sur le même malt en élevant la température à 75 degrés à la seconde trempe, à 80 degrés et plus à la troisième trempe. Dans cette méthode, les substances albumineuses qui déterminent la transformation de l'amidon ne sont nullement altérées et l'on obtient une bonne saccharification; la bière sera plus alcoolique et moins moelleuse que celle que l'on fait par décoction.

Dans le brassage par décoction, qui est pratiqué, comme nous l'avons dit, en Alsace et en Allemagne, on empâte à froid, puis par l'arrivée d'eau chaude on élève la température à 38 degrés; on brasse et on laisse reposer une heure après avoir couvert la cuve. Le tiers environ de la masse pâteuse est extrait et envoyé dans une chaudière à cuire où on le fait bouillir pendant trois quarts d'heure, puis il est ramené sur le malt et chauffé à 46 degrés. On fait une seconde et une troisième opération analogues et l'on arrive après le quatrième mélange à la température de 75 degrés. Le caractère distinctif de cette méthode est l'ébullition du malt avec l'eau; cette ébullition détermine la production de matières albumineuses brunes qui rendent la bière plus moelleuse et plus nutritive.

Le liquide provenant du brassage est appelé *moût*; il est envoyé dans des chaudières où on le porte à l'ébullition en y mélangeant une certaine quantité de fleurs de *houblon*. Ces fleurs communiquent à la bière un peu d'amertume, lui donnent un parfum agréable, et le tannin qu'elles renferment détermine la précipitation des matières albumineuses et par suite la clarification du liquide.

Les meilleures espèces de houblons sont celles de Bohême; on les appelle *Saaz*; celles de Bavière, nommées *Spatt*, ont un parfum plus *dur*, et l'on prétend qu'elles sont meilleures pour la conservation de la bière; mais c'est là une opinion discutée. Nous citerons encore les houblons de Weingarten, de Nuremberg, de Hersbruck, de Wurtemberg, de Schwetzinger (analogue au Saaz par la douceur), d'Alsace, de Bourgogne, de Lorraine et de Pologne. Ces quatre dernières espèces sont de qualité inférieure aux précédentes; cependant certains houblons d'Alsace égalent la deuxième qualité des houblons de Bavière.

La cuisson dure de quatre à cinq heures; elle se fait dans des chaudières de cuivre C (fig. 228) munies d'un agitateur ou *machine à vaguer ll* qui, par l'agitation qu'elle entretient dans le liquide, s'oppose à ce que le malt puisse adhérer au fond de la chaudière, où il s'altérerait sous l'influence de la chaleur et prendrait une saveur désagréable.

FIG. 228. — Bière : Chaudière à vaguer.

Lorsque la cuisson du moût est terminée, on le dirige au moyen de tuyaux de cuivre dans de grands bacs très-peu profonds, appelés *refroidissoirs* et placés dans des greniers parfaitement aérés. Il s'y refroidit rapidement et laisse déposer diverses substances qu'il tenait en suspension ou en dissolution. Quand le refroidissement n'est pas assez rapide, on fait passer le moût dans des appareils *réfrigérants* où il circule dans des tubes refroidis par une circulation d'eau froide.

Après le refroidissement, le liquide est envoyé dans des cuves nommées *guilloires*, où il subira la fermentation qui doit transformer le sucre en alcool, et conséquemment le moût en bière. On provoque cette fermentation par l'addition d'une certaine quantité de levûre de bière provenant d'une opération précédente. La levûre se multiplie dans l'intérieur du liquide et cette multiplication est accompagnée de la transformation du sucre en alcool.

La fermentation peut se faire de deux manières, *superficiellement* ou *par dépôt*. Dans le premier cas, la levûre produite monte à la surface, entraînée qu'elle est par un dégagement assez tumultueux d'acide carbonique; dans le second, elle va au fond de la cuve, où elle se dépose. Ces deux formes diverses dépendent du mode de brassage, de la nature de la levûre et de la température à laquelle se fait la fermentation.

La fermentation par dépôt s'obtient à une température qui varie de 4 à 15 degrés, et avec des moûts brassés par décoction. Elle se fait lentement, avec calme, et dure de dix à vingt jours. C'est ainsi qu'on opère pour les bières de Bavière et d'Alsace. Après la fermentation on soutire le liquide, en ayant soin de le prendre aussi clair que possible et en laissant dans la cuve la levûre, qui doit être recueillie, bien lavée et conservée pour la vente ou pour une opération ultérieure. La bière ainsi produite peut être mise en tonneaux et vendue en cet état, à condition d'être promptement consommée, car elle ne se conserverait pas au delà de quelques mois.

Quand on veut faire de la *bière de conserve*, on dirige le produit de la première fermentation dans de grandes cuves disposées dans des caves entourées d'une glacière constamment remplie et où règne, par conséquent, une température glaciale et constante. La bière y est abandonnée en moyenne durant cinq à six mois ; pendant ce temps se produit une fermentation lente qui a pour effet de faire déposer les substances nuisibles à la conservation du liquide.

La fermentation superficielle se pratique dans les villes du Nord ; elle se fait avec des moûts brassés par infusion et à une température qui varie entre 15 et 30 degrés ; elle est tumultueuse et dure de quatre à dix jours. On la fait commencer dans des guilloires et on l'achève dans des tonneaux où l'on transvase le liquide ; la levûre produite s'écoule par la bonde restée ouverte.

CIDRE.

Le cidre est une boisson alcoolique obtenue par la fermentation du jus sucré extrait des pommes. Son usage est très-répandu en Normandie et en Picardie. Le procédé de fabrication est très-simple.

Les pommes sont écrasées, soit sous une meule de bois qui se meut dans une auge circulaire, soit entre les deux cylindres cannelés d'un appareil appelé *grugeoir* (fig. 229). La pulpe est abandonnée pendant vingt-quatre heures dans de grandes cuves de bois, où elle prend une couleur rougeâtre qui communique au cidre la teinte jaune ambrée que l'on recherche. Elle est ensuite soumise

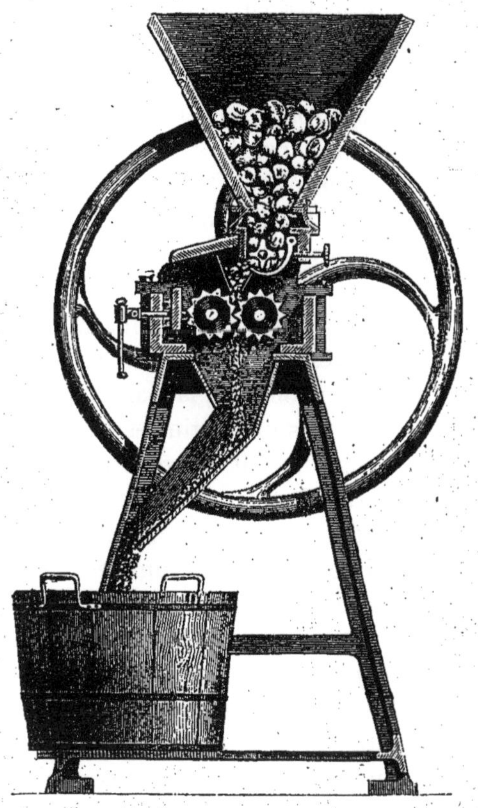

FIG. 229. — Grugeoir à pommes.

à l'action du *pressoir* et produit un jus que l'on filtre sur des tamis de crin pour arrêter les impuretés. Ce liquide est mis à fermenter et une partie du sucre se transforme en alcool et en acide carbonique. Suivant les contrées, cette première fermentation a lieu en cuve ou en tonneaux; lorsqu'elle est achevée, on soutire le liquide et si l'on veut faire une boisson d'agrément, sucrée et mousseuse, on le met en bouteilles. Mais dans les pays où l'on boit le cidre pendant les repas, on laisse la fermentation s'achever dans de grandes tonnes, ce qui lui donne une saveur légèrement aigre.

EAUX-DE-VIE ET ALCOOLS.

L'eau-de-vie est un mélange d'eau et d'alcool, dont la fabrication repose sur les principes suivants : Lorsqu'on chauffe du vin, qui peut être considéré comme un mélange d'eau et d'alcool, l'alcool se vaporise le premier, et, si l'on reçoit sa vapeur dans un récipient entouré d'eau froide, elle redeviendra liquide par le refroidissement, et l'on aura ainsi séparé l'alcool de l'eau, qui ne bout qu'à une température plus élevée. Toutefois cette séparation ne se fait pas par une seule distillation, attendu qu'à la température de 78 degrés, où bout l'alcool, l'eau émet aussi des vapeurs qui se mélangent aux vapeurs alcooliques; mais en répétant l'opération on arrive à avoir un liquide de plus en plus riche en alcool.

L'eau-de-vie est le résultat d'une seule distillation. Elle se fabrique surtout dans l'Angoumois, la Saintonge, le Languedoc et la Provence; les qualités les plus estimées sont fournies par l'Angoumois, où la distillation se fait en général dans les campagnes et à l'aide d'un appareil distillatoire excessivement simple. Il se compose d'une chaudière en cuivre communiquant avec un tube en cuivre étamé qui serpente dans un récipient rempli d'eau froide. Le vin est placé dans la chaudière, puis chauffé avec précaution; il faut que le feu soit très-régulier et qu'il marche jour et nuit. Les vingt premiers litres qui passent à la distillation sont mis de côté ainsi que les dernières portions; ils fournissent une eau-de-vie moins estimée, que l'on appelle *seconde* et qui a un goût amer et métallique. La distillation est conduite de manière à avoir un liquide qui renferme de 63 à 67 pour 100 d'alcool. Ce liquide est blanc et c'est seulement dans les fûts en chêne où on le met qu'il acquiert à la longue la couleur ambrée qu'a ordinairement l'eau-de-vie.

On fait dans le midi de la France des quantités considérables d'eau-de-vie. Beaucoup de propriétaires distillent eux-mêmes : c'est ce qu'on appelle *brûler le vin;* mais la distillation se pratique aussi dans d'importantes usines où l'on emploie des appareils perfectionnés.

Voici le principe sur lequel repose le fonctionnement de ces appareils. Nous avons dit que lorsqu'on chauffe un mélange d'eau et d'alcool, c'est l'alcool qui se vaporise le premier, puisqu'il bout à 78 degrés, et que l'eau ne bout qu'à 100 degrés. Mais il entraîne avec lui en se vaporisant une certaine quantité de vapeur d'eau, quantité qui est d'autant plus considérable que le liquide distillé contient plus d'eau. Ces vapeurs dirigées dans un tube refroidi se condensent et fournissent un produit plus riche en alcool que le premier, car la distillation n'a entraîné qu'une partie de l'eau contenue dans le liquide primitif. On comprend qu'en distillant de nouveau le produit de la première distillation, on obtiendrait encore un liquide plus alcoolique, et l'on pourrait, en répétant ces distillations, séparer l'eau mélangée à l'alcool. Pour éviter ces distillations répétées, on fait passer le mélange de vapeurs d'eau et d'alcool, avant qu'il arrive dans le réfrigérant où il se condensera complétement, dans des tubes ou enceintes où on le refroidit assez pour condenser la plus grande partie de la vapeur d'eau, mais pas assez pour condenser l'alcool, si bien que celui-ci continue sa marche vers le réfrigérant en s'appauvrissant de plus en plus, au point de vue de la quantité d'eau qu'il renferme. Pour économiser le combustible, Édouard Adam a eu l'heureuse idée de faire circuler autour des réfrigérants, où se condense la vapeur, le liquide alcoolique lui-même qui doit être distillé. Celui-ci reçoit alors la chaleur qu'abandonnent les vapeurs en se condensant et il arrive déjà chaud dans la chaudière; de telle sorte qu'une partie de la chaleur qui a été appliquée à la chaudière de distillation lui est rendue par le liquide chaud qui y est amené.

Nous ne décrirons pas tous les appareils de distillation employés dans l'industrie; nous ne nous occuperons que de celui de Laugier et de celui de Champonnois.

L'*appareil Laugier* se compose de deux chaudières superposées, qu'on voit sur la droite de la figure 230 et qui communiquent entre elles par des tubes. La plus élevée communique elle-même avec un appareil appelé *déphlegmateur* ou *analyseur*. C'est un récipient dans lequel se trouvent sept tronçons d'hélice correspondant avec un tube commun qui se rend dans la chaudière supérieure; tous ces tronçons communiquent entre eux et avec un serpentin situé à côté du déphlegmateur et nommé *serpentin condenseur*. Voici maintenant la manière dont fonctionne l'appareil. Au début, la première chaudière est chargée de liquide froid; sous l'influence de la chaleur du foyer, la vapeur se forme, s'élève par le tube supérieur, et vient barboter dans le vin de la seconde chaudière qu'elle échauffe ; ce vin échauffé donne lui-même des vapeurs d'eau et d'alcool qui passent dans le déphlegmateur ; la vapeur d'eau se condense en partie et l'eau résultant de cette condensation retourne dans la chaudière supérieure, tandis que la vapeur plus

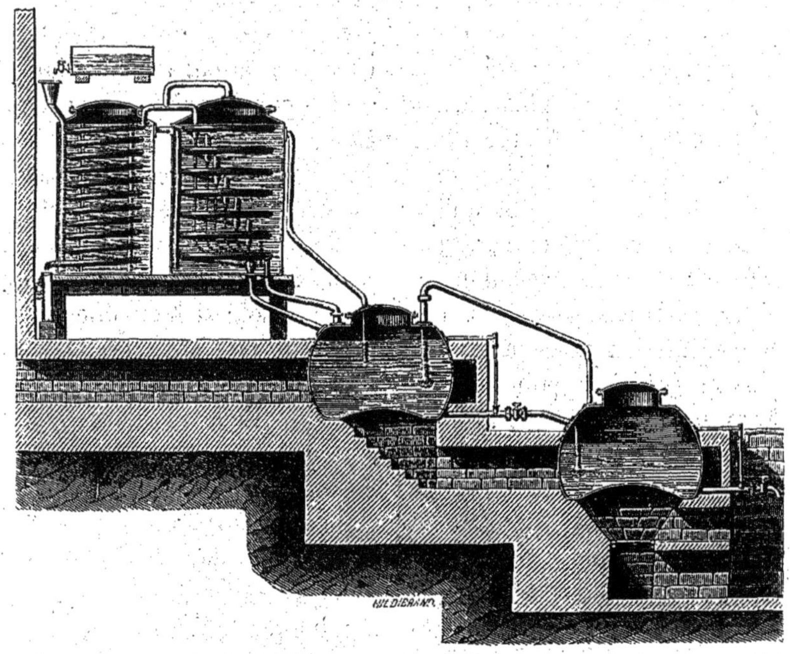

Fig. 230. — Appareil Laugier.

riche en alcool se rend dans le serpentin condensateur, où elle se condense. Quant aux tronçons en hélice du déphlegmateur et au serpentin, ils sont entourés de vin froid ; ce vin, qui vient d'un réservoir supérieur, arrive par un tube vertical au fond du réfrigérant, s'y échauffe, s'y élève et s'écoule par un trop-plein dans le déphlegmateur, où il s'échauffe plus encore avant de se rendre dans la chaudière supérieure. Celle-ci communique d'ailleurs par un tube situé près de sa base avec la chaudière inférieure ; ce tube est muni d'un robinet qui servira à faire passer le liquide chaud d'une chaudière dans l'autre.

On voit que dans cet appareil le vin et la vapeur suivent une marche inverse ; la vapeur progresse de bas en haut, s'appauvrit en eau à mesure qu'elle avance, tandis que le vin va de haut en bas en s'échauffant à mesure qu'il approche des chaudières.

L'appareil Laugier est surtout employé dans la fabrication des

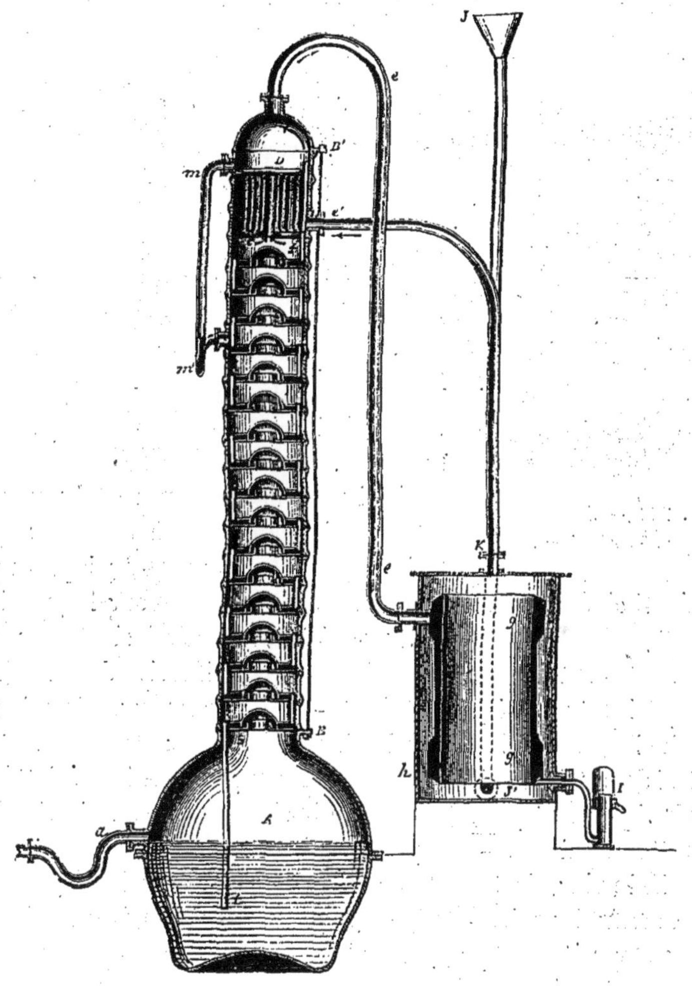

Fig. 231. — Appareil Champonnois.

alcools de vin ; l'appareil Champonnois que nous allons décrire est plutôt en usage dans les distilleries d'alcools de diverses provenances, dont nous parlons ci-après.

L'*appareil Champonnois* se compose d'une chaudière A (fig. 231) où se trouve le liquide à distiller; au-dessus d'elle est placée une colonne rectificatrice composée de dix-sept tronçons cylindriques, emboîtés les uns dans les autres. Ils portent chacun une cloison horizontale percée à son centre d'un trou à rebords saillants et recouvert d'une calotte hémisphérique dentelée sur sa circonférence de base; les dix-sept étages de la colonne communiquent l'un avec l'autre par des tubes verticaux, que l'on voit sur la figure, alternant de droite à gauche. En haut de la colonne est un appareil appelé *analyseur*, formé d'une lame métallique (voyez les détails sur la figure 232) tournée en spirale, et qui communique par un tube *e e* avec le réfrigérant *g g*; ce réfrigérant plonge dans un récipient *h* rempli de liquide froid amené par un entonnoir J.

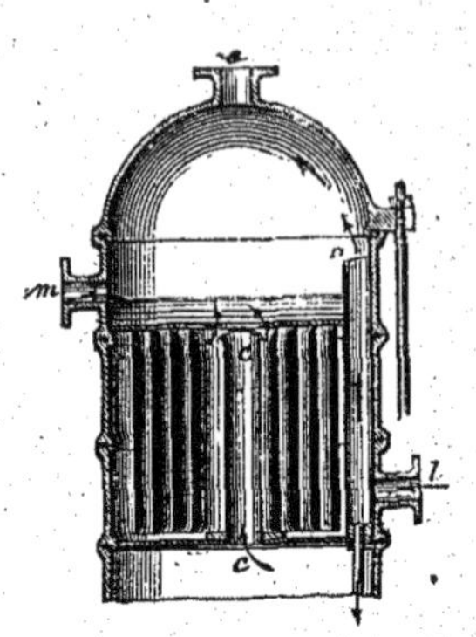

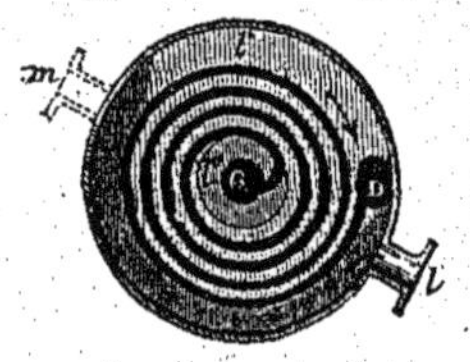

Fig. 232. — Analyseur Champonnois.

Voici maintenant comment fonctionne cet appareil : Le liquide à distiller arrive froid dans le fond du vase *h*; il passe par le tube K *e′* dans la colonne rectificatrice, tombe sur la première tablette et de là s'écoule par le premier tube vertical, situé à gauche, sur la seconde tablette ; de proche en proche il arrive dans la chaudière où il est amené par le tube *t*. Quant à la vapeur, elle suit une marche inverse : s'élevant de la chaudière, elle passe dans le trou central de la tablette inférieure, de là dans la première calotte hémisphérique dont elle s'échappe en barbotant à travers le vin situé sur cette première tablette ; elle y laisse un peu de vapeur d'eau et échauffe le vin ; de tablette en tablette elle gagne l'analyseur D, circule entre les spires de la lame qui le forme, y laisse condenser de la vapeur d'eau et passe dans le réfrigérant *g g* où a lieu la condensation définitive.

On voit qu'avec des dispositions différentes on a appliqué ici le même principe que dans l'appareil Laugier. Le vin arrive chaud dans la chaudière, et la vapeur d'alcool perd l'eau qu'elle contient à mesure qu'elle progresse dans le rectificateur.

L'eau-de-vie de vin, qui est la meilleure et la plus estimée, n'est pas la seule qui entre dans la consommation. On fabrique maintenant des quantités considérables d'eau-de-vie de qualité inférieure en mélangeant à l'eau des alcools de provenances diverses.

L'*alcool de betteraves* provient de la distillation d'un liquide alcoolique que l'on obtient en faisant macérer dans l'eau les betteraves râpées ; l'eau dissout le sucre et le produit de cette macération est mis à fermenter; le liquide alcoolique résultant de cette fermentation est distillé.

Les mélasses des sucreries servent aussi, après fermentation, à la fabrication de l'alcool par distillation.

Les *alcools de grain* sont produits par la distillation de liqueurs alcooliques provenant de la fermentation des liquides sucrés que l'on obtient en faisant fermenter des grains ou en faisant agir sur eux des acides comme l'acide sulfurique.

L'*alcool de pommes de terre* a une origine toute semblable. La fécule que renferme la pomme de terre est transformée en sucre par l'action des acides ; le liquide sucré est mis en fermentation, puis distillé.

Les alcools et eaux-de-vie dont nous venons de parler en dernier lieu, contiennent toujours des principes étrangers qui en font des alcools dits de *mauvais goût*. On les purifie ou par des distillations répétées et bien dirigées, ou par l'emploi de désinfectants, comme le charbon de bois granulé, les alcalis, le chlorure de chaux, etc. Il convient toutefois d'ajouter que le moyen le plus efficace est la distillation.

VINAIGRE.

Le vinaigre est un liquide acide qui sert à l'assaisonnement de nos aliments et provient de l'altération d'un liquide alcoolique, comme le vin, la bière, le cidre, etc. Cette altération se produit par l'action de l'oxygène de l'air sur l'alcool qui, en s'emparant de cet oxygène, se transforme en acide acétique. Le vinaigre peut être considéré comme un mélange d'eau et d'acide acétique. On a reconnu que la présence d'un ferment appelé *mère du vinaigre* accélère l'acétification ; ce ferment est le plus souvent fourni par des copeaux de hêtre mis en contact avec l'eau, qui se charge des principes solubles de ce bois. Orléans a été longtemps renommé pour la fabrication du vinaigre ; voici comment on y opère :

Dans des ateliers chauffés à la température de 35 degrés on place de vieux tonneaux à demi remplis de vinaigre. Tous les huit jours on verse dans chacun d'eux 10 litres de vin que l'on fait couler préalablement sur des copeaux de hêtre; en même temps on retire du tonneau par un robinet inférieur 8 ou 10 litres de vinaigre, c'est-à-dire un volume égal à celui du vin qui a été ajouté. Ce procédé est lent et ne donne, une fois mis en train, que 10 litres de vinaigre tous les huit jours. M. Pasteur a étudié, il y a quelques années, les conditions dans lesquelles se fait l'acétification du vin et a proposé d'heureuses modifications.

Il a découvert qu'à la surface du vinaigre se développe une plante qu'il appelle *Mycoderma aceti*, que le développement de cette plante est nécessaire à l'acétification, et que si l'on vient à la submerger dans le liquide, de manière à la soustraire au contact de l'air, l'oxydation de l'alcool s'arrête. Il a remarqué d'ailleurs que les animalcules, dits *anguillules du vinaigre*, qui se développent dans ce liquide, se trouvant privés de l'oxygène de l'air nécessaire à leur respiration par la présence du *Mycoderma* qui s'étale comme un voile à la surface du vinaigre, réunissent leurs efforts pour le submerger, l'entraîner au fond et lui faire perdre ainsi la propriété qu'il a d'opérer l'acétification de l'alcool. De là résulte la lenteur avec laquelle se fabrique le vinaigre, puisque, pendant l'opération, le *Mycoderma*, agent nécessaire de l'acétification, se trouve souvent submergé, et qu'il faut qu'il s'en développe une nouvelle quantité à la surface du liquide pour que la transformation recommence.

Pour éviter ces inconvénients, M. Pasteur sème le *Mycoderma aceti* à la surface d'une eau contenant 20 pour 100 de son volume d'alcool et un dixième d'acide acétique; il active son développement en ajoutant à la liqueur des phosphates qui sont la nourriture minérale de la plante. De cette manière, le mycoderme se développe avec rapidité; les anguillules n'ont pas le temps d'apparaître et 'exercer leur action nuisible. A mesure que l'acétification s'opère, on ajoute de nouvelles quantités de vin.

Par ce procédé, une cuve de 1 mètre carré de surface contenant 50 à 100 litres fournit par jour 5 à 6 litres de vinaigre; M. Pasteur opère à une basse température, ce qui permet la conservation des principes qui donnent du montant au vinaigre.

Dans le Midi on fabrique d'excellent vinaigre en soumettant à l'action du pressoir le marc fermenté du raisin.

LIVRE QUATRIÈME

INDUSTRIES DU VÊTEMENT ET DE LA TOILETTE

L'homme se sert pour la confection de ses vêtements d'étoffes diverses constituées par l'enchevêtrement de fils, qui sont ou d'origine animale comme ceux de soie ou de laine, ou d'origine végétale comme ceux de lin, de chanvre et de coton. La matière première de ces fils nous étant livrée par la nature dans un état plus ou moins éloigné de celui qu'exige la confection des tissus, l'homme lui fait subir des modifications plus ou moins complètes qui constituent l'objet de l'industrie de la filature. La soie est la matière textile que la nature nous offre à l'état le plus parfait, celle par conséquent dont les transformations sont le moins compliquées; c'est par elle que nous commencerons l'étude de la filature. Après avoir décrit la fabrication des tissus, nous étudierons un certain nombre d'articles concourant à la toilette : les gants, les chapeaux, les boutons, les épingles, les aiguilles, les brosses, etc.

CHAPITRE PREMIER

FILATURE DE LA SOIE

La soie nous est fournie par le bombyx du mûrier, que l'on désigne ordinairement sous le nom de *ver à soie*. Cet animal, dont on élève des quantités considérables dans les départements du Midi, et particulièrement dans les Cévennes, est nourri avec des feuilles de mûrier dans des établissements agricoles appelés *magnaneries*.

C'est encore à Olivier de Serres, dont nous avons déjà parlé à propos du sucre de betteraves, que la France doit son industrie séricicole ; ce fut, en effet, ce grand agriculteur qui engagea les Ardéchois à cultiver le mûrier, dont les feuilles devaient servir à la nourriture des vers à soie. Il publia en 1599 un ouvrage intitulé : *De la cueillette de la soye par la nourriture des vers qui la forment.* « Son but était, disait-il, d'initier les peuples à tirer des entrailles de la terre le trésor de soye qui y est caché et, par ce moyen, mettre en évidence des millions d'or y croupissant. » Cet ouvrage fit une profonde impression sur le roi Henri IV, qui, malgré la résistance de Sully, fit faire par Olivier, dans le jardin des Tuileries, des essais dont le succès fut complet. Ils ne triomphèrent pas cependant des préjugés de Sully, car M. Wolowski raconte que le roi fort mécontent vint un jour voir son ministre, et lui dit : « Je ne sais pas quelle fantaisie vous a prise de vouloir vous opposer à ce que je veux establir pour mon contentement particulier et enrichissement de mon royaume et pour oster l'oisiveté parmi nos peuples. » Sully répliqua : « S'il plaisait à Vostre Majesté d'escouter en patience mes raisons, je m'asseure qu'elle serait de mon opinion. — Oui-dà, répondit le roi, mais aussi je veux que vous entendiez après les miennes, car je m'asseure qu'elles vaudront mieux que les vostres. » Sully, après avoir exposé les motifs qui le portaient à considérer comme nuisible aux intérêts de la France l'importation de l'industrie séricicole et après avoir écouté la réplique du roi, se soumit en disant : « Puisque telle est votre volonté absolue, je n'en parle plus ; le temps et la pratique vous apprendront que la France n'est nullement propre à de telles babioles. »

Ces babioles devaient être pour la France une source féconde de richesses et lui produire annuellement un revenu de plus de 300 000 000 de francs ! En 1820, on comptait déjà dans le département de l'Ardèche 1 600 000 mûriers ; en 1834, 2 000 000, et, sans la maladie qui décime les vers à soie depuis vingt ans, on en compterait aujourd'hui plus de 3 000 000.

C'est à la Voulte, près des rives du Rhône, qu'on commence, dans le bas Vivarais, à voir se développer la culture du mûrier ; c'est dans la plaine du Pousin (Ardèche) qu'on admire les plus beaux types de cet arbre qui, comme on l'a dit souvent, est l'arbre d'or des Cévennes et du bas Dauphiné.

Le mûrier commence à végéter vers les premiers jours d'avril ; les vers à soie éclosent dans le courant de mai. A cette époque les filatures du Vivarais et de la haute Provence suspendent leurs travaux pour permettre aux ouvrières d'aller cueillir la *feuillée* ou de travailler comme *magnanières* dans les *chambrées*. Elles partent à la pointe du jour pour la *mûrieraie*, détachent les feuilles des pousses et les déposent dans de grands sacs de toile blanche maintenus ouverts à l'aide d'un cerceau. Quand la feuillée arrive dans les magnaneries, on la met sous des hangars pour la soustraire à l'action de la pluie et aux ardeurs du soleil.

Les *magnaneries* ou *chambrées* sont des chambres dans lesquelles on a installé, par étages superposés, des claies (*levadous*, *canis*) formées de roseaux réunis par des écorces de châtaigniers (fig. 233) ; ces chambres doivent être disposées de manière à pouvoir être chauffées et ventilées.

Quand le cultivateur juge, d'après l'état de végétation des mûriers, qu'il est temps de faire éclore les œufs pondus l'année précédente, il met ceux qu'il croit bons dans des boîtes qu'il porte dans une petite chambre ou *étuve*, dont la température devra, d'après Dandolo, être, le premier jour, de 14 degrés environ, puis portée successivement à 22 degrés, pendant les douze jours que durera cette incubation artificielle. Lorsque les œufs prennent une couleur blanche, ce qui indique une éclosion prochaine, on les recouvre avec des feuilles de papier percées de trous; les vers, à

FIG. 233. — Magnanerie.

mesure qu'ils naissent, traversent ces trous et on les recueille en leur présentant de jeunes rameaux de mûrier sur lesquels ils montent. On les porte alors à la chambrée, on les met sur du papier, et on leur donne un peu de feuille tendre coupée très-menu.

C'est là que va s'accomplir la vie du ver à soie, qui sera partagée en cinq âges: le premier âge dure environ cinq jours, au bout desquels le ver cesse de manger, s'endort et change de peau, c'est la *mue ;* le second âge est de quatre jours : la couleur des vers, qui était noire à la fin du premier âge, est devenue d'un gris clair ; sur leur dos ont paru deux lignes courbes, sembla-

Fig. 234. — Ver à soie, chrysalide, papillon, cocon.

bles à des parenthèses et placées en face l'une de l'autre. Durant les deux premiers âges la température de la chambrée a dû être de 18 à 19 degrés. Un nouveau sommeil et une nouvelle mue séparent cet âge du troisième, pendant lequel la température sera maintenue de 17 à 18 degrés : les vers ont grandi beaucoup, leur corps est plus ridé, particulièrement la tête; leur couleur est d'un blanc jaunâtre; ils paraissent n'avoir plus de poils. Le quatrième âge, précédé aussi d'une mue, dure sept jours. Jusqu'ici les magnanières ont distribué plusieurs fois par jour de la feuille coupée plus ou moins menu; à partir du milieu du quatrième âge, on peut se dispenser de hâcher les feuilles. Après le réveil qui suit chaque mue, les ouvrières *lèvent* les vers en leur présentant des rameaux de mûriers et les répartissent dans des espaces de plus en plus grands à mesure que leur âge avance; il est évident que sur une surface déterminée peut vivre, au premier âge, un nombre de vers à soie plus grand qu'au quatrième. Enfin, après une quatrième mue arrive le cinquième âge, qui est le plus

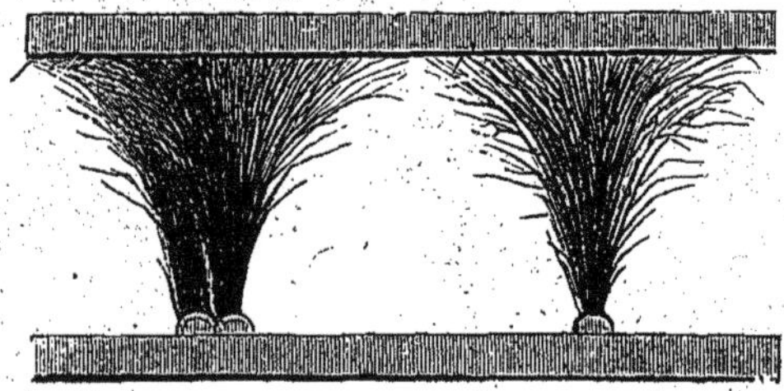

Fig. 235. — Claies des tiges de bruyère.

long et le plus décisif : il dure dix jours, et pendant ce temps les magnanières doivent redoubler d'activité pour surveiller les vers, les nourrir et maintenir les chambrées dans un état hygiénique parfait; la température ne doit plus être que de 16 degrés. Jusqu'au sixième jour, qui est le vingt-huitième de la vie du ver, son appétit va croissant, puis il décroît et l'on diminue chaque jour la quantité de feuilles. Au dixième jour apparaissent des caractères qui indiquent que la *montée* est proche, que les vers à soie vont filer : lorsqu'on met les feuilles sur les claies, ils montent dessus sans en manger, ils lèvent le cou (fig. 234) ayant l'air de chercher quelque autre chose, la transparence de leur corps augmente, la peau du cou est très-ridée, etc.; enfin, ils paraissent avoir pris leur volume maximum. Dandolo a remarqué qu'au bout du trentième jour ils pèsent neuf mille fois plus qu'au moment de leur naissance et qu'ils sont devenus quarante fois plus grands.

Les magnanières disposent alors entre les claies des tiges de bruyère ou de genêt (fig. 235); le ver monte sur ces branches et fabrique son cocon. Pour cela, deux glandes placées sur les flancs de l'animal et aboutissant près de la bouche laissent suinter un liquide visqueux qui sort par deux trous très-rapprochés appelés *filières* et situés près de la lèvre inférieure (fig. 236).

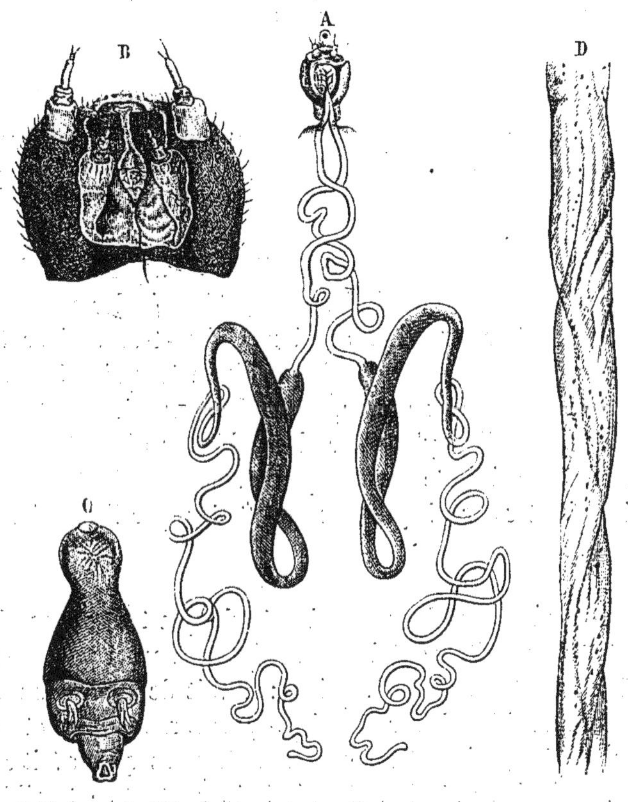

Fig. 236. — Appareil sécréteur de la soie.

A. Appareil de la soie vue dans ses différentes parties, isolé du reste du corps. On y distingue la filière en communication avec le tube sécréteur, qui se divise presque immédiatement en deux branches fort longues, en partie contournées et renflées l'une et l'autre en réservoir sur leur partie moyenne.
B. Tête du ver à soie, vue en dessous, pour montrer la filière et le fil de soie qui en sort.
C. La filière vue séparément. Son orifice est placé en bas.
D. Soie décreusée vue au microscope.

Ce liquide a la propriété de se solidifier au contact de l'air. Si le ver appuie en un point fixe la goutte qui sort de ces deux trous, elle s'y attache et, si alors il éloigne la tête, le liquide sort des filières sous forme de deux fils qui se soudent en se solidifiant. C'est par un mouvement continuel de la tête que le ver à soie, après avoir fixé le bout du fil aux branches de bruyère, fabrique un réseau dont il s'enveloppe et qui se compose de couches superposées et agglutinées ; ce réseau, appelé *cocon*, constitue une prison dans laquelle l'animal s'est enfermé lui-même. Quand le cocon est achevé, ce qui a lieu au bout de quatre jours environ, le ver à soie se transforme en un être nouveau de forme ovoïde et nommé *chrysalide*. Celle-ci, après quinze à vingt jours, se transforme elle-même en un papillon qui, pour sortir de sa prison, est obligé de percer les parois du cocon en frappant de la tête contre une portion qu'il a mouillée. A leur sortie les papillons pondent les œufs qui doivent servir à la propagation de l'espèce.

Mais on comprend que la sortie de l'animal a pour effet de briser les fils qui forment les parois du cocon, et la soie des cocons percés ne peut plus être utilisée ; aussi ne laisse-t-on arriver à l'état de papillon que le nombre de chrysalides nécessaire à l'entretien de l'espèce. Quant aux autres, on les fait mourir dans les cocons eux-mêmes, que l'on place sur des tablettes disposées dans une armoire où l'on injecte de la vapeur d'eau bouillante ; en moins de trois minutes les chrysalides sont tuées par l'élévation de la température.

Nous avons supposé dans ce qui précède que tout se passait sans accident et marchait au gré des désirs du magnanier ; malheureusement il n'en est pas toujours ainsi : il voit de terribles maladies se déclarer au milieu de ses chambrées, les vers meurent et en quelques jours s'évanouissent toutes les espérances qu'il avait conçues sur le produit de sa récolte. Depuis 1849 surtout ce terrible fléau a fait de bien tristes progrès et a porté la ruine au milieu de contrées jadis si florissantes. M. Jeanjean, habile et savant éducateur, faisait le tableau suivant de cette situation, dans un travail couronné par l'Académie du Gard en 1862 : « Le voyageur qui aurait parcouru, il y a une quinzaine d'années, les montagnes des Cévennes et qui reviendrait actuellement sur ses pas, serait étonné et vivement affecté des changements de toute nature qui se sont opérés en si peu de temps dans ces contrées. Jadis il voyait, sur le penchant des collines, des hommes agiles et robustes briser le roc, établir avec ses débris des murs solidement construits, destinés à supporter une terre fertile mais péniblement préparée, et élever ainsi jusqu'au sommet des monts des gradins échelonnés plantés en mûrier. Ces hommes, malgré les fatigues d'un rude travail, étaient alors contents et heureux, parce que l'aisance régnait à leur foyer domestique. Aujourd'hui les plantations de mûriers sont entièrement délaissées ; l'*arbre d'or* n'enrichit plus le pays, et ces visages, autrefois radieux, sont maintenant mornes et tristes ; là où régnait l'abondance ont succédé la gêne et le malaise. » Ce tableau n'a rien d'exagéré, dit M. Pasteur, et la misère est la même dans tous nos départements séricicoles.

Cette situation ne pouvait manquer d'attirer l'attention du gouvernement et des savants. En 1865, le Sénat fut appelé à délibérer sur une pétition de trois mille cinq cent soixante-quatorze propriétaires de nos départements séricicoles, réclamant que le gouvernement vînt en aide à leurs malheureuses populations par des dégrèvements d'impôts et par la mise à l'étude de toutes les questions qui se rattacheraient au triste fléau. M. Dumas, que sa grande autorité dans la science et sa connaissance de l'industrie de la soie désignaient au choix de ses collègues du Sénat, fut chargé du rapport provoqué par cette pétition. A la suite de ce rapport, M. Pasteur, qui avait déjà acquis une légitime célébrité par ses beaux travaux sur la fermentation, fut prié par le Ministre de l'agriculture d'aller étudier sur place les conditions, les causes du fléau dévastateur et de chercher le remède si désiré. Le savant directeur des études scientifiques à l'École normale partit au mois de juin 1865 pour Alais, dans le département du Gard, le plus important de tous nos départements pour la culture du mûrier et celui où la maladie sévissait avec le plus d'intensité. De 1865 à 1869, il poursuivit sans relâche ses études, et, en 1870, il en publiait les résultats dans un ouvrage intitulé : *Études sur la maladie des vers à soie. Moyen pratique assuré de la combattre et d'en prévenir le retour.*

Nous ne pouvons ici reproduire les détails des travaux de M. Pasteur, nous nous contenterons d'en exposer les principaux traits.

Avant lui, la question avait déjà été étudiée par plusieurs savants français et étrangers, parmi lesquels nous citerons M. de Quatrefages. Mais aucun d'eux, il faut le reconnaître, n'était arrivé à la connaissance exacte du mal et surtout à celle du remède qu'il convenait d'y apporter. M. Pasteur, au contraire, en s'appuyant sur les travaux de ses devanciers, en discutant expérimentalement leurs conséquences, arriva à définir le fléau et à le ramener à deux causes principales. Le microscope, qui, dans ses études sur la fermentation, lui avait déjà fourni de si fécondes méthodes d'investigation, devait encore être le principal instrument de ses recherches.

M. Pasteur affirme que toutes les misères de l'industrie séricicole doivent être attribuées à deux maladies distinctes, tantôt associées, tantôt isolées : la *pébrine* et la *flacherie.*

La pébrine, qui doit son nom à M. de Quatrefages, consistait surtout, suivant ce naturaliste, en une espèce de gangrène intérieure qui se révélait par l'apparition de taches à la surface de la peau. M. Pasteur a prouvé que l'existence de ces taches n'était qu'un des côtés accessoires de la maladie, qu'un ver malade était toujours taché, mais que les taches pouvaient exister sans qu'il y eût maladie. Le signe caractéristique de la pébrine est, d'après M. Pasteur, l'existence dans le corps de l'animal de corpuscules qu'on avait trouvés avant lui, mais dont il a défini la nature et le rôle.

La pébrine est excessivement contagieuse ; elle se propage d'un ver à l'autre, soit par les feuilles, soit par les piqûres que se font les vers en montant les uns sur les autres, soit par les poussières fraîches des magnaneries. M. Pasteur a fait à ce sujet les expériences les plus concluantes. Beaucoup de personnes avaient craint que cette contagion ne fût un obstacle insurmontable à la guérison du mal, puisque, selon elles, des vers provenant d'œufs parfaitement sains pourraient être atteints par la maladie et mourir avant d'avoir pu faire leur cocon. C'est là qu'est peut-être le plus important résultat des travaux de M. Pasteur : il a démontré d'une manière péremptoire qu'un œuf sain et exempt de corpuscules donnerait toujours un ver capable de filer son cocon ; ce ver pourrait, dans le cours de son existence, être atteint par la pébrine, mais cette maladie ne ferait pas chez lui de progrès suffisants pour l'empêcher de filer sa soie. Tout revient donc à employer une *graine* saine, des œufs dépourvus de corpuscules. Cette induction à laquelle il avait été conduit dès le début de ses travaux fut vérifiée par les expériences les plus formelles. Il préleva, en 1866, quatorze échantillons de graines de diverses races faits à Saint-Hippolyte (Gard), et, après les avoir étudiés, il envoyait, en février 1867, à M. Jeanjean, maire de cette ville, un pli cacheté renfermant ses pronostics sur les résultats que l'on devrait obtenir avec ces quatorze graines. Ce pli ne fut ouvert qu'après l'éducation de 1867, et les prévisions de l'illustre chimiste se réalisèrent dans 12 cas sur 14; encore avait-il fait quelques réserves au sujet de ces deux cas exceptionnels.

Voici la méthode proposée par M. Pasteur pour l'étude des graines que l'on peut employer à la reproduction des vers à soie :

Quand on a une chambrée qui n'a pas été atteinte par la pébrine et qu'on juge que les cocons sont bien formés, ce qui a lieu environ six jours après le commencement de la *montée*, on prélève sans choix sur les tables un demi à un kilogramme de cocons que l'on place dans une chambre chauffée, nuit et jour, à 25 ou 30 degrés Réaumur et entretenue à un certain degré d'humidité par un large vase plein d'eau placé sur le poêle; on hâte ainsi le développement des papillons. Dès qu'ils commencent à sortir, on les broie, un à un, dans un mortier avec quelques gouttes d'eau; on examine au microscope une goutte de la bouillie, et l'on note l'absence ou la présence des corpuscules, en indiquant, dans ce dernier cas, le nombre approximatif des corpuscules aperçus dans le champ de l'instrument. Si la proportion des papillons corpusculeux ne dépasse pas 10 pour 100 dans les races indigènes, on peut livrer au grainage toute la chambrée d'où proviennent les papillons.

M. Pasteur préfère l'examen des papillons à celui des œufs, il le trouve plus sûr et plus facile pour l'expérimentateur.

Tels sont les principaux points de cette méthode d'investigation; nous avons voulu seulement en exposer le principe, en montrer l'utilité et donner à ceux que cette question intéresse l'idée de lire et d'étudier attentivement le remarquable ouvrage de M. Pasteur.

Ajoutons cependant que le savant chimiste, frappé de ce fait que les ravages de la pébrine étaient bien moins terribles dans les départements de petite culture que dans ceux où l'éducation se faisait dans de plus grandes proportions, a pu attribuer le développement de la maladie à l'agglomération des vers à soie. Il conseille aux départements du Lot, de la Corrèze, du Tarn-et-Garonne, de l'Aude, des Pyrénées-Orientales, des Hautes et Basses-Alpes, de se livrer au grainage en opérant sur des œufs primitivement sains. Il pense que ces départements pourraient suffire à approvisionner toute la France. Il indique, du reste, dans son ouvrage une méthode d'éducation cellulaire qui consisterait, pour les départements de grande culture, à élever dans des compartiments séparés les vers destinés à l'entretien de l'espèce.

Quant à la flacherie, ou maladie des *morts-flats*, M. Pasteur la considère comme tout à fait distincte de la pébrine; lorsque les vers en sont atteints, ils ne mangent plus ou très-peu, restent étendus sur le bord des claies et meurent bientôt. Leur corps noircit, se pourrit bien vite, exhale une odeur fétide et a l'aspect d'un boyau vide et plissé.

La flacherie est une maladie des organes digestifs provoquée par le développement de productions organisées, de vibrions, de ferments, qui y déterminent une véritable fermentation. Elle peut être accidentelle et provenir, ou bien d'une trop grande accumulation des vers aux divers âges de l'insecte, ou d'une trop grande élévation de température au moment des mues; elle peut être héréditaire et avoir pour cause un affaiblissement général de l'espèce produit par la pébrine. L'examen de la poche stomacale des chrysalides permettra de reconnaître, par la présence des vibrions, celles dont les papillons donneront des œufs qui produiront plus tard des vers susceptibles d'être atteints de flacherie. M. Pasteur ajoute d'ailleurs que l'examen des vers au moment de la montée, leur agilité, leur état général, fourniront des données suffisamment sûres au point de vue de la flacherie et indiqueront si l'on doit ou non les employer au grainage. Il affirme qu'il est toujours possible de combattre la prédisposition d'une race à la maladie par des précautions hygiéniques bien comprises, et qu'enfin, par l'éducation cellulaire, on pourra régénérer facilement une race quelconque, à l'aide de la plus mauvaise graine, que celle-ci soit atteinte de flacherie ou de pébrine.

Les idées de M. Pasteur, quoique appuyées sur les expériences les plus frappantes, ont rencontré à leur apparition une assez grande résistance : il a eu à soutenir plus d'une polémique. Faut-il le regretter? Non, puisque cette résistance l'a peut-être poussé à des investigations plus minutieuses et destinées à lui permettre d'établir sa théorie sur des bases inébranlables. Q'on me permette de citer ici un fait qui m'est personnel et qui montre à la fois l'opposition que M. Pasteur a rencontrée et le retour de ses contradicteurs à des idées plus justes.

Lorsque en octobre 1869 je suis allé dans le Midi étudier la filature de la soie, j'avais déjà suivi avec le plus vif intérêt les travaux de M. Pasteur, dans les *Comptes rendus de l'Académie des sciences;* je questionnai à ce sujet un honorable industriel dont je visitais l'établissement et lui demandai son opinion sur l'utilité de ces travaux, que je m'étais contenté jusque-là d'admirer. Je le trouvai fort sceptique et il me parut résumer en lui l'opinion de beaucoup de ses confrères. Je me permis de n'être pas de son avis et de lui dire combien l'emploi du microscope me paraissait devoir être fécond dans l'étude de cette maladie mystérieuse qui jetait la désolation dans la contrée qu'il habitait. Au mois de février 1872, j'eus occasion de lui écrire pour lui demander de vouloir bien compléter les renseignements techniques qu'il m'avait fournis avec tant d'obligeance sur la filature de la soie ; je lui demandai aussi s'il avait conservé la même opinion sur les travaux de M. Pasteur.

Voici ce qu'il me répondit : « Quant au système Pasteur, vous vous rappelez que je lui ai été d'abord peu favorable, mais la réalité et l'évidence des résultats obtenus m'ont rendu un de ses partisans. Je serais très-désireux de voir vulgariser sa méthode, dont on n'a pas tiré tout le parti qu'on peut en tirer, parce qu'elle est souvent mal appliquée. De là déceptions probables pour les éducateurs qui s'en prendront au microscope, lequel n'aura guère été consulté. »

Les cocons dans lesquels on a tué les chrysalides sont ensuite portés à la *coconnière*, qui est un appartement très-haut, où se trouvent des étagères formées par des claies en jonc appelées *canissars*. Ils sont disposés sur ces claies par couches de 15 centimètres d'épaisseur environ. On les y laisse pendant trois mois, en ayant soin de les retourner tous les deux jours avec de grandes précautions, pour éviter l'humidité qui est très-nuisible à la qualité de la soie, pour faciliter la dessiccation et chasser les mites. Au bout de ce temps les cocons sont secs et sont donnés à des femmes chargées d'en faire le triage et de mettre de côté les *doubles*, c'est-à-dire ceux où il y a deux vers qui ont enchevêtré leurs fils ; la présence d'un seul double peut perdre tout un lot de soie au dévidage ; une bonne ouvrière arrive à faire jusqu'à dix-neuf catégories. Lorsque les cocons ont été bien desséchés, ils peuvent être conservés indéfiniment pour alimenter les filatures.

Le travail exercé dans ces établissements se divise en deux parties principales : le *tirage* de la soie et le *moulinage*.

Le tirage consiste à dévider les cocons en réunissant plusieurs fils ensemble.

Les appareils employés pour cette opération sont excessivement simples ; ils se composent d'une bassine en cuivre C (fig. 237 et 238) placée sur une table devant laquelle l'ouvrière est assise. Cette bassine renferme de l'eau chauffée à 90 degrés environ par un jet de vapeur que l'on peut interrompre à volonté. En face de l'ouvrière et en avant de la bassine est une tige verticale T re-

Fig. 237. — Salle du tirage de la soie.

courbée et bifurquée après la courbure ; chaque branche porte un petit anneau d'agate ou *barbin* (fig. 238, *b*). Derrière l'ouvrière est une espèce de dévidoir D nommé *tour*, qui est mû mécaniquement et sur lequel s'enroulera la soie ; devant lui se déplace un appareil, appelé *trembleur*, RR, qui se compose d'une tige horizontale soutenant des barbins et animée d'un mouvement de va-et-vient parallèle à l'axe de rotation du tour.

Ceci posé, voyons quelles sont les opérations exécutées par la fileuse. Il faut d'abord qu'elle trouve le bout du fil de soie ; or, les couches extérieures du cocon sont irrégulières, de qualité inférieure, et constituent ce qu'on appelle le *frizon;* l'ouvrière doit commencer par s'en débarrasser. A cet effet, elle jette dans sa bassine une certaine quantité de cocons : les couches extérieures, soumises à l'action de l'eau chaude (température de 85 à 90 degrés), se désagrégent : c'est l'*ébouillantage.* Au bout de quelques instants, à l'aide d'un petit balai de bruyère nommé *escoubette*, elle bat les cocons au milieu du liquide : c'est l'opération du *battage.* Les fils de soie s'attachent aux brins du balai et l'ouvrière tient bientôt tous les cocons suspendus à l'extrémité de son *escoubette.* Prenant alors d'une main le faisceau de fils, elle tire de l'autre jusqu'à ce que chaque fil sorte parfaitement net ; à côté d'elle se trouve un vase rempli d'eau froide où elle trempe les doigts de temps en temps pour pouvoir supporter le contact de l'eau chaude dans laquelle plongent les cocons. Le frizon étant un déchet que l'on vend comme soie de qualité inférieure, il importe d'en faire le moins possible ; c'est en cela que consiste le talent de l'ouvrière dans cette dernière opération, que l'on appelle *débavage.* Lorsque le frizon est enlevé et que le fil sort bien net, on procède au *dévidage;* mais comme la soie est trop fine pour servir au tissage, l'ouvrière prend cinq ou six cocons dont elle passe les fils dans un des barbins, celui de droite par exemple ; elle en fait autant pour celui de gauche. Dans le passage à travers le *barbin* les fils se refroidissent et la matière gélatineuse en se solidifiant soude les six brins ensemble.

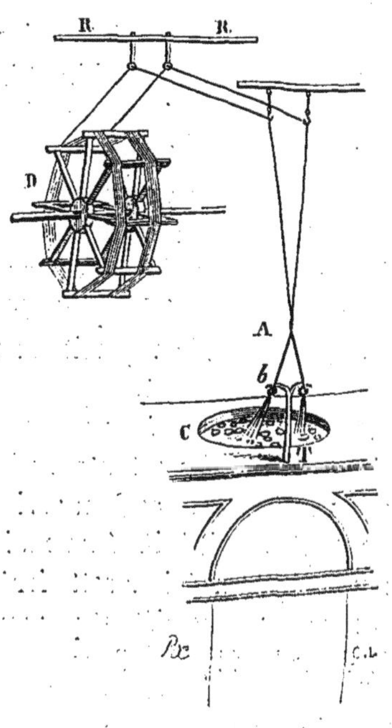

FIG. 238. — Tirage de la soie.

On comprend qu'il suffirait d'attacher chacun des deux fils ainsi formés sur un dévidoir pour que les douze cocons se dévidant ensemble donnassent lieu à deux écheveaux composés chacun d'un fil à six brins. Mais la soie ainsi obtenue ne serait pas régulière ; elle ne serait ni lisse ni arrondie. L'ouvrière obvie à cet inconvénient par une opération appelée *croisure*, qui consiste à prendre les deux faisceaux sortant du barbin et à les tordre sur eux-mêmes avec les doigts. Après la croisure que l'on voit en A (fig. 238) les deux fils sont écartés l'un de l'autre et passés chacun dans un des barbins du trembleur. La croisure a pour effet, par la friction des deux faisceaux l'un sur l'autre, de donner de l'adhérence aux divers brins d'un même faisceau et d'arrondir les deux fils en même temps. Le mouvement du trembleur empêche que le fil ne s'enroule toujours au même endroit du tour et le répartit sur une largeur égale à celle dont il se déplace latéralement.

La soie d'un même cocon n'ayant pas la même grosseur et la même ténuité dans toute sa longueur et devenant moins forte et moins nerveuse quand on arrive à la fin du dévidage, il est évident que le fil serait lui-même moins fort et moins nerveux à certains moments ; pour éviter cette irrégularité, on a soin de ne réunir que les fils de cocons n'étant pas au même degré de dévidage, de manière que les fils plus fins provenant des cocons avancés soient renforcés par les fils des cocons dont le dévidage ne fait que commencer.

La soie obtenue par les opérations que nous venons de décrire est appelée *soie grége ;* elle n'est pas encore propre au tissage ; il faut en régulariser la surface et lui donner de la solidité par la torsion. C'est là le but du *moulinage*, qui comprend plusieurs opérations.

On commence par mettre la soie dans des cuves en marbre où, après l'avoir arrosée avec de l'eau de savon, on l'abandonne pendant vingt-quatre heures. Ce mouillage a pour effet de lui donner une souplesse qui lui est nécessaire pour ne pas casser dans les opérations suivantes. Elle va ensuite au *dévidage*. Pour cela les flottes ou écheveaux sont placés sur un dévidoir très-léger appelé *tavelle*, d'où l'on dévide la soie pour l'enrouler sur une bobine nommée *roquet*. Dans l'intervalle qui sépare le roquet de la tavelle, le fil passe à travers une espèce de pince garnie intérieurement de drap sur lequel sa surface s'égalise et se polit ; cette pince arrête les aspérités, les *bouchons*. Comme l'ouvrière qui a tiré la soie des cocons n'a pas lié ensemble les bouts des fils provenant des différents groupes de cocons, celle qui préside au dévidage est surtout occupée à les réunir par des nœuds qu'elle fait avec une grande dextérité. Du dévidage les roquets vont au *purgeage*, où l'on fait passer le fil dans une série de pinces qui sont garnies de drap et enlèvent toutes les défectuosités. La soie se déroule du roquet pour s'enrouler sur une bobine et, dans l'intervalle qui les sépare, passe à travers les pinces. Ce mouvement, comme tous ceux qui vont suivre, est produit mécaniquement.

On procède ensuite au *doublage*, qui consiste à réunir sur une même bobine deux, trois ou quatre brins (Lyon emploie ordinairement des fils formés de deux brins : c'est ce qu'on appelle les *deux bouts*). Après le doublage vient la *torsion*, qui tord sur eux-mêmes les fils ainsi obtenus pour leur donner de la résistance.

Pour comprendre comment s'exécute cette torsion, il faut se reporter à ce que l'on doit faire pour tordre deux fils ensemble. Il suffit évidemment de les placer à côté l'un de l'autre, de fixer l'une des extrémités du faisceau ainsi formé, de saisir l'autre extrémité dans une pince et de faire tourner celle-ci sur elle-même.

L'appareil sur lequel s'exécute la torsion se compose essentiellement (fig. 239) : 1° d'un cylindre A, appelé *roquelle*, tournant autour de son axe et sur lequel s'enroulera la soie tordue ; 2° de la bobine R venant du doublage ; 3° d'un *fuseau* ou tige métallique pouvant tourner dans une crapaudine ou *carcagnolle* M et passant librement dans le trou que présente la bobine suivant son axe. Quand la bobine est placée, on fixe sur le fuseau un anneau de bois *g* appelé *coronelle*, qui porte des ailettes de fil de fer terminées chacune par un anneau *b* nommé *barbin*. Après avoir cherché le bout du faisceau de fils sur la bobine, l'ouvrier le passe dans les barbins et l'attache à la roquelle. Celle-ci se mettant en mouvement fera tourner la bobine autour du fuseau, dévidera le fil *f* et l'enroulera. Si le fuseau était immobile, le fil s'enroulerait sans être tordu ; mais comme il tourne lui-même, les barbins dans leur mouvement de rotation autour de la bobine feront l'effet de la pince tournante dont nous avons parlé, et le fil se tordra d'une quantité qui dépendra de la vitesse des roquelles et de celle du fuseau. Pour prendre un exemple, supposons que pendant que la roquelle enroule 1 mètre de fil, le fuseau fasse un tour, ce mètre de fil sera tordu une fois sur lui-même ; s'il en fait 80, la torsion sera 80 fois plus grande : on dit alors que l'*apprêt* est 80. Pour donner une idée des dimensions et des vitesses des différentes parties de l'appareil que nous venons de décrire, nous dirons qu'avec des roquelles de 36 centimètres de

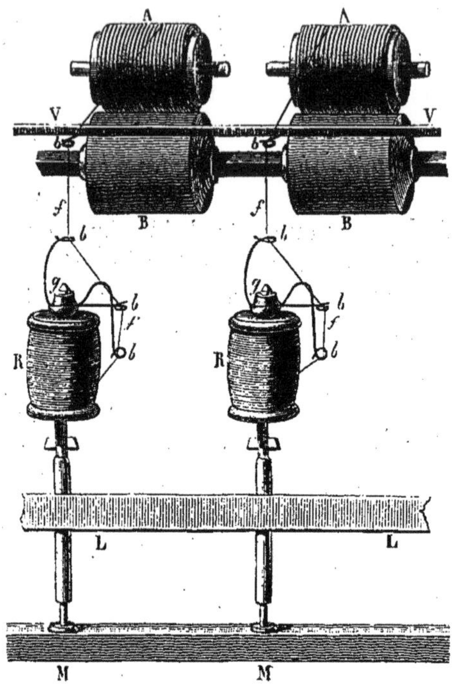

Fig. 239. — Torsion de la soie.

circonférence et faisant 72 tours à la minute, pendant que les fuseaux en font 2073, on donne au fil l'apprêt 80 que nous avons pris pour exemple.

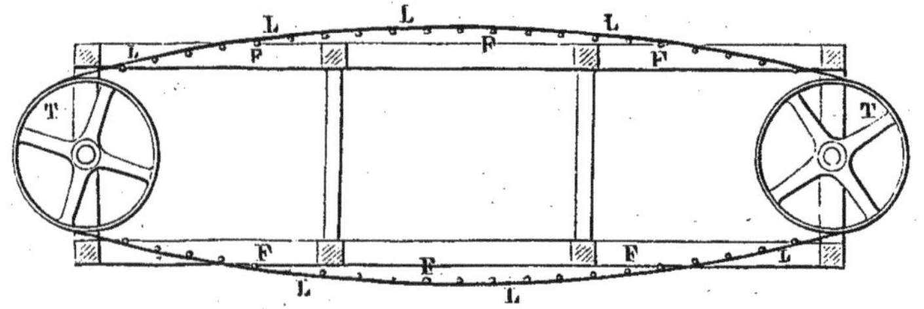

Fig. 240. — Plan du moulin pour la torsion de la soie.

Ajoutons que la torsion donnée à la soie varie suivant les usages auxquels on la destine. La soie qui doit servir à faire la trame des tissus ne subit ordinairement qu'une seule torsion sur plusieurs fils réunis : ordinairement deux fils, mais quelquefois trois ou quatre ; l'apprêt en est faible et varie de 16 à 120 tours. Quant à l'*organsin* qui est destiné à la chaîne, il reçoit deux *apprêts :* le premier, ou *filage*, s'exécute à bout simple, c'est-à-dire sur un seul fil et donne une torsion de 450 à 600 tours faits de droite à gauche ; le second consiste à tordre ensemble deux, trois et même quatre fils déjà tordus ; la torsion varie de 350 à 500 tours et va de gauche à droite.

Nous n'avons décrit que les organes essentiels du métier à tordre la soie. Nous ajouterons que ce métier se compose de plusieurs étages sur chacun desquels sont montés par rangées les organes dont nous venons de parler ; les fuseaux sont mis en mouvement par une courroie LL (fig. 239 et 240) qui, passant autour du métier, les touche tous et leur communique le mouvement d'un tambour T mû à la vapeur ou par une roue hydraulique. Quant aux roquelles, elles sont mues par des cylindres BB qui frottent sur elles et tournent autour d'un axe parallèle à leur axe de rotation. Le nombre des fuseaux compris dans un métier à tordre la soie varie ; il est souvent de 84 par étage et le nombre de ceux-ci est trois ou quatre, ce qui fait 252 fuseaux dans le premier cas et 336 dans le second.

La torsion terminée, il ne reste plus à faire que le *flottage*, qui consiste à disposer la soie en écheveaux ou *flottes ;* cette opération s'exécute sur un appareil nommé *flotteur*, composé de dévidoirs ou *guindres*. Les flottes sont ensuite examinées, triées et placées par petites masses appelées *matteaux*. On doit avoir soin de réunir solidement entre elles les extrémités du fil qui forme l'écheveau, afin qu'elles puissent être facilement retrouvées après les opérations de la teinture.

La soie fabriquée dans les Cévennes et dans tout le Midi par les procédés que nous venons d'indiquer est vendue aux fabricants d'étoffe, à Lyon spécialement. Ceux-ci, avant de la livrer au tisserand, la font teindre, car toutes les étoffes de soie pure sont tissées en fil de soie teinte. Nous ne pouvons décrire les opérations de la teinture pour chaque genre de nuances, mais nous allons exposer les principaux points du traitement auquel le teinturier soumet la soie.

La première opération qu'elle subit est la *cuite*, qui a pour but de dissoudre la matière gélatineuse qu'elle renferme. Pour cela on la met en matteaux dans des sacs de toile que l'on place ensuite dans des cuves remplies d'eau de savon bouillante. Le poids de savon employé est de 25 à 30 pour 100 du poids de la soie. La mise en sacs a pour effet d'éviter les *coups de bouillon*, c'est-à-dire d'empêcher que l'agitation du liquide en ébullition tumultueuse ne froisse les fils et surtout ne les mêle. La cuite donne à la soie cette roideur qui la rend croquante et cette rigidité qu'on recherche dans les étoffes.

Après la cuite, la soie est renvoyée au lavoir et de là passe à la teinture si elle est destinée à des couleurs foncées. Quand elle doit rester blanche ou recevoir des couleurs claires et délicates, elle subit d'abord l'opération du blanchiment dans des chambres de plomb où on la suspend pendant deux ou trois jours et où l'on fait brûler du soufre. Le gaz acide sulfureux produit par la combustion du soufre détruit la matière colorante naturelle du textile.

Lorsque la soie doit être amenée à l'état de soie dite *souple*, on la savonne pour la nettoyer et on l'assouplit dans un bain d'eau bouillante contenant de l'acide sulfureux.

La teinture des soies à Lyon a subi depuis dix ans environ une véritable révolution : à l'exception des noirs, des cramoisis, des ponceaux et des gris, ou couleurs mode, elles se teignent avec des dissolutions de matières colorantes dérivées de l'aniline. La teinture se fait dans des chaudières en cuivre chauffées à la vapeur; les matteaux passés dans des bâtons placés sur le bord des cuves sont manœuvrés par les ouvriers dans des bains acidulés par l'acide sulfurique. Cette manœuvre, qui consiste à déplacer méthodiquement la soie dans le bain, demande une grande habileté de la part de l'ouvrier.

Après la teinture la soie est lavée, puis elle subit l'opération de la *charge*. Ce traitement regrettable, qui est passé dans les habitudes de l'industrie lyonnaise par suite des exigences du consommateur, a pour but de charger l'étoffe de matières qui lui donnent du poids. La soie se vendant au poids, il est évident que plus on la charge, plus on peut abaisser le prix des étoffes. On la plonge dans un bain de sucre coloré avec une portion du bain qui a servi à teindre : un passage à l'*essoreuse*, machine semblable aux turbines employées dans la fabrication du sucre, la débarrasse de l'eau en excès et laisse à sa surface du sucre cristallisé qui en augmente le poids. Cette pratique rend les étoffes tachantes à l'eau.

Lorsque la soie est teinte, on lui donne le brillant désirable par l'opération du *chevillage*, qui consiste à passer les matteaux dans des chevilles de 70 centimètres environ fixées horizontalement contre un mur (fig. 241). On leur fait subir une traction, puis en passant une cheville mobile dans l'extrémité du matteau opposé à la cheville fixe, on tord le matteau en tirant sur lui. Cette opération.

FIG. 241. — Chevillage de la soie à la main.

qui s'exécute le plus souvent à la main, exige une grande habitude de la part de l'ouvrier; elle peut aussi être exécutée par d'ingénieuses machines que nous avons vues fonctionner chez MM. Guinon, Marnas et Bonnet (de Lyon); la figure 242 en représente les principaux organes.

Des chevilles en acier poli A sont disposées horizontalement et peuvent tourner autour de leur axe: elles reçoivent les matteaux. Au-dessous de chacune d'elles est une cheville coudée T qui peut tourner sur elle-même dans un conduit vertical, à l'intérieur duquel elle peut aussi glisser de bas en haut. La partie coudée étant entrée dans les matteaux, si l'on fait tourner les chevilles verticales, elles tordent la soie qui, se raccourcissant par la torsion, les soulève, et comme elles supportent un poids de 100 kilos, les matteaux sont ici, comme dans le chevillage à la main, soumises à la fois à la

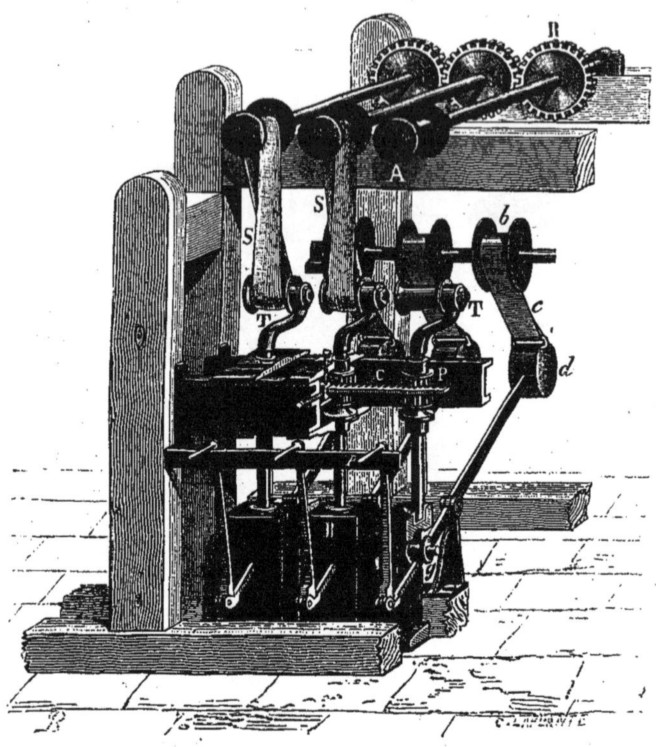

Fig. 242. — Chevillage mécanique de la soie.

torsion et à la traction. Par le jeu même de la machine les chevilles coudées se mettent ensuite à tourner en sens inverse et descendent pour recommencer encore le même mouvement.

La soie étant une substance très-hygrométrique, il importe que l'acheteur sache ce qu'elle contient d'eau. Aussi toutes les soies vendues sont-elles livrées, à Lyon, à un établissement dit *Condition de la soie*, dans lequel on détermine la proportion de fil contenue dans un poids déterminé de la marchandise. A cet effet, on prélève plusieurs échantillons que l'on pèse et que l'on expose ensuite à l'action d'une étuve chauffée à 102 ou 103 degrés. La différence de poids constatée après l'étuvage donne la proportion d'eau.

CHAPITRE II

FILATURE DU LIN, DU CHANVRE, DU JUTE. — CORDES ET CORDAGES

LIN

Le lin, plante originaire de l'Asie, est cultivé depuis la plus haute antiquité pour fournir à l'homme des fibres capables d'être transformées en fils destinés à la fabrication des tissus. Il peut être considéré comme formé d'un tube ligneux enveloppé par une écorce dont les parties constituent la fibre textile : les couches utilisables de cette écorce sont désignées par les botanistes sous le nom de *liber;* les fibres qui les forment sont soudées entre elles et au tube central par une matière gommo-résineuse. La hauteur du lin va jusqu'à 80 centimètres. La culture de cette plante est très-développée en Europe ; la Russie est le pays qui en produit le plus, la Belgique celui qui fournit les qualités les plus belles. En France, les départements du Nord et de l'Ouest livrent à l'industrie une quantité considérable de lins estimés, mais inférieurs aux belles qualités des lins belges. L'Algérie a fait depuis quelques années de grands progrès dans la production du lin, qu'elle cultive surtout pour recueillir la graine dont on extrait une huile souvent employée dans l'industrie. Il est à espérer que cette culture se perfectionnera et que notre colonie pourra bientôt contribuer pour une large part à l'approvisionnement du marché français. Nous citerons aussi les lins d'Irlande, qui sont très-recherchés.

Lorsque le lin est mûr, il est arraché par des femmes qui saisissent une poignée de tiges, tirent obliquement sur elles et les enlèvent avec leurs racines. Quand la plante est arrachée du sol, on la laisse sécher. Ce séchage, ou *fenaison*, se fait à l'air : ou bien on étend les bottes sur le sol, en ayant soin de les retourner de temps en temps; ou bien, ce qui vaut mieux, on dispose les tiges oblique-

Fig. 243. — Cahotage du lin.

ment l'une contre l'autre de manière à former une espèce de toit au-dessous duquel l'air peut circuler : c'est ce qui s'appelle *cahoter* le lin (fig. 243).

Quand le lin est sec, on l'égrène en le battant ou en passant l'extrémité des bottes dans une espèce de peigne nommé *drégeoir*, qui fait tomber la graine. Il faut ensuite séparer la partie textile ou *filasse*, qui se compose de fibres réunies par la matière gommeuse et soudées par elle au tube ligneux que l'on désigne sous le nom de *chènevotte*. Cette séparation de la chènevotte et de la filasse est, en général, exécutée dans les campagnes et comporte trois opérations : le *rouissage*, le *macquage* ou *maillage* et le *teillage* ou *écanguage*.

Le rouissage a pour but de débarrasser le lin de la matière gommeuse dont nous avons parlé. Il se pratique par deux procédés principaux : le *rouissage à la rosée* ou *rosage* et le *rouissage à l'eau.* La première méthode consiste à étaler le lin sur le sol et à le laisser exposé à l'action de la pluie ou de la rosée ; peu à peu s'établit une fermentation qui a pour effet de transformer les parties gommeuses et de détruire l'adhérence qu'elles établissent entre les fibres. Ce procédé est long : il dure en moyenne de trente à quarante jours, pendant lesquels on doit retourner le lin de temps en temps avec des gaules ; il a de plus l'inconvénient de dépendre de l'état de l'atmosphère et d'exiger des arrosages quand il ne pleut pas. Il fournit les *lins gris.*

Le rouissage à l'eau est préférable et plus généralement pratiqué ; il consiste à immerger dans l'eau d'un ruisseau, d'un étang ou de fosses appelées *routoirs*, le lin que l'on veut rouir. On emploie souvent des caisses à claire-voie, que l'on immerge après y avoir enfermé les tiges. La fermentation s'établit et produit des gaz qui rendent l'eau fétide. Le rouissage à l'eau courante donne des lins jaunâtres, et à l'eau stagnante des lins grisâtres. Quand les fibres peuvent se détacher d'un bout à l'autre, ce qui a lieu en moyenne au bout de quinze jours, on retire la plante de l'eau et on la fait sécher à l'air soit en la cahotant, ce qui donne les lins verts, soit en l'étalant sur le sol, ce qui fournit les lins blancs ; elle subit alors une espèce de rosage qui la blanchit. Quelquefois le lin est séché dans un *haloir*, c'est-à-dire dans une pièce où l'on élève la température d'abord à 30, puis à 45 degrés.

Lorsqu'on veut avoir des produits de qualité supérieure, on rouit en plusieurs fois, c'est-à-dire qu'on interrompt le rouissage par des séchages ; on empêche ainsi la fermentation de donner naissance à des substances qui attaqueraient la filasse et la rendraient plus ou moins cotonneuse.

On a essayé des procédés plus expéditifs en employant, soit de l'eau chaude, soit des agents chimiques différents ; ils n'ont pas encore donné des résultats assez satisfaisants pour passer dans la pratique d'une manière générale.

Après le rouissage, il faut réduire la partie ligneuse intérieure, ou *chènevotte*, en fragments plus ou moins petits capables d'être séparés plus facilement de la filasse : c'est le but du *macquage* ou *maillage*, qui s'exécute de plusieurs manières. Les outils le plus généralement employés sont la broie et les machines à cylindres cannelés.

La broie se compose d'une pièce de bois fixe, à l'extrémité de laquelle s'articule une planche mobile et munie d'un manche; l'ensemble peut être comparé à une grande paire de ciseaux dont l'une des branches serait fixe. Le lin est placé sur le bord de la branche fixe et battue par la branche mobile, à laquelle l'ouvrier

Fig. 244. — Broie.

donne un mouvement de va-et-vient. La figure 244 représente une broie perfectionnée, où le lin est broyé entre plusieurs planches à la fois. Cet appareil très-rudimentaire est avantageusement remplacé par une machine à trois cylindres cannelés, entre lesquels on engage le lin (fig. 245); la chènevotte est broyée par le passage des tiges entre les cannelures.

Le *teillage* succède au macquage; il a pour but de commencer la séparation des fibres textiles et de dégager les fragments de chènevotte produits par le broyage ; il se fait à la main ou mécaniquement. Dans le premier cas, l'ouvrier, tenant de la main gauche une poignée de lin, la passe en partie à travers une fente pratiquée dans une planche verticale, et de la main droite armée d'un outil en forme de palette (*écangue*), il bat la partie des tiges qui dépasse la fente. Quand il les a réduites en filasse, il retourne la botte et recommence l'opération sur l'extrémité qu'il tenait tout à l'heure de la main gauche. Ce travail s'exécute plus rapidement avec la

Fig. 245. — Machine à broyer le lin.

machine à teiller que représente la figure 246, et qui se compose d'écangues montées à l'extrémité des rayons d'une grande roue mise en mouvement rapide de rotation.

Telles sont les opérations qui se font en général dans les campagnes, sur les lieux de production ; on peut admettre qu'approximativement 100 kilogrammes de lin donnent 75 à 80 kilogrammes de lin roui sec et que ceux-ci fournissent 16 à 18 kilogrammes de lin teillé. L'importance du déchet que subit la matière première explique qu'il y a intérêt à effectuer ce travail dans les campagnes pour diminuer les frais de transport.

Le lin teillé est mis en bottes et expédié aux filateurs.

FIG. 246. — Machine à teiller le lin.

Le lin est de toutes les fibres textiles celle qui a été le plus longtemps filée par les anciens procédés de la quenouille et du rouet (1) :

(1) La quenouille, qui fut employée de tout temps au filage, est une baguette de bois que la fileuse tient sous le bras en fixant l'une des extrémités dans sa ceinture ; à l'autre extrémité est placé le lin peigné. La fileuse tire quelques brins de la masse sans cependant les en faire sortir complétement et les attache à une petite tige de bois, appelée *fuseau*, munie à l'un de ses bouts d'une rainure en spirale ; puis, prenant le fuseau entre les doigts, elle lui imprime un mouvement rapide de rotation et l'abandonne à lui-même. Les brins se tordent, et, pendant que le fuseau tourne et qu'il pend au-dessous de la quenouille, elle fait peu à peu sortir de nouveaux brins qui restent attachés aux premiers et se tordent à leur suite. Le fil ainsi

plus de trente années s'étaient écoulées depuis l'invention, en Angleterre, du filage mécanique du coton; la laine se filait aussi mécaniquement depuis longtemps; le lin seul avait résisté à toute innovation. Napoléon Ier, frappé du développement de l'industrie cotonnière en Angleterre, voulut créer en France une industrie rivale et décréta, le 7 mai 1810 : « qu'un prix d'un million de francs serait accordé à l'inventeur, de quelque nation qu'il puisse être, de la meilleure machine propre à filer le lin. »

Ce fut un Français, Philippe de Girard, qui répondit le premier à cet appel : le 18 juillet 1810, il prenait des brevets d'invention à ce sujet et, les années suivantes, des brevets de perfectionnement. Les événements politiques de 1814 et de 1815 détournèrent l'attention publique de cette importante découverte, et Philippe de Girard découragé transporta, en 1816, ses procédés et ses machines dans la filature impériale d'Histenberg, en Autriche, puis, en 1819, à Chemnitz en Saxe. Plus tard, son invention était, à son insu, appliquée en Angleterre, où la filature mécanique s'établissait en grand de 1820 à 1824. Aussi les Anglais s'attribuèrent-ils le mérite de cette nouvelle industrie. Mais justice a été rendue à Philippe de Girard : dès 1840, le ministre du commerce de France établissait à la tribune les droits de priorité de Philippe de Girard, et, le 7 janvier 1853, une loi, qui accordait à ses héritiers des pensions à titre de récompense

formé glisse dans la rainure et le fuseau descend; la fileuse enroule ensuite sur lui le fil fabriqué et recommence l'opération.

L'invention du rouet fut déjà un notable perfectionnement du procédé si primitif que nous venons de décrire; on y trouvera le germe des machines qui fonctionnent aujourd'hui dans nos filatures. Une bobine percée d'un trou suivant son axe est placée sur une tige horizontale de fer, ou fuseau, munie d'ailettes analogues à celles des métiers à filer. Ce fuseau reçoit un mouvement rapide de rotation par l'intermédiaire d'une corde qui passe sur une grande roue que la fileuse fait tourner, soit à l'aide d'une manivelle, soit avec une pédale. Pendant que la machine tourne, l'ouvrière tire le lin de la quenouille, le passe dans l'ailette qui le tord et l'enroule sur la bobine.

Ces procédés furent longtemps les seuls employés à la fabrication des fils destinés à la confection des vêtements, et, pendant les longues veillées d'hiver, nos grands'-mères se réunissaient pour filer en devisant. Il y a quelques jours, au milieu d'une excursion dans les montagnes du mont Dore, je rencontrai une vieille femme qui, en gardant les troupeaux, filait la laine à la quenouille. J'apprenais d'elle que c'était encore ainsi que se fabriquaient les fils employés à la confection des vêtements des montagnards; que ces fils étaient livrés dans la montagne à quelques tisserands qui les transformaient en tissus chauds et feutrés.

nationale, consacrait solennellement les titres de notre illustre compatriote à l'invention de la filature mécanique du lin.

La première opération que le lin subit en arrivant dans les filatures est le *peignage*. Le lin teillé est formé de bandelettes composées de fibres juxtaposées. Le peignage a pour but de re-

Fig. 247. — Lin : peignage à la main.

fendre ces bandes et de les diviser en filaments de plus en plus fins qu'il dresse et parallélise ; cette opération se fait à la main ou mécaniquement.

Dans le premier cas, on se sert de peignes formés d'une pièce de bois rectangulaire sur laquelle sont implantées perpendiculairement des aiguilles pointues en acier trempé, plus ou moins fines et plus ou moins éloignées l'une de l'autre (fig. 247). Le peigne étant fixe, l'ouvrier prend par l'une de ses extrémités une poignée de lin qu'il engage sur les pointes du peigne, puis il la tire à lui ; dans ce mouvement les pointes des aiguilles entrent dans les bandelettes et les refendent. Quand l'ouvrier a peigné une extrémité de la poignée, il soumet l'autre au même traitement. L'opération est répétée deux fois sur d'autres peignes plus fins. On comprend que cela ne puisse se faire sans un déchet constitué par les fibres qui s'enchevêtrent et restent dans le peigne. Ce déchet, appelé *étoupe*, est mis à part dans des compartiments situés en face de l'ouvrier; puis il est passé dans des machines nommées *cardes* et ayant une grande analogie avec celles que nous décrirons plus loin à propos de la laine et du coton; ces machines démêlent les fibres, les redressent, les parallélisent et permettent de les employer en filature.

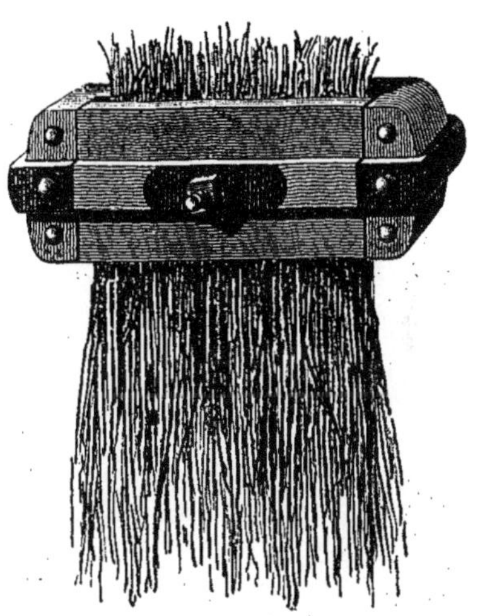

Fig. 248. — Pince pour le peignage mécanique du lin.

Les peigneuses mécaniques varient beaucoup dans leur construction; nous décrirons sommairement une de celles que nous avons vues fonctionner dans les filatures de lin. La main de l'ouvrier est remplacée par une pince de fer formée de deux plaques réunies par des écrous (fig. 248) et dans l'intervalle desquelles on engage l'extrémité d'une poignée de lin. Ces pinces, *a*, *a*, *a* (fig. 249), sont placées par un enfant à l'origine d'une coulisse *c* disposée dans toute la longueur de la machine; elles y avancent d'un mouvement intermittent, poussées par une main *m* articulée à un levier *l*. Pendant les moments d'arrêt, la poignée de lin qui pend au-dessous d'elles est travaillée par des peignes P, P, P, tournant d'un mouvement rapide comme une toile sans fin. On a construit ces peignes de manière qu'en allant de droite à gauche leurs dents soient de plus en plus rapprochées, et il en résulte qu'à mesure que la poignée de lin avance, le peignage devient de plus en plus parfait. Arrivées à l'extrémité de la machine, les pinces glissent sur un plan incliné et sont reçues par un ouvrier qui desserre les écrous et retourne la poignée de lin, en engageant entre les plaques la partie peignée pour laisser pendre en dehors l'extrémité qui n'a pas encore subi l'action du peigne. Après avoir resserré les écrous, il renvoie les pinces à l'ouvrier qui est à droite de la machine, par l'intermédiaire d'un autre plan incliné situé derrière la coulisse et que l'on ne voit pas sur la figure. Le travail de serrage et de desserrage est exécuté très-rapidement par des enfants placés de chaque côté de la peigneuse.

Fig 249. — Peignage mécanique du lin.

Il s'agit maintenant de faire des fils plus ou moins longs avec ces fibres de longueur relativement petite. Ici se présente une difficulté que nous n'avons pas rencontrée pour le travail de la soie, puisque le fil de cocon est lui-même indéfini et qu'il suffit d'en réunir et tordre plusieurs ensemble. Voici le principe des opérations qui triomphent de cette difficulté. Supposons une poignée de lin peigné qu'il s'agit de transformer en fil; étalons ces fibres sur une table et faisons-les glisser parallèlement à elles-mêmes l'une contre l'autre et suivant leur longueur, mais *sans les mettre bout à bout*, et de telle sorte que les extrémités des unes correspondent au milieu, au tiers, au quart, etc., des autres. On comprend qu'on pourra ainsi obtenir un ruban moins large, mais plus long que la poignée de lin d'où il provient. Supposons, en outre, que la répartition ait été faite de manière que ce ruban soit parfaitement régulier comme largeur et comme résistance. Pour le transformer en fil, lui-même régulier, il n'y aura plus évidemment qu'à le saisir par

FIG. 250. — Machine à étaler.

l'une des extrémités et à le tordre par l'autre. Cette torsion pourra déterminer entre les fibres une adhérence suffisante pour que le fil qu'elles constitueront se rompe plutôt que de laisser séparer ses fibres l'une de l'autre. C'est à ces principes simples, mais dont l'application exige des précautions infinies et l'emploi d'admirables machines, que se réduit la filature du lin.

La première opération est l'*étalage*, qui se fait à l'aide d'une *machine à étaler* (fig. 250). Elle se compose essentiellement d'une toile sans fin sur laquelle l'ouvrière étale les poignées de lin avec une grande régularité, de manière que les bouts de la deuxième poignée correspondent à peu près au milieu de la première, et ainsi de suite. C'est dans la régularité de l'étalage que consiste le talent de l'ouvrière. La toile sans fin, dans son mouvement, vient présenter le lin à deux cylindres qui, tournant l'un sur l'autre et faisant l'office de

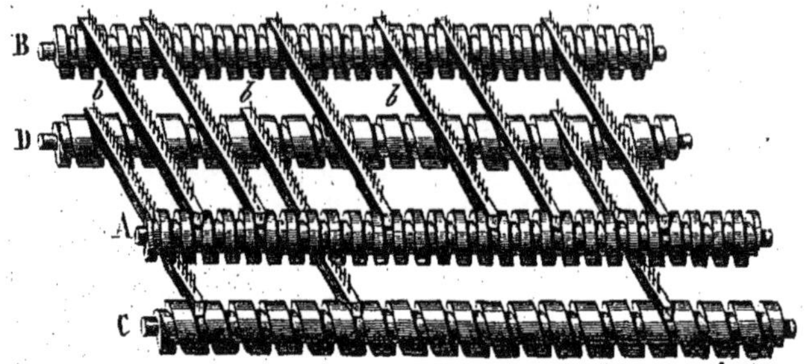

FIG. 251. — Guils.

laminoirs, l'entraînent. Aussitôt qu'il arrive de l'autre côté de ces cylindres, des peignes mobiles, appelés *guils*, interposent leurs dents entre ses fibres, maintiennent leur parallélisme, et, se déplaçant avec elles, vont les présenter à l'action d'une seconde paire de cylindres. Il est évident que, si ces cylindres tournaient avec la même rapidité que les deux premiers, les fibres n'éprouveraient aucun changement dans leur position respective et ne subiraient qu'un simple laminage. Mais la seconde paire de cylindres tourne plus vite que la première : si toutes les fibres étaient solidaires, cette différence de vitesse aurait pour conséquence de rompre la masse ; comme elles sont libres, au lieu de rompre elles glissent l'une sur l'autre et la masse se transforme en un ruban plus long. Nous n'insisterons pas sur le mécanisme si ingénieux qui permet aux guils de venir prendre le lin à mesure qu'il sort des premiers cylindres et de le conduire à la seconde paire. Nous dirons seulement que ces guils (fig. 251) sont des barrettes horizontales *b*, *b*, armées sur leur longueur de dents verticales : leurs extrémités reposent dans le fond des spires de deux vis d'Archimède A et B, qui courent de chaque côté de la machine depuis le premier groupe de cylindres jusqu'au second. Ces vis en tournant transportent les barrettes. Suivons, en effet, l'une d'elles dans son mouvement : prise par la première spire des deux vis, elle va être portée, de spire en spire, jusqu'à l'extrémité ; parvenue au bout de la dernière spire, elle tombera verticalement et dans sa chute rencontrera deux autres vis C et D, parallèles aux premières, situées au-dessous d'elles et tournant en sens inverse. Saisie par la première spire de ces deux vis, elle va être transportée en sens inverse pour revenir au point de départ ; arrivée au bout de la dernière spire, elle sera prise par un organe qui la fera remonter et viendra la placer de nouveau dans la première spire des deux vis supérieures.

Chaque machine à étaler fournit quatre rubans qui, à la sortie, se fondent en un seul que l'on reçoit dans un grand pot cylindrique placé à l'extrémité de la machine.

On comprend que le ruban ainsi obtenu doit encore présenter des inégalités qui se produiraient dans le fil auquel il doit donner naissance (inégalités de largeur, de résistance, etc.). Pour corriger ces irrégularités, il suffit de superposer deux rubans l'un à l'autre, de les laminer et de les soumettre à l'étirage. Il est évident qu'il y a toute chance dans ce doublage pour que les parties faibles d'un des rubans soient recouvertes par les parties fortes de l'autre, et réciproquement. L'étirage, en répartissant ensuite sur une plus grande longueur les fibres de ce double ruban, produira une nouvelle régularisation.

Le doublage et l'étirage se font dans des machines munies, comme la machine à étaler, de guils et de cylindres lamineurs et étireurs. Le ruban sorti de la première machine à étirer passe dans une seconde, qui le double avec un autre en le laminant et l'étirant. Nous ferons remarquer que dans la pratique ce ne sont pas ordinairement deux rubans que l'on réunit pour les laminer et les étirer ensemble, mais quatre, six, huit, etc., rubans, de sorte qu'à chaque passage à la machine il y a plus que doublage (1). Quand le nombre des doublages est reconnu suffisant, on commence la torsion sur un *banc à broches*.

(1) Pour donner une idée du nombre de doublages et de la manière dont ils se font, nous transcrivons les nombres que nous avons relevés dans une des filatures de lin que nous avons visitées. 4 rubans sortant des cylindres étireurs de la machine à étaler se fondaient en un seul avant de quitter cette machine ; 20 de ces rubans produits par la machine à étaler ne donnaient plus qu'un seul ruban à la sortie du premier étirage ; 12 rubans provenant du premier étirage donnaient un seul ruban après un second étirage, et enfin 4 rubans de ce second étirage se fondaient en un seul.

Le banc à broches est un appareil assez compliqué, dans lequel les rubans sortis de la dernière machine à étirer subissent encore un étirage sans doublage. Cet étirage est suivi d'une torsion. Dans les machines précédentes nous obtenions des *rubans* que recevaient de grands pots cylindriques de tôle; ici, par le jeu même de la ma-

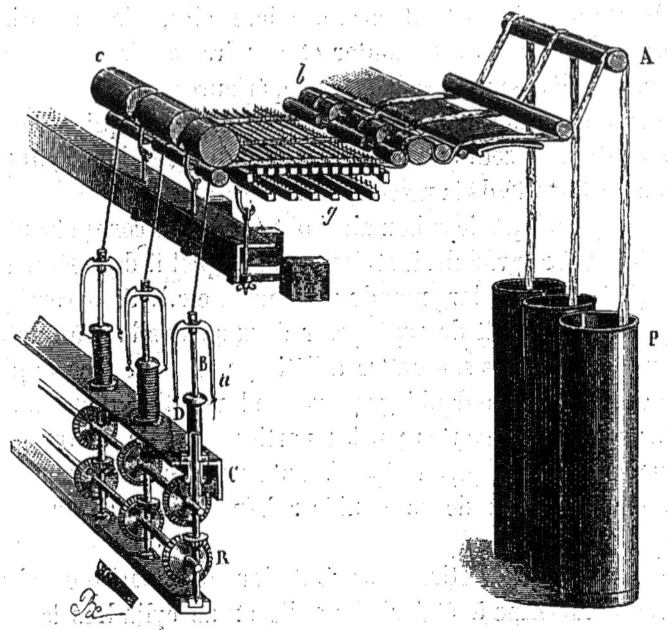

Fig. 252. — Banc à broches.

chine le fil que donne la torsion, et que l'on appelle *mèche de préparation*, s'enroule sur une bobine. Le banc à broches présente encore (fig. 252) des cylindres lamineurs *b* et des cylindres étireurs *c*; il est aussi muni de guils *g*, qui sont le caractère particulier des machines à lin, parce qu'ils sont nécessaires pour maintenir le parallélisme de ses fibres. En sortant des cylindres étireurs le ruban s'engage dans la partie de l'appareil destinée à produire la torsion et l'envidage. Elle se compose de la broche B ou tige verticale animée d'une vitesse de rotation très-rapide. Cette broche traverse une bobine D suivant son axe, mais ne lui est pas fixée, de sorte que la bobine peut tourner librement sur elle. A la partie supérieure de la broche sont montées deux ailettes *a* qui se font équilibre; l'une d'elles est creuse et reçoit le fil à tordre et à enrouler. Si l'on se rappelle ce que nous avons dit à propos de la soie, on comprendra facilement que, la broche étant mise en mouvement de rotation rapide, la torsion se produira entre elle et le cylindre étireur, et le fil s'enroulera sur la bobine; celle-ci reçoit ellemême un mouvement de rotation spécial et moins rapide que celui des ailettes, en même temps qu'un mouvement alternatif de déplacement vertical, qui lui permet de venir présenter au fil ses différentes parties et de produire un enroulement régulier sur toute la hauteur. Il y aurait beaucoup à dire encore sur la manière dont se fait l'enroulement et sur les précautions prises pour assurer sa régularité, mais nous nous bornerons aux explications qui pré-

FIG. 253. — Métier à filer le lin à sec.

cèdent et qui suffisent pour donner une idée du banc à broches. Ajoutons que le nombre de broches pour chaque banc varie de vingt-quatre à soixante-douze.

A la sortie du banc à broches, les bobines formées sont portées sur les *métiers à filer*, qui ont pour but d'achever le fil en lui faisant

Fig. 254. — Métier à filer le lin au mouillé (1er procédé).

subir un nouvel étirage et une nouvelle torsion. Le métier à filer n'a pas de guils; ces organes sont devenus inutiles depuis que les fibres sont déjà tordues l'une sur l'autre. Il se compose essentiellement de cylindres lamineurs et étireurs qui livrent le fil à une broche et à une dernière bobine. La filature se fait soit au *sec*, soit au *mouillé*.

Dans le premier cas, on se sert du métier représenté par la figure 253. On y voit sur le haut les bobines venant du banc à broches, les cylindres lamineurs et étireurs, enfin la broche et la bobine; celle-ci repose sur une plaque horizontale, appelée *monte* et *baisse*, et s'élève ou s'abaisse avec elle pour venir présenter ses différentes parties au fil sortant de l'ailette. Pour maintenir le fil à l'état de tension, une petite corde attachée à une gorge inférieure de la poulie passe sur cette gorge et soutient

Fig. 255. — Métier à filer le lin au mouillé (2e procédé).

un contre-poids; cette corde, en frottant sur la bobine, lui sert de frein et le fil reste tendu : on fait varier sa tension en déplaçant la corde et en l'enroulant plus ou moins sur la gorge.

Dans le second cas, le fil *f*, en quittant les bobines B, passe dans l'eau chaude (fig. 254) avant d'arriver aux cylindres lamineurs *c* et étireurs *d*; l'eau, en mouillant le fil, lui donne une élasticité plus grande et facilite le glissement des fibres. Il en résulte que la filature se fait plus régulièrement et qu'on peut filer des lins plus durs qui casseraient sur le métier à sec.

L'emploi de l'eau chaude est souvent remplacé par celui de l'eau froide; mais alors les bobines elles-mêmes B plongent dans l'eau, et le fil restant plus longtemps dans ce liquide, la même action se produit à froid. La figure 255 représente les machines employées dans ce second cas : les bobines sont mises dans un bassin rempli d'eau froide et situé derrière les cylindres. Ce procédé a l'avantage de ne pas élever autant la température des ateliers.

Après la filature, les bobines sont portées sur des appareils qui sont de véritables dévidoirs et qui mettent le fil en écheveaux. Après le dévidage, on doit sécher les fils qui ont été filés à l'eau, pour éviter qu'il ne se déclare une fermentation capable d'altérer la matière. On suspend pour cela les écheveaux sur des perches disposées dans des appartements appelés *étentes*, où l'air se renouvelle facilement.

Le dévidage du lin se fait d'après des règles déterminées. On forme d'abord des *échevettes* : 12 échevettes réunies constituent l'*écheveau* et 100 écheveaux réunis font un *paquet*. Le paquet a toujours la même longueur (360 000 yards anglaises, ou 329 040 mètres) et son poids varie avec le numéro du fil. La grosseur du n° 1 est telle, que l'échevette pèse 453 grammes, ce qui donne pour le poids du paquet 543^{k},6. Dans la pratique on part du n° 1 pesant 540 kil. : le n° 25, par exemple, a une grosseur telle, que le paquet pèse 540 kil. divisé par 25, c'est-à-dire 22 kil.

Il n'y a plus maintenant qu'à blanchir les fils, ce qui se fait par l'action alternative de bains de carbonate de soude et de chlorure de chaux. D'après des travaux récents de M. J. Kolb, le lin renferme, outre la cellulose qui constitue essentiellement la fibre textile, un principe nommé *pectose* et une matière colorante grise. Pendant le rouissage, ce principe se change en acide pectique, qui, sous forme de paillettes nacrées insolubles dans l'eau, reste adhérent au lin et ne s'en détache qu'incomplétement pendant le travail mécanique de la filature. Les bains de carbonate de soude ont pour effet de dissoudre l'acide pectique qui est mélangé à la matière colorante que le chlorure de chaux décompose et blanchit.

La lessive de soude à 2 degrés Baumé est renfermée dans des cuves pouvant contenir 500 kilogrammes de fils qui reposent sur un premier fond percé de trous. Entre ce premier fond et celui de la cuve est un serpentin dans lequel circule la vapeur : elle échauffe le liquide et, par un dispositif variant d'une usine à l'autre, soulève, jusqu'à la partie supérieure de la cuve, la lessive chaude qui retombe sur le fil et descend dans le double fond pour être soulevée de nouveau. Cette circulation de liquide alcalin est entretenue pendant huit heures; elle constitue ce qu'on appelle le *décreusage*. Au bout de ce temps, on rafraîchit le fil par un fort arrosage d'eau froide, puis, à l'aide d'une presse puissante, on exprime la plus grande partie du liquide qui l'imbibe encore.

Les écheveaux sont alors soumis à l'action du chlorure de chaux en dissolution. Tantôt les filateurs emploient le chlorure de chaux solide fourni par les fabriques de produits chimiques et le dissolvent dans l'eau; tantôt ils le préparent eux-mêmes à l'état liquide, en faisant passer un courant de chlore gazeux dans un lait de chaux. Cette dernière méthode paraît préférable; elle a l'avantage d'affranchir le filateur des défauts de fabrication et des détériorations très-fréquentes que subit le chlorure solide.

Quel que soit le moyen suivi pour préparer la dissolution, elle est mise dans des bassins en ciment; au-dessus d'eux tournent lentement des tourniquets, sur lesquels on place les écheveaux de lin qui plongent par leur partie inférieure dans le liquide. Le mouvement des tourniquets met successivement toutes les parties de l'écheveau en contact avec le bain, puis avec l'air qui, par son acide carbonique, décompose le chlorure de chaux et, faisant dégager le chlore, lui permet d'agir sur la matière colorante. Telle est au moins la théorie généralement adoptée jusqu'ici pour le blanchiment du lin. M. Kolb prétend que l'action de l'acide carbonique de l'air n'est pas nécessaire, et que le blanchiment se fait aussi bien en laissant le fil complétement immergé dans le liquide. Le passage en bain de chlorure dure environ une heure. On rince ensuite le fil au moyen d'eau que laisse couler un tuyau percé de trous, qui court au-dessus du tourniquet et parallèlement à lui.

Enfin les fils sont passés pendant dix minutes dans un bain d'eau acidulée d'acide chlorhydrique ou d'acide sulfurique, pour dissoudre les sels calcaires produits sur le textile par la décomposition du chlorure de chaux. On rince de nouveau pendant vingt minutes; puis le lin est soumis à une presse qui extrait l'eau, et on le porte au séchoir.

Les opérations que nous venons de décrire et qui consistent essentiellement en un passage au carbonate et un passage au chlorure, donneraient les *fils crémés n° 1*; les *fils crémés n° 2*; les *quart-blancs* et les *mi-blancs* s'obtiennent en répétant ces opérations un nombre de fois suffisant. Le *blanc parfait* ne se donne pas en général aux fils, mais aux tissus; il nécessite une manutention plus longue, l'exposition des toiles sur le pré où l'action de l'air active l'oxydation et le blanchiment de la matière colorante qui a résisté au traitement précédent.

M. Cornut, ancien élève de l'École polytechnique et filateur de lin, a récemment fait breveter un procédé plein d'avenir et destiné à rendre à l'industrie qui nous occupe le plus grand service. L'habile ingénieur remarqua que l'acide pectique développé par le rouissage constitue pendant toute la filature un embarras sérieux, puisque mélangé aux fibres il les rend plus cassantes, et que l'impureté de la matière textile a pour conséquence d'exiger un matériel demandant plus de force et de donner des produits plus irréguliers. Partant de ce principe, il a pensé qu'il serait préférable à tous égards de débarrasser le lin de la matière pectique avant de le mettre en filature. Il y parvint à l'aide de bains de carbonate de soude appliqués, soit au lin en paille, soit au lin roui. L'inventeur a obtenu ainsi des fibres qui lui permettent de se servir, pour le peignage, de machines beaucoup moins dispendieuses, et de produire, avec une qualité déterminée de lin, des fils beaucoup plus fins que par l'ancienne méthode (1).

La filature mécanique du lin a pris en France de très-grands développements; c'est en 1833 que nos filateurs allèrent chercher en Angleterre les machines inventées par Philippe de Girard et perfectionnées, du reste, par les Anglais. Mais l'introduction de ces machines présenta de grandes difficultés, car le gouvernement anglais en prohibait l'exportation. On étudia sur les lieux mêmes le mouvement des métiers à préparer et à filer le lin; quelques machines furent introduites en France; nos constructeurs se mirent à l'œuvre, et MM. Schlumberger, de Guebwiller (Haut-Rhin), Decoster, de Paris, David, de Lille, furent bientôt en mesure de fournir à l'industrie française des machines à filer le lin. Au nombre des filateurs qui ont le plus contribué à doter la France de ce nouvel élément de richesses, nous devons citer MM. Feray, d'Essonne, et Scrive, de Lille.

A partir de cette époque, la filature mécanique du lin se déve-

(1) Pour plus de détails, voyez le 20e volume de la *Publication industrielle de M. Armengaud aîné*.

loppa rapidement : en 1840, elle comptait 87 000 broches ; en 1844, 122 000 ; en 1849, 250 000, et en 1866, 600 000.

Les centres principaux où s'exerce cette industrie sont : Lille, Armentières (Nord), Amiens (usine Maberly), Ailly-sur-Somme, Pont-Rémy et Saleux (Somme), Saint-Jacques-de-Lisieux (Calvados), Angers, Pont-Audemer, Alençon, Hamégicourt (Aisne), Nantes, Saint-Pierre-lez-Calais, etc.

CHANVRE, CORDES ET CORDAGES.

Le chanvre est une plante présentant avec le lin de très-grandes analogies, tant au point de vue de ses propriétés qu'à celui de ses applications. Ses tiges, plus hautes et plus grosses, produisent des filasses moins souples et moins fines. C'est en France, en Italie et en Russie que sa culture est surtout développée. En France, les contrées qui en cultivent le plus sont la Picardie, la Champagne et l'Anjou.

Il subit, pour être amené à l'état de fil, les mêmes opérations que le lin ; mais, avant de le peigner, on l'assouplit en le battant dans des auges avec des pilons ou en le soumettant à l'action de meules verticales ; puis les tiges sont coupées à la longueur convenable pour le peignage.

Le chanvre filé sert au tissage de certaines étoffes. A l'état de chanvre peigné, il est employé à la fabrication des cordes et des câbles, industrie qui comprend la *filature* et le *commettage des fils*.

La filature s'effectue par un procédé très-simple. Le cordier, après s'être mis autour de la ceinture une quantité convenable de chanvre bien peigné, ou *filasse*, en prend une poignée qu'il ne détache pas de la masse et qu'il accroche à un crochet, ou *molette*, mis en mouvement de rotation par un rouet. La poignée de chanvre se tord et le cordier marchant en arrière cède de la main droite la quantité de filasse suffisante, qui se tord au fur et à mesure. Tenant de la main gauche un morceau de drap appelé *paumelle*, il prend les fibres et les étale pour en régulariser la répartition, à mesure que se fait l'étirage. Un bon fileur peut faire dans sa journée 30 à 35 kilogrammes de fil de *caret ;* le déchet ne doit pas dépasser 4 pour 100 pour les chanvres de bonne qualité, ni 10 pour 100 pour ceux de qualité inférieure.

Quand on veut goudronner les cordes et les cordages pour les préserver de l'action de l'humidité, c'est ordinairement à ce moment de la fabrication que se fait le goudronnage. Cette opération, des plus simples, consiste à faire passer les carets dans des bains de goudron chaud; à leur sortie, ils traversent une pince qui est chargée de poids et qui exprime l'excès de goudron.

Les fils de caret étant terminés, il faut les *commettre*, c'est-à-

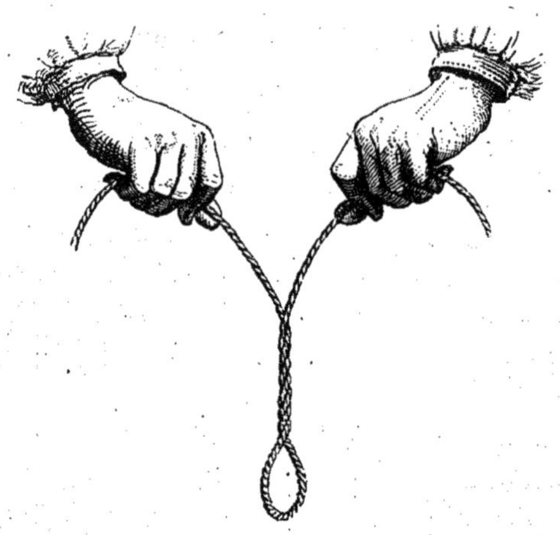

Fig. 256. — Commettage des fils.

dire les tordre ensemble pour en faire des cordes et cordages. Le commettage est très-facile comme exécution, mais pour bien faire comprendre ce qui a lieu, une explication préalable est nécessaire. Supposons un morceau de ficelle dont l'une des extrémités est serrée entre le pouce et l'index de la main gauche; saisissons l'autre extrémité avec les mêmes doigts de la main droite et tordons-la : la torsion se propagera dans toute la longueur de la ficelle; rapprochons ensuite les deux mains de manière que la ficelle ne soit plus tendue : sous l'influence de la torsion, ses deux moitiés formeront une boucle et se tordront l'une sur l'autre (fig. 256).

C'est sur cette expérience que repose le *commettage* des carets. Pour plus de simplicité, nous admettrons qu'il s'agisse de tordre ensemble deux carets. On accroche l'une de leurs extrémités au crochet d'un *émérillon* (fig. 257), appareil qui se compose d'une pièce cylindrique, ou *douille*, terminée d'un côté par un anneau et de l'autre par un crochet dont l'axe tourne librement dans la douille; l'anneau de l'émérillon est attaché à un chariot qui peut avancer ou reculer, et que l'on charge plus ou moins de pierres suivant qu'on veut obtenir un commettage plus ou moins dur. L'autre extrémité de chaque caret est fixée à une molette mise en mouvement par un rouet ou par une manivelle plus puissante. Puis on engage entre les deux carets une pièce conique en bois appelée *toupin* et présentant suivant sa longueur deux rigoles qui reçoivent les carets. Supposons que le toupin soit placé tout près de l'émérillon et tenu en place par un ouvrier: si l'on fait tourner le rouet, chaque caret va se tordre sur lui-même, comme précédemment le bout de ficelle se tordait entre les deux mains de l'opérateur; mais le toupin étant tout près de l'émérillon, cette torsion ne pourra pas produire son effet et tordre les deux carets l'un sur l'autre. Si, au contraire, l'ouvrier, tout en empêchant le toupin de tourner, l'éloigne de l'émérillon, la partie des carets comprise entre l'émérillon et le toupin devient moins tendue et les deux carets vont pouvoir se tordre l'un sur l'autre.

Fig. 257. Commettage des fils.

Telle est l'opération du commettage des carets. Ils sont tendus dans toute la longueur d'un atelier qui a quelquefois 3 ou 400 mètres, et à mesure que le rouet met les molettes en mouvement, l'ouvrier s'éloigne de l'émérillon en transportant le toupin vers les molettes.

Quand il s'agit de tordre ensemble plus de deux carets, le toupin présente un nombre de rigoles égal à celui des carets que l'on veut commettre.

Dans beaucoup de localités, la fabrication des cordes et cordages est réduite aux moyens simples et tout primitifs que nous venons de décrire; mais dans nos arsenaux maritimes et dans un certain nombre d'établissements importants installés près de nos grands ports, au Havre par exemple, le travail se fait mécaniquement.

Le chanvre, après avoir été peigné à la main, est livré à des machines à étaler plus fortes que celles qui servent pour le lin, mais d'une construction tout à fait semblable ; elles en font des rubans que la torsion transforme en carets. Pour cela, à l'extrémité d'un vaste atelier sont disposées des molettes tournant par l'action de la vapeur ; en avant de l'appareil qui les porte, est un chariot mobile dont les roues reposent sur des rails en fer et sur lequel sont placés de grands pots cylindriques renfermant chacun un des rubans dont nous avons parlé. A la sortie de ces pots, les rubans s'engagent dans des entonnoirs situés en regard de cylindres lamineurs à la suite desquels est une pince dont les deux parties peuvent être serrées par un contrepoids. Le chariot porte un nombre plus ou moins grand de ces différents organes, suivant que l'on veut faire à la fois plus ou moins de carets. Au début de l'opération, l'une des extrémités de chaque ruban, après avoir traversé l'entonnoir, avoir passé entre les cylindres correspondants et la pince, est attachée à l'une des molettes. La machine à vapeur fait tourner les molettes et agit en même temps sur une corde qui, par un mécanisme très-simple, fait reculer le chariot. A mesure que celui-ci s'éloigne, les pots laissent sortir les rubans, qui, après s'être laminés et régularisés, se trouvent tordus entre la pince et la molette. L'ouvrier qui guide l'opération est monté sur le chariot et, pendant que les carets se tordent et que leur longueur augmente par le recul du chariot, des enfants armés de râteaux à dents très-espacées les saisissent, les relèvent, et les font passer sur des crochets qui sont fixés à des supports horizontaux attachés au plafond. Ces crochets soutiennent les carets et allégent les molettes et les pinces du poids de la longueur fabriquée.

Le commettage des fils peut aussi se faire mécaniquement. Des bobines, sur chacune desquelles est enroulé un caret, sont disposées horizontalement, dans le fond de l'atelier, sur des axes qui reposent sur des montants verticaux. Si l'on veut tordre douze carets les uns sur les autres, on engage le fil de douze bobines dans douze trous pratiqués dans une *filière* verticale ou calotte sphérique de fer. En quittant cette filière, les douze carets passent à frottement très-dur dans un tube, et, à leur sortie du tube, on les attache à un crochet de fer fixé à l'avant d'un chariot mobile qui peut glisser en reculant sur des rails. En même temps que le chariot recule, mû par la machine à vapeur de l'usine, le crochet, commandé par des engrenages renfermés dans l'intérieur de ce chariot, tourne rapidement et tord les carets les uns sur les autres, à mesure qu'il les fait sortir du tube en s'éloignant. Quant aux bobines montées sur les axes horizontaux, elles tournent librement sur eux et livrent à la machine la quantité de caret nécessaire.

On comprend qu'à l'aide de quarante-huit carets, de quatre tubes et de quatre crochets montés sur le chariot, on fera à la fois quatre cordes formées chacune de douze carets. Les cordes ainsi fabriquées sont appelées *torons;* on les commet à l'aide d'une machine que nous ne décrirons pas.

JUTE.

Pour compléter l'étude de la filature du chanvre et du lin, nous devons dire quelques mots d'une fibre textile appelée *jute*, dont la consommation croît chaque jour. Elle nous est fournie par deux variétés de *Corchorus* et nous vient presque exclusivement de l'Inde anglaise, qui la produit en abondance.

Les fils de jute sont employés aujourd'hui au tissage des toiles d'emballage, des toiles à sacs, des toiles cirées pour parquets, pour la trame des moquettes à bas prix, etc. Ils ne peuvent servir utilement au tissage des toiles destinées à être mouillées, attendu que l'humidité les altère. L'usage du jute s'est surtout développé depuis quelques années, et le haut prix des chanvres et des lins l'a fait mélanger à ceux-ci dans beaucoup de circonstances.

Le jute étant naturellement très-sec présente de grandes difficultés pour la filature mécanique. Aussi est-on obligé de lui donner plus de souplesse en l'arrosant avec de l'eau et de l'huile et en le laissant fermenter pendant quarante-huit heures. Après ce traitement, la filature s'exécute par deux procédés tout différents. Dans le premier, on coupe le jute en deux ou trois parties suivant sa longueur et on le file à sec comme le lin. Dans le second procédé, on le réduit en fragments de 8 à 10 centimètres de long à l'aide d'une machine appelée *loup*, et les filaments ainsi produits sont travaillés et filés par des machines semblables à celles que l'on emploie pour le coton.

CHAPITRE III

FILATURE DU COTON ET DE LA LAINE. LAINES PEIGNÉES, LAINES CARDÉES.

COTON.

Le coton est un filament court, un duvet végétal qui enveloppe les graines d'une plante appelée *cotonnier* (fig. 258), dont la hauteur varie de 50 centimètres à 4 mètres, et que l'on cultive en Amérique, dans l'Inde, en Égypte et en Chine. La longueur des brins de coton varie en général entre 1 et 3 centimètres (fig. 259). Cette dernière longueur est celle qu'ont le plus souvent les filaments de coton d'Amérique ; celui des Indes est plus court. La récolte a lieu à des époques qui diffèrent d'un pays à l'autre. Quand les graines sont mûres, les capsules qui les renferment s'ouvrent et laissent échapper le coton, que l'on cueille et que l'on sépare des graines, soit à la main, soit plutôt avec des machines spéciales. Les filaments sont ensuite mis en balles et fortement comprimés ; ces balles sont expédiées dans les différentes régions où l'industrie doit les transformer en fils destinés au tissage des étoffes.

L'industrie du coton a pris naissance dans l'Inde et date de bien longtemps avant l'ère chrétienne ; elle ne s'introduisit que lentement en Europe. Dès le IXe siècle, les Maures voulaient l'implanter en Espagne ; au XIVe et au XVe siècle, elle fut essayée en Italie, mais ces essais sans importance n'eurent pas de suite. En 1569, la première balle de coton arrivait en Angleterre ; en 1641, la nouvelle industrie était établie à Manchester, qui, en 1678, filait et tissait à la main 900 000 kilogrammes de coton. Vers 1790, l'Angleterre manufacturait 12 000 000 de kilogrammes, et à la même époque la France, qui avait suivi sa rivale dans la voie nouvelle, traitait 4 000 000 de kilogrammes. L'Angleterre appliqua la première les machines à la filature du coton et y réalisa bientôt des bénéfices considérables. Deux industriels français, Richard et Lenoir-Dufresne, frappés de l'importance qu'il y aurait pour leur pays à se

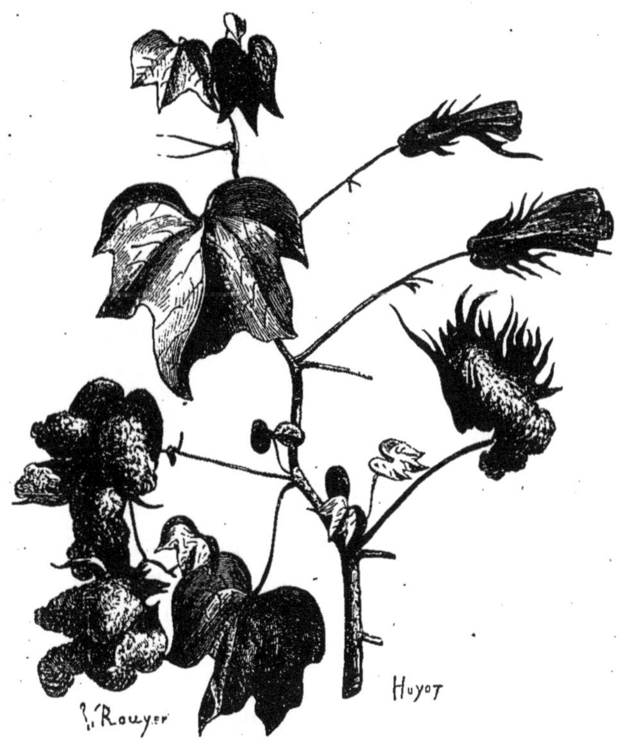

Fig. 258. — Branche de cotonnier.

servir des machines inventées en Angleterre, les introduisirent en France ; leurs essais furent couronnés de succès : ils créèrent plus de quarante filatures de coton. Lorsque Lenoir-Dufresne mourut, en 1806, Richard continua l'œuvre commune et ajouta à son nom celui de son associé. L'industrie mécanique du coton se développa rapidement, et elle filait déjà plus de 8 000 000 de kilogrammes lorsque l'invasion étrangère vint fondre sur la France : à sa suite pénétrèrent les étoffes d'Angleterre, et le droit énorme dont Napoléon Ier avait frappé le coton anglais fût brusquement levé. Alors éclata sur l'industrie du coton une terrible crise : tels de nos tissus qui se vendaient 3 francs en avril ne valaient plus que 1 fr. 50 en mai et 1 fr. 20 en juin. La plupart de nos filateurs ne purent résister à la tempête, et le plus célèbre, Richard-Lenoir, qui possédait sept filatures et occupait onze mille ouvriers, se trouva complétement ruiné.

Fig. 259. — Brin de coton vu au microscope.

Peu à peu cependant la nouvelle industrie répara ses pertes : en 1817 elle traitait déjà 1 200 000 kilogrammes, et, de progrès en progrès, elle est arrivée aujourd'hui à un chiffre supérieur à 12 000 000. C'est peut-être la plus considérable de nos industries. Elle est répandue en Normandie, en Alsace, en Flandre et en Picardie; les départements où elle est le plus développée sont ceux du Haut-Rhin, du Bas-Rhin, de la Seine-Inférieure, de l'Eure, du Calvados, de l'Orne, du Nord, de l'Aisne, de la Somme. La France possède 6 800 000 broches réparties ainsi : région de l'Ouest 3 200 000, de l'Est 2 400 000, du Nord 1 200 000. L'Angleterre a 34 000 000 de broches et les États-Unis plus de 8 millions.

La filature du coton repose sur des principes analogues à ceux que nous avons exposés pour la filature du lin; mais on comprendra facilement que l'état des fibres, qui sont courtes et enchevêtrées, doit exiger des opérations différentes de celles qui ont été décrites pour le lin et pour la soie.

Le premier soin du filateur est de mélanger les cotons, ce qu'il fait en vue des qualités que doit avoir le fil et de manière à corriger les défauts de certaines espèces par les qualités d'autres espèces.

On procède ensuite à l'*ouvrage*, c'est-à-dire qu'on imprime mécaniquement aux fibres une agitation violente pour faire foisonner la masse comprimée par l'emballage et pour la débarrasser, en partie du moins, des corps étrangers. Cette opération, qui ne se pratique que sur les cotons très-sales, se fait à l'aide d'une machine appelée *ouvreuse*, que nous ne décrirons pas.

Le *battage*, qui est souvent la première opération que subit le coton, a pour but de restituer aux filaments leur élasticité naturelle que la compression dans les balles a momentanément détruite, et en même temps de les débarrasser des matières étrangères. Le battage se fait dans des machines nommées *batteur éplucheur* et *batteur étaleur*. Nous indiquerons le principe sur lequel elles reposent. Le coton est disposé sur une toile horizontale sans fin qui, tournant d'un mouvement continu, vient le présenter à deux cylindres cannelés appelés *alimentaires;* ceux-ci, en faisant l'office de laminoirs, saisissent les filaments et les entraînent. Au moment où les filaments, après avoir traversé l'intervalle des deux cylindres, se présentent à l'entrée de la machine, ils rencontrent une série de lames d'acier qui tournent d'un mouvement rapide autour d'un axe commun parallèle à celui des alimentaires. Ces lames battent les filaments à mesure qu'ils se présentent, les séparent violemment et les projettent sur une autre toile qui les porte au-devant d'un second groupe de cylindres chargés eux-mêmes de les présenter à l'action d'un autre système de lames. Cette machine a reçu le nom de *batteur éplucheur*, parce que l'action des lames projette au fond de la machine les corps mélangés au coton. Un ventilateur lance dans l'appareil un courant d'air qui enlève la poussière. Nous ferons remarquer qu'un appareil de ce genre ne devrait pas être employé pour des filaments un peu longs comme ceux des cotons *longue soie*, qui se briseraient sous l'influence des lames du frappeur; ils pourraient recevoir le choc à une de leurs pointes, pendant que l'autre serait encore engagée entre les alimentaires, de là rupture et détérioration des fibres; quant aux filaments courts, une de leurs extrémités est à peine présentée au frappeur que l'autre est déjà libre.

A la sortie de la machine, le coton est livré au *batteur étaleur*, dont la construction est analogue et d'où il sort à l'état de nappe formée par la juxtaposition et l'entrecroisement des fibres.

Mais les fibres provenant des opérations précédentes restent plus ou moins vrillées, et l'on y remarque des inégalités, des boutons et des nœuds : le *cardage*, auquel on soumet la nappe sortant du batteur étaleur, a pour but de développer les fibres, de les redresser complétement, de les paralléliser et de les échelonner par une première action de glissement; en même temps, il nettoie et épure le coton. Nous allons essayer de faire comprendre le principe des machines appelées *cardes*, à l'aide desquelles s'exécute le cardage.

Une carde se compose essentiellement d'un tambour horizontal A (fig. 260) (1^{m},20 de diamètre), pouvant tourner autour de son axe avec une grande vitesse. Autour du tambour et à une petite distance de sa surface sont disposés des cylindres, de plus petit diamètre, qui tournent moins vite que lui. Le tambour et les cylindres sont garnis sur leur surface extérieure de lames de cuir armées de dents

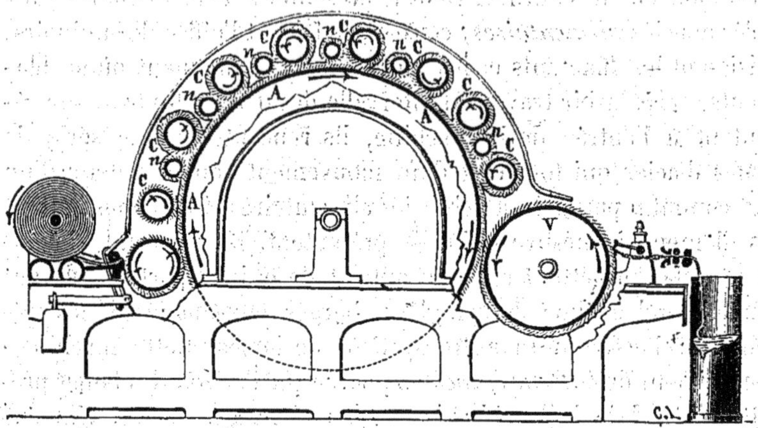

Fig. 260. — Carde à coton.

formées par de petites aiguilles pointues et recourbées : c'est ce qu'on appelle *garniture de carde* (1).

Supposons maintenant que la nappe qui provient du batteur étaleur et que l'on voit disposée en rouleau sur la gauche de la figure, soit livrée à des cylindres alimentaires chargés de la présenter à la circonférence du tambour A. Celui-ci, en passant devant la nappe avec une grande vitesse, en entraînera une certaine quantité qui sera prise entre les dents de sa garniture. Ces filaments, rencontrant plus tard un des cylindres C, dont les dents sont à une très-petite distance

(1) Les garnitures de cardes se faisaient autrefois à la main ; aujourd'hui cette fabrication est exécutée, dans les Ardennes et à Louviers, par une machine inventée par un Américain, M. Amos Whitmore. Cette machine, d'un mécanisme trop compliqué pour que nous en décrivions ici les détails, est l'une des plus ingénieuses que nous connaissions ; c'est un chef-d'œuvre de mécanique, exécutant avec une précision admirable un travail que l'on avait cru jusqu'ici ne pouvoir être exécuté que par la main de l'homme. Le ruban de carde, en cuir ou en feutre, se déroule d'une manière continue : le fil métallique qui doit faire les dents est enroulé sur un dévidoir où des pinces vont le chercher ; il est coupé par des couteaux à la longueur voulue, conduit à deux doigts qui le replient carrément et l'enfoncent dans les trous percés dans le ruban par un outil appelé *perceur* : un autre organe nommé *croqueur* courbe les dents placées dans le ruban. Cet admirable appareil est appelé *machine à bouter les cardes*.

de celles du tambour, vont se trouver pris entre les deux systèmes de dents qui sont disposées en sens contraire, et le grand tambour marchant beaucoup plus vite que le cylindre, celui-ci tendra à retenir à lui les filaments que le tambour tendra au contraire à entraîner ; de là un redressement des fibres pliées et entrecroisées, de là aussi un commencement de parallélisation. On comprend que la même opération se répétant autant de fois qu'il y a de cylindres sur la surface du grand tambour, les fibres vont subir des redressements successifs, se paralléliser et se débarrasser des aspérités, des nœuds et des impuretés qu'elles renferment. Les cylindres sont nettoyés des fibres et impuretés qu'ils retiennent par d'autres cylindres *n*, à dents plus longues, qui sont placés au-dessous d'eux.

Du côté opposé à celui où le coton est livré, on voit un dernier cylindre V, appelé *volant*, chargé de reprendre au tambour le coton cardé ; tangentiellement à ce volant se meut, d'un mouvement de va-et-vient vertical, un peigne battant formé d'aiguilles droites, qui prennent les fibres sur le volant et les sortent à l'état de nappe très-fine formée par leur juxtaposition ; cette nappe passe, à la sortie du peigne, dans un entonnoir au milieu duquel elle est obligée de se comprimer et de se transformer en un ruban. Celui-ci, est repris, à la sortie de l'entonnoir, par des cylindres lamineurs, qui le versent dans des pots cylindriques de fer-blanc disposés derrière la machine. (Voyez plus loin (fig. 267), sur la carde à laines, le mouvement du peigne battant.)

Le plus souvent la partie supérieure des cardes à coton n'est pas munie de cylindres, mais de plaques fixes sur lesquelles on a monté des garnitures de cardes. Ces plaques, nommées *chapeaux*, sont enlevées de temps en temps pour qu'on puisse les nettoyer. La question de nettoyage des garnitures est excessivement importante, puisque le cardage devient défectueux dès qu'elles sont chargées de bourre et de corps étrangers. Aussi a-t-on imaginé des cardes qui se débourrent automatiquement : nous citerons la carde Platt, dans laquelle les chapeaux peuvent être considérés comme les anneaux d'une chaîne sans fin C, C', C'' (fig. 261). Cette chaîne est mise en mouvement par la machine elle-même et, pendant qu'une partie des chapeaux travaille contre le tambour, les autres viennent se présenter à un cylindre muni de dents, appelé *hérisson*, qui les débourre ; puis ils aiguisent leurs dents contre une planche garnie d'émeri. Quant au grand tambour, il se nettoie contre un hérisson placé à la partie inférieure de la machine.

Les rubans fournis par la carde doivent être doublés et étirés pour que les défauts de l'un soient corrigés par les qualités de

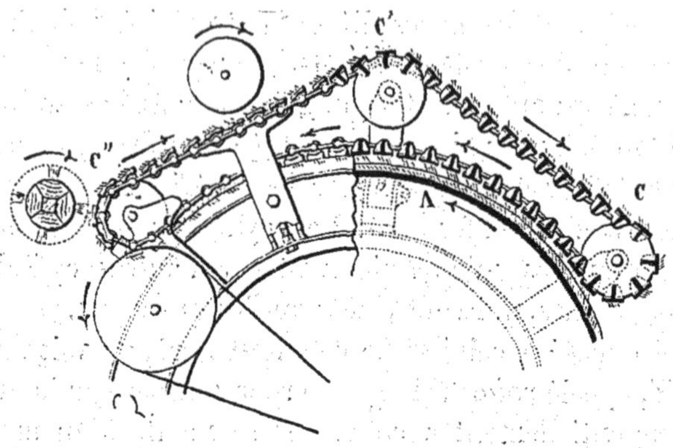

FIG. 261. — Nettoyage des chapeaux de carde.

l'autre. Les pots P (fig. 262) venant de la carde sont placés derrière les machines à étirer; les rubans qu'elles renferment su-

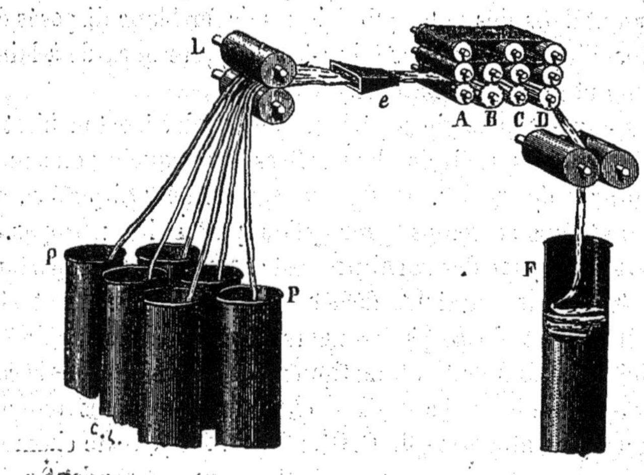

FIG. 262. — Doubleur étireur pour le coton.

bissent d'abord en L un laminage qui condense les fibres; puis six d'entre eux ordinairement passent dans un même entonnoir *e*, où ils se réunissent. A la sortie de l'entonnoir le ruban unique est étiré entre deux paires A et B de cylindres; la seconde tourne plus vite que la première et, par conséquent, produit l'étirage; à la suite des deux premières paires de cylindres sont deux autres paires C et D qui déterminent un nouvel étirage. Le ruban fourni par cette machine tombe dans un grand pot de

Fig. 263. — Mule-jenny ou métier à filer.

fer-blanc F où il est recueilli jusqu'à ce qu'on le livre à une seconde machine doubleuse et étireuse. En général, au bout de trois opérations semblables, les rubans doivent subir un commencement de torsion dans des bancs à broches analogues à ceux que nous avons décrits pour le lin, mais ne présentant pas de guils. Sur ces bancs, le coton est encore doublé, quoique dans une moindre proportion, étiré et tordu. Après avoir passé dans deux ou trois bancs à broches, il arrive au métier à filer.

Il y en a deux sortes : le métier à *filature continue* et la *mule-jenny*.

Le jeu du métier continu repose sur les mêmes principes que le métier à filer employé pour le lin. Il sert à la filature des fils qui doivent avoir une grande tension, comme ceux que l'on destine à faire les chaînes des tissus.

Quant à la mule-jenny, elle produit la torsion du fil par un mécanisme tout différent de celui du métier continu. Les bobines venant des bancs à broches sont placées sur des axes verticaux disposés sur un *râtelier* (fig. 263) et autour desquels elles peuvent tourner librement. Le ruban T, en les quittant, passe à travers une première paire de cylindres lamineurs, qui par leur mouvement l'attirent et le font dérouler de la bobine. En sortant des cylindres lamineurs, il passe en A entre des cylindres étireurs, puis entre deux paires de cylindres lamineurs et étireurs qui le livrent à l'appareil de torsion. Celui-ci se compose d'un chariot mobile ayant la largeur du râtelier et pouvant s'en éloigner ou s'en rapprocher alternativement en glissant sur des rails. Ce chariot porte une série de broches inclinées qui reçoivent d'un tambour T un mouvement de rotation très-rapide; sur ces broches on fixe à frottement les bobines B sur lesquelles doit s'enrouler le fil tordu, et l'on attache à chacune des broches le bout du fil F sortant d'une paire de cylindres. Par le mécanisme de la machine, le chariot s'éloigne à mesure que les cylindres fournissent, et, pendant ce recul, les broches tournent rapidement et tordent le fil comme le faisait l'ailette du métier continu. Quand le chariot est arrivé à l'extrémité de sa course, il s'arrête : la longueur de fil F qui a été livrée par les cylindres s'appelle *aiguillée*. Pendant cet arrêt du chariot, les cylindres cessent de livrer. Il faut maintenant renvider sur la bobine l'aiguillée de fil ; pour cela l'ouvrier repousse le chariot vers le bâti et agit sur une roue V qui fait tourner les broches plus lentement que tout à l'heure et produit le renvidage : pour que ce renvidage se fasse sur toute la hauteur de la bobine, il abat sur tous les fils une baguette de fer D qui les abaisse progressivement ; en même temps une autre tringle E, placée au-dessous des fils, les soutient et maintient leur développement. Lorsque le chariot est revenu au point de départ, l'aiguillée est renvidée et le mouvement recommence. L'habileté de l'ouvrier consiste surtout dans le maniement de la baguette qui détermine le renvidage.

On fait maintenant des métiers renvideurs mécaniques appelés *self-acting*, dans lesquels tout se fait automatiquement : l'ouvrier n'a qu'à régler son métier et à s'occuper du rattachement des fils cassés. La figure 264 représente un self-acting.

Les fils destinés à la chaîne ou à être doublés sont ensuite transformés en écheveaux par un dévidage.

La grosseur des fils de coton est indiquée par un numérotage

FIG. 264. — Self-acting ou métier renvideur automatique.

qui repose sur la convention suivante : 1000 mètres de fil simple n° 1 doivent peser 500 grammes; 2000 mètres du n° 2 doivent peser 500 grammes, et ainsi de suite.

LAINE.

La laine est une matière textile qui nous est fournie par la toison du mouton; elle a été employée de tout temps à la confection des vêtements de l'homme. Le brin de laine n'est pas une

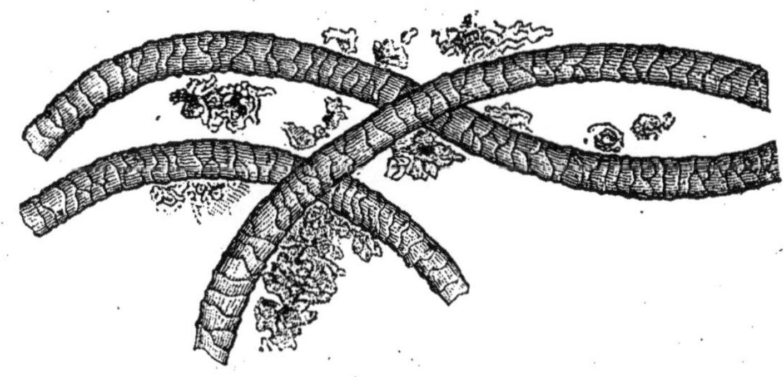

FIG. 265. — Brins de laines vus au microscope avant le désuintage.

fibre lisse comme la soie, le lin et le coton (fig. 265). Lorsqu'il a été débarrassé des corps gras qui le recouvrent et que l'on appelle *suint*, il paraît, au microscope (fig. 266), formé d'une série de calottes coniques qui s'emboîtent l'une dans l'autre et présentent l'aspect qu'offriraient des dés à coudre emboîtés. Le brin de laine n'est pas en général rectiligne, il est plus ou moins contourné ou vrillé; c'est encore là un de ses caractères distinctifs, quoique toutes les laines ne le possèdent pas au même degré. Celles qui sont à peine ondulées sur leur longueur sont désignées sous le nom de *laines lisses*. La longueur du brin de laine est très-variable d'une espèce à l'autre : elle varie de 2 à 30 centimètres. Certaines laines d'Australie donnent des brins de 2 centimètres, tandis qu'on rencontre dans les laines de la Gallicie des brins de 30 centimètres.

La finesse, la résistance ou nerf, la souplesse et la douceur de la laine sont encore des qualités de la plus haute importance quant à ses applications.

On peut classer les laines à bien des points de vue; nous donnerons la division généralement adoptée qui comprend trois classes: 1° les *laines mérinos*, qui sont les plus estimées; 2° les *laines communes*, qui représentent les qualités inférieures; 3° les *laines métis*, qui, provenant du croisement entre des béliers mérinos et des brebis d'une race commune, ont des qualités intermédiaires, mais qui souvent se rapprochent beaucoup des laines mérinos.

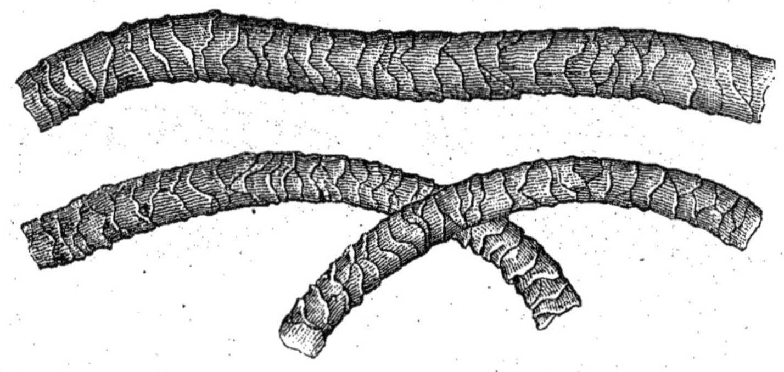

FIG. 266. — Brins de laine vus au microscope.

Nous ajouterons aussi que sous le rapport de l'usage qu'on peut en faire, les laines se divisent en *laines courtes*, dont la longueur ne dépasse pas 8 à 10 centimètres, et en *laines longues*, dont la longueur est supérieure.

La France fait un commerce considérable de laines; la Beauce, la Champagne, la Brie, la Picardie fournissent des qualités estimées, mais l'importation entre pour une proportion considérable dans la consommation. L'Australie, l'Allemagne, etc., nous expédient de grandes quantités de ce textile; l'importation des laines brutes en France a été, en 1866, de 86 263 400 kilogrammes.

Les opérations que la laine doit subir pour être transformée en fils varient avec sa nature. Nous distinguerons la filature des laines *longues*, ou laines destinées à être *peignées*, et la filature des laines *courtes*, ou destinées à être *cardées*. Cette différence dans les opérations provient des qualités différentes que doivent avoir les tissus fabriqués avec ces deux espèces de fils, les laines longues étant employées à la fabrication des lainages ras, les laines courtes devant servir à celle des étoffes feutrées ou à surface velue. On comprend en effet que lorsque les filaments ont été tordus en fils, les extrémités de ces filaments sortent toujours en plus ou en moins grand nombre de la surface du fil ; plus les laines sont longues, moins, sur une longueur déterminée de fil, il sortira d'extrémités filamenteuses, plus le fil sera lisse et plus l'étoffe qu'il fournira sera rase. Le contraire aura lieu avec les laines courtes.

LAINES PEIGNÉES.

L'industrie de la laine peignée est très-développée en France. Nous possédons actuellement environ 1800000 broches concourant à sa fabrication ; les départements qui figurent au premier rang sont les suivants : Nord, 900000 ; Marne, 137000 ; Somme, 115000 ; Ardennes, 112000 ; Haut-Rhin, 100000 ; Aisne, 70000.

La laine est d'abord triée à la main : car ses qualités varient non-seulement suivant la nature de la toison, mais aussi d'un point à l'autre de la même toison.

A l'état naturel, la toison du mouton est recouverte d'une substance huileuse et grasse qu'on appelle *suint*, qui salit la laine et qui maintient adhérents à sa surface beaucoup de corps étrangers : il est donc important de dégraisser les filaments. Tantôt ce dégraissage est commencé par le marchand de laines qui, avant de tondre le mouton, le lave dans un courant d'eau froide : c'est le *lavage à dos ;* tantôt aussi le lavage de la toison a lieu à froid après la tonte : c'est le *lavage à froid.* Souvent il se fait à l'eau chaude entre 60 et 70 degrés : c'est le *lavage marchand.* Enfin la laine, arrivée dans les usines, est lavée à l'eau pure, puis dans plusieurs bains de soude ou de potasse et de savon qui la dégraissent parfaitement : c'est le *lavage à fond.* Cette dernière opération s'exécute à la main ou mécaniquement. Dans le premier cas, les ouvriers armés de fourches de bois remuent la laine et la font avancer dans le liquide, avec beaucoup de précaution pour ne pas la froisser ; dans le second cas, ce mouvement est produit par des fourches de fer installées au-dessus des bains. Après le lavage, la laine encore mouillée passe entre deux cylindres lamineurs, où elle subit une pression qui exprime la plus grande quantité d'eau. Enfin le séchage est achevé dans un appartement où elle est traversée par un courant d'air qu'y lance un ventilateur.

La laine, après avoir reçu une certaine quantité d'huile d'olive qui a pour but de la lubrifier et de faciliter son glissement dans les machines, subit un cardage destiné à l'épurer des matières étrangères et des filaments courts. La carde à laine peignée n'est point munie de chapeaux comme les cardes à coton ; le grand tambour (fig. 267) est entouré sur toute sa surface de paires de cylindres plus petits tournant en sens contraire et appelés l'un *travailleur* et l'autre *nettoyeur*. Le tambour prend les filaments aux cylindres alimentaires et les amène à la rencontre d'un travailleur qui commence à les peigner ; mais dans cette rencontre une certaine quantité de brins sont restés entre les dents du travailleur : ces brins sont repris par le nettoyeur, qui les rend lui-même au tambour. De proche en proche la laine arrive vis-à-vis d'un cylindre de cardes, nommé *volant*. La garniture de ce cylindre est armée de dents plus souples qui, pénétrant dans la denture du tambour, ramènent à la surface les filaments entrés plus ou moins profondément dans les intervalles des dents, et un dernier travailleur reprend au tambour la laine qu'elle lui présente. Un peigne battant détache les filaments sous forme d'une nappe qui se transforme en ruban comme dans les cardes à coton. Ce ruban ainsi formé se compose de filaments ayant subi un commencement de parallélisation, mais renfermant encore des nœuds, des boutons et des filaments courts qu'il faut en extraire : c'est l'opération du *pei-*

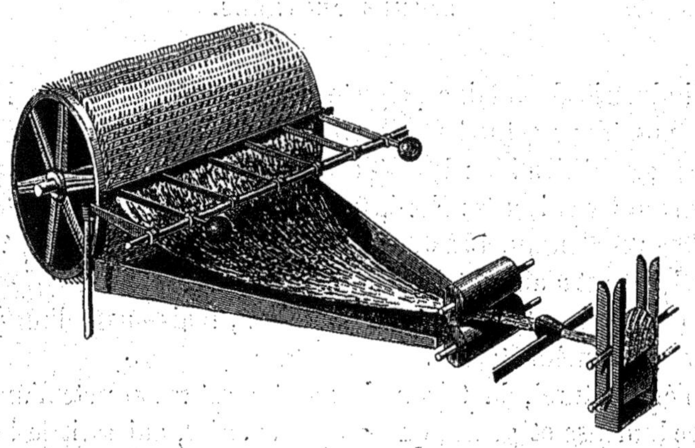

FIG. 267. — Carde à laine : détail du peigne battant.

FIG. 268. — Carde à laine.

gnage qui atteindra ce but. Pour diminuer le déchet qu'occasionne le peignage, il importe de préparer mieux encore le ruban.

Cette préparation se fait à l'aide de machines dans lesquelles la laine subit à la fois des doublages et des étirages. La première

Fig. 269. — Défeutreur étireur.

machine est le *défeutreur*. Elle est analogue aux machines d'étirage employées pour le coton, mais elle a subi des modifications nécessitées par la nature des filaments. En raison de leur longueur supérieure à celle des brins de coton et de leur tendance à se contourner, on a disposé entre les deux paires de cylindres lamineurs et étireurs des peignes cylindriques dont les dents entrant dans les rubans isolent les fibres, les empêchent de se recourber et les présentent aussi droites que possible à l'action des cylindres étireurs. Les figures 269 et 270 montrent l'ensemble et les détails d'un *défeutreur étireur*. Deux rubans provenant de bobines placées sur un râtelier traversent les entonnoirs *o o* (fig. 270),

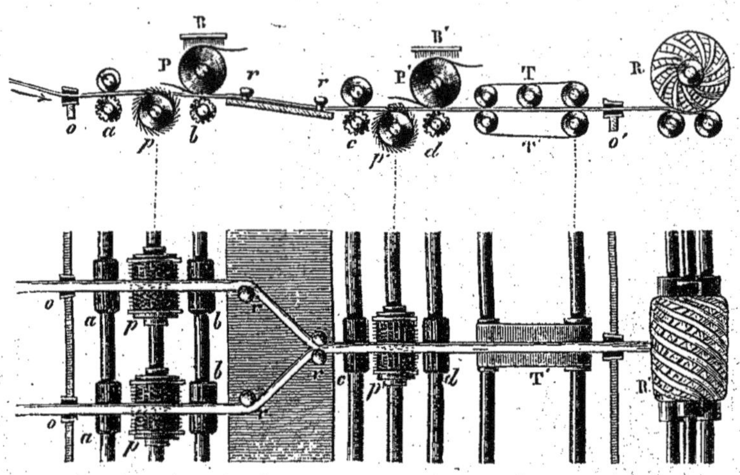

FIG. 270. — Défeutreur-étireur : détails.

passent entre des cylindres *a* dont l'un est cannelé, de là sur un peigne cylindrique *p*, ensuite entre les étireurs *b*. Après ce premier étirage, ils se doublent en venant se confondre sur une table *r r r*, subissent l'action du système *c*, *p'*, *d*, semblable au précédent, et le ruban unique, après s'être laminé entre deux toiles sans fin T T', passe dans l'entonnoir *o'* pour aller s'enrouler sur la bobine R. A la sortie du défeutreur, la laine est soumise à un dégraissage à l'eau de savon. Ce dégraissage s'exécute dans des machines appelées *lisseuses*, où à l'action d'un bain de savon succède la pression de cylindres chauffés à la vapeur qui font subir à la laine une espèce de repassage.

A la lisseuse succède l'action de deux à quatre machines à doubler et à étirer.

Le peignage, qui a pour but d'isoler les boutons et les filaments courts des longs brins, se pratiquait autrefois à l'aide de peignes manœuvrés à la main par des ouvriers, qui peignaient environ 1 kilogramme de laine par jour. Aujourd'hui il est exécuté par des machines qui ont l'avantage de faire un travail beaucoup plus parfait et plus productif. L'invention de la peigneuse, qui est due à Heilmann, a produit une véritable révolution dans l'industrie de la laine. Nous ne pouvons aborder ici l'étude des différentes peigneuses; nous décrirons seulement la peigneuse Schlumberger, qui

Fig. 271. — Peigneuse Schlumberger : organes travailleurs.

est une modification de la machine inventée par Heilmann en 1849; elle est, avec les peigneuses Holden et Noble, une de celles que l'on emploie le plus, et a sur cette dernière l'avantage de faire un travail plus parfait, mais l'inconvénient de produire moins. Nous en décrirons les organes travailleurs et, pour ne pas nuire à la clarté de l'exposition, nous laisserons de côté les nombreux organes mécaniques qui transmettent le mouvement aux organes travailleurs.

Les rubans de laine L L (fig. 271) provenant des bobines placées derrière la machine sont engagés, au commencement de l'opération, dans une boîte B, plate et à jour, formée par la superposition à petite distance de deux plaques de fer dans lesquelles on aperçoit des fentes disposées parallèlement et dans le sens de la longueur. On voit sur la figure que la laine entre par la partie supérieure de la boîte; elle en sortira par une autre ouverture parallèle et formée, comme l'ouverture d'entrée, par l'intervalle que laissent entre elles les deux plaques, qui sont ajustées de manière que les fentes de chacune soient en face des fentes de l'autre. Près de cette boîte et

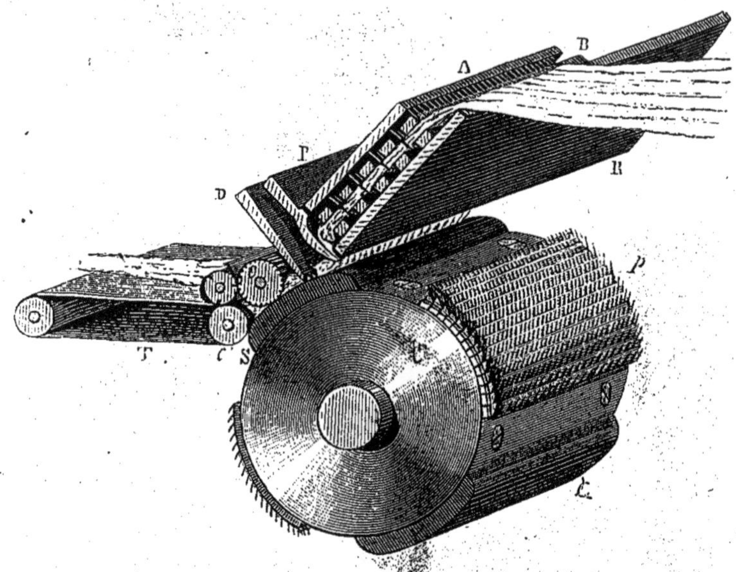

Fig. 272. — Peigneuse Schlumberger : premier détail.

au-dessus d'elle est une plaque A, munie d'autant de rangées de dents qu'il y a de fentes dans la boîte précédente. Cette plaque est animée d'un mouvement de bascule qui fait entrer ses dents dans les fentes de la boîte et les en fait sortir alternativement. L'ensemble formé par la plaque et par la boîte est aussi animé d'un mouvement de va-et-vient qui le fait glisser sur une tablette de fer R (fig. 272) et le porte tantôt en avant, tantôt en arrière de la machine. Enfin, un peu en avant de la boîte se trouve disposée une pince P qui est parallèle à son bord inférieur et dont les mâchoires, garnies de caoutchouc, peuvent s'ouvrir et se fermer alternativement.

Avant d'aller plus loin dans la description de cette admirable machine, voyons comment elle s'alimente elle-même et comment la laine y entre peu à peu pour venir à sa sortie se présenter aux organes, qui doivent la peigner. Au début de l'opération, on engage les rubans de laine dans la boîte de manière à les faire sortir et pendre un peu en dehors de cette boîte, que nous supposerons à l'arrière de sa course. En ce moment les dents de la plaque A entrent dans la boîte et, par suite, traversent les rubans qu'elle renferme; si la boîte se porte d'arrière en avant, les rubans retenus par les dents la suivront dans son mouvement et feront tourner les

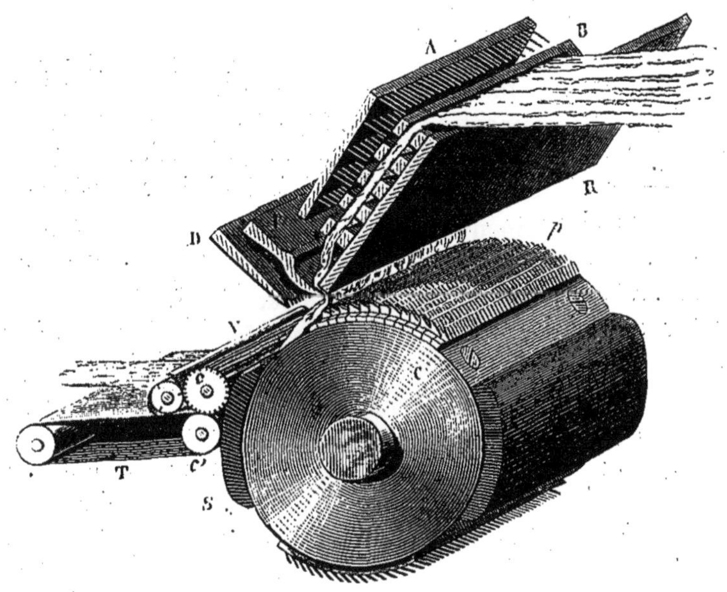

Fig. 273. — Peigneuse Schlumberger : deuxième détail.

bobines qui laisseront dévider une petite quantité de laine. Arrivée en avant, à l'extrémité de sa course, la boîte présente la portion de laine qui pend au-dessous de son ouverture inférieure, à l'action de la mâchoire ; celle-ci se ferme (fig. 272), laissant pendre en dehors d'elle l'extrémité des rubans qui va être peignée. Supposons maintenant que la boîte se reporte d'avant en arrière, et qu'avant de commencer ce mouvement la plaque A bascule de manière que ses dents sortent des fentes où elles s'étaient engagées : il est évident que, les rubans ne pouvant retourner en arrière, puisque leur extrémité est prise dans la pince, et se trouvant libres par la sortie des dents de la plaque A, la boîte va glisser le long de ses rubans et avaler en quelque sorte la quantité de laine qui s'est dévidée des bobines au mouvement précédent, pendant qu'une quantité égale sortira par l'ouverture inférieure.

Voyons maintenant comment s'effectue le peignage. Au-dessous de la mâchoire se trouve un cylindre C horizontal, dont la surface est formée par des segments alternés, les uns garnis de dents, les autres de cuir, et laissant entre eux des intervalles vides; ce cylindre est animé d'un mouvement de rotation autour de son axe. Pendant que l'extrémité du ruban serrée entre les mâchoires de la pince pend en dehors d'elle, un segment denté *p* (fig. 273) vient la peigner et lui prendre les boutons et les filaments courts. Quand le segment a passé, la mâchoire s'ouvre (fig. 272) et la partie peignée, appuyée sur le segment en cuir S, se trouve en présence de deux cylindres *c*, *c'* qui tournent en sens inverse et dont l'un est cannelé; ces cylindres saisissent dans leur intervalle les brins peignés, les entraînent dans leur mouvement de rotation et les déposent sur un tablier sans fin T, situé en avant d'eux et qui tourne d'un mouvement continu. Avant que toute une mèche arrachée par les cylindres soit passée sur le tablier sans fin, une autre mèche vient se superposer sur la partie postérieure de la précédente, se soude à elle, et, à la sortie des cylindres, ces mèches successives constituent un ruban continu qui, après avoir passé dans un entonnoir E (fig. 271), s'engage entre deux cylindres lamineurs chargés de le verser dans un grand pot de tôle J situé sur le devant de la machine.

Ajoutons qu'au moment où les cylindres saisissent la mèche peignée et entraînent ses filaments, il pourrait arriver que l'extrémité postérieure de ceux-ci encore engagée dans la partie non peignée du ruban entraînât avec eux des boutons. Pour éviter cet inconvénient, un peigne rectiligne D se présente à eux et arrête les boutons qu'ils emportent.

On comprend que pendant que la pince est restée ouverte, la boîte d'alimentation dont nous avons parlé a reculé, a descendu un peu et une nouvelle longueur de ruban est venue se placer entre ses mâchoires qui se referment, et ainsi de suite.

Quant au peigne C, qui par son travail se remplirait bientôt de filaments courts et de boutons, il est nettoyé par une brosse cylindrique F qui les lui prend et les cède à un cylindre G muni d'une garniture de carde. Celui-ci en tournant les présente à un peigne battant H, d'où ils tombent sur une lame convexe inclinée et chargée de les conduire dans une boîte située au-dessous de la machine.

La peigneuse Schlumberger est une des meilleures peigneuses connues; et, par suite d'un perfectionnement tout récent inventé par MM. Beugniet frères, peigneurs de laine à Amiens, elle va certainement devenir la plus parfaite. Par l'addition d'une brosse, qui force les filaments à entrer complétement dans le peigne cylindrique, la qualité du travail est très-augmentée et le rendement de la machine est accru. La peigneuse Schlumberger ordinaire peut peigner de 25 à 30 kilogrammes de laine par jour; la modification inventée par MM. Beugniet porte ce rendement à 50 kilogrammes au minimum. Cette machine ainsi modifiée donne moins de déchet, devient capable de travailler toute espèce de laines, tandis que ses rivales ne s'appliquent qu'à des qualités déterminées.

Les filaments courts provenant du peignage sont appelés *blouse* et sont vendus aux filateurs de laine cardée.

Après le peignage la laine entre en filature. S'il s'agit de laines longues, comme les laines anglaises, les laines de Hollande, etc., il faut, avant la filature proprement dite, leur communiquer une légère torsion qui, donnant plus de consistance au ruban, permettra de le travailler plus facilement. Cette torsion lui est donnée sur des bancs à broches où il est soumis à un étirage; après plusieurs passages au banc à broches, le ruban est livré au métier continu, sur lequel il est filé.

Quand il s'agit, au contraire, de laines plus courtes, comme les laines dites *mérinos*, on se contente de faire passer le ruban sur des doubleuses étireuses, où il subit en même temps une friction qui le roule sur lui-même. Il suffit pour cela qu'en même temps que les cylindres lamineurs et étireurs tournent, l'un d'eux soit animé d'un mouvement de va-et-vient dans le sens de sa longueur. Le ruban acquiert ainsi plus de consistance. Après huit ou neuf passages sur les étireuses, il est filé sur la mule-jenny ou sur le self-acting.

Pour les chaînes des tissus et pour un assez grand nombre d'articles, les fils obtenus en filature subissent l'opération du *retordage*, qui fait souvent l'objet d'une industrie spéciale et consiste à assembler plusieurs fils sur une première machine, puis à les retordre ensemble sur un appareil analogue au métier continu, mais ne présentant pas d'étirage.

Les fils de laine sont désignés dans le commerce par des numéros indiquant leur grosseur. Voici la convention sur laquelle repose ce numérotage.

L'ancien numérotage, qui est encore très-usité, donne le n° 1 à un fil qui pour une longueur de 700 mètres pèse 500 grammes, le n° 2 à un fil qui pour une longueur de deux fois 700 mètres, ou 1400 mètres, pèse 500 grammes, et ainsi de suite.

Le nouveau numérotage, ou *numérotage métrique*, donne le n° 1 à un fil qui pour une longueur de 1000 mètres pèse 500 grammes, et le n° 2 à un fil qui pour une longueur de 2000 mètres pèse 500 grammes.

LAINES CARDÉES.

Nous avons vu que, pour les tissus à surface plus ou moins velue, il y avait intérêt à employer des laines courtes. Ces laines sont en général travaillées à la carde, qui les prédispose au feutrage. Avant d'étudier la filature de la laine cardée, nous expliquerons ce que c'est que le feutrage. Si l'on prend un certain nombre de filaments de laine, qu'on les presse dans tous les sens par l'action de pilons qui les remuent constamment, on verra peu à peu ces filaments s'enchevêtrer et constituer par leur entrecroisement une véritable étoffe, appelée *feutre*. Cet enchevêtrement ne se fait et n'acquiert de solidité que parce que les brins s'accrochent l'un à l'autre par les stries et aspérités qui résultent de l'emboîtement des cônes formant la fibre, et il est évident qu'il se produira d'autant mieux que les fibres seront mieux disposées en sens contraire (tête à pied, s'il est permis d'employer cette expression).

Supposons maintenant que l'action de foulage dont nous venons de parler soit subie par une étoffe dont les fils seront formés à l'aide de fibres placées en sens contraire ; ces fils vont se feutrer, se condenser et l'étoffe acquerra un moelleux, une épaisseur qui font le caractère des draps et de toutes les étoffes foulées. Pour obtenir ces effets, on emploie des laines courtes que l'on ne peigne pas, mais que l'on carde, cette opération ayant pour effet, comme nous le verrons, de placer les filaments dans les conditions requises.

Les détails donnés précédemment pour la laine peignée et le coton vont nous permettre d'exposer rapidement le travail subi par les laines cardées.

Les opérations successives sont le *triage*, le *désuintage*, le *séchage*, qui ont le même but que pour la laine peignée. La matière textile est ensuite ouverte et débarrassée des pailles, brins de bois et saletés qu'elle contient, par une machine nommée *batteuse*, qui se compose essentiellement d'une boîte garnie intérieurement de dents; dans cette boîte tournent quatre ailes armées aussi de dents coniques; la laine prise entre les dents fixes et les dents mobiles s'ouvre et se sépare des pailles; par le mouvement même de la machine, elle passe de l'extrémité par laquelle elle est entrée dans la boîte jusqu'à l'autre extrémité, où se trouve une ouverture qui permet de la faire sortir. Quand les laines renferment des chardons, elles sont livrées à des machines appelées *échardonneuses*, dans lesquelles elles subissent d'abord un battage, puis sont soumises à l'action de brosses et de peignes cylindriques dentés qui les débarrassent des chardons. Nous ne décrirons pas ces machines; nous citerons l'échardonneuse et la batteuse Mercier, qui sont très-estimées.

Après un second triage, les laines passent à une machine nommée *loup*, qui a pour effet de mélanger les filaments de natures diverses, de donner de l'homogénéité à la masse et d'achever le travail du battage qui doit ouvrir et assouplir la laine. Puis on la mélange à une certaine quantité d'huile qui facilitera son glissement dans les cardes : c'est l'opération de l'*ensimage*.

Ces préparations faites, on procède au cardage qui s'exécute dans trois cardes successives. La première, appelée *briseuse*, fournit une nappe ou matelas qui s'enroule sur un tambour disposé à l'extrémité de la carde. Dans cette machine, les cylindres alimentaires, au lieu de fournir directement la laine au gros tambour, la donnent à un cylindre nommé *roule-ta-bosse*, qui débarrasse les filaments des corps étrangers et ménage ainsi les garnitures des organes suivants.

On comprend facilement que le jeu de la carde, tout en peignant légèrement les fibres et en les séparant des impuretés, les place, l'une par rapport à l'autre, dans les positions favorables au feutrage. L'opération se continue sur une seconde carde nommée *repasseuse*, à laquelle on livre le matelas fourni par la briseuse. Enfin le matelas sortant de la repasseuse est transformé en rubans ou boudins par une dernière carde dite *finisseuse*. A cet effet, il y a deux cylindres chargés de reprendre la laine au gros tambour; ces cylindres, au lieu d'être munis de dents de cardes dans toute leur largeur, sont munis de bagues faites en garniture de cardes et séparées par des intervalles lisses. Les bagues de l'un correspondent aux intervalles lisses de l'autre, et réciproquement, de sorte que la laine, au lieu de sortir en une nappe unique d'une largeur égale à celle du tambour, sort en ruban d'une largeur égale à celle de ces bagues. Ces rubans sont roulés sur eux-mêmes et transformés en boudins par le mouvement longitudinal d'un cylindre tournant en même temps autour de son axe et appelé *rota-frotteur*.

De là ils passent aux appareils à filer, qui sont, soit le métier continu pour les chaînes, soit la mule-jenny ou le self-acting pour les trames. Dans la filature des laines cardées, les cylindres délivreurs et étireurs de la mule-jenny ne livrent pas pendant tout le temps que le chariot roule. La torsion se fait en trois temps : 1° livraison et torsion simultanées ; 2° les cylindres cessent de livrer et le chariot reculant étire et tord en même temps ; 3° le chariot s'arrête lui-même et continue la torsion.

CHAPITRE IV

FABRICATION DES TISSUS

Les différents tissus qui servent, soit à la confection de nos vêtements, soit à d'autres usages, sont formés par l'entrelacement régulier de fils de soie, de lin, de chanvre, de laine ou de coton. Le mode d'entrelacement constitue la nature du tissu, et comme ce mode peut varier à l'infini, les espèces de tissus sont elles-mêmes très-nombreuses. L'étude de ces espèces et des procédés de fabrication fait l'objet d'une véritable science, qui a ses lois et ses principes parfaitement définis. Nous ne pouvons avoir la prétention de traiter ici avec développements un sujet aussi vaste ; nous essayerons seulement d'en exposer les points les plus importants.

On divise ordinairement les différentes étoffes en six groupes principaux : 1° les étoffes unies ou à armure fondamentale; 2° les étoffes à armure dessin; 3° les étoffes à dessins artistiques; 4° les étoffes à fils relevés; 5° les étoffes à fils sinueux; 6° les étoffes à mailles.

Les tissus compris dans les cinq premiers groupes ont un caractère commun, celui d'être composés de fils de deux espèces : les fils de chaîne, qui sont disposés parallèlement à eux-mêmes suivant la longueur de l'étoffe, et les fils de trame, qui sont au contraire placés suivant la largeur. La chaîne, devant supporter une tension assez forte sur le métier à tisser, est en général plus résistante que la trame. Les fils destinés à la fabrication des chaînes et des trames doivent avant le tissage subir des préparations que nous allons d'abord indiquer.

La première opération pour les fils de chaîne est l'*ourdissage*, qui a pour but de disposer parallèlement à eux-mêmes autant de fils qu'il doit y en avoir dans la largeur de l'étoffe. Cette opération se fait sur une machine nommée *ourdissoire*, dont la forme varie, mais que l'on peut comparer à un grand dévidoir sur lequel s'enroulent les fils des bobines venant de la filature. Les fils en quittant

FIG. 274. — Ourdissoire.

les bobines passent à travers les dents d'un peigne (fig. 274) qui, se déplaçant verticalement, les distribue sur un grand dévidoir animé d'un mouvement de rotation autour d'un axe vertical. Par un artifice particulier que nous ne décrirons pas, non-seulement l'ourdissage range les fils parallèlement à eux-mêmes, mais il les dispose de manière qu'ils ne puissent pas se mêler en montant les uns sur les autres.

La résistance des fils de chaîne est augmentée par une opération qu'on appelle *encollage* ou *parage*, et qui consiste à les tremper dans une pâte de farine et d'amidon. Cette préparation a aussi pour effet de rendre leur surface plus lisse et de l'empêcher de s'érailler au contact de la navette du tisserand. L'encollage se fait à la main, ou mieux à l'aide de machines dont le fonctionnement, malgré leur variété, consiste toujours à faire passer les fils dans un bain d'encollage, à la sortie duquel ils vont s'enrouler sur un cylindre appelé *ensouple*, après avoir été séchés dans l'intervalle par l'action d'un ventilateur ou de tubes chauffés à la vapeur. La résistance et l'élasticité des fils de soie dispensent de les encoller.

Quant aux fils de trame, ils doivent être enroulés sur de petites bobines de papier nommées *canettes*, et ensuite sur des tiges de bois cylindriques, creuses ou demi-creuses, qui seront placées dans la navette du tisserand. Cette opération est exécutée par des machines appelées *canetières*. Leur construction est très-variée.

Tout est prêt maintenant pour le tissage et il n'y a plus qu'à monter l'ensouple sur le métier du tisserand.

ÉTOFFES UNIES OU A ARMURES FONDAMENTALES.

Les étoffes à armures fondamentales rentrent dans quatre types principaux : la *toile*, qui est le plus simple, le *batavia*, le *sergé* et le *satin*.

Nous allons expliquer le fonctionnement du métier à lames pour le cas le plus simple, c'est-à-dire pour le tissage de l'armure-toile.

A l'arrière d'un bâtis en bois (fig. 275) est placé un cylindre horizontal E nommé *ensouple*, sur lequel sont enroulés les fils de chaîne ourdis. Vers le milieu du métier, dans sa longueur, sont suspendus deux organes $L^1 L^2$, appelés *lames*. Chacune d'elles se compose de deux barres de bois reliées par des fils verticaux ou *lisses ;* au milieu de ces lisses se trouvent des anneaux ou *maillons*. Si l'on suppose que l'on numérote les fils de la chaîne en allant d'une lisière à l'autre, les uns seront pairs et les autres impairs. Chaque fil impair de la chaîne est passé dans un maillon de la lame n° 1, et chaque fil pair dans un maillon de la lame n° 2. A la sortie des lames, ces fils sont engagés entre les dents d'un peigne P, suspendu à un battant B, qui peut basculer autour d'un axe placé soit en haut, soit en bas du métier. Sur le devant du bâti est un rouleau R, sur lequel s'enroulera l'étoffe au fur et à mesure de sa fabrication.

L'ouvrier, assis sur le devant du métier, pose les pieds sur deux pédales ou marches M N, qui sont reliées aux lames par des fils et des leviers de différents noms, et disposés de telle sorte qu'en appuyant sur la pédale M avec le pied gauche, on lève la lame n° 1 et l'on abaisse la lame n° 2; qu'en appuyant sur la pédale N, on fasse l'inverse. L'ouvrier a à sa disposition une navette, c'est-à-dire un

FIG. 275. — Métier à tisser.

outil en bois qui a la forme d'une nacelle; cette navette est creuse vers son milieu, et l'on y place une canette ou bobine sur laquelle est enroulé le fil de trame, qui sort par un trou ou par une fente latérale (fig. 276).

Le métier étant préparé, supposons que l'ouvrier appuie sur la marche M : tous les fils de rang impair vont se lever et ceux de rang pair s'abaisser; il y aura ainsi deux nappes de fils de chaîne faisant entre elles un certain angle, comme le représente la figure théorique 277 (1). Tenant la navette de la main gauche, par exemple, il la fera glisser dans l'intervalle des deux nappes, perpendiculairement à la direction de la chaîne; la trame se déroulera de la canette, et quand la navette aura parcouru toute la largeur des deux nappes, elle aura inséré entre elles une longueur de fil appelée *duite*. L'ouvrier cessant d'appuyer sur la marche M, les fils vont

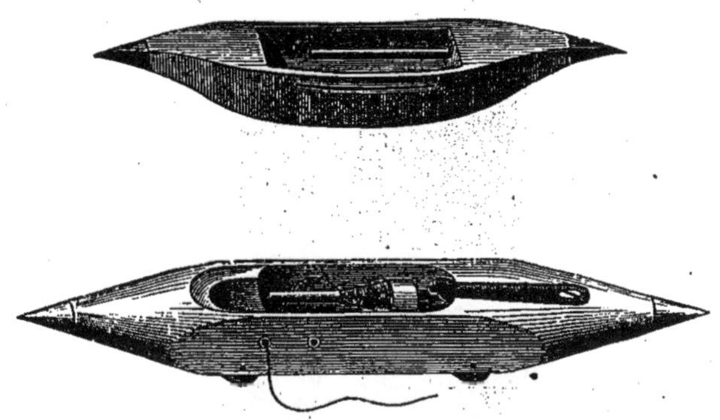

Fig. 276. — Navettes.

revenir à leur position primitive et la duite se trouvera prise entre les fils pairs et les fils impairs, mais sa direction sera plus ou moins régulière. Pour la bien fixer perpendiculairement à la chaîne, l'ouvrier amène à lui le peigne battant, dont les dents rencontrent la duite et la disposent perpendiculairement aux fils de chaîne. Cela fait, il appuie avec le pied droit sur la marche N qui lève à son tour les fils pairs et abaisse les impairs; dans le nouvel angle formé, le tisserand passe une nouvelle duite et ainsi de suite, de manière à produire un entrelacement de fils de chaîne et de trame tel qu'un même fil de chaîne passera successivement au-dessus et au-dessous des duites successives. On voit cet entrelacement sur la figure 277, où les fils de trame sont représentés par de petites baguettes horizontales.

Le plus souvent l'ouvrier ne manœuvre pas la navette à la main: elle se trouve dans une boîte placée sur le côté du peigne battant, et en tirant une corde convenablement disposée, il met en mouvement dans la boîte un taquet qui, frappant sur la navette, la lance

(1) Nous empruntons cette figure et plusieurs de celles qui vont suivre, au *cours de tissage* professé à la Société industrielle d'Amiens, par notre collègue et ami M. Edouard Gand.

de droite à gauche ; elle arrive dans une boîte symétrique située à gauche, et il l'en fait sortir, à la duite suivante, par le même moyen.

On s'explique très-bien que les différents mouvements que nous venons de décrire puissent se faire mécaniquement ; c'est là l'objet du tissage mécanique, dont les applications se développent chaque jour.

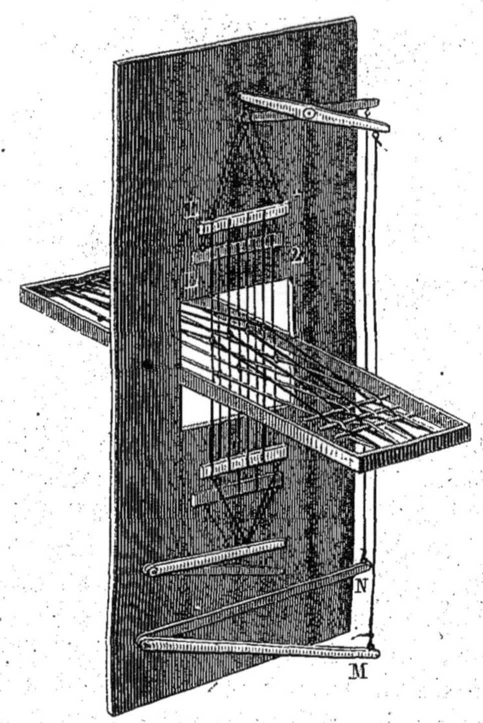

Fig. 277. — Théorie du métier à tisser.

La figure théorique 278 va nous permettre d'en exposer le principe. Supposons qu'il s'agisse de faire mouvoir mécaniquement la chaîne, de la lever et de l'abaisser successivement : on dispose sur le côté du métier un disque R, composé de segments circulaires présentant des saillies H convexes ; un levier L est relié à la lame par l'intermédiaire des leviers A et B ; il peut osciller autour de son extrémité et porte un *galet g* capable de rouler entre les saillies des segments, qui sont d'ailleurs mobiles comme les pièces d'un jeu de patience, et que l'on peut juxtaposer de différentes manières. Sur la figure, la juxtaposition est faite pour produire l'armure toile. En effet, quand le disque R tournera autour de son centre, le galet *g* parcourra les concavités C et les

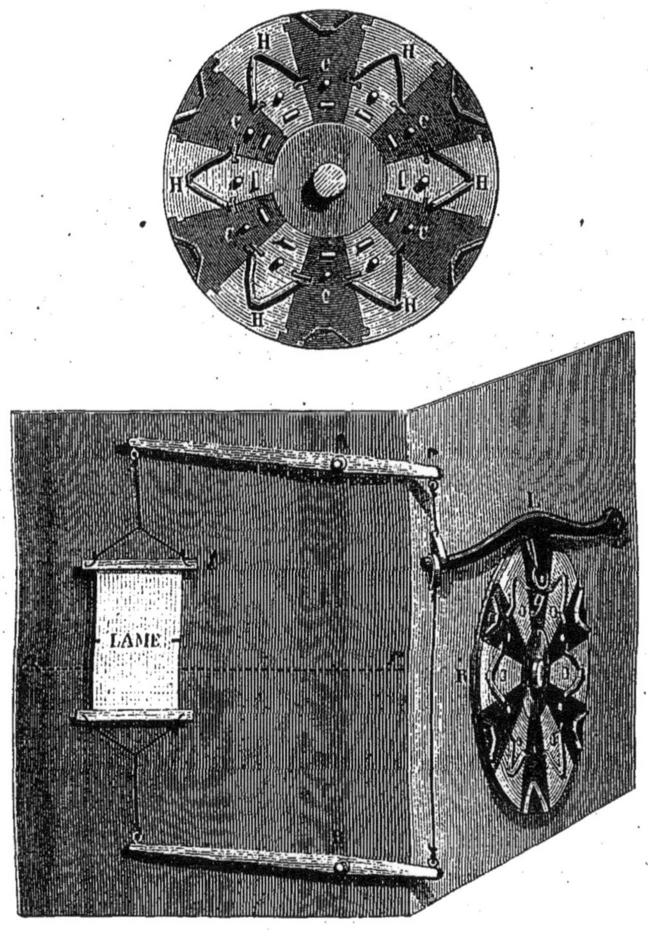

Fig. 278. — Tissage mécanique.

convexités H : il est facile de voir que, lorsque le galet montera sur une convexité H, la chaîne s'abaissera, et quand il descendra dans une concavité C, elle s'élèvera. Deux disques reliés chacun à une lame et mus mécaniquement détermineront donc le soulèvement des fils pairs et impairs. Si en même temps une navette est lancée entre les nappes de fils soulevés et abaissés, à chaque mouvement des lames, une duite pourra être insérée : un peigne battant, mû aussi mécaniquement, viendra faire l'office du peigne employé dans le tissage à la main.

Pour des étoffes à ornements plus compliqués, on aura recours à un nombre de disques égal à celui des lames, et le mouvement de ces lames sera produit, comme l'exige l'armure, par une disposition des segments spéciale à chaque cas.

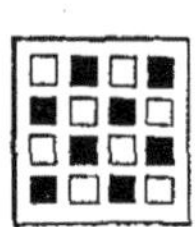

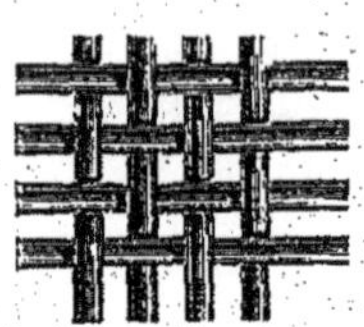

FIG. 279. — Armure toile avec sa mise en carte.

Lorsque le métier est monté et mis en train, l'étoffe se fabrique par l'effet même du mouvement des différentes pièces de la machine; l'ouvrier n'a qu'à la surveiller, à en régler la marche et à rattacher les fils cassés.

Les principales étoffes faites avec l'armure toile sont désignées sous les noms de *taffetas*, *gros de Naples*, *poult de soie*, *marceline*, *foulard*, etc. La figure 279 indique le mode d'entrelacement qui est le même pour tous ces tissus ; mais d'une étoffe à l'autre on fait varier l'aspect en employant des fils de trame ou de chaîne de grosseur différente.

En style de tissage, les fils levés par la lame reçoivent la dénomination de *fils pris ;* ceux qui sont abaissés sont appelés *fils laissés*. En sorte que si l'on examine les fils de la toile le long d'une même duite, en allant d'une lisière à l'autre, on trouvera comme succession un fil pris, puis un fil laissé, un fil pris, un fil laissé, et ainsi de suite. Aussi dit-on que l'armure toile a pour rhythme un *pris*, un *laissé*.

Nous avons dit plus haut comment l'ouvrier devait monter son métier pour faire de la toile, que les fils impairs de la chaîne étaient passés par lui dans les mailles de la lame n° 1, et les pairs dans ceux de la lame n° 2. Le montage du métier lui est indiqué par une figure appelée *mise en carte* et qui lui est donnée par celui qui commande l'étoffe. Cette figure est un damier dans lequel les bandes verticales (fig. 279) représentent les fils de chaîne, et les bandes horizontales les fils de trame ou les duites. A la première duite tous les fils impairs devront être levés, c'est-à-dire *pris;* on indique cela en peignant en noir ou en rouge les carrés impairs formés par l'intersection des bandes verticales avec la première bande horizontale, et en laissant en blanc les carrés pairs. A la seconde duite, tous les fils pairs devront être levés et les fils impairs laissés ; on l'indique en peignant tous les carrés pairs de la seconde bande horizontale et en laissant en blanc tous les carrés impairs.

La seconde armure fondamentale est le *batavia*. La figure 280 montre le mode d'entrelacement et la mise en carte. Cette armure est employée dans un grand nombre de tissus. Nous citerons les *cravates de soie*, les *châles cachemires*, les *mérinos*, les *escots*, les *anacostes*, etc. Tous ces tissus s'exécutent sur des métiers à quatre lames et à quatre pédales. L'armure *batavia* a pour rhythme deux *pris*, deux *laissés*, c'est-à-dire qu'à la première duite les fils 1, 2, 5, 6, 9, 10, etc., seront pris, et les fils 3, 4, 7, 8, 11, 12, etc., seront laissés, et ainsi de suite.

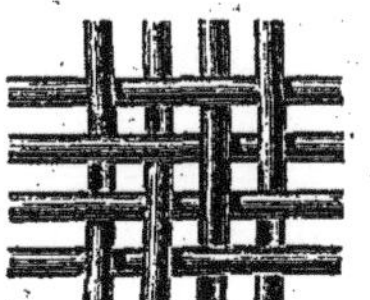
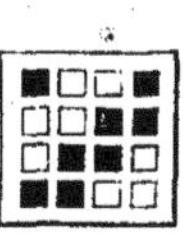

Fig. 280. — Armure batavia.

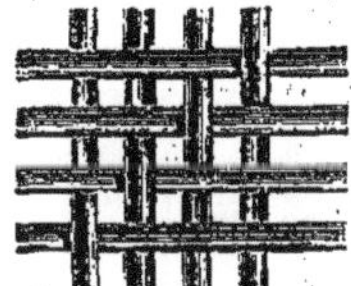

Fig. 281. — Armure sergé.

Le *sergé* est caractérisé par le rhythme un *pris*, trois *laissés*. La figure 281 représente la mise en carte et le mode d'entrelacement. Les principaux tissus faits avec cette armure sont le *sergé trois fils*, *article de Lyon* (chaîne et trame de soie), le *satin grec* (chaîne soie, trame laine), l'*éolienne* (chaîne soie, trame laine) ; la *levantine*, *article de Lyon* (chaîne et trame soie).

Fig. 282. — Armure satin.

Il y a aussi un sergé dont le rhythme est un pris, deux laissés, et qui sert à fabriquer le *cachemire d'Écosse* (trame et chaîne laine), l'*alépine* (chaîne soie, trame laine), etc.

Ces tissus se font sur des métiers à trois lames et à trois pédales pour le sergé à trois fils, sur des métiers à quatre lames et à quatre pédales pour le sergé à quatre fils.

L'armure *satin* est caractérisée par un pris, quatre laissés. La figure 282 représente la mise en carte et le mode d'entrelacement. Cette armure donne lieu aux tissus désignés sous les noms de *satin de Chine*, *barpoor*, *satin laine*, *lastings*, etc. Ces tissus s'exécutent généralement avec des métiers à cinq lames et à cinq pédales.

ÉTOFFES A ARMURE DESSIN ET ÉTOFFES ARTISTIQUES.

Les étoffes à armure dessin, dans lesquelles on trouve des effets désignés sous le nom de *guillochés*, *diagonales*, *pavés de Paris*, *losanges*, *petits écossais*, *grain de poudre*, exigent un grand nombre de lames. Quand il n'en faut pas plus de vingt, on peut se servir du métier à lames. Au delà de ce nombre, l'usage de ce métier deviendrait très-difficile. Rendons-nous compte de la difficulté à résoudre dans le cas de la fabrication des armures dessin et de tissus artistiques. Dans le tissage de la toile, qui est l'armure la plus simple, il n'y a que deux groupes de fils de chaîne, les impairs et les pairs, et, comme on doit soulever en même temps tous les impairs et abaisser tous les pairs ou réciproquement, il suffit de deux lames; mais dans les étoffes à dessins artistiques, le nombre de groupes entre lesquels la chaîne se divise, et par suite celui des lames, devient très-considérable. Pour éviter l'inconvénient résultant de cette multiplicité des lames, on employait autrefois des ouvriers spéciaux, qui étaient chargés de soulever chacun des groupes de la chaîne en tirant sur des cordes convenablement disposées : ils étaient appelés *tireurs de lats*. Leur travail était fort pénible, leur santé s'altérait bientôt par suite de la nécessité de rester souvent courbés, de prendre dans

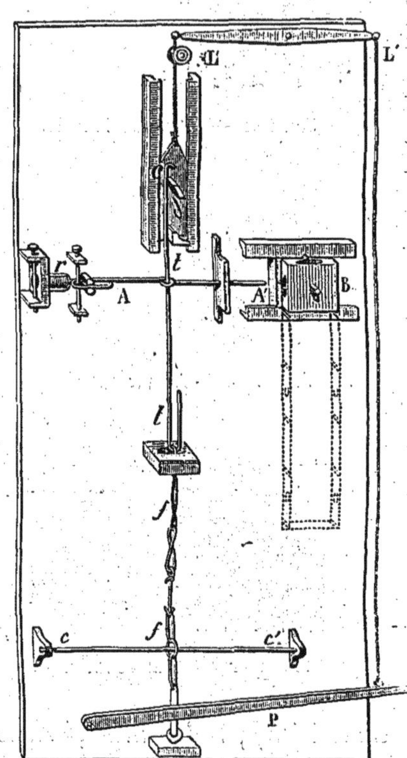

Fig. 283. — Organes essentiels du métier Jacquard.

Fig. 284. — Métier Jacquard.

l'intérieur du métier des positions excessivement fatigantes. Jacquard, fils d'un maître ouvrier en soie de Lyon, inventa la machine dite *Jacquard*, par laquelle l'emploi de tireurs de lacs se trouva supprimé. Cette admirable machine a accompli dans l'industrie des tissus une véritable révolution. Sa description détaillée serait trop complexe ; nous en donnerons seulement le principe.

La machine Jacquard permet, avec une seule pédale, de faire lever successivement un grand nombre de groupes de fils de chaîne. La figure théorique 283 nous servira à expliquer ses organes fondamentaux. Chaque fil horizontal *cc'* de la chaîne est lié à un fil vertical *ff*, dit *lissette*, qui est suspendu à une tige métallique verticale *tt*, terminée à sa partie supérieure par un crochet C ou *bec de corbin*. Pour lever le fil de chaîne, il suffira que le crochet de la tige soit pris par la griffe *j* au moment où, appuyant sur la pédale unique P, l'ouvrier soulèvera cette griffe par l'intermédiaire du levier LL'. Mais si, à ce moment, le crochet était dévié de la verticale, il est évident que l'ouvrier pourrait impunément soulever la griffe et le fil de chaîne ne se soulèverait pas. Tout revient donc à trouver un moyen de dévier à volonté la tige à crochet. Pour cela cette tige traverse un anneau pratiqué dans une aiguille horizontale A A'; à l'extrémité A' de cette aiguille est un ressort *r* qui, poussant l'aiguille, maintient le crochet dans la verticale; supposons d'ailleurs que l'on puisse repousser l'aiguille de gauche à droite, le ressort va se comprimer et le crochet déviera. Il n'y a donc plus enfin qu'à trouver le moyen de produire ce mouvement. A cet effet une pièce de bois B est percée d'un trou dans lequel viendra se loger l'extrémité A de l'aiguille, quand le fil devra être levé ; si l'on bouchait à ce moment le trou, l'aiguille serait repoussée et dévierait le crochet de la verticale. Il suffit donc de pouvoir à volonté boucher ou déboucher le trou en question ; c'est ce que font des morceaux de carton qui forment chapelet et qui sont les uns pleins, les autres percés d'un trou correspondant à celui du morceau de bois. Il y a autant de cartons qu'il y a de duites à passer pour l'exécution du dessin. Le chapelet de cartons se déroule par le jeu même du métier. Il est évident que lorsqu'un carton plein se présente en face de l'aiguille, le trou sera bouché et le fil correspondant ne se lèvera pas; lorsque ce sera, au contraire, un carton troué, l'aiguille entrera dans le trou et le fil sera levé.

Supposons sur le morceau de bois autant de trous que d'aiguilles, et, par suite, que de fils de chaîne ; le jeu des cartons troués ou pleins divisera à un moment donné les fils de chaîne en fils baissés et en fils relevés.

Quant au perçage des cartons, il doit être fait en rapport avec la nature du dessin ; c'est là une opération assez compliquée, qui constitue l'objet de l'industrie du *liseur* et du *metteur en cartes* (1).

La figure 284 représente un métier Jacquard. On voit en L, L les lissettes à l'extrémité desquelles sont suspendus des plombs qui les maintiennent tendues et les abaissent lorsqu'elles sont abandonnées par la griffe, en *b b* le système de cordes qui produisent le mouvement de la navette, en C, C, C le jeu de cartons, en M le manche qui soulève la griffe.

ÉTOFFES A FILS RELEVÉS.

Cette catégorie, très-importante, comprend des étoffes que l'on peut considérer comme constituées par un tissu servant de plan-

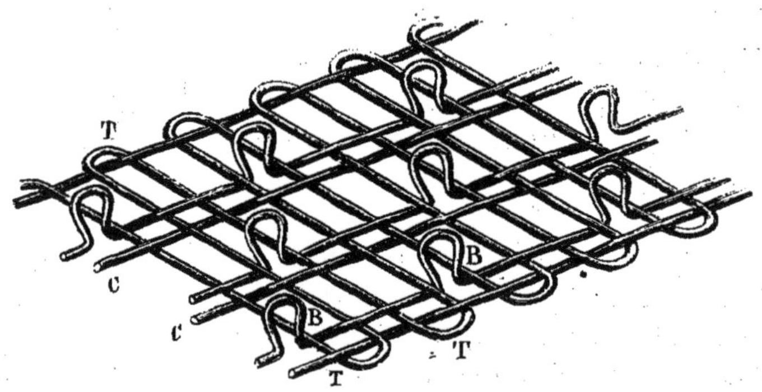

FIG. 285. — Texture du velours d'Utrecht.

cher, ou soubassement, dans lequel pénètrent les fils de chaîne d'un tissu supérieur, en faisant au-dessus de lui des boucles ou des pompons. Ces deux tissus se fabriquent en même temps sur le métier,

(1) M. Édouard Gand, professeur de tissage à la Société industrielle d'Amiens, partant d'une relation mathématique qui existe entre les armures satin et les armures sergé, a inventé un appareil appelé *transpositeur*, avec lequel il peut, en transposant des bandes parallèles et quadrillées et en suivant dans cette transposition la loi

et les boucles sont obtenues en plaçant, sous les fils de chaîne levés qui doivent les former et suivant la largeur, des verges que ces fils enveloppent en s'abaissant. Il est évident que, si l'on retire ensuite la verge, il y aura autant de boucles qu'il y avait de fils de chaîne passant sur la verge. La figure 285 représente très-grossie la texture du velours d'Utrecht. On y voit les boucles B B formées par les fils de chaîne, en C C la chaîne des tissus de soubassement, en T T la trame.

Nous trouvons dans les étoffes à fils relevés : 1° les étoffes dites

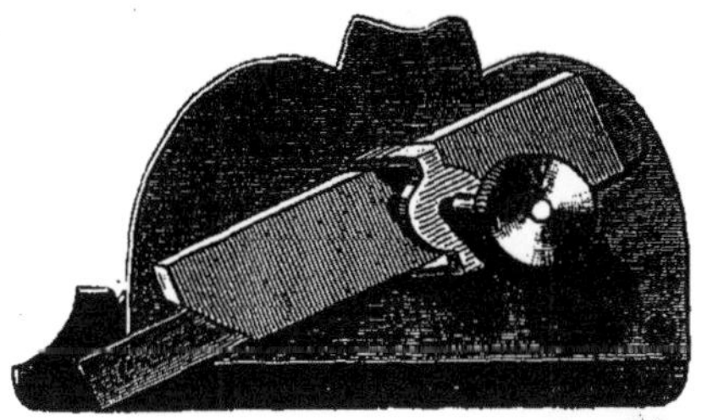

Fig. 286. — Coupe du velours d'Utrecht.

bouclées ; 2° les velours de soie faits à Lyon ; les velours d'Utrecht, les tapis moquettes, les peluches, les pannes, les pallas, qui sont autant d'articles de la fabrication amiénoise, et qui rappellent plus ou moins les propriétés du velours. L'aspect du velours de soie, du velours d'Utrecht et des articles similaires s'obtient par la coupe des boucles. Pour cela l'ouvrier fait glisser un couteau (fig. 286) sur la tête des boucles ; il est guidé dans ce mouvement par un sillon que présente la verge. On comprend qu'après la coupe, les fibres qui formaient chaque boucle et qui étaient contournées, se redressent et forment à la surface de l'étoffe autant de pompons qui, se trouvant juxtaposés, donnent au tissu l'aspect velouté.

Les étoffes désignées sous le nom d'*astrakan*, sont obtenues par

en question, arriver instantanément à la mise en cartes d'une infinité d'armures, où l'industriel peut choisir celle qui convient le plus à son genre de fabrication.

Il a ensuite transformé cet appareil de manière à lui faire exécuter automatiquement à l'aide d'un *battant compositeur :* 1° la mise en cartes par impression électro-chimique ; 2° le tissu lui-même par un système Jacquard nouveau ; 3° le carton Jacquard lui-même. Cette ingénieuse machine est destinée à rendre de grands services à l'industrie des tissus.

des boucles frisées ou par l'alternance de boucles coupées et non coupées.

Ajoutons que le velours de coton est aussi coupé, mais, chez lui,

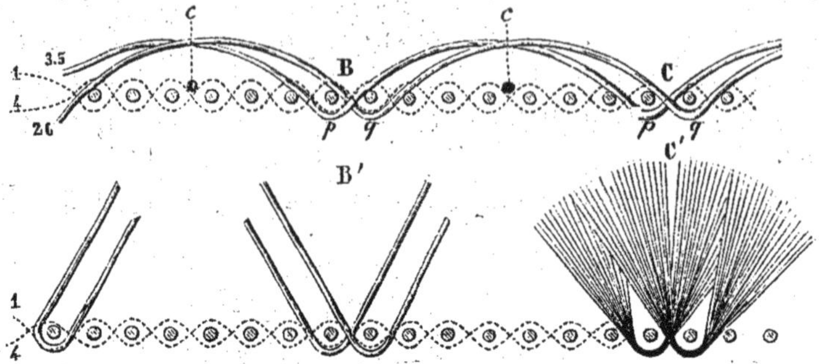

Fig. 287. — Texture et coupe du velours de coton.

ce sont les fils de trame qui forment arcade et qui sont coupés

Fig. 288. — Coupe de velours du coton.

après tissage. La figure 287 représente la texture de l'une des espèces de velours de coton.

L'opération de la coupe s'exécute de la manière suivante : On voit les arcades formées par la trame (2, 4, 3, 5) au-dessus du tissu de soubassement, qui est constitué par l'enchevêtrement des fils 1 et 4 avec les fils de chaîne représentés par de petits cercles ; en c, c sont les points où se fera la coupe, en p, q ceux où la trame se lie avec le tissu de soubassement ; au-dessous est figuré l'effet produit par la coupe ; en c' on voit les pompons que produit après la coupe le redressement des fils de trame. Le coupeur tend les velours sur un cadre en forme de table, et se plaçant sur le côté de cette table, il introduit sous chacune des petites arcades formées par la succession des boucles un fleuret armé à son extrémité d'un couteau (fig. 288). On voit qu'ici le couteau coupe la concavité de la boucle, tandis que dans les velours de soie et d'Utrecht, c'est la convexité. Il faut que l'ouvrier coupeur ait une très-grande sûreté de main pour ne point faire passer le fleuret à travers l'étoffe et la déchirer.

ÉTOFFES A FILS SINUEUX ET TISSUS A MAILLES.

Les étoffes à fils sinueux, parmi lesquelles nous trouvons les gazes, le barége, les tissus à rideaux, les balzorines, les gazes pour bluteries, ont deux fils de chaîne : l'un est rectiligne, l'autre fait des sinuosités à gauche et à droite du premier ; ces replis et sinuosités sont rendus fixes par la trame qui vient s'entrelacer dans les fils de chaîne. Nous citerons les articles de bonneterie ou tricot, le tulle, les articles à rideaux.

La fabrication des tissus à mailles exige des métiers spéciaux et assez compliqués.

NOMENCLATURE DES PRINCIPAUX TISSUS. — LIEUX DE FABRICATION.

TISSUS DE COTON.

La fabrication française des tissus de coton se divise en quatre groupes principaux :

1° *Le groupe du Haut-Rhin et des Vosges.* — Cette région occupe environ 85000 ouvriers à la fabrication des tissus de coton; 47000 métiers (dont 9000 à la main) produisent annuellement

300 millions de mètres de tissus différents, parmi lesquels on distingue les calicots pour impressions, les calicots pour blancs ou madapolams, les croisés, les piqués, les brillantés, les basins, etc. Mulhouse, Wesserling, Sainte-Marie-aux-Mines sont les principaux centres de fabrication.

2° *Le groupe de Normandie.* — Il comprend la Seine-Inférieure, l'Eure, le Calvados et l'Orne. La Seine-Inférieure seule emploie 132000 ouvriers au tissage du coton ; 100 000 travaillent à la main et 32000 sont occupés au tissage mécanique. La fabrication des étoffes connues sous le nom de *rouenneries* comprend des articles à couleurs variées faits sur des métiers à plusieurs navettes avec des fils teints avant le tissage. Ces articles sont les mouchoirs à carreaux, les étoffes pour robes et pour jupons. Rouen, Condé-sur-Noireau, la Ferté fabriquent des toiles de coton, Bolbec des velours de coton. Flers est le centre d'une fabrication des plus intéressantes. Cette ville fait des coutils pour stores, pour corsets, pour doublure de bottines, des étoffes damassées (Jacquard) pour literie et stores, des étoffes de coton pour chemises et pantalons. Le tissage à la main domine encore à Flers. Mayenne et Laval fabriquent aussi des tissus de coton.

3° *Le groupe de la Somme, de l'Aisne et du Nord.* — Amiens produit annuellement pour 18 millions de velours tissés à la main ou mécaniquement. Saint-Quentin fabrique des toiles de coton, cretonnes, percales, jaconas, organdis, nansouks, mousselines brochées pour meubles et rideaux (métier Jacquard), des gazes brochées, des basins, des devants de chemises dont les plis sont faits sur le métier à tisser, des piqués, etc. Ourscamps, dans le département de l'Oise, possède une importante usine qui comprend la filature du coton et le tissage mécanique des velours de coton. Le tissage du coton n'est pas extrêmement développé dans le département du Nord ; cependant Armentières tisse mécaniquement des toiles de gros coton. Roubaix fabrique des articles façonnés en pur coton et un grand nombre d'articles mélangés dans lesquels le coton s'allie soit à la laine, soit au lin.

4° *Le groupe de Tarare (Rhône), Roanne (Loire) et Thisy (Rhône).* — Cette région est le siége d'une importante fabrication de mousseline unie, claire ou garnie, tarlatane unie, mousseline façonnée, gaze, rideaux brodés, etc. Le tissage et la broderie des articles de Tarare occupent plus de 50 000 ouvriers, disséminés dans les départements du Rhône, de la Loire, du Puy-de-Dôme et même de la

Haute-Saône. Ces ouvriers ne se livrent au tissage que pendant l'hiver; la plupart d'entre eux travaillent à la terre pendant la belle saison.

TISSUS DE LIN ET DE CHANVRE.

Les tissus de lin et de chanvre comprennent les toiles fines et mi-fines, les batistes et mouchoirs, les coutils, le linge de table, les grosses toiles destinées à la confection des voiles, des sacs et des torchons.

Les toiles fines et mi-fines qui servent principalement à faire les chemises, les blouses et les draps de lit, etc., se fabriquent surtout dans les départements du Nord, de la Somme et dans la Normandie: Lille, Pont-Remy, Abbeville, Amiens, Armentières, Lisieux et Bernay sont les centres principaux de cette industrie. La Sarthe, la Mayenne et l'Orne produisent de grandes quantités de toile de qualité moyenne ou commune. Citons aussi les toiles de l'Aisne et des Vosges.

Le tissage mécanique a pris une extension considérable pour la fabrication des toiles.

Les *batistes*, tissu de lin beaucoup plus fin que la toile, se fabriquent dans les arrondissements de Cambrai et Valenciennes. Elles servent à la confection d'objets de lingerie, et à faire des mouchoirs de poche. Chollet produit aussi sur une grande échelle des toiles légères pour mouchoirs.

Les coutils de lin ont pour centres principaux de fabrication Lille et Tourcoing.

Le linge de table se fait principalement à Armentières (Nord), à Abbeville (Somme), à Saint-Quentin (Aisne). Le linge uni ou à liteaux et le linge ouvré ou à damiers et œils sont tissés sur le métier à marches ou sur la petite Jacquard, dite *mécanique d'armure;* le linge damassé ou à dessin artistique est tissé à la Jacquard.

La fabrication des toiles à voiles est répartie dans un petit nombre de localités : Dunkerque en est le siége principal. Les toiles à sacs et à torchons se font avec du lin, du chanvre et du jute; le département de la Somme en produit de grandes quantités.

TISSUS DE LAINE.

Les principaux centres de fabrication pour les tissus de laines *peignées* pures, mélangées de soie ou de coton, sont Reims, Roubaix, Amiens, Saint-Quentin, le Cateau, Guise, Sainte-Marie-aux-Mines, Mulhouse, Rouen et enfin Paris. Parmi les articles qui se fabriquent dans ces différentes villes, on disttingue : le *mérinos*, la *mousseline-laine*, le *cachemire d'Ecosse*, le *stoff*, le *reps*, le *satin de Chine*, les articles pour gilets et ameublements qui se font surtout à Roubaix, les *velours d'Utrecht* où le tissu de soubassement est en lin et le tissu supérieur en poil de chèvre pour les belles qualités et en laine pour les qualités inférieures ; les *peluches* (ces deux derniers articles sont la spécialité de la fabrication amiénoise); les *satins français*, les *satins-laine* et les *lastings* pour chaussures et boutons. Citons encore les *orléans*, les *alpagas*, etc. Les cachemires français se font sur des métiers à la Jacquard, à Bohain (Aisne), à Paris et à Lyon.

Parmi les tissus de *laine cardée*, on distingue les draps, les couvertures de laine, les flanelles.

L'industrie drapière est très-développée en France ; elle occupait, en 1867, de 80 à 90000 ouvriers, produisant pour 250 millions de draps. Le centre principal de fabrication est en Normandie, à Elbeuf, à Louviers et à Lisieux. Sedan, dans les Ardennes, livre au commerce des draps très-estimés. Beauvais et Mouy dans l'Oise, Vire (Calvados), Vienne, Lodève, Châteauroux, Carcassonne, Castres, Bischwiller et les environs de Metz concourent aussi à la production des draps. Ces tissus doivent la plupart de leurs qualités aux apprêts qu'ils subissent : nous décrirons leur fabrication dans le chapitre consacré aux apprêts des étoffes.

Les couvertures de laine se font principalement à Beauvais, Paris, Orléans et Reims. Cette dernière ville produit aussi des quantités considérables de flanelles.

TISSUS DE SOIE.

Lyon est le siége principal de la fabrication des tissus de soie. Cette industrie occupe environ 120000 métiers, dont 30000 à Lyon ;

le surplus est disséminé dans les départements de l'Ain, de la Loire, de l'Isère et du Rhône. La production peut atteindre une valeur de 490 millions de francs. A côté des étoffes les plus luxueuses, Lyon fabrique des tissus de consommation plus courante et qui sont recherchés par toutes les nations : les *satins*, les *fayes*, les *taffetas*, les *poults de soie*, les *moires*, les *velours*. Le tissage à la main, soit au métier à lames, soit au métier Jacquard, est beaucoup plus employé dans l'industrie lyonnaise que le tissage mécanique; cependant celui-ci s'est très-développé depuis quelques années dans le Rhône et les départements voisins pour la fabrication des étoffes unies noires et de quelques tissus de couleur. Citons encore, parmi les produits de l'industrie lyonnaise, les *serges*, les *satins de Chine*, les *velours légers* (trame coton), les *gazes de soie*, les *gazes dites de Chambéry*, les *grenadines*, les *fichus et châles crêpe de Chine*, les *popelines de soie*, les *velours et tissus mélangés pour gilets*, les *étoffes en soie pour ameublement*, *tenture et ornements d'église*, etc., etc.

La fabrication des rubans de soie est l'objet d'une industrie importante à Saint-Étienne et à Saint-Chamond; le tissage des rubans se fait en général à la main et chez l'ouvrier, sur des métiers appelés métiers *à la barre*, qui permettent de fabriquer plusieurs pièces à la fois. A cet effet on dispose dans la largeur du métier autant de groupes de fils de chaîne que l'on veut fabriquer de pièces; à chaque groupe correspond une navette de forme particulière et, par un mécanisme spécial, toutes ces navettes fonctionnent à la fois dans le groupe de fils où chacune doit insérer la trame. C'est par un artifice analogue que se font à Bernay les rubans de coton.

Les peluches de soie, employées à la confection des chapeaux de soie, sont fabriquées à Sarreguemines et à Tarare. Ce sont des tissus à boucles coupées comme les velours de soie.

DENTELLES.

Sous le nom générique de *dentelles*, on désigne un tissu à réseau qui sert surtout à l'ornementation des vêtements de femme. La dentelle se fait généralement à la main, soit aux fuseaux, soit à l'aiguille. Sa fabrication, qui occupe en France plus de 200 000 ouvrières, est répartie dans six groupes principaux : 1° Caen, Bayeux et Chantilly; 2° Mirecourt et les Vosges; 3° le Puy et ses environs; 4° Lille et Arras; 5° Bailleul (Nord); 6° Alençon.

Dans les cinq premiers groupes la dentelle se fabrique avec des fuseaux.

Les dentelles de Caen, Bayeux et Chantilly, dont la réputation est très-grande, sont en soie. Elles se présentent sous la forme de bandes, à dessins variés, employées à l'ornementation des robes et des chapeaux de femmes, ou bien sous la forme de morceaux plus grands appelés *pointes* et servant de châles.

Fig. 289. — Dentellière.

La dentelle se fait sur un petit métier portatif (fig. 289), appelé *carreau*, qui se compose d'un coussin au milieu duquel se trouve une *roue* où l'on a fixé un carton présentant une série de trous ou piqûres, dont la succession simule les linéaments du dessin; il y a les trous qui correspondent au fond du tissu ou *champ*, et ceux qui correspondent aux fleurs ou *ornements*. Les fils sont enroulés sur un grand nombre de petites bobines, nommées *fuseaux*, que l'on voit représentées à part en F F. La dentellière entrecroise ces nombreux fils, et, à mesure qu'elle avance, elle fixe l'entrecroisement des fils par des épingles qu'elle place dans les trous du dessin. Les dentellières manient le fuseau avec une dextérité surprenante : c'est à peine si l'on peut suivre leurs doigts dans ce charmant travail ; quand elles ont fabriqué une certaine quantité de tissu, elles enlèvent les épingles, et, en tournant la roue, font tomber la dentelle fabriquée dans un petit tiroir situé au-dessous du métier, et continuent l'opération en replaçant les épingles sur d'autres points.

Il nous reste à dire comment s'exécute le piquage des cartons qui sont remis aux dentellières. Le dessin livré par le dessinateur est reporté sur du papier pelure d'oignon, qui est donné au *piqueur*.

FIG. 290. — Piquage des dessins de dentelles.

Celui-ci étale, sur un cylindre rembourré de paille et appelé *boule*, le carton sur lequel il doit piquer (fig. 290). Au-dessus il place le papier pelure d'oignon et suit les contours du dessin en le piquant de distance en distance avec un outil spécial. Quant aux trous qui correspondent au *fond* ou *champ*, il les fait en même temps ; dans cette partie de son travail, il est guidé par un carton piqué à la mécanique qu'il a interposé entre le carton à piquer et le papier pelure d'oignon. Au fur et à mesure qu'il avance, il reproduit les trous de ce carton en y enfonçant son aiguille. Lorsqu'il s'agit de faire des pièces un peu grandes, comme les châles et pointes, on les décompose en morceaux qui sont fabriqués chacun par une ouvrière, et qui sont ensuite recousus par d'autres ouvrières appelées *raboutisseuses*, exécutant un point dit de *raccroc*.

Le travail que nous venons de décrire est à peu près le même pour toutes les dentelles aux fuseaux se faisant, dans les régions que nous avons indiquées, avec du lin, du coton ou de la soie.

La dentelle dite *point d'Alençon* est la seule qui soit fabriquée entièrement à l'aiguille. C'est la plus estimée et la plus chère ; elle est faite en fil de lin. Son prix élevé s'explique par le temps très-long qu'exige sa fabrication.

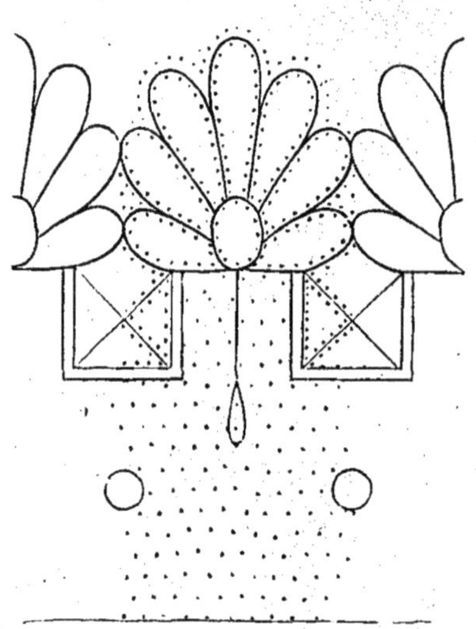

Fig. 291. — Dessin de dentelle.

La matière première employée est le fil de lin de différents numéros (plus gros pour la bride que pour le réseau). Le fil de lin se travaille plus difficilement que le fil de coton : c'est à cause de cela que les autres centres de fabrication de dentelles (la Belgique, le Nord, etc.) se servent de coton. Alençon continue à employer quand même le fil de lin, et cela constitue un avantage de sa fabrication sur celle des villes rivales ; le point d'Alençon l'emporte aussi sur les autres genres de dentelles par sa finesse, sa solidité et son relief.

Le dessin arrive de Paris, où il est exécuté par des dessinateurs au courant des caprices de la mode. Il est nécessaire que la plupart des dessins viennent de Paris ; des artistes d'un égal mérite, dessinant à Alençon, ne réussiraient pas à faire des compositions aussi bien en rapport avec les exigences de la mode et de la consommation. Le dessin est souvent retouché à Alençon par le fabricant pour être rendu propre à la fabrication. Il est ensuite décalqué sur papier pelure et repiqué sur parchemin vert. Ce parchemin est donné tout piqué à la *traceuse* pour subir l'opération de la *trace*.

La *trace* s'opère avec deux aiguilles : l'une suit horizontalement le dessin en passant un fil tantôt au-dessus, tantôt au-dessous du parchemin que l'on a fixé sur une double toile ; un second fil, manœuvré par la seconde aiguille, vient *arrêter* la trace ; pour cela cette aiguille passe verticalement dans les trous, transperce les deux toiles, revient en dessus, puis en dessous, de sorte que le second fil se trouve pour ainsi dire à cheval sur le premier.

Le carton est ensuite donné à la *réseleuse* qui doit tisser le *réseau*, c'est-à-dire le fond de la dentelle. Le réseau se fait aussi à l'aiguille : c'est un tissu à mailles polygonales, presque rondes, que l'ouvrière exécute en prenant pour points d'attache les fils du réseau.

Mais la réseleuse réserve certaines régions où les parties mates du tissu, nommées *remplis*, doivent être faites par une ouvrière appelée *remplisseuse*. Dans le rempli, il y a plusieurs points : la *gaze ordinaire*, la *gaze claire*, le *point mignon*, le *point à trou*, la *gaze avec mouches*, et les *gazes ombrées*. C'est la même ouvrière qui exécute tous ces points, dont la désignation lui est fournie pour chaque partie par un chiffre ou signe placé sur le carton ; c'est la combinaison et la variété bien comprises de ces points qui donnent de la valeur et du cachet à la dentelle.

Après le *rempli* vient le *satiné*, qui consiste à faire pour certains ornements un point très-serré servant à constituer les pois, les perles, les semés et les tiges des feuilles. Ce point est désigné par l'ouvrière sous le nom de *fond*.

Viennent ensuite les *jours* ou *modes*, qui sont très-variés ; ils constituent le point le plus joli, le plus difficile, et par suite le plus cher. C'est lui qui communique à la dentelle d'Alençon la transparence et la limpidité qui font son principal mérite et plaisent tant aux dames.

Jusqu'ici la dentelle n'offre pas encore de relief, tous les ornements sont presque sur le même plan : l'opération de la *brode* a pour résultat de donner du relief aux ornements, en les entourant d'un linéament dont le point est très-serré.

Pour terminer la dentelle, on la borde avec un point appelé *picot*, qui reçoit un crin qu'on laisse dans le tissu ; ce point fait bon effet à l'œil et donne du corps et de la fermeté. Souvent aussi on introduit un crin dans le bord des feuilles.

Il faut maintenant détacher la dentelle du parchemin ; ce qui se pratique en coupant entre les deux toiles le fil qui a été placé à cheval pour arrêter la *trace ;* celle-ci n'en a plus besoin, puisqu'elle est maintenant reliée aux mailles du réseau qui la fixent. A l'aide de petites pinces on détache de la dentelle toutes les brindilles formées par la section de ce fil.

Il y a un autre point qui a été abandonné pendant un certain temps, mais que l'on reprend en ce moment : c'est la *bride,* qui se fait sur un parchemin à la surface duquel on a imprimé les mailles du réseau. La *trace* s'exécute comme précédemment, mais la *bride* se fait d'une manière toute différente du réseau. L'ouvrière tend des fils dans un sens incliné et à une distance égale à la largeur de la maille ; ces fils, appelés *coucheurs,* sont accrochés à la trace, et comme il y en a deux systèmes inclinés l'un sur l'autre, leur superposition détermine des mailles qui ne sont pas complétement fixes, et que solidifie en quelque sorte le travail d'une ouvrière nommée *repasseuse de la bride.* La repasseuse passe dans toutes les mailles un fil qui arrête leur forme.

Dans les dentelles à point de *bride,* on réserve certaines parties où l'on fait du réseau fin : c'est ce qu'on appelle le *creux,* qui a pour effet de faire ressortir la bride.

TULLES DE SOIE ET DE COTON.

Les tulles sont tissés maintenant sur des métiers mécaniques trop compliqués pour que nous les décrivions ici et dans lesquels les fils de chaîne sont verticaux, les uns fixes, les autres mobiles qui vont s'entrelacer successivement avec les premiers. La fabrication du tulle est concentrée à Lyon, à Calais, à Saint-Pierre-lez-Calais, et à Grand-Couronne près Rouen. Lyon et Grand-Couronne fabriquent exclusivement les tulles de soie et les blondes ou dentelles blanches de soie. L'établissement de Grand-Couronne, dirigé par madame Lefort, est le seul de cette région qui s'occupe de cette fabrication, mais il est renommé pour la qualité de ses produits, qui soutiennent la concurrence avec ceux de Lyon et de Calais. Calais, Saint-Pierre-lez-Calais et Saint-Quentin fabriquent aussi une quantité considérable de tulles de coton.

BRODERIE.

La broderie se compose d'un tissu uni en coton ou en lin sur lequel des ouvrières, appelées *brodeuses*, tracent à l'aiguille des dessins plus ou moins riches.

Nancy, Saint-Quentin et les Vosges ont été pendant longtemps les centres les plus importants de cette industrie, qui produit un grand nombre d'articles servant à la toilette des dames : bonnets, cols, manchettes, etc. La mousseline de Tarare, le nansouk de Saint-Quentin, les toiles du Nord sont les principaux articles sur lesquels s'effectue la broderie.

Le dessin, tracé sur un papier par le dessinateur, est piqué à l'aide d'une machine spéciale. Cette opération consiste à suivre les linéaments du dessin avec une pointe qui y fait de petits trous; puis on place le papier piqué sur l'étoffe que l'on doit broder et l'on étend à sa surface une composition appelée *noir léger* et contenant du noir animal, de la sandaraque et de la colophane. Cette composition, en passant à travers les trous du papier piqué, reproduit le dessin sur l'étoffe : on l'y fixe, soit avec un fer chaud, soit par la chaleur d'une étuve chauffée à la vapeur. Le tissu est ensuite livré à la brodeuse, qui reproduit à l'aiguille et avec un fil de coton les détails du dessin. Les principaux points sont : le *point piqué*, le *jour dit d'Alençon*, le *jour ordinaire*, le *feston*, les *petites échelles*, etc. Au travail de la brodeuse succède celui de la blanchisseuse, qui non-seulement blanchit le tissu, mais exécute les opérations du *poinçonnage* et du *déraillage :* la première a pour but de *relever* la broderie en passant un poinçon dans les œillets que le blanchissage a fermés; la seconde consiste à refaire les fils éraillés.

Par suite des caprices de la mode et de l'importation de broderies étrangères auxquelles les traités de commerce donnèrent entrée, cette industrie a subi de tristes vicissitudes dans ces dernières années. En 1869, à l'époque de notre visite à Nancy, l'un des premiers fabricants de cette ville, en nous communiquant les détails qui précèdent, nous représentait la broderie comme une industrie condamnée à ne pas se relever des coups qui lui avaient été portés. Depuis cette époque une reprise s'est manifestée, et un industriel de Saint-Quentin, M. Hector Basquin, a importé en France les machines qui faisaient à nos articles de broderie une si terrible concurrence. Les premiers essais datent de 1868 et, grâce à son initiative aussi persévérante qu'intelligente, une nouvelle industrie est maintenant créée pour la France.

Les machines suisses importées par M. Basquin reposent sur les propriétés d'un instrument géométrique appelé *pantographe*, et disposé de telle sorte que, si avec un de ses points A on suit tous les contours d'un dessin, une fleur faite en *grand* par exemple, un autre point B décrit une ligne représentant en *petit* tous les détails de la fleur.

Supposons donc qu'un pantographe soit installé en présence du dessin à broder exécuté sur de grandes proportions, et que le point que nous avons désigné par B soit relié à un cadre vertical sur lequel est tendue la toile qu'il s'agit de broder; admettons, comme intermédiaire dans cette explication, qu'en face de la toile se trouve une série de crayons disposés horizontalement à son contact: si l'on vient à promener le point A, qui n'est autre qu'un stylet, sur le grand dessin et à l'arrêter en chacun des points de ce dessin, le cadre relié au point B prendra une série de positions telles, que les crayons reproduiront, chacun en petit, la fleur du dessin. Mais il ne s'agit pas de dessiner sur la toile du cadre, il faut broder: aussi les crayons sont-ils remplacés par des aiguilles à deux pointes enfilées par leur milieu. Chacune d'elles est portée par une pince fixée sur un chariot mobile: celui-ci, en s'avançant vers le cadre, fait entrer chacune des aiguilles en un point de la fleur à exécuter; un autre chariot, identique avec le premier, est placé derrière le cadre, chaque aiguille est saisie par une pince correspondante; les premières pinces s'ouvrent, et le second chariot en s'éloignant entraîne les aiguilles et fait passer le fil à travers l'étoffe. Supposons maintenant que l'on imprime un mouvement au point A du pantographe, le cadre va se déplacer, et lorsque le second chariot reviendra sur lui, il va piquer les aiguilles en un second point de chacune des fleurs. Ses pinces s'ouvriront pour livrer leurs aiguilles aux pinces du premier chariot, et celui-ci, s'éloignant à son tour, fera passer le fil à travers le tissu. On voit que chaque pince produit le travail qu'exécuterait une ouvrière en passant son aiguille tantôt au-dessus, tantôt au-dessous du tissu à broder, et, si la machine a cent aiguilles, elle exécutera simultanément cent fleurs juxtaposées.

On comprend que cette machine peut faire à très-bon marché des broderies que le travail à la main ne pourrait fournir qu'à un prix beaucoup plus élevé. La Société industrielle de Saint-

Quentin, sur l'initiative de M. Basquin, a fondé une école pratique de brodeurs destinée à former des ouvriers capables de diriger cet ingénieux appareil.

BONNETERIE.

L'industrie de la bonneterie embrasse la fabrication d'un grand nombre d'objets de consommation usuelle, tels que bas et chaussettes, caleçons, jupons, camisoles, gilets de tricot, et d'articles de fantaisie, tels que coiffures, capelines, châles, fichus, châtelaines, cache-nez.

Les matières premières employées pour cette industrie sont le coton, le lin, la laine pure ou mélangée de coton et de soie.

Le tissu de bonneterie, ou *tricot*, se fait de trois manières :

1° *A la main*, avec l'aiguille à tricoter. Ce mode de travail n'est guère plus appliqué industriellement que pour les articles de fantaisie, comme les capelines et les vêtements d'enfants, etc.

2° *Avec le métier rectiligne automatique*, dont le mécanisme est assez compliqué et qui donne des surfaces planes que des ouvrières, appelées *remailleuses*, réunissent ensuite pour confectionner des vêtements (bas, camisoles, etc.). Ces métiers fabriquent des pièces *élargies* et *rétrécies* suivant les endroits, et tissées comme si elles l'avaient été par l'ouvrier le plus habile.

3° *Avec le métier circulaire*, qui est devenu d'un emploi général pour les marchandises à bas prix : il produit des pièces de tricot cylindriques dans lesquelles on taille aux ciseaux des bas, gilets, caleçons, dont les coutures sont faites soit à la main, soit à la machine à coudre.

La bonneterie de coton se fabrique surtout à Troyes, Romilly, Moreuil, Falaise, Saint-Just, etc. La bonneterie de laine a son centre le plus important dans le Santerre (Picardie), où elle occupe un grand nombre d'ouvriers à Villers-Bretonneux, Roye, Hangest et Harbonnières. Troyes livre au commerce des articles en laine douce et des articles de fantaisie. L'Eure, la Haute-Garonne, le Bas-Rhin et les Pyrénées font la grosse bonneterie pour les marins et la classe ouvrière. La bonneterie de soie a beaucoup perdu de son importance : elle est surtout fabriquée dans le Midi, à Gayac, au Vigan, à Nîmes, à Lyon ; Paris, Troyes, Saint-Just concourent aussi à cette industrie. Enfin la bonneterie de lin est fabriquée dans le Pas-de-Calais.

CHAPITRE V

TEINTURE, BLANCHIMENT, IMPRESSION ET APPRÊTS DES TISSUS. — FABRICATION DES DRAPS.

Lorsque les étoffes quittent le métier du tisserand, elles ne sont pas en état de servir à la confection de nos vêtements : la plupart ont encore la couleur naturelle des fils employés à leur fabrication ; nous excepterons cependant quelques étoffes qui sont fabriquées avec des fils teints avant le tissage : tels sont les draps dont la laine est teinte avant l'opération de la filature, excepté pour les noirs et les rouges ; les étoffes désignées sous le nom de *mélangés*, où l'entrecroisement de fils de diverses couleurs produit des effets plus ou moins variés, les soieries de Lyon, la bonneterie, etc. Pour colorer les étoffes d'une manière durable, il y a deux méthodes principales, qui font l'objet de deux industries distinctes : celle du teinturier et celle de l'imprimeur sur étoffes. Le teinturier colore les tissus non-seulement sur les deux faces, mais dans toute leur masse : une étoffe bien teinte doit être colorée jusqu'au centre de tous ses fils ; l'imprimeur, au contraire, ne colore que l'une des faces du tissu et y dispose les matières colorantes de manière à y former des dessins. Ce sont des industries essentiellement chimiques, dont nous n'exposerons que les principes.

La teinture consistant, comme nous le verrons plus loin, dans la combinaison des étoffes avec les matières colorantes qui doivent former avec elles des composés *insolubles et colorés*, il est nécessaire de prédisposer le tissu à cette combinaison, de le débarrasser de toutes les substances qui pourraient diminuer son affinité pour les produits tinctoriaux, de le rendre parfaitement homogène, de sorte que toutes ses parties aient la même affinité pour eux et les fixent en égale proportion. Or, les tissus en sortant de l'atelier de tissage sont loin d'être dans ces conditions; leurs fils renferment des substances dont les unes existent naturellement dans la fibre textile, tandis que les autres ont été introduites à la filature ou au tissage: tels sont les corps gras et le paré, qui empêcheraient les matières colorantes de se combiner à l'étoffe, puisqu'ils recouvrent chacun des fils comme d'une gaîne protectrice. Il faut donc soumettre les tissus à un traitement dont l'effet sera d'éliminer toutes ces substances étrangères et nuisibles; on le désigne sous le nom de *premiers apprêts* et il varie avec la nature du tissu.

La première opération que subissent les étoffes de laine non feutrées est le *fixage*, qui consiste à les faire passer dans un bain d'eau bouillante. Cette eau dissout le parement et par sa chaleur *fixe* les fils du tissu dans la position relative que leur a donnée le tisserand; sans le fixage, les étoffes pourraient se *godeler*, comme disent les teinturiers, c'est-à-dire qu'une traction exercée sur elles déplacerait les fils et les plisserait. Quand le tissu n'a pas beaucoup de parement, on le fixe par un traitement plus énergique: c'est le *passage à la colonne* ou *vaporisage*. Cette opération s'exécute à l'aide de colonnes de cuivre creuses et percées de trous. On enroule les étoffes sur ces tubes, que l'on monte ensuite sur des ajutages placés au fond d'une grande cuve et correspondant avec une chaudière. On ferme la cuve avec un couvercle boulonné et l'on fait arriver la vapeur qui, passant à travers les trous des colonnes, traverse les étoffes, les fixe et dissout le parement.

Après le fixage, les tissus sont dégraissés par l'action de bains de carbonate de soude, lavés et séchés, soit dans des appartements chauds que l'on appelle *étentes*, soit à l'essoreuse. Enfin, pour les débarrasser du duvet qui existe toujours à leur surface, on les envoie au *grillage*, opération dans laquelle on passe l'étoffe sur un cylindre métallique chauffé au rouge. La figure 292 représente l'appareil employé dans les ateliers: la pièce, enroulée sur un axe horizontal, est fixée de l'autre côté sur un autre axe que l'ouvrier met en mouvement à l'aide d'une manivelle, de manière à dérouler l'étoffe venant du premier axe, et à l'enrouler sur le second. Des cadres à bascule TCC′, TLL permettent de soulever ou d'abattre la pièce sur le cylindre. Cette opération demande une grande habileté de la part de l'ouvrier, dont la moindre négligence pourrait compromettre la solidité du tissu et même le brûler complétement. Le nombre de passages sur le cylindre chauffé dépend de la nature de l'étoffe.

FIG. 292. — Grillage des étoffes.

Le grillage se fait maintenant dans beaucoup d'ateliers à l'aide d'appareils à gaz dont les flammes viennent lécher le tissu ; le plus connu est celui de M. Tulpin (de Rouen).

Pour les étoffes laine et soie les apprêts commencent par le grillage ; puis elles sont soumises au fixage et au dégraissage dans des bains bouillants de savon et de soude mélangés; elles sortent du liquide pour passer entre des cylindres lamineurs, qui leur font subir une forte pression et les laissent retomber dans le bain pour les en extraire de nouveau, et ainsi de suite.

Les tissus de laine qui doivent rester blancs, ou recevoir des couleurs excessivement claires et tendres, sont blanchis dans des *soufroirs*: ce sont des chambres en maçonnerie, d'une hauteur de 6 à 7 mètres, et voûtées, pour que la vapeur qui pourrait se condenser ne retombe pas sur les étoffes que l'on suspend à des barres horizontales qui traversent la chambre. On allume le soufre aux quatre coins du soufroir et l'on ferme toutes les issues. Le lendemain on ouvre une trappe située à la partie supérieure de la chambre, on donne un peu d'air par la porte, le gaz sulfureux s'échappe et l'on peut entrer dans le soufroir pour dépendre les étoffes, qui sont envoyées à la teinture, ou au bain d'azurage si elles doivent rester blanches.

Les tissus de lin et de coton reçoivent, avant teinture, comme les étoffes de laine, des apprêts destinés à leur enlever les matières qui empêcheraient les produits tinctoriaux de se fixer sur eux d'une manière uniforme.

Les tissus de coton, présentant toujours à leur surface un duvet dû à la nature de la fibre textile, sont d'abord soumis au *grillage* ou *flambage*, qui se fait sur des appareils semblables à ceux que nous avons décrits pour les étoffes de laine. Pour certains articles, les velours de coton par exemple, cette opération, qui prend le nom de *glaçage*, est quelquefois répétée dix et douze fois alternativement avec les opérations de la teinture; après chaque grillage, les étoffes sont brossées à l'aide de brosses mécaniques qui relèvent les fibres que la plaque chauffée au rouge n'a pas atteintes.

Au grillage succède l'action de bains, dont l'effet est de débarrasser le tissu des substances qui nuiraient aux opérations de la teinture : ce sont des résines solubles dans l'eau bouillante et les solutions alcalines ou acides, une matière incrustante colorée et insoluble, mais qui deviendra soluble dès qu'elle aura été oxydée par le chlore, enfin le parement, les matières grasses, les saletés, les poussières que le tissu a reçues pendant sa fabrication. La première opération consiste à enlever le parement, ce qui se fait, soit en laissant séjourner les pièces dans l'eau chaude, soit en les passant dans un appareil appelé *clapot*, que représente la figure 293, et qui se compose essentiellement de deux cylindres de bois A et B, dont le supérieur exerce sur l'autre une assez forte pression ; ils sont installés sur un courant d'eau ou sur un réservoir où le liquide peut être facilement renouvelé. Le tissu engagé entre eux descend dans l'eau, passe sur un rouleau R, remonte, est

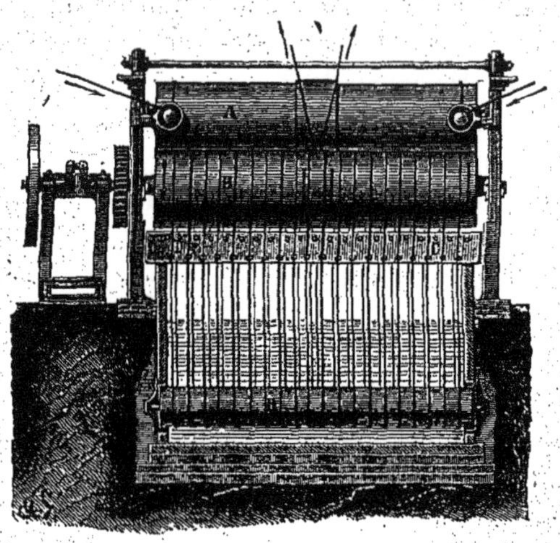

Fig. 293. — Appareil pour laver les pièces au clapot.

dirigé par des chevilles placées sur la traverse C D, repasse entre les cylindres, et ainsi de suite.

Le parement une fois enlevé, on dissout les matières grasses par un bain de carbonate de soude, puis on lave. Si le tissu ne doit recevoir que des couleurs foncées, il n'est pas nécessaire de pousser plus loin ce traitement préparatoire. Mais s'il doit rester blanc ou être teint de couleurs claires, il faut procéder au blanchiment, qui se fait par l'action alternée de bains alcalins et de chlorure de chaux : pour la plupart des tissus de coton, l'alcali employé est la chaux, et le tissu est soumis à son action dans une cuve que représente la figure 294. Après y avoir circulé, dans un lait de chaux, sur des rouleaux autour desquels il tourne, il passe entre des cylindres compresseurs *c*, qui expriment l'excès de liquide. Les tissus imprégnés de lait de chaux doivent être soumis à une longue ébullition pour que la décomposition des matières grasses et leur transformation en savons calcaires puissent s'effectuer. On les range à cet effet dans de vastes chaudières, de manière que l'entassement soit uniforme et que le liquide puisse passer partout. On remplit d'eau la chaudière et on la ferme; puis on fait arriver la vapeur à haute pression, pour porter le liquide à une température élevée : une pompe prend continuellement la lessive en dessous pour la verser au-dessus des tissus. Après huit heures de ce traitement,

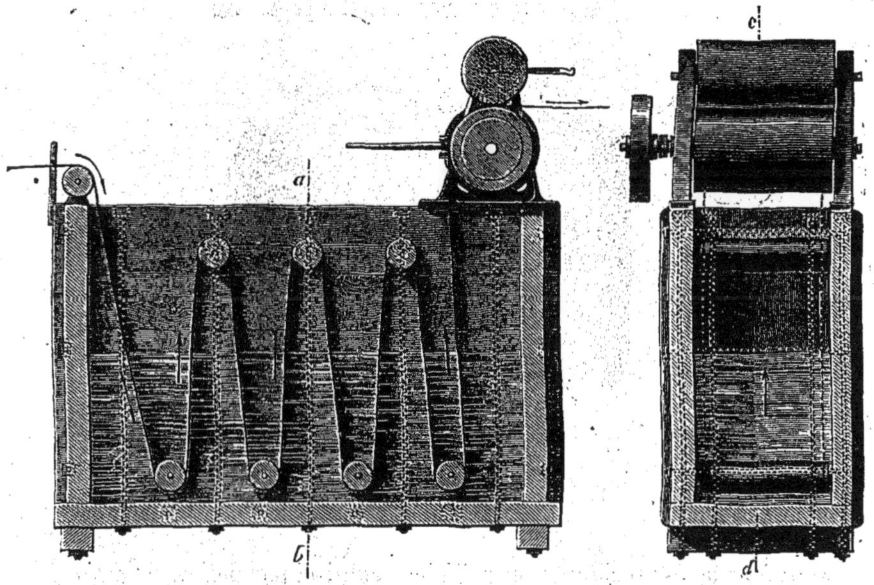

Fig. 294. — Cuve au lait de chaux (vue de face et de côté).

on refroidit, on lave au clapot, on passe en acide chlorhydrique pour dissoudre les savons calcaires et on lave une seconde fois au clapot.

On emploie souvent aussi pour cette opération l'appareil de Barlow, consistant en deux chaudières de tôle A et B (fig. 295), capables de résister à une pression de quelques atmosphères ; elles sont munies de robinets N et O, qui peuvent les mettre en communication avec un tuyau de vapeur D et avec des tubes E et L faisant communiquer la partie inférieure de chacune d'elles avec la partie supérieure de l'autre. Les pièces imprégnées de lait de chaux y sont entassées, et, après avoir chassé l'air, on ouvre successivement les robinets N et O pour faire passer la lessive de l'une dans l'autre. Ce va-et-vient dure huit heures. A la sortie, les étoffes subissent les mêmes lavages que précédemment.

Après ce traitement viennent des bains de chlorure de chaux, qui blanchissent l'étoffe, puis des lavages à l'acide chlorhydrique étendu et à l'eau, qui la débarrassent du chlorure et de l'acide.

Ajoutons que les tissus légers, comme les mousselines, ne peu-

Fig. 295. — Appareil de Barlow.

vent être lavés au clapot ; on remplace celui-ci par des *roues à laver* (*dash-wheel*), ou tambours, divisées en quatre compartiments dont les parois sont percées de trous (fig. 296). On y place les tissus et, en faisant tourner les roues dans l'eau, ceux-ci se trouvent lavés sans que leur solidité soit altérée, comme elle le serait par un passage au clapot.

La teinture des étoffes comprend une infinité de détails qui varient avec chaque nuance à obtenir et dans la description desquels nous ne pouvons entrer ici. C'est, comme nous l'avons déjà dit, une industrie essentiellement chimique et qui ne progresse qu'en s'appuyant sur les données de la science ; elle n'a été pendant longtemps qu'un ensemble de procédés empiriques acceptés par les uns, rejetés par les autres, modifiés par tous, suivant les cas, au gré du caprice et de l'inspiration du moment. Chaptal a dit : « L'art de la teinture est un des plus utiles et des plus merveilleux que l'on connaisse, et s'il en est un qui puisse inspirer à l'homme un noble orgueil, c'est celui-là. » Si Chaptal avait en si haute estime l'industrie de la teinture, c'est qu'il vivait à une époque de régénération scientifique où la chimie, encore émue des immortels travaux de Lavoisier, de Berthollet, de Fourcroy et de Vauquelin, entrevoyait chaque jour des horizons nouveaux; il avait vu les liens étroits qui unissaient la teinture à la chimie; il avait prévu que les

Fig. 296. — Appareil pour laver les tissus légers.

ateliers de teinture ne seraient bientôt que de vastes laboratoires, où le praticien vraiment soucieux de ses intérêts demanderait à la science de diriger sa main dans ces opérations si variées, si délicates, dont le but est de fixer sur les étoffes les riches couleurs que nous offre la nature. On peut dire qu'un bon chimiste ne sera qu'un mauvais teinturier s'il ignore cette infinité de détails opératoires dont les moindres ont leur importance, et qu'un praticien expérimenté ne sera aussi qu'un mauvais teinturier s'il n'a pas étudié les lois générales de la chimie.

On emploie à la coloration des étoffes les substances les plus variées, comme la cochenille, les racines de garance, les bois de Campêche, de Brésil, le bois jaune, la gaude, l'indigo, etc. Depuis quelques années ces produits sont souvent remplacés par des matières colorantes artificielles extraites du goudron de houille et de ses dérivés. L'application de ces couleurs nouvelles est, en général, plus facile, leur éclat est beaucoup plus vif, mais leur solidité laisse encore à désirer.

Les procédés de teinture varient à l'infini avec la nature de l'étoffe et avec la couleur que l'on veut lui donner.

On peut combiner directement la matière colorante au tissu en le plongeant dans une solution portée à une température suffisante. Tels sont, par exemple, les procédés de teinture sur laine et sur soie avec l'acide picrique qui colore en jaune, avec la fuchsine pour les rouges, etc., etc.

Dans la plupart des cas, la matière colorante n'a pas assez de

Fig. 297. — Cuve de teinture.

tendance naturelle à s'unir à l'étoffe pour qu'on puisse opérer comme précédemment; il faut alors procéder par *mordançage*, c'est-à-dire faire servir à la coloration du tissu non-seulement une substance colorante, mais aussi un ou plusieurs corps, appelés *mordants*, qui devront être choisis de manière à avoir de l'affinité pour l'étoffe et pour la matière colorante, entre lesquelles ils serviront d'intermédiaire pour fixer la seconde sur la première. Il faut aussi que le résultat de cette triple combinaison de l'étoffe, du mordant et de la matière colorante soit insoluble dans l'eau. Dans la teinture des laines et des soies, les mordants le plus souvent employés sont le tartre, l'alun et les sels d'étain. Dans la teinture des cotons, le mordant par excellence est le tannin, que l'on emprunte soit à la noix de galle, soit aux feuilles d'un arbuste appelé *sumac*.

La manière d'appliquer les mordants varie suivant les cas. Tantôt on les fait dissoudre dans l'eau du bain avec la matière colorante, et l'on teint en un seul bain. Veut-on, par exemple, faire un *rouge ponceau* à la cochenille sur mérinos : Pour une pièce de cette étoffe on mettra dans une cuve chauffée à la vapeur, comme celle que représente la figure 297, la quantité d'eau nécessaire et 200 grammes de composition d'étain ; on fera chauffer jusqu'à ce que le liquide écume ; on enlèvera l'écume et on *garnira* le bain avec 1^kil^,5 de cristaux de tartre, 2 litres de composition d'étain et 200 grammes de cochenille en poudre. On fera bouillir, et lorsque le tartre sera dissous, on *entrera* la pièce, dont l'un des bouts sera passé sur le tourniquet situé au-dessus de la chaudière puis attaché à l'autre bout. Le tourniquet en tournant manœuvrera la pièce dans le bain, d'où elle sortira pour y rentrer ensuite. Après trente minutes on relèvera sur le tourniquet, on ajoutera 800 grammes de cochenille, et, après avoir fait bouillir pendant trois ou quatre minutes, on rentrera l'étoffe, que l'on manœuvrera pendant trois quarts d'heure au bouillon. Au bout de ce temps, si la couleur est bien montée, on relève la pièce sur le tourniquet, on laisse égoutter, puis on l'envoie au lavage. Dans le procédé que nous venons de décrire la matière colorante était la cochenille ; le tartre et la composition d'étain ont servi de mordant, à la fois pour fixer la couleur et pour lui donner la nuance cherchée.

Tantôt le mordant et la matière colorante seront successivement employés : pour faire un noir sur laine, par exemple, on manœuvre les étoffes pendant une heure et demie au bouillon dans un bain contenant en dissolution du sulfate de cuivre, du sulfate de fer et du tartre. On les lève pour les laisser reposer pendant vingt-quatre heures, afin de donner aux mordants le temps de bien se combiner avec le tissu, et le lendemain on les teint dans un bain bouillant contenant du sulfate de cuivre, du sulfate de fer, du tartre, du campêche et du bois jaune. On aurait pu passer d'abord l'étoffe dans un bain de campêche, puis dans le bain de mordant.

Les mordants ne fonctionnent pas seulement comme fixateurs ; ils agissent souvent pour modifier la nuance et l'intensité des couleurs.

Quand la teinture doit s'appliquer non pas au tissu, mais à la fibre textile, laine, soie ou coton, qui doit servir à le faire, la manœuvre dans les bains ne se fait pas de la même manière : dans certains cas, on met les fibres dans des filets que l'on plonge dans le bain ; dans d'autres, on suspend les écheveaux à des bâtons qui reposent sur le bord des cuves et que l'on déplace à chaque instant en faisant tourner les écheveaux sur eux.

IMPRESSION DES TISSUS.

Avant de décrire les procédés d'impression, nous indiquerons quelques-uns des principes sur lesquels ils reposent.

1° On imprime des mordants convenables sur des points déterminés de la surface des étoffes ; on plonge ensuite ces étoffes dans des bains de matière colorante. Celle-ci se fixe aux parties mordancées et donne des couleurs qui varient avec la nature du mordant, de sorte que si l'on a imprimé plusieurs mordants à la surface d'un tissu, on aura plusieurs couleurs avec le même bain colorant. Quant aux parties qui n'ont pas été mordancées, elles ne retiennent la matière colorante que très-faiblement, et un simple lavage suffit pour les en débarrasser. Ce procédé ne s'applique qu'aux étoffes de lin et de coton : quand il s'agit de tissus de laine et de soie qui, par suite de leur plus grande affinité pour les matières colorantes, se combineraient avec elles, même dans les parties non mordancées, on imprime à la fois le mordant et la couleur mélangés ; puis on les fixe par l'action de la vapeur d'eau.

2° On peut aussi teindre l'étoffe comme à l'ordinaire, après avoir eu soin d'imprimer aux endroits que l'on veut conserver blancs des matières qui les préservent de l'action du bain colorant. C'est le procédé dit par *réserve*.

3° Souvent, après avoir *mordancé* ou *teint* l'étoffe d'une manière uniforme, on imprime en certains points des substances appelées *rongeants*. Dans le cas où l'étoffe a été seulement mordancée, les rongeants détruisent le mordant ; par suite, le bain colorant dans lequel on passera le tissu respectera les parties rongées. Dans le cas où l'étoffe a été teinte avant impression, le rongeant détruira la couleur produite sur les parties où il sera imprimé.

4° Enfin, on peut imprimer à la surface du tissu une matière colorante épaissie avec de l'albumine ou de l'amidon, puis le soumettre à l'action d'un courant de vapeur d'eau, qui fixe la couleur à sa surface.

Quant à l'impression, elle s'exécute de deux manières : *à la main* ou *à la machine.*

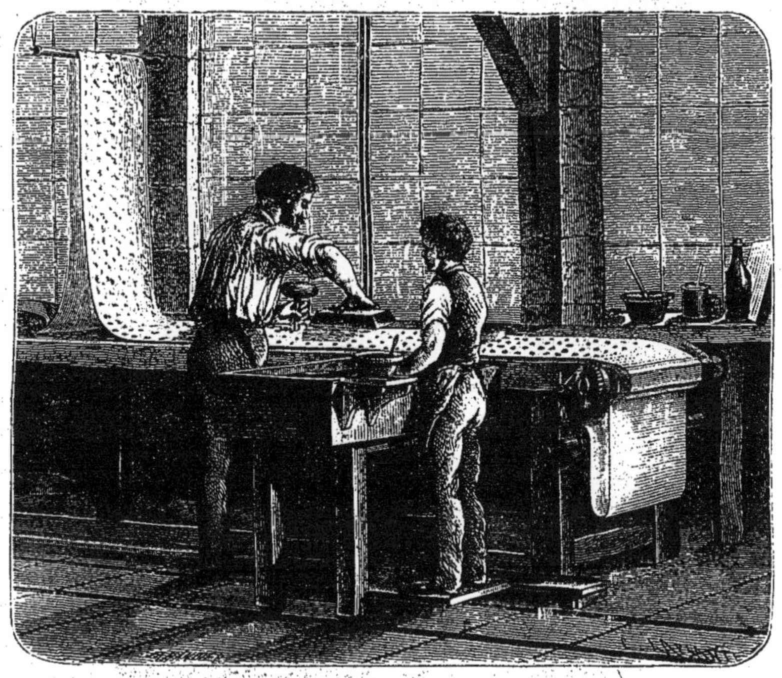

FIG. 298. — Impression des tissus à la main.

L'impression à la main se fait au moyen de planches qui présentent en relief les dessins que l'on doit reproduire sur l'étoffe. Les tissus sont tendus à la surface de tables quelquefois très-longues (fig. 298) et recouvertes de draps qui forment matelas. Un enfant, qui sert d'aide à l'imprimeur, enduit de couleur un tampon de drap renfermé dans un châssis monté sur une table à roulettes; l'imprimeur vient prendre la couleur sur ce drap en y appuyant plus ou moins la planche, qu'il applique ensuite sur l'étoffe à l'endroit où l'impression doit être faite; puis, à l'aide

Fig. 299. — Clichage au gaz.

d'un marteau, il frappe, sur le dos de la planche, un coup sec qui détermine l'adhérence et assure une impression régulière. Pour imprimer les dessins à leur place exacte, l'imprimeur se repère au moyen de picots que porte la planche et qu'il applique aux endroits convenables.

Les planches employées dans l'impression des tissus sont faites par trois méthodes différentes. On peut les obtenir par *gravure*, c'est-à-dire qu'après avoir reproduit le dessin à la surface d'un morceau de poirier ou de buis, un graveur armé d'un burin évide ce morceau de bois, de manière à ne laisser saillantes que les parties devant s'imprégner de couleurs. Le relief doit être très-fort.

Quand on a à reproduire des dessins fins et compliqués, devant servir très-souvent, on a recours au *clichage*. Ce procédé, très-expéditif, permet de tirer plusieurs épreuves du même sujet. Après avoir reporté le dessin sur un morceau de tilleul en bois *de bout*, on place celui-ci sous un burin qui est chauffé au gaz et qui, par l'intermédiaire d'une pédale, est animé d'un mouvement de va-et-vient vertical (fig. 299). Pendant ce mouvement on déplace le morceau de bois en présentant au burin les différents points des lignes du dessin ; l'outil entre dans le bois en le brûlant et y creuse des trous dont la succession reproduit ces lignes. On coule ensuite dans cette espèce de moule un alliage métallique facilement fusible et l'on recouvre le moule d'une plaque ou semelle de fonte qui s'étame au contact du métal fondu. Après refroidissement et solidification, on soulève la plaque de fonte qui emporte avec elle le métal solidifié reproduisant tous les détails du moule. On le détache de la semelle de fonte, on le cloue sur une planche et on le ponce pour égaliser sa surface.

Enfin on emploie aussi un troisième procédé, qui est réservé aux dessins à lignes fines et nettes. On enfonce verticalement dans le bois, suivant les contours du dessin, de petites lamelles de laiton dont la succession produit à la surface de la planche un relief à arêtes unies et très-nettes.

L'impression mécanique se fait soit au rouleau, soit avec une machine appelée *perrotine*. Nous ne décrirons pas en ce moment la machine à rouleaux, qui fut importée d'Angleterre au commencement de ce siècle et que nous retrouverons plus loin dans l'industrie des papiers peints ; nous en donnerons seulement le principe. Supposons qu'on grave en creux les détails du dessin à la surface d'un rouleau en bronze, et qu'après l'avoir recouverte de couleur on racle cette surface avec un couteau de manière à ne laisser de matière colorante que dans les parties creuses. Il est évident que si l'on fait ensuite rouler ce rouleau sur une étoffe tendue, il y imprimera le dessin gravé en creux à sa surface.

L'impression est faite à l'aide d'une machine très-délicate et très-précise dans laquelle les rouleaux tournent sur eux-mêmes, se chargent de couleur, se nettoient et impriment sur l'étoffe qui suit leur mouvement de rotation.

Fig. 300. — Perrotine : impression mécanique des tissus en plusieurs couleurs.

La machine présente ordinairement différents rouleaux fonctionnant en même temps et pouvant imprimer jusqu'à seize couleurs à la fois. Supposons que l'on veuille imprimer des fleurs dont une partie serait jaune et l'autre rouge : un rouleau imprimera le jaune et l'autre le rouge. Dans les machines qui ont un grand nombre de rouleaux, pour que les uns n'écrasent pas les couleurs imprimées par les autres, certains rouleaux sont gravés en creux, les autres en relief.

Une autre machine, plus spéciale aux tissus de laine et remplaçant plus fidèlement l'impression à la main, est la *perrotine*, ainsi appelée du nom de Perrot, son inventeur.

La figure 300 fait voir l'ensemble de cette machine assez com-

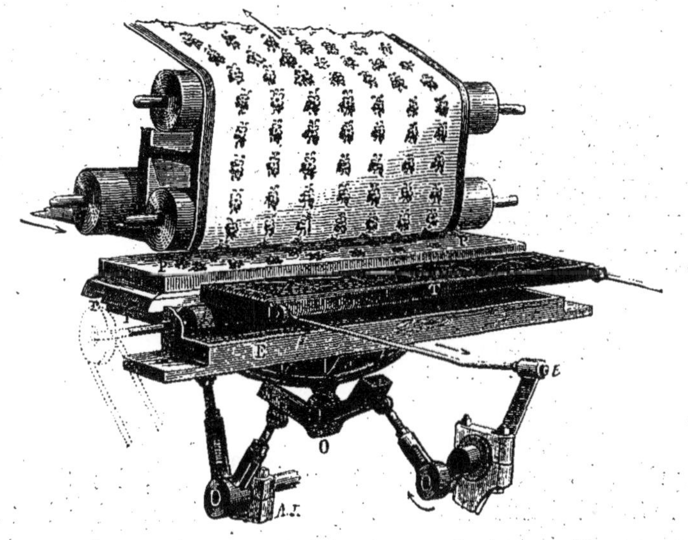

FIG. 301. — Organes travailleurs de la perrotine.

pliquée, et la figure 301 nous permettra de décrire ses organes essentiels et d'en faire comprendre le jeu.

Le tissu circule dans le sens indiqué par les flèches sur des cylindres que l'on voit sur la figure 301 et vient présenter la face à imprimer à l'action d'une planche gravée P P qui est animée d'un mouvement de va-et-vient vertical ; lorsqu'elle est arrivée à la partie supérieure de sa course, elle appuie sur l'étoffe et imprime la couleur qu'elle a reçue du tampon T. Voici comment se fait la distribution de couleur : le tampon est animé d'un mouvement alternatif d'arrière en avant et d'avant en arrière ; dans le premier mouvement, il frotte sur un cylindre qui tourne dans un encrier fixe E au milieu de la couleur liquide ; ce contact suffit à l'imprégner de matière colorante. La planche P s'abaisse ensuite et le tampon en reculant dépose la couleur à sa surface; pendant que la planche remonte pour venir imprimer sur l'étoffe, le tampon revient en avant, se charge de nouveau, et ainsi de suite. On voit en O, E, les différents organes qui transmettent le mouvement à la planche et au tampon.

On comprend qu'on pourra imprimer autant de couleurs qu'il y aura de planches et de tampons.

L'industrie de l'impression sur étoffe est très-importante; Mulhouse, Rouen et Saint-Denis sont les villes où elle est le plus développée. Elle est parvenue à une grande perfection et reproduit des dessins d'une extrême délicatesse à la surface des toiles de coton, dites *perses*, destinées à l'ameublement, des mousselines pour robes, des foulards, etc. On fait aussi par impression des châles imitant les cachemires tissés. Nous avons vu à Mulhouse chez M. Kœchlin-Schwartz, à Saint-Denis chez MM. Guillaume frères, de véritables chefs-d'œuvre d'impression.

DERNIERS APPRÊTS DES TISSUS.

Après teinture, blanchiment ou impression, les tissus ont encore à subir les derniers apprêts. Ces opérations, qui varient avec la nature des étoffes, n'ont le plus souvent pour but que de les soumettre à une espèce de *repassage* et de lustrer leur surface; c'est ce qui arrive pour les toiles de lin et de coton, pour les coutils, etc. On fait passer ces tissus dans des bains d'amidon et de fécule, qui produisent un véritable amidonnage; à leur sortie on les fait circuler avec tension sur des cylindres chauffés à la vapeur, tournant d'un mouvement continu et dont l'action peut être assimilée à celle d'un fer à repasser.

Les tissus légers et délicats, comme les étoffes blanches de Saint-Quentin, ne pourraient subir la tension dont nous venons de parler. Après l'amidonnage, on les tend avec précaution sur de vastes cadres, ou *tables d'apprêt*, sous lesquelles circulent des tuyaux chauffés à la vapeur.

Les étoffes de laine reçoivent aussi les derniers apprêts en sortant de teinture : ils consistent en un tondage exécuté par une machine que nous décrirons bientôt à propos de la fabrication des draps; ce tondage, qui ne se fait pas sur tous les tissus de laine, a pour effet de compléter l'action du grillage. Certaines étoffes sont soumises à une pression considérable entre des plateaux creux chauffés à la vapeur. Enfin, après avoir été humectés avec de l'eau, les tissus sont passés sur des cylindres C C (fig. 302), en cuivre rouge, chauffés par la vapeur du tuyau T, et y subissent un véritable repassage. L'étoffe se déroule du rouleau A pour aller s'enrouler sur le rouleau B.

Les velours de coton et les velours d'Utrecht reçoivent à l'envers

Fig. 302. — Apprêt des étoffes (cylindreur).

un gommage plus ou moins fort, que l'on sèche en les faisant circuler sur une série de cylindres chauffés à la vapeur. Les velours d'Utrecht reçoivent quelquefois un dernier apprêt qui a pour but de tracer des dessins en relief à leur surface. C'est ce qu'on appelle *gaufrer* ou *frapper* le velours. Cette opération s'exécute à l'aide de deux cylindres dont l'un est en bois et appuie sur le second qui est creux et en cuivre. Le cylindre de cuivre a été gravé à sa surface de manière que les dessins que l'on veut reproduire sur le velours soient en creux et que les intervalles qui les séparent soient en relief; il est chauffé à l'aide de morceaux de bois que l'on fait brûler à son intérieur et communique avec une cheminée par un tuyau de poêle. Supposons maintenant que, pendant que les deux cylindres tournent l'un sur l'autre, on engage entre eux le velours à gaufrer, sa face veloutée étant du côté du cylindre de

Fig. 303. — Machine à gaufrer le velours d'Utrecht.

cuivre; les saillies de ce cylindre vont pénétrer dans le velours, sans le brûler, et refouleront les houppes du tissu qui, sous l'influence de la chaleur et de la pression, se coucheront l'une sur l'autre d'une manière définitive. Quant aux parties creuses, elles laisseront entrer à leur intérieur les fibres relevées du tissu, qui seront respectées et reproduiront en relief à la surface de l'étoffe les dessins gravés en creux sur le cylindre. La figure 303 représente une machine où l'on peut gaufrer deux pièces à la fois : elle a deux cylindres de bois appuyant sur le même cylindre de cuivre par la pression de deux vis que l'on voit sur la figure.

Les tissus en soie reçoivent aussi des apprêts destinés à leur donner du corps et du brillant ; les satins unis ou façonnés, les articles à cravates, les fayes sont gommés sur l'envers et passés entre des cylindres qui exercent sur eux une pression.

Les foulards sont baignés aux apprêts liquides et passent en sortant du bain de matière gommeuse entre des cylindres qui leur font subir une pression considérable.

Quant aux dessins que l'on remarque à la surface des étoffes désignées sous le nom de *moire*, on les produit de la manière suivante : S'il s'agit de faire de la *moire française*, c'est-à-dire celle dont les dessins sont symétriques par rapport à une ligne médiane qui divise le tissu en deux parties égales suivant sa longueur, on plie l'étoffe suivant sa longueur, de manière que les deux moitiés d'une même duite se superposent ; puis on la fait passer entre des cylindres ; de la pression qu'ils exercent résulte un froissement qui fait briller l'étoffe en certains points et donne les dessins cherchés. S'il s'agit, au contraire, de faire de la *moire antique*, le tissu est plié en biais, suivant la chaîne et passé au cylindre. Les dessins ne sont plus symétriques, mais ils ont plus de richesse.

FABRICATION DES DRAPS.

Le drap est une étoffe qui tire toutes ses qualités des apprêts qu'il reçoit ; lorsque le tissu destiné à être transformé en drap arrive du tissage, il présente l'aspect d'une toile grossière. Il doit d'abord être *dégraissé*. Cette opération, qui lui enlève les corps gras de l'ensimage, est exécutée par une machine appelée *dégraisseuse*, qui consiste en deux gros cylindres faisant fonction de laminoir et situés au-dessus d'une auge où se trouve de l'eau et de l'argile à foulon. Le tissu, dont les deux bouts sont cousus ensemble, passe entre les cylindres qui, l'entraînant dans leur mouvement, le sortent du bain pour l'y replonger ensuite. L'argile s'unit aux corps gras qu'elle absorbe et un passage à l'eau débarrasse l'étoffe de l'argile chargée d'huile. Après un séchage pratiqué à l'air libre ou dans des séchoirs chauds, les pièces sont remises aux *épince-*

teuses, qui, armées d'une petite pince nommée *épince*, les nettoient de toutes les impuretés, comme pailles, boutons, etc. Ce travail est en général exécuté par des femmes, ainsi que l'opération du *rentrayage*, qui vient immédiatement après et qui a pour but de réparer à la main les défectuosités du tissage. Il faut tendre les fils qui, s'étant cassés pendant le tissage, ne sont pas droits : cela se fait

Fig. 304. — Foulage des draps.

en saisissant l'extrémité du fil avec l'épince et en le tirant ensuite pour le tendre; il faut réparer les *faux pas*, c'est-à-dire passer des fils là où il manque une duite par suite d'une rupture de la trame, etc., etc.

Le drap va ensuite au *foulage*. Cette opération, la plus importante de toute la fabrication, a pour but de transformer l'étoffe, qui est lâche, relativement mince et molle, en un tissu serré et ferme, quoique moelleux; elle s'exécute à l'aide de machines appelées *foulons*. Nous décrirons l'une de celles qui sont le plus employées. La partie essentielle de l'appareil se compose de deux joues en bronze *a*, *a* (fig. 304), que l'on peut rapprocher plus ou moins.

Le tissu est engagé entre ces deux joues, puis saisi par deux cylindres situés derrière elle et animés d'un mouvement de rotation. Ces cylindres, appelant l'étoffe, la forcent à passer dans un intervalle qui est très-petit si on le compare à la largeur qu'elle a. Dans ce passage les fibres se rapprochent, se feutrent et le tissu, se trouvant condensé, diminue de largeur. C'est le foulage en

FIG. 305. — Lainage ancien du drap.

largeur. Il doit être accompagné d'un foulage en *longueur:* pour cela le drap, en sortant des cylindres, s'accumule dans un espace, ou *chambre*, d'où il ne pourra sortir qu'à condition de soulever une porte s'ouvrant de bas en haut et appuyée par un ressort très-fort contre l'ouverture d'issue. Le tissu, s'accumulant dans cette chambre, va y être soumis à une pression suivant sa longueur et se foulera en *longueur*. Quand cette pression, qui augmente à mesure que l'étoffe est fournie par les cylindres, sera devenue suffisante, la porte se soulèvera et le drap sortira ; mais, comme elle se refermera bientôt, l'opération recommencera pour les parties qui suivent. Les deux bouts de la pièce ayant été cousus ensemble, le mouvement se continuera aussi longtemps qu'il sera nécessaire. Si le foulage se faisait à sec, les fils s'altéreraient : pour éviter cet inconvénient, la partie inférieure de la

Fig. 306. — Laineuse.

machine est munie d'une auge *c c'* dans laquelle se trouve de l'eau de savon. Le tissu, passant dans ce liquide, s'y imprègne de la dissolution, qui facilite le glissement et le ramollissement des fibres. L'opération du foulage diminue considérablement les dimensions de l'étoffe : pour les draps lisses cette diminution est un tiers en longueur et en largeur. Le foulage est appliqué à toutes les étoffes feutrées, comme les couvertures de laine, les molletons, les flanelles, etc. A Sedan, il se fait avant le dégraissage.

A la sortie des foulons, le drap est débarrassé des savons par un lavage; puis il passe au *lainage*, qui a pour but de relever les filaments froissés par le foulage, de les coucher tous dans le

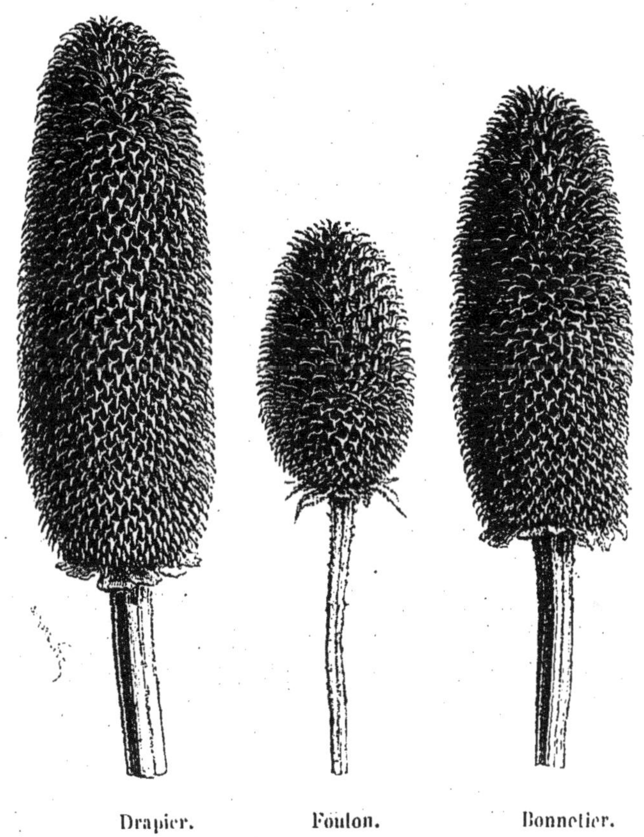

Fig. 307. — Chardons pour le lainage des draps.

même sens, de manière qu'ils forment à la surface une couche de duvet homogène recouvrant autant que possible les intervalles laissés par le croisement des fils. Pour atteindre ce but, on se servait autrefois d'une espèce de brosse formée de chardons que l'on passait sur les draps suspendus verticalement (fig. 305). Aujourd'hui on emploie une machine appelée *laineuse*. La partie principale de cette machine est un cylindre tournant C (fig. 306) dont la surface est formée par des cadres garnis de chardons. L'étoffe se déroulant du rouleau R passe sur lui et les aspérités des chardons font l'effet d'une brosse qui coucherait les filaments. Les figures 306 et 308 représentent une laineuse et un ouvrier garnissant de char-

Fig. 308. — Pose des chardons dans les cadres.

dons un cadre devant former l'un des côtés. La figure 307 représente les chardons employés en draperie : le plus grand, appelé *drapier*, sert à la première passe; le second, nommé *bonnetier*,

Fig. 309. — Ancien ciseau à tondre les draps.

s'emploie généralement pour le tirage à poils à la main ou dans les cadres pour la deuxième passe; le plus petit, ou *foulon*, est plus doux; il sert pour les apprêts fins et pour le dernier passage.

Quand on veut obtenir des étoffes à poil droit comme les draps-velours, l'opération du lainage est suivie du *battage*, qui consiste à tendre horizontalement le drap mouillé et à le battre avec des baguettes flexibles qui redressent le poil.

Le lainage et le battage exigent que le drap soit mouillé; on le sèche ensuite à l'air ou dans des étuves à air chaud. Pendant ce séchage il est tendu sur des appareils appelés *rames*.

Les filaments qu'a couchés la *laineuse* ne sont pas tous d'égale longueur : il en résulte une irrégularité d'aspect dans le tissu. Pour la faire disparaître, on tond le drap. Cette opération, qui

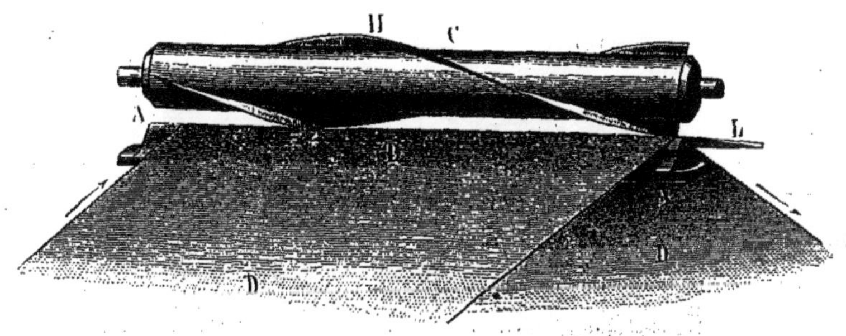

Fig. 310. — Machine à tondre les draps.

se pratiquait autrefois à la main avec des ciseaux (fig. 309), s'exécute aujourd'hui sur des machines spéciales. Celle qui est le plus généralement employée se compose essentiellement d'un cylindre C (fig. 310) armé de lames d'acier H, très-aiguisées et disposées sur lui en spirale; il est animé d'un mouvement rapide de rotation. A une petite distance de ce cylindre se trouve une lame aiguë et rectiligne L. Par le mouvement de la machine, le drap D vient passer au contact et au-dessous de cette lame fixe, et ses fibres, relevées par une traverse AA située au-dessous de lui, se trouvent prises comme dans une paire de ciseaux dont l'une des lames (la lame rectiligne) serait fixe et l'autre (les lames spirales) mobile.

Après le tondage, le drap retourne au lainage: c'est ce qu'on appelle lui donner une *seconde eau*, parce qu'à chaque lainage il doit être mouillé; les opérations de lainage et de tondage sont répétées d'autant plus de fois que le drap doit être plus fin. Certains draps subissent jusqu'à vingt-quatre lainages et vingt-quatre tondages.

Quand le drap est fini, on l'expose simultanément à une forte pression et à l'action de la chaleur; le duvet se couche et l'étoffe prend le brillant recherché: c'est le *lustrage*. L'excès de brillant donné au lustrage est corrigé par le *décatissage*, opération qui consiste à exposer le tissu à l'action de la vapeur d'eau.

Certains draps destinés à la confection des vêtements d'hiver (paletots, pardessus, etc.) doivent avoir leur surface *frisée* ou

Fig. 311. — Machine à friser et à onduler les draps.

ondulée. On leur communique cette propriété à l'aide d'une machine où le tissu, après avoir été tiré à poils, passe entre deux plaques P et Q (fig. 311) animées d'un double mouvement circulaire et rectiligne. La plaque supérieure est recouverte d'une étoffe grossière qui, frottant sur la laine, la *frise* et l'*ondule*.

On voit combien est longue la fabrication du drap ; on peut l'estimer à deux mois et demi depuis l'entrée de la laine en filature jusqu'à l'achèvement de l'étoffe.

CHAPITRE VI

CONFECTION DES VÊTEMENTS, DES CHAPEAUX, DES CHAUSSURES ET DES GANTS.

CONFECTION DES VÊTEMENTS.

Les industries que nous avons étudiées dans les chapitres précédents avaient toutes pour but de fournir à l'homme les tissus destinés à la fabrication de ses vêtements; cette fabrication fait l'objet d'industries diverses, comme celles du tailleur, de la couturière, de la lingère, etc. Tout le monde connaît les principaux détails de ces industries, qui s'exercent à la main et qui, malgré leur importance, n'offrent rien de particulier à décrire. Nous dirons seulement que les étoffes sont d'abord coupées sur des *patrons*, ou morceaux de papier épais, dont la forme varie avec la nature du vêtement; les dimensions sont données par la *mesure que prend* le tailleur sur le corps même de la personne qui commande l'objet à confectionner; puis les différentes pièces sont livrées à l'ouvrier qui les *assemble* et les prépare pour l'essayage. Les retouches à faire sont indiquées par le maître tailleur à l'aide de traits faits avec un morceau de savon taillé et le vêtement, rendu à l'ouvrier, est définitivement confectionné. Le talent d'un bon ouvrier tailleur ne consiste pas seulement dans l'exactitude et dans le soin qu'il apporte à exécuter les indications qui lui sont données au point de vue des dimensions et de l'ajustement des pièces, mais aussi et surtout à donner au vêtement du cachet, de l'élégance et de la résistance à la déformation, etc. Toutes ces qualités dépendent des garnitures intérieures que l'ouvrier doit savoir placer et ajuster, de son habileté à manier le fer à repasser qui, par son poids et par sa chaleur, cambrera certaines parties du vêtement pour leur faire prendre la forme du corps, etc.

L'industrie du tailleur comprend deux classes distinctes : celle des tailleurs à façon et celle des confectionneurs. Les premiers essayent le vêtement lorsqu'il est ajusté, les autres le font sans essayage. Il en résulte évidemment qu'un habit de *confection* est toujours moins soigné et moins bien ajusté que celui qui est fait à façon. Mais nous devons ajouter que les confectionneurs produisent à meilleur marché, tant à cause des capitaux considérables dont certaines maisons disposent, que par suite de la facilité qu'elles ont d'entretenir constamment le travail de leurs ouvriers, même pendant la *morte saison*. Sous ce rapport, cette industrie rend chaque jour de grands services : le bon marché auquel elle arrive permet de répandre dans la classe ouvrière un confortable auquel elle ne pouvait prétendre autrefois, et sous ce rapport on ne saurait trop encourager les progrès de cette intéressante industrie.

L'invention de la *machine à coudre* a beaucoup contribué au résultat que nous signalons. Chacun connaît cette machine, qui se répand maintenant jusque dans nos maisons particulières ; il en existe bien des modèles capables d'exécuter les ouvrages les plus divers. Dans les plus simples, qui ne font que le point appelé *point de chaînette*, une aiguille disposée verticalement et recevant le fil d'une bobine montée sur l'appareil, est mise en mouvement alternatif, soit par une roue mue à la main, soit par une pédale. Dans ce mouvement elle vient traverser l'étoffe placée sur un porte-objet et entraîne le fil : à chaque passage un organe situé au-dessous du porte-objet rencontre le fil et fait la boucle nécessaire à la formation du point. Quant à l'étoffe, elle est entraînée par le mouvement d'une pièce rugueuse qui se meut dans une fente percée dans le porte-objet, et se trouve serrée contre lui par une autre pièce appelée *presse-étoffe*. L'ouvrière n'a qu'à guider le tissu dans son mouvement. Ces machines ont l'inconvénient de ne pas *arrêter* le point, c'est-à-dire que, lorsque la couture est faite, si le fil vient à se casser en un point, il suffira de tirer sur l'une de ses extrémités pour qu'il quitte l'étoffe et que la couture se défasse tout entière.

Dans les machines plus complètes, on ne rencontre pas cet inconvénient, attendu que le point est constitué par l'enchevêtrement de deux fils, l'un qui est porté par l'aiguille, l'autre qui est livré par une navette située au-dessous du porte-objet et s'y déplaçant d'un mouvement horizontal alternatif. La figure 312 représente une machine à deux aiguilles.

L'industrie de la confection des vêtements est répandue dans toute la France : Paris en est le centre principal. Cette ville comptait en

Fig. 312. — Machine à coudre.

1866 plus de 1720 tailleurs payant patente, travaillant à façon et faisant un chiffre d'affaires de 90 000 000 de francs. Il faut ajouter les confectionneurs civils et militaires, dont le chiffre d'affaires était à cette époque de 109 000 000 (civils 100 000 000, militaires 9 000 000), enfin les tailleurs pour enfants, dont les affaires s'élevaient à 6 000 000. Dans ce total de 205 000 000, le prix de la matière première figure pour 107 000 000, celui de la main-d'œuvre pour 53 000 000. Le bénéfice brut est donc de 45 000 000. Le nombre des ouvriers tailleurs à Paris était à cette époque de 34 000 hommes, dont le salaire *moyen* était par jour de 4 fr. 65 c., et de 8000 femmes gagnant en moyenne 2 fr. 30 c. par jour.

CHAPELLERIE.

La chapellerie comprend la fabrication des coiffures d'hommes et de femmes ; nous ne nous occuperons que des premières : la confection des autres se fait exclusivement à la main et ne comporte pas une description détaillée, le talent de la modiste consistant surtout dans le bon goût et dans l'élégance des produits fabriqués.

La chapellerie pour hommes est une industrie très-importante, qui embrasse la fabrication des chapeaux de feutre, de soie, de paille, et des casquettes.

Les chapeaux de *feutre* entrent aujourd'hui pour les neuf dixièmes dans la consommation annuelle, et la France en fabrique pour près de 80 millions de francs, somme dans laquelle la consommation intérieure est représentée par 60 millions environ. Les principaux centres de fabrication sont Paris, Lyon, Aix, Bordeaux, Roman, Bourg-du-Péage, Tarascon, Chazelles, Esperaza, Fontenay-le-Comte.

L'usage des chapeaux de feutre remonte au règne de Charles VI. Les premiers feutres furent faits en laine d'agneau, ensuite en poil de castor ; plus tard on mélangea à la laine le poil de chevreau et de veau ; aujourd'hui le feutre qui sert à la confection des chapeaux est fait avec des poils de chèvre, de lapin, de loutre, de rat gondin, auquel on mélange quelquefois une certaine quantité de laine.

La laine possède naturellement la propriété feutrante, c'est-à-dire que, si on la foule, les différents brins s'entrecroiseront, se fixeront l'un à l'autre par les aspérités qu'ils présentent et finiront par constituer un tissu appelé *feutre*. Les poils, dont nous avons parlé tout à l'heure ne possèdent pas naturellement la propriété feutrante et on doit la développer chez eux par l'opération du *sécrétage*, qui consiste à les imprégner d'une dissolution de nitrate de mercure, avant de les détacher de la peau de l'animal : cela se fait en frottant cette peau du côté du poil avec une brosse préalablement trempée dans la dissolution. Après avoir séché les peaux, on arrache le poil ou on le coupe avec un outil très-tranchant. Dans les usines bien montées, cette opération est exécutée mécaniquement par un couteau à lames héliçoïdales qui est animé d'un mouvement rapide de rotation et qui rappelle les *tondeuses* employées pour les apprêts des étoffes. Le cuir sort de ces machines à l'état de copeaux.

Après ces opérations préliminaires commence la fabrication proprement dite du chapeau ; nous la décrirons d'abord telle qu'elle a

Fig. 313. — Atelier de foule.

été pratiquée jusqu'à ces dernières années, telle qu'elle l'est encore dans beaucoup de localités, et nous indiquerons ensuite les modifications que la grande industrie y a apportées.

Les poils de diverse nature sont d'abord mélangés suivant la qualité du feutre que l'on veut faire ; après ce mélange, il faut *ouvrir les poils*, c'est-à-dire raréfier la masse par l'agitation et la faire foisonner : c'est le but de l'*arçonnage*, opération qui tire son nom de l'outil dont on se sert. L'*arçon* est un arc de $2^m,50$ environ, suspendu à une petite distance d'une table sur laquelle on met les poils. L'ouvrier, en faisant vibrer la corde au milieu d'eux, les agite et les projette à une certaine hauteur ; ils retombent peu à peu, s'enchevêtrent et forment une masse, que l'on divise en plusieurs lots ou capades, pour la transformer par l'opération du *bastissage* en un tissu ayant la forme d'une cloche. Pour cela, on place une première capade sur une toile mouillée, appelée *feutrière ;* au-dessus on applique une feuille de papier mouillée, puis la seconde capade, et l'on replie la feutrière ; en la pressant avec les mains, en la pliant et la repliant en tous sens, on commence le feutrage et l'on obtient deux lames de poils feutrés qui ont déjà une certaine consistance. On les réunit par leurs bords et on les remet en feutrière pour opérer la soudure par un nouveau feutrage. Il faut avoir soin de séparer les deux lames par une feuille de papier pour les empêcher de se réunir sur toute leur surface.

Le tissu qui constitue la cloche n'ayant pas encore assez de consistance, on le porte au foulage. La figure 313 représente une *foule*. Cet appareil se compose d'une chaudière remplie d'eau acidulée par l'acide sulfurique. Sur les bords sont disposés des plans inclinés ou bancs. L'ouvrier trempe son feutre dans l'eau de la chaudière, puis il le place sur son banc, où il s'égoutte, le presse avec un rouleau de bois, l'arrose d'eau froide et, pendant quatre heures, continue à le fouler en tous sens, d'abord avec les mains nues, puis avec les mains garnies de manicles ou semelles de cuir.

Le feutre, après foulage, est placé sur une forme dont on le force à prendre le contour en le pressant fortement avec les mains. Pour faire les bords, l'ouvrier attache l'étoffe sur le bas de la forme avec une forte ficelle et relève, en tirant en long et en large, la partie du tissu qui se trouve au-dessous de cette ficelle et qui constituera le bord du chapeau. On laisse sécher, on polit à la pierre ponce et à la peau de chamois ; puis on teint dans un bain composé suivant la nuance que l'on veut obtenir. Après teinture, le tissu, lavé et séché à l'étuve, est livré à l'apprêteur, qui l'imprègne d'une dissolution de gomme laque ; on fait ensuite sécher à l'air et la gomme laque, qui est entrée dans les pores du chapeau, lui donne de la fermeté.

FIG. 314. — Bastissage.

Telles sont les principales opérations que comporte la fabrication d'un chapeau de feutre. Le travail à la main, que nous venons de décrire, est assez long et le plus habile ouvrier ne peut guère *bastir* et *fouler* plus de trois chapeaux dans sa journée ; la substitution du travail mécanique a fait une véritable révolution dans la chapellerie : en augmentant la production et en abaissant le prix de revient, elle a mis le chapeau de feutre à la portée de toutes les bourses ; c'est ce qui explique le développement important que cette industrie a pris dans ces dernières années. C'est surtout à MM. Laville et Crespin, fabricants de chapeaux, à Paris, que l'on doit les perfectionnements qui ont transformé la chapellerie en une industrie toute mécanique.

Le mélange des poils se fait dans une série d'armoires communiquant entre elles ; le poil est placé sur une toile sans fin où il est pris par des cylindres alimentaires et par un arbre à palettes qui le lancent dans la première armoire. Un ventilateur entretient son mouvement, et l'on voit, à travers les vitres de ces armoires, voltiger et tourbillonner les poils, qui se mélangent et laissent déposer le *jarre*, ou poil de qualité inférieure, dans des tiroirs situés à la partie inférieure de l'appareil.

Le mélange ainsi produit est livré à une machine appelée *bastisseuse*, chargée d'exécuter l'*arçonnage* et le *bastissage*. Les poils sont placés sur la toile sans fin T (fig. 314), et y sont pris par des cylindres alimentaires qui viennent les présenter à un cylindre garni de brosses disposées suivant sa longueur : la rotation les lance dans un conduit A, où ils sont agités en tous sens par un courant d'air actif qui les fait progresser dans ce conduit. Arrivés à l'extrémité, ils sortent par une large fente et vont se fixer sur une cloche de cuivre percée de trous et recouverte d'un linge mouillé. Elle tourne lentement autour d'un axe vertical et repose sur un pied P, dans lequel se fait le vide ; la pompe à air qui communique avec l'appareil aspire les poils et les fixe sur la cloche. Comme celle-ci est conique, on comprend qu'à sa base il se déposerait moins de poils qu'à son sommet, puisque la quantité de poils qui sort en un temps donné, par une longueur déterminée de la fente, étant la même partout, se répartirait à la base sur une plus large surface et y fournirait une moins grande épaisseur. Pour régulariser cette répartition, la fente n'est pas ouverte en même temps sur toute sa hauteur : un ouvrier place devant elle une plaque R, qu'il soulève peu à peu de bas en haut ; le mouvement qu'il donne à cette plaque est plus lent en bas qu'en haut, de telle sorte que la partie inférieure de la cloche reçoit le poil pendant plus de temps que la partie supérieure. On recouvre ensuite la cloche d'une toile mouillée, et on l'enlève pour la plonger dans un bain d'eau acidulée qui augmente

FIG. 315. — Ponçage des chapeaux de feutre.

la consistance du tissu et permet de le détacher plus facilement de la cloche.

Le tissu très-léger ainsi obtenu est ensuite *assuré*, c'est-à-dire qu'on augmente sa solidité en le plaçant dans une feutrière et en lui faisant subir le feutrage à la main que nous avons décrit. Le feutrage est achevé dans une machine *à feutrer*, où l'étoffe est soumise à une pression et à une friction simultanées. Le feutre passe ensuite à la foule, au dressage et aux apprêts. Ces opérations se font de la manière que nous avons décrite; le ponçage seul s'exécute mécaniquement sur des formes que représente la figure 315. Ces formes F, animées d'un mouvement rapide de rotation, reçoivent le chapeau, et, pendant qu'elles tournent, l'ouvrier appuie sur l'étoffe la ponce qui doit la polir. Le ponçage des bords se fait en plaçant le chapeau dans une forme creuse et en les rabattant sur une partie plate qui se trouve autour de la cavité. On voit en T un tuyau par lequel une pompe aspire d'une manière continue la poussière qui nuirait à la santé de l'ouvrier.

Le chapeau de soie fut inventé à Florence vers 1760; en 1770, il y en avait déjà deux fabriques à Paris: cependant cette industrie sommeilla jusqu'en 1828, époque à laquelle elle a pris un grand essor; aujourd'hui elle a diminué beaucoup d'importance, par suite du développement de l'usage des chapeaux de feutre. Les principaux centres de fabrication sont Paris, Lyon, Bordeaux, Douai, Rouen, Marseille, Arras, Nantes, Yvetot, Essonne.

Un chapeau de soie se compose d'une carcasse, ou *galette*, à la surface de laquelle on colle un tissu de soie appelé *peluche*, qui se fabrique, comme nous l'avons dit plus haut, à Sarreguemines et à Tarare. La galette était faite autrefois en poils de lapin feutrés et apprêtés; aujourd'hui elle est en toile recouverte de couches de gomme laque destinées à lui donner de la roideur: elle se compose de trois parties: la partie latérale, le fond et les bords. La partie latérale se fait en entourant une forme cylindrique d'un morceau de toile apprêtée dont on réunit les bords en les collant l'un à l'autre. Sur le fond de cette forme on applique un disque circulaire que l'on colle au premier morceau de toile. Pour les bords on se sert de toiles plus fortes superposées et l'on façonne avec elles un anneau plat qui présente, sur sa circonférence intérieure, une saillie sur laquelle on colle le reste de la galette. Il s'agit maintenant de recouvrir cette galette. On prend pour cela une espèce de coiffe en peluche de soie, représentant la forme du chapeau et fendue suivant une ligne oblique; on l'applique sur la galette placée sur la forme et on la force à en épouser les contours par la pression d'un fer chaud; la chaleur du fer fond la gomme laque qui se trouve sur la galette et qui devient par le refroidissement un véritable ciment entre la peluche et cette galette. Les bords de la fente oblique, qui avaient été garnis de gomme laque, sont réunis de la même manière. Pour donner au chapeau les contours voulus, on le repasse à chaud sur une forme et on rend la peluche brillante en la mouillant, en la repassant plusieurs fois et en appliquant sur elle un morceau d'étoffe de laine pendant que le chapeau, placé sur un tour, tourne avec rapidité. Il n'y a plus maintenant qu'à garnir le chapeau, c'est-à-dire à y mettre la coiffe, y coudre le cuir et le galon qui le borde.

Nous comprendrons sous la dénomination de *chapeaux de paille:* les chapeaux de paille proprement dits, les chapeaux de panama et les chapeaux de latanier ou palmier. Nancy, Strasbourg et Lyon sont les trois principaux centres de fabrication. La paille employée pour la fabrication des chapeaux est, en général, celle de blé ou de seigle ; la meilleure nous vient d'Italie et particulièrement de Toscane. Florence nous expédie des pailles à l'état de petits rubans tressés, qui sont livrés en France à des ouvrières chargées de les coudre ensemble et d'en faire des chapeaux de formes différentes. Toulouse, Grenoble et l'Angleterre livrent aussi à l'industrie des quantités considérables de tresses de paille. Les chapeaux dits *chapeaux de paille d'Italie* ne se composent pas de tresses cousues, mais de tresses *remmaillées*, qui sont réunies par un fil imperceptible que l'ouvrière dissimule sous un brin de paille. Ces chapeaux nous arrivent tout faits d'Italie et nos fabricants les *dressent* comme ceux que l'on confectionne en France.

Le *dressage* a pour effet de donner au chapeau la forme qu'il doit avoir. Après avoir imprégné la paille de colle ou de gélatine destinée à lui donner une certaine roideur, le chapelier place le chapeau sur une forme et le soumet à des repassages à chaud qui dressent successivement le fond, les côtés et les bords : c'est là le *dressage à la main*. Il se fait maintenant d'une manière beaucoup plus rapide et plus parfaite à l'aide de l'*appréteuse* ou *dresseuse* mécanique de MM. Mathias et Legat (fig. 316). On peut regarder cette machine comme composée d'une forme métallique F, chauffée à la vapeur et sur laquelle on place le chapeau déjà apprêté et légèrement humide ; sur cette forme bascule à charnières un couvercle creux et métallique C, dans lequel on peut injecter de l'eau chaude à une forte pression. La partie intérieure de ce couvercle, qui s'abat au-dessus du chapeau, est faite avec une feuille de caoutchouc. On comprend que, si l'on enferme le chapeau entre la forme et ce couvercle, et qu'on donne ensuite la pression dans l'intérieur de celui-ci, la feuille de caoutchouc, poussée par la pression de l'eau, le forcera à prendre les contours de la forme. Au

FIG. 316. — Machine Mathias et Legat pour dresser les chapeaux de paille.

bout de trois à quatre minutes, sous l'influence combinée de la chaleur et de la pression, le dressage est fait. Un ouvrier ne peut dresser à la main que dix chapeaux par jour ; la machine Mathias et Legat en dresse quatre cents.

Les chapeaux dits *panamas* sont fabriqués avec les feuilles d'un arbuste qui croît en Amérique; ces feuilles s'enroulent naturellement sous forme de filaments assez fins et ressemblant à de petits joncs. Cette fabrication, qui ne se faisait autrefois qu'en Amérique, est maintenant très-importante en France : Nancy et Strasbourg reçoivent des quantités considérables des feuilles dont nous parlons et les fabricants les livrent aux ouvriers des campagnes, qui se chargent de les tresser. Ces chapeaux diffèrent de ceux de paille en ce qu'ils ne sont pas cousus; ils sont constitués par une tresse unique que l'ouvrier confectionne en partant du sommet de la forme et en allant en élargissant par l'addition de brins de plus en plus nombreux.

Les chapeaux de latanier ou palmier sont fabriqués avec les feuilles plates d'un arbre originaire d'Afrique et d'Amérique. Mais ces feuilles étant trop larges doivent être refendues en brins plus étroits; ce refendage s'opère en faisant glisser la feuille, suivant sa longueur, sur un outil formé de plusieurs lames coupantes juxtaposées. Les brins ainsi obtenus sont livrés aux tresseurs, qui opèrent comme pour le panama; celui-ci constitue cependant un article plus soigné et plus fin. Les chapeaux de panama ou de latanier doivent, après le dressage, être soumis à un *flambage*, qui grille l'espèce de duvet formé par les brins sortant du tissu. Ils sont ensuite lavés avec une brosse mue mécaniquement dans une chaudière renfermant une dissolution de carbonate de soude ; puis ils sont blanchis par l'action du soufre. Après le blanchiment, ils sont apprêtés et dressés comme les chapeaux de paille.

La casquette est l'objet d'une industrie très-importante qui se fait à la main ou à la machine à coudre.

CORDONNERIE.

La cordonnerie a réalisé depuis quelques années des progrès importants qui, en abaissant le prix de revient des chaussures de cuir, en ont répandu l'emploi et ont diminué celui des chaussures en bois ou sabots, dont l'usage, autrefois général dans les campagnes, devient chaque jour moins considérable. Elle s'exerce partout dans les villes et dans les campagnes, mais on rencontre cette industrie plus développée dans certaines villes où se sont élevées d'importantes maisons, auxquelles on doit surtout les progrès accomplis. Nous citerons Paris, Metz, Boulogne-sur-mer, Bordeaux, Nancy, Liancourt (Oise), Limoges, Marseille et Amiens. La cordonnerie emploie aujourd'hui trois procédés principaux de fabrication, qui produisent trois catégories distinctes de chaussures : le *cousu*, le *cloué*, le *vissé*.

La chaussure cousue est encore la plus répandue et la meilleure, mais c'est aussi celle qui coûte le plus cher.

Pour expliquer la fabrication des chaussures cousues, nous prendrons le cas le plus simple, c'est-à-dire celui d'un soulier ordinaire, qui se compose de trois parties essentielles : l'*empeigne*, ou dessus de la chaussure, la *semelle* et le *talon*.

L'empeigne se fait ordinairement avec un cuir souple et peu épais, comme le veau ciré ou verni, la vache vernie, le maroquin, le chevreau ; elle est coupée sur un patron en zinc, ainsi que la doublure en toile ou en peau de mouton dont on la revêt intérieurement. La coupe est exécutée par le maître cordonnier ou par des contre-maîtres.

La semelle et les talons sont faits avec des cuirs plus épais de bœuf et de vache. Autrefois l'ouvrier cordonnier était toujours chargé de découper la semelle, avec un outil appelé *tranchet*, dans un morceau de cuir épais livré par le patron. Aujourd'hui encore cela a lieu quelquefois ainsi, mais le plus souvent les semelles sont découpées à l'aide d'emporte-pièce et livrées à l'ouvrier avec les dimensions qu'elles doivent avoir. Il en est de même des rondelles qui, par leur superposition, doivent constituer le talon.

L'ouvrier cordonnier se sert d'une *forme* de bois, qui doit avoir la forme et les dimensions du pied de la personne à laquelle la chaussure est destinée. Il commence par fixer sur la face inférieure de cette forme une semelle, appelée *première*, qu'il bat pour l'assouplir et la forcer à prendre la courbure inférieure du pied. Il y fait la *gravure*, c'est-à-dire qu'avec son tranchet il y pratique des entailles à travers lesquelles devra passer l'alène qui coudra l'empeigne à la semelle ; puis appliquant son empeigne sur le dessus de la forme, il la tend avec des pinces aussi fort que possible (fig. 317), en rabat les bords sur la *première*, et les fixe provisoirement avec quelques pointes. Il prend alors une bande de cuir, nommée *trépointe*, qu'il applique sur les bords rabattus de l'empeigne, tout autour de la forme jusqu'au talon inclusivement, et, à l'aide de fil enduit de poix et d'une alène lui servant d'aiguille, il coud ensemble la première, la trépointe et l'empeigne, qui se trouve ainsi saisie entre la première et la trépointe. Puis il applique sur la trépointe une seconde semelle, qui sera cousue à la *première*. Remarquons toutefois que le fond de la chaussure ainsi faite serait plat et que le pied, dans sa cambrure inférieure, ne serait pas soutenu par elle ; d'où résul-

Fig. 317. — Cordonnier ajustant l'empeigne.

terait une fatigue très-grande pendant la marche. Afin d'éviter cet inconvénient, il faut *cambrer* la semelle. Pour cela, l'ouvrier dispose, sur la première et à l'endroit correspondant à la cambrure du pied, un morceau de cuir assez épais appelé *cambrion* et destiné à remplir le vide de cette cambrure et à soutenir le pied. Il applique la seconde semelle par-dessus le tout, fixe la forme sur son genou avec une courroie appelée *tire-pied*, qui passe sous son pied, et, battant alors la seconde semelle avec son marteau, l'assouplit et la force à se modeler sur la forme (fig. 318) ; puis il coud avec son alène. Quant au talon, il est fait à l'aide de rondelles de cuir superposées, réunies entre elles par des chevilles et de la colle, les premières rondelles ayant été d'abord cousues à l'empeigne et à la *première*.

Ajoutons que, pour soutenir le derrière du pied, l'ouvrier a placé, entre le cuir et la doublure, des morceaux de cuir assez épais appelés *renforts*. La semelle est ensuite finie au tranchet et à la râpe ; ses

Fig. 318. — Cordonnier battant la semelle.

bords sont rendus brillants et lisses à l'aide d'un fer chaud qui les cornifie.

Le plus souvent les semelles sont cambrées avant d'être livrées à l'ouvrier ; on se sert pour cela de presses qui les compriment dans des moules ayant la forme et la cambrure voulues.

Souvent aussi, au lieu d'un soulier ordinaire, le cordonnier a à faire une chaussure d'une autre forme, une bottine par exemple, dont l'empeigne en étoffe ou en cuir léger claqué de vernis sera munie d'un caoutchouc destiné à permettre au pied d'entrer plus facilement dans la chaussure. Dans ce cas, l'étoffe, le cuir léger, le vernis sont découpés à part, puis livrés à des ouvrières appelées *apprêteuses*, qui assemblent le caoutchouc, l'étoffe, le vernis, et fixent provisoirement les pièces à l'aide d'un peu de colle ; puis le

FIG. 319. — Machine à visser les chaussures.

tout est livré aux couseuses, qui se servent de machines à coudre pour fixer définitivement les différentes parties.

La chaussure *clouée* diffère de la chaussure cousue, en ce que la *première*, l'*empeigne* et la *semelle*, au lieu d'être cousues, sont réunies entre elles par des clous. L'ouvrier se sert pour clouer d'une forme sur la face inférieure de laquelle se trouve incrustée une bande de fer contre laquelle viendra s'aplatir et se river la pointe des clous. La chaussure clouée revient bien meilleur marché que celle qui est cousue, mais elle est plus dure au pied et plus lourde, car ce mode de réunion des pièces exige des semelles plus fortes.

La chaussure *à vis*, sans être exempte de ces inconvénients, est cependant meilleure; les clous sont remplacés par des vis. La fabri-

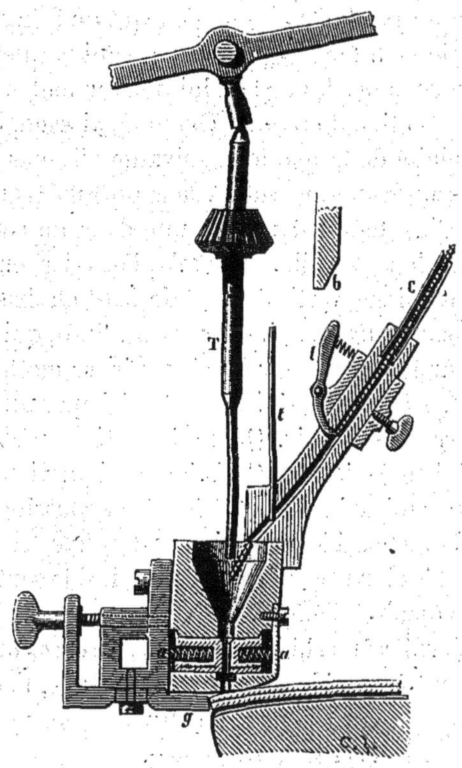

Fig. 320. — Tourne-vis et distribution des vis.

cation de cette espèce de chaussures est devenue l'objet d'une grande industrie, qui se pratique dans des usines où le travail manuel est remplacé par celui de la machine.

Les semelles sont découpées à l'emporte-pièce, cambrées, lissées et cornifiées mécaniquement; il en est de même des talons. Le montage se fait sur une machine à monter qui reçoit les formes : l'ouvrière place d'abord une première semelle sur la forme, puis elle monte l'empeigne et la tend au moyen d une série de petites tenailles dépendant toutes de la machine et à l'aide desquelles, sans efforts ni fatigue, elle opère une tension considérable ; la *première* est liée à l'empeigne par une série de petits clous.

La chaussure passe ensuite à la machine à visser. Il y en a de plusieurs espèces : nous citerons la machine Maugin ; elle a reçu de M. Félix Hunebelle, fabricant de chaussures à Amiens, un heureux perfectionnement qui permet de visser la chaussure sans la séparer de la forme. Celle-ci, que l'on voit en S (fig. 319), reçoit à cet effet une pièce en fer rectangulaire *a b* qui permet de la placer sur la tablette P de la machine et de lui donner toutes les positions nécessaires à l'exécution du travail. Quant au vissage, il se fait avec une grande rapidité de la manière suivante : Toutes les vis sont placées les unes au-dessus des autres dans un tube C qui sert à l'alimentation, et elles tombent une à une dans un conduit qui les mène au contact de la semelle. Pour cela, l'ouvrier, en agissant sur un levier L, fait glisser verticalement de haut en bas un système mobile renfermant deux coussinets *a a* (fig. 320), qui s'éloignent à un moment donné pour laisser la vis venir se mettre en contact avec la semelle : elle est immédiatement saisie par un tourne-vis T qui la fait entrer dans le cuir. Quand le système mobile se relève, le levier *l*, qui bouche le tube C d'alimentation, vient buter en *b*, bascule et laisse tomber la vis entre les deux coussinets.

Au moyen d'une cisaille mécanique on coupe les bouts de vis qui dépassent, et les bavures laissées par la cisaille sont elles-mêmes rivées avec une meule à l'émeri.

Enfin, une dernière machine, appelée *fraiseuse*, met en mouvement de rotation très-rapide un outil contre lequel l'ouvrier appuie le talon de la chaussure pour lui donner la forme voulue ; une machine analogue polit ensuite sa surface.

GANTERIE.

La confection des gants fait l'objet d'une industrie considérable ; nous nous occuperons seulement des gants de peau, ceux de laine, de soie et de coton étant faits soit en étoffes, soit en articles de bonneterie. La fabrication des gants de peau en France occupe 70000 ouvriers, employés tant à la préparation des peaux qu'à la confection même des gants. La production annuelle est environ 24000000 de paires, d'une valeur moyenne de 80 millions de francs. Les principaux centres de fabrication sont Annonay, Paris, Milhau, Saint-Junien, pour la mégisserie ; Paris, Grenoble, Saint-Junien, Chaumont, pour la ganterie ; Niort, pour les gants de daim, de castor et de chamois pour militaires. Les peaux servant à la ganterie sont des peaux d'agneau, de chevreau et de mouton ; elles subissent d'abord les opérations de la mégisserie, quand elles sont destinées à faire des gants glacés et des gants de Suède ; celles de la chamoiserie, quand elles doivent être employées à la confection des gants de daim ou de castor (voy. page 284).

En sortant de la mégisserie, la peau est d'abord *ouverte*, c'est-à-dire étirée, en tous sens et du côté de la chair, sur un outil appelé *palisson*, qui est une lame à tranchant demi-circulaire fixée verticalement sur le sol ; puis elle est plongée dans un bain d'eau additionnée de jaunes d'œufs battus, où un ouvrier, jambes nues, la piétine pendant deux heures. Elle est ensuite portée à l'atelier de teinture. Pour les couleurs tendres, la teinture se fait dans un bain colorant ; s'il s'agit de nuances foncées, la peau n'est teinte que sur une face : on l'étend sur une table en plomb cintrée et on la frotte avec une brosse préalablement trempée dans les matières tinctoriales. Après teinture la peau est séchée, puis ouverte une seconde fois sur le palisson.

Fig. 321. — Outil à doller les gants.

Les peaux sont ensuite *notisées*, c'est-à-dire choisies par le contre-maître, qui les destine, suivant leur qualité et leurs dimensions, à tel ou tel genre de gants.

Le gantier prend alors la peau *notisée* et la mouille avec de l'eau et des jaunes d'œufs ; il l'étend sur une plaque de marbre et la soumet au *dollage*. Cette opération, qui est très-importante pour la qualité des gants, a pour but de *dénerver* la peau, c'est-à-dire de l'assouplir, de l'amincir et de lui donner partout la même épaisseur. Le dollage se fait avec une lame rectangulaire très-aiguë (fig. 321) à l'aide de laquelle l'ouvrier racle la peau du côté de la chair, en l'étirant de temps en temps dans différents sens. Pour que le dollage soit bon, il faut le faire en travers et en long. Ce travail est très-fatigant.

Le dollage ayant pour effet de dessécher la peau, il faut humecter celle-ci pour pouvoir continuer à la doller : aussi la met-on dans un linge mouillé, où elle reste quinze à vingt minutes ; si elle y séjournait plus longtemps elle pourrait se piquer. Vient alors le *dépe-*

çage, qui consiste à découper des morceaux ayant la forme d'un carré long, chacun d'eux devant servir à la confection d'un gant. Chaque morceau est ensuite *étavillonné :* cela veut dire que l'ouvrier le plie en deux suivant sa longueur, et le tend de manière à lui donner grossièrement la forme de la main quand elle est ouverte. Tous ces morceaux pliés sont empilés par groupes de douze et mis sous presse ; puis ils passent à l'opération de la *fente*, par laquelle le gantier pratique dans chaque morceau des

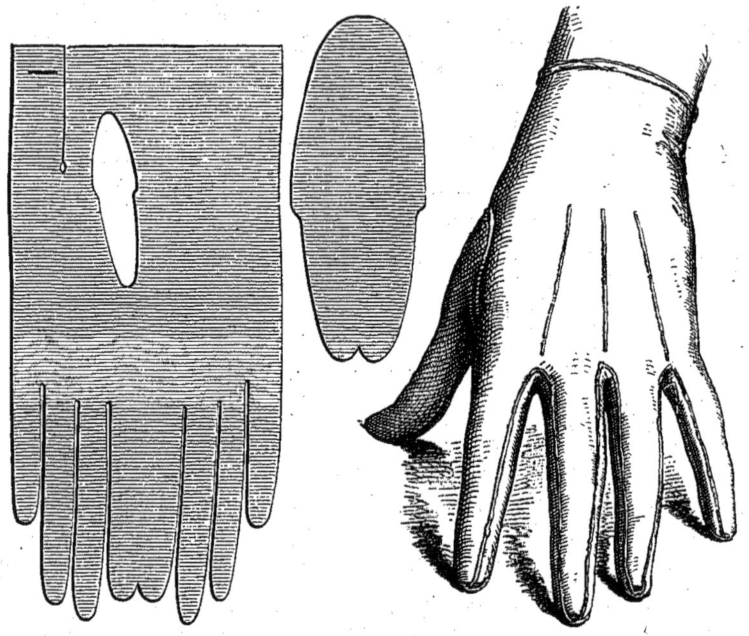

Fig. 322. — Modèle en carton pour la coupe des gants.

Fig. 323. — Gant gonflé par la main pour faire voir les fourchettes.

fentes qui sépareront les doigts ; il fait en même temps le trou qui doit recevoir le pouce. Pour se guider dans la fente, il place d'abord sur le morceau de peau une plaque de zinc, appelée *modèle*, qui porte des saillies, ou picots, indiquant les principaux détails du gant (extrémités des doigts, place du pouce) ; en exerçant une pression sur ce modèle, il trace à la surface de la peau une empreinte qui lui indiquera le passage des ciseaux. Le morceau présente après la fente huit bandelettes, dont la superposition deux à deux constituerait après couture quatre gaînes destinées à recevoir les quatre doigts (index, majeur, annulaire, auriculaire) (fig. 322). Mais ces gaînes ne prendraient pas bien la forme des doigts : pour éviter cet inconvénient, l'ouvrier découpe des bandelettes nommées *fourchettes*, que l'on coudra sur le côté des gaînes, de sorte que chaque doigt se composera de quatre parties : les faces supérieure et inférieure et les deux faces latérales (fig. 323). Remarquons toutefois que le pouce, que l'on découpe à part, n'a

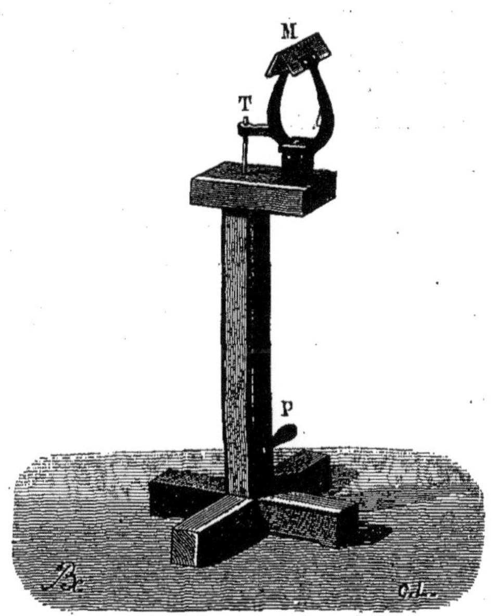

Fig. 324. — Métier à coudre les gants.

pas de fourchettes, et que l'index et l'auriculaire n'en sont munis que sur la face interne.

La fente des gants se fait aussi mécaniquement à l'aide d'une espèce d'emporte-pièce armé de lames correspondant aux fentes : un certain nombre de morceaux, non pliés comme dans la fente à la main, sont superposés et fendus en une seule fois par l'action de l'emporte-pièce.

Les gants découpés sont ensuite donnés à la couseuse, qui se sert pour cela d'un appareil appelé *métier à coudre*. Il se compose essentiellement (fig. 324) d'une pince en cuivre M, entre les mâchoires de laquelle on serre les deux lames de peau qu'il faut coudre. Ces mâchoires présentent sur leur bord supérieur de petites fentes qui se correspondent et qui les font ressembler au bord d'un peigne. C'est entre ces fentes que l'ouvrière passe l'aiguille et le fil; par conséquent elle fait toujours autant de points dans une longueur déterminée, puisque chaque fente correspond à un point. La pédale P permet, par l'intermédiaire de la tige T, d'ouvrir ou de fermer la pince.

Les gants de Suède sont fabriqués avec les mauvaises peaux d'agneau; on les racle sur le côté de la chair et on dolle la fleur: ils sont moins épais, plus perméables, et par suite moins chauds. Les gants de castor, qui se fabriquent en général à Niort, sont faits avec des peaux d'agneau chamoisées; les gants de daim avec des peaux de mouton chamoisées.

CHAPITRE VII

FABRICATION DES ÉPINGLES, DES AIGUILLES, DES BOUTONS, DES BROSSES, DES PEIGNES, DES BIJOUX ET DES ÉVENTAILS.

FABRICATION DES ÉPINGLES.

La fabrication des épingles a pour centre, en France, Laigle, Rugles et ses environs. La description des procédés de cette industrie va nous montrer la fécondité du principe de la division du travail et nous prouver que, lorsque la fabrication d'un objet exige plusieurs opérations distinctes, il est bon de les faire exécuter par des ouvriers différents. Chacun d'eux, répétant toujours la même opération, y acquiert bientôt une habileté et une dextérité dont il serait incapable s'il devait les exécuter toutes successivement.

Les épingles sont faites ordinairement en fil de laiton, qu'on étame après fabrication.

La confection d'une épingle comporte quatorze opérations successives :

1° *Dressage du fil.* — Le fil de laiton qui sert à la fabrication des épingles, étant livré à l'ouvrier à l'état d'écheveau circulaire, doit d'abord être dressé. Pour cela, après l'avoir placé sur un dévidoir, l'ouvrier engage le fil entre les clous d'un outil appelé *engin*, en saisit l'extrémité avec des tenailles, et le tire en courant sur une longueur de 10 mètres environ ; le fil se dévide et se redresse en passant entre les clous de l'engin ; l'ouvrier revient alors, coupe le fil et recommence l'opération.

Lorsqu'il a dressé une botte de 10 à 15 kilogr., ce qui s'appelle *une dressée*, il la découpe à la cisaille par morceaux ou *tronçons*, capables de donner chacun trois ou quatre épingles.

2° *Empointage.* — Un ouvrier nommé *empointeur* est ensuite chargé de rendre pointues les extrémités des tronçons, opération qui se fait sur des meules de fer ou d'acier.

3° *Découpage.* — Les tronçons sont coupés à la cisaille en morceaux de longueur égale à celle que doivent avoir les épingles ; les morceaux provenant de la région intermédiaire du tronçon n'ont pas de pointes et doivent être rendus à l'empointeur. On appelle *hanses* les morceaux coupés à longueur d'épingle.

4° *Confection de la tête.* — La tête des épingles se fait avec un tortillon de fil de laiton. Un fil plus fin que celui qui constitue l'épingle est à cet effet enroulé en hélice sur une broche à l'aide d'un petit rouet.

5° *Coupe des têtes.* — L'ouvrier prend dans la main une douzaine des hélices ainsi obtenues et les présente ensemble à l'action d'une cisaille, qui les découpe en petits morceaux correspondant chacun à deux spires de l'hélice. Chaque morceau servira à faire une tête.

6° *Recuite des têtes.* — Les têtes sont recuites en les faisant rougir dans une cuiller de fer, puis en les trempant dans l'eau froide. Cette trempe produit sur le cuivre un effet contraire à celui qu'elle a sur l'acier : elle le ramollit et rend l'opération suivante plus facile.

7° *Frappage de la tête.* — L'ouvrière chargée de façonner la tête est appelée *têtière*. Elle a devant elle trois écuelles en bois, dont l'une renferme les *hanses* empointées, une autre les têtes, et la troisième sert à mettre les épingles faites. D'une main elle enfile, sans les regarder, les épingles dans les têtes, puis de l'autre main place l'épingle sur une petite enclume munie d'une rigole destinée à loger le corps de l'épingle et d'une cavité hémisphérique qui reçoit la tête. Sur cette enclume peut s'abattre un outil nommé *mouton*, qui se compose d'un poids assez lourd surmontant une petite matrice en acier présentant une cavité hémisphérique correspondant à celle de l'enclume. Le mouton est suspendu à une corde qui passe sur une poulie et se termine par un étrier dans lequel l'ouvrière met le pied : lorsqu'elle appuie sur l'étrier, la matrice est maintenue en l'air ; lorsqu'elle soulève le pied, le mouton glisse verticalement entre deux montants qui le guident et tombe avec force sur l'enclume; la tête de l'épingle, se trouvant comprimée dans les deux cavités hémisphériques, se soude mécaniquement à la hanse; l'ouvrière doit donner cinq ou six coups de mouton pour la confection d'une tête, en ayant soin de tourner l'épingle sur elle-même pour frapper la tête de tous côtés.

8° *Décapage des épingles.* — Les épingles en sortant des mains des têtières sont noires; on les décape en les faisant bouillir dans de la lie de vin ou dans la dissolution d'un sel connu sous le nom de *crème de tartre*.

9° *Étamage.* — Les épingles doivent ensuite être étamées, ce qui se fait en les plaçant sur le fond de bassines en étain qui sont très-peu profondes, et que l'on empile dans une chaudière contenant une dissolution de crème de tartre. L'ébullition détermine la formation d'un sel d'étain qui est ensuite décomposé par le cuivre des épingles et qui laisse déposer à leur surface une couche très-mince d'étain. Elles sont ensuite lavées à l'eau fraîche et claire : ce qui s'appelle *les éteindre*.

11° *Séchage et polissage.* — On les sèche ensuite et on les polit dans du son renfermé dans un tonneau qui tourne autour de son axe.

12° *Vannage.* — On les sépare du son au moyen d'un ventilateur ou d'un vannage sur un van à blé.

13° *Piquage des papiers.* — Le piquage du papier sur lequel on place les épingles, est pratiqué à l'aide d'un peigne à dents très-effilées, dont on fait entrer les pointes dans le papier au moyen d'un coup de marteau frappé sur le peigne.

14° ***Boutage.*** — C'est la dernière opération; elle consiste à mettre les épingles dans les trous du papier.

Dans certaines usines on se sert maintenant de machines qui rappellent les machines servant à faire les clous et qui fabriquent la tête de l'épingle par refoulement.

Les aiguilles noires sont faites en fer ou en acier que l'on recouvre de vernis noir.

FABRICATION DES AIGUILLES A COUDRE.

L'Angleterre et la Prusse se partagent le monopole de la fabrication des aiguilles à coudre. Cette industrie est peu développée en France; la ville de Laigle est le seul centre de production de cet article et elle n'arrive point à la produire dans d'aussi bonnes conditions que nos voisins. En Angleterre, les aiguilles se font encore à la main ; en Prusse, l'usage des machines a réalisé de grands progrès tant au point de vue du prix de revient qu'à celui de la qualité. La fabrication des aiguilles comporte, comme celle des épingles, un grand nombre d'opérations, que nous ne ferons qu'indiquer. La matière première employée est du fil d'acier, ou du fil de fer que l'on transforme en acier au cours de la fabrication. On commence par choisir les fils et par vérifier leur calibre; on renvoie à la filière ceux d'un trop gros diamètre. On procède ensuite au dévidage et

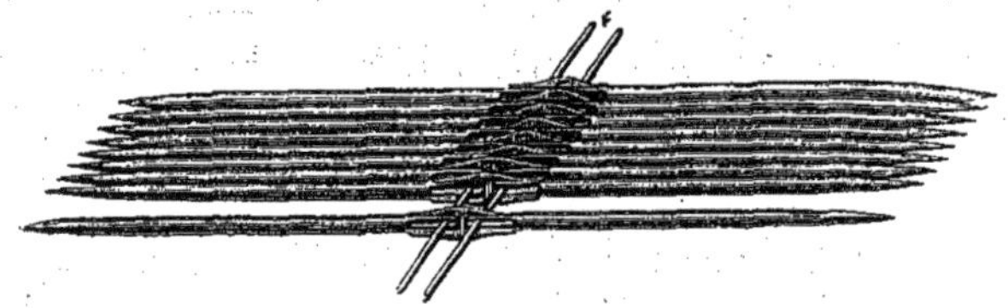

Fig. 325. — Aiguilles enfilées dans deux broches.

au coupage en morceaux d'une longueur égale à celle de deux aiguilles; puis on les dresse, en en faisant des bottes cylindriques que l'on roule sur une table, et on les empointe sur des meules. On procède alors à l'*estampage :* cette opération s'exécute à l'aide d'un mouton semblable à celui que nous avons décrit à propos des épingles ; la matrice, en tombant sur la région moyenne de l'aiguille jumelle, y estampe la rigole que l'on voit à la suite du trou et prépare en l'amincissant la région où doit être foré le trou. Ce forage se fait avec un poinçon à double pointe, qui perce d'un coup les deux trous de chaque aiguille jumelle. Les aiguilles sont ensuite enfilées sur deux broches traversant chacune un des trous (fig. 325); l'ensemble rappelle par son aspect une arête de poisson, et l'on procède à la séparation des aiguilles jumelles en amincissant à la lime l'intervalle qui sépare les deux trous et en exerçant ensuite une pression qui les rompt à l'endroit affaibli.

Les aiguilles sont alors transformées en acier par la cémentation, quand on a employé du fil de fer. Quand, au contraire, on s'est servi de fil d'acier, la chaleur développée par les différentes opérations l'ayant détrempé, il faut le retremper à nouveau, en projetant les aiguilles chauffées dans l'eau ou dans l'huile froides. On passe alors au *polissage* qui dure quelquefois une semaine, mais qui s'exécute dans des machines où l'on polit dix ou quinze millions d'aiguilles à la fois. Ces aiguilles sont pour cela disposées, par couches alternatives, avec du silex ou de l'émeri en poudre dans des sacs auxquels on fait subir l'action de rouleaux chargés d'opérer la friction du sable et des aiguilles. Après le premier polissage, elles sont dégraissées comme les épingles dans la sciure de bois, vannées et soumises à un nombre de polissages suffisant. Les aiguilles bien polies sont ensuite triées de celles qui le sont moins et passent à l'opération du *drillage*, dont l'effet est d'achever ou d'arrondir le trou fait au poinçon et qu'on

FIG. 326. — Polissage des aiguilles.

appelle *chas* ou *œil*. Pour cela l'ouvrière, après avoir disposé une trentaine d'aiguilles sur une plaque de cuivre, les y maintient par la pression des doigts et les présente à l'action d'un burin nommé *drille*, qui entre dans chaque trou et l'achève. Cette opération exige une très-bonne vue et une grande dextérité.

Les aiguilles reçoivent alors le dernier polissage sur une bobine garnie de buffle et de matières pulvérulentes (fig. 326). Pendant que la bobine tourne, l'ouvrière appuie sur sa surface une certaine quantité d'aiguilles qu'elle fait en même temps rouler sur elles-mêmes. C'est là qu'excellent les ouvrières anglaises. La mise en paquets comprend encore une dizaine d'opérations que nous ne décrirons pas.

FABRICATION DES AGRAFES ET DES DÉS A COUDRE.

Les *agrafes* constituent un accessoire qui entre dans un certain nombre de vêtements et sert à réunir à volonté des parties séparées. Autrefois elles se faisaient à la main, à l'aide de pinces qui permettaient de saisir un fil de laiton étamé et de le contourner d'une manière convenable. Aujourd'hui une machine, inventée par M. Gingembre, saisit le fil, l'entraîne, le redresse, le coupe, le double, forme les yeux de l'agrafe, replie le crochet, le pousse sous le marteau qui doit l'aplatir, le frappe et le chasse pour faire place à celui qui le suit. La machine fabrique de quatre-vingts à deux cents agrafes à la minute, et réduit le prix de la façon à 5 centimes par kilogramme.

Les *dés à coudre* en métal sont faits de la manière suivante : On taille à l'emporte-pièce des disques de 5 centimètres dans la tôle de fer ; on les porte au rouge et on les emboutit avec des poinçons qui les forcent à se modeler dans l'intérieur de cavités en acier dont la succession les amène à la forme voulue ; les dés sont ensuite taillés et polis au tour. Leur surface extérieure reçoit pendant qu'ils tournent sur le tour l'action d'une petite roulette en acier qui y imprime les trous que l'on y remarque toujours, et dans lesquels se logera la tête de l'aiguille de la couseuse, au moment où celle-ci se sert du dé pour pousser l'aiguille dans le tissu. Les dés en tôle sont ensuite transformés en acier par la cémentation, puis décapés et livrés au feu. Quelques-uns sont doublés d'or, c'est-à-dire qu'on introduit dans chacun d'eux un dé en or très-mince qu'on y force avec un mandrin d'acier poli ; cette doublure tient au dé comme si on l'y avait soudée.

FABRICATION DES BOUTONS.

Les boutons qui entrent dans la confection de nos vêtements sont faits par des procédés qui varient suivant leur forme et leur nature.

Les boutons d'os et de bois sont ordinairement fabriqués au tour. Les os et le bois sont d'abord découpés en plaquettes par une scie circulaire ; puis ces plaquettes sont présentées verticalement à un outil monté sur l'arbre du tour. L'ouvrier appuie sur la plaquette (fig. 327) et y fait entrer l'outil qui porte deux dents pointues chargées de découper la rondelle devant former le bouton, pendant qu'une autre partie y creuse les gorges et les baguettes destinées à orner sa surface. Aussitôt que le bouton est tourné, il tombe dans une boîte ou dans une toile située au-dessous du tour, et l'ouvrier, présentant à l'outil une autre partie de la plaquette, recommence l'opération. Le *polissage* des boutons s'exécute aussi sur le tour. L'arbre porte une pièce de bois, ou *mandrin*, offrant une cavité assez grande pour recevoir le bouton, mais trop petite pour l'y laisser entrer tout entier. L'ouvrier l'y place avec dextérité et, pendant que

FIG. 327. — Tour à faire les boutons.

le mandrin tourne rapidement, il appuie sur le bouton un linge enduit d'une pâte de savon et de blanc d'Espagne.

Les trous sont aussi percés mécaniquement à l'aide d'un foret monté sur le trou. Quand le bouton doit avoir plusieurs trous, le tour porte plusieurs forets non solidaires l'un de l'autre et tournant ensemble ; les trois ou quatre trous sont donc percés à la fois (fig. 328).

L'application des machines à la fabrication des boutons explique le bon marché auquel le commerce les livre actuellement.

On se sert aussi, dans cette industrie, d'un fruit d'Afrique, appelé *corozzo*, analogue à la noix de coco et dont la matière, susceptible d'un travail facile et d'un beau poli, peut recevoir des teintes variables que l'on assortit à la couleur des vêtements. On désigne souvent cette substance sous le nom d'*ivoire végétal*. La

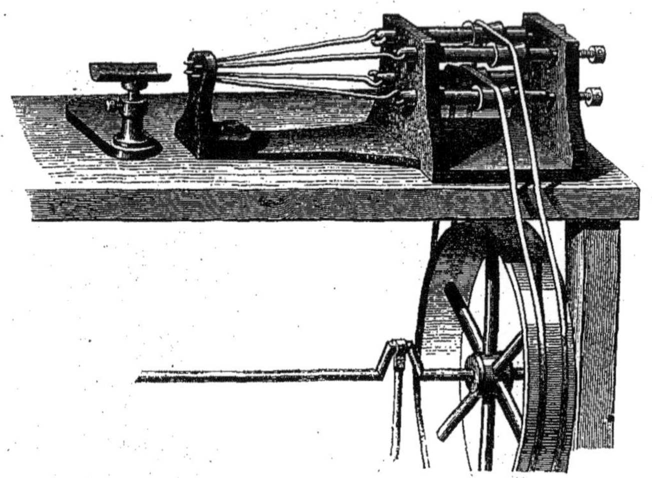

FIG. 328. — Tour à percer plusieurs trous à la fois dans les boutons.

fabrication des boutons d'os et de corozzo est concentrée dans le département de l'Oise. MM. Dupont et Deschamps ont installé à Beauvais une importante usine, où nous avons vu fonctionner les procédés mécaniques que nous venons de décrire.

Les *boutons de corne* sont fabriqués en comprimant dans des moules, dont la forme rappelle celle des gaufriers, des morceaux de corne ramollie dans l'eau bouillante (fig. 329).

Les *boutons métalliques*, au moins les plus usités, sont en général faits en étain, ou en un alliage de cuivre et d'étain que l'on fond et que l'on coule dans des moules en sable. Les boutons de laiton ou de cuivre doré sont confectionnés par estampage sur des lamelles de cuivre auxquelles on soude ensuite les queues et que l'on polit.

Les *boutons d'étoffe* sont faits en recouvrant d'étoffe ou de passementerie des moules en bois fabriqués en général dans les campagnes de la Lorraine, et qui rendus à Paris coûtent 1 centime 1/4 les douze douzaines.

Les boutons de *pâte céramique* entrent maintenant pour une très-large part dans la consommation; tels sont, par exemple, les boutons de chemise. M. Bapterosse a inventé pour leur fabrication une série de procédés excessivement intéressants, qui sont appliqués dans ses usines de Briare et de Gien.

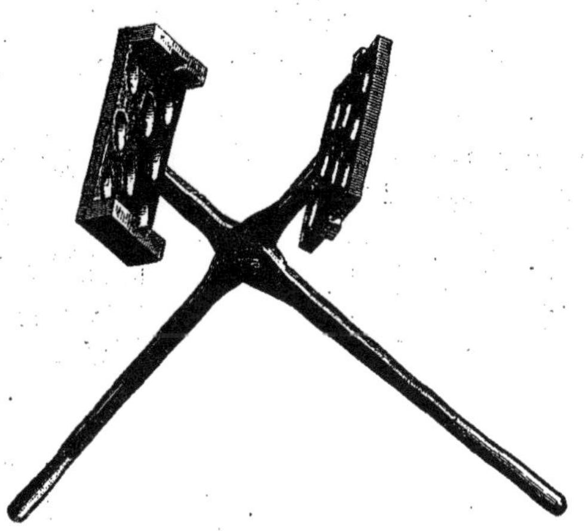

Fig. 329. — Moule à faire les boutons de corne.

La matière première employée à leur fabrication est composée de feldspath, d'oxydes métalliques, de phosphates, de borates, qui entrent dans la fabrication des émaux pour porcelaine; ces matières, après pulvérisation, sont lavées successivement dans l'eau, les acides et le lait, puis tamisées et mises dans des sacs de toile où on les comprime pour en extraire l'eau; elles sont ensuite séchées. La substance pulvérulente est répartie sur une plaque de fonte fixe présentant des cavités qui sont autant de moules où se moulera la pâte : au-dessus de cette plaque est une autre plaque mobile qui présente autant de saillies ou poinçons que l'autre a de cavités; elle peut descendre sur la première de manière que les poinçons entrent dans les matrices et y soient appliqués par une presse à vis. La pâte, comprimée entre le poinçon et la matrice, en prend la forme et acquiert assez de consistance pour pouvoir être transportée, sans s'émietter, sur des feuilles de papier. Cette machine permet de faire cinq cents boutons à la fois. Les trous des boutons sont percés par des forets mus mécaniquement pendant que la pâte est pressée dans les matrices.

Il faut maintenant donner à cette pâte une consistance définitive; c'est par la cuisson qu'on y arrive. On place les feuilles de papier sur des plaques de tôle que l'on met dans des fours : le papier brûle, la pâte se fond sous l'action de la chaleur et prend par le refroidissement la consistance voulue.

Les boutons sphériques ou cylindriques, de couleurs variées, qui sont si généralement employés aujourd'hui, doivent être munis de queues ayant la forme d'anneau. Ici commence l'usage d'une série

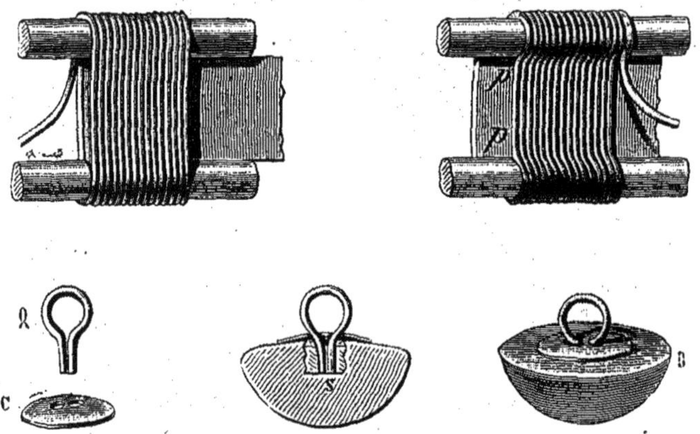

Fig. 330. — Boutons de pâte céramique : fabrication des queues.

de machines des plus ingénieuses que nous avons vues fonctionner dans l'usine de M. Bapterosse, à Gien. Nous esquisserons seulement les principaux traits de cette fabrication, pour montrer la fécondité de la division du travail, fécondité augmentée ici par l'emploi des machines que M. Bapterosse a inventées et appropriées d'une manière si intelligente au but qu'il poursuivait.

Les queues de boutons sont faites de la manière suivante : On enroule un fil métallique autour de deux tiges en laiton séparées par une lame plate de cuivre (fig. 330) ; on passe le tout entre les cannelures de deux cylindres qui dépriment le fil contre la lame et le forcent à contourner la tige en laiton ; on retire ensuite la règle plate *pp* et on coupe le tout par le milieu ; on a ainsi autour de chaque tige de laiton autant d'anneaux à queues qu'il y avait de spires dans la spirale métallique, c'est-à-dire cinq à six cents. Les queues Q de ces anneaux sont ensuite enfilées à la main dans les trous d'une rondèle de cuivre C, ou *plastron*, découpée à l'emporte-pièce.

Il faut maintenant placer ces queues dans le trou des boutons : ce trou, au lieu d'être lisse et d'avoir été percé sur la presse par un foret ordinaire, l'a été par une vrille qui a fait des pas de vis à son intérieur. On comprend que, s'il fallait poser à la main chacune des queues, le prix de revient serait trop élevé.

M. Bapterosse a divisé le travail, dont chaque partie s'exécute pour ainsi dire mécaniquement. Dans un vaste atelier, des femmes ou des petites filles sont assises devant une table à casiers dans chacun desquels se trouve une masse de boutons ou de queues. Une ouvrière plonge dans le tas de boutons une plaque de cuivre percée de trous; elle l'en retire chargée de boutons et, par le mouvement qu'elle lui imprime, chacun d'eux se loge dans un trou de la plaque qu'elle incline ensuite légèrement pour faire tomber ceux qui n'ont point trouvé de trou où se loger; avec une très-grande dextérité elle passe la main sur les boutons, de manière à retourner ceux dont les trous ne sont pas en regard de ceux de la plaque. Quand tous les boutons sont bien placés, elle pose sur eux une autre plaque qu'elle serre avec des vis et retourne le système pour le passer à sa voisine. Celle-ci se trouve donc en présence d'une série de boutons serrés entre deux plaques et présentant chacun leur trou en face du trou correspondant de la plaque trouée. Elle distribue rapidement dans chaque trou une perle d'alliage fusible qui servira tout à l'heure à souder les queues.

Un moyen aussi ingénieux que le précédent est employé pour saisir toutes ces queues et les disposer dans les trous d'une plaque semblable à celle dont nous venons de parler. Par une manœuvre analogue toutes ces queues sont placées, la boucle en haut, dans les trous de la plaque; on vient alors poser sur chaque rangée une espèce de pince à mâchoires parallèles, de manière que toute la rangée de boucles entre dans l'intervalle de ces mâchoires; on serre la pince et on enlève ainsi d'un seul coup toute une rangée de queues. On place ensuite chacune de ces pinces sur une rangée de trous de la plaque à boutons, et de telle sorte que chaque queue entre dans le trou d'un bouton. L'ensemble formé par ces plaques et par ces pinces est porté sur un fourneau à gaz; la chaleur développée fond l'alliage fusible, chaque perle devenue liquide se modèle dans les spires du trou à vis, et s'attache à la queue qui se trouve ainsi solidement fixée au bouton.

M. Bapterosse a poussé plus loin encore la perfection de ces procédés mécaniques. Pour vérifier la solidité des boutons, on porte les plaques débarrassées de leurs pinces sur une machine spéciale qui présente autant de petites griffes qu'il y a de boutons ; par le mouvement de la machine, ces griffes entrent chacune dans l'anneau de la queue d'un bouton ; puis à l'aide d'un levier on exerce sur elles une traction de haut en bas équivalente à un poids de 7 à 8 kilogrammes ; cette traction se transmet à toutes les queues et celles qui n'étaient pas solidement fixées à leur bouton se détachent.

Nous ne citerons que pour mémoire d'autres machines fort ingénieuses aussi et servant à enlever les bavures que la pince a laissées aux boutons, à peindre presque mécaniquement à la surface des boutons des anneaux colorés, etc., etc.

FABRICATION DES BROSSES.

La fabrication des brosses fait l'objet d'une industrie qui est répandue dans un grand nombre de localités, mais qui est surtout développée à Beauvais et dans ses environs.

Une brosse, quel qu'en soit l'usage, se compose de deux parties essentielles : la *patte* et les *soies*. La patte est faite en bois, en os ou en ivoire ; sa forme est variable ; elle est destinée à recevoir des soies de porc ou de sanglier, à les réunir et à en faire un tout assez résistant pour qu'en les passant à la surface de l'objet que l'on veut brosser, elles enlèvent les corps étrangers, poussière, etc.

Les soies de porc ou de sanglier sont d'abord triées par couleur et par force ; elles sont ensuite peignées, comme le lin, sur un peigne fixe à dents verticales. Après ce peignage elles sont lavées à la potasse, passées par paquets sur une meule qui achève le nettoyage, blanchies dans des chambres à soufre, puis *redressées*. Le redressage a pour but de leur faire perdre la forme courbe qu'elles présentent ; on les enveloppe pour cela par paquets dans des morceaux de toile que l'on serre avec une ficelle, et on les porte dans des étuves, où elles se sèchent en se redressant sous la pression exercée par la ficelle. Enfin, il faut procéder au *triage*, qui divise généralement les soies en quinze classes d'après leur longueur. A cet effet, l'ouvrière en prend une poignée que d'une main elle tient verticalement sur une table ; elle place au milieu une tige de cuivre d'une certaine longueur, puis, avec la main libre, elle tire tous les poils qui sont plus longs que la tige et les met à part. Elle remplace la première tige par une plus courte et continue ainsi jusqu'à ce qu'elle soit arrivée aux poils de la plus courte dimension.

Étudions maintenant la fabrication des pattes qui doivent recevoir les soies. Le bois, l'os ou l'ivoire sont débités à la scie circulaire, et les morceaux provenant de ce débitage sont ébauchés à l'aide d'outils mécaniques qui leur donnent grossièrement la

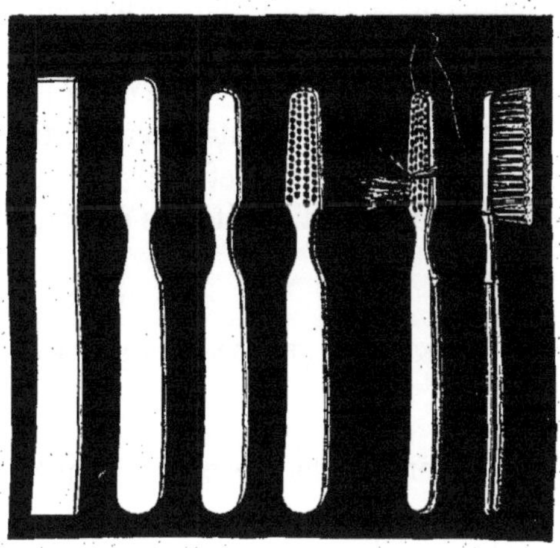

Fig. 331. — Fabrication des brosses à dents.

forme que doit avoir la patte ; ils sont finis à la lime, mouillés avec un mélange de savon et de blanc d'Espagne et polis sur des meules garnies de coton, qui tournent avec une grande rapidité. Les pattes sont ensuite percées de trous destinés à recevoir les soies : ce forage se faisait autrefois à la main ; aujourd'hui il est exécuté par des machines qui sont construites avec tant d'habileté, que la patte disposée sur elles se déplace avec une régularité parfaite pour venir présenter ses différents points à l'action du foret. Tantôt les trous sont percés de part en part, tantôt ils ne traversent qu'une partie de l'épaisseur.

Il faut maintenant *monter* les soies. Supposons d'abord le cas où les trous sont percés de part en part. L'ouvrier passe dans le premier trou une ficelle pliée en boucle et dont l'un des bouts est fixé à une extrémité de la patte ; il engage dans la boucle un faisceau de poils, puis il tire le fil de manière à forcer la boucle à descendre dans le trou et à y entraîner le faisceau de poils qui se replie par le milieu et qui doit être assez gros pour boucher le trou ; il fait une nouvelle boucle, engage le fil dans le trou suivant, et ainsi de suite. On coule sur le dos de la patte de la colle forte, chaude et de liquide, manière à maintenir le tout, et l'on place au-dessus une plaque qui cache le travail. Enfin on égalise les poils en les coupant avec des ciseaux appelés *forces*.

Pour les brosses à ongles et à dents, qui sont ordinairement en os ou en ivoire, on ne perce pas les trous de part en part, et chacun d'eux vient aboutir dans un canal percé longitudinalement ; il y a autant de canaux longitudinaux qu'il y a de rangées de trous transversaux. On engage le fil horizontalement à travers le canal (fig. 331) et, à l'aide d'un petit crochet, l'ouvrier va le chercher au fond de chaque trou pour le sortir en forme de boucle.

FABRICATION DES PEIGNES (PEIGNES FINS ET DÉMÊLOIRS).

Les peignes qui servent à la toilette sont fabriqués avec la corne, l'ivoire ou l'écaille.

Les cornes employées à cet usage sont ordinairement celles de bœuf et de buffle sauvage : le Brésil nous en envoie des quantités considérables.

Le premier travail que l'on fait subir aux cornes consiste à les débarrasser de leur noyau intérieur : on les met d'abord macérer dans l'eau froide, puis, en les tenant par le petit bout, on les frappe avec un morceau de bois de manière à en faire sortir le noyau qui les remplit. On coupe ensuite à la scie la pointe et la base de la corne et on les vend aux couteliers qui s'en servent pour garnir les couteaux, ou aux fabricants de cannes et de parapluies, qui en font des pommes et des crosses. La partie moyenne des cornes est alors ramollie de nouveau dans l'eau froide, puis dans une chaudière remplie d'eau bouillante ; on les retire deux par deux de la chaudière et on les enfile sur les branches d'une longue pince qui sert à les exposer à l'action d'une flamme claire. La chaleur les ramollit plus encore, et, pendant qu'elles sont chaudes, on les fend suivant leur longueur avec une serpette ; à l'aide de pinces plates, on saisit les deux bords de la fente et l'on ouvre peu à peu la corne en la réchauffant pendant le travail pour lui conserver son extensibilité. Les plaques de corne ainsi obtenues sont mises en presse entre des plaques de fer poli et on les laisse refroidir sous une pression peu considérable ; après refroidissement, on les jette dans l'eau froide, où elles restent pendant quelques instants. Les opérations qui précèdent constituent ce qu'on appelle l'*aplatissage à blanc :* elles s'appliquent spécialement aux cornes noires et sans transparence comme celles de buffle.

Les cornes blanches et transparentes sont soumises à l'*aplatissage à vert*, qui a pour effet d'augmenter leur transparence. La corne préparée *à blanc* est chauffée au-dessus d'un feu de charbon de bois et grattée avec des outils qui enlèvent toutes les parties non transparentes ; puis elle est ramollie dans l'eau froide, dans l'eau chaude, et soumise à l'action d'une presse dont les plaques sont chauffées. Après refroidissement complet, on desserre les plaques, on retire les cornes et on les charge de poids pendant quelque temps pour les empêcher de se gauchir.

Les opérations précédentes sont souvent exécutées dans des usines autres que celles où se confectionnent les peignes : à leur arrivée chez le fabricant, les lames de cornes subissent le travail du *redressage*, par lequel on leur donne la forme plane en les ramollissant par la chaleur et en les mettant encore chaudes dans des presses formées de plaques de bois que l'on serre avec des vis. Alors commence une série d'opérations qui constituent la fabrication proprement dite du peigne et où l'on applique encore avec succès le principe de la division du travail, principe dont nous avons déjà constaté plus d'une fois la fécondité.

1° *Traçage des cornes.* — Les plaques sont livrées à des ouvriers qui placent sur elles des patrons en zinc rectangulaires dont ils suivent les bords avec un stylet, en traçant sur la corne les lignes où devra passer la scie. Le talent de l'ouvrier consiste à tirer d'une plaque le plus de peignes possible, en plaçant des patrons de dimensions différentes, de manière à utiliser toute la surface.

2° *Rognage.* — Les plaques sont découpées, suivant les lignes tracées au stylet, à l'aide d'une scie circulaire.

3° *Mise en modèle ou en forme.* — Les morceaux rectangulaires ainsi obtenus reçoivent la forme générale du peigne, dont les extrémités sont ordinairement arrondies, par l'action de petites meules d'acier qui tournent autour d'un axe horizontal.

4° *Grattage.* — La corne est ensuite amincie et biseautée sur ses bords par des meules d'acier.

5° *Coupage.* — Cette opération consiste à refendre la plaque pour former les dents du peigne. Elle s'exécute, avec autant de précision que de rapidité, au moyen d'une petite machine qui se compose principalement d'un outil, appelé *fraise*, tournant autour d'un axe horizontal, en avant d'une pince dans laquelle on a serré la plaque de corne. Cette fraise fait l'office d'une scie circulaire et a une épaisseur égale à l'intervalle des dents. La pince peut basculer autour d'un axe horizontal, parallèle à l'axe de rotation de la fraise, et, lorsqu'on l'abaisse, elle présente la plaque à l'action de l'outil qui entaille la corne; quand la fente est faite dans toute sa longueur, l'ouvrier appuie sur un levier qui relève la pince et, par un mécanisme spécial, celle-ci se déplace latéralement d'une quantité déterminée; au mouvement suivant, la fraise pratique une seconde entaille à la distance voulue de la première. Cette machine peut, en une journée, tailler six cents peignes.

6° *Plaintage.* — Les dents ainsi formées doivent ensuite être amincies et apointées: on emploie, à cet effet, des meules d'émeri qui servent en même temps à adoucir les coins du peigne.

7° *Grêlage des dents.* — Pour éviter que les dents ne soient trop aiguës et ne blessent la tête, on les *grêle*, c'est-à-dire qu'on les use sur des meules d'émeri.

8° *Ratissage.* — Cette opération, qui s'exécute comme le grêlage, a pour but d'adoucir les arêtes du dos du peigne.

9° *Ponçage.* — Il faut maintenant commencer à polir la surface, ce qui se fait à l'aide d'une meule en peau de buffle qu'on arrose avec de la ponce en suspension dans l'eau.

10° *Tamponnage.* — L'opération précédente est complétée par le *tamponnage*, qui consiste à user la corne contre des meules tournant autour d'un axe horizontal et formées par des lames de drap juxtaposées. Ces meules sont arrosées avec de la ponce. Nous avons vu employer à leur confection les vieux pantalons de fantassins, dont le drap est très-bon et très-propre à cet usage.

11° *Mise en couleur.* — On met ensuite la corne en couleur en la faisant bouillir dans des liquides de composition convenable et ordinairement tenue secrète par les fabricants. Elle en sort avec des tons noirs ou autres qui sont plus flatteurs à l'œil que ceux de la corne naturelle. Quand on veut fabriquer de la fausse écaille, la corne est attaquée à l'aide de liquides acides qui y produisent les taches transparentes que présente l'écaille.

12° *Polissage.* — Pour le polissage proprement dit on emploie d'abord des meules en peau de mouton, mouillées de vinaigre, puis des brosses à ongles qui nettoient l'intervalle des dents, enfin des meules en drap.

13° *Empaquetage.* — Des ouvrières spéciales sont chargées de mettre en paquets les peignes sortant des ateliers de fabrication.

Les procédés que nous venons de décrire permettent de livrer à la consommation des peignes que l'on peut vendre 3 francs la douzaine.

L'*écaille* est aussi employée à la fabrication des peignes. C'est une substance cornée qui recouvre, en plaques plus ou moins grandes et plus ou moins épaisses, la carapace de quelques espèces de tortues. La plus belle qualité est fournie par le *caret*, que l'on pêche en Asie et en Amérique. Ces lames sont détachées de la carapace par l'action de la chaleur. L'écaille se travaille à peu près comme la corne et subit comme elle l'opération de l'aplatissage : ses lames peuvent se souder à chaud. La fabrication du peigne d'écaille est la même que celle du peigne de corne.

Nous devons ajouter que les peignes d'écaille faits à la main sont d'un usage bien supérieur à celui des peignes découpés à la mécanique. Les premiers sont, pendant le travail, chauffés à l'eau salée, qui entretient l'élasticité de la matière, et leurs dents sont découpées à la scie, qui ne les ébranle pas autant que le découpoir mécanique, dont le frottement échauffe la matière et la rend plus ou moins cassante.

Les mêmes moyens de fabrication s'appliquent aussi aux peignes d'ivoire, de caoutchouc et de buis.

Les peignes de parure ou à chignon se font à la main ; ils sont soumis aux caprices de la mode, et leur fabrication rentre presque dans les industries artistiques.

L'intéressante industrie qui nous occupe s'exerce à Paris, dans les départements de la Seine, de l'Eure, d'Eure-et-Loir, de l'Oise, de l'Ain, du Jura et de la Somme. Parmi les usines qui pratiquent avec succès la fabrication mécanique, nous citerons celles d'Ezy (Eure) et d'Airaines (Somme). La valeur des produits fabriqués, dont une grande partie est destinée à l'exportation, est estimée à 15 millions de francs environ.

BIJOUTERIE.

La bijouterie a pour but la fabrication d'un grand nombre d'objets de luxe qui servent à la parure et à la toilette. Nous ne pou-

FIG. 332. — Ouvrier bijoutier manœuvrant la drille.

vons étudier ici tous les procédés de fabrication, qui varient à l'infini avec la nature et avec la forme des objets ; nous nous bornerons à quelques considérations générales sur les principales branches de cette industrie.

La bijouterie proprement dite a pour matière première l'or et l'argent. Lorsqu'elle associe à ces métaux les pierreries dans une notable proportion, on la désigne sous le nom de *joaillerie.*

L'or et l'argent purs ne sont pas assez durs, assez résistants, pour conserver les formes délicates que leur donne le bijoutier ; aussi doit-on, avant de les travailler, les allier avec une certaine quantité de cuivre. Le titre de cet alliage, c'est-à-dire le poids d'argent ou d'or pur contenu dans 1000 parties d'alliage, est déterminé dans des bureaux d'essai, nommés *garanties*, qui en indiquent la valeur par un *contrôle*, ou marque appliquée au poinçon.

Le bijoutier et le joaillier se servent le plus souvent de plaques laminées d'or et d'argent, qu'ils découpent avec de petites scies à

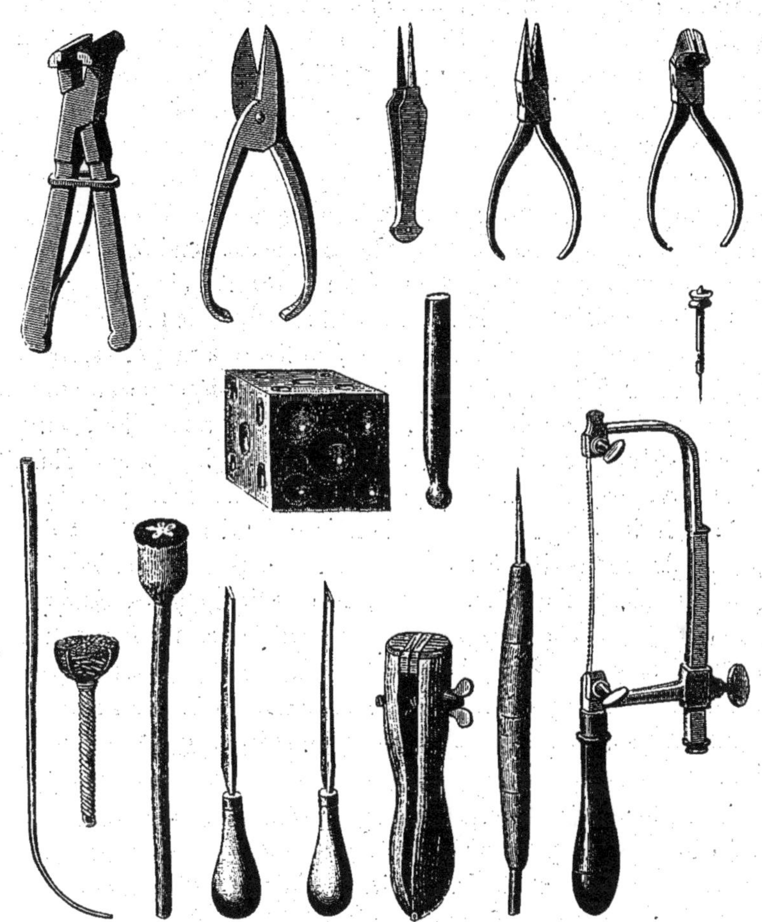

Fig. 333. — *Outils de bijoutier :* Pince à coulant, cisoir, presselle, pince ronde ou pince plate, pince à couper, dé à emboutir, bouterolle, foret, chalumeau, perruque ou teignasse (masse en fil de fer sur laquelle on place les bijoux à souder), poignée (outil sur lequel on fixe les bijoux), échoppe à arrêter, échoppe à refendre, étau, pointe à découvrir (pour sertir), scie à main.

main dont la lame très-fine est engagée dans des trous préalablement faits avec un foret appelé *drille* (fig. 332). Des limes de toutes grandeurs servent aussi au bijoutier pour achever le travail du découpage. Les parties concaves ou convexes sont façonnées par emboutissage dans des cavités pratiquées dans un cube en bronze nommé *dé à emboutir*. On refoule le métal dans les cavités à l'aide d'un outil appelé *bouterolle* (fig. 333).

Un grand nombre de pièces en bijouterie sont faites par *estampage*, d'autres sont fondues dans des moules de cuivre, dont la matière a été d'abord coulée dans des moules de plâtre, puis retravaillée au burin pour avoir plus de fini. Les différentes pièces des bijoux sont réunies par la *soudure*, qui est une opération très-fréquente en bijouterie: elle consiste à faire fondre un alliage de cuivre et d'argent entre les parties à réunir. La fusion s'obtient en dirigeant, à l'aide d'un chalumeau, sur les parties à souder garnies de soudure, un jet de gaz, dont la flamme est rendue plus chaude par l'injection au milieu d'elle d'un courant d'air plus ou moins actif. On emploie aussi la flamme de l'alcool ou de l'huile.

Pour monter les pierreries, le joaillier opère par *sertissure :* après avoir fait un tube cylindrique, il le découpe en anneaux appelés *charnières à châtons*, qu'il soude sur le bijou, puis il monte celui-ci sur un manche de bois avec du ciment. Ensuite il *met en cire*, c'est-à-dire qu'il fixe les pierres avec de la cire à l'extrémité de petits bâtons de bois qui lui permettront de les porter dans la cavité où ils doivent être sertis. Lorsque les pierres sont en place, l'ouvrier, au moyen d'outils appelés *échoppe à refendre*, *échoppe à arrêter*, *marteau à sertir*, rabat le métal ou châton sur les bords de la pierre de manière à l'y emprisonner solidement. Tel est le moyen employé pour monter les diamants; dans tous les autres cas la sertissure se fait par des procédés analogues.

Lorsque les bijoux sont montés, ils sont livrés au brunissage et au polissage, qui ont pour but de polir leur surface. Le bijou, après avoir été gratte-brossé, c'est-à-dire soumis à l'action d'une brosse métallique animée d'un mouvement rapide de rotation, est frotté à l'aide d'outils maniés à la main, et qui sont en acier, en hématite, en pierre d'ardoise, etc. Après le brunissage vient le polissage, qui se fait à la ponce, au tripoli, au rouge d'Angleterre, etc.

On désigne sous le nom de *bijouterie d'imitation* l'industrie qui fabrique les bijoux bon marché, en se servant non plus de lames d'or et d'argent, mais de lames de cuivre recouvertes d'une faible épaisseur d'or ou d'argent. On fait ainsi à un prix moindre des objets dont la surface peut avoir l'éclat et l'inaltérabilité des bijoux faits entièrement avec les métaux précieux. Cette industrie a pris depuis quelques années un très-grand développement : Paris et Lyon en sont les principaux centres ; à Paris les maisons Savart et Héricé lui ont fait atteindre une grande perfection.

Il y a lieu de considérer deux espèces principales de bijoux d'imitation : le *doublé* et le *doré*.

La matière première des bijoux doublés s'obtient en soudant ensemble, par la pression à chaud, une lame d'or et de maillechort (alliage de nickel et de cuivre fait dans des proportions déterminées). Voici comment nous avons vu pratiquer cette opération dans le bel établissement de M. Héricé, fabricant de bijoux à Paris.

On prend une lame de maillechort de 700 grammes et, après l'avoir bien décapée avec du grès fin, on lui superpose une lame d'or qui a été décapée par le même moyen et dont le poids varie avec le titre des bijoux que l'on veut fabriquer. Au-dessus de cette double lame d'or et de maillechort, on met une plaque de tôle qui a été frottée sur ses deux faces avec des gousses d'ail. On superpose ainsi huit ou dix lames doubles en séparant chaque groupe du voisin par une feuille de tôle ; puis on enveloppe le tout avec une feuille de cuivre mince en serrant très-fort : le paquet ainsi formé est mis entre deux fortes lames de tôle enduites de blanc d'Espagne et on le porte à la température du rouge cerise ; pendant qu'il est à cette température, on le place sur le plateau d'une presse hydraulique et l'on donne la pression. Sous l'influence de cette pression, les lames d'or et de maillechort se soudent deux à deux ; quant aux feuilles de tôle, comme on les a enduites d'ail, elles n'adhèrent ni à l'or ni au maillechort. On obtient ainsi des plaques formées d'or sur l'une de leurs faces, de maillechort sur l'autre ; elles sont appelées *lingots*, on les transforme par le laminage à froid en bandes métalliques, qui sont désignées sous le nom de *plané* et qui, après avoir été polies, servent à la fabrication des bijoux.

La plupart des pièces qui entrent dans la composition des bijoux doublés se fabriquent par *estampage*. On a gravé en creux, dans une matrice d'acier, la forme du bijou ; on place sur cette matrice un morceau de plané et on laisse tomber sur lui un mouton ou masse métallique très-lourde, analogue à celui que l'on emploie dans la fabrication des épingles et qui porte sur sa base inférieure l'empreinte en relief de la pièce à fabriquer. La lame de plané prise entre les deux empreintes se modèle sur elles. Cette opération exige d'assez grandes précautions. Il est impossible d'estamper en une seule fois, on n'obtiendrait pas de formes assez pures et le métal se déchirerait. Aussi commence-t-on par faire une empreinte en relief avec une lame de plomb que l'on place sur la matrice ; le mouton en tombant sur le plomb le modèle sur la matrice et en remontant l'emporte avec lui, attendu que le métal mou s'est grippé dans des trous pratiqués sur la face inférieure du mouton. On commence l'estampage avec ce relief en plomb, on le continue avec une empreinte de cuivre faite de la même manière, et par plusieurs passages au mouton, on arrive à donner à la lame de plané les formes les plus délicates et les plus compliquées.

Quant aux bijoux *dorés*, ils sont fabriqués d'abord en cuivre, puis recouverts d'une couche d'or. On emploie trois moyens principaux. 1° La *dorure au mercure* consiste à frotter les bijoux bien décapés avec une brosse imprégnée d'un alliage semi-fluide d'or et de mercure ; cet alliage s'attache à la surface du bijou que l'on chauffe ensuite, de manière à volatiliser le mercure, qui laisse l'or adhérent au cuivre. Ce procédé, quand il est bien pratiqué, donne des produits d'excellente qualité. 2° La *dorure au trempé* consiste à plonger le bijou de cuivre bien décapé dans une dissolution bouillante d'or. Au bout de quelques instants il s'est déposé à la surface du cuivre une couche d'or assez solide pour être brunie et polie. 3° La *dorure galvanique* produit le dépôt en suspendant le bijou dans une dissolution d'or et en faisant agir sur le liquide un courant électrique qui le décompose et précipite l'or à la surface du cuivre. Nous étudierons avec plus de détails la dorure au mercure et la dorure galvanique, quand nous décrirons la fabrication des bronzes d'art.

FABRICATION DES ÉVENTAILS.

On désigne sous le nom d'*éventail* un petit appareil dont les dames se servent pour agiter l'air et se rafraîchir le visage. Il est ordinairement composé de lames capables de tourner autour d'un même axe et de former par leur développement un secteur circulaire plus ou moins grand ; les deux lames extrêmes, qui ont la longueur de l'éventail, sont désignées sous le nom de *panache ;* les lames intermédiaires sont appelées *brins.* Elles sont plus courtes que les panaches et se prolongent par de petites lames plus étroites nommés *petits bouts.* Ordinairement une feuille de papier de soie

FIG. 334. — Tour de l'éventailliste.

ou d'une autre étoffe s'étend d'un panache à l'autre en s'appuyant sur les petits bouts auxquels elle est fixée ; elle se replie et se développe avec les lames de l'éventail. La fabrication des éventails se trouve centralisée à Sainte-Geneviève (Oise) et dans quelques communes environnantes, où elle occupe plus de 5000 ouvriers et ouvrières.

Les matières premières employées à la fabrication de l'éventail sont l'os, l'ivoire, le bois d'alisier, le bois des îles et la nacre, que l'on débite d'abord en plaquettes destinées à la confection des

Fig. 335. Perlage et guillochage des pattes.

Fig. 336. Grille des pattes.

lames. Ces plaquettes sont livrées aux ouvriers *façonneurs*, qui leur donnent les contours qu'elles doivent avoir et les polissent. A cet effet, ils en enferment un certain nombre entre deux plaques appelées *calibres*, ayant la forme demandée, et ils abattent à la lime les parties qui dépassent. La *façon* est la seule préparation subie par les lames des éventails communs ; mais celles des éventails de luxe subissent une série d'opérations exécutées chacune par un ouvrier spécial. Elles se font presque toutes sur le tour de l'éventailliste. Cet appareil se compose d'un axe horizontal en fer que l'ouvrier met en mouvement rapide de rotation à l'aide d'une pédale ; cet arbre peut être armé d'outils qui varient avec la nature du travail d'ornementation (fig. 334).

L'ornementation des lames comporte plusieurs opérations : 1° Le *perçage* consiste à percer plusieurs lames à la fois de trous qui doivent rendre le dessin plus léger ; il s'exécute à l'aide d'un foret monté sur l'arbre du tour. 2° Le *perlage* et le *guillochage* ont pour effet de tracer à la surface de l'éventail des dessins en relief et en creux, au moyen d'un outil variable de forme qui est monté sur le tour et auquel l'ouvrier présente les lames. Ce travail est souvent fait avec une telle dextérité, que l'éventailliste semble abandonner aux caprices de sa main le mouvement de la lame, dont chaque déplacement est cependant calculé pour concourir à la confection du dessin projeté (fig. 335). 3° Le *découpage* a pour but de donner encore plus de légèreté au travail en y pratiquant des jours avec une petite scie à main que l'ouvrier manœuvre à travers la lame serrée dans un étau. 4° La *grille* consiste à faire dans les lames ce réseau à mailles si légères que l'on admire dans les éventails de luxe. Pour cette opération, une petite scie circulaire *s* (fig. 334) est montée sur l'arbre du tour ; l'ouvrier place la lame *p* à plat sur une plate-forme horizontale qu'il peut élever à volonté pour amener la lame au contact de la scie ; il trace ainsi une série de sillons parallèles, mais sans traverser la lame dans toute son épaisseur ; puis il recommence sur l'autre face après avoir retourné la lame, les nouveaux sillons étant tracés obliquement aux premiers (fig. 336) : il est évident qu'aux points où se rencontrent les sillons des deux faces, il se produit des jours ou mailles. 5° Après la grille vient l'*enjolivage*, qui consiste à placer des paillettes d'acier dans de petites cavités qui ont été garnies d'une couche de cire ; l'ouvrière saisit et pose ces paillettes à l'aide d'un outil aimanté qui les attire. Quand les paillettes ne sont pas attirables à l'aimant, elle se sert pour les prendre d'un outil de bois dont elle mouille l'extrémité avec de la salive pour les y faire adhérer. 6° Certains éventails sont ensuite gravés, sculptés au burin, et dorés par des feuilles d'or très-minces que l'on place dans les sillons tracés par les graveurs.

Là s'arrête le travail de l'éventail à Sainte-Geneviève ; c'est à Paris que l'on colle sur les panaches et les petits bouts la feuille plus ou moins ornementée qui doit les réunir, et qu'on a préalablement plissée en l'enfermant et en la pressant dans un moule en papier fort dont les plis ont été faits à l'avance.

LIVRE CINQUIÈME

INDUSTRIES DU LOGEMENT ET DE L'AMEUBLEMENT

Les industries de l'alimentation, du vêtement et de la toilette ne suffisent pas à satisfaire les besoins physiques de l'homme; il faut encore qu'il se protége contre les intempéries des saisons, en construisant des maisons qui l'abritent et en les meublant des objets destinés à en rendre l'habitation plus commode et plus confortable. C'est le but d'une série d'industries dont nous indiquerons les principales : elles ont avec celles que nous avons déjà décrites des rapports intimes, puisqu'elles leur empruntent un grand nombre de matériaux déjà transformés et mis en œuvre, par exemple le marbre, les pierres, les ciments, les bois débités par les scieries, le fer et tous les objets de quincaillerie et de serrurerie, les étoffes fournies par les industries textiles, etc.

CHAPITRE PREMIER

CONSTRUCTION DES MAISONS

Tout le monde connaît la disposition générale de nos maisons : il est à peine besoin de rappeler qu'elles sont limitées extérieurement par des murs assez épais, divisées intérieurement par des murs plus minces en appartements qui communiquent entre eux par des portes ; que des cloisons horizontales appelées *planchers* les séparent en étages reliés par des escaliers ; qu'enfin l'air et la lumière y pénètrent par des ouvertures qui peuvent être fermées à volonté par des pièces mobiles nommées *fenêtres*.

Avant d'élever les murs, il faut d'abord s'assurer de la solidité du sol sur lequel on veut bâtir, pour éviter que le poids des matériaux superposés ne produise des tassements qui amèneraient des dislocations plus ou moins dangereuses. La surface du sol étant, en général, assez *meuble*, on pratique ordinairement des fouilles jusqu'à ce qu'on ait rencontré un terrain résistant, et l'on remplit ces fouilles avec des moellons, ou pierres irrégulièrement cassées, que l'on réunit à l'aide de mortier qui, en durcissant, fera du tout une masse compacte et capable de supporter le poids de la maison. C'est ce qu'on appelle *faire des fondations*.

Lorsque les fouilles ne rencontrent pas de terrain résistant, on peut faire des *fondations sur pilotis*, c'est-à-dire qu'à l'aide d'appareils nommés *sonnettes*, on enfonce *jusqu'à refus* des pieux de bois, que l'on coupe tous à la même hauteur ; on enlève entre eux la terre ameublie par le battage et on la remplace par un blocage en pierres sèches ou en béton. Puis on établit sur ces pieux une espèce de plate-forme en madriers sur laquelle on élève les murs.

Les maisons sont ordinairement munies de caves voûtées, qui isolent du sol les appartements du rez-de-chaussée et en diminuent l'humidité ; de plus, elles servent à loger des provisions de ménage, et, en particulier, le vin, la bière, etc., qui sont ainsi soustraits aux variations de température de l'atmosphère. Les voûtes sont faites en briques ou en moellons que l'on pose sur des voûtes provisoires en planches, appelées *cintres*. Les briques, comme les moellons, sont disposées et taillées de manière qu'une fois en place elles tiennent pour ainsi dire d'elles-mêmes, par la poussée des unes sur les autres ; le mortier qui les réunit ne doit pas être nécessaire à la stabilité, mais servir seulement à l'augmenter. Dans la construction des voûtes, on commence par la partie centrale nommée *clef*, et l'on s'éloigne peu à peu pour aller rejoindre les murs verticaux qui les soutiennent et qu'on appelle *pieds-droits*.

Les murs en maçonnerie sont faits en pierre de taille, en moellons ou en briques. Leur épaisseur est ordinairement déterminée par les règles suivantes : quand il s'agit d'un *corps de logis simple*, c'est-à-dire de celui dans lequel les appartements tiennent toute la profondeur du bâtiment, il faut donner aux murs une épaisseur égale au quotient obtenu en divisant par 24 la somme des nombres représentant la profondeur et la moitié de la hauteur du bâtiment ; lorsqu'il s'agit d'un *corps de logis double*, il faut ajouter la hauteur à la profondeur et diviser cette somme par 48 ; enfin, quand il s'agit d'un mur *en refend*, c'est-à-dire destiné à séparer deux appartements, on ajoute la largeur de l'appartement à la hauteur de l'étage et l'on divise la somme par 36.

La face extérieure d'un mur, celle qui est visible, s'appelle *parement*. Quand le mur doit être fait en pierres de *taille*, les pierres sont taillées et dressées sur la face qui fera parement ; sur les faces latérales ou *faces de joint* et sur celles qui doivent être horizontales et qu'on nomme *lits*, on ne taille que jusqu'à une certaine profondeur. Les pierres sont disposées par rangées horizontales ou assises de 30 à 60 centimètres de hauteur ; elles sont réunies l'une à l'autre par une couche de mortier fait avec soin et régulièrement étendu. Souvent les murs sont construits avec des moellons que l'on dispose par rangées et dont on a taillé la face, les joints et les lits ; mais ce travail demande beaucoup moins de soin que pour les pierres de taille : il est exécuté par des ouvriers spéciaux à l'aide d'un seul outil appelé *hochette*. Le moellon bien taillé se nomme *moellon piqué;* il reçoit le nom de moellon *smillé* quand le travail est moins parfait. Enfin les murs sont souvent construits en briques disposées par rangées reliées par du mortier. Quelque-

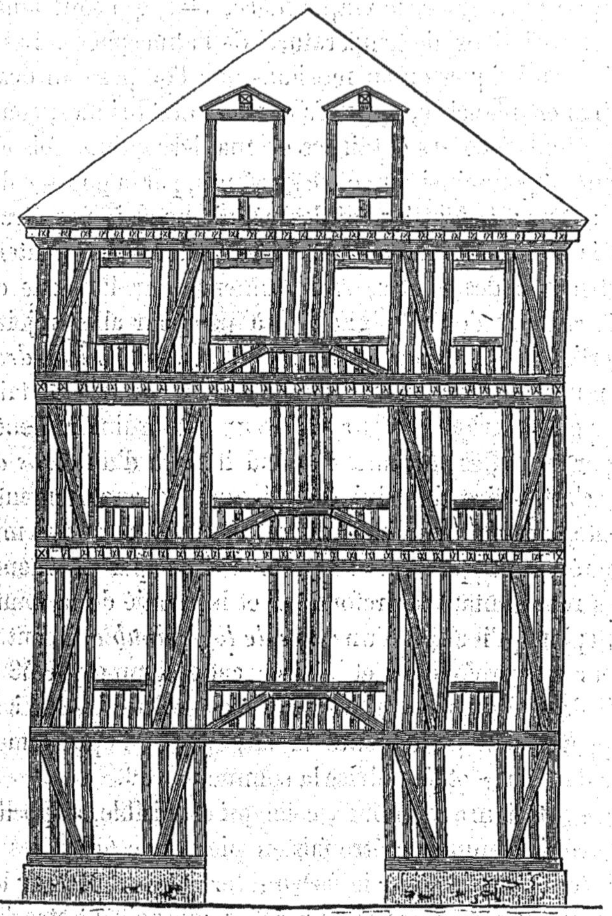

Fig. 337. — Construction en pans de bois.

fois la brique est alliée à la pierre de taille, dont on se sert pour les encadrements des fenêtres, les corniches, etc.

Dans les pays où la pierre est chère, on remplace les murs en maçonnerie par des *pans de bois*, ou murs en charpente (fig. 337). L'intervalle des poteaux est rempli de mortier et l'on cloue des lattes à leur surface ; on étend ensuite du plâtre liquide sur les lattes avec un balai ou avec la main : c'est ce qui s'appelle *gobeter*.

Une fois le gobetage sec, on applique le *crépi*, qui se fait avec du plâtre gâché plus serré ; ce crépi se jette à la main et s'étend avec le côté de la truelle, afin que la surface reste raboteuse et que la dernière couche de plâtre, appelée *enduit*, y adhère mieux : on se sert pour la lisser du dos de la truelle, ou *taloche*. Dans les pays où le plâtre est cher, on le remplace par du mortier dans lequel on a disséminé du poil de vache destiné à le lier et à empêcher qu'il ne se fendille en séchant.

Fig. 338. — Pose d'un plancher.

Les planchers forment la séparation des étages ; ils sont ordinairement composés de trois parties principales : 1° la charpente, constituée par des solives qui, allant d'un mur à l'autre, sont scellées dans la maçonnerie, ou sont supportées par une pièce de bois appelée *lambourde*, scellée aussi à ses extrémités dans les murs de retour et soutenue dans l'intervalle par des pièces de fer nommées *corbeaux ;* 2° le *parquet*, formé de planches juxtaposées et clouées sur les solives dans une direction perpendiculaire à celles-ci ; 3° le *plafond*, formé par un lattis placé sur la partie inférieure des solives et recouvert d'un enduit au plâtre. Dans les constructions soignées, les solives *s s* (fig. 338) sont en fer et comprises entre deux lattis B et L. B recevra une aire en plâtre *a* supportant elle-même les lambourdes *l l* sur lesquelles on clouera les planches ; L recevra le plafond D de l'appartement inférieur. Les intervalles AA seront remplis de plâtre ou de briques creuses qui empêcheront le froid et le bruit de se propager d'un étage à l'autre.

Les escaliers sont des constructions, en pierre ou en bois, destinées à établir une communication entre les différents étages. La partie horizontale d'une marche est appelée *marche*, la partie verticale *contre-marche ;* ces deux faces se coupent suivant une arête saillante que l'on désigne sous le nom d'*emmarchement*. La partie sur laquelle on pose le pied et qui n'est pas recouverte par la marche suivante, est nommée *giron :* dans les escaliers droits, le giron a une largeur constante sur toute sa longueur ; dans les escaliers tournants, il n'en est pas ainsi. La hauteur des marches varie de 13 à 19 centimètres, et leur longueur de 1^{m},06 à 0^{m},89. Un escalier présente ordinairement de distance en distance des plateformes horizontales appelées *paliers ;* la suite de marches comprise entre deux paliers consécutifs reçoit le nom de *volée* ou *rampe*. On place ordinairement sur le bord interne d'un escalier tournant une galerie nommée aussi *rampe*, qui est destinée à prévenir les chutes et dont la hauteur varie en général de 0^{m},89 à 1^{m},06.

Lorsqu'il s'agit de construire un escalier en pierre, on peut opérer de trois manières principales : ou bien sceller les marches par les deux bouts dans deux murs parallèles : on dit alors que l'escalier est à *repos ;* ou bien ne les sceller que par un bout et les soutenir par une voûte appelée *encorbellement ;* ou enfin ne les engager dans le mur que par un bout et ne les soutenir par aucune construction étrangère : on dit alors que l'escalier est *suspendu ;* le dessous des marches forme une surface continue. Dans ce cas, le bout des marches opposé au mur qui forme la cage de l'escalier est souvent soutenu par un petit mur suspendu lui-même, qui donne de la rigidité à l'assemblage et que l'on nomme *limon*. La construction des escaliers suppose que l'architecte a fait au préalable des dessins, des épures de géométrie, dans le détail desquels nous ne pouvons entrer ici.

Les escaliers en bois sont soumis aux mêmes règles générales que les escaliers en pierre. Quand ils sont destinés à supporter de lourds fardeaux, leurs marches sont pleines ; le plus souvent elles sont creuses et composées chacune d'une planche horizontale qui est la marche proprement dite et d'une planche verticale assemblée avec la première et formant la contre-marche. Au-dessous des marches sont disposées des traverses longitudinales *t*, *t*, *t* (fig. 339), dont la figure ne montre que le bout, et qui sont destinées à recevoir le lattis sur lequel on établit la couche de plâtre qui fait le plafond de l'escalier. Ces traverses sont indépendantes des marches, afin que les oscillations de celles-ci ne détruisent pas l'enduit du plafond. Les marches, contre-marches et traverses sont encastrées dans le mur qui forme la cage de l'escalier ; si le mur est un pan de bois, on fixe sur lui, dans la direction de l'escalier, une pièce de bois inclinée destinée à recevoir le bout des marches. Le bout opposé s'appuie, dans les escaliers anciens, sur un poteau appelé *noyau;* dans les escaliers modernes qui sont à jour, le noyau est supprimé et le bout des marches, contre-marches et traverses s'engage dans un limon en bois, droit ou courbe, et analogue à celui des escaliers en pierre.

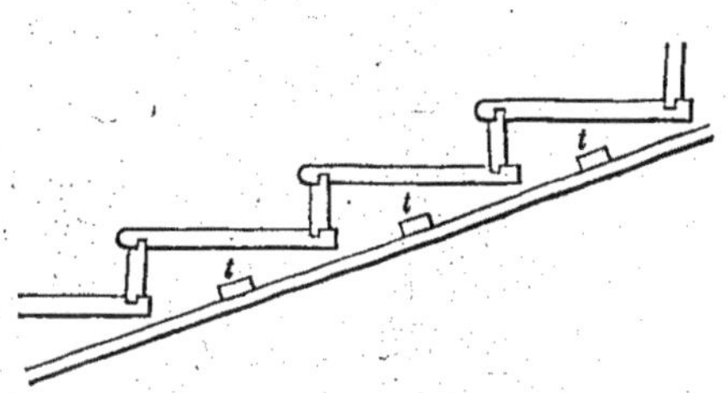

Fig. 339. — Escalier de bois.

Lorsque les travaux de maçonnerie sont terminés et que la maison est élevée, il faut la recouvrir d'une construction nommée *combles*, qui préserve de la pluie ses parties intérieures. Quand le comble est assez peu incliné pour qu'on puisse y marcher facilement, il prend le nom de *terrasse* (fig. 340) ; ordinairement il est formé de deux plans inclinés en sens contraire et se raccordant suivant une arête appelée *faîte*. Dans les édifices plus longs que larges, le faîte est parallèle à la longueur, et chacune des faces du toit prend le nom de *long pan*. Quand le toit se termine aux murs latéraux de l'édifice, ceux-ci sont nommés *pignons* (fig. 341). S'il se termine par des portions de toit qui s'appuient sur les longs pans et sur les murs latéraux, ces plans inclinés s'appellent *croupes* (fig. 342). Quand l'édifice est carré, les longs pans et les croupes sont égaux et viennent se terminer à un sommet commun : on dit alors que le toit est en *pavillon* (fig. 343).

Lorsqu'on veut faire des logements dans les combles, les longs pans sont formés de deux parties : l'une inférieure, se rapprochant

Fig. 340. — Maison à terrasse.

beaucoup de la verticale et dans laquelle on pratique les fenêtres des appartements ; l'autre inclinée, qui s'appuie d'une part sur la

Fig. 341. — Maison à pignons.

première, de l'autre sur le faîte. On a alors des combles à *mansarde*. On appelle *appentis* un comble qui n'a qu'un seul pan à une pente, et qui est ordinairement adossé à un des murs d'un édifice plus élevé.

Fig. 342. — Maison à croupe.

Les matériaux employés à la couverture des maisons sont en

Fig. 343. — Maison carrée à pavillon.

général composés de parties d'une surface relativement petite, comme les tuiles et les ardoises ; aussi les combles sont-ils formés de pièces de charpente dont l'ensemble est appelé *ferme*, et sur lesquelles on place un lattis ou des planches légères, nommées *voliges*, destinées à recevoir les tuiles ou les ardoises. La figure 344 représente une ferme, et en indique les parties principales.

En TT est une pièce de bois horizontale, ou *tirant*, en partie encastrée dans les murs de long pan M, en PP une pièce verticale appelée *poinçon*, assemblée avec le tirant par un tenon et un étrier en fer ; deux pièces obliques AA, nommées *arbalétriers*, sont réunies d'un bout au poinçon et de l'autre au tirant ; sur eux sont posées des pièces horizontales *p*, *p*, ou *pannes*, retenues par des tasseaux *t*, *t*, sur les pannes on placera parallèlement aux arbalétriers des pièces de bois

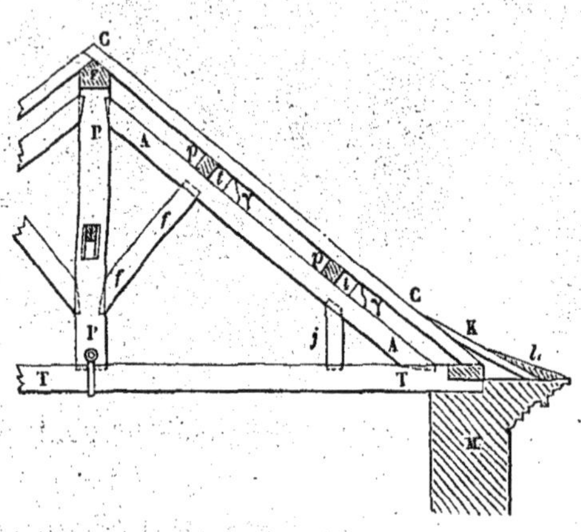

Fig. 344. — Ferme.

c c, appelées *chevrons*, destinées à recevoir le lattis sur lequel seront fixées les tuiles, ardoises, etc. Les chevrons reposent par leur sommet sur une pièce de bois horizontale F, ou *faîtage*, qui relie entre eux les poinçons des fermes successives, et par leur base sur une autre pièce appelée *sablière*, également horizontale et reliant les tirants des différentes *fermes*. On consolide les arbalétriers au moyen de *contre-fiches* *f*, *f*, et de *jambettes* *j*. La sablière étant toujours placée en arrière du mur, on couvre l'intervalle laissé entre elle et la face du mur par un chevron supplémentaire K, appelé *coyau*, et comme celui-ci ne doit pas reposer sur la corniche qu'il endommagerait, on cloue sur lui une planchette triangulaire *l*, nommée *chanlatte*.

Nous remarquerons que le poinçon n'exerce pas nécessairement une pression sur le tirant, que souvent au contraire tout est disposé de manière qu'il le soutienne. Le tirant a pour rôle d'empêcher les arbalétriers de s'écarter.

Quand on veut donner au comble une disposition qui permette

de l'habiter, on peut construire les fermes comme l'indiquent les figures 345 et 346.

Ajoutons enfin qu'à Paris et dans les constructions industrielles, on tend de plus en plus à remplacer la charpente en bois par la charpente en fer.

Quand la couverture est faite en ardoise, on place sur la ferme la volige sur laquelle le couvreur dispose et cloue les ardoises en commençant par le bas ; chaque rangée recouvre la rangée inférieure

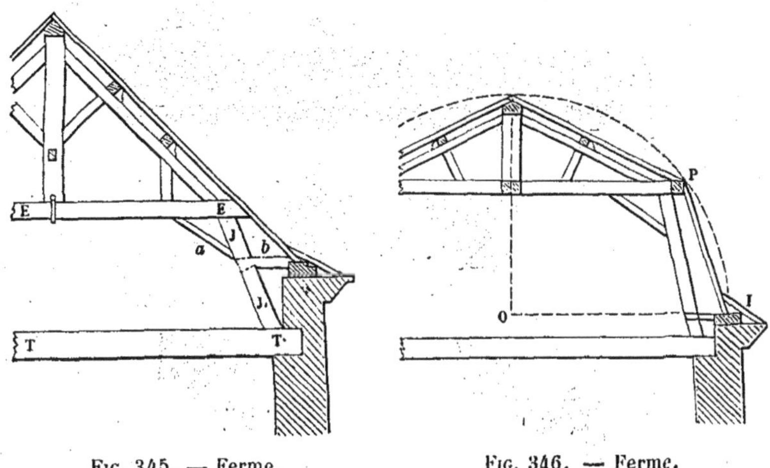

Fig. 345. — Ferme. Fig. 346. — Ferme.

des deux tiers de la longueur de l'ardoise. Lorsqu'on doit se servir de tuiles, on cloue des lattes sur les fermes et l'on pose sur elles les tuiles. Quand on emploie le zinc, on le cloue sur la volige avec des clous en zinc.

Lorsque la maçonnerie est finie, on la recouvre à l'intérieur d'une couche de plâtre ou de mortier que l'on étend à la truelle et sur laquelle on collera plus tard les papiers de tenture. C'est là l'objet de l'industrie du plafonneur. Les plafonds sont ordinairement en plâtre, et l'on garnit leur pourtour de corniches que l'on fait de la manière suivante : on commence par mettre un cordon de plâtre à la place que doit occuper la corniche ; quand il est dur, on applique sur lui une couche de plâtre gâché clair, et c'est avec elle que l'on fait les moulures de la corniche en passant dessus à plusieurs reprises un calibre en tôle ou en bois dont le pourtour est taillé suivant les formes des moulures.

Les travaux de menuiserie jouent aussi un grand rôle dans la construction de nos habitations. Indépendamment de la pose des planchers, il y a celle des portes, des fenêtres, des lambris, etc. Nous n'entrerons pas dans la description détaillée des procédés em-

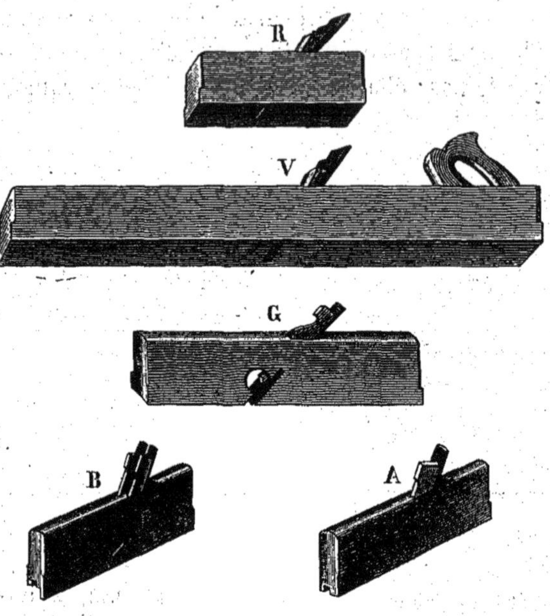

Fig. 347. — Outils de menuisier.

ployés en menuiserie. Cette industrie se pratique partout, et il est facile à chacun de l'étudier ; nous dirons seulement que le menuisier doit en général commencer par *dresser* ses bois, c'est-à-dire les rendre plans à l'aide d'outils appelés *varlope* V, *demi-varlope* G, et *rabot* R (fig. 347), qui contiennent un fer posé obliquement dans la pièce de bois formant le corps de l'outil. Lorsqu'on promène celui-ci à la surface des bois, le fer enlève toutes les aspérités. Lorsqu'on veut faire des moulures, on se sert d'outils A et B appelés *bouvets* et dont le fer a la forme que l'on veut donner à la moulure.

Les pièces qui composent les ouvrages de menuiserie sont assemblées de différentes manières :

1° A l'aide de clous et de vis.

2° A l'aide de tenons et mortaises, c'est-à-dire que l'on creuse dans l'une des pièces à assembler B une cavité prismatique *d' c'* (fig. 348) appelée *mortaise*, et que l'on taille à l'extrémité de l'autre une saillie *a b c d e f* nommée *tenon*, de même forme et de même grandeur que la cavité, et que l'on fait entrer à force dans celle-ci; des chevilles de bois, traversant à la fois le tenon et la pièce où se trouve la mortaise, assurent la solidité de ce mode

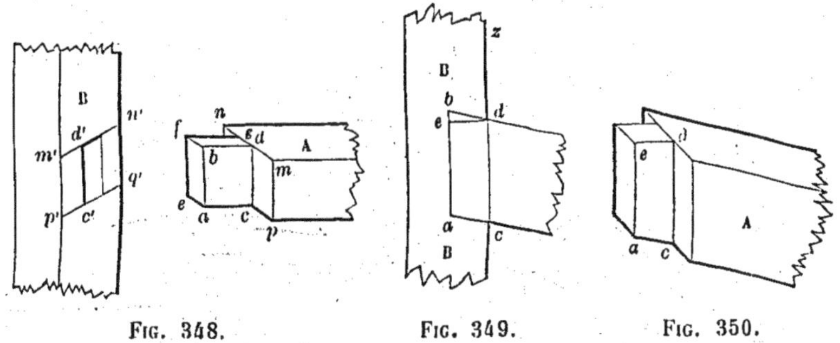

Fig. 348. Fig. 349. Fig. 350.

Assemblage à tenons et à mortaise.

d'assemblage. Quand les pièces doivent être assemblées obliquement, on donne au tenon la forme indiquée par les figures 349

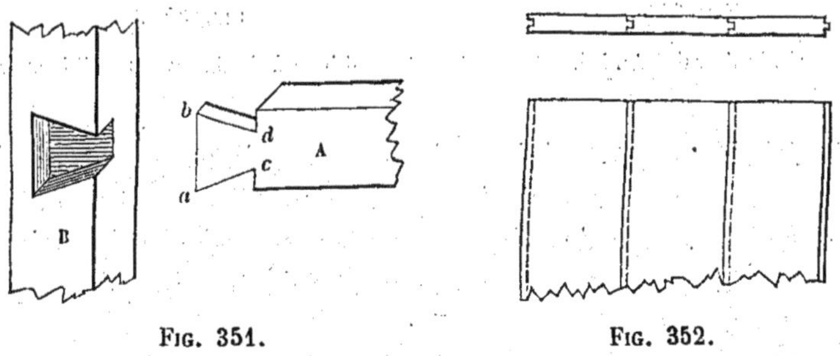

Fig. 351.

Assemblage à queue d'hironde.

Fig. 352.

Assemblage à rainure et languette.

et 350. On peut aussi employer l'assemblage à *queue d'hironde* (fig. 351).

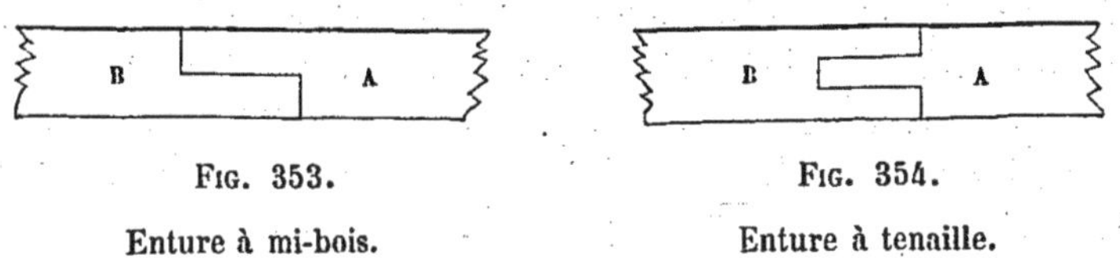

Fig. 353.

Enture à mi-bois.

Fig. 354.

Enture à tenaille.

3° A l'aide de *rainures et languettes*. Le menuisier, avec un outil spécial appelé *bouvet*, pratique dans l'épaisseur de l'une des planches à assembler une rainure prismatique, et dans l'épaisseur de l'autre planche il pratique une saillie prismatique appelée *languette*, qu'il fait entrer dans la rainure (fig. 352). Les bois pour plancher sont souvent vendus aux menuisiers déjà munis de rainures et de languettes.

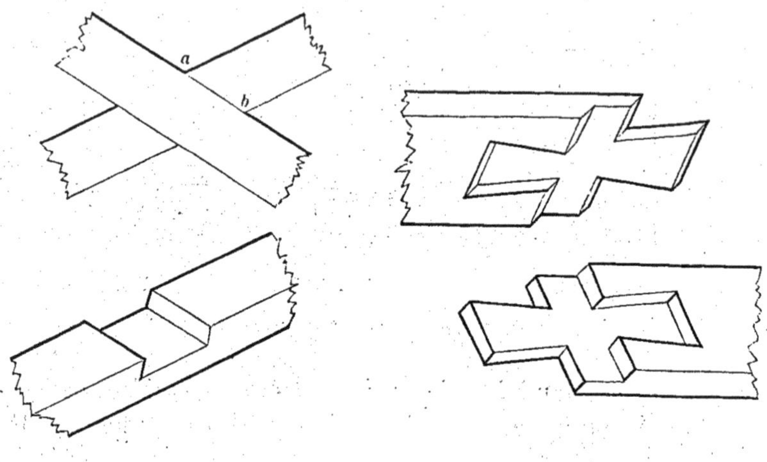

Fig. 355.
Croix de saint André.

Fig. 356.
Assemblage à double queue d'hironde.

4° A l'aide de *plats joints*, c'est-à-dire qu'il rapproche les deux surfaces à assembler après les avoir bien dressées et enduites de colle forte, et avec des pinces appelées *serre-joints* il maintient les deux surfaces pressées l'une contre l'autre, jusqu'à ce que la colle ait fait prise.

5° Quand il s'agit de réunir des pièces bout à bout ou par leur partie moyenne, on se sert d'autres assemblages, comme l'*enture à mi-bois* (fig. 353), *à tenaille* (fig. 354), la *croix de saint André* (fig. 355), la *double queue d'hironde* (fig. 356), etc., etc.

Lorsque les travaux de menuiserie sont faits, le serrurier intervient pour fixer les portes et les fenêtres, les armoires, etc., c'est-à-dire pour ferrer les pièces de serrurerie qu'elles doivent recevoir, comme les serrures, les gonds, les espagnolettes, etc. Les objets de serrurerie sont le plus souvent fournis au serrurier par la grande industrie. Nous avons vu dans la partie de cet ouvrage relative aux industries préparatoires la description des procédés employés pour leur fabrication.

CHAPITRE II

TRAVAUX DE DÉCORATION DES MAISONS. FABRICATION DES PAPIERS PEINTS

TRAVAUX DE DÉCORATION.

Les travaux de décoration consistent principalement dans la peinture des murs, des plafonds, des bois, et dans le collage des papiers de tenture.

Peinture en bâtiments. — Suivant la nature du liquide qui sert à délayer les couleurs, on distingue deux genres de peinture : la peinture à la *détrempe* et la peinture à l'*huile.*

Pour la première, les couleurs sont délayées dans de la colle très-claire. Ce genre de peinture ne peut servir que pour les objets non exposés aux intempéries de l'atmosphère; il n'est employé généralement qu'à l'intérieur de nos habitations, et encore seulement lorsqu'on ne tient pas à une grande durée. Les teintes ne s'appliquent que sur des encollages, c'est-à-dire qu'on ne peint qu'après avoir passé à la surface des parties à peindre plusieurs couches d'un liquide obtenu en délayant du blanc d'Espagne dans de la colle. Tout le monde sait comment le peintre applique les couches à l'aide d'une brosse qu'il trempe dans la peinture.

La peinture à l'huile a l'avantage de ne pas se laisser pénétrer aussi vite par l'humidité ; elle sert autant à la conservation des travaux de menuiserie qu'à leur décoration. Les premières couches doivent toujours être faites avec du blanc de plomb délayé dans l'huile de lin ou l'huile de noix. On doit boucher les trous des clous avec du mastic, puis appliquer la teinte, qui se fabrique en délayant dans l'huile, additionnée d'un peu d'essence de térébenthine, du blanc de céruse et la couleur nécessaire, qui varie d'une teinte à l'autre. Nous citerons parmi les substances employées le minium ou rouge de Saturne, le jaune de chrome, l'ocre jaune, le vert de Schèele, le vert de Schweinfurt, etc.

FABRICATION DES PAPIERS PEINTS.

Les enduits appliqués à la surface des murs sont ordinairement recouverts de papiers peints que l'on colle à leur surface.

La fabrication des papiers fait l'objet d'une industrie dont on attribue l'invention aux Chinois, et qui a pris naissance en France au commencement du XVIIe siècle. Les premiers essais furent faits par François de Rouen ; à la fin du siècle dernier, Réveillon perfectionna la fabrication des papiers peints et, depuis cette époque, elle n'a fait que progresser ; aujourd'hui elle constitue pour la France l'objet d'une industrie très-importante, dans laquelle nous sommes sans rivaux. L'Angleterre et les États-Unis égalent et surpassent peut-être la production de la France : cela tient à l'extension que ces nations ont donnée à la fabrication mécanique ; mais la France leur est supérieure par la qualité de ses papiers peints, qui se distinguent par l'élégance du dessin, la richesse des couleurs, la variété des motifs, en même temps que par la perfection de l'exécution.

Paris est le centre de cette fabrication, qui y occupe près de 5000 ouvriers, répartis dans 60 fabriques produisant annuellement pour 18 millions de francs. Il existe aussi des fabriques importantes dans divers départements, notamment à Rixheim (Haut-Rhin), Lyon, Metz, Caen, Toulouse, Épinal et le Mans.

On fait en France des papiers peints de qualités très-diverses, depuis les plus communs jusqu'à ceux à la surface desquels on trouve des dessins d'un fini et d'une exécution véritablement artistiques. Les procédés usités ont une grande analogie avec ceux qu'emploie l'imprimeur sur étoffes.

La première opération que subit le papier est le *fonçage*, qui consiste à étaler à sa surface une teinte plate, dont la couleur varie ; les papiers à fonds blancs sont eux-mêmes *foncés*. La couleur servant à faire la teinte plate de fonçage est ordinairement délayée dans de la colle de peau assez claire, qui est fabriquée avec de vieux cuirs et des résidus de bourrelleries, etc.

Le fonçage peut s'exécuter à la main ou mécaniquement. Dans le premier cas, le papier est étalé et fixé sur des tables horizontales, longues de 9 mètres environ, longueur un peu plus grande que celle d'un rouleau; des ouvriers armés de brosses étalent la couleur à sa surface. Les ouvriers fonceurs se servent pour cela de deux espèces de brosses : des brosses carrées, manœuvrées par un aide, servent à étaler la couleur répandue par le premier ouvrier, et un troisième fonceur, armé de grandes brosses circulaires à longues soies, achève de répartir la teinte d'une manière égale. Lorsque le fonçage est fait, des enfants enlèvent rapidement le papier sur un bâton disposé à angle droit au bout d'une perche et le suspendent sur des perches horizontales disposées dans l'intérieur des ateliers : il y reste jusqu'à ce que la couche de fond soit parfaitement sèche.

Le fonçage se fait maintenant, dans un certain nombre d'usines, à l'aide de machines ingénieuses qui permettent de produire beaucoup plus et à meilleur marché. Ces machines sont de plusieurs sortes. Nous décrirons celles que nous avons vues fonctionner chez MM. Gillou fils et Thorailler, de Paris, qui les premiers ont introduit en France la fabrication mécanique du papier peint et ont ainsi rendu à cette industrie un éminent service.

Elles se composent d'une table à l'arrière de laquelle se trouve disposée horizontalement une grosse bobine contenant environ 850 mètres de papier. Le papier se déroule mécaniquement, et reçoit la couleur par deux procédés différents. Tantôt, avant de s'étaler sur la table, il s'est présenté au contact d'un drap sans fin qui, tournant sur deux rouleaux animés d'un mouvement de rotation continu, passe dans une auge remplie de couleur qu'il dépose à sa surface. Tantôt, en arrivant sur la table, la feuille glisse sous une boîte verticale C (fig. 357) remplie de couleur et ayant à sa base une fente longitudinale par laquelle le produit coloré s'écoule d'une manière continue.

Lorsque la feuille a reçu la couleur par l'un des deux procédés précédents, elle s'engage sur la table, où elle est soumise à l'action de brosses horizontales qui sont animées d'un mouvement de va-et-vient dans le sens de la largeur du papier et répartissent, en l'égalisant, la couche de couleur. En quittant la table de fonçage, la feuille de papier glisse sur un rouleau après lequel elle est prise par des baguettes plates *a* qui la soutiennent, et qui, par l'intermédiaire d'une courroie sans fin, la conduisent sur un système de cordes sans fin horizontales, que l'on voit en D, disposées dans toute la longueur de l'atelier et près du plafond. Sur le plancher circulent des tuyaux chauffés à la vapeur. Le papier se trouve ainsi disposé en spirales qui pendent verticalement. Le mouvement des cordes fait progresser les baguettes, et par suite le papier s'avance lentement en se séchant par l'action des tubes chauffés. Arrivées à l'extrémité de l'atelier, les baguettes, prises par un ingénieux mécanisme, tournent, décrivent une demi-circonférence et conduisent le papier sur un second système de cordes qui marchent en sens inverse et ramènent la feuille en H. A la fin de cette course qui dure une heure un quart, la feuille est sèche et elle est roulée à l'aide d'une autre machine, que l'on voit en A. Pour les papiers d'un prix élevé, le fonçage exige plusieurs couches.

Les papiers dont le fond doit être satiné passent ordinairement au *satinage* en sortant du fonçage.

Cette opération se pratiquait autrefois à la main ; aujourd'hui elle s'exécute mécaniquement dans les grands établissements. Quand on satine à la main, voici comment on opère : Le papier a été foncé avec une colle contenant des substances susceptibles de prendre le poli par le frottement ; l'ouvrier, placé devant un marbre où il étale le papier, saupoudre la surface de celui-ci avec du talc de Venise ; puis, avec une brosse suspendue à l'extrémité d'un levier vertical et mobile autour de charnières fixées au plafond, il frotte énergiquement la feuille, en donnant à la brosse un mouvement oscillatoire d'arrière en avant et d'avant en arrière : la partie de la feuille qui se trouve sur le marbre se polit peu à peu et prend l'aspect satiné. Lorsque l'opération est terminée, l'ouvrier la fait glisser et recommence sur la partie qu'il a amenée sur le marbre.

Le *satinage mécanique* est exécuté d'une manière bien plus rapide et avec au moins autant de perfection. La bobine venant du fonçage est placée à l'arrière d'une *machine à satiner ;* la feuille se déroule et passe d'abord au-dessus d'un drap sans fin et mouillé qui l'humecte légèrement, puis au-dessous d'un tamis prismatique dont les faces sont percées de trous. Ce tamis, qui contient du talc, est animé d'un mouvement de rotation continu autour d'un axe horizontal ; chaque fois que l'une de ses faces se trouve au-dessus de

Fig. 857. — Atelier de fonçage des papiers peints.

la feuille, il laisse tomber une certaine quantité de talc qui y est retenue par l'humidité du papier. Le papier vient alors présenter sa surface à une série de brosses cylindriques et horizontales qui, tournant avec rapidité, répartissent également la poussière de talc et produisent le satinage. A la sortie de la machine, la feuille s'enroule mécaniquement et reforme une bobine semblable à celle qui avait été livrée à la satineuse.

On communique quelquefois aux papiers peints le poli et le lustrage en frottant leur surface à l'aide d'une pierre dure, silex ou agate : c'est ce qui se fait sur les papiers marbrés, lorsqu'ils sont arrivés au terme de leur fabrication. Enfin, certaines espèces sont vernies.

Les dessins plus ou moins riches que l'on remarque à la surface des papiers de tenture sont appliqués par des procédés d'impression qui ont de grandes analogies avec ceux qu'emploient les imprimeurs sur étoffes.

L'impression se fait *à la main*, *au rouleau* ou *au tire-ligne*.

L'imprimeur à la main se sert de planches en bois où l'on a gravé en relief les dessins à reproduire. Ces planches sont semblables à celles dont se servent les imprimeurs sur étoffes. L'ouvrier est placé en face d'une table, au-dessus et à l'arrière de laquelle se trouve une traverse horizontale portée par deux montants verticaux fixés au plafond de l'atelier ; elle servira de point d'appui à un levier dont nous verrons l'usage tout à l'heure. L'imprimeur étale le papier à la surface de la table et l'y fixe à l'aide d'une baguette placée à sa droite. Près de lui est un châssis dont le fond est une lame de drap, à la surface de laquelle un apprenti étale avec une brosse la couleur à imprimer. L'ouvrier imprimeur, après avoir constaté que la couche de couleur a été bien répartie sur le drap, y applique la planche, dont les saillies se chargent de pâte colorée ; puis il la pose sur le papier : des picots placés sur les bords de la planche feront sur la feuille de petites marques qui lui serviront de points de repère. S'il s'agissait d'une étoffe, il suffirait de peser un peu sur la planche pour que les dessins s'imprimassent ; mais le papier prenant moins bien la couleur que l'étoffe, il est nécessaire d'exercer une pression assez considérable. Pour cela, l'ouvrier pose sur la planche un petit chevalet et place sur celui-ci un levier en bois de 3 mètres environ, dont l'une des extrémités est engagée sous la traverse dont nous avons parlé. Sur un signe de l'imprimeur, l'apprenti saute sur l'autre extrémité, s'y assied et, se balançant légèrement,

FIG. 358. — Machine à imprimer les papiers peints.

détermine par son poids une pression suffisante. L'imprimeur écarte ensuite le levier, lève la planche et recommence l'opération autant de fois qu'il est nécessaire pour couvrir des dessins à reproduire toute la surface du papier. La place où il doit poser la planche lui est indiquée par l'empreinte des picots.

Si le dessin ne comporte qu'une couleur, il n'y a plus qu'à laisser sécher le papier ; mais, dans la plupart des cas au contraire, il se compose de couleurs variées qu'il faut imprimer successivement, en ayant soin de laisser sécher entre chaque application. On a cherché à rendre la fabrication plus rapide en imprimant plusieurs couleurs à la fois. Si le dessin exige l'emploi du rouge en un point, un peu plus loin celui du vert et plus loin encore celui du jaune, on dispose ces trois couleurs sur le drap dans l'ordre indiqué ; des clous fixés sur le bord du châssis guident l'imprimeur et l'aident à placer sa planche de manière que ses différentes parties se recouvrent de la couleur qui leur convient.

L'impression à la main exige beaucoup de soin et d'habileté de la part de l'ouvrier ; elle demande souvent un temps considérable quand les dessins sont à couleurs très-variées et à tons très-fondus ; mais elle donne des produits bien supérieurs à l'impression au rouleau : aussi l'emploie-t-on exclusivement pour les papiers dont le prix dépasse 1 fr. 50 c. le rouleau.

L'impression mécanique se fait à l'aide de machines mues à la main ou à la vapeur (fig. 358). Dans les unes comme dans les autres, le papier s'engage entre des cylindres disposés horizontalement et animés d'un mouvement de rotation continu qui fait progresser la feuille. L'un des cylindres, que l'on voit en C C (fig. 359), porte à sa surface des dessins en relief : c'est le rouleau imprimeur ; l'autre, garni de molleton, est chargé d'appuyer la feuille de papier sur le rouleau imprimeur. Celui-ci est à chaque instant chargé de couleur par un drap sans fin T T, qui est mû par des rouleaux R R et passe dans un réservoir E, où il s'imprègne de la matière colorante. On comprend que si le dessin que l'on veut reproduire sur le papier comporte l'emploi de six couleurs, par exemple, la machine aura six paires de rouleaux qui imprimeront chacune une couleur. La plus grande difficulté dans l'impression au rouleau est le réglage de la machine, ou *rentrure*. Cette opération consiste à disposer tous les rouleaux de manière que chacun d'eux vienne déposer la couleur exactement à la place qui lui convient. Quand on met la machine en marche, les dessins manquent de couleur, les couleurs empiètent les unes sur les autres ; à l'examen de l'épreuve obtenue, le mécanicien juge du mouvement latéral qu'il doit imprimer au rouleau pour que ces défauts disparaissent et pour que les dessins acquièrent la netteté cherchée ; il y arrive par une série de tâtonnements qui sont toujours assez longs. Lorsque la machine est réglée, il n'y a plus qu'à engager la feuille de papier qui,

Fig. 359. — Détails de la machine pour l'impression au rouleau.

par le mouvement même des rouleaux, vient s'appuyer sur chacun d'eux, et sort de l'appareil recouverte des dessins destinés à orner sa surface.

Il y a des machines qui peuvent imprimer jusqu'à dix-huit couleurs à la fois. On est même parvenu par un artifice particulier à augmenter beaucoup ce nombre, sans augmenter celui des rouleaux. Voici en quoi consiste cet ingénieux procédé : On compose le dessin de manière que sur une même largeur trois couleurs, par exemple le rouge, le bleu et le vert, se reproduisent toujours dans le même ordre, le rouge étant à droite, le bleu au milieu et le vert à gauche ; on fait imprimer ces trois couleurs au même rouleau en divisant son bac à couleurs en trois compartiments, celui de droite contenant le rouge, celui du milieu le bleu, et enfin celui de droite le vert ; dans chacun d'eux circule un drap sans fin portant sur le rouleau la couleur qu'il a prise dans le compartiment.

On comprend que par cet artifice avec une machine à dix-huit rouleaux on pourra imprimer cinquante-quatre couleurs à la fois.

A la sortie des machines, le papier est séché comme après le fonçage.

La fabrication des rouleaux destinés aux machines à imprimer est assez coûteuse. Quand le dessin est composé, on calque sur un

FIG. 360. — Rouleau imprimeur.

papier transparent les contours correspondant aux différentes nuances et l'on reporte les dessins calqués sur autant de rouleaux qu'il doit y avoir de couleurs. Ces rouleaux sont en bois de poirier et montés sur un axe en fer. On sculpte alors la surface du cylindre, de manière à mettre en relief les lignes qu'il faut imprimer sur le papier; pour les parties qui doivent avoir le plus de netteté, on incruste dans le bois de petites lames de laiton disposées suivant les contours de ces parties.

Ce procédé de fabrication est assez coûteux; aussi se sert-on souvent de rouleaux faits de la manière suivante : Sur un axe en fer on applique une couche de plâtre; quand elle est durcie, on la tourne pour la rendre bien cylindrique et l'on fixe à sa surface des planches en alliage de plomb, d'étain et de nickel, faites par le procédé de gravure au gaz que nous avons décrit à propos de l'impression sur étoffes. Ces planches se laissent contourner à la chaleur.

Depuis quelques années on a pris la précaution de recouvrir les saillies des rouleaux de petites lames de feutre qui se chargent plus facilement de couleurs que le bois ou le métal; c'est ce qu'on appelle *chapeauder* le cylindre. On évite ainsi les manques de touche ou les bavures.

Pour l'impression des papiers rayés on emploie un procédé très-ingénieux, et qui donne d'excellents résultats : c'est l'*impression au tire-ligne*.

Le réservoir à couleur est une boîte triangulaire T, percée suivant une de ses arêtes d'autant de trous qu'il doit y avoir de raies (fig. 361 et 362). La boîte, dont la longueur est égale à la largeur du papier, contient d'ailleurs des compartiments remplis de couleurs différentes et repose par son arête percée de trous sur une table longue de 9 mètres environ. Supposons qu'entre cette arête et la table, nous fassions glisser la feuille de papier, chaque trou laissera tomber sur elle la couleur du compartiment

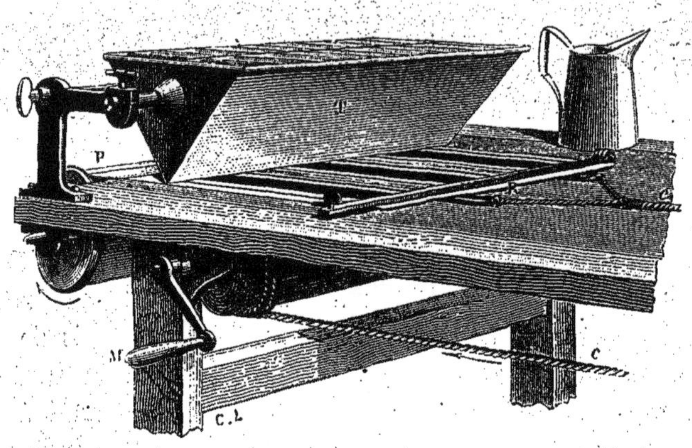

FIG. 361. — Impression des papiers rayés au tire-ligne.

au-dessous duquel il se trouve, et toutes les raies seront imprimées à la fois sur la largeur. Le rouleau de papier à imprimer est disposé en P à l'extrémité de la table et derrière la boîte; dès que son extrémité a été engagée sous la boîte, on la saisit suivant sa largeur entre deux baguettes de bois R qui forment pince et auxquelles est attachée une corde *c* qui passe sur une poulie de renvoi située à l'autre extrémité de la table; il est évident qu'en enroulant cette corde sur le cylindre que fait mouvoir la manivelle M, on fera progresser la feuille de papier, qui se déroulera au fur et à mesure.

Papier velouté. — Le velouté que l'on produit sur certains papiers de luxe s'obtient en imprimant aux endroits qui doivent être veloutés un mordant fait avec de l'huile demi-cuite, de l'huile forte et du blanc de céruse. Avant que ce mordant soit sec, on fait passer le papier dans une caisse contenant de la laine en poussière, ou *tontisse*, provenant de la tonte des draps; le fond de cette caisse est en toile, et il est battu à l'aide de baguettes, de manière à soulever la poussière qui forme un nuage dans l'atmosphère de la caisse, tombe sur le papier et s'attache aux endroits mordancés.

Papiers dorés et argentés. — Les dessins dorés ou argentés que l'on remarque à la surface de certains papiers de luxe, s'obtiennent en imprimant un mordant à l'huile et à l'essence aux endroits qui doivent recevoir le métal. L'application de ce dernier se fait de deux manières.

Le premier procédé, ou *dorure à la feuille*, consiste à couvrir toute la surface du papier avec des feuilles très-minces de laiton; on détermine leur adhérence par la pression d'un rouleau; après avoir frotté avec de la ouate, on laisse sécher le mordant, et l'on passe ensuite de la mie de pain à la surface de la feuille. On comprend que par ce procédé le métal ne reste définitivement attaché qu'aux endroits couverts de mordant; l'excès se résout en poussière, qui est soigneusement recueillie pour servir dans le second procédé de dorure.

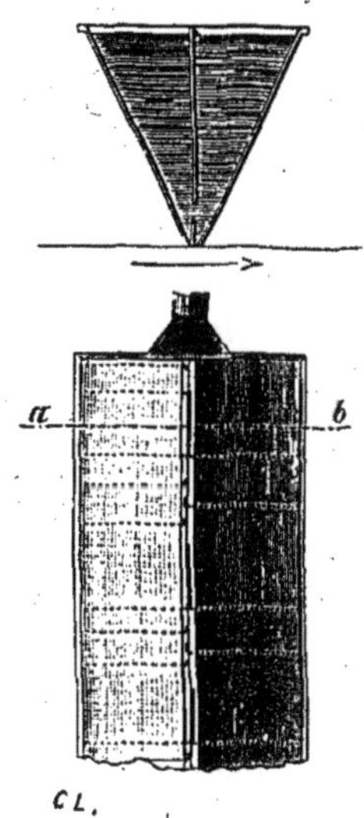

Fig. 362. — Coupe du tire-ligne et vue de dessous.

Ce procédé, dit *à la poudre*, est tout à fait analogue à celui que l'on emploie pour les papiers veloutés. Il consiste à remplacer la laine en poussière par de la poudre métallique.

Lorsque les papiers ont été dorés, il faut donner du brillant à la partie métallique. Il suffit pour cela de faire passer la feuille de papier dans une machine à cylindrer, qui se compose essentiellement de deux rouleaux, l'un en fonte parfaitement polie, l'autre en papier et situé en dessous du premier : ces deux rouleaux font l'office de laminoir, et la feuille de papier est engagée entre les deux, le côté doré se trouvant contre le cylindre métallique; la pression qu'exerce le rouleau supérieur suffit à polir les parties dorées.

L'argenture se pratique par un procédé tout à fait semblable.

CHAPITRE III

ÉBÉNISTERIE

Lorsque les maisons sont construites et décorées, on les garnit de meubles destinés à en rendre l'habitation plus confortable. La fabrication des meubles fait l'objet de l'ébénisterie, industrie qui s'exerce dans toute la France, mais qui a son centre le plus important à Paris, où elle occupe presque toute la population du faubourg Saint-Antoine.

Le bois est, par excellence, la matière convenable à la fabrication des meubles, et quoiqu'on se serve souvent aussi d'autres matières (ivoire, nacre, métaux), c'est lui qui peut être considéré comme formant toujours la partie principale des objets d'ébénisterie. Indépendamment de la beauté de leurs teintes, de leurs veinures, de l'éclat qu'ils acquièrent par le polissage et le vernissage, les bois d'ébénisterie ont surtout le mérite de se travailler avec facilité et de se prêter aux formes élégantes qu'on veut leur donner.

L'ébénisterie emploie à la fois les bois de pays, comme le chêne, le poirier, le noyer, et les bois exotiques, comme l'acajou, l'ébène, le palissandre et le tuya. Les bois exotiques étant d'un prix élevé, on a vulgarisé leur emploi par le *placage*, c'est-à-dire en construisant les meubles avec du bois de pays et en appliquant à leur surface une lame très-mince de bois exotique.

Les différentes manières de façonner le bois suivant des formes voulues ont nécessairement une relation intime avec les formes décoratives qui sont le plus souvent employées. Nous distinguerons : 1° le *travail à la scie et au rabot*, qui permet de produire toutes les surfaces, dites en géométrie, à génératrices rectilignes, c'est-à-dire que l'on peut obtenir par le mouvement d'une ligne droite : les *moulures* par exemple ; 2° le *travail au tour*, qui permet d'obtenir les surfaces sphériques, cylindriques et coniques ; 3° enfin le *travail au ciseau*, qui, dans les mains du sculpteur, vient ajouter à l'élégance des meubles de luxe toutes les ressources de la sculpture décorative.

Les différentes pièces d'un meuble, quand leurs contours et leur forme ont été déterminés, doivent être *assemblées*, et c'est ici que se présente une différence essentielle entre la menuiserie et l'ébénisterie. L'ébéniste ne se sert jamais ni de clous, ni de chevilles pour fixer ses assemblages, mais toujours de la colle forte ; indépendamment des assemblages à plats joints, à tenons et mortaises, il emploie souvent aussi, pour les tiroirs par exemple, l'assemblage à queue d'aronde ou d'hironde, que représente la figure 351.

Quand les différentes pièces d'un meuble sont préparées, et que, faites avec du bois de pays, elles sont destinées à être recouvertes avec des feuilles minces de bois exotique, on procède au placage. Les feuilles de placage peuvent être faites avec la scie ordinaire, mais on emploie ordinairement des machines spéciales, qui opèrent avec plus de rapidité, d'économie et donnent des lames de bois plus minces. Nous citerons celles de M. Garaud. Tantôt ces machines sont disposées de manière à couper le bois à plat, c'est-à-dire à diviser une planche en lames planes et plus minces. Tantôt elles le découpent circulairement : l'arbre étant animé d'un mouvement de rotation autour de son axe, l'outil de la machine reçoit un mouvement de va-et-vient qui découpe le bois en feuilles circulaires, de telle sorte qu'après le découpage le morceau de bois n'est plus qu'un rouleau de feuilles ; on produit journellement des feuilles de 2 mètres de largeur sur 10 mètres de long.

Les feuilles de placage s'appliquent à la surface des bois par quatre procédés différents :

1° *Au marteau.* — Cette méthode est surtout employée pour les parties plates. Après avoir passé à la surface du bois à plaquer, ou *bâti*, un rabot à dents dit *bretté*, qui rend cette surface rugueuse et la prédispose à recevoir la colle, on encolle le bâti et l'on applique le placage. Puis, à l'aide d'un marteau de forme spéciale, on appuie en raclant sur la feuille de placage et en poussant toujours l'outil en avant (fig. 363). La main droite tient le marteau, et la main gauche, appuyant sur le bois, doit toujours contrarier l'effet de la main droite pour empêcher la feuille de glisser. De cette manière on détermine l'adhérence de la feuille, et l'on repousse en avant l'excès de colle ; à mesure que celle-ci apparaît sur les bords, on l'essuie, afin de l'empêcher de s'y fixer et de former un bourrelet solide qui s'opposerait à la sortie de l'excès qui peut encore rester entre le bâti et la feuille. On est souvent obligé de mouiller extérieurement la feuille de placage pour contrarier l'effet de la colle, qui tend à la

Fig. 363. — Placage au marteau.

faire *voiler* ou *gondoler*. Quand on s'aperçoit que la colle n'a pas pris en certains endroits, on y passe un fer chaud (fer à plaquer) qui, amollissant la colle, permettra à une nouvelle action du marteau de déterminer l'adhérence.

2° *A la cale.* — On comprend que le procédé que nous venons de décrire ne puisse s'appliquer au placage des parties courbes. Pour les moulures, par exemple, on emploie la *cale :* c'est un morceau de bois offrant la contre-partie de la pièce à plaquer. On donne à la feuille la courbure nécessaire, soit à l'aide du fer, soit en la mouillant légèrement d'un côté et en la chauffant de l'autre. On encolle, on pose la feuille et l'on applique au-dessus d'elle la cale que l'on a chauffée pour maintenir la colle liquide pendant un temps suffisant, on serre le tout avec des presses spéciales (fig. 364). Nous ajouterons que le placage à la cale s'emploie très-souvent aussi pour les parties plates.

3° *Au sable.* — Quand la moulure est trop contournée dans sa forme pour permettre l'emploi facile de la cale, on se sert de sacs remplis de sable chaud qui, pressés à l'aide de presses et de cales, forcent la feuille à bien épouser les détails de la moulure (fig. 365).

Fig. 364. — Placage à la cale.

4° *A la sangle.* — Dans d'autres cas, ce moyen lui-même ne suffit plus. S'il s'agit, par exemple, de plaquer le cylindre d'un secrétaire, cette pièce, creuse en dedans et convexe en dehors, ne pourrait se plaquer par les moyens précédents. On a recours aux *sangles*, c'est-à-dire qu'après avoir soutenu la pièce par des morceaux de bois, (fig. 366) appelés *calibres* et appliqués dans la concavité, on pose, après encollage, la feuille de placage et on la force à adhérer à l'aide de sangles que l'on serre peu à peu.

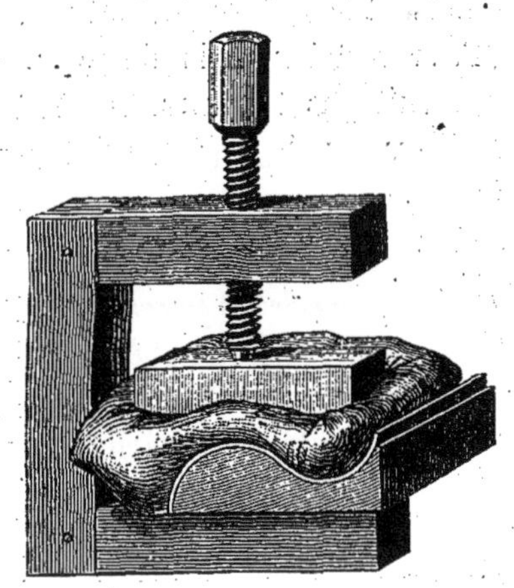

Fig. 365. — Placage au sable.

Nous ferons remarquer que le placage ne s'emploie pas seulement pour les bois exotiques; dans la confection des meubles à bon marché, on plaque souvent des bois de pays, comme le chêne, sur des bois d'un prix moins élevé.

C'est ainsi que trop souvent on vend comme meubles en chêne des meubles faits en bois de caroline et plaqués en chêne. Toutes les précautions sont prises pour cacher cet artifice, car on plaque jusqu'aux tenons et mortaises.

Quand les pièces d'un meuble sont faites et prêtes à être montées, on les polit. Pour cela, à l'aide d'un *racloir*, outil composé d'une lame d'acier montée dans un manche de bois, on racle la surface du bois de manière à faire disparaître les dernières inégalités qu'a pu laisser le rabot. On achève le polissage en frottant avec un morceau de pierre-ponce et à l'huile, ou bien avec le papier de verre. Après le polissage, si le meuble doit être verni, on promène à sa surface un tampon imprégné de vernis à la gomme laque et fait avec un morceau de toile bourré de laine ou de coton. Le vernissage exige une grande légèreté de main; l'ouvrier ne doit pas appuyer sur le bois, mais tourner en spirale et ne jamais laisser arrêter le tampon. L'alcool du vernis s'évaporant peu à peu, la gomme laque bouche les pores du bois et la surface devient polie et brillante.

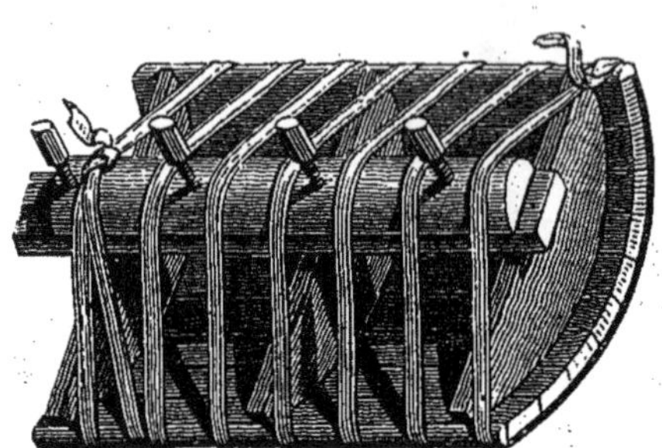

Fig. 366. — Placage à la sangle.

Pour certains bois de pays, comme le chêne, le poirier, on ne vernit pas toujours. Après le polissage, on applique une ou plusieurs couches d'une teinture qui varie suivant l'effet à obtenir, on ponce pour faire disparaître les rugosités qu'a produites l'action du liquide (action qui consiste, comme disent les ouvriers, *à faire ressortir les pores du bois*), on passe à l'encaustique et l'on brosse. Pour le vieux chêne, la teinture est un liquide formé d'une dissolution de potasse d'Amérique colorée avec de la terre de Cassel. Pour les meubles en poirier que l'on veut faire noirs, ou bien on se sert de bois teints par injection de matières colorantes, ou bien on les noircit en passant à leur surface des couches alternatives de pyrolignite de fer dissous et de décoction de campêche.

CHAPITRE IV

PORCELAINES, FAIENCES, POTERIES COMMUNES, BRIQUES, ETC.

On désigne sous le nom de *céramique* une industrie qui remonte aux temps les plus anciens, et qui consiste à utiliser certaines substances naturelles, comme les argiles, les feldspaths, le sable, à la fabrication de vases devant servir, soit aux usages de l'économie domestique, soit à l'ornementation de nos habitations. L'homme employa d'abord les argiles à la confection des vases destinés à recueillir les cendres des morts et à contenir les grains. Ils étaient façonnés à la main, et avaient assez de solidité pour pouvoir être transportés à quelque distance; mais ils ne résistaient pas à l'eau, dans laquelle la matière argileuse se délayait. Plus tard, les Grecs et les Romains, en soumettant ces vases à l'action d'une chaleur intense, augmentèrent leur solidité et leur résistance vis-à-vis de l'eau. Ce grand progrès ne suffisait pas encore : les objets fabriqués en argile cuite sont poreux et absorbent les liquides; à partir du XIIe siècle, on trouve des poteries recouvertes d'une substance vitrifiée, ou *glaçure*, qui les rend imperméables : les villes de Schelestadt et de Pesaro se disputent le mérite de cette découverte. Le vernis plombeux, qui fut alors en usage, était incapable de cacher le ton rougeâtre de l'argile; l'emploi de l'oxyde d'étain, en donnant l'opacité à la glaçure, réalisa un nouveau progrès, et l'industrie de la faïence se répandit en Italie, en Allemagne et en France où les immortels travaux de Bernard Palissy créèrent tout un genre nouveau de poteries et de faïences émaillées.

La faïence, déjà si supérieure aux poteries anciennes, ne devait pas cependant marquer en céramique la dernière étape du progrès.

Sa pâte est souvent colorée, opaque et plus ou moins tendre ; ce sont là des défauts que ne présentaient pas les porcelaines de la Chine et du Japon, qui furent importées en Europe par les Portugais et par les Hollandais. On se mit à la recherche des procédés de fabrication employés par les Chinois, et, vers 1709, Boëtger découvrait en Saxe que le kaolin, argile très-pure provenant de la décomposition du silicate double d'alumine et de potasse appelé *feldspath*, donne par la cuisson une poterie très-remarquable, dure et incolore : c'est la porcelaine. A partir de cette époque, cette industrie se développa rapidement, et elle est arrivée aujourd'hui à une haute perfection.

On divise les produits de la céramique en trois grandes classes : 1° les poteries *à pâte dure et translucide*, comme les différentes espèces de porcelaines ; 2° les poteries *à pâte dure et opaque*, comme la faïence fine et les grès cérames ; 3° les poteries *à pâte tendre*, comme les poteries émaillées (faïence commune), les poteries vernissées, les poteries lustrées, les terres cuites, les briques, les tuiles, etc.

Les matériaux qui entrent dans la composition des pâtes nous sont, pour la plupart, fournis par la nature ; il y en a de deux espèces principales : les uns communiquent à la pâte la plasticité qui permettra de la façonner et de lui donner les formes les plus variées : ce sont les *argiles ;* les autres, appelés substances *dégraissantes* ou *antiplastiques*, sont destinés à enlever à l'argile l'excès de plasticité qu'elle a quelquefois, de diminuer le retrait de la matière à la cuisson, et d'empêcher le fendillement qui en résulterait. Les principales espèces d'argiles sont : les argiles *plastiques et figulines*, qui entrent dans la composition des grès cérames fins et communs ; les *kaolins*, qui forment la base des pâtes à porcelaine ; les argiles *marneuses*, employées dans la fabrication des faïences ; les marnes *argileuses* (faïences fines) ; les marnes *calcaires* (faïences communes). Quant aux matières dégraissantes, elles sont beaucoup plus nombreuses : telles sont le quartz (porcelaines dures), le sable (porcelaines dures, terres cuites, briques), le feldspath (porcelaines dites *parian*), la pegmatite (porcelaine dure), le *ciment* (terres cuites en général), la craie (porcelaines et faïences), le gypse ou sulfate de chaux (porcelaines), le sulfate de baryte (grès anglais), etc., etc.

PORCELAINE.

La fabrication de la porcelaine constitue pour la France l'objet d'une industrie considérable, dont le centre principal est Limoges; c'est aux environs de cette ville, et principalement à Saint-Yrieix (Haute-Vienne), que se trouvent des carrières assez riches en kaolin pour alimenter tous les centres de fabrication, même la Belgique, l'Italie et l'Allemagne. Limoges emploie environ 4000 ouvriers. Cette ville fut longtemps le siége presque unique de l'industrie de la porcelaine; mais peu à peu on a été amené à penser qu'il y aurait économie à transporter le kaolin dans d'autres contrées plus riches en combustible, telles que le Berry; des établissements importants et organisés de la manière la plus large se fondèrent dans plusieurs départements du centre, à Vierzon, à Saint-Amand-Montrond, à Méhun-sur-Sèvre (Cher), à Champroux (Allier), dans l'ouest à Bayeux, dans le midi à Saint-Gaudens. Enfin, Paris étant le centre principal du commerce de la céramique, des fabriques se sont établies dans la ville et dans ses environs, et c'est là surtout que s'est développé l'art de la décoration de la porcelaine. Le monde entier connaît les admirables produits de la manufacture nationale de Sèvres.

Les matières premières employées à la fabrication de la porcelaine sont le kaolin, un sable quartzeux et du feldspath : le kaolin constitue la substance plastique de la pâte à porcelaine, le sable quartzeux en est la partie dégraissante, et le feldspath, en faisant éprouver à la porcelaine au moment de sa cuisson un commencement de fusion, la rend translucide. A Sèvres on ajoute aussi de la craie de Bougival. Ces matières premières doivent d'abord recevoir une préparation. A Limoges, ces préparations ne se font pas toutes dans les manufactures de porcelaine, mais dans des établissements spéciaux. Le kaolin subit d'abord un lavage ayant pour but de le débarrasser des grains de quartz et des morceaux de feldspath qu'il renferme; ces derniers augmenteraient la fusibilité de la porcelaine. Il est délayé dans l'eau et agité dans le liquide à l'aide de palettes; pendant cette agitation les parties les plus grosses gagnent le fond de la cuve. La boue liquide est décantée dans une seconde cuve où elle laisse déposer les grains plus petits de quartz et de feldspath, puis décantée une seconde fois dans une troisième cuve où les eaux troubles séjournent pendant longtemps et abandonnent tout le kaolin qu'elles tiennent en suspension.

Quant aux matières dégraissantes, le feldspath et le quartz, comme elles sont ordinairement en morceaux et non pas friables comme le kaolin, elles doivent d'abord être concassées et réduites en poudre. Pour faciliter ce *concassage*, on commence par les *étonner*, c'est-à-dire les chauffer au rouge pour les projeter ensuite dans l'eau froide. Cette élévation de température a pour effet de produire un grand nombre de fissures qui rendent la matière plus fragmentable ; elle a de plus l'avantage de déterminer l'apparition de différentes colorations, qui facilitent l'élimination des parties ferrugineuses dont la présence nuirait plus tard à la blancheur de la porcelaine. Après cette calcination on concasse et l'on pulvérise les substances dégraissantes à l'aide d'appareils différents (bocards, cylindres cannelés, moulins à meules verticales ou horizontales) ; la poudre obtenue est souvent passée au blutoir et toujours soumise à une lévigation et à un repos qui la débarrassent des grains les moins fins. On mêle ensuite à l'état humide la pâte de kaolin et celle de quartz ou de feldspath, et l'on s'efforce de rendre le mélange aussi intime que possible ; puis on amène les pâtes au degré de consistance voulue par l'opération du *ressuage* ou du *raffermissage* qui a pour effet de les dessécher. Cette dessiccation s'obtient, soit par évaporation spontanée, soit en les chauffant, soit en les abandonnant dans des caisses de plâtre dont les parois absorbent l'eau, ou bien enfin en les comprimant dans des sacs de toile cirée.

Telles sont les opérations qui constituent la préparation des pâtes. A leur arrivée dans les manufactures de porcelaine, elles sont soumises à un nouveau traitement, le *pétrissage*, dont le but est d'assurer l'homogénéité la plus parfaite : c'est la condition essentielle de toute bonne fabrication. En tête des moyens de pétrissage, il convient de placer le *marchage*, qui s'exécute sur des aires en pierre où l'on place la pâte arrivant des établissements de préparation et mélangée, à parties égales, aux résidus provenant des opérations du façonnage que nous décrirons bientôt ; un ouvrier la piétine en marchant du centre à la circonférence et de la circonférence au centre : c'est ce qu'à Limoges on appelle la *danse*. Puis la pâte est relevée à la pelle en *ballons* de 25 kilogr. environ et battue, soit à la main, soit avec des battes de bois ; en même temps on la découpe avec un fil de laiton pour découvrir les soufflures et l'on mélange les morceaux en les battant.

Toutes ces opérations mécaniques exigent beaucoup de soin et de propreté de la part de l'ouvrier, qui doit éviter que des poussières ou d'autres matières organiques ne s'incorporent dans la pâte, parce qu'elles se décomposeraient par la chaleur et produiraient des soufflures ou des fentes ; la présence d'un cheveu suffit pour gâter complétement un objet de porcelaine.

Les pâtes ainsi préparées peuvent servir à la fabrication de la porcelaine, mais on a reconnu qu'on améliorait leur qualité en les abandonnant dans des caves humides pendant un temps qui peut durer plusieurs années ; il s'établit une fermentation donnant naissance à l'hydrogène sulfuré et peut-être, suivant Salvetat, à une substance glaireuse qui augmente la plasticité. Ce phénomène est désigné sous le nom de *pourriture des pâtes ;* il développe dans la masse des bulles gazeuses que l'on expulse par un nouveau malaxage, qui s'exécute dans l'atelier de fabrication. Les ouvriers compriment énergiquement la pâte avec les mains et en font des boules qu'ils lancent avec force contre la table de pétrissage.

Il faut maintenant mettre la pâte en œuvre et procéder à la confection des vases de différentes formes. On suit pour cela plusieurs procédés, parmi lesquels nous distinguerons le *travail sur le tour*, le *moulage* et le *coulage*.

Le tour du potier consiste en un axe vertical sur la partie inférieure duquel est implanté un grand disque horizontal en bois que l'ouvrier peut faire tourner avec le pied (fig. 367) ; un second disque plus petit que le premier est fixé à la partie supérieure de l'axe et reçoit la pâte. L'ouvrier est assis sur un banc; il place au centre du disque supérieur la quantité de pâte nécessaire, met le tour en mouvement et façonne la pièce en lui donnant approximativement, avec la main, la forme et les dimensions qu'elle doit avoir. Dans ce façonnage, l'ouvrier comprime avec les mains la balle de pâte placée sur le tour, de manière à l'aplatir, à l'allonger ensuite et augmenter ainsi son homogénéité ; il répète plusieurs fois cette opération, en ayant soin de se mouiller chaque fois les mains avec de la *barbotine*, c'est-à-dire avec un mélange de pâte et d'eau. Puis il enfonce le pouce dans le milieu de la balle pour la percer et en faire une pièce creuse, et, la façonnant ensuite avec les mains, il l'amène peu à peu à la forme définitive.

La figure 368 représente les différentes phases de la fabrication d'un vase de porcelaine.

Tout ce que nous venons de décrire constitue l'*ébauchage*. C'est un travail excessivement difficile ; la moindre négligence, le moindre défaut d'homogénéité dans l'épaisseur, dans la structure moléculaire de la pâte, suffisent pour perdre la pièce à la cuisson.

FIG. 367. — Travail de la porcelaine sur le tour.

L'ébauchage donne rarement à l'objet une forme assez régulière pour qu'on puisse le soumettre directement à la cuisson; aussi complète-t-on le travail par le *tournassage*. Après avoir abandonné la pièce pendant quelque temps à une dessiccation spontanée qui lui donne plus de consistance, l'ouvrier la remet sur le tour et, pendant qu'elle est en mouvement, il lui donne sa dernière forme et ses dimensions avec un outil de bois ou d'ardoise, appelé *estèque*, qui lui sert à l'entamer et à la polir ; c'est un travail analogue à celui du tourneur en bois. L'estèque a des formes diverses, carrées, triangulaires, etc.; souvent il présente le profil même du vase à contours plus ou moins sinueux, et l'ouvrier, en l'appliquant pendant la rotation sur l'objet ébauché, lui communique exactement la forme cherchée. Citons aussi les compas d'épaisseur employés par le potier pour mesurer les dimensions des pièces,

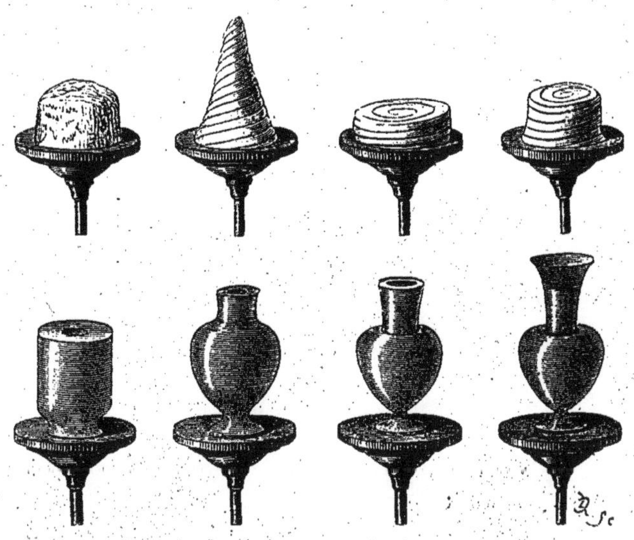

Fig. 368. — Différentes phases de la fabrication d'un vase de porcelaine.

tant à l'extérieur qu'à l'intérieur. Il n'y a plus qu'à détacher l'objet du tour, ce qui se fait en passant un fil métallique dans la base (fig. 369) ; avant la cuisson il faudra, comme nous le verrons, soumettre les pièces au travail du *rachevage*.

Fig. 369. — Outil à détacher les pièces du tour.

Le tournassage ne s'exécute pas toujours comme nous venons de le dire ; souvent on place sur le tour un moule en plâtre représentant en creux les filets ou ornements qui doivent être en relief ; on y introduit l'ébauche toute fraîche encore, on fait marcher le tour, et, à l'aide d'une éponge humide, on applique la pâte contre le moule : c'est le tournassage *à la housse*. Après un commencement de dessiccation, on démoule, on laisse sécher de nouveau et l'on tourne la pièce à l'intérieur seulement, car la forme extérieure a été donnée par le moule.

Ajoutons que le tour du potier a quelquefois son axe horizontal : il est alors appelé *tour anglais ;* il exige des masses de pâte plus grandes, car l'ébauche doit avoir plus d'épaisseur, sans quoi les pièces se déformeraient pendant le travail. Les calibres ou estèques, qui fixent les contours extérieurs, sont ordinairement montés sur un axe autour duquel il est possible de les faire basculer pour les rabattre sur la pièce.

Le *moulage* s'applique à la fabrication des pièces de porcelaine qui, n'étant pas des surfaces de révolution, ne peuvent se travailler

FIG. 370. — Fabrication de la porcelaine : Moulage à la croûte.

sur le tour. On se sert de moules habituellement en plâtre que l'on fabrique sur des modèles en plâtre, en terre et même en métal s'ils doivent servir un grand nombre de fois. Le moule se compose souvent de plusieurs parties qu'il est facile de séparer pour sortir la pièce fabriquée quand elle n'a pas de *dépouille*, c'est-à-dire quand elle présente des saillies qui ne permettraient pas de la sortir, sans la déchirer, d'un moule fait d'une seule pièce.

Le moulage s'exécute soit à la *balle*, soit à la *croûte*. Dans le premier procédé, on fait pénétrer avec le pouce, dans toutes les cavités et aussi également que possible, de petites balles de pâte que l'on juxtapose et que l'on comprime pour les souder ensemble.

Le *moulage à la croûte* se pratique en appliquant la pâte contre le moule, sous forme d'une feuille plus ou moins épaisse, et en l'y comprimant avec une éponge de manière à lui faire épouser toutes les cavités ou saillies du moule (fig. 370). Ces feuilles s'obtiennent ordinairement en écrasant la pâte sur une table avec un cylindre de bois que l'on fait rouler sur elle en appuyant. On peut comparer ce travail à celui du pâtissier faisant des feuilles de pâte.

Pour la fabrication des assiettes et des plats voici comment on opère. Après avoir comprimé à l'éponge une plaque de pâte sur un moule en plâtre présentant en relief la forme de l'intérieur de l'as-

Fig. 371. — Fabrication des assiettes.

siette, l'ouvrier place le moule (fig. 371) sur le tour, et pendant la rotation il applique contre lui un calibre dont le tranchant représente le demi-profil de la face extérieure de l'assiette; l'outil enlève l'excédant de pâte et donne à l'assiette la forme voulue. Cette opération s'appelle *calibrage*.

Le *coulage* s'exécute en versant dans un moule en plâtre une bouillie liquide de pâte de porcelaine (cette bouillie se nomme *barbotine*). Le moule absorbe l'eau de la barbotine et la pâte se solidifie sur ses parois en couches plus ou moins épaisses, suivant que le contact a duré plus ou moins longtemps. On renverse le moule pour faire écouler l'excès de *barbotine* et l'on retire l'objet. C'est par cette méthode qu'on fabrique les tubes en porcelaine, les tasses à café très-minces, les becs de théières, les anses creuses des vases de porcelaine, etc., etc.

Les objets fabriqués par les méthodes précédentes doivent être soumis avant la cuisson à un travail nommé *rachevage*, qui a pour but de corriger leurs imperfections et de compléter leur fabrication.

Les pièces qui se fabriquent par moulage et par coulage présentent, par exemple, des lignes saillantes appelées *coutures*, qui se sont formées aux points de réunion des diverses parties du moule ; on les fait disparaître en grattant la surface avec un instrument tranchant et dentelé, nommé *gradine* ; en même temps on se sert des pâtes enlevées pour *engraisser* certaines parties qui sont trop minces. Ce travail doit être fait avec une grande délicatesse, il touche presque à l'art du sculpteur. Il faut aussi boucher les trous, ou bulles, que le démoulage a mis à découvert : c'est encore là une opération qui exige assez d'habileté, et pour laquelle l'ouvrier se sert d'une pâte ayant exactement la même densité que celle de la pièce ; il a soin de ne pas la comprimer et d'en mettre un léger excès qu'il enlève avec la gradine.

Le rachevage comprend en outre les opérations qui consistent à coller entre elles les différentes parties d'une pièce, à placer les anses et autres appendices fabriqués à part, etc. Ce collage s'effectue avec de la barbotine.

Il faut maintenant procéder à la cuisson des pièces, pour leur donner de la dureté et fixer leurs formes. Cette cuisson se fait en deux fois : le premier degré (*dégourdissage*) a pour effet de durcir la pâte et de lui donner une certaine porosité ; ce durcissement l'empêchera de se déformer et de se délayer dans le liquide qui va servir à la recouvrir de glaçure. Cette glaçure ou *couverte* a pour but de former à la surface de l'objet une couche brillante, polie et non perméable à l'eau. Il est nécessaire qu'elle ait une certaine affinité pour la pâte céramique, afin de pouvoir s'étendre complètement sur les pièces et ne laisser aucune partie à nu ; mais il ne faut pas cependant que cette affinité soit assez forte pour la faire pénétrer dans la pâte. La couverte doit être plus fusible que la pâte céramique, mais la différence de fusibilité ne doit pas être trop grande ; car si la couverte fondait avant que la pâte fût cuite, elle coulerait vers les parties inférieures ou pénétrerait dans le corps de la pièce. Enfin, elle doit présenter la même dilatabilité à la chaleur que la pâte, sans quoi elle se fendillerait ou se *tressaillerait* en tous sens.

La couverte est ordinairement une bouillie claire d'un mélange de quartz et de feldspath ; l'ouvrier y trempe l'objet à *glacer*, le liquide est rapidement absorbé et laisse à sa surface une couche mince d'une substance facilement fusible qui, pendant la cuisson, se fondra et formera une espèce de vernis. Après la pose de la couverte, des femmes examinent les pièces et remettent de la

Fig. 372. — Four à porcelaine.

glaçure avec un pinceau sur les parties qui n'en ont pas pris, comme celles par lesquelles l'ouvrier tenait la pièce ; elles enlèvent aussi la glaçure aux points qui ne doivent pas en être recouverts, tels que le dessous des pièces, les gorges qui reçoivent les couvercles, etc.

Quand la barbotine est séchée à la surface des pièces, on les introduit dans des cylindres de terre réfractaire, ou *cazettes*, où on les soutient, de manière qu'elles ne se touchent pas, à l'aide de supports en porcelaine de forme variée, appelés *pernettes*, *colifichets*, *pattes de coq*, etc. Cette opération, que l'on nomme *encastage*, a pour but de protéger les objets contre la fumée et les cendres et de les empêcher de se souder ensemble. Elle doit être exécutée avec beaucoup de soin ; la plus grande attention est apportée à la disposition des pièces, au choix des cazettes, à leur nettoyage, etc.

Après l'*encastage* vient l'enfournement, qui consiste à disposer les cazettes dans un four (fig. 372) chauffé par des foyers extérieurs et ordinairement divisé en plusieurs compartiments superposés, celui du bas étant nommé *laboratoire*, celui du haut *dégourdi*. Ce dernier est destiné, à cause de sa température plus basse, à la première cuisson des pièces avant la pose de la glaçure. L'enfournement exige encore de très-grandes précautions : les piles de cazettes doivent être bien verticales, se soutenir les unes les autres par des *accots*, qui sont des pièces en terre cuite que l'on dispose entre elles.

La cuisson de la porcelaine se fait généralement au bois, quelquefois à la houille, à Sèvres par exemple. On commence par un feu lent qu'on nomme *petit feu* et l'on termine par le *grand feu*. Pendant la première période, l'eau qui se trouve encore dans la pâte se dégage lentement et sans déterminer de fêlures qui se produiraient inévitablement à une température plus élevée ; le grand feu opère la cuisson proprement dite, la glaçure fond et recouvre la pièce d'un vernis uniforme. Pendant cette fusion, les objets ne se collent pas aux cazettes, parce qu'on a eu la précaution d'enlever la glaçure sur les points par lesquels devait avoir lieu le contact entre la pièce et la cazette. C'est cette partie que l'on voit rugueuse à la face inférieure des assiettes, des tasses, etc.

Après la cuisson, dont le temps varie avec la nature et les dimensions des objets (seize à vingt heures pour le petit feu, dix à douze heures pour le grand feu), on défourne avec soin, on vérifie les pièces et on les classe d'après leur perfection et leurs défauts. Quelques-uns de ces défauts sont corrigés par des opérations spéciales.

FAÏENCES.

Il existe toute une classe de poteries dont la pâte est poreuse après la cuisson : telles sont les *faïences* de diverses qualités, ainsi que les poteries communes employées pour la cuisson des aliments.

La fabrication de la faïence date, en France, du milieu du XVIe siècle et fait aujourd'hui l'objet d'une industrie considérable, dont les centres principaux sont : Sarreguemines (Moselle) et Gien (Loiret) pour les faïences de luxe; Montereau (Seine-et-Marne), Creil (Oise), Choisy-le-Roi (Seine) et Bordeaux pour les faïences de consommation courante; enfin Nevers, Lunéville, Tours, Paris et ses environs pour la faïence commune.

On emploie pour la fabrication des faïences une pâte composée d'argile et de quartz. Quand l'argile contient un peu de chaux, la pâte constitue ce que l'on appelle la *terre de pipe*. Lorsque les argiles ne renferment pas d'oxydes métalliques colorants, tels que les oxydes de fer et de manganèse, la pâte est blanche après la cuisson; alors la couverte qu'elle reçoit est transparente et plombifère. Quand, au contraire, les argiles sont colorées, la couverte est rendue opaque par l'oxyde d'étain.

La pâte de faïence est plus facile à travailler que celle de la porcelaine, elle est plus plastique; le façonnage est à peu de chose près le même, mais à cause des qualités de la pâte on se sert souvent du tour horizontal. La cuisson a lieu dans des fours analogues à ceux que l'on emploie pour la porcelaine : l'encastage est plus simple, parce que, la pâte ne se ramollissant pas, on n'a pas de déformations à craindre. Ainsi dans le premier feu que l'on donne aux assiettes et qui les laisse poreuses, on peut sans inconvénient les placer les unes sur les autres et envelopper seulement la pile par des cazettes cylindriques. Il faut plus de précautions pour le second feu, car les pièces pourraient se coller par suite de la fusion de la glaçure. Cette glaçure est, en général, pour les faïences à pâte incolore un verre d'oxyde de plomb ; quand on veut la rendre facilement fusible, on force la proportion d'oxyde de plomb, mais alors elle devient très-tendre et se laisse rayer et entamer par le couteau. Les couvertes très-plombeuses sont en outre facilement attaquables par les agents chimiques; elles noircissent au contact des substances qui peuvent laisser dégager de l'hydrogène sulfuré, comme les œufs ou le poisson. Aussi pour les faïences fines diminue-t-on autant que possible la proportion d'oxyde de plomb ; mais le prix de revient augmente beaucoup, par suite de la difficulté de fondre la couverte.

La faïence offre moins de résistance à l'usage que la porcelaine : elle va moins bien au feu ; la glaçure se fendille facilement au contact de l'eau chaude.

DÉCORATION DE LA PORCELAINE ET DE LA FAÏENCE.

La porcelaine et la faïence sont souvent enrichies de couleurs ou de dessins coloriés qui en font quelquefois de véritables objets d'art. Telles sont, par exemple, les porcelaines peintes de la manufacture de Sèvres, dont la réputation est établie dans le monde entier. Les matières colorantes employées sont ordinairement des oxydes métalliques, qui doivent satisfaire à la condition de donner aux pâtes, à la température de leur cuisson, la couleur que l'on veut obtenir. Tantôt elles sont mélangées à la pâte elle-même, tantôt appliquées sur la pâte, mais recouvertes par la glaçure qui en fondant les recouvre et les fixe ; dans d'autres cas, elles sont réparties dans la glaçure ; enfin, et c'est le cas le plus fréquent, le peintre sur porcelaine applique à la surface de la glaçure des matières colorantes qu'on peut ranger dans trois classes différentes, les *couleurs*, les *métaux* et les *lustres métalliques*.

Les *couleurs* sont, en général, des oxydes métalliques mêlés à des matières vitreuses et plus ou moins fusibles. Le mélange, après avoir été fondu, est réduit en poudre impalpable, broyé avec des essences de térébenthine ou de lavande, puis appliqué au pinceau par les artistes décorateurs. Quand il s'agit de filets circulaires à faire sur des pièces rondes, assiettes, tasses à café, soucoupes, l'ouvrier place la pièce sur une plate-forme horizontale, mobile autour d'un axe vertical, et, pendant qu'elle tourne entraînée par la plate-forme, il présente le pinceau, à la hauteur voulue, au contact de la porcelaine : le filet circulaire est ainsi exécuté avec autant de rapidité que de précision.

On distingue trois espèces de couleurs vitrifiables, suivant la température à laquelle il convient de les fixer sur les poteries : 1° les *couleurs de grand feu*, qui ne s'altèrent même pas à la tempéraure où l'on cuit la porcelaine vernissée ; elles sont peu nombreuses : nous citerons le bleu donné par l'oxyde de cobalt, le vert d'oxyde de chrome, les bruns d'oxydes de fer et de manganèse, les jaunes obtenus par l'oxyde de titane, les noirs d'oxyde d'uranium ; 2° les *couleurs de moufle*, qui sont vitrifiées dans des fourneaux particuliers appelés *fours à moufle ;* 3° les *couleurs de demi grand feu*, qui cuisent à une très-haute température de moufle et sur lesquelles on peut appliquer l'or comme sur les couleurs de grand feu. Ces couleurs s'obtiennent en mélangeant ou en fondant dans un creuset des oxydes métalliques avec des verres incolores nommés *fondants*. Parmi les couleurs de ces deux dernières classes, nous citerons le bleu (oxyde de cobalt), le vert (oxyde de chrome et de cuivre), le jaune (oxyde d'uranium et oxydes d'antimoine alliés aux oxydes de fer et de zinc), les rouges (sesquioxyde provenant de la calcination du fer de la couperose verte), les violets et roses (pourpre de Cassius qui est mélangé d'or et de peroxyde d'étain).

Les *métaux* employés dans la décoration des porcelaines sont ceux qui, à une température élevée, conservent leur éclat au contact de l'air. Ce sont principalement l'or, l'argent et le platine. On les mélange à une petite quantité de fondant qui les fait adhérer à la surface de la poterie et on leur donne ensuite le poli par le brunissage.

Les *lustres métalliques* se composent de métaux très-divisés qui sont appliqués sur les poteries en couches excessivement minces ; ils n'ont pas besoin de brunissage pour avoir de l'éclat et produisent souvent les plus beaux effets.

Les fours appelés *moufles*, dans lesquels on cuit les couleurs sont des cavités en fonte ou en terre cuite qui reçoivent les pièces et qui sont chauffées extérieurement, soit au bois, soit à la houille. L'ouvrier est guidé dans la conduite du feu par l'examen de *montres* ou petits morceaux de porcelaine sur lesquels il applique une des couleurs les plus susceptibles qui se trouvent sur les vases et qu'il place dans le four à côté des pièces à cuire. Il retire ces montres de temps en temps et dirige le feu d'après le résultat qu'elles offrent à son observation.

Il est enfin un autre procédé d'application des couleurs, qui s'emploie spécialement sur la faïence : c'est l'*impression*. On grave le dessin à reproduire sur une planche de cuivre, à la surface de laquelle on passe ensuite un rouleau chargé de la couleur délayée dans l'huile. En appliquant alors sur le cuivre une feuille de papier, on reproduit sur celle-ci le dessin gravé; on la colle sur l'objet en porcelaine et on lave à l'eau pour enlever le papier, qui laisse la couleur sur la faïence. Afin de détruire l'huile mélangée à la couleur, on soumet les pièces à un feu *petit rouge*, qui brûle la matière organique et laisse la couleur minérale; on pose ensuite les couvertes : le dessin disparaît sous la couche de couverte, mais redevient visible après la cuisson par la vitrification de la substance employée pour faire cette glaçure.

POTERIES COMMUNES ET TERRES CUITES, GRÈS CÉRAMES.

Les poteries communes employées à la cuisson des aliments sont faites avec des argiles ferrugineuses auxquelles on ajoute une certaine quantité de chaux à l'état de marne et de sable quartzeux. Elles se façonnent par les procédés ordinaires; leur couverte est formée par un silicate double d'alumine et d'oxyde de plomb. Il faut éviter de laisser séjourner dans les poteries du vinaigre et des corps gras, qui dissoudraient peu à peu le vernis plombifère et produiraient un sel vénéneux. On comprend sous le nom de *terres cuites* les briques, les tuiles, les pots à fleur, etc. Ces objets sont fabriqués avec des argiles dégraissées avec du sable.

Les briques ordinaires sont faites dans des moules, soit à la main, soit mécaniquement. Quand on opère à la main, on se sert de moules en bois simples ou doubles, quelquefois doublés de métal, dans lesquels le mouleur comprime la pâte qui a été préalablement *marchée et malaxée;* il unit la surface extérieure avec une sorte de racloir appelé *plane*. Pour faciliter le démoulage et empêcher la pâte de coller, l'ouvrier doit sabler le moule, c'est-à-dire y jeter une petite quantité de sable. Quand les briques sont moulées, un apprenti les transporte avec le moule sur une aire bien dressée et bien sèche, et, en retournant le moule, il les fait sortir et les aligne sur le sol, où elles sont abandonnées à la dessiccation.

On a inventé beaucoup de machines pour la fabrication des briques; elles se réduisent toutes à quatre types principaux :

1° *Machines imitant le travail à la main.* — Elles se composent en général d'un cadre en fonte qui sert de moule; il se remplit en passant sous une trémie qui contient la pâte, arrive sous une pièce chargée de comprimer la pâte qu'il a reçue, et enfin vient subir l'action d'un organe refouleur qui démoule la brique.

2° *Machines faisant le moulage par mouvement de rotation continu.* —Elles diffèrent des précédentes en ce qu'au lieu d'un moule

Fig. 373. — Carreaux incrustés.

elles en ont plusieurs, qui tournent et viennent successivement se remplir et se présenter à l'action du refouleur.

3° *Machines faisant le moulage avec un moule qui découpe.* — Lorsque la terre a été façonnée en croûte d'une épaisseur convenable, le moule tombe sur cette croûte avec une pression suffisante pour agir comme *emporte-pièce*.

4° *Machines faisant le moulage par filière.*—La pâte est poussée par un piston qui la fait passer par une ouverture ayant la forme de la brique; elle sort tantôt d'un mouvement continu, tantôt d'un mouvement intermittent. Dans les deux cas, il faut un couteau ou un fil de laiton pour découper les briques à la sortie. C'est à l'aide d'une machine analogue que se font les tuyaux de drainage.

On fabrique maintenant des carreaux en terre cuite qui imitent les incrustations en mosaïques et qui servent au carrelage des vestibules, des salles de bain, des cafés, des magasins. Voici le procédé que nous avons vu employer à leur fabrication dans l'usine de M. Boulanger, à Auneuil (Oise).

Le carreau est moulé avec de l'argile comme la brique ; pendant qu'elle est encore molle et plastique, on imprime en creux dans sa masse les dessins que l'on veut reproduire : on se sert pour cela d'une matrice sur laquelle ils sont en relief. Après dessiccation imparfaite, on verse dans les cavités ainsi obtenues une espèce de sirop composé d'eau, d'argile et de la matière qui, après la cuisson, doit être colorée (pour les noirs on emploie l'oxyde de manganèse, pour les bleus l'oxyde de cobalt, pour le blanc la craie blanche, pour les rouges des argiles ferrugineuses, etc.); chaque couleur est versée dans la cavité qui doit la recevoir. Puis on racle la surface avec un couteau pour la rendre bien plane, on laisse sécher et l'on porte au four. La cuisson durcit le tout et fait apparaître les différentes colorations du dessin.

Quand il s'agit de pièces un peu grandes, on n'opère point par impression, mais on coule la pâte dans un moule en plâtre présentant en relief les dessins que l'on veut reproduire.

Les poteries de grès, ou *grès cérames*, se fabriquent avec une pâte qui ne diffère de celle de la porcelaine qu'en ce qu'elle est colorée par du fer ; le travail est fait avec moins de soin et la cuisson s'exécute dans un four de forme particulière. On les vernit en projetant dans le four une certaine quantité de sel marin humide : celui-ci se volatilise, se combine avec l'argile et produit avec elle un silicate fusible qui se fond à la surface de la poterie et la vernit.

CHAPITRE V

VERRERIE ET CRISTALLERIE

On donne le nom de *verres* à des corps transparents doués d'un éclat caractéristique appelé *éclat vitreux*, qui sont durs et cassants, se ramollissent sous l'action de la chaleur et passent par tous les degrés de viscosité. Cette propriété permet de les étirer en fils et de les travailler comme la cire ou l'argile.

L'industrie du verre paraît être due aux Égyptiens et remonter à l'époque où Thèbes et Memphis jetèrent dans l'antiquité un si vif éclat au double point de vue de la science et de l'industrie. De l'Égypte l'art de la verrerie passa à Rome, puis à Venise, ensuite en Espagne et dans les Gaules; enfin il alla se fixer de nouveau à Venise, où il devint l'objet d'un monopole; il fut introduit en France par Colbert. Aujourd'hui, la verrerie et la cristallerie nous fournissent une infinité d'objets employés par l'économie domestique ou servant à orner nos habitations. La première s'exerce sur un grand nombre de points. Les verreries de Rive-de-Gier et de Saint-Étienne (Loire) sont les plus importantes; nous citerons aussi les usines de Lyon, Givors (Rhône), Fresnes, Anzin, Aniche (Nord), Forbach (Moselle), Vierzon (Cher), Chagny, Blanzy, Épinac (Saône-et-Loire), Alais (Gard), Quiquengrogne, Folembray et Prémontré (Aisne). La Seine-Inférieure et l'Orne possèdent aussi des verreries assez considérables.

Nous distinguerons trois espèces principales de verres, au point de vue de leur composition:

1° Les verres incolores ordinaires, qui sont des silicates doubles de chaux et de potasse ou de soude (verres à vitres, verres pour glaces, verres de Bohême, verres à gobeleterie);

2° Les verres colorés communs, ou verres à bouteilles : ce sont des silicates multiples de chaux, d'oxyde de fer, d'alumine, de potasse ou de soude;

3° Le cristal, qui est un silicate double de potasse et d'oxyde de plomb.

FABRICATION DU VERRE.

VERRES INCOLORES.

Les verres incolores ordinaires servant pour les vitres, les glaces coulées, la gobeleterie, sont des silicates doubles de chaux et de potasse ou de soude. Aussi les matières premières employées pour

FIG. 374. — Creusets.

leur fabrication sont-elles la silice, qui doit être aussi incolore que possible, la potasse ou la soude et la chaux.

La potasse est maintenant beaucoup moins employée que la soude : elle est prise à l'état de *potasse perlasse;* pour le verre de Bohême on se sert de la potasse provenant de la cendre des bois de pays ou de la Hongrie. La soude est employée, soit à l'état de carbonate de soude, soit à l'état de sulfate de soude; la chaux l'est à l'état de chaux éteinte ou de carbonate calcaire.

Les matières premières (sable, carbonates de potasse ou de soude, ou sulfate de soude, chaux ou carbonate calcaire) sont mélangées et fondues dans de grands creusets en argile réfractaire, dont la forme et les dimensions sont variables (fig. 374). Quand les fours sont chauffés à la houille, au lieu de l'être par le bois, les creusets sont couverts et présentent la forme d'une cornue à col très-court; leur hauteur varie entre 0m,50 et 1 mètre. La confection de ces creusets est très-minutieuse: elle s'exécute à la main avec ou sans moule extérieur, par la superposition de petits cylindres de pâte argileuse qu'on appelle *colombins*. Après fabrication, on abandonne les creusets pendant longtemps à la dessiccation spontanée, dans un endroit éloigné de toute cause d'agitation: on évite ainsi les fendillements qui pourraient amener dans le four la rupture du creuset.

Les fours de fusion sont construits avec des briques réfractaires faites avec la même terre que les creusets. Ils sont chauffés au

FIG. 375. — Four de verrerie.

bois ou à la houille; la température doit y être très-élevée, constante et facile à régler. La flamme circule (fig. 375) entre les creusets, qui sont chacun en communication avec une ouverture ménagée dans la paroi du four et qu'on nomme *ouvreau*. C'est par cette ouverture qu'on introduit les matières premières et qu'on *cueille* le verre pour le façonner lorsqu'il est fondu.

Beaucoup de verreries ont adopté le four Siemens, dont le but est de ne laisser arriver au contact des creusets qu'un combustible gazeux, résultant du passage de l'air à faible vitesse sur une grille inclinée chargée d'une couche épaisse de charbon: l'air en traversant la houille donne naissance à un gaz combustible très-riche en oxyde de carbone. Lorsque les gaz ont produit tout leur effet utile dans le four, ils sont encore très-chauds: aussi utilise-t-on cette chaleur pour chauffer des briques empilées dans un compartiment spécial, que l'on fera traverser à son tour par les gaz et l'air atmosphérique, afin de leur rendre la chaleur perdue par les premiers gaz.

Un autre système que le précédent est aussi employé dans les verreries : c'est le système Boétius, qui a l'avantage d'une plus grande simplicité et d'une installation plus facile. Les gaz sont aussi produits par un fort amas de combustible, qui s'éboule peu à

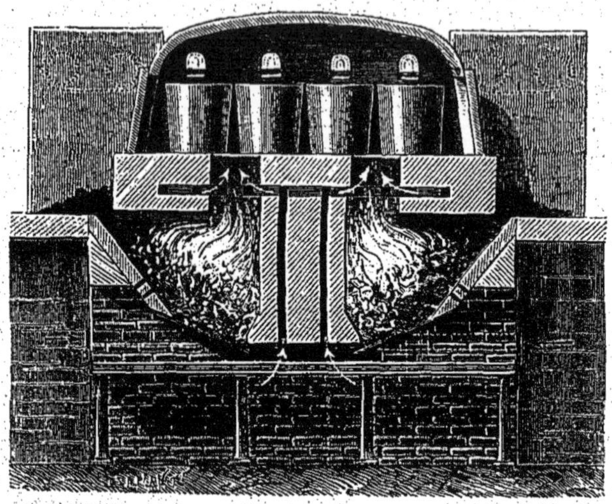

Fig. 376. — Four Boétius.

peu sur une grille inclinée (fig. 376). L'oxyde de carbone provenant de la combustion est dirigé dans le four ; mais, avant d'y arriver, il est mélangé à l'air atmosphérique surchauffé par son passage à travers la maçonnerie chaude du four. L'entrée de l'air est réglée par des registres.

Quel que soit le système de four, la fusion des matières a lieu, la silice du sable décompose les carbonates de potasse ou de soude et produit des silicates de potasse ou de soude qui s'unissent au silicate de chaux formé par l'action de la silice sur la chaux ou sur le carbonate calcaire. L'acide carbonique qui se dégage du carbonate sert à brasser la matière et à la rendre plus homogène. Quand on s'est servi de sulfate de soude, il se dégage de l'acide sulfureux qui produit le même effet. A mesure que l'action de la chaleur se prolonge, la matière devient moins bulbeuse, s'éclaircit, s'affine et prend une grande fluidité. Le *fiel de verre*, qui est un mélange de sulfates et de chlorures alcalins contenus dans les produits employés, monte à la surface de la masse fondue : on l'enlève avec des outils en fer. Quand l'affinage est suffisant, ce qui a lieu au bout d'un temps variant entre douze et vingt-quatre heures, on laisse la température s'abaisser de manière à donner au verre la consistance pâteuse qui permet de le travailler ; puis on commence le travail que nous allons décrire pour les principales espèces de verre.

FABRICATION DES VERRES A VITRES.

Les matières premières employées pour le verre à vitres sont ordinairement :

Sable	100	parties.
Sulfate de soude	30	—
Carbonate de chaux	30	—
Coke destiné à aider la réduction du sulfate de soude	5	—
Bioxyde de manganèse destiné à corriger la teinte verdâtre des verres à base de soude	5	—

Lorsque le verre provenant de la fusion de ces matières est fondu et affiné, le travail commence. Devant chaque creuset se trouve un plancher en fonte ou en pierre situé à $2^m,5$ du sol : chaque creuset est desservi par un souffleur et par un aide appelé *gamin*.

Le gamin retire une certaine quantité de verre du creuset en y plongeant un tube creux en fer nommé *canne*, et terminé par une partie renflée appelée le *nez*. Ce tube est entouré à sa partie supérieure d'un manchon en bois qui permet à l'ouvrier de le manier sans se brûler. Le gamin, après avoir arrondi la masse vitreuse suspendue à la canne, en la faisant tourner dans un bloc creux en bois mouillé, et l'avoir réchauffée à l'ouvreau, la passe au souffleur. Celui-ci, en soufflant dans la canne, gonfle la masse vitreuse qui est suspendue à son extrémité et en forme une poire. Il relève ensuite rapidement la canne en l'air et souffle une boule qui s'affaisse par le poids du verre et ne s'étend que dans le sens horizontal. Puis, abaissant la canne en la balançant comme un battant de cloche, la relevant (fig. 377) et soufflant dedans, il donne successivement à la masse vitreuse les formes que représente la figure 378 et arrive à en faire un cylindre terminé par deux parties arrondies.

Pour percer ce cylindre, l'ouvrier en place l'extrémité opposée à la canne dans l'ouvreau, afin de ramollir par la chaleur la partie arrondie ; en soufflant ensuite dans la canne, il produit une ouver-

Fig. 377. — Four de verrerie pour les verres à vitres.

ture que l'on régularise avec des ciseaux. Après refroidissement, on pose le cylindre sur un chevalet en bois et l'on détache la seconde partie arrondie en enroulant, suivant la circonférence, un fil de verre chaud qui détermine une rupture nette. On le fend ensuite dans sa longueur en promenant, le long d'une même arête, une tige de fer rougie au feu ; un des points chauffés étant mouillé avec le doigt, le verre éclate suivant la ligne parcourue par le fer chaud. Souvent aussi on fait ce trait au diamant.

Il s'agit maintenant de transformer ces manchons fendus en une feuille plane de verre à vitres.

A cet effet, on les porte au four d'*étendage* (fig. 380), où ils subissent une température assez élevée pour les ramollir; pendant le ramollissement, l'ouvrier les amène l'un après l'autre sur une plaque plane qui est située au milieu du four; puis, avec une règle en

Fig. 378. — Formes du verre à vitres.

bois (fig. 379), il affaisse les deux côtés, qui cèdent au poids de la règle. Il prend alors une barre de fer terminée par une masse du même métal, dont l'un des côtés est très-poli; il appuie ce côté

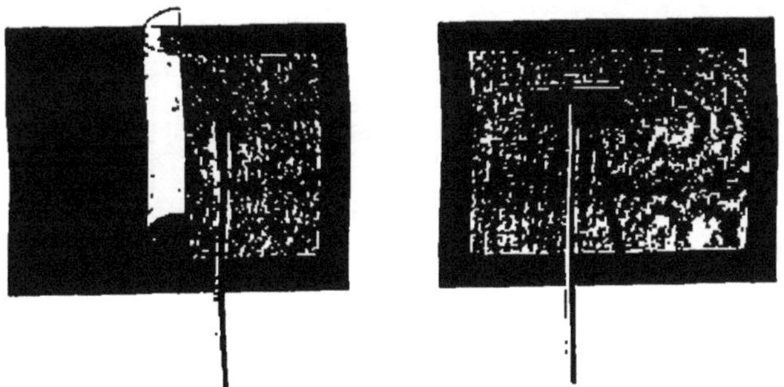

Fig. 379. — Étendage à la règle.

sur le verre et le passe rapidement sur toute sa surface de manière à la rendre parfaitement plane. On pousse ensuite la feuille dans un second compartiment du four, où la température est moins élevée, où elle se refroidit lentement et prend une structure moléculaire qui assure sa solidité. C'est ce qu'on appelle le *recuit.* Si le refroidissement avait lieu brusquement, le verre se tremperait et se briserait au moindre choc.

Les verres à vitres cannelés se font de la même manière, avec

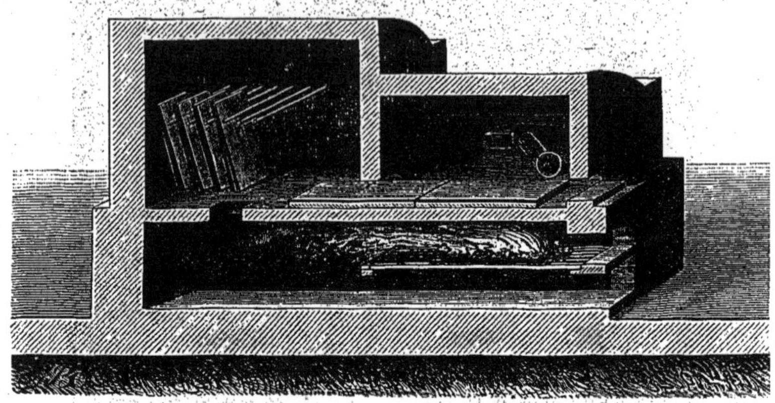

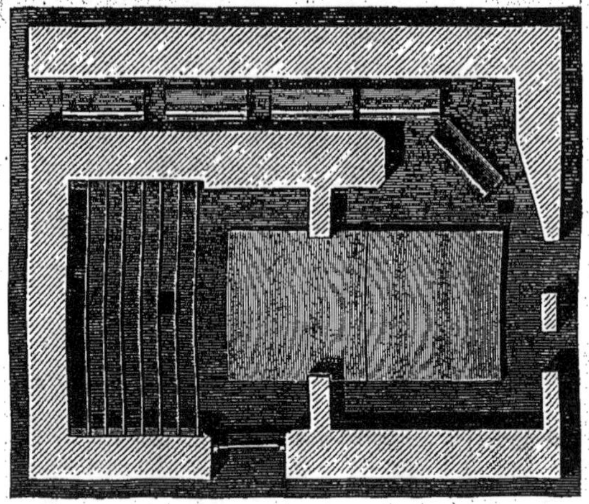

Fig. 380. — Four d'étendage pour les vitres.

cette différence qu'au commencement du travail, quand la masse vitreuse a la forme d'une poire, on la souffle dans un moule en fonte ou en bois qui imprime les cannelures : celles-ci se conservent pendant la suite des opérations.

Les verres à vitres de couleur sont colorés par des oxydes métalliques. Ils sont de diverses sortes : les uns présentent une coloration dans toutes leurs parties, ce sont les verres *colorés dans la masse ;* les autres sont formés d'une couche de verre coloré appliquée sur le verre incolore : on les désigne sous le nom de verres *plaqués*, *doublés* ou à *deux couches*.

FABRICATION DES GLACES.

Les premiers miroirs dont l'homme se servit furent en métal poli, surtout en airain. Cicéron en attribue l'invention à Esculape. Praxitèle, contemporain de Pompée, remplaça par l'argent la composition métallique qui était en usage jusqu'à lui et dans laquelle entrait l'étain. Plus tard, on employa à cette fabrication le verre à vitres étamé sur l'une de ses faces: cette industrie fut pendant longtemps le monopole des Vénitiens, qui opéraient par un procédé de soufflage analogue à celui que nous venons de décrire pour la fabrication du verre à vitres. Ce procédé fut importé en France en 1665, et l'on créa à Tour-la-Ville, près de Cherbourg, une manufacture de glaces qui n'a disparu qu'en 1808. En 1688, Abraham Thevart imagina de couler les glaces: son établissement, construit d'abord à Paris, rue de Reuilly, fut transporté peu de temps après à Saint-Gobain, près de la Fère, où il existe encore. Aujourd'hui, cette industrie a pris en France un grand développement: elle est concentrée dans un petit nombre d'usines. Saint-Gobain (Aisne), Cirey et Saint-Quirin (Meurthe), Monthermé (Ardennes), Jeumont et Aniche (Nord), Montluçon (Allier), sont nos seules manufactures de glaces.

Le verre employé à cette fabrication est en général un silicate double de soude et de chaux, formé par la fusion de 73 parties de silice, 15,5 de chaux et 11,5 de soude. La chaux y est introduite à l'état de calcaire exempt d'oxyde de fer, la soude à l'état de sulfate de soude raffiné ; le sable qui fournit la silice doit être blanc. Le plus grand soin doit être apporté dans la préparation de ces produits, qui sont fondus dans des creusets disposés dans des fours de verrier: le four Siemens est adopté aujourd'hui dans plusieurs fabriques.

La composition, introduite dans un grand creuset (fig. 382) portant au milieu de sa hauteur une rainure, appelée *ceinture*, doit suffire à la coulée d'une glace. Lorsque le verre est fondu et affiné, on laisse tomber le feu pour qu'il prenne l'état pâteux, puis les ouvriers saisissent le creuset à la ceinture avec une grande tenaille montée sur roues, et, après l'avoir placé sur un petit chariot en fer, le traînent rapidement au pied d'une grue G (fig. 381) où il reste suspendu en P au-dessus de la table de coulée que l'on voit en C. Cette table est en fonte ; elle est portée sur des galets. Elle est chaude, très-propre et munie de tringles mobiles qui doivent donner à la glace son épaisseur et sa largeur ; sur ces tringles repose un rouleau en fonte servant à laminer le verre.

Fig. 381. — Coulée des glaces.

Le creuset, soutenu à un mètre environ au-dessus de la table, reçoit un mouvement de bascule qui renverse le verre fondu. La masse vitreuse s'écoule sur la table et le rouleau est immédiatement mis en jeu : guidé par les tringles, il parcourt la table en étendant uniformément le verre ; deux mains en cuivre le suivent dans son mouvement et empêchent les bavures de se former sur les côtés ; une glace présentant des bavures est une glace perdue, qui casse lorsqu'on la recuit.

La table de coulée est à la hauteur de la sole d'un four D appelé *carcaisse ;* après la coulée, la glace encore rouge et à peine rigide est poussée dans ce four au moyen d'une large pelle en équerre : elle y reste plusieurs jours, pendant lesquels elle se recuit. On ouvre les carcaisses et on en retire les glaces que l'on équarrit avec un diamant, en tenant compte des défauts que l'on a soin d'éviter dans le découpage. Puis on procède au polissage, qui comprend trois opérations distinctes : le *doucissage*, le *savonnage* et le *polissage proprement dit*. Ces opérations, qui se faisaient autrefois à la main, s'exécutent maintenant à l'aide de machines qui rappellent celles que nous avons vu employer pour le polissage du marbre.

Le *doucissage* a pour but de rendre les deux faces de la glace parallèles et bien planes. On la scelle d'abord avec du plâtre sur une grande pierre bien horizontale, puis on frotte sa surface avec un grand plateau mû mécaniquement et garni sur sa face inférieure de plaques de fonte. Ce plateau, appelé *férasse*, reçoit un double mouvement de va-et-vient et de rotation ; un filet d'eau est lancé sur la glace pendant qu'un ouvrier jette constamment, entre elle et le plateau, du grès qui fait disparaître les aspérités. Quand on a terminé une face, on retourne la glace et on la scelle sur la face dégrossie, puis on use la deuxième face. Après ce dégrossissage, on achève l'opération en frottant au moyen de la machine deux glaces l'une sur l'autre ; mais on emploie cette fois un sable plus fin, lavé, tamisé, et auquel succède de la poudre d'émeri assez grosse.

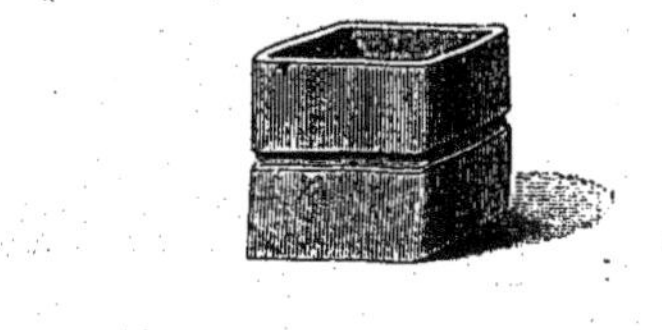

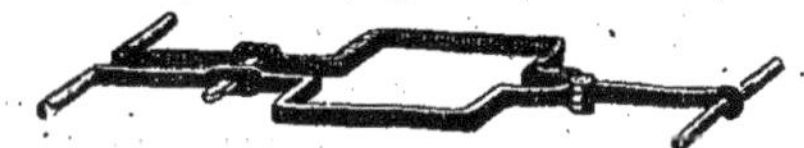

FIG. 382. — Coulée des glaces (creuset et pince).

Après le doucissage, on fait le *joint*, qui consiste à user les bords de la glace sur un plateau horizontal en fonte. Ensuite on procède au *savonnage*, qui a pour but de faire disparaître, au moyen d'émeri de numéros différents, les points que le sable laisse sur le verre et de rendre les surfaces parfaitement lisses. Cette opération est exécutée à la main par des femmes ou par des jeunes gens qui frottent les glaces l'une sur l'autre.

Il faut maintenant procéder au *polissage proprement dit* pour donner aux glaces l'éclat et la transparence qu'elles doivent avoir, car après les opérations précédentes elles sont mates, blanches, et présentent l'aspect du verre *dépoli*. On les monte, à cet effet, sur une pierre horizontale qui peut être animée d'un léger mouvement de déplacement, pendant que des frottoirs en bois garnis d'un feutre épais imbibé d'oxyde rouge de fer, ou colcothar, se meuvent à leur surface et opèrent le polissage. On met également sur la glace, avec un pinceau, du colcothar délayé dans l'eau. Enfin, lorsque ces glaces sortent de la machine, elles présentent quelquefois des défectuosités que l'on fait disparaître par un polissage à la main.

Fig. 383. — Étamage des glaces : charge Rabache.

Une grande partie des glaces fabriquées est employée à l'état transparent pour faire des devantures de magasin, de vitrines, etc.; les autres sont étamées pour servir de miroirs.

L'*étamage des glaces* est une opération assez simple, quoique demandant beaucoup d'habileté. On pose sur une grande table en pierre et à bascule une feuille d'étain qu'on unit bien avec une planchette garnie de cuir; on verse à sa surface une petite quantité de mercure pour aviver l'étain; on l'entoure ensuite avec des baguettes de glace de manière à constituer une espèce de cuvette dont la feuille d'étain forme le fond; on y verse une couche de mercure, puis, après avoir parfaitement nettoyé la glace avec de la cendre et à sec, on la glisse à la surface du mercure et on la charge avec des blocs de pierre qui, par leur pression, chassent l'excès de métal liquide et déterminent l'adhérence de la feuille d'étain alliée au mercure. Ce procédé présentait d'assez graves inconvénients: la manœuvre des pierres était pénible et amenait souvent la rupture des glaces; M. Rabache, miroitier à Amiens, a inventé un appareil nommé *charge*, qui est très-avantageux et que la plupart des fabriques de glaces emploient aujourd'hui. Il substitue aux blocs de fonte et de pierre des barres garnies de feutre qui sont serrées, comme le représente la figure 383, avec des étriers d'une manœuvre très-rapide.

FABRICATION DES BOUTEILLES.

Les matières premières employées à la fabrication du verre à bouteilles sont de nature diverse suivant les localités. On se sert des sables du pays, en donnant la préférence à ceux qui, étant calcaires, argileux et ferrugineux, fournissent un verre facilement fusible et, par suite, de production économique.

Le verre des bouteilles est un mélange de silicates de chaux, de soude, d'alumine et de fer. Au lieu de potasse et de soude ordinaires, on emploie souvent des cendres lessivées qu'on nomme *charrées*, des soudes de varechs, etc. Voici le dosage ordinaire du verre à bouteilles:

Sable jaune	100	parties.
Soude de varechs	30 à 40	—
Charrées	160 à 170	—
Cendres neuves	30 à 40	—
Argile jaune	80 à 100	—
Groisil (ou débris de verre)	100 à 145	—

Lorsque le verre est au degré de fusion voulu, le *gamin* en cueille, avec la canne, à plusieurs reprises, jusqu'à ce qu'il ait ramassé la quantité nécessaire pour faire une bouteille. Il passe alors la canne au maître verrier, qui, après avoir façonné le goulot sur une plaque en fer (fig. 384), donne à la masse vitreuse la forme d'une poire en soufflant dans la canne ; puis il l'introduit

FIG. 384. — Soufflage des bouteilles.

dans un moule, souffle de nouveau, et la bouteille prend la forme et les dimensions du moule.

Le fond de la bouteille est façonné à l'aide d'un outil qui n'est autre qu'une petite lame rectangulaire de tôle ; l'ouvrier renverse sa canne, pose son embouchure sur le sol, et appuie un angle de son outil au centre de la bouteille pendant qu'il fait tourner la canne. L'une des arêtes de l'outil fait alors un cône dans le fond de la bouteille. Le verre est encore rouge et malléable, quoique cependant il ait bruni un peu depuis sa sortie du four. Un aide appelé *porteur* présente au verrier une espèce de panier long nommé

FIG. 385. — Moule pour bouteilles bordelaises.

sabot et emmanché au bout d'une longue tige : au fond s'élève une forte saillie ; l'ouvrier y place la bouteille en forçant légèrement sur la saillie pour compléter la cavité qui doit former le fond et, par un mouvement convenable, il détache la canne de la bouteille qui reste au fond du sabot. Autrefois, la bouteille était reçue sur une tige appelée *pontil* et garnie à son extrémité de verre en fusion : mais ce procédé avait l'inconvénient d'y laisser un petit bourrelet de verre à arêtes tranchantes ; la baguette ou *cordeline*, que l'on remarque sur le goulot, se faisait en entourant ce goulot d'un anneau de verre en fusion.

Aujourd'hui, on préfère introduire le col de la bouteille dans une ouverture ménagée dans la paroi du four ; il s'y réchauffe, s'y ramollit, et lorsqu'il a la consistance nécessaire, l'ouvrier s'asseoit sur un banc, fait tourner horizontalement la bouteille sur un support placé devant lui et, à l'aide d'une pince en fer, il refoule le verre et façonne la cordeline. Un bon souffleur peut faire 650 bouteilles par jour. Les *porteurs* reprennent ensuite les sabots et vont porter les bouteilles dans un four à recuire, où elles restent pendant vingt-quatre heures.

Les bouteilles, qui doivent avoir rigoureusement une capacité déterminée, sont fabriquées dans un moule métallique qui fait aussi le fond. La figure 385 représente un moule pour bouteilles bordelaises à fond presque plat, d'une capacité de 70 centilitres.

GOBELETERIE.

On désigne sous le nom de *gobeleterie* un ensemble d'objets faits en verre ou en cristal (verres à boire, carafes, buires, salières, coupes, bols, etc., etc.). Les procédés de fabrication étant les mêmes, nous n'en ferons qu'une description unique, qu'il s'agisse de verre ou de cristal.

La cristallerie, qui donne naissance à des objets si délicats et si élégants, est concentrée dans un petit nombre d'établissements: quelques-uns ont acquis une renommée universelle par les qualités de leurs produits. En première ligne figurent les usines de Baccarat (Meurthe), Saint-Louis (Moselle), Clichy (Seine). Nous citerons aussi les fabriques de cristaux de Pantin (Seine) et de Fourmies (Nord).

Le cristal est une espèce de verre qui n'est employée que pour les objets de luxe : il était connu à une époque fort ancienne. C'est un silicate de potasse et d'oxyde de plomb. Lorsqu'il est bien préparé il est incolore; plus transparent, plus brillant et plus lourd que le verre ordinaire, il doit ses caractères au silicate de plomb : il ne faut pas qu'il contienne une trop grande quantité de ce dernier corps, car il prendrait une teinte jaunâtre et deviendrait facile à rayer. La potasse, la silice et le minium ou oxyde de plomb employés doivent être aussi purs que possible : aussi faut-il laver avec soin le sable déjà si pur de Fontainebleau et de Champagne. Baccarat fabrique lui-même son minium. Les creusets dans lesquels on opère la fusion des matières premières (300 parties de sable pur, 200 de minium et 100 de carbonate de potasse purifié), sont des creusets fermés, afin d'éviter l'influence des gaz du four qui noirciraient le cristal en réduisant l'oxyde de plomb à l'état de plomb. MM. Maës et Clémandot de Clichy ont substitué avec succès l'oxyde de zinc à l'oxyde de plomb, en ajoutant à la composition l'acide borique qui sert de fondant.

Les objets de gobeleterie se font par *soufflage* et par *moulage*. Nous ne pouvons entrer ici dans tous les détails de la fabrication, qui varient à l'infini avec la nature des pièces, surtout pour le soufflage ; nous choisirons quelques exemples simples pour donner une idée de ce genre de travail.

Les figures 386 et 388 représentent les phases successives de la fabrication d'un verre à boire.

N° 1. Un ouvrier nommé *cueilleur*, après avoir plongé la canne dans le creuset et en avoir extrait la quantité de cristal nécessaire, l'apporte et la roule sur une plaque de fonte appelée *marbre*.

N° 2. On souffle dans la canne pour donner au cristal la forme que doit avoir le corps du verre.

N° 3. On apporte une quantité de cristal suffisante pour faire la tige du pied.

N° 4. On donne à la canne placée sur deux supports situés de chaque côté de l'ouvrier un mouvement de ro-

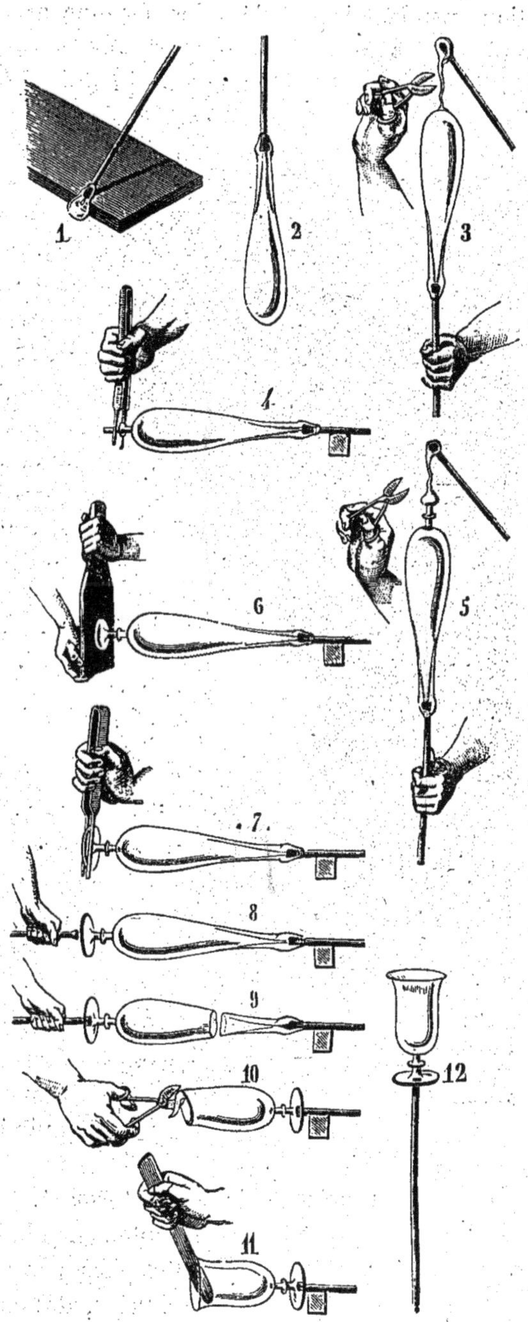

FIG. 386. — Différentes phases de la fabrication d'un verre à boire.

tation, pendant lequel l'ouvrier façonne avec des pinces la tige du pied.

N° 5. On apporte une nouvelle quantité de cristal pour faire le pied.

FIG. 387. — Buire.

N° 6. Pendant que la canne tourne, un aide appuie sur le cristal avec une planche pour planer la face inférieure du pied.

N° 7. L'ouvrier, toujours en faisant tourner la canne sur ses supports, façonne le pied avec des pinces.

N° 8. Un ouvrier a cueilli, à l'extrémité d'une tige de fer appelée *pontil*, une certaine quantité de cristal et, pendant que celui-ci est encore chaud et mou, il vient le coller contre le pied du verre.

N° 9. On sépare le verre de la canne qui n'est plus nécessaire, le pontil servant maintenant de support.

N° 10. On taille les bords du verre avec des ciseaux.

N° 11. On lui donne son évasement avec des morceaux de bois que l'on appuie sur la matière encore molle.

Le n° 12 représente le verre terminé.

Les figures 387 et 389 représentent une buire sortant de la cristallerie de Clichy et les différentes phases de sa fabrication.

Lorsque les pièces sont fabriquées, des enfants les saisissent à l'aide d'une espèce de fourche et les portent à l'*arche à recuire*, qui est une longue galerie chauffée dans laquelle les pièces placées

Fig. 388. — Intérieur d'une verrerie.

sur des chariots roulants avancent lentement : le refroidissement dure ordinairement six heures. A Baccarat, on a remarqué qu'il n'était pas nécessaire de produire un refroidissement aussi lent, qu'il suffisait, pour donner au verre et au cristal une structure convenable, de les refroidir de manière que toutes leurs molécules fussent toujours à un moment donné dans le même état d'équilibre. On enferme à cet effet les pièces dans des caisses chauffées sur lesquelles on renverse un couvercle dont le joint est fait au sable. Au bout d'une heure la pièce est recuite.

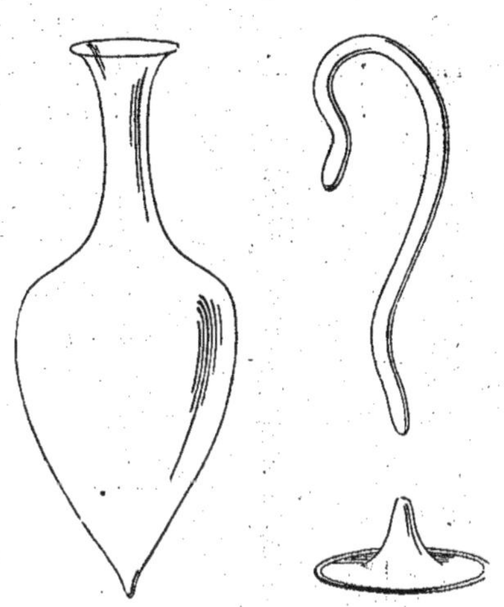

Fig. 389. — Phases principales de la fabrication d'une buire.

Le travail que nous venons de décrire est habituellement réparti entre plusieurs ouvriers groupés par escouade ; leur nombre et leur rôle dépendent de la nature des objets fabriqués ; ils sont sous les ordres d'un maître verrier ou chef d'escouade, qui les paye suivant la part qu'ils prennent à la fabrication.

Les objets *moulés* se font par deux procédés différents. Dans le premier, l'ouvrier, après avoir cueilli à l'extrémité de sa canne la quantité de verre ou de cristal nécessaire, l'introduit dans un moule ouvert qu'un aide referme sur la masse de verre chaud ; puis il souffle dans la canne pour forcer la matière à épouser les détails du moule. Afin d'éviter la fatigue que produit ce soufflage, un ouvrier verrier de Baccarat, appelé Robinet, a inventé en 1826 la pompe qui porte son nom. Elle se compose d'un cylindre de laiton fermé par un bout : dans l'intérieur peut glisser un piston troué maintenu par un ressort à boudin (fig. 390) ; cette pompe se fixe sur l'extrémité supérieure de la canne, et quand on appuie sur elle, le ressort cède, le piston monte, et l'air comprimé entre lui et le fond de la pompe pénètre dans la canne et souffle le verre.

Dans le second procédé par moulage, on coule le verre fondu

dans un moule qui représente intérieurement la forme extérieure du vase, on descend à l'aide d'une presse à vis la contre-partie du moule, c'est-à-dire un mandrin ayant la forme intérieure de la pièce à fabriquer; le verre comprimé entre les deux parties prend les contours voulus: l'excédant de matière est coupé avec des ciseaux. Les objets moulés se reconnaissent toujours à ce que leurs arêtes sont moins vives que celles que l'on obtient par la taille.

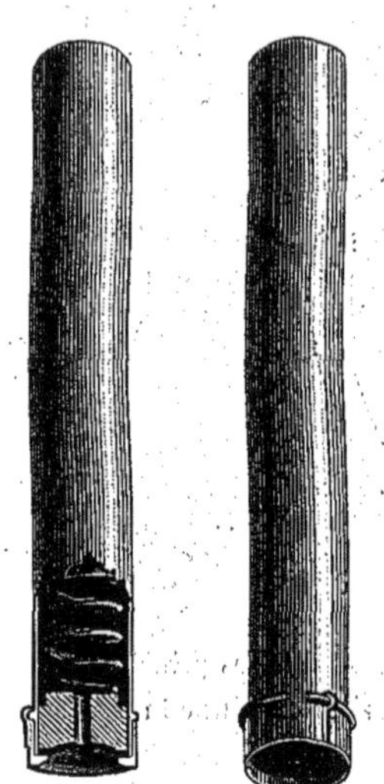

Fig. 390. — Pompe. Robinet.

Les objets de cristal et de verre sont souvent soumis à l'opération de la *taille*, qui a deux buts principaux : enlever leurs imperfections et déterminer à leur surface des facettes qui réfléchissent, réfractent la lumière et leur donnent de l'éclat. La taille se fait (fig. 391) sur des meules verticales qui sont animées d'un mouvement rapide de rotation et auxquelles les ouvriers présentent les objets à tailler ; elle comporte plusieurs opérations. La première est l'*ébauchage*, qui s'exécute avec une meule en fonte ou en fer, sur laquelle un entonnoir laisse tomber une bouillie de grès blanc; l'ouvrier tailleur, assis devant la roue sur un tabouret en bois, appuie contre elle la pièce à tailler. Lorsque l'ébauchage a produit les facettes, la pièce est livrée au *tailleur*, qui régularise le travail avec une meule en grès arrosée par un filet d'eau; en quittant ses mains, elle est mate et terne sur les parties taillées; on l'adoucit encore avec une roue de bois et la ponce et on lui rend le poli et la transparence à l'aide d'une roue en bois ou en liége couverte de *potée d'étain*, c'est-à-dire d'un alliage de 33 parties d'étain et de 66 parties de plomb.

Les bouchons de carafes, qui doivent avoir exactement le même diamètre que le goulot, sont travaillés verre sur verre. Quoiqu'on ait l'habitude de dire que ces vases sont *bouchés à l'émeri*, on ne se sert pas d'émeri; le bouchon est monté sur l'axe d'un tour et, pendant qu'il tourne, on lui présente le goulot de la carafe en faisant couler à sa surface de l'eau et du sable fin: les deux surfaces s'usent mutuellement et le bouchon s'enfonce peu à peu dans le goulot.

Quand les pièces sortent des ateliers de taille, elles sont lavées, séchées et portées, soit aux magasins, soit aux ateliers de décoration, où elles subissent l'opération de la gravure, dont le but est de produire à leur surface des dessins mats qui les transforment souvent en véritables objets d'art.

FIG. 391. — Taille du verre et du cristal.

La gravure s'exécute par deux procédés différents, soit *à la molette*, soit *à l'acide fluorhydrique*.

La gravure *à la molette* se fait à l'aide de petites roues en cuivre ou en acier sur lesquelles tombe de l'émeri ; l'ouvrier appuie contre elles la pièce à graver et elles y tracent des sillons qu'elles dépolissent en même temps : ce travail est tout artistique et nous étions émerveillé, en visitant Baccarat, de l'habileté avec laquelle les graveurs entaillaient le cristal et faisaient naître sous la molette les dessins les plus riches et les plus finis. Les figures 392 et 393 représentent des spécimens des effets obtenus par la gravure.

La gravure *à l'acide fluorhydrique* repose sur ce fait que, lorsqu'on expose le verre à l'action de l'acide fluorhydrique, le silicate se trouve décomposé. Quand on emploie l'acide fluorhydrique gazeux, on obtient des gravures mates, parce qu'il se forme du fluorure de silicium volatil et des fluorures de plomb et de silicium insolubles; quand, au contraire, on se sert d'acide en dissolution, il se produit des fluosilicates qui se dissolvent dans la liqueur: la gravure est brillante et d'un moins bel effet comme décoration. Pour remédier à cet inconvénient et ne pas employer cependant l'acide fluorhydrique gazeux dont l'usage est très-dangereux, on a imaginé de produire l'acide fluorhydrique gazeux dans le liquide même où l'on plonge la pièce; on y arrive en faisant agir l'acide chlorhydrique sur du fluorhydrate de fluorure de potassium, et, pour rendre les fluorures de plomb et de calcium insolubles dans la liqueur, on y ajoute du sulfate de potasse.

FIG. 392. — Effets produits par la gravure.

Quel que soit le procédé suivi, il faut évidemment recouvrir les parties qui ne doivent pas être attaquées d'une substance qui les préserve de l'action de l'acide. On a employé à cet effet plusieurs moyens; celui qui est le plus en usage aujourd'hui est le suivant: On grave en creux, sur une planche en métal, le dessin des parties que l'on veut protéger contre l'action de l'acide; puis, après avoir passé sur elle une encre de composition spéciale, on la racle de manière à ne laisser d'encre que dans les creux; sur cette planche, on étend une feuille de papier pelure où s'imprime le dessin des parties à réserver; cette feuille est alors appli-

FIG. 393. — Effets produits par la gravure.

quée sur le cristal, et lorsqu'on l'en retire, elle laisse à sa surface l'impression, en encre grasse, des dessins qui ne doivent pas être gravés. Quelques heures après, on peut plonger l'objet dans un bain d'acide qui n'attaquera que les parties nues. On enlève ensuite l'encre, soit avec des essences, soit par un moyen mécanique.

Décoration des verres et des cristaux. — La décoration des verres et des cristaux comprend la dorure, l'argenture, la peinture et la fabrication des verres colorés.

La dorure se fait comme pour la porcelaine : On dissout l'or à chaud dans un mélange d'acide azotique et de sel ammoniac, puis on le précipite à 20 degrés de la dissolution par de l'azotate de mercure : on l'a ainsi à l'état de sous-oxyde d'or ; on lave le précipité jusqu'à ce qu'il ne soit plus acide et on le sèche au bain-marie. On broie le précipité avec un fondant composé de minium et de borax, et on l'applique au pinceau sur l'objet, que l'on passe ensuite au feu de moufle : l'oxyde d'or se décompose, et l'or métallique qui provient de cette décomposition reste enveloppé dans le fondant; on brunit avec un polissoir de sanguine, puis avec un brunissoir en agate. L'argenture s'exécute d'une manière semblable.

La peinture sur verre se fait par des procédés analogues à ceux de la peinture sur porcelaine : ce qui distingue la première de la seconde, c'est que le peintre sur verre travaille sur les deux faces du verre, mettant toutes les ombres à l'extérieur et rejetant les parties nuancées et l'enluminage sur la face opposée.

Les verres *colorés* comprennent ceux qui sont colorés dans toute leur masse et ceux qui ne le sont qu'en partie. Pour les premiers, on introduit dans le creuset la matière colorante, qui est ordinairement un oxyde métallique, et le verre se travaille par les procédés ordinaires. Quant aux seconds, on opère de trois manières différentes : 1° On peut, sur un vase incolore ou coloré, souder un pied ou un support de couleur différente; 2° dans d'autres cas, on forme l'intérieur du vase d'une couche de verre très-mince et très-fortement coloré, et d'une couche extérieure de verre blanc, ce qui se fait en plongeant la canne successivement dans un creuset à verre coloré et dans un creuset à verre blanc ; puis on obtient par la taille des effets variés en enlevant le verre blanc en tout ou en partie ; 3° on peut faire le vase d'une manière inverse, c'est-à-dire avec une couche intérieure incolore et une couche extérieure colorée.

Les *millefiori*, ou serre-papier, au centre desquels se trouvent des fleurs, se fabriquent de la manière suivante : On range dans les trous d'un disque en fonte des tubes colorés de cristal qui forment les fleurs, on coule sur eux une couche de cristal, on enlève le disque et l'on opère de même pour la face inférieure.

CHAPITRE VI

BRONZES D'ART ET D'AMEUBLEMENT, FONTES D'ARTS DIVERS.

L'intérieur de nos appartements et l'extérieur de nos habitations reçoivent des décorations constituées par des objets de nature diverse, et dont la fabrication occupe, surtout à Paris, un assez grand nombre d'ouvriers. Nous citerons les bronzes d'art et d'ameublement, les zincs d'art recouverts de cuivre et imitant le bronze, les objets de fonte de fer servant à la décoration monumentale. Toutes ces industries ont les beaux-arts pour origine, et quoique leurs produits soient bien différents, elles peuvent être considérées comme appartenant à la même famille.

BRONZES D'ART ET D'AMEUBLEMENT.

Le bronze tient, à bon droit, le premier rang dans cette famille d'industries artistiques ; son usage remonte aux temps les plus anciens, et tous les peuples semblent l'avoir choisi de préférence pour lui confier le soin de transmettre aux âges futurs les chefs-d'œuvre de leurs artistes : la facilité avec laquelle il se moule, la finesse de ses tons, sa résistance à l'action du temps, justifient complétement la faveur dont il a joui dans le passé.

Les objets d'art reproduits par le bronze sont dus à deux classes d'artistes : les statues, les bustes sont faits par le *sculpteur statuaire ;* les autres objets, comme les coupes, les lustres, les flambeaux, etc., sont créés par le *sculpteur ornemaniste*.

Les artistes créent le modèle, soit d'après leurs propres inspirations, soit d'après les indications de l'industriel qui les emploie et qui compose d'abord un premier dessin, en se conformant aux exigences de la fabrication. Ces modèles sont faits avec une argile douée de plasticité, ou avec du plâtre, et sont ensuite livrés au fondeur, qui reproduit d'abord leurs détails dans un moule en creux. Ici se présente une différence essentielle entre la manière dont on procédait autrefois et la méthode que l'on suit aujourd'hui, et cette différence est la cause d'une certaine infériorité dans la valeur de la plupart des produits modernes. Autrefois l'artiste fondait lui-même son cuivre et le retouchait ensuite par la ciselure; aujourd'hui l'œuvre de l'artiste est livrée au fondeur, qui la transmet au ciseleur; et, si habile que soit ce dernier, il ne parvient pas toujours à la perfection qu'aurait obtenue le maître lui-même. Cette différence constitue pour l'industrie du bronze la nécessité de former des ouvriers artistes capables d'interpréter avec talent la conception de celui qui a créé le modèle.

Le moule destiné à recevoir le bronze fondu est ordinairement fait avec du sable de Fontenay-aux-Roses; ce sable ne doit contenir ni calcaire, ni oxyde de fer, le calcaire donnant lieu au moment de la coulée à un dégagement d'acide carbonique qui nuirait au résultat de l'opération, l'oxyde de fer pouvant à une haute température se combiner avec la silice du sable et produire des composés fusibles qui entraîneraient de graves altérations dans le moule. Nous n'avons pas à décrire avec détails les procédés employés par le mouleur; il suffira de se reporter à ce que nous avons dit à ce sujet lorsque nous nous sommes occupé de la fonderie. Remarquons cependant que la fabrication des moules destinés à reproduire les objets d'art exige de la part du mouleur un soin infini et des précautions que n'est pas obligé de prendre le mouleur en fonte de fer. Le moule est recuit à l'étuve et recouvert de poussier de charbon pour éviter de fausses adhérences. Dans ces derniers temps, quelques fondeurs ont substitué la fécule de pomme de terre au charbon, dont la poussière présente des inconvénients au point de vue de la santé des ouvriers. Mais cette substitution ne paraît pas avoir donné de bons résultats : la fécule communique au moule une sécheresse et une aridité qui l'empêchent d'être perméable aux gaz; il en résulte qu'au moment de la coulée du métal l'air, ne trouvant plus d'issue facile, produit dans la masse métallique des ravages qui rendent les surfaces rugueuses.

Lorsqu'il s'agit de pièces ayant des dimensions dépassant une certaine limite, la coulée ne se fait plus maintenant d'un seul jet : quand on remet un modèle au mouleur, il doit l'étudier avec soin et le diviser par la pensée en parties qui seront fondues à part. Cette division du travail a été pour l'industrie du bronze la cause de progrès incontestables.

Il est un autre procédé de moulage qui n'est employé que dans des cas très-rares, mais que nous ne pouvons passer sous silence, parce qu'il a servi de tout temps et qu'il donne des résultats bien supérieurs : c'est le moulage *à cire perdue*. Ici c'est l'artiste lui-même qui fait le moule, et la fonte reproduit son œuvre avec la plus grande fidélité. Il commence par fabriquer avec du plâtre un noyau représentant grossièrement les formes qu'il veut créer ; il le recouvre ensuite d'une épaisseur de cire correspondant à celle que doit avoir le métal, et c'est sur cette couche de cire qu'il travaille suivant les inspirations de son génie. Quand le modèle est fini, l'artiste le recouvre d'une couche de *barbotine*, ou sable délayé dans l'eau, qu'il étend au pinceau ; il la laisse sécher pendant deux ou trois jours, puis applique successivement un nombre de couches suffisantes pour que la barbotine fasse autour de la cire une enveloppe d'une résistance convenable. Il est évident que cette barbotine étendue au pinceau se modèle sur la cire avec une grande délicatesse, en reproduit tous les détails avec finesse et, si l'on venait à faire fondre la cire, on aurait un moule en creux parfait de l'œuvre de l'artiste. C'est le moyen qu'on emploie. On entoure d'abord le modèle avec une enveloppe en plâtre, ou *chape*, capable de s'ouvrir, puis on chauffe le moule lentement à l'extérieur. La chaleur se propageant peu à peu arrive jusqu'à la cire, qui se fond et s'écoule au dehors par un orifice pratiqué à cet effet. Il n'y a plus alors qu'à couler le métal dans l'espace laissé libre par la fusion de la cire. L'avantage d'un tel procédé est incontestable ; le travail du statuaire est reproduit avec une fidélité absolue, mais le moule ne peut servir qu'une fois et, si l'opération ne réussit pas, tout le travail est perdu.

Depuis quelques années on est arrivé, par un procédé très-ingénieux, à reproduire en petit les chefs-d'œuvre des grands maîtres avec une précision toute géométrique. Ce procédé, dû à M. Collas, a rendu à l'industrie du bronze les plus grands services, en ce sens qu'il lui a permis de vulgariser des œuvres qui, par leur rareté et leur prix élevé, ne pouvaient trouver place que dans nos musées ou dans les collections de riches amateurs.

Supposons qu'il s'agisse de faire en petit (fig. 394) le buste M : on placera ce buste sur une plate-forme R, qui peut tourner autour d'un axe vertical et recevoir son mouvement d'une vis sans fin mue par la manivelle C. A une certaine distance est une autre

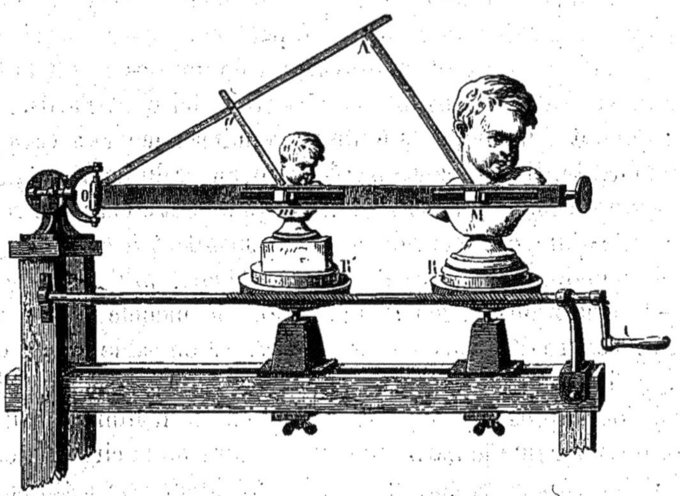

FIG. 394. — Procédé Collas pour la reproduction des objets d'art.

plate-forme R′ portant, comme la première, une roue dentée engrenée avec la vis sans fin et tournant à chaque mouvement de cette vis du même angle que la plate-forme R. Sur la seconde plate-forme est disposée une masse d'argile molle qui va servir à modeler le buste que l'on veut reproduire. Pour cela, en avant des deux plates-formes est placé un pantographe O*a* AM*m*. Cet instrument jouit de cette propriété géométrique que, si on le déplace de manière à faire décrire à une touche M une certaine courbe, un burin placé en *m* décrira une courbe semblable. La touche et le burin peuvent glisser dans des coulisses que l'on voit sur la règle O*m*M.

Ce fait étant admis, si avec la touche on parcourt une courbe quelconque sur la surface du modèle, le burin tracera une courbe semblable dans la matière molle. En rapprochant ainsi les courbes décrites, on parcourra tous les points contenus dans une portion quelconque de la surface du modèle, et le burin tracera, dans le même temps, sur l'argile une surface exactement semblable à celle qu'aura parcourue la touche ; en tournant la manivelle C, on fera tourner les deux plates-formes R et R′ et l'on pourra opérer sur une autre portion quelconque de la surface du modèle. Quand on aura promené la touche sur tous les points du modèle, le burin aura reproduit dans la matière molle un buste identique.

Reprenons maintenant la description des opérations que subit un objet en bronze avant d'être livré au commerce.

En sortant de la fonderie, les différentes parties du modèle sont distribuées entre les mains d'ouvriers spéciaux : le *tourneur* rectifie sur le tour les formes auxquelles ce genre de travail est applicable ; le tourneur en *rétreignant* ou resserrant les molécules du métal lui donne de l'éclat. Le travail du tour appliqué à des formes élégantes, ornées de jolis profils, peut donner, surtout dans les *ustensiles*, des objets charmants et d'un excellent usage ; il a de plus l'avantage d'être bon marché. L'*ajusteur* se livre à un travail de retouche, qui a pour effet d'assurer l'agencement parfait des différentes pièces ; enfin, le *ciseleur* reprend le tout et corrige au burin les imperfections de la fonderie.

Ordinairement, le fabricant confie à son ciseleur le plus habile l'exécution d'un premier modèle, qui sert ensuite indéfiniment à la fabrication des moules. On comprend l'intérêt qu'il y a à ce que ce premier modèle soit bien exécuté, car l'industrie du bronze n'employant pas deux fois le même moule, il est souvent nécessaire de le refaire un grand nombre de fois, et il est bon d'avoir pour cela un modèle en métal qui soit aussi parfait que possible.

Il n'y a plus maintenant qu'à donner au bronze, qui est jaune, le ton et la nuance que doit avoir sa surface. Tantôt il reçoit une couleur appelée *patine*, tantôt sa surface est dorée.

La patine est ce ton, si recherché des amateurs, que prend avec le temps la surface des objets en bronze exposés à l'action de l'air et des agents atmosphériques. Cette couleur varie suivant les époques : elle est d'autant plus belle que la composition du métal est meilleure ; elle est surtout admirable dans les bronzes antiques et florentins.

On communique directement au bronze la couleur antique en lavant sa surface avec des solutions diverses dans lesquelles entrent du sel ammoniac, du vinaigre, du nitrate de cuivre, du sel marin, de la crème de tartre. En répétant ces lavages et en laissant sécher chaque fois la dissolution, on arrive peu à peu au ton voulu.

Les bronzes qui doivent avoir un reflet jaune, sont d'abord trempés dans des bains d'or qui laissent déposer à leur surface une couche très-mince d'or, puis on emploie les dissolutions salées, et l'on frotte avec des brosses sur lesquelles on a mis de la sanguine et de la mine de plomb. Il faut avoir soin, pour arriver à un beau poli, de passer les brosses sur un morceau de cire jaune avant de frotter le métal.

La dorure s'obtient par deux procédés principaux : la *dorure au mercure* et la *dorure à la pile*.

Le premier procédé est de moins en moins suivi; nous en décrirons cependant les principaux détails, en raison de l'importance qu'il a eue et des excellents résultats qu'il donne. Il consiste à appliquer à la surface du bronze un amalgame d'or, c'est-à-dire un alliage pâteux de mercure et d'or. Le mercure sert alors d'intermédiaire entre l'or et le cuivre du bronze : les trois métaux s'allient, se combinent ensemble et forment un amalgame double d'or et de cuivre; si l'on vient à chauffer l'objet, le mercure se vaporise et l'or reste allié au cuivre à la surface du bronze.

Le métal, avant de recevoir l'amalgame pâteux, subit certaines préparations qui prédisposent sa surface aux opérations de la dorure. Les pièces en bronze doivent d'abord être *recuites;* on les place pour cela dans une espèce de cylindre en briques que les ouvriers appellent *moufle*, et qui est chauffé intérieurement avec du charbon de bois ou du charbon de terre. Un grillage en fer placé à une certaine distance des briques maintient le charbon et laisse intérieurement un espace vide où l'on suspend les objets. Quand la pièce est portée au rouge cerise, elle est retirée du moufle à l'aide de longues pinces et on la laisse refroidir lentement à l'air. L'opération du recuit a surtout pour but de débarrasser les pièces de toutes les matières grasses que leur surface a pu prendre pendant les travaux auxquels elles ont déjà été soumises, matières qui auraient pour effet d'empêcher l'adhérence de l'amalgame. M. d'Arcet pense que cette opération a aussi pour conséquence de volatiliser une certaine quantité de zinc à la surface du bronze et de rendre celle-ci plus apte à se combiner avec l'amalgame. A la température élevée qu'elles subissent pendant le recuit, les pièces se recouvrent d'une légère couche d'oxyde dont on les débarrasse par le *décapage*, en les plongeant dans des bains acidulés, le premier avec l'acide sulfurique, le second avec l'acide nitrique;

elles sont ensuite brossées, lavées à grande eau et séchées dans la sciure de bois. Leur surface devient alors d'un beau jaune pâle et légèrement grenue.

Les pièces sont maintenant aptes à recevoir l'amalgame, qui s'applique avec un pinceau en fils de laiton appelé *gratte-brosse* et que l'on trempe d'abord dans une dissolution de nitrate de mercure. Quand tout l'amalgame est bien réparti, on volatilise le mercure en exposant la pièce tenue dans de longues pinces à l'action d'un feu de charbon de bois.

La dorure au mercure est une industrie des plus insalubres et des plus dangereuses pour les ouvriers qui la pratiquent : les vapeurs de mercure produisent sur l'organisme des effets désastreux : tremblements nerveux, amaigrissement général, perte de la mémoire, paralysie de la langue, etc. Aussi a-t-on tout fait pour conjurer ces terribles dangers, et l'on doit à M. Darcet un appareil qui, s'il ne remédie pas complétement au mal, en atténue beaucoup les effets. Sans décrire l'appareil inventé par M. Darcet, nous dirons qu'il se compose d'un fourneau d'appel muni d'une hotte sous laquelle s'effectuent les différentes opérations : les vapeurs mercurielles sont continuellement entraînées par le tirage de la cheminée, et les ouvriers sont protégés contre leur atteinte par des vitres et des rideaux derrière lesquels ils se placent pour manœuvrer les pièces.

Dans ces derniers temps, on a proposé dans le même but l'emploi de la casaque des plongeurs, avec laquelle l'ouvrier peut travailler sans subir l'influence des vapeurs mercurielles et en prenant au dehors l'air nécessaire à sa respiration.

Quand la pièce est terminée, elle est lavée, puis gratte-brossée avec de l'eau acidulée par du vinaigre. Mais elle n'a pas encore la belle nuance jaune que l'or doit lui communiquer ; on la lui donne par la *mise en couleur*, opération qui consiste à appliquer sur elle au pinceau une bouillie appelée *or moulu* et composée sur 100 parties de 30 parties d'alun, 30 de salpêtre, 30 d'ocre rouge, 8 de sulfate de zinc, 1 de sel marin et 1 de sulfate de fer ; on la porte ensuite sur un feu de charbon de bois jusqu'à ce que les sels, fondus et desséchés, prennent un aspect brunâtre. Les différents corps qui composent l'*or moulu* agissent sur l'or, lui font prendre le ton voulu, et il n'y a plus qu'à les dissoudre en plongeant la pièce dans l'eau acidulée par l'acide chlorhydrique et en la lavant à grande eau ; on sèche ensuite dans la sciure de bois.

La surface de l'or doit alors être polie ; c'est le but de l'opération du *brunissage*, qui s'effectue en frottant les différentes parties de la pièce avec des outils en acier poli ou avec des pierres dures (agates et hématites) enchâssées dans des manches en bois.

Certains objets en bronze doré présentent des parties *mates* dont les tons s'opposent à ceux des parties *brunies* et produisent le meilleur effet. Voici comment on obtient ce résultat par une opération, appelée *matage*, qui se pratique avant le brunissage. Les parties qui doivent être brunies sont recouvertes au pinceau avec de l'*épargne*, ou mélange de blanc d'Espagne bien broyé et d'eau légèrement gommeuse et sucrée ; puis on chauffe l'objet sur un feu de charbon de bois jusqu'au point de faire bleuir les parties dorées et on le couvre au pinceau d'une composition désignée sous le nom de *mat* et formée de 5 parties d'eau, 46 de salpêtre, 46 d'alun et 3 de sel marin. La pièce, après avoir été recouverte de ce mélange à deux ou trois reprises, est chauffée jusqu'à ce que les sels se fondent et plongée vivement dans l'eau froide. A la température employée, les sels réagissent l'un sur l'autre et produisent un dégagement de chlore qui dissout le cuivre en tous les points de la surface où n'a pas été appliquée la couche de blanc d'Espagne ; en ces points l'or forme une espèce de réseau qui ne réfléchit plus la lumière et produit l'effet mat. Les parties *épargnées* sont brunies par les moyens ordinaires.

En présence des dangers si graves qu'offre la dorure au mercure, on comprendra facilement l'avantage que l'on a trouvé à lui substituer, dans la plupart des cas, un procédé plus salubre. La *dorure à la pile*, ou *dorure électrochimique*, présente à ce point de vue une supériorité incontestable. Elle repose sur un principe de physique qu'il nous faut d'abord exposer.

Si l'on prend une dissolution de cyanure d'or dans le cyanure de potassium et qu'on plonge dans ce liquide deux fils communiquant, l'un avec le pôle positif d'une pile électrique, l'autre avec le pôle négatif, le courant électrique traverse le liquide et le décompose. L'or provenant de la décomposition se porte et se fixe sur le fil qui est en communication avec le pôle négatif. On comprend que si, au lieu de faire plonger le fil négatif dans le bain d'or, on l'attache à une pièce en bronze que l'on immergera dans le liquide, l'or se déposera sur cette pièce et la recouvrira d'une couche uniforme.

Le dépôt d'or, d'argent ou d'autres métaux par décomposition électrochimique fait maintenant l'objet d'une importante industrie. Après Brugnatelli, M. de la Rive est le premier dont les recherches se soient portées sur ce sujet; ses travaux n'aboutirent pas à des résultats pratiques, et ce fut M. Elkington, en Angleterre, qui, en 1840, dota l'industrie d'un procédé entièrement nouveau; depuis cette époque de nombreux travaux ont été faits sur ce point. C'est à M. Christofle que l'on doit d'avoir introduit en France la pratique des brevets de M. Elkington et d'y avoir fondé une industrie qui prend chaque jour plus d'importance, car on l'applique non-seulement à la dorure du bronze, mais à l'argenture du cuivre, du maillechort, au bronzage de la fonte, du zinc, etc.

La *dorure à la pile* des objets en bronze est précédée, comme la dorure au mercure, d'opérations qui ont pour but de prédisposer leur surface à recevoir la couche d'or.

Les pièces sont d'abord recuites à la température du rouge sombre sur un feu de charbon de bois ou sur un feu de mottes qui est plus facile à diriger. La couche d'oxyde produite pendant cette opération est enlevée par l'action d'un bain d'eau acidulée d'acide sulfurique, où l'on suspend les pièces; celles-ci passent ensuite dans un premier bain de décapage formé d'acide nitrique ayant déjà servi, puis dans un second bain, dit de *blanchiment*, composé de 10 parties d'acide nitrique, 10 parties d'acide sulfurique et 1 partie d'acide chlorhydrique. Ce liquide étant très-énergique, les pièces doivent y rester fort peu de temps; à leur sortie elles sont lavées à grande eau et séchées dans la sciure de bois.

Elles sont alors dorées dans des bains d'or composés de cyanure double d'or et de potassium dissous dans un excès de cyanure de potassium. Sur les cuves renfermant ce liquide est placé un cadre (fig. 395), qui est en communication avec le pôle négatif d'une pile et sur lequel on place des tiges qui soutiennent les objets à dorer que l'on fait plonger dans le liquide. Au pôle positif est attaché un fil qui est en communication avec un cadre soutenant des lames d'or immergées dans le bain. Le courant décompose le cyanure double et porte l'or au pôle négatif qui se trouve constitué par l'ensemble des objets suspendus dans la cuve; à mesure que le dépôt se fait, le bain tend à s'appauvrir, mais la lame d'or qui forme le pôle positif se dissout peu à peu et entretient sa richesse. La dorure se fait soit à froid, soit dans des bains chauffés par une circulation de vapeur. Les pièces restent dans le bain pendant un temps qui dépend de l'épaisseur de la couche d'or que l'on veut déposer.

Aux débuts de cette industrie, ce procédé paraissait ne pas devoir produire des résultats satisfaisants au point de vue de la solidité : aujourd'hui il répond à toutes les exigences de la pratique, pourvu que le doreur donne à la couche d'or une épaisseur suffisante ; le

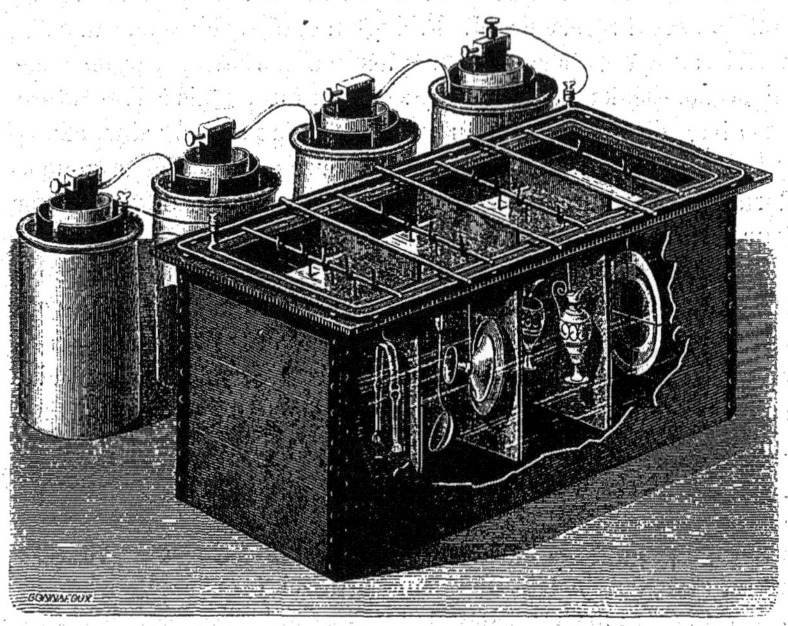

Fig. 395. — Dorure électrochimique.

désir du bon marché fait souvent qu'on ne laisse pas les pièces assez longtemps dans le bain, et c'est à cela seulement qu'il faut attribuer l'infériorité de certaines dorures à la pile.

On peut obtenir de l'or vert ou de l'or rouge directement par le procédé que nous venons de décrire. Pour l'or vert, on ajoute au bain une quantité convenable de cyanure double de potassium : la lame destinée à entretenir la richesse du liquide doit être un alliage d'or et d'argent ; pour l'or rouge, on ajoute une dissolution de cyanure double de cuivre et de potassium.

Les objets dorés par la pile subissent ensuite les opérations du *gratte-brossage*, qui se fait au milieu d'un liquide mucilagineux, comme la décoction de bois de réglisse, et à l'aide d'une brosse en fils de laiton mue par la main de l'ouvrier ou montée sur l'arbre d'un tour faisant 600 révolutions par minute. Cette dernière disposition n'est adoptée que pour les pièces unies. Après le gratte-brossage viennent la mise en couleur et le brunissage, dont nous avons donné les détails à propos de la dorure au mercure.

Le *matage* peut se faire par le même procédé sur les pièces dorées à la pile, mais il est possible de le produire directement en déposant préalablement à la surface des objets un métal qui soit lui-même mat, comme l'argent et le cuivre. Ce dépôt s'obtient aussi par la pile.

Le procédé électrochimique se prête encore à ce que nous avons appelé les *épargnes ;* quand on veut empêcher le métal de se déposer en certains points, il suffit de les recouvrir d'un vernis que l'on enlève ensuite par l'action de l'essence de térébenthine.

Ajoutons, pour n'avoir plus à y revenir, que le procédé électrochimique est susceptible d'un grand nombre d'autres applications. C'est grâce à lui que l'on peut obtenir à bas prix des cuillers et des fourchettes dont le corps est en cuivre ou en maillechort et dont la surface est recouverte d'une couche d'argent ; des plats, des bols et un grand nombre d'objets destinés au service de nos tables. Les procédés suivis sont les mêmes : au lieu du cyanure double d'or et de potassium, on se sert du cyanure double d'argent et de potassium. Les couverts sont faits à l'aide de machines qui rappellent celles que nous avons décrites à propos de la fabrication des lames de couteaux de table. Ces machines ont aussi été employées pour la fabrication des couverts d'argent, mais elles ont été à peu près abandonnées pour l'emploi presque exclusif de machines à balancier, qui donnent aux couverts la forme qu'ils doivent avoir par un estampage entre des matrices d'acier. A cet estampage succède un travail à la main qui finit le couvert.

Depuis quelques années, M. Oudry a fait une très-heureuse application du même procédé au bronzage des objets en fonte, comme les candélabres destinés à l'éclairage au gaz. Jusqu'à lui on n'était point parvenu à ce résultat, le cuivre déposé par la décomposition électrique d'une dissolution de sulfate de cuivre n'avait pas d'adhérence et formait à la surface des pièces une bouillie qui ne résistait pas au frottement. M. Oudry, après de patientes recherches, est arrivé à produire le bronzage des objets en fonte en les recouvrant d'abord d'une composition à base de benzine ; il les enduit ensuite de plombagine pour rendre leur surface conductrice de l'électricité et les plonge dans un bain formé par une dissolution de sulfate de cuivre ; au milieu de ce bain et en face de l'objet à bronzer sont placés des vases en terre poreuse remplis d'eau acidulée par l'acide sulfurique ; dans l'acide plonge une lame de zinc. La lame de zinc est réunie par un fil à la tige

Fig. 396. — Moule d'un vase. Fig. 397. — Vase après fabrication.

qui soutient les pièces à bronzer. Ici la pile est formée par le sulfate de cuivre lui-même et par les vases poreux, et c'est dans l'intérieur de la pile elle-même que se fait la décomposition ; cette disposition est du reste souvent employée. Après le cuivrage, les objets sont recouverts d'une peinture qui leur donne la couleur du bronze. C'est par ce procédé qu'ont été bronzées les fontaines de la place de la Concorde, les candélabres qui servent à l'éclairage des rues de Paris. Le prix de revient de ces candélabres bronzés par la méthode de M. Oudry est plus élevé que celui des candélabres en fonte ordinaire, mais leur inaltérabilité supprime les frais qu'occasionne le renouvellement fréquent de la couche de peinture destinée à préserver la fonte de l'oxydation.

La galvanoplastie a aussi une importante application dans la fabrication d'objets constitués tout entiers par le dépôt d'un métal dans un moule en gutta-percha. La difficulté était de faire pénétrer le courant dans toutes les parties du moule : on y est arrivé à l'aide de fils de plomb. La figure 396 représente un moule en gutta-percha obtenu en appliquant de la gutta-percha ramollie par la chaleur sur l'objet à reproduire. Ce modelage se fait souvent en plusieurs pièces. La figure 397 représente le vase fabriqué par dépôt galvanique dans le moule. La surface des moules doit être rendue conductrice par une couche de plombagine qui est étendue à la brosse et sur laquelle se dépose le métal. C'est par ce procédé qu'ont été faits les bustes qui décorent la façade du nouvel Opéra.

ZINCS D'ART.

Le bronze coûtant toujours assez cher, l'industrie a essayé de mettre à la portée de ceux qui ne pouvaient se le procurer des objets d'art faits avec une matière d'un prix moins élevé : c'est le zinc qu'elle a choisi dans ce but. Par sa couleur, ce métal ne flatte pas l'œil et il est tout à fait impropre à faire valoir la forme modelée ; aussi a-t-on d'abord imaginé de recouvrir les pièces fondues en zinc d'une couche de peinture couleur de bronze ; mais cette couche donnait aux objets un aspect lourd et disgracieux, qui les faisait repousser par les gens de goût, et l'on peut dire que cette industrie serait morte au berceau si la galvanoplastie n'était venue la sauver. On recourut au procédé électrochimique pour déposer à la surface des objets en zinc fondu le cuivre jaune destiné à leur donner l'apparence du bronze. Mais en même temps une autre difficulté se présentait relativement aux moules où devait se faire la coulée du métal fondu. Les objets en bronze ayant une valeur intrinsèque assez grande, le fabricant peut faire pour chacun d'eux les frais d'un moule qui ne sert qu'une fois, comme nous l'avons vu plus haut; au contraire, pour les objets d'art en zinc, la matière première ayant peu de valeur, le fabricant ne pouvait grever le prix de revient de chacun d'eux des frais d'un moule spécial : l'écart du prix du bronze et du zinc d'art n'aurait pas été suffisant pour faire accepter largement ce dernier par la consommation. Aussi a-t-on imaginé de couler le métal dans des moules en bronze qui peuvent servir indéfiniment; la reproduction d'un grand nombre d'exemplaires de la même œuvre permet aux fabricants de ne rien épargner pour la confection des modèles et de confier leur exécution à des statuaires de premier ordre. Ce n'est pas sans étonnement, nous l'avouons, qu'en visitant l'usine de M. Ranvier, nous y avons trouvé les œuvres de maîtres célèbres, Carrier-Belleuse, Carpeaux, etc., œuvres qui autrefois étaient l'apanage de l'industrie du bronze.

Les zincs d'art constituent l'objet d'une industrie toute parisienne, et nous devons citer parmi ceux qui ont porté ses procédés à un degré de rare perfection, MM. Roy et Ranvier, Miroy frères, Blot et Drouard.

Les moules sont faits en bronze, comme nous l'avons dit plus haut, et se composent de parties différentes que l'on agence. Chaque partie est munie de petites tiges, ou *goujons*, entrant dans des trous pratiqués dans la partie contiguë, si bien qu'elles se tiennent toutes comme les pièces d'un jeu de patience. La confection des parties d'un moule exige le plus grand soin, pour que le métal fondu que l'on y coulera y prenne des formes aussi parfaites que possible au point de vue artistique. Les deux moitiés d'un moule sont habituellement réunies par une charnière autour de laquelle elles peuvent pivoter et, quand on les a appliquées l'une contre l'autre, on les consolide par une armature extérieure.

Le zinc employé pour la fabrication des objets d'art doit être très-pur : le métal, fondu dans des cuillers de fer, est coulé dans les moules dont l'intérieur a été préalablement enduit d'une couche de noir de fumée qui donnera plus de velouté aux surfaces; on applique cette couche de noir en faisant brûler au-dessous du moule une torche résineuse, d'où se dégage une fumée abondante qui dépose le noir sur le bronze. On coule ordinairement beaucoup plus de métal qu'il n'en faut pour faire l'objet que l'on a en vue; le refroidissement du zinc fondu contre les parois du moule en bronze amène bientôt la solidification d'une couche assez mince; dès qu'on juge qu'elle est assez épaisse, on renverse le moule, qui laisse écouler l'excès de métal non encore solidifié et destiné à servir à une autre opération. Ce procédé, appelé *moulage au renversé*, permet de se passer de moules à noyau et de n'employer qu'une quantité relativement faible de zinc. Quand il est à craindre que les objets ne présentent pas la solidité voulue, on garnit l'intérieur des moules de pièces en cuivre qui se trouvent enveloppées de métal fondu et qui constituent une espèce de charpente intérieure servant à les consolider.

Les grandes pièces ne se coulent pas d'un seul morceau : elles sont faites en plusieurs parties, que l'on soude entre elles avec un fer à souder chauffé avec le chalumeau à gaz. A l'aide d'un grattoir, on enlève les bavures, ou *coutures*, que forme le métal suivant les lignes de jonction ; on retouche les parties défectueuses, on décape, puis on galvanise en plongeant les pièces dans un bain de sel de cuivre, qui les recouvre d'une couche de cuivre brillant. A la sortie de ce bain, on procède au gratte-brossage et, à partir de ce moment, l'industrie du zinc d'art emploie les procédés des bronzeurs.

CHAPITRE VII

INDUSTRIES DE L'ÉCLAIRAGE.

Parmi les industries qui s'occupent de rendre nos habitations plus commodes et plus confortables, nous devons aussi appeler l'attention sur celles qui, pendant l'hiver, nous préservent du froid, et sur celles qui, pendant la nuit, nous fournissent la lumière. Les premières ne sont pas, à vrai dire, des industries manufacturières; elles mettent seulement en place des appareils de chauffage qui leur sont livrés par les industries préparatoires et, en particulier, par la fonderie. Nous les laisserons de côté : les différents procédés de chauffage sont du reste étudiés dans la plupart des traités de physique. Quant aux industries qui nous procurent les moyens d'éclairage et, en nous permettant de vaquer pendant la nuit à nos occupations, prolongent la durée de la vie active, qui, chez les peuples non civilisés, cesse dès que le soleil disparaît à l'horizon, ce sont à vrai dire des industries manufacturières, transformant la matière pour la faire servir à nos besoins : à ce titre, leur description doit trouver place ici.

Chez les anciens et chez les peuples sauvages, les procédés d'éclairage sont tout primitifs; des torches de bois résineux, la cire, des lampes à huile d'une construction grossière servirent d'abord à l'éclairage. Les Indiens, les habitants de la haute Asie, les Égyptiens, les Hébreux, les Romains et les Grecs ont fait usage de lampes dont nous possédons encore de nombreux modèles. Aujourd'hui la lampe modérateur est le plus généralement employée : elle se compose, comme chacun sait, d'un réservoir dans lequel se met l'huile; un ressort à boudin, que l'on tend à l'aide d'une clef engrenant avec une crémaillère, porte à sa partie inférieure un piston plein qui appuie sur l'huile et la fait monter dans la mèche à mesure que le ressort se détend.

FABRICATION DES CHANDELLES.

La graisse qui sert à la fabrication des chandelles est presque exclusivement la graisse de bœuf, de mouton ou de porc. Cette graisse, détachée de la bête dans les abattoirs, est livrée au fabricant sous le nom de *suif en branches*.

La fabrication des chandelles se compose de deux opérations successives : la *fonte des suifs* et la *fabrication même de la chandelle*.

La fonte des suifs s'opère par deux procédés principaux : le procédé qui emploie la chaleur seule, dit *fonte aux cretons*, et celui qui utilise l'action de l'acide sulfurique sur les membranes mêlées à la graisse.

Dans le premier cas, le suif en branches, préalablement coupé en morceaux, est jeté dans une chaudière cuivre, hémisphérique, encastrée dans un massif en maçonnerie qui est disposé de manière à éviter toute chance d'incendie. La chaleur du foyer fait fondre le suif; les membranes se déchirent et laissent écouler la graisse, qui vient couvrir le fond de la chaudière. Un ouvrier, armé d'une spatule en bois, active la séparation en écrasant les membranes contre les bords. Quand la chaudière est aux deux tiers remplie de matière fondue, mélangée de membranes racornies par le feu, on puise la graisse avec une large poche et on la verse dans des paniers d'osier ou de cuivre perforé, désignés sous le nom de *banattes* et disposés au-dessus de poêles en cuivre ou de bacs en bois doublés de plomb. En passant à travers les trous, la graisse subit une espèce de filtration et les membranes restent dans les banattes. Lorsque le produit ainsi filtré est sur le point de se figer, on le coule, soit dans des terrines en bois (c'est le suif dit *suif de place*), soit dans des fûts que l'on peut plus facilement expédier au loin.

Les membranes restées dans la banatte renferment encore de la graisse; la matière est de nouveau fondue, filtrée, et le deuxième résidu ainsi obtenu est soumis à une pression qui en extrait une nouvelle quantité de graisse. Le résidu, appelé *pain de cretons*, est formé par les membranes racornies et en partie brûlées : il sert à la nourriture des chiens et des porcs.

Le procédé de fonte que nous venons de décrire présente plusieurs inconvénients : l'action directe du feu communique au suif une coloration fâcheuse ; le pain de cretons retient environ 20 pour 100 de graisse ; enfin, le suif dégage pendant l'opération une odeur infecte, qui est nuisible au point de vue hygiénique. Darcet a le premier proposé, pour remédier à ces inconvénients, un procédé qui repose sur ce fait, qu'au contact de l'acide sulfurique étendu et chaud les membranes animales sont détruites et en grande partie dissoutes, tandis que la graisse résiste à son action. Voici comment on opère :

Dans une chaudière en cuivre on projette 1000 kilogrammes de suif en branches, que l'on arrose avec de l'eau acidulée d'acide sulfurique (pour 1000 kilogrammes de suif, 500 litres environ contenant 10 kilogrammes d'acide). La chaudière étant hermétiquement fermée, on fait arriver la vapeur dans un serpentin qui circule dans son intérieur ; la masse fond, entre en ébullition, et, au bout de plusieurs heures, on a, à la partie supérieure du liquide aqueux, une couche de suif fondu ; à la partie inférieure s'est déposée une faible quantité de membranes plus ou moins altérées. Le suif ainsi obtenu est toujours blanc, peu odorant, mais plus mou, et le rendement du procédé est environ de 85 pour 100, tandis que celui de la fonte aux cretons n'est que de 80 pour 100.

Pour fabriquer la chandelle avec le suif préparé par l'une des méthodes précédentes, on peut suivre deux procédés : soit le procédé de *fabrication à la baguette*, soit le *moulage*.

La première méthode consiste à plonger à plusieurs reprises, dans le suif fondu, la mèche de coton qui doit faire l'axe de la chandelle. Après chaque immersion, on laisse égoutter ; le suif se solidifie, et l'on répète l'opération jusqu'à ce que la chandelle, par la superposition des couches successives, ait atteint la grosseur voulue. Afin d'économiser la main-d'œuvre, l'ouvrier plonge ordinairement un certain nombre de mèches à la fois, et pour cela il prépare des baguettes en bois, de 80 centimètres de longueur environ, auxquelles il suspend des mèches espacées de 10 centimètres. Il plonge ces baguettes deux par deux ou trois par trois ; les mèches s'étalent dans le bain en gardant leurs positions respectives et se recouvrent de suif.

Pour faire l'extrémité effilée de la chandelle, l'ouvrier procède à une dernière immersion et, cette fois, enfonce la mèche un peu plus loin que lors des immersions précédentes; la partie de la mèche qui n'avait pas encore été immergée se recouvre d'une couche de suif moins épaisse et effilée. Quant à la base, elle se fait en passant la chandelle sur une plaque chauffée.

Ce mode de fabrication peut être rendu plus rapide encore en lui substituant le moulage.

Le moulage consiste à couler le suif fondu dans un moule en étain formé de deux parties : la première, offrant la forme du corps de la chandelle, est pointue à son extrémité, c'est la *tige;* la seconde,

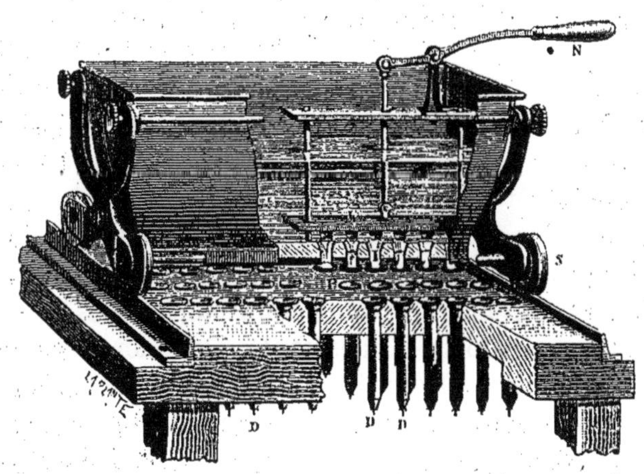

Fig. 398. — Moulage des chandelles.

appelée *culot*, est évasée, sous forme d'entonnoir; le culot est muni d'un petit crochet horizontal qui s'avance jusqu'au milieu; c'est à ce crochet que l'on suspend la mèche, qui va passer dans l'extrémité de la tige et la bouche. Lorsque le suif est solidifié dans le moule, on sépare le culot de la tige : celui-ci entraîne la chandelle hors du moule, et il ne reste plus qu'à la couper à son extrémité, de manière à séparer la matière en excès qui remplit le culot.

Pour rendre le moulage plus rapide, MM. Leroy et Durand, à Paris, emploient le système suivant, qui permet de remplir six moules d'un coup. Les moules D D D (fig. 398) sont disposés par rangées de six sur de fortes tables de chêne P; sur les bords de la table peut rouler, au moyen de galets S, une caisse remplie de suif fondu. Cette caisse porte des trous correspondant à chacun des six moules d'une rangée. Ces trous sont fermés par des bouchons en métal et peuvent être ouverts en soulevant les bouchons à l'aide d'un levier N. En faisant rouler la caisse, on amène les trous successivement au-dessus de chaque rangée de moules, et, en soulevant le levier, à chaque station on laisse écouler le suif dans six moules qui se remplissent simultanément.

Les chandelles fabriquées par l'un des procédés précédents doivent être blanchies. Le moyen le plus simple consiste à les exposer à la lumière et en plein air pendant quelques jours.

FABRICATION DES BOUGIES STÉARIQUES.

L'usage des chandelles de suif a été presque exclusivement remplacé par celui des bougies stéariques, dont l'invention est due à Gay-Lussac et à M. Chevreul (1825), et que l'on fabrique avec les acides gras extraits des corps gras neutres, comme les suifs. Ces acides ont un point de fusion supérieur à celui des matières d'où ils proviennent et, à ce titre, sont d'un emploi plus avantageux pour l'éclairage. Les bonnes bougies stéariques fondent à 55°,5 et donnent une lumière plus belle que celle des chandelles; leur mèche se consume d'elle-même, sans qu'on soit obligé de la couper, comme cela arrive pour les chandelles; enfin elles ne répandent pas d'odeur en brûlant.

Les trois principes suivants servent de base aux procédés employés pour extraire des corps gras neutres les acides gras qui servent à la fabrication des bougies stéariques et qui, dans ces corps gras, sont combinés à la glycérine : 1° On peut saponifier le suif avec de la chaux, c'est-à-dire combiner les acides gras avec la chaux qui élimine la glycérine, puis décomposer le savon calcaire par l'acide sulfurique qui précipite la chaux à l'état de sulfate et met les acides gras en liberté; 2° l'acide sulfurique chauffé avec les corps gras en isole la glycérine avec laquelle il produit de l'acide sulfoglycérique, et forme avec les acides gras des combinaisons appelées acides *sulfogras* (acides sulfoléique, sulfomargarique, sulfostéarique), que l'eau bouillante décompose ensuite, et dont elle isole les acides gras que l'on volatilise dans un courant de vapeur d'eau; 3° enfin la vapeur d'eau surchauffée exerce sur les corps gras neutres la même action séparatrice que la chaux et les acides, et les dédouble en glycérine et en acides gras.

Les trois principes que nous venons d'exposer ont donné lieu à cinq procédés différents pour l'extraction des acides gras; nous ne décrirons que ceux qui sont jusqu'ici le plus en usage : 1° le procédé par *saponification calcaire ;* 2° le procédé par *saponification sulfurique et distillation.*

Les principaux centres de la fabrication des bougies sont : Marseille, Paris, Lyon, Lille, Amiens, Arras et Elbeuf.

Pour la saponification calcaire on emploie indistinctement les suifs de bœuf ou de mouton. La saponification s'effectue dans des cuves en bois doublées de plomb. Des tuyaux amènent dans chacune d'elles la vapeur nécessaire à l'opération.

Après avoir introduit dans chaque cuve 8000 kilogrammes environ de suif en pains, on le recouvre avec de l'eau et l'on donne accès à la vapeur : la matière grasse entre bientôt en fusion et vient fournir à la surface une couche huileuse. Puis, après avoir éteint une quantité de chaux vive égale à 14 ou 15 pour 100 du poids du suif et l'avoir amenée à l'état de poudre très-fine, on en fait un lait épais que l'on verse dans la cuve en deux ou trois fois ; le mélange, toujours maintenu à l'ébullition, est agité à l'aide d'une espèce de râble en bois, ou *mouveron.* La saponification s'opère peu à peu, et le corps gras, au bout de huit heures, est transformé en un savon calcaire insoluble que l'on divise en morceaux et qui nage au milieu d'une solution jaunâtre de glycérine. On laisse refroidir jusqu'au lendemain et l'on vidange la glycérine par une soupape placée à la partie inférieure de la chaudière.

Il faut alors procéder à la décomposition du savon calcaire par l'acide sulfurique ; pour cela, on ajoute dans chaque cuve l'acide sulfurique étendu à 20 degrés Baumé. On chauffe de nouveau par la vapeur, et, au bout de six à sept heures, la décomposition est complète. On laisse reposer jusqu'au lendemain ; l'eau et le sulfate de chaux vont au fond, et les acides gras encore liquides qui surnagent sont décantés et conduits dans des cuves doublées de plomb, où ils sont lavés dans l'acide sulfurique à 20 degrés et mis en ébullition par un serpentin de vapeur. Ce lavage a pour but d'enlever les dernières traces de chaux ; il est suivi d'un autre lavage à l'eau bouillante, dont l'effet est d'emporter l'acide sulfurique en excès. Ainsi purifiés, les acides gras sont coulés dans des moules en fer-blanc, disposés de telle sorte que l'excès de liquide qui arrive dans chacun d'eux puisse se déverser dans le moule inférieur. On abandonne la matière dans ces moules où elle cristallise.

La matière solide ainsi obtenue se compose d'acides margarique et stéarique, qui sont solides, et d'acide oléique liquide qui est disséminé au milieu des précédents. On sépare ce dernier par deux pressurages faits le premier à froid, le second à chaud.

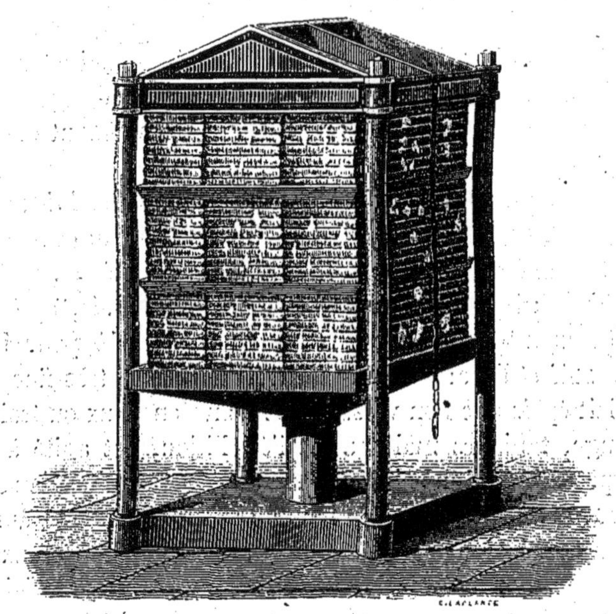

Fig. 399. — Fabrication des bougies : Pressurage à froid.

Le pressurage à froid s'exécute par des presses hydrauliques verticales (fig. 399). Chaque pain est enfermé dans un sac de laine appelé *malfil*. Les sacs sont empilés les uns au-dessus des autres et séparés de distance en distance par des plaques métalliques destinées à régulariser la pression et munies sur leurs bords de rigoles, qui recueillent l'acide oléique et le conduisent dans des tuyaux verticaux.

Lorsque au bout de cinq à six heures la presse verticale a épuisé son action, les malfils sont vidés et les pains, après avoir été mis dans des sacs de crin nommés *étreindelles*, sont soumis au pressurage à chaud. On se sert pour cela d'une presse hydraulique horizontale: l'eau arrive en E (fig. 400) dans le cylindre C et agit sur la tige T, qui presse les étreindelles disposées entre des plaques creuses I; ces plaques sont portées à une température de 35 degrés au plus par la vapeur qui arrive par le robinet V et les tuyaux *t t*. L'acide oléique s'écoule, entraînant avec lui une certaine quantité d'acide stéarique, et après l'opération on trouve dans chaque étreindelle un pain sec et dur d'acides stéarique et margarique. L'acide oléique, au sortir de la presse à chaud, se rend dans

Fig. 400. — Fabrication des bougies : Pressurage à chaud.

de vastes réservoirs souterrains, où il laisse déposer par le refroidissement les acides solides qu'il a entraînés et qu'on soumet à un nouveau pressurage.

L'admirable découverte de M. Chevreul et de Gay-Lussac fut entravée dans la pratique par les inconvénients que présentait la mèche de coton ordinaire, qui absorbait une trop grande quantité de matière grasse. M. Cambacérès eut l'idée d'y substituer une mèche que l'on fait en nattant trois fils de coton ; mais sa combustion incomplète laissait un résidu charbonneux qui contrariait l'ascension des corps gras, ou qui, en tombant dans le godet formé par la fusion à la partie supérieure de la bougie, liquéfiait trop rapidement la matière et la faisait couler. Pour remédier à cet inconvénient, M. de Milly a imaginé d'imprégner la mèche d'acide borique, qui vitrifie les cendres de la mèche et produit à son extrémité une petite perle vitreuse et lourde ; celle-ci, courbant la mèche en dehors de la flamme, lui permet de brûler complétement et rend inutile l'opération du mouchage.

Dans les grandes usines, le moulage se fait, d'une manière très-

Fig. 401. — Appareil pour le moulage des bougies.

expéditive, au moyen de la machine que nous allons décrire et qui est due à M. Cahouet.

Les moules sont disposés par groupes de seize dans une grande caisse en tôle, que l'on peut chauffer à l'aide du tuyau V (fig. 401) qui amène de la vapeur, ou refroidir par le tuyau T qui amène un courant d'air froid lancé par une machine soufflante. Au-dessous de cette caisse est une autre caisse *b b*, où les mèches sont enroulées sur des bobines ; à chaque moule correspond une bobine. Les mèches, sortant de la caisse inférieure, se rendent dans la caisse supérieure, et chacune d'elles, après avoir traversé un moule suivant son axe, est pincée à sa partie supérieure par une plaque que peut soulever une double crémaillère C. La caisse supérieure étant chauffée par la vapeur, on coule dans un groupe les acides gras fondus à part; un courant d'air froid refroidit ensuite les moules, les acides se solidifient, et l'on détache à la fois les seize bougies d'un groupe. Pour cela, on amène au-dessus de lui la crémaillère C, avec laquelle on soulève les plaques qui pincent les seize mèches; les bougies sortent des moules et

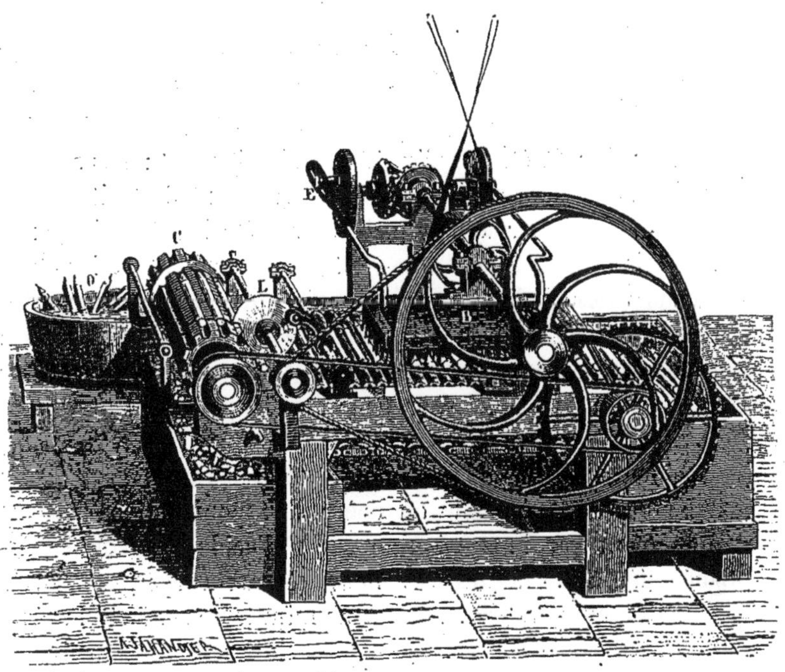

FIG. 402. — Machine à rogner et polir les bougies.

s'élèvent; la mèche, se déroulant de chaque bobine, les suit dans leur ascension et se trouve disposée pour une opération suivante dans l'axe du moule. On coupe alors la mèche et on enlève les bougies, qui sont portées au blanchiment. On les expose dans de vastes cours à l'action blanchissante de l'air et de la lumière, sur des grillages où elles sont placées verticalement.

Après le blanchiment, il ne reste plus qu'à les laver, les rogner et les polir. Le lavage s'effectue dans le baquet O (fig. 402), qui renferme de l'eau de savon ou une solution de carbonate de soude. Les bougies sont ensuite posées sur des roues cannelées C, qui les présentent à une scie circulaire L chargée de les couper à la longueur voulue. Pour faciliter le rognage, on échauffe la scie en la faisant passer à frottement entre deux morceaux de liége. Les bougies tombent de là sur une table où sont disposés des rouleaux en bois, sur lesquels elles sont polies par une brosse B animée d'un mouvement de va-et-vient. Elles cheminent sur cette table sous l'action de la brosse et arrivent à l'extrémité, prêtes à être livrées à la consommation.

Le procédé par *saponification sulfurique*, dont nous avons exposé le principe, permet d'utiliser des produits plus fusibles que le suif des herbivores, de moindre valeur, et auxquels la saponification calcaire ne pourrait être appliquée que difficilement : tels sont les huiles de palme et de coco, les suifs d'os provenant du traitement à l'eau bouillante que les fabricants de noir animal font subir aux os avant la calcination, les graisses vertes que fournissent les étaux des bouchers, des tripiers, les résidus de cuisine, le graissage des cylindres, etc., enfin les produits gras que donne la décomposition par l'acide sulfurique des eaux savonneuses employées au lavage des laines et qui sont désignés sous le nom de graisses de *Reims* et de *Tourcoing*.

La meilleure méthode de saponification sulfurique est celle de M. Knob, dans laquelle on opère la saponification presque instantanément par l'emploi d'un excès d'acide. L'acide sulfurique chauffé à 90 degrés est mélangé aux corps gras portés aussi à cette température. Après une minute de contact, la réaction de l'acide sur le corps gras est accomplie, et l'on renverse le tout dans une cuve renfermant de l'eau bouillante : les acides sulfoléique, sulfomargarique et sulfostéarique, produits par l'action de l'acide sulfurique sur le corps gras, se décomposent au contact de l'eau bouillante et l'acide sulfoglycérique se dissout.

Quand l'opération est finie, il s'est formé trois couches distinctes dans la cuve : la couche supérieure renferme les acides gras ; la couche moyenne est composée d'eau, d'acide sulfurique et de glycérine ; la couche inférieure contient les mêmes substances salies par des matières charbonneuses. Les acides gras ainsi obtenus sont, comme ceux que fournit la saponification calcaire, soumis à deux lavages, puis portés à l'appareil distillatoire.

La distillation des acides gras ne peut se faire à feu nu, car une partie se décomposerait ; on la fait par l'action de la vapeur surchauffée; les corps gras distillent et viennent se solidifier dans un réservoir, où ils sont pris pour être ensuite soumis à la presse et employés à la fabrication de la bougie. Les procédés de fabrication sont ceux que l'on pratique après la saponification calcaire.

GAZ DE L'ÉCLAIRAGE.

C'est à la fin du siècle dernier que remonte l'invention de l'éclairage au gaz. Les premiers essais furent faits par Lebon, ingénieur français, né vers 1765, qui, dans un appareil appelé *thermolampe*, distillait du bois et de la houille et produisait, en même temps que le gaz destiné à éclairer les appartements, la chaleur propre à les chauffer. L'opinion publique accueillit avec indifférence les essais de Lebon, qui furent repris en Angleterre par Murdoch. En 1798, Murdoch établit un appareil d'éclairage au gaz dans les manufactures de James Watt, près de Birmingham. En 1805, ce genre d'éclairage était définitivement adopté en Angleterre. En 1812, Winsor fonda une compagnie pour l'éclairage de Londres; il vint à Paris en 1816 et, en 1817, y éclaira le passage des Panoramas, le Palais-Royal, le Luxembourg et le pourtour de l'Odéon.

En 1820, le gouvernement fit établir, sous la direction de Pauwels, une usine destinée à l'éclairage du palais du Luxembourg et du théâtre de l'Odéon. Cette usine fonctionna jusqu'en 1833, époque où elle fut supprimée. Peu de temps après, Pauwels fondait deux grandes usines; MM. Manby et Wilson en fondaient une autre. Cinq autres établissements importants furent successivement formés par diverses compagnies, et en 1855 un traité fut passé à Paris entre le préfet de la Seine et les diverses compagnies, dont la fusion en une seule fut exigée. Le prix du mètre cube fut fixé à 0 fr. 15 pour la ville et à 0 fr. 30 pour les particuliers. La ville perçoit, en outre, un droit de 0 fr. 02 par mètre cube pour tenir lieu du droit d'octroi qui n'est pas payé par la compagnie sur la houille employée à la fabrication. Aujourd'hui, les usines de la Compagnie parisienne sont au nombre de sept: elles produisent annuellement plus de 126 millions de mètres cubes. Dans ce chiffre, l'éclairage de la voie publique figure pour 16 millions de mètres cubes environ, alimentant plus de 31 000 becs de gaz. La longueur totale des tuyaux souterrains qui distribuent le gaz dans la ville dépasse 1000 kilomètres.

Les avantages de l'éclairage au gaz le firent bientôt répandre en province : toutes nos grandes villes possèdent depuis longtemps ce mode d'éclairage, et chaque jour on voit se fonder des usines à gaz dans les villes de moindre importance.

L'éclairage par le gaz est certainement le plus économique, malgré le prix élevé auquel il est vendu par les compagnies. Nous empruntons à la *Chimie industrielle* de Payen les résultats comparatifs suivants :

MODE D'ÉCLAIRAGE.		Quantité consommée pendant une heure.	PRIX.	Dépense pendant une heure.
Une heure d'éclairage coûte en employant	Bougies stéariques...	25gr	2 fr. 80 le kil.	0 fr. 176
	Huile de colza épurée brûlée dans une lampe Carcel.....	42gr	1 fr. 60 —	0 fr. 067
	Chandelles.......	80gr	1 fr. 50 —	0 fr. 12
	100 litres de gaz de houille.........	50gr	0 fr. 30 le m. c.	0 fr. 03
	25 litres de gaz de bog-head........	25gr	1 fr. le m. cub.	0 fr. 025

On voit par ce tableau que le prix d'éclairage par le gaz n'est que le sixième de celui de l'éclairage par la bougie et la moitié de celui de l'éclairage par une lampe Carcel.

Les substances organiques qui peuvent, par leur distillation, fournir un gaz propre à l'éclairage, sont assez nombreuses, mais la houille est certainement la plus avantageuse ; car elle donne non-seulement du gaz, mais encore du coke, dont la valeur est à peu près égale à la moitié de la sienne, du goudron et des sels ammoniacaux que l'industrie utilise.

Distillée en vase clos, la houille donne un volume considérable de gaz hydrogènes carbonés, hydrogène, azote, oxyde de carbone, acide sulfhydrique, du sulfure de carbone, du sulfhydrate d'ammoniaque, etc. On s'expliquera la production de ces divers corps en remarquant que la houille renferme, outre son carbone, de l'oxygène, de l'hydrogène, une faible portion d'azote et du soufre provenant des pyrites qu'elle contient.

Les *houilles à longue flamme* sont les plus propres à la fabrication du gaz de l'éclairage : les *houilles grasses à longue flamme* de Mons, d'Anzin, de Denain et de Commentry donnent les meilleurs résultats. On admet, en général, que 100 kilogrammes de houille produisent 23 mètres cubes de gaz, mais le mélange des substances employées par les usines à gaz bien dirigées fournit un rendement supérieur. La moyenne peut s'élever à 28 et même 29 mètres cubes, le gaz obtenu satisfaisant d'ailleurs aux conditions exigées pour le pouvoir éclairant moyen (1). Les houilles grasses de Saint-Étienne rendent plus de gaz que les houilles précitées, mais ce gaz est plus sulfuré. Le *cannel-coal*, combustible minéral qui nous vient d'Angleterre, fournit à poids égal plus de gaz que la houille et le pouvoir éclairant est supérieur. Le coke qu'il produit

Fig. 403. — Four à gaz.

peut rester mélangé à celui de la houille; il n'en est pas de même du bog-head, schiste bitumineux exploité en Écosse, importé en France en quantités considérables, et mélangé à la houille pour

(1) Ces conditions sont les suivantes : pendant qu'une lampe Carcel, consommant à l'heure 42 grammes d'huile de colza épurée, brûle 10 grammes d'huile, un bec d'Argand (système Bengel) doit produire le même pouvoir éclairant en ne brûlant que 25 litres de gaz et $27^{l},5$ au maximum. Le pouvoir éclairant du gaz est mesuré dans des bureaux d'essai (à Paris et dans quelques villes de province) à l'aide d'appareils construits par M. Deleuil, sur les indications de MM. Dumas et Regnault.

augmenter le pouvoir éclairant du gaz. 100 kilogr. de bog-head peuvent fournir 76 mètres cubes de gaz : il sert à faire le *gaz riche.*

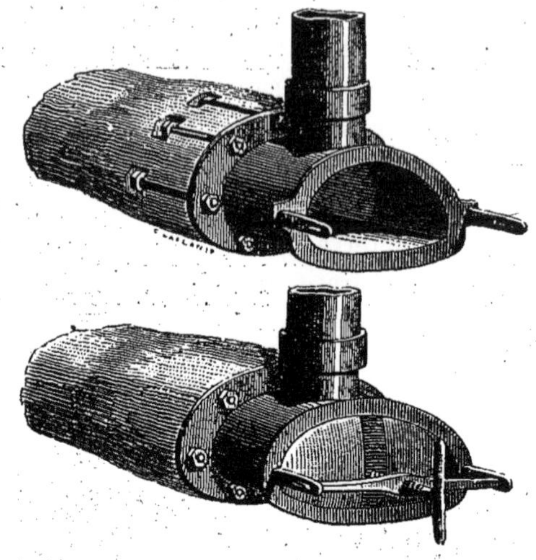

FIG. 404. — Cornues à gaz.

La fabrication du gaz de l'éclairage comprend trois phases dis-

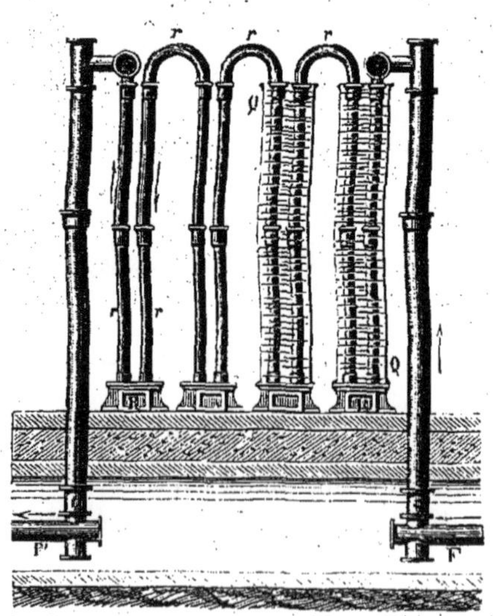

FIG. 405. — Épurateur à gaz : Jeu d'orgue.

tinctes : 1° la distillation de la houille ; 2° l'épuration physique du gaz ; 3° l'épuration chimique.

Pour la distillation, la houille est chargée dans des cornues en terre réfractaire F (fig. 403 et 404) que l'on dispose par batteries dans des fours adossés deux à deux. Elles peuvent être fermées par un obturateur que l'on fixe à l'aide d'étriers (fig. 404) et communiquant par un tube vertical avec un cylindre II appelé

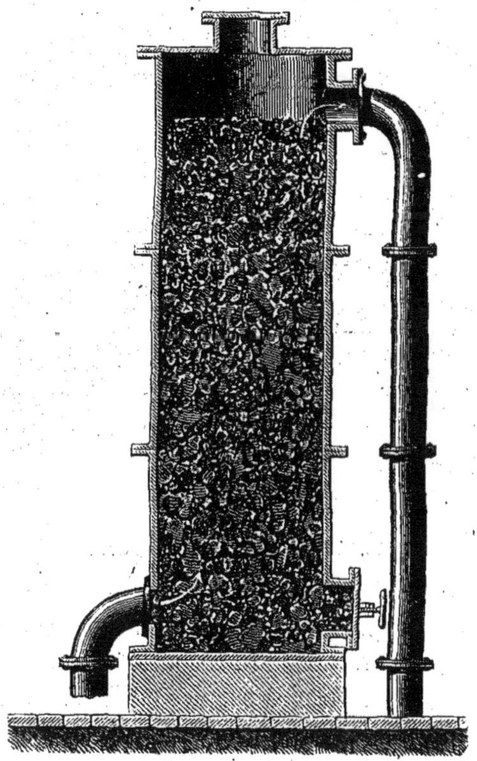

Fig. 406. — Colonne à coke.

barillet. Ces cornues sont portées au rouge vif au moment où l'ouvrier les emplit : les premières portions de charbon qu'on y jette distillent immédiatement et les remplissent de gaz ; aussi, lorsque l'ouvrier pose l'obturateur, l'air est chassé et il n'y a plus à craindre de mélange détonant. A la sortie des cornues, tous les produits de la distillation se rendent par les tubes verticaux dans le barillet qui court le long des fours et qui est à moitié rempli d'eau. Chaque tube plonge dans l'eau, de sorte que chaque cornue est séparée par cette eau du reste de l'appareil ; et, si l'une d'elles venait à se briser, le gaz contenu au delà du barillet ne pourrait ni s'enflammer, ni se mélanger à l'air. Le barillet a, de plus, l'avantage de condenser déjà une certaine quantité d'eau, de goudron, etc.

Depuis quelques années, la Compagnie parisienne a introduit dans quelques-unes de ses usines l'usage des fours Siemens.

Pour éviter que, par suite de causes diverses, le gaz n'atteigne

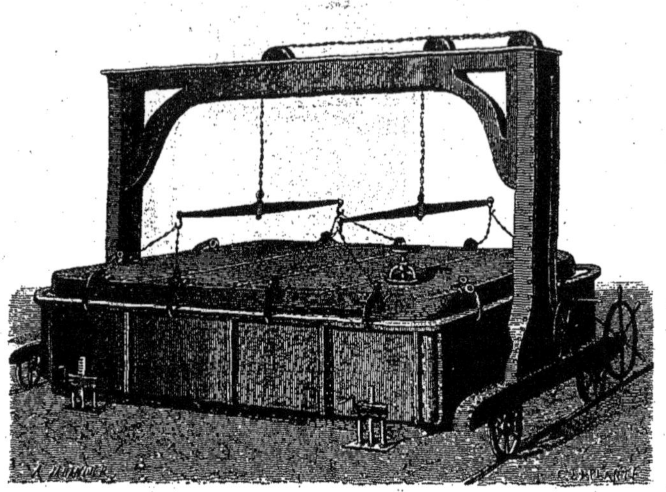

Fig. 407. — Caisse à épuration.

dans les cornues une pression qui pourrait s'élever jusqu'à 20 centimètres et occasionnerait des fuites considérables par les parois de ces cornues, le gaz y est aspiré par des machines, parmi lesquelles nous citerons l'*aspirateur Pauwels*. Ces aspirateurs le lancent dans la série des appareils qu'il doit traverser avant de se rendre au gazomètre. La diminution de pression empêche que la formation de graphite soit aussi abondante dans les cornues.

Le gaz est ensuite conduit par le tuyau F (fig. 405) dans des réfrigérants, où la majeure partie des matières liquéfiables se condense par le refroidissement. Ces appareils, désignés sous le nom de *jeu d'orgue*, se composent d'une série de tubes *r r r* en U renversés et qui sont fixés sur le couvercle de caisses en fonte. Le gaz est forcé de passer d'une série dans l'autre et y abandonne de l'eau ammoniacale et des goudrons. On voit en Q Q des bâches pleines d'eau qui, pendant l'été, servent à refroidir les derniers tuyaux.

L'épuration physique se complète à travers une colonne remplie de coke (fig. 406), sur lequel coule un filet d'eau ammoniacale, provenant d'une opération précédente : cette eau condense l'ammoniaque du gaz et commence l'épuration chimique, qui a pour

Fig. 408. — Coupe de la caisse à épuration.

but de le débarrasser de l'acide sulfhydrique, du carbonate d'ammoniaque et du sulfhydrate d'ammoniaque. Cette épuration se fait dans des caisses que représentent les figures 407 et 408 dans les-

Fig. 409. — Gazomètre.

quelles on met soit de la chaux, soit un mélange de sesquioxyde de fer et de sulfate de chaux.

A la sortie des caisses d'épuration, le gaz arrive par le tube A, B, C (fig. 409) dans un gazomètre, ou appareil formé par une cloche en tôle renversée sur l'eau d'un réservoir. Le tube est articulé en A, B, C et permet à la cloche de se soulever à mesure que le gaz arrive : le poids de la cloche, en pesant sur lui, le force à s'échapper par un tube semblable qui communique avec les tuyaux en fonte ou en tôle étamée chargés de le distribuer dans les différents quartiers de la ville.

FABRICATION DES ALLUMETTES CHIMIQUES.

La fabrication des allumettes chimiques se rattache directement aux industries du chauffage et de l'éclairage. De toute antiquité et jusqu'au commencement de ce siècle, le seul moyen en usage pour se procurer du feu consistait à utiliser les étincelles produites par le choc de l'acier sur le silex pour enflammer des morceaux de chanvre carbonisé. Plus tard, on substitua à cette matière inflammable une espèce de champignon, l'amadou, qu'on trempait dans une dissolution de nitrate de potasse pour le rendre plus inflammable. Cet amadou servait lui-même à enflammer des tiges de bois sec imprégnées de soufre. A une époque plus rapprochée de nous, on employa des briquets à hydrogène, en utilisant la propriété que ce gaz a de s'enflammer au contact de la mousse de platine. Ces appareils avaient l'inconvénient de n'être pas facilement transportables, et on les remplaça par les briquets phosphoriques, dont l'usage était fondé sur la propriété que possède le phosphore de s'enflammer à l'air sous l'influence du frottement. Les briquets phosphoriques se composaient d'un petit tube de verre, dans lequel on coulait du phosphore mélangé à des matières inertes, comme la magnésie, qui avaient pour but de le diviser. A l'aide d'une tige de bois soufré, on prélevait une parcelle du mélange et, en la frottant contre un corps rugueux, on enflammait le phosphore dont la combustion se communiquait au bois. A ces appareils, d'un emploi assez incommode, succéda l'usage des *briquets chimiques*, qui étaient des tiges de bois soufrées et imprégnées d'un mélange dont le chlorate de potasse formait la base. On trempait ces tiges dans un flacon rempli d'amiante imbibé d'acide sulfurique : au contact de l'acide le chlorate de potasse se décomposait et donnait naissance à des produits chlorés qui enflammaient le bois. Ces briquets avaient l'inconvénient de s'enflammer avec explosion; ils furent remplacés vers 1832 par les allumettes phosphoriques, dont l'invention est attribuée, en Souabe, à un nommé Kammerer, en Angleterre à J. Walker, pharmacien de Stockton. A partir de cette époque, la fabrication des allumettes prit un rapide essor, surtout à Darmstadt, sous l'impulsion du docteur F. Mollenhauer.

Il y a quelques années, cette industrie fabriquait en France plus de 16 milliards d'allumettes et consommait plus de 400 000 kilogrammes de phosphore. Ses centres principaux sont Paris et Marseille.

La fabrication des allumettes chimiques en bois comprend plusieurs opérations distinctes : le débitage du bois, la mise en presse des allumettes, le soufrage des tiges, la préparation de la pâte phosphorée, le trempage du bout soufré dans cette pâte, le séchage et la mise en paquets ou en boîtes.

Aujourd'hui, le débitage des bois se fait mécaniquement. MM. Rimailho, fabricants à Paris, avaient exposé en 1867 d'ingénieuses machines dont nous donnerons seulement le principe.

La machine servant au débitage des allumettes carrées consiste essentiellement en un cadre horizontal, dans lequel peut se mouvoir horizontalement une pièce portant deux outils : l'un se compose d'une série de petits couteaux verticaux, l'autre d'un double fer de rabot. Au-dessus de ce cadre se trouve une boîte carrée et sans fond, dans laquelle on introduit un morceau de bois prismatique ayant exactement les mêmes dimensions qu'elle ; ce morceau de bois peut être repoussé, d'un mouvement intermittent et de haut en bas, par une pièce métallique qui sert de refouloir et qui, à chaque mouvement, fait sortir de la boîte une épaisseur de bois égale à l'épaisseur que doit avoir l'allumette. Cela posé, supposons qu'à un moment donné il sorte de la boîte une tranche de bois de 2 millimètres, et qu'il y ait dans le premier outil quinze couteaux distants de 2 millimètres. Au moment où ils passent sous la boîte, en allant d'avant en arrière, ils traceront dans le morceau de bois quinze sillons distants de 2 millimètres : en revenant d'arrière en avant, ils repasseront dans ces sillons, et le double rabot arrivant à leur suite détachera l'épaisseur de bois qui est sortie de la boîte, et par conséquent quinze allumettes auront été débitées à la fois. A chaque mouvement de l'outil, le bois sortira de la boîte d'une quantité suffisante et quinze allumettes en seront détachées.

Dans les machines destinées à débiter les allumettes cylindriques, le rabot comprend une série de trous ronds, légèrement évasés et à bords tranchants ; ces fers juxtaposés débitent le bois en tiges cylindriques.

S'il fallait prendre à la main chacune des allumettes et les tremper dans le soufre et la pâte phosphorée, la main d'œuvre élèverait beaucoup trop le prix de revient. Aussi a-t-on imaginé de les dis-

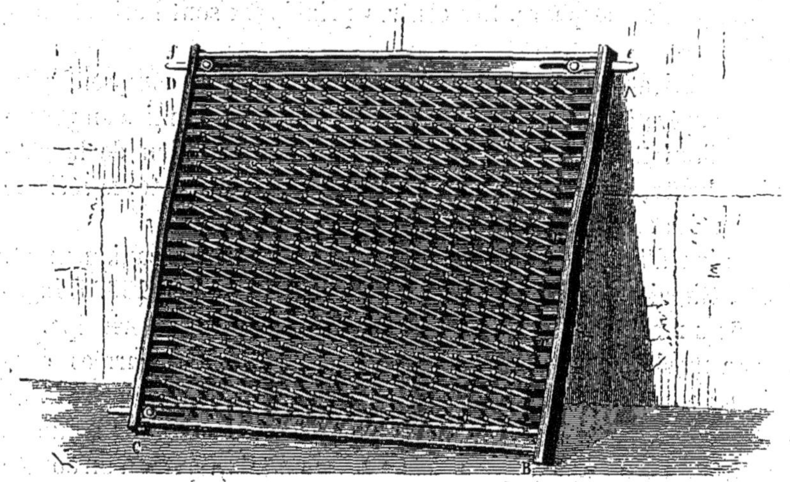

Fig. 410. — Châssis monté pour le soufrage des allumettes.

poser dans des cadres-presses à trois côtés, AB, BC, CD, que représente la figure 410. Les côtés AB et CD du cadre sont intérieurement munis d'une rigole, dans laquelle on peut faire glisser des règles *r r r*, et entre chaque règle on place un lit d'allumettes, de manière que leur extrémité sorte du plan du cadre ; quand elles sont toutes placées, on les serre en ajustant le quatrième côté *e f*. On emprisonne ainsi un grand nombre d'allumettes, que l'on pourra tremper à la fois, par leur extrémité, dans le soufre fondu et dans la pâte phosphorée. On comprend l'intérêt qu'il y avait en outre à ne pas être obligé de placer à la main les allumettes dans les cadres-presses : aussi cette opération se fait-elle mécaniquement, à l'aide d'un appareil dont la figure 411 représente l'ensemble, et dont la figure 412 nous permettra de décrire les détails.

Le cadre-presse est placé sur le devant de la machine et peut descendre verticalement par le mouvement d'une pédale qui fait aussi mouvoir les autres organes. Les allumettes sont disposées dans une boite sans fond C qui est située au-dessus d'une plaque à rigole PP (la figure 412 représente cette boite un peu en arrière de PP pour mieux isoler les organes). Cette boite est ani-

FIG. 411. — Machine à distribuer les allumettes dans le châssis.

mée d'un léger mouvement de va-et-vient latéral qui fait tomber sur la plaque un lot d'allumettes ; la brosse BB, par son mouvement latéral, les force à se placer dans les rigoles de la plaque. A ce moment, un levier M pousse en avant des refouloirs *ff*, qui glissent dans les rigoles et forcent les allumettes *a a* à tomber dans le cadre : elles sont guidées dans leur chute par des plaques verticales RR. A chaque mouvement de la machine, l'ouvrier pose une règle *r* sur le lot d'allumettes qui vient de tomber dans le cadre. Quand le cadre est plein, on le ferme, on l'enlève et l'on en place un autre. Cette machine permet de mettre sous presse 5000 allumettes en quatre-vingt-dix secondes.

Il ne reste plus alors qu'à garnir de soufre l'une des extrémités

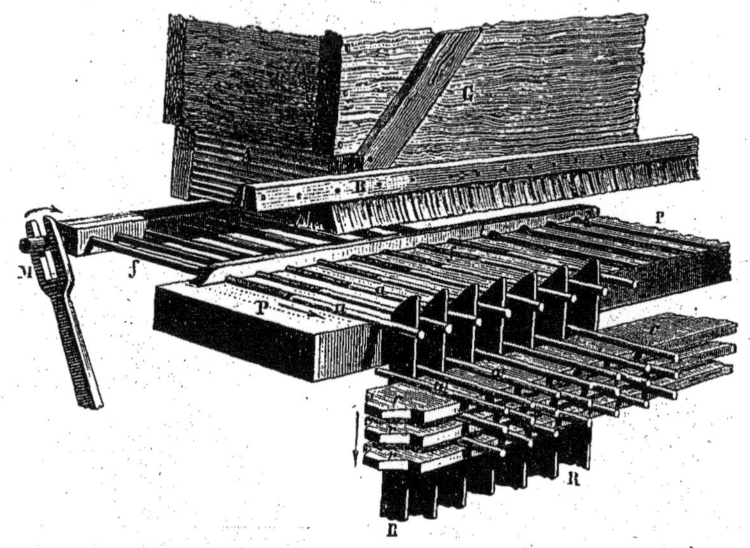

Fig. 412. — Distribution mécanique des allumettes dans les châssis.

de l'allumette, puis de pâte phosphorée inflammable. On place d'abord les cadres-presses sur une plaque de fonte chauffée : lorsque les allumettes sont assez chaudes pour que le soufre fondu ne se solidifie pas trop vite à leur extrémité, ce qui aurait l'inconvénient de former un bourrelet, on pose les cadres au-dessus d'un bain de soufre fondu, dans lequel les allumettes plongent de quelques millimètres. On les retire et, quand la couche est solidifiée, on trempe alors, de la même manière, toutes les allumettes d'un même cadre dans une pâte phosphorée semi-fluide qui est étalée sur une plaque de marbre légèrement chauffée.

Les fabricants tiennent secrète la composition de cette pâte, mais quelques-unes cependant sont tombées dans le domaine public.

Voici plusieurs compositions usuelles que nous empruntons au *Traité de chimie* de Payen :

	PATE A LA COLLE.	PATE A LA GOMME.	ALLUMETTES SANS SOUFRE IMPRÉGNÉES D'ACIDE STÉARIQUE.
Phosphore	2,5	2,5	3
Colle forte	2	2,5 (gomme)	2,5
Eau	4,5	3	3
Sable fin	2	2	2
Ocre rouge	0,5	0,5	3
Vermillon ou bleu de Prusse	0,1	0,1	0,1 à 0,5
Chlorate de potasse	»	»	3

Cette pâte se prépare en faisant dissoudre la gomme au bain-marie, puis en y incorporant le phosphore qui fond et se divise à mesure qu'on agite la dissolution de gomme; on ajoute ensuite les autres substances qui entrent dans la composition.

Lorsque les allumettes ont été imprégnées de pâte, on les porte dans une étuve où on les laisse sécher pendant une heure; on les sort des cadres-presses et on les met en boîtes. La mise en boîtes est faite à la main par des ouvrières, qui ont une telle habitude de cette opération, qu'elles prennent les allumettes par poignées correspondant toutes à la contenance d'une boîte. Dans l'une des usines que nous avons visitées, nous avons vu travailler une ouvrière qui, vérification faite, ne se trompait jamais de plus de deux allumettes par boîte.

Les allumettes bougies se fabriquent par des procédés analogues. Elles se composent d'une mèche de coton enduite d'un mélange de stéarine et de cire. Voici comment on les recouvre de ce mélange. Plusieurs écheveaux de mèche sont enroulés sur un cylindre situé derrière un bain-marie qui maintient fondue la stéarine et la cire. Chacun des écheveaux se déroule du cylindre, passe dans le bain liquide où il se recouvre d'une certaine épaisseur de corps gras, puis va s'enrouler sur un autre cylindre. En sortant du bain, les mèches traversent des filières à trous qui régularisent le diamètre. Plusieurs passages successifs donnent à la couche de stéarine et de cire l'épaisseur voulue.

Les cylindres couverts d'écheveaux sont ensuite placés à l'arrière d'une machine qui est chargée de découper les bougies, et qui a quelque analogie avec un métier à tisser. En se déroulant des cylindres, les mèches viennent passer entre les dents d'un peigne, au sortir duquel elles arrivent au-dessus d'un cadre-presse ; un couteau, qui se meut dans le sens transversal, les coupe à longueur : on place sur elles une réglette et l'on fait arriver une nouvelle longueur de mèche, qui correspond à la longueur d'une allumette bougie. Le découpage et la mise en presse se font donc en même temps. A partir de ce moment, la fabrication devient la même que celle des allumettes en bois.

La facilité avec laquelle les allumettes s'enflamment, les propriétés toxiques du phosphore qu'elles renferment, constituent un double danger, qui peut être évité par l'emploi des allumettes au phosphore rouge ou phosphore amorphe.

L'allumette est garnie d'une pâte composée de 6 parties de chlorate de potasse, 3 parties de sulfure d'antimoine et 1 partie de colle forte. Pour être enflammée, l'allumette doit être frottée sur un carton recouvert de la composition suivante :

Phosphore amorphe en poudre....................	10
Sulfure d'antimoine..........................	8
Colle....................................	3

L'allumette ne peut s'enflammer d'elle-même, puisqu'elle ne contient pas de phosphore. Lorsqu'on la frotte sur le carton, elle en détache des particules de phosphore qui suffisent à l'enflammer.

L'emploi du phosphore rouge conjure le danger d'empoisonnement.

LIVRE SIXIÈME

INDUSTRIES SATISFAISANT AUX BESOINS INTELLECTUELS

Les industries que nous avons étudiées jusqu'ici n'avaient en vue que de satisfaire aux besoins physiques et matériels de l'homme; il en est d'autres qui répondent à ses besoins intellectuels et qui, en augmentant l'instruction générale, élèvent en même temps le niveau moral des sociétés. Parmi les moyens que l'homme emploie pour satisfaire ses besoins intellectuels, certains ont un caractère tout à fait artistique : telles sont la peinture, la sculpture et la musique, que nous laisserons de côté pour ne nous occuper que de ceux que l'on peut regarder comme de véritables industries, quoique souvent aussi ils aient avec l'art des rapports bien intimes. C'est à ce titre que nous étudierons la papeterie, la fabrication des plumes métalliques et des crayons, l'imprimerie, la lithographie et la gravure.

CHAPITRE PREMIER

FABRICATION DU PAPIER, DES PLUMES MÉTALLIQUES ET DES CRAYONS.

L'invention du papier remonte à une époque fort reculée. Les Égyptiens eurent longtemps le monopole de cette fabrication, qui consistait dans une préparation qu'ils faisaient subir aux fibres d'une plante appelée *papyrus*. Vers le IXe siècle, on voyait encore en Europe du papyrus, qui fut remplacé plus tard par un papier de coton venu d'Orient : les procédés de fabrication dus aux Chinois furent importés d'abord en Espagne, puis chez nous; et c'est la France qui, du XIVe au XVIIIe siècle, a fourni l'Europe entière du produit de ses papeteries. Aujourd'hui, la papeterie est une de nos plus importantes industries. Nous citerons en première ligne les papeteries d'Angoulême, de Rives et d'Annonay, dont les produits ont une réputation européenne ; les papeteries des Vosges, notamment celle de Souche près de Saint-Dié ; les papeteries de Normandie (vallée de la Vire, de la Bresle, environs de Dieppe), du département de l'Eure, de Saint-Omer, de Prouzel (Somme), de l'île Napoléon (près Mulhouse), de Besançon, et enfin la papeterie d'Essonne, qui est un des plus grands établissements que nous ayons aujourd'hui.

Le papier peut être considéré comme résultant de l'entrecroisement de fibres presque exclusivement composées (pour le papier fin) d'une substance que les chimistes désignent sous le nom de *cellulose*. La nature nous offre cette substance en abondance dans un grand nombre de végétaux, où elle est unie à d'autres corps dont il faut la séparer plus ou moins. Pour servir à la fabrication du papier, la cellulose, après avoir subi l'action des agents chimiques qui la débarrassent des matières étrangères, doit conserver la forme de filaments allongés. Les matières premières satisfaisant à ces conditions sont le coton, le chanvre et le lin, qui s'emploient à l'état de vieux chiffons, les fibrilles de la paille, du sparte, de l'alpha (plante qui nous vient d'Algérie), du colza, des fougères, la cellulose du bois, etc. Mais de toutes ces substances le chiffon présente sans contredit le plus d'avantages au fabricant de papier; car la matière même du chiffon, soit dans la préparation des étoffes d'où il provient, soit par l'usage qu'on a fait d'elles, a acquis des qualités que le papetier serait obligé de développer, si elles n'y existaient déjà.

Nous nous occuperons d'abord de la fabrication du papier de chiffons, et nous dirons ensuite quelques mots des préparations que l'on fait subir aux matières employées comme succédanés des chiffons.

Les chiffons, qui ont été ramassés partout dans les villes et dans les campagnes par les chiffonniers, sont vendus par des marchands en gros au fabricant de papier. Celui-ci les accumule dans des magasins, où on les prend pour les livrer à des ouvrières chargées d'en opérer le *triage* et le *délissage*. Ces deux opérations, autrefois séparées, s'exécutent aujourd'hui simultanément. Chaque ouvrière est placée devant un coffre ouvert et divisé en un certain nombre de cases (10, 12 et même 16); sur le devant s'élève un couteau vertical formé par un morceau de lame de faux, tournant son côté tranchant vers le coffre. A côté de l'ouvrière est le tas de chiffons qui doivent être triés et délissés. Elle les prend alors un à un, les examine pour juger de leur nature et savoir le compartiment où elle devra les jeter; à l'aide du couteau, elle enlève les ourlets, les parties doubles et les divise en morceaux de dimensions convenables. En même temps, elle ôte les corps étrangers, fragments de métal, boutons, agrafes, œillets de corset, etc.

On a essayé de rendre cette opération plus économique en soumettant les chiffons triés à des coupeuses mécaniques; ces machines sont bonnes pour couper des fragments un peu résistants, comme les débris de cordes par exemple, mais les chiffons, par suite de leur souplesse, échappent en partie à leur action.

Après le délissage, les chiffons sont débarrassés des poussières qui les salissent, par un battage énergique effectué dans une machine spéciale; puis ils subissent un lessivage qui les sépare des matières qu'ils contiennent et l'on commence les opérations qui préparent le blanchiment.

Lorsque la papeterie n'employait que des chiffons blancs, ces opérations s'exécutaient dans des cuves où l'on faisait agir sur eux une lessive de soude; aujourd'hui, comme on se sert aussi de chiffons très-colorés, il faut avoir recours à des moyens plus éner-

Fig. 413. — Laveur sphérique pour la pâte à papier.

giques. On soumet les chiffons à l'action d'une lessive alcaline de chaux ou de soude et de la vapeur dans des appareils rotatifs qui sont, soit de grands cylindres en tôle rivée tournant autour de leur axe, soit des sphères en tôle rivée tournant autour de leur diamètre (fig. 413). Un trou suffisamment large permet d'introduire les chiffons. Après avoir fermé hermétiquement ce trou avec une plaque, on fait arriver la lessive et la vapeur par des tuyaux L et V qui se réunissent suivant l'axe de rotation. La tension de la vapeur, et, par suite la température doivent varier suivant la nature des chiffons à laver. On donne à l'appareil un mouvement très-lent, vingt tours au plus par heure : les corps gras sont pris par l'alcali et la chaleur facilite le ramollissement et la dissolution des matières gommeuses qui unissent les fibrilles. Au bout de quatre heures, on rince à l'eau pure et l'on recommence l'opération pendant le même temps.

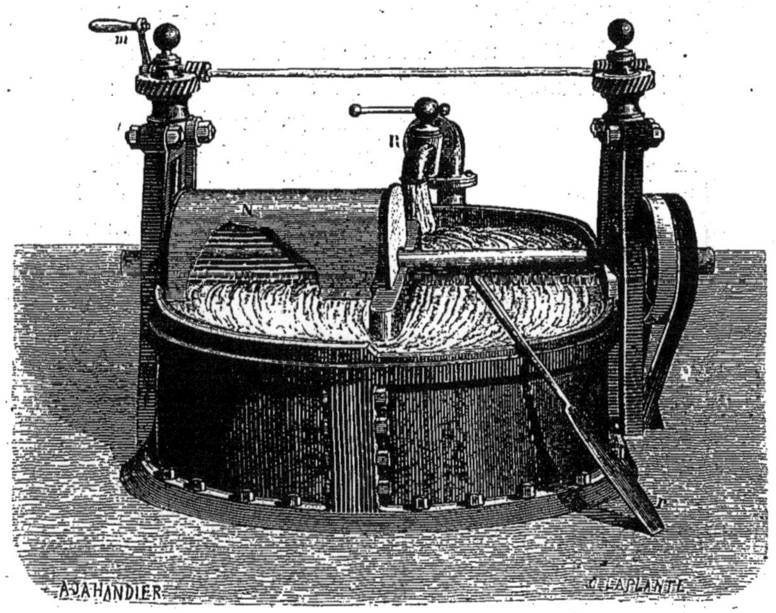

Fig. 414. — Pile effilocheuse.

Après ce nettoyage, il faut détruire le tissu du chiffon, en isoler les fibres pour les mélanger ensuite et en faire une pâte homogène. C'est le but de l'opération appelée *défilage* ou *effilochage*, qui se faisait autrefois dans des mortiers où le chiffon était battu par des pilons, mais que l'on exécute aujourd'hui à l'aide de machines inventées au XVIIIe siècle par les Hollandais et que l'on nomme *piles* ou *cylindres*. Elles se composent essentiellement d'un grand bac, dans lequel se meut avec une vitesse de 180 tours par minute un cylindre armé de lames métalliques que l'on voit à travers la déchirure faite dans l'enveloppe N ; ces lames rencontrent, dans leur rotation, des lames fixes implantées sur une pièce appelée *platine* et située au fond du bac. Les chiffons jetés dans l'appareil sont entraînés par le cylindre et déchirés entre ces lames et celles de la platine. La matière, lavée par un courant d'eau qui arrive en R, est déposée par lui sur un plan incliné à l'état de pâte homogène. Il est certain que la ténuité des fragments sera d'autant plus grande que l'intervalle du cylindre et de la platine sera plus petit ; on fait varier la grandeur de cet intervalle en agissant sur la manivelle *m* qui, par l'intermédiaire des vis sans fin que représente la figure, permet d'élever ou d'abaisser l'axe de rotation du cylindre. Au bout de deux heures environ l'opération est achevée, et la pâte, ou *défilé*, est soumise au blanchiment.

Autrefois, ce blanchiment s'exécutait à l'air sur le pré ; aujourd'hui, on se sert du chlorure de chaux que l'on dissout dans l'eau. La dissolution est versée dans des appareils dont la disposition rappelle celle des piles défileuses ; le cylindre à lames est remplacé par une roue à palettes qui remue la pâte que l'on a versée dans le liquide. Un courant de gaz carbonique lancé dans l'appareil décompose le chlorure et donne lieu au dégagement de composés chlorés qui détruisent la matière colorante. Dans certains cas, l'appareil que nous venons de décrire est remplacé par des chambres où sont disposées des tablettes sur lesquelles est placé le défilé et où l'on fait circuler un courant de chlore gazeux. La pâte blanchie doit être lavée et réduite en fragments plus ténus encore que ceux qui sont sortis des premières piles. C'est le but du *raffinage*, qui s'exécute dans des piles défileuses semblables aux précédentes, mais dans lesquelles le cylindre est plus rapproché de la platine. Après plusieurs passages aux piles raffineuses, la pâte se compose de cellulose presque pure et il n'y a plus qu'à la transformer en papier.

Ajoutons que dans l'eau des piles raffineuses on verse la matière colorante qui doit colorer le papier si celui-ci ne doit pas être blanc ; dans le cas où le papier sera fait à la mécanique, on encolle la pâte en versant dans la raffineuse un mélange d'empois de fécule, de savon, de résine et de solution d'alun. Cet encollage a pour but de rendre le papier imperméable et de permettre, lorsqu'on a gratté sa surface, d'écrire encore à l'endroit gratté sans que l'encre soit bue.

La transformation en papier de la pâte raffinée se fait, soit à la main, soit à la mécanique.

Dans le premier cas, la pâte étant mise en suspension dans l'eau,

FIG. 415. — Machine Bertram fonctionnant dans les ateliers de la papeterie d'Essonne.

un ouvrier, appelé *ouvreur*, y plonge horizontalement un châssis en bois, ou *forme*, dont le fond est constitué, soit par une toile métallique très-serrée, soit par des fils de laiton entrecroisés. Un autre cadre, nommé *frisquette* ou *couverte*, s'applique exactement sur les bords de la forme, et sa hauteur, conjointement avec la liquidité plus ou moins grande de la pâte, déterminera l'épaisseur de la feuille de papier. Plus la pâte est liquide, moins la feuille sera épaisse. Pour régulariser la couche de pâte qui se dépose sur le fond du châssis, l'ouvrier imprime à la forme un mouvement spécial qui exige de sa part une grande habitude. Après avoir laissé égoutter un peu la feuille, il retire la frisquette, passe sa forme à un autre ouvrier appelé *coucheur*, qui la renverse sur une feuille de feutre ou *flotre :* la feuille se détache et reste sur le feutre ; le coucheur renvoie la forme à l'ouvreur et place sur la feuille de papier un second feutre, et ainsi de suite. Quand on est arrivé au nombre de feuilles constituant ce qu'on désigne sous le nom de *porse*, on porte le tout sous une presse pour en faire sortir l'eau. Un troisième ouvrier, nommé *leveur*, enlève les feutres et empile les feuilles, qui sont soumises plusieurs fois à une pression capable d'en exprimer l'eau. Le papier est ensuite porté au séchoir, où il est étendu sur des cordes attachées à des poteaux verticaux. Pendant l'été, le séchage se fait à l'air libre et froid, pendant l'hiver dans un courant d'air chaud.

Pour donner au papier une imperméabilité qui permette d'écrire à sa surface, pour l'empêcher de boire l'encre, on plonge les feuilles dans une dissolution faible et tiède de colle d'amidon, d'un savon résineux et d'alun. Après le collage, les feuilles sont pressées et séchées de nouveau, puis soumises à l'action de presses qui donnent de la fermeté au papier et rendent sa surface plus ou moins polie.

La fabrication à la main n'est plus employée maintenant que d'une manière exceptionnelle et pour obtenir certains papiers doués de qualités spéciales ; elle est partout remplacée par la fabrication mécanique.

C'est à Essonne que Robert eut, en 1799, la première idée de la magnifique machine dont nous allons décrire le principe, mais c'est en Angleterre qu'elle fut construite au commencement de ce siècle. Cette machine est parvenue aujourd'hui à une telle perfection, que la pâte arrive en bouillie à l'une des extrémités et sort, à l'autre extrémité, à l'état de feuille séchée et rognée à la grandeur voulue.

La pâte est amenée dans de grands réservoirs, où elle est remuée par un agitateur à palettes; de là elle se rend à la machine, où on la voit arriver sur la gauche de la figure 415. Elle suit un canal dont le fond est garni de lames de cuivre couchées à contre-courant; ces lames arrêtent au passage tous les grains de sable, graviers et autres corps lourds qui ont échappé aux opérations précédentes; elle tombe ensuite sur une longue toile métallique sans fin destinée à remplacer la *forme*. Après avoir passé sous des lames de cuir qui donnent à la couche l'épaisseur voulue, la pâte s'engage sur cette toile sans fin, où elle est maintenue de chaque côté par des courroies-guides en coton caoutchouqué : la toile sans fin, en même temps qu'elle se déplace dans le sens longitudinal de la machine, reçoit un mouvement d'oscillation transversale qui joint et entrecroise les fibrilles. En même temps l'eau s'écoule à travers les mailles de la toile et la pâte se coagule de plus en plus. La coagulation est activée par des pompes qui, en faisant le vide dans une longue caisse en cuivre située au-dessous de la toile, aspire l'eau qui a résisté au tamisage. La feuille est faite : il s'agit maintenant de la sécher. Elle s'engage, toujours soutenue par la toile métallique, entre deux cylindres garnis de feutre ; en les quittant, elle est assez forte pour ne plus avoir besoin de la toile métallique et, s'appuyant sur un drap sans fin appelé *feutre coucheur*, elle passe entre deux cylindres de cuivre qui la livrent à une série de cinq paires de cylindres chauffés à la vapeur et chargés de la sécher et de la laminer. Après quoi, la feuille s'enroule d'une manière continue sur un dévidoir. Lorsqu'elle a fait sur lui un nombre de tours suffisant, elle est coupée; le dévidoir est enlevé et remplacé par un autre, sur lequel se continue l'enroulement. Le papier sort fabriqué de cette machine deux minutes après que la pâte qui le constitue y est entrée.

La feuille continue est ensuite coupée, divisée en morceaux de formats différents; puis ces morceaux sont visités avec soin; les boutons de pâte qui ont résisté à l'opération sont enlevés au grattoir. Le papier est, d'après ses qualités, classé en trois catégories et soumis à une forte pression par piles de 500 à 1000 feuilles placées entre des plateaux de bois ou de carton. On renouvelle plusieurs fois cette pression, et à chaque fois on change la disposition des feuilles l'une par rapport à l'autre de manière à en régulariser la surface. Enfin, les feuilles sont laminées entre des lames de carton ou de métal; suivant que la pression est plus ou moins grande, on a du papier *lisse*, *satiné* ou *glacé*: *lisse*, il est un peu plus uni qu'apprêté à la presse; *satiné*, il est doux au toucher, brillant, mais sans transparence; *glacé*, il a une surface très-polie, brillante, il a acquis de la transparence. Le glaçage ne peut s'obtenir qu'avec des feuilles de cuivre ou de zinc; pour le lissage et le satinage, on emploie des feuilles de carton.

Le chiffon est devenu tellement rare depuis un certain nombre d'années, que l'on a essayé de le remplacer dans la fabrication du papier. On utilise les cordes et les cordages, les vieux filets de pêche, les déchets de filature et de sparterie, le foin, la paille, le bois blanc, l'alpha, qui est une plante d'Algérie. On mêle ces substances réduites en pâte à une quantité de pâte de chiffons. La paille fournit d'excellents résultats. Saint-Junien (Haute-Vienne) produit de très-bons papiers de paille pour l'emballage.

Nous n'entrerons pas dans le détail des opérations qui transforment ces substances en pâte à papier; nous dirons seulement que les moyens employés sont mécaniques ou chimiques. On trouve un exemple remarquable des procédés mécaniques dans celui de M. Wœlter, qui réduit les bois en pâte sèche à l'aide de meules de grès. Les usines de Pontcharra près Grenoble et Domène produisent chaque jour, avec quatre machines, 2000 kilogrammes de pâte sèche.

Les procédés chimiques consistent à attaquer par des agents chimiques, comme l'acide nitrique et l'acide chlorhydrique mélangés, les végétaux que l'on veut faire servir à la fabrication du papier.

Dans ces derniers temps, MM. Bachet et Machard ont même inventé un procédé dans lequel ils transforment en sucre la substance incrustante des fibres du bois; ces fibres, abandonnées par la matière incrustante, ne sont plus que de la cellulose, et le sucre formé est soumis à la fermentation qui produit de l'alcool que l'on sépare par distillation.

Le *carton* se fabrique avec les vieux papiers que l'on humecte et que l'on fait pourrir en tas pendant douze ou quinze jours pour détruire les matières étrangères altérables; on les désagrége en les broyant à l'eau sous des meules verticales. La pâte ainsi préparée est mise en feuilles épaisses à l'aide d'une forme spéciale, pressée entre des feutres et séchée à l'air libre.

FABRICATION DES PLUMES MÉTALLIQUES.

Les plumes métalliques ont aujourd'hui presque entièrement remplacé les plumes d'oie dont on se servait autrefois pour écrire et les plumes de corbeau que l'on employait pour dessiner. La fabrication de ces plumes est centralisée à Boulogne, où elle occupe de huit à neuf cents ouvriers. La plupart sont des femmes; elles acquièrent à ce genre de travail plus de dextérité que les hommes, et, comme leur salaire est toujours moins élevé, le fabricant peut plus facilement arriver à diminuer le prix de vente de ces objets, dont la consommation est très-importante. On n'emploie guère les hommes que pour les opérations qui exigent de la force et qui seraient trop fatigantes pour les femmes. Cette industrie nous montrera une fois de plus combien est fécond le principe de la division du travail.

Toutes les plumes métalliques sont faites en acier et l'Angleterre a jusqu'ici le monopole de la production du métal propre à cette fabrication: ce sont les aciers de Sheffield qui sont regardés comme réunissant seuls les qualités voulues.

Ils arrivent à l'état de feuilles de $0^{mm},7$ d'épaisseur; ils sont coupés en bandes, de largeur et de longueur convenables, et on leur fait subir un *recuit* qui adoucit le métal, le rend moins cassant et lui permet de mieux supporter les différentes opérations ultérieures. A cet effet, les lames sont placées dans des boîtes métalliques, où elles sont fortement serrées l'une contre l'autre; ces boîtes sont exposées dans des fours, pendant douze heures environ, à l'action d'une haute température; on les abandonne ensuite à un refroidissement lent.

Il faut alors amener ces lames à l'épaisseur voulue, qui varie suivant le modèle de plumes auquel elles sont destinées. On y parvient par un laminage qui se fait à froid: le laminage à chaud dénaturerait l'acier, l'épaisseur sous laquelle ce dernier arrive d'Angleterre étant l'épaisseur limite que l'on peut obtenir à chaud sans altérer le métal; la chaleur aurait de plus l'inconvénient de déterminer la formation d'une couche superficielle d'oxyde qui détériorerait les outils. La recuite et le laminage sont exécutés par des hommes. Lorsque les lames et les rubans d'acier sont laminés, ils sont envoyés à l'atelier des femmes, et c'est là que commence à proprement parler la fabrication de la plume métallique. Elle comporte douze opérations successives que nous allons énumérer et décrire.

1° *Découpage.* — Cette opération consiste à découper le morceau d'acier qui servira à faire la plume : elle se fait à l'aide d'une machine assez simple qui, plus ou moins modifiée, servira à presque toutes les phases de la fabrication. Cette machine se compose d'une masse métallique portant à sa partie inférieure une pièce en acier trempé dans laquelle se trouve en creux l'empreinte de la plume supposée aplatie; les bords de cette cavité sont tranchants et constituent un couteau emporte-pièce qui a la forme de la plume. Le tout est suspendu par une vis sans fin munie d'un balancier et tournant dans un écrou fixe supporté par deux colonnes métalliques. L'ensemble de l'appareil ressemble à une presse à marquer le papier à lettres: au-dessous de l'emporte-pièce est une petite enclume fixée à l'appareil qui lui-même repose sur une table devant laquelle l'ouvrière est assise. Celle-ci place une lame d'acier sur l'enclume et, en manœuvrant le balancier, fait descendre l'emporte-pièce qui découpe dans la bande de métal un morceau ayant la forme d'une plume. Une ouvrière habile découpe ainsi de 360 à 400 grosses de plumes par jour, c'est-à-dire (la grosse se composant de douze douzaines) 51 840 à 57 600 plumes.

2° *Marque de la plume.* — La plume reçoit ensuite la marque du fabricant et, quelquefois en même temps, certains ornements que l'on imprime à sa surface. Pour cela, on se sert d'un mouton analogue à celui que nous avons vu employé dans l'estampage des bijoux.

3° *Perçage.* — Le *perçage* a pour but de pratiquer dans la plume des ouvertures destinées à lui communiquer plus d'élasticité. Le trou que l'on voit au centre des plumes et dans le prolongement de la fente, a un autre but, dont nous parlerons plus tard.

Le perçage se fait à l'aide de la première machine, où l'on a remplacé la pièce en acier servant au découpage par une autre pièce portant en creux la forme des trous qui doivent être faits sur la plume.

4° *Formage.* — Jusqu'ici la plume est encore plate : il faut lui donner la forme concave qu'elle a ordinairement ; la machine à balancier sert encore pour cette opération. L'enclume présente une cavité dans laquelle peut descendre un morceau d'acier ayant la forme et la courbure qu'on veut donner à la plume. Celle-ci étant placée sur la cavité, l'ouvrière agit sur le balancier et fait descendre le morceau d'acier qui comprime la plume et la force à se mouler sur lui.

5° *Trempe.* — Il faut que l'acier, pour subir les opérations que nous venons de décrire, ne soit ni trop élastique, ni trop dur, ni trop cassant ; la plume fabriquée doit, au contraire, être élastique et dure. On lui communique ces propriétés en *trempant* le métal, c'est-à-dire en le portant à une haute température pour le refroidir ensuite brusquement. Pour cela, les plumes sont enfermées dans des boîtes métalliques que l'on expose pendant une heure, dans des fours, à l'action d'une température rouge cerise. Puis on les sort et on les trempe aussitôt dans un bain d'huile qui les refroidit brusquement : la trempe à l'eau serait trop dure.

6° *Adoucissage.* — L'opération précédente a rendu le métal trop cassant : on corrige cet effet par l'*adoucissage* ou *recuit*, qui consiste à chauffer les plumes dans un appareil semblable à celui que l'on emploie pour la torréfaction du café et à les laisser refroidir lentement. La température doit être bien moins élevée que celle à laquelle on porte l'acier avant la trempe, sans quoi on détruirait ce qu'a produit cette opération.

7° *Nettoyage.* — La trempe et l'adoucissage ont eu pour effet de déterminer la formation d'une couche superficielle d'oxyde, que l'on enlève en plongeant d'abord les plumes dans un acide. On les place ensuite avec du gravier dans de grandes boîtes de fer-blanc qui sont mises en mouvement de rotation autour de l'axe sur lequel elles reposent : ces boîtes portent à l'intérieur des pointes qui divisent la masse et renouvellent les surfaces en empêchant les plumes d'aller s'appliquer contre les parois et de tourner sans frottement. Le gravier, en frottant contre les plumes, les nettoie, les polit, et l'on achève le travail en remplaçant le gravier par la sciure de bois.

8° *Aiguisage.* — La plume subit alors l'*aiguisage en long :* l'ouvrière la saisit avec une pince par le bout opposé à la pointe, et présente l'autre extrémité à l'action d'une meule verticale animée d'un mouvement rapide de rotation. Cette meule, qui a environ 1 centimètre d'épaisseur, est recouverte de cuir et d'émeri : l'ouvrière appuyant sur la meule le quart environ de la plume suivant le sens de la longueur, celle-ci s'use et s'aiguise. Une ouvrière peut aiguiser par jour 14 à 15 000 plumes.

9° *Mise en couleur.* — La mise en couleur consiste à recouvrir la plume de substances qui diffèrent d'un genre à l'autre, mais qui sont destinées à la préserver de l'oxydation. Il en est que l'on recouvre par galvanoplastie d'une couche de cuivre plus ou moins épaisse ; on les enfile pour cela avec un fil métallique et l'on suspend les paquets ainsi formés dans un bain de cyanure double de potassium et de cuivre, en les attachant au pôle négatif d'une pile électrique dont le pôle positif plonge dans la dissolution. Certaines espèces sont dorées et argentées par le même procédé ; mais les plumes les plus répandues, et sans contredit les meilleures, sont étamées. L'étamage se fait en plaçant les plumes entre deux plaques de zinc percées de trous et en descendant le tout dans une dissolution à 85 degrés d'un pyrophosphate double de soude et d'étain. Le zinc décompose le sel et précipite l'étain à la surface de l'acier. L'immersion dure de une heure à trois heures, suivant l'épaisseur que l'on veut donner à l'étamage. Enfin certaines plumes ne reçoivent qu'un vernissage.

Après la mise en couleur, on fait quelquefois subir à la plume un aiguisage en travers, qui a pour effet d'enlever le cuivre ou l'étain sur certaines parties et de déterminer des tons différents qui servent d'ornement.

10° *Refendage.* — Jusqu'ici la plume n'est pas encore *fendue*. On la fend à l'aide de la machine à balancier, qui est pour ainsi dire transformée en une paire de ciseaux. L'une des lames est fixe, c'est le bord tranchant d'une pièce d'acier fixée à l'extrémité de la vis ; l'autre est le bord de l'enclume. L'ouvrière, grâce à des guides convenablement fixés, place la plume sur l'enclume, de telle sorte que l'une des moitiés repose sur elle et que l'autre soit en dehors ; en agissant sur le balancier, elle fait descendre la lame mobile et la plume, se trouvant prise entre elle et l'enclume, se fend jusqu'au trou qu'a déterminé le perçage. Ce trou a l'avantage d'arrêter la fente ; de plus, en permettant à l'outil de couper la plume avec netteté depuis la pointe jusqu'à lui, il évite la production des bavures qui empêcheraient la fente de se refermer parfaitement dès qu'elle aurait été ouverte. Une ouvrière refend environ 15 000 plumes par jour. Certains modèles, surtout les plus grands et ceux qui sont en acier fort, présentent sur les bords des fentes destinées à donner de l'élasticité : ces fentes ont été faites en même temps que le perçage.

11° *Vernissage.* — Enfin, la plume n'a plus qu'à subir l'opération du vernissage.

FABRICATION DES PORTE-PLUME.

La fabrication des porte-plume offre de grandes analogies avec celle des plumes métalliques. Nous distinguerons : 1° les porte-plume dont le manche est plein et formé d'une baguette de bois ou de toute autre matière, os, ivoire, caoutchouc, etc.; 2° les porte-plume dont le manche est constitué par un tube métallique et qui sont surtout des porte-plume de poche.

Porte-plume à manche plein. — Le manche de ces porte-plume est habituellement une baguette de bois, d'os ou d'ivoire. Les bois employés à cette fabrication sont le tilleul, l'aulne, le bouleau, le mérisier, le palissandre, le cèdre et le bois de Guyane appelé *mossa*. Les planches sont d'abord découpées par la scie circulaire en baguettes prismatiques; celles-ci sont rendues cylindriques sur le tour. Pour accélérer le travail, au lieu de les tourner à la main, on les tourne mécaniquement. On se sert, à cet effet, d'un appareil qui se compose d'un arbre horizontal, creux et animé d'un mouvement rapide de rotation. L'ouvrier se place en face et pousse dans son intérieur la baguette prismatique : elle rencontre d'abord dans l'arbre un outil qui, tournant autour d'elle, la dégrossit en abattant les arêtes; puis elle rencontre une autre pièce qui la finit et la rend cylindrique. Les baguettes sont alors découpées à longueur et arrondies à l'une des extrémités. La partie métallique, qui doit porter la plume, est *découpée* et *façonnée* par des procédés semblables à ceux que nous avons décrits pour les plumes; on lui donne ensuite la forme cylindrique. Quant à la pince qui doit presser la plume, elle se fait par deux procédés. On peut, à l'aide de la machine à balancier, rabattre l'extrémité du tube en dedans de manière à former une espèce de pince : c'est l'opération du *cracquage*. Ou bien, on introduit dans le tube un autre petit tube plus court et plus étroit, que l'on fixe avec une pointe rivée. C'est dans l'intervalle laissé entre les deux tubes que se place la plume. Cette disposition est meilleure, en ce sens que l'usage d'un même porte-plume n'est pas limité à un nombre aussi restreint de modèles de plumes.

Porte-plume de poche. — Le porte-plume de poche est ordinairement fait par emboutissage mécanique : des pistons de diamètres différents forcent un disque métallique à entrer successivement dans des cavités dont la dernière a la forme du tube qui constitue le manche du porte-plume.

FABRICATION DES CRAYONS.

La fabrication des *crayons* est une industrie peu importante en France, aussi n'en donnerons-nous qu'une description sommaire. On donne ce nom à de petites baguettes faites avec une variété de charbon appelée *graphite*, *plombagine* ou *mine de plomb*, et renfermées dans des cylindres en bois. Ces baguettes servent à écrire ou à dessiner.

Les meilleurs crayons de plombagine anglais se préparent en débitant à la scie des baguettes de graphite pur préalablement chauffé en vase clos à une forte chaleur rouge. Ces baguettes sont habituellement enchâssés dans des baguettes en bois de cèdre. On taille aussi de petits cylindres en graphite très-courts, destinés à être fixés dans des porte-crayon métalliques.

En 1795, Conté inventa un procédé très-simple qui permet de fabriquer des crayons avec un mélange d'argile et de plombagine. Ces deux substances, réduites en poudre fine, après avoir été portées à une température qui leur donne les propriétés requises, servent à faire avec l'eau une pâte que l'on coule dans des rainures parallèles pratiquées dans des planches. Lorsque la pâte est sèche, on introduit les baguettes ainsi formées dans des creusets, où on les chauffe à une température d'autant plus élevée que l'on veut avoir des crayons plus durs. On les enferme dans des cylindres en bois que l'on a coupés suivant leur longueur en deux parties inégales ; dans le milieu de la plus grosse est pratiquée une rainure où on loge la mine de plomb ; les deux morceaux sont ensuite recollés ensemble.

Les crayons noirs pour le dessin se font en mélangeant du noir de fumée très-fin avec deux tiers environ d'argile, et en comprimant la pâte dans des moules qui ont la forme pyramidale que l'on donne ordinairement à ces crayons.

On fabrique les crayons pour pastel en comprimant dans des moules cylindriques une pâte composée de terre de pipe bien fine et de matières colorantes.

CHAPITRE II

IMPRIMERIE TYPOGRAPHIQUE.

La découverte de l'imprimerie est sans contredit une de celles qui ont exercé le plus d'influence sur la marche de l'humanité : propager la connaissance de chefs-d'œuvre qui restaient forcément le privilége de quelques-uns, permettre la reproduction à l'infini des travaux de l'esprit, faciliter entre les hommes l'échange journalier de leurs idées et de leurs conceptions, développer enfin l'instruction de chacun, tels sont les caractères propres de cette grande découverte qui remonte au xve siècle.

Avant cette époque, malgré quelques essais déjà faits dans la voie du progrès, on était encore réduit à copier à la main les œuvres des littérateurs et des savants. Ces copies, appelées *manuscrits*, étaient souvent exécutées avec un grand soin, et des artistes distingués y traçaient de luxueuses illustrations ; mais, quelque simples qu'elles fussent, elles exigeaient toujours un temps considérable pour leur confection et, par suite, leur prix restait très-élevé. Vers 1440, Jean Gensfleich ou Gutenberg, surnom qu'il a depuis immortalisé, imagina de graver à la surface de planches en bois des lettres en relief, d'enduire cette planche d'une encre grasse et d'y appliquer ensuite une feuille de papier. Toutes les parties en relief touchées par l'encre se reproduisirent en noir sur la feuille de papier. Une bible fut imprimée par ce procédé. Tel est encore aujourd'hui le principe de toute impression. Mais la nécessité de graver ces planches à la main en restreignait beaucoup l'usage ; de plus, elles ne donnaient que des épreuves assez imparfaites. Gutenberg s'associa alors à Jean

Faust de Mayence, puis à Pierre Schœffer, et, par leurs efforts réunis, ils arrivèrent à la découverte des procédés en usage aujourd'hui, c'est-à-dire à l'emploi de lettres mobiles que l'on dispose les unes à côté des autres dans l'ordre voulu et dont l'ensemble forme les lignes et les phrases à reproduire.

Nous ne suivrons pas les progrès de cette industrie, qui a maintenant une importance considérable. Nous la décrirons telle qu'elle est pratiquée actuellement.

L'imprimerie est surtout développée à Paris, où il existe d'ailleurs un établissement modèle placé sous la surveillance de l'État : c'est l'Imprimerie nationale. A côté d'elle fonctionnent des maisons aussi remarquables par la nature de leurs produits que par l'importance de leur fabrication. Les maisons Claye, Plon, Raçon, Martinet, Didot, Lahure ont acquis à l'imprimerie française une juste réputation. Depuis quelques années, pour éviter les frais trop considérables qu'entraîne le séjour dans la capitale, et pour profiter des avantages dus au voisinage de ce grand centre, cette industrie s'est répandue aux environs de Paris, où elle a pris une large extension : à Corbeil on remarque l'imprimerie Crété ; Puteaux, Saint-Germain, Poissy, Coulommiers, possèdent aussi d'importants établissements. La maison Mame, à Tours, est une des plus considérables de France ; Strasbourg, Lyon, Avignon, Lille, Limoges, Rouen, Rennes, Toulouse et Amiens sont encore à citer.

Il y a trois espèces d'imprimeries : la *typographie*, la *lithographie* et la *taille-douce*.

IMPRIMERIE TYPOGRAPHIQUE.

L'imprimerie typographique consiste dans la reproduction du manuscrit d'un auteur à l'aide de lettres mobiles en relief, que l'on assemble pour former des mots et des phrases, et qui, après l'impression, peuvent être désunies de manière à servir de nouveau à la reproduction d'autres manuscrits.

L'industrie de la typographie comprend trois parties principales, que nous examinerons séparément : la *fonte des caractères*, la *composition*, le *tirage*.

La fonte des caractères se fait ordinairement dans des établissements spéciaux. Cependant certaines maisons importantes l'exécutent elles-mêmes. Un caractère d'imprimerie est un prisme fait avec un alliage fusible de plomb et d'antimoine (fig. 416) : l'une des bases de ce prisme porte en relief l'une des lettres de l'alphabet, c'est l'*œil* du caractère : c'est la partie qui imprime ; l'autre base présente une échancrure ou *gouttière*. Sur l'une des faces latérales, celle qui correspond à la partie inférieure de la lettre, se trouve une entaille ou *cran* qui sert à désigner le sens de la lettre. La grosseur du caractère est appelée *force de corps*. On la mesure du dessus au dessous de la lettre à l'aide d'une unité que l'on nomme *point typographique :* c'est la sixième partie de la ligne du pied de roi (1). Quoique cette mesure ne rentre pas dans notre système métrique actuel, elle est restée en usage pour éviter la perturbation que jetterait dans les ateliers l'adoption d'une nouvelle unité. Les caractères employés le plus ordinairement ont une force de corps variant entre 5 et 11 points.

Fig. 416. — Caractères d'imprimerie.

On fabrique le caractère d'imprimerie en coulant de l'alliage de plomb et d'antimoine dans un moule qui forme un petit canal allongé et prismatique, à la base duquel on applique une plaque de cuivre appelée *matrice* et portant en creux l'empreinte de la lettre. Cette empreinte est obtenue de la manière suivante : Un ouvrier, nommé *graveur en caractères*, grave en relief, à l'extrémité d'une tige d'acier appelée *poinçon*, la lettre à reproduire. Ce travail demande une grande habileté et exige de véritables artistes. Lorsque le poinçon est achevé et qu'on lui a donné la trempe nécessaire, on s'en sert pour *frapper* la matrice. Pour faire la *frappe*, on applique la lettre gravée sur une planche de cuivre, et en frappant sur l'autre extrémité du poinçon on la force à s'imprimer en creux. Les matrices subissent ensuite un travail désigné sous le nom de *justification*, qui a pour but de les équarrir et d'égaliser la profondeur des empreintes.

La fonderie des caractères peut se faire dans les moules composés de quatre parties dont deux, parallèles, sont invariables et règlent la force de corps ; les deux autres, parallèles aussi, se rapprochent ou s'éloignent suivant la largeur de la lettre. Ces quatre

(1) Le pied de roi équivaut à 144 lignes et la ligne équivaut à 2mm,256.

pièces forment entre elles un conduit prismatique où l'on coulera le métal. La matrice est placée contre l'une des bases de ce conduit; elle le ferme et se trouve maintenue à l'aide d'un crochet en fer. On a été longtemps réduit à se servir de ces moules, où l'on ne pouvait fondre qu'un seul caractère à la fois ; dès 1816, Henri Didot inventait le *polyamatype*, qui a été perfectionné depuis et permet de fondre 120 lettres à la fois.

Cet instrument est disposé sur le devant d'une table (fig. 417).

Fig. 417. — Machine à fondre les caractères d'imprimerie (polyamatype).

et se compose de plusieurs pièces mobiles qui forment le moule multiple destiné à recevoir l'alliage en fusion : au milieu est une rigole où arrivera le métal liquide ; sur les côtés sont ajustées deux règles en fer dans lesquelles sont entaillées des rainures qui représentent le corps de la lettre et dont l'une des extrémités vient déboucher perpendiculairement dans la rigole ; contre l'autre extrémité se dresse une règle en fer où sont enchâssées les matrices représentant l'œil de la lettre. En résumé, l'appareil se réduit à une rigole qui fournira le métal et à des rainures dans lesquelles il se moulera. Quand ces pièces sont bien assemblées sur la table de la machine, un ouvrier verse l'alliage liquide dans un entonnoir qui est au-dessus de la rigole, puis il fait descendre un levier à contre-poids, ou *mouton*, dont l'extrémité entre dans le polyamatype et re-

FIG. 418. — Machine à fondre les caractères d'imprimerie.

foule le métal avec pression. Lorsque ce métal est solidifié, on démonte le polyamatype et l'on en sort une planche métallique constituée par toutes les lettres de l'alphabet, répétées chacune un nombre de fois qui varie suivant l'usage plus ou moins fréquent de chaque lettre : on les sépare à la main en les cassant aux points de jonction et l'on recommence l'opération.

Nous avons vu fonctionner aussi chez M. Virey, fondeur en

caractères à Paris, une machine fort ingénieuse, qui permet d'opérer d'une manière continue. Elle est représentée dans son ensemble par la figure 418, et la figure 419 nous permettra d'en expliquer les détails. En M est un creuset chauffé par un foyer dont on voit le tuyau

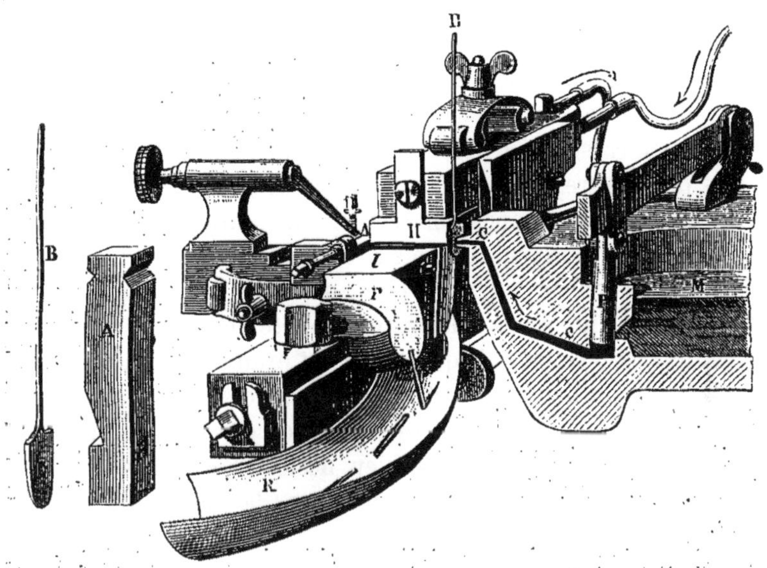

Fig. 419. — Détails de la machine à fondre les caractères.

de tirage sur la figure 418 ; ce creuset renferme l'alliage en fusion. Sur l'une de ses parois est un trou qui peut être alternativement bouché et ouvert par le mouvement d'un piston vertical P. Lorsque le piston est soulevé, le métal liquide se répand, par différence de niveau, dans un conduit *c c* qui aboutit à une plaquette trouée soutenue par la tige B ; le trou de cette plaquette qui est dessinée à part dans la figure 419, forme l'entrée d'un canal pratiqué dans une plate-forme *l* et représentant le *corps* de la lettre ; la base de ce canal, opposée à la plaquette, est constituée par une matrice où se trouve en creux l'empreinte de l'*œil* de la lettre. Ajoutons qu'une pièce H, animée d'un mouvement alternatif d'arrière en avant et d'avant en arrière, glisse sur la plate-forme et vient successivement couvrir et découvrir la rigole. Tous les organes de la machine sont mus par une manivelle que fait tourner l'ouvrier fondeur. Cela posé, au moment où le piston P s'abaisse, le métal liquide est lancé dans la rigole et dans la matrice ; la pièce H recouvrant alors la rigole, l'alliage se trouve emprisonné et se solidifie dans la cavité formée par la rigole et par la matrice. Au mouvement suivant, la pièce H recule, le caractère est poussé en dehors de la cavité et tombe dans le conduit $r\,R$, à l'extrémité duquel il est recueilli. Un courant d'eau continu, qui circule dans le sens indiqué par les flèches, refroidit constamment l'appareil. Cette machine peut faire 1000 lettres à l'heure.

Après la fonderie, les caractères subissent un travail qui se compose d'opérations multiples, dont le but est d'en régulariser les détails. On casse le *jet*, c'est-à-dire la partie solide qui excède le corps de la lettre, et on enlève les aspérités des faces en les frottant sur des meules à composition d'émeri. Les caractères sont ensuite juxtaposés sur une règle de bois pour permettre de vérifier s'ils ont bien tous la même hauteur; puis, après en avoir fixé un certain nombre sur une règle d'acier, on rabote leur pied et les deux faces de l'œil. Enfin, chaque lettre est examinée à la loupe, retouchée s'il y a lieu, ou rejetée s'il est impossible de corriger ses défauts. Après ce travail de retouche, les caractères sont assemblés régulièrement en paquets, bien ficelés et expédiés chez l'imprimeur, qui les vérifie et en fait opérer la distribution dans les *casses*.

On donne le nom de *casse* à l'ensemble de deux boîtes à compartiments, dont l'une, appelée *haut de casse*, contient les lettres capitales ou majuscules, et dont l'autre, nommée *bas de casse*, renferme les lettres courantes ou minuscules. Chacun des compartiments, appelés *cassetins*, contient une sorte de lettres, et la grandeur de ces cassetins varie avec la grandeur de la lettre et le nombre de lettres de la même espèce qu'il doit recevoir. En effet, le cassetin correspondant à une lettre qui se présente souvent dans la composition doit en renfermer un plus grand nombre, et par suite être plus grand que le cassetin correspondant à une lettre moins souvent employée. Ajoutons aussi que les caractères sont distribués dans les cassetins de manière que l'ouvrier ait immédiatement sous la main les lettres les plus usitées.

La *composition* ne comprend pas seulement la combinaison des caractères et la formation des pages; elle comprend réellement toutes les opérations qui précèdent le tirage et qui sont la *composition proprement dite*, la *mise en pages*, l'*imposition* et la *correction*.

La *composition proprement dite* consiste à assembler, en suivant le manuscrit de l'auteur, les lettres une à une pour en former des mots, des lignes et des pages. Voici comment on opère : L'ouvrier typographe, placé devant sa casse posée sur un pupitre appelé *rang*, tient de la main gauche un outil nommé *composteur*. Cet instrument n'est autre qu'une lame de fer (fig. 420) dont le bord est relevé en équerre dans toute sa longueur : à l'un des bouts se

Fig. 420. — Composteur.

trouve une facette carrée fixe ; le long de la règle glisse une autre facette carrée que l'on peut fixer à l'aide d'une vis. La distance des deux facettes doit être égale à la longueur qu'aura la ligne imprimée : cette longueur est désignée sous le nom de *justification*. L'ouvrier lit le manuscrit qui est posé devant lui et de la main droite prend chaque lettre l'une après l'autre dans les cassetins et les place, le cran en-dessous, dans son composteur : c'est ce qui s'appelle *lever la lettre*. Comme le salaire dépend du nombre de lettres levées, l'ouvrier compositeur a intérêt à acquérir le plus de vitesse et de régularité possible dans les mouvements. Pendant qu'il lève une lettre, l'habitude lui apprend à diriger le regard vers le cassetin qui renferme la lettre qu'il faut lever au mouvement suivant. Quand le compositeur a placé toutes les lettres d'un mot, il pose à leur droite une petite lame métallique appelée *espace*, qui est moins haute que la lettre et qui séparera le mot composé du mot suivant. Lorsque la ligne est finie, on la consolide ou *justifie* en y introduisant de *petites espaces* destinées à maintenir solidement les lettres et, autant que possible, à espacer également les mots ; puis on place au-dessus une petite réglette nommée *interligne*, qui est moins haute aussi que la lettre et constitue l'intervalle devant exister entre chaque ligne.

Cela fait, l'ouvrier enlève du composteur la quantité de lignes qu'il peut contenir et les place sur une planchette munie d'un bord en équerre (fig. 421) et appelée *galée*. Les lignes suivantes sont composées de la même manière, posées à leur tour sur la galée après les premières, et ainsi de suite jusqu'à ce que la galée soit à peu près pleine. Cela fait, on lie toutes les lignes ensemble avec une ficelle, de manière à former ce qu'on appelle un *paquet*.

Les opérations précédentes constituent la composition proprement dite. Vient maintenant la *mise en pages*, qui consiste à prendre dans chacun des paquets composés le nombre de lignes qui entrent dans une page et à y mettre le folio, le titre courant et la signature (on appelle *signature* le numéro d'ordre des différentes feuilles : il se trouve au bas de la première page de chaque feuille).

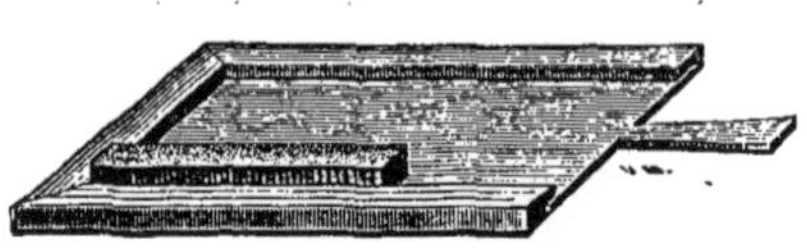

Fig. 421. — Galée.

A la mise en pages succède *l'imposition*, opération par laquelle on dispose, dans un ordre convenable, à l'intérieur d'un cadre nommé *forme*, toutes les pages qui doivent être imprimées d'un même côté de la feuille de papier. Cette imposition sera telle, que lorsque le tirage aura été fait sur les deux faces de la feuille de papier, on puisse ensuite plier celle-ci et faire un cahier dans lequel les pages se succèdent dans l'ordre de leur pagination.

Pour imposer, l'ouvrier dispose d'abord ses paquets sur une table appelée *marbre*, dans l'ordre qui correspond au format adopté pour l'ouvrage. Dans tous les cas, le nombre de pages composant la feuille se trouve divisé en deux parties égales, dont chacune est destinée à imprimer l'un des côtés du papier. L'une des faces de la feuille est nommée *côté de première*, et l'autre *côté de seconde*.

S'il s'agit d'un in-folio, c'est-à-dire d'un format tel que l'on n'imprime que deux pages à la fois de chaque côté de la feuille, voici la disposition adoptée, les chiffres représentent les numéros de pages :

Côté de première.		Côté de seconde.	
1	4	3	2

Pour un in-quarto, on imprime quatre pages à la fois sur chaque côté de la feuille et l'imposition se fait comme l'indique le tableau suivant :

Côté de première.		Côté de seconde.	
4	5	6	3
1	8	7	2

Pour l'in-octavo, on imprime huit pages à la fois; pour l'in-douze, douze pages, et ainsi de suite.

Les pages étant rangées suivant l'ordre prescrit par leur format, on entoure chaque forme d'un châssis. On sépare ensuite les pages en tous sens par des blocs de fonte qui représentent les marges et que l'on appelle *garnitures*. Enfin, à l'aide de pièces nommées *réglettes*, *biseaux* et *coins*, qu'on dispose contre les bords intérieurs du châssis, on achève de serrer toutes les pages de manière à en faire un tout parfaitement solide, qui constitue la *forme* ou planche destinée à l'impression.

On tire alors une *épreuve*, c'est-à-dire qu'après avoir réparti de l'encre à la surface de la forme à l'aide d'un rouleau dont nous parlerons à propos du tirage, on applique sur cette forme une feuille de papier et l'on soumet le tout à l'action d'une presse. Les caractères, qui seuls ont pris l'encre, puisqu'ils font saillie, impriment les lettres à la surface de la feuille de papier, et l'on a ce qu'on appelle la *première épreuve*, qu'on donne à l'employé nommé *correcteur*, avec le manuscrit de l'auteur, ou *copie*. Un autre employé, appelé *teneur de copie*, lit à haute voix le manuscrit pendant que le correcteur le suit sur l'épreuve et indique en marge, par des signes conventionnels, les différentes fautes faites par le compositeur.

L'épreuve corrigée est rendue au *metteur en pages* qui remet les formes sur le marbre, les desserre et appelle successivement chaque compositeur pour qu'il ait à corriger la portion qu'il a composée. Cette correction se fait en desserrant d'abord la ligne et en retirant, avec de petites pinces ou mieux avec les doigts, les lettres qui doivent être enlevées; et en les remplaçant par d'autres.

On tire alors une seconde épreuve que l'on remet à l'auteur. Celui-ci marque les corrections et modifications à faire, et ainsi de suite jusqu'à ce que, satisfait de sa rédaction, il indique sur l'épreuve qu'on peut procéder au tirage définitif: ce qu'il fait en écrivant en tête les mots *bon à tirer*.

Le *tirage* comprend la *préparation* que doit subir le papier avant d'être livré à la presse et le *tirage proprement dit*.

La préparation du papier est une des opérations qui ont le plus d'influence sur la qualité de l'impression. Elle doit être appropriée à sa nature et se compose de deux parties: la *trempe* et le *remanie-*

ment. Pour tremper le papier, l'ouvrier en prend une main, l'ouvre et la place sur une table appelée *ais ;* il asperge avec un balai de bouleau trempé dans l'eau la feuille qui se trouve au-dessus, prend une autre main, la place sur la première et répète

Fig. 422. — Glaçage du papier.

la même opération. Quand un certain nombre de mains ont été superposées et mouillées, on les met en presse et on les abandonne pendant quelques heures : la pression fait pénétrer l'eau dans toutes les feuilles. Pour assurer la répartition égale de l'humidité le papier est *remanié*, c'est-à-dire que l'ouvrier, prenant successivement des paquets de plusieurs feuilles, les retourne tantôt de gauche à droite, tantôt de bas en haut, en ayant soin à chaque fois de les lisser avec la main pour étendre et effacer les rides. L'humidité est ainsi répartie très-également et chaque feuille ne conserve qu'une simple moiteur. On met en presse de nou-

FIG. 423. — Presse typographique à bras.

veau et l'on procède, pour les ouvrages soignés, au *glaçage*, qui consiste à placer les feuilles entre des lames de zinc et à faire passer le tout entre les cylindres d'un laminoir (fig. 422); la pression des cylindres écrase le grain du papier et, par conséquent, glace la surface.

Avant de faire le tirage, on commence par laver les formes avec une dissolution de potasse pour enlever l'encre qui reste à leur surface et qui y a été mise pour le tirage des épreuves. On les laisse ensuite sécher et on les porte à la *presse*.

Il y a deux sortes de presses : la *presse à bras* et la *presse mécanique*. Cette dernière est maintenant la plus employée.

La *presse à bras* (fig. 423) présente une plate-forme appelée *marbre*, sur laquelle on pose la forme. On peut rabattre sur elle un cadre nommé *tympan*, qui est garni de drap et sur lequel on place la feuille de papier dont la position a été bien déterminée, une fois pour toutes, dans une opération qui consiste à faire la *marge*. La marge est une feuille prise dans le papier à imprimer et qui, collée sur le tympan, sert d'indicateur à l'imprimeur pour toutes les feuilles qu'il doit tirer.

Après avoir fait la marge, on fixe sur le tympan deux petits ardillons appelés *pointures*, qui perceront dans la feuille un trou destiné à servir plus tard de point de repère. Sur cette dernière peut lui-même se rabattre un cadre à jour nommé *frisquette*, formé par le collage de plusieurs feuilles de papier superposées. L'ouvrier, après avoir placé sa feuille avec soin et rabattu la frisquette, encre sa forme, c'est-à-dire qu'au moyen d'un rouleau fait avec un mélange de gélatine et de mélasse coulé sur un mandrin en bois il prend de l'encre sur une table-encrier, que nous décrirons à part, et l'étend sur la forme en passant plusieurs fois le rouleau à la surface.

Il rabat ensuite la frisquette et le tympan sur la forme et fait glisser le tout sous une plaque appelée *plâtine*, qui est portée par une vis verticale entre deux montants nommés *jumelles*. A l'aide d'un levier il fait descendre la platine, et, la feuille de papier se trouvant pressée entre la forme et le tympan, les lettres s'impriment à sa surface. La frisquette, par ses parties pleines, préservera de toute maculature les portions de la feuille qui, comme les marges, doivent rester blanches. On ramène alors le marbre et le tympan, l'on enlève la feuille de papier et l'on en place une autre.

Revenons maintenant sur deux points que nous avons laissés de côté à dessein pour ne pas nuire à la clarté de l'explication : la description de la *table-encrier* et celle d'une opération appelée *mise en train*.

A la partie postérieure d'une table ordinaire se trouve une boîte longue dont la face antérieure manque. Dans cette boîte peut tourner un cylindre; on a versé l'encre entre ce cylindre et la face postérieure de la boîte. C'est une pâte semi-fluide formée par un mélange de vernis et de noir de fumée. Lorsqu'on fait tourner le cylindre à l'aide de la manivelle, une certaine quantité d'encre, entraînée par la rotation, vient se présenter entre le cylindre et la table. On la recueille avec un rouleau à poignée et on la distribue sur la table en faisant rouler le rouleau à la surface jusqu'à ce qu'il en soit lui-même couvert.

Nous avons supposé que, dès que la forme avait été encrée et la feuille bien placée sur le tympan, il n'y avait plus qu'à faire le tirage. Les choses ne sont pas aussi simples : quand l'ouvrier a tiré une première feuille, il s'aperçoit le plus souvent que les lettres ne sont pas toutes imprimées avec la même intensité, qu'il y a, comme on dit, des *forts* et des *faibles*. Les forts correspondent aux parties où la feuille de papier a été trop pressée contre la forme : il s'est même produit une espèce de gaufrage nommé *foulage ;* les faibles correspondent aux régions où la pression n'a pas été aussi grande. Pour corriger ces défauts, il suffit évidemment de découper la marge aux endroits forts et de coller de petits morceaux de papier aux endroits faibles. L'épaisseur devenant moindre aux parties foulées, plus grande aux parties faibles, la feuille se trouvera uniformément pressée, et par suite le tirage aura plus de régularité. On modifie l'épaisseur de la marge jusqu'à ce qu'on soit arrivé à une épreuve parfaitement régulière. Cette opération s'appelle la *mise en train.*

Pour les ouvrages illustrés, la mise en train est plus importante encore, elle constitue une opération très-longue et très-minutieuse. La reproduction des illustrations se fait en intercalant dans la forme, aux endroits réservés aux figures, des planches gravées sur bois ou des clichés en cuivre dont nous décrirons bientôt la fabrication. Pour que le tirage des gravures intercalées dans le texte soit aussi parfait que possible, le metteur en train est obligé de découper tous les détails du dessin et de les coller sur le tympan (ou sur le cylindre dans les presses mécaniques), en augmentant l'épaisseur dans les endroits faibles, en la diminuant aux endroits foulés.

La *retiration* est le tirage du second côté de la feuille. Lorsqu'un certain nombre de feuilles ont été tirées du premier côté, on les reprend pour faire le tirage du second. L'ouvrier place sur la marge une feuille de décharge, après avoir diminué la pression d'un tour de vis pour compenser l'augmentation d'épaisseur. Cette feuille est destinée à recevoir une partie de l'encre du premier côté, qui n'a pas encore eu le temps de sécher complétement : elle doit être renouvelée dès qu'étant trop chargée d'encre elle menace de maculer la feuille imprimée.

Avant de procéder au tirage, l'ouvrier s'assure que les pages du *verso*, ou second côté, s'impriment exactement derrière les pages du *recto*, ou premier côté. Il y arrive après quelques tâtonnements et modifications dans la position des pointures. Cela fait, il *met en train* et procède enfin au tirage.

L *presse mécanique* est une machine qui permet de faire mécaniquement toutes les opérations du tirage; l'ouvrier n'a qu'à mettre en place la feuille de papier, qui se trouve saisie par la machine et n'est rendue qu'après l'impression. C'est à un mécanicien anglais, nommé Nicholson, que l'on doit la première idée de la presse mécanique; mais c'est à MM. Kœnig et Bauer, horlogers saxons, qu'est due la construction de la première machine véritablement pratique (1814). Il y a maintenant des variétés très-nombreuses de ce genre d'appareils.

La presse mécanique la plus simple se compose d'un bâti rectangulaire en fonte, dans l'intérieur duquel sont disposés le marbre, la table à encrer et l'encrier. L'encrier est à peu près semblable à l'encrier de la presse à main. Par la construction même de la machine, le marbre et la table à encrer, qui sont placés à la suite l'un de l'autre, peuvent être animés d'un mouvement de va-et-vient dans lequel la table à encrer reçoit l'encre de l'encrier, passe ensuite sous des rouleaux distributeurs appelés *toucheurs*, puis sous d'autres rouleaux qui puisent l'encre à sa surface. La forme a été déposée sur le marbre qui fait suite à la table et, pendant que celle-ci va chercher l'encre, elle passe sous des rouleaux qui en distribuent une certaine quantité à sa surface. Dans le mouvement suivant, qui s'exécute en sens contraire du premier, le marbre passe sous un cylindre horizontal en fonte parfaitement tourné et garni de drap. Ce cylindre remplace le tympan et est animé d'un mouvement de rotation autour de son axe qui repose sur le bâti rectangulaire. La figure 424 représente une presse mécanique qui imprime deux feuilles à la fois, une à chaque extrémité.

Fig. 424. — Presse typographique à vapeur pour tirage double.

L'ouvrier place la feuille de papier sur une espèce de pupitre incliné ; elle est saisie par des pinces qui l'appliquent sur le cylindre : celui-ci dans sa rotation l'entraîne et vient la présenter à la forme. On comprend que dans ce mouvement la forme et le cylindre marchent dans le même sens : aussi, lorsque le cylindre a successivement appliqué et pressé toutes les parties de la feuille sur toutes les parties de la forme, l'impression est faite d'un côté. La feuille est alors reprise par des cadres en mouvement qui la conduisent à l'extrémité de la machine, où elle est reçue par un enfant nommé *receveur*. On voit que le cylindre fait à la fois l'office du tympan et de la platine de la presse à la main. C'est à sa surface que l'on colle les morceaux de papier que l'on emploie dans la mise en train pour rendre le tirage régulier. Nous ajouterons que sur la table où l'on place la feuille se trouvent des pointures destinées à guider l'ouvrier.

Certaines machines impriment la feuille sur ses deux faces. Le principe de leur fonctionnement est le même ; mais le marbre reçoit les deux formes correspondant aux deux côtés de la feuille. A la sortie du premier cylindre la feuille est prise par des rubans qui la conduisent sur un second cylindre, contre lequel ils appliquent la face imprimée ; la face blanche restée en dehors est amenée par la rotation du second cylindre sur la seconde forme, qui imprime à son tour.

Telle est la presse mécanique dans toute sa simplicité ; des perfectionnements nombreux y ont été apportés tant au point de vue de la régularité du tirage qu'à celui de sa rapidité. On fait maintenant pour les journaux des machines qui tirent jusqu'à sept mille exemplaires à l'heure sur les deux faces.

Lorsqu'on a tiré le nombre d'exemplaires commandé à l'imprimeur, les formes sont lavées et desserrées, et les caractères sont remis à des ouvriers qui les répartissent dans les différents cassetins des casses. Cette opération, appelée *distribution*, doit être faite avec le plus grand soin, car c'est d'elle que dépend la régularité de composition de l'ouvrage pour lequel on se servira des mêmes caractères.

STÉRÉOTYPIE.

La *stéréotypie* est une opération qui permet de faire, en un seul bloc de métal fusible, une page semblable à la page composée en caractères mobiles. Ces blocs sont conservés après le tirage jusqu'au moment où, les exemplaires tirés étant vendus, l'éditeur fait réimprimer l'ouvrage. Il n'est pas nécessaire alors de composer à nouveau ; les mêmes planches servent à la réimpression.

Voici comment on obtient ces blocs. On compose une première fois l'ouvrage en caractères mobiles et l'on prend en creux l'empreinte des pages composées ; dans les moules ainsi obtenus on coule un alliage liquide qui, en s'y solidifiant, reproduit tous les détails des pages. Ces blocs sont mis à épaisseur convenable, et ce sont eux que l'on impose dans les formes. Il y a deux procédés principaux pour faire le moule.

1° *Clichage au plâtre.* — La page que l'on veut stéréotyper étant composée en caractères ordinaires, on la serre fortement dans un châssis de fer et on la place sur un marbre. On pose alors sur le châssis un petit cadre qui est un peu plus large que la page et va en s'évasant vers le haut. Puis, après avoir enduit la page avec un corps gras, pour éviter toute adhérence, on applique sur elle, avec un pinceau et avec une brosse dure, une bouillie très-claire de plâtre fin, qui pénètre dans tous les détails ; on remplit ensuite le cadre avec du plâtre plus épais. Quand le plâtre est pris, on enlève verticalement le cadre qui, à cause de sa forme évasée, entraîne la masse de plâtre. Celle-ci constitue un moule en creux des lettres formant la page. On le place dans une cuvette en fonte que l'on descend dans un bain d'alliage : le métal liquide pénètre dans tous les détails du moule et, après solidification, on a la reproduction exacte de la page à stéréotyper. Le cliché est mis à épaisseur convenable et livré à l'imprimeur.

2° *Clichage au papier.* — Ce genre de clichage, qui est le plus employé, est plus rapide et plus économique que le précédent. Il a aussi l'avantage de ne pas exiger qu'on graisse la surface des caractères, ce qui crée une difficulté pour leur emploi ultérieur. Il rend de très-grands services dans l'impression des journaux tirés à un nombre considérable d'exemplaires. On commence par faire ce que l'on appelle un *flan*, en superposant un certain nombre de feuilles de papier mince collées entre elles avec un mélange de blanc de Meudon et de colle de pâte. C'est avec ce flan qu'on prend l'empreinte de la page à stéréotyper. Pour cela, le mouleur applique le flan sur elle et, à l'aide d'une brosse, il frappe sur le flan en allant du centre vers les bords : il force ainsi le papier humide à pénétrer dans les creux formés par les reliefs des caractères ; puis il place le tout sous une presse dont la plaque est chauffée. Le moule en carton se sèche, et quand il est bien sec, on le retire de dessus la page à stéréotyper pour le mettre dans un moule en fer à charnières. Lorsque celui-ci est refermé, il y a entre l'une de ses faces et le moule en carton un intervalle égal à l'épaisseur que l'on veut donner au cliché; c'est dans cet intervalle qu'on coule en une fois le métal liquide. On laisse refroidir et, après solidification, on ouvre le moule en fer, on détache le carton de l'alliage et l'on met le cliché à épaisseur.

RELIURE.

Lorsque les feuilles d'un ouvrage sortent des mains de l'imprimeur, elles sont réunies par paquets ne contenant que des feuilles d'un même numéro. Le papier étant encore plus ou moins humide, on le fait sécher en le suspendant sur des cordes ou, ce qui est mieux, car on évite ainsi la poussière, on le place pendant vingt-quatre heures dans des étuves à circulation d'air chaud. A la sortie de ces étuves, on l'abandonne à l'air pendant le même temps pour lui faire reprendre le degré d'humidité correspondant à l'état ordinaire de l'atmosphère, et l'on dispose sur une table les paquets les uns à la suite des autres et par numéro de feuilles. On procède alors à l'*assemblage*, c'est-à-dire qu'un ouvrier se déplaçant le long de la table prend une feuille à chaque paquet; quand il est arrivé au bout de la série, il a assemblé la matière d'un volume et il recommence la même opération. Ces nouveaux paquets sont livrés aux *plieuses*, qui, comme leur nom l'indique, sont chargées de plier les feuilles, de manière que les pages se suivent dans leur ordre naturel. Le mode de pliure dépend évidemment du format; cela ressort de ce que nous avons dit sur l'imposition. Les divers cahiers résultant du pliage sont ensuite cousus et assemblés avec un fil et recouverts d'une couverture imprimée. Dans cet état le livre est dit *broché* et se vend souvent ainsi; mais il ne présente pas assez de solidité et tôt ou tard il est nécessaire de le *relier*.

La reliure s'exerce, soit dans de grands ateliers où l'on travaille pour les libraires, qui font maintenant relier la plupart des livres de luxe avant de les mettre en vente, soit dans de petits ateliers où l'on relie pour les particuliers qui ont acheté les livres brochés. Ce second genre de travail diffère un peu du premier et pourrait être désigné sous le nom de *reliure d'amateur*, l'autre constituant la *reliure industrielle.*

L'industrie qui nous occupe est répandue dans toute la France, mais c'est à Paris qu'elle a pris le plus de développement. Nous en décrirons les points principaux.

Lorsque le livre a été plié, il doit subir l'opération du *battage*, qui a pour but de comprimer le papier et de réduire son volume. Le battage se fait à l'aide d'un marteau en fer, à tête carrée et à manche court, pesant 5 kilogrammes environ. Le relieur, tenant d'une main un paquet de cahiers appelé *battée*, le place sur une grosse pierre de $0^m,80$ de haut environ ; de l'autre main il soulève le marteau et le laisse retomber sur le paquet à battre. Pendant le battage, l'ouvrier doit déplacer la battée, de manière qu'un coup de marteau empiète toujours sur le précédent. On évite ainsi de faire des bosses, qu'on nomme *noix*. Aujourd'hui le battage est presque toujours remplacé par un laminage entre des feuilles de zinc. Ce procédé est plus expéditif, moins fatigant et plus efficace. Les livres sont ensuite mis en presse pour faire disparaître le gondolage qu'a produit l'opération précédente. Chaque volume sous presse est séparé du suivant par une planchette appelée *ais*. A la sortie de la presse, les exemplaires sont collationnés, afin de vérifier si les cahiers sont bien en ordre et s'il n'en manque pas ; puis on colle, le long du dos du premier et du deuxième cahier, une feuille de papier blanc pliée en deux, nommée *garde blanche*. Ce sont ces feuilles blanches que nous voyons au commencement et à la fin de nos livres, et dont la moitié forme l'envers de la feuille colorée qui se trouve immédiatement après le couvert et qu'on appelle la *garde marbrée*.

Il faut alors réunir tous ces cahiers en les cousant, mais le cousage est précédé du *grecquage*, opération qui consiste à faire sur le dos du volume, mis entre les mâchoires d'un étau, plusieurs sillons destinés à loger les ficelles qui serviront tout à l'heure de points d'attache pour les fils de la couseuse. Le grecquage s'exécute, soit à la main avec une petite scie, soit mécaniquement avec des scies circulaires montées sur un axe horizontal tournant en dessus des mâchoires de l'étau.

Le *cousage* est ordinairement fait par des femmes à l'aide d'un appareil fort simple qui se compose d'une tablette horizontale sur laquelle s'élèvent deux tiges verticales filetées et munies d'écrous (fig. 425) : ces écrous servent à fixer à une hauteur convenable une barre horizontale dans laquelle sont prises des ficelles qui descendent verticalement et viennent s'attacher à la tablette. La couseuse prend un cahier, le place à plat sur la tablette en logeant les ficelles verticales dans les sillons formés par le grecquage, puis, avec un fil et une aiguille, elle relie le cahier à la ficelle. Le

Fig. 425. — Reliure : Cousage des cahiers.

premier et le dernier sillon ne reçoivent pas de ficelles : l'ouvrière y fait avec son fil un point de chaînette qui retient les cahiers.

Après le cousage, on coupe les ficelles en laissant excéder un bout de chacune d'elles ; on passe une couche de colle forte sur le dos du livre et l'on fait sécher : on applique ordinairement la colle sur plusieurs volumes à la fois.

Dans la reliure industrielle, au collage succède la *rognure*, opération par laquelle on aplanit parfaitement les tranches du livre.

Pour cela, on le serre dans une pince horizontale en bois, d'où l'on ne fait sortir que ce qui doit être rogné ; puis, avec un couteau, on coupe tout ce qui excède. Le couteau est fixé dans une monture appelée *fût*, qu'il suffit de faire glisser sur la presse.

Le plus souvent ce mode de rognage est remplacé par l'emploi d'une machine qui permet de rogner un grand nombre de livres à la fois, et qui consiste essentiellement en un couteau animé d'un mouvement vertical. Les livres sont placés en pile sur une plate-forme et le couteau, en descendant, les rogne.

On procède ensuite à l'*endossage*, opération qui a pour but d'arrondir le dos et de produire la saillie, nommée *mors*, que les longs côtés du dos forment sur le corps du volume et qui doit recevoir la couverture en carton. On frappe d'abord sur le dos du livre placé à plat, puis on le met dans un étau horizontal dont les mâchoires sont inclinées de dedans en dehors et ne laissent sortir que la partie destinée à faire le dos. En serrant l'étau on comprime le livre, et les longs côtés du dos font alors saillie sur les mâchoires ; on les rabat sur elles par quelques coups de marteau et, lorsqu'on desserre le livre, le mors se trouve fait.

Chacun a remarqué que dans un livre la tranche parallèle au dos a toujours une forme concave : cette concavité est appelée la *gouttière*. Il est facile de se rendre compte de la manière dont elle est produite. Avant l'arrondissage du dos, la tranche est parfaitement plate, mais cette opération ayant pour effet de pousser en avant les feuilles du commencement et de la fin du livre, tandis que celles du centre ne bougent guère, il en résulte que la tranche prend une forme concave, le fond de la concavité correspondant aux pages du centre.

Il faut maintenant poser la couverture, qui est faite avec deux lames de carton percées sur l'un de leurs longs côtés d'autant de fois deux trous qu'il y a de ficelles au dos du livre. Ces cartons, dans la reliure industrielle, sont découpés à l'aide d'une machine que représente la figure 426. Cette machine se compose essentiellement de couteaux circulaires, qui tournent autour d'un même axe pendant qu'on fait passer le carton au-dessous d'eux : ces couteaux peuvent être placés sur l'axe à des distances qui varient avec la largeur que l'on veut donner à la bande de carton. Le carton est livré à l'ouvrier chargé de le poser ; celui-ci passe chaque ficelle dans chaque paire de trous, d'abord de dedans en dehors, puis de dehors en dedans, rabat le bout sur l'extérieur du carton et l'y colle en l'aplatissant. Les bouts des ficelles, dans une opération spéciale, *ont été effilés* ou *épointés* de manière qu'au collage ils puissent s'étaler sur le carton et ne pas faire d'épaisseur. On comprend que les ficelles non-seulement fixent les cartons au livre, mais qu'elles forment en même temps les charnières autour desquelles ils tournent. On pose ensuite le dos de toile ou de peau

FIG. 426. — Reliure : Machine à découper les cartons.

en collant ses bords sur le carton et en l'amincissant avec un outil tranchant ; puis on colle la couverture et les gardes marbrées.

Le titre et les ornements dorés que l'on voit sur le dos du livre se placent de la manière suivante : On passe une couche d'albumine ou blanc d'œuf sur la région à dorer, on la recouvre d'une feuille d'or, c'est ce qu'on appelle *écoucher*, et, à l'aide d'une matrice en cuivre, nommée *fer*, portant en relief les caractères à dorer et que l'on a chauffée, on appuie sur la partie à dorer. Il se produit une espèce de gaufrage dans lequel entre l'or. Si l'on passe alors un blaireau, l'excès d'or s'en va et il n'en reste que dans les sillons formés par le fer.

Dans la reliure industrielle, où l'on a souvent à faire à la fois un grand nombre de dos ou de couvertures portant le même titre et les

FIG. 427. — Reliure : Machine à estamper.

mêmes ornements, cette opération s'exécute au moyen de machines à estamper (fig. 427). La couverture à dorer est placée sur une plate-forme fixe, et le mouvement de la machine vient faire peser sur la feuille de cuir ou de toile une matrice chauffée qui gaufre toute la région où doivent être mis les ornements dorés. On écouche ensuite la feuille d'or à la surface de cette région gaufrée, puis, avec une autre matrice portant les lettres et dessins que l'on veut faire, on fixe la dorure. C'est ainsi que l'on applique les écussons dorés que l'on voit sur chaque exemplaire des collections de la maison Hachette, dites *Bibliothèque rose* et *Bibliothèque des merveilles*.

Pour les livres à bon marché la reliure est souvent simplifiée. Au lieu, par exemple, de relier le dos au carton à l'aide de ficelles, on colle sur le livre un dos et une couverture ne formant qu'une pièce; les ficelles sont rabattues sur les gardes. Ce genre de reliure, nommé *emboîtage*, est beaucoup moins solide.

Nous ajouterons que la reliure d'amateur comporte quelques opérations de détail que nous avons laissées de côté et qui produisent un travail plus soigné, plus solide, mais en même temps plus coûteux. Par exemple, pour ce genre de reliure, on ne rogne le livre qu'après l'arrondissage du dos et la pose des cartons. Il faut que la gouttière soit faite par un procédé particulier qui demande une certaine habileté de la part de l'ouvrier. Avant de mettre le livre dans la presse à rogner, il pince la tranche entre deux ais qu'il tient à la main, et par un mouvement particulier donné aux feuilles il fait avancer celles du centre et reculer celles des extrémités. C'est ce qu'on appelle *bercer la gouttière*. Il résulte de cette disposition que la rogneuse coupera une plus large bande sur les feuilles qui sont le plus en avant, et, lorsque le livre reprendra sa position normale, la tranche de ces feuilles se retirera plus en arrière et la gouttière se fera d'elle-même.

CHAPITRE III

GRAVURE ET LITHOGRAPHIE.

La reproduction sur papier des œuvres des artistes, des dessins destinés à faire comprendre les descriptions scientifiques ou autres, est exécutée par deux arts distincts, la gravure et la lithographie, dont nous allons exposer les principaux traits.

GRAVURE.

On connaît depuis longtemps le moyen de graver en creux des dessins sur des planches métalliques, mais c'est au Florentin Maso Finiguerra que l'on doit d'avoir utilisé ces planches à la reproduction sur papier des lignes gravées. C'est à lui qu'est due l'invention de la *gravure au burin*, qui de tous les procédés en usage est le plus ancien. Malgré la variété des méthodes de gravure, nous les ramènerons toutes à deux types principaux : la *gravure en creux* ou *en taille-douce*, et la *gravure en relief* ou *en taille d'épargne*.

La *gravure en creux* s'exécute sur métal au *burin* ou à l'*eau-forte*.

La *gravure au burin* consiste à pratiquer dans une planche de cuivre, qui doit être très-homogène, des *sillons* entrecroisés, ou *tailles*, reproduisant tous les détails du dessin. Ce travail, qui est très-simple comme description, exige de la part de l'artiste une très-grande habileté et se fait à l'aide d'un outil en acier, appelé *burin*. Si l'on passe sur la planche ainsi gravée un tampon imprégné d'encre d'imprimerie très-épaisse, l'encre entre dans les tailles et il devient facile de reproduire par impression sur une feuille de papier les dessins gravés. Dans la pratique, le burin ne sert ordinairement qu'à activer le travail préparé par l'action de l'eau-forte, action dont nous allons maintenant parler.

La gravure à l'*eau-forte*, dont les uns attribuent l'invention à Albert Durer, les autres à François Mazzuoli, a été pratiquée pour la première fois par Wenceslas d'Olmütz, en 1466. Ce procédé consiste à creuser le métal (cuivre ou acier) par l'action de l'acide azotique étendu d'eau. Pour atteindre ce but, on couvre la planche d'un vernis composé de poix de Bourgogne, de poix noire, de cire vierge et d'asphalte; puis, avec des pointes, on enlève le vernis suivant les lignes du dessin. On borde ensuite la planche d'une petite muraille de cire, de manière à en faire une espèce de cuvette, dans laquelle on verse l'eau-forte (composée ainsi, pour le cuivre : acide azotique, 1 partie; eau, 2 parties; azotate de cuivre, 60 gram. par litre ; pour l'acier : eau distillée, 15 parties; alcool, 2 parties ; acide azotique, 1 partie ; azotate d'argent, 1 gr. par litre). Le mordant attaque le métal, le creuse partout où il est à nu, c'est-à-dire suivant les lignes du dessin, et respecte les parties recouvertes de vernis. Quand l'attaque est jugée suffisante pour les tailles fortes et commence à atteindre celles qui doivent être moins creusées, on transvase l'eau-forte et l'on ajoute de l'eau ordinaire. Puis on enlève la couche de vernis en frottant la planche avec un morceau de charbon de saule ; par un lavage à l'eau-forte, on rend au cuivre sa couleur qui a été altérée, on arrose la planche avec de l'huile et on la frotte assez énergiquement avec un morceau de feutre à chapeau : elle est prête à être livrée à l'imprimeur.

La gravure en taille-douce se fait aussi sur pierre. Après avoir préparé la pierre avec une solution de tannin, de gomme laque et d'acide nitrique, qui empêchera l'encre d'imprimerie de prendre sur les parties non gravées, on décalque le dessin à graver sur la pierre. Pour cela, on enduit d'une poudre rouge appelée *sanguine* le verso de la feuille où est le dessin, on l'applique sur la pierre et, en suivant les lignes de ce dessin avec une pointe, on les reproduit en traits constitués par la sanguine. Ce sont ces traits que le graveur entaille ensuite au burin. Après gravure, on enduit la pierre d'huile pour la préserver de l'humidité et avoir des tons plus purs; puis elle est livrée à l'imprimeur, qui se sert d'une presse analogue à celle que nous décrirons bientôt à propos de la lithographie.

Pour la gravure des sujets qui doivent être reproduits un grand nombre de fois, on emploie souvent la méthode des *reports sur zinc*. Cette méthode consiste à tirer d'abord sur papier une épreuve de la gravure sur pierre ; puis, par un moyen analogue à celui que nous verrons employé par les lithographes, on reporte les lignes de l'épreuve sur une plaque de zinc, que l'on attaque ensuite par un acide. L'encre de l'épreuve reportée protége le métal de l'action de l'acide et, quand l'attaque est faite, toutes les lignes sont en relief sur la planche métallique dont les parties non couvertes d'encre ont été creusées par le liquide. On se sert alors de cette planche comme si elle était un cliché d'imprimerie. On comprend que, lorsque le tirage l'aura détériorée, la pierre gravée, qui n'a encore fourni qu'une épreuve, permettra de faire un nouveau report aussi pur que le premier, et ainsi de suite.

La gravure en *relief* ou en *taille* d'*épargne* se pratique ordinairement sur des morceaux de buis en bois debout. Le graveur entaille au burin toutes les parties qui doivent rester blanches, les parties correspondant aux noirs seront en relief et prendront seules l'encre lorsqu'on passera le rouleau à leur surface.

Le graveur sur bois suit dans son travail le dessin fait à la surface du morceau de buis par un artiste appelé *dessinateur*. Voici comment ce dessin est exécuté : Le dessinateur en fait d'abord un projet sur papier et place sur lui une feuille de papier gélatine transparent ; avec un burin très-fin il suit les principaux traits : il obtient ainsi, en gravure sur papier gélatine, l'esquisse du dessin. Après avoir passé sur la face gravée un peu de sanguine, qui ne reste que dans les sillons formés par le burin, il applique cette face sur le morceau de buis, et en frottant le papier gélatine il reproduit sur le bois l'esquisse du dessin. C'est sur cette esquisse qu'il travaille ensuite au crayon et à l'encre de Chine.

Le talent du graveur ne réside pas seulement dans la sûreté de sa main, mais surtout dans la manière dont il interprète le dessin pour en reproduire les effets. Il doit savoir rapprocher ou éloigner ses tailles, suivant qu'il veut avoir des tons plus clairs ou plus foncés.

Le bois gravé peut servir à imprimer sur papier, mais on comprend qu'au bout d'un certain nombre de tirages les reliefs s'écraseraient et perdraient de leur finesse. Pour éviter cet inconvénient et respecter aussi longtemps que possible le travail du graveur, on procède par *clichage*, c'est-à-dire qu'on reproduit par galvanoplastie le bois gravé, et ce n'est plus le bois qui est employé à l'impression, mais le cliché qui, dès qu'il sera détérioré par l'usage, pourra être refait sur le bois.

Le moule, qui servira à la reproduction galvanique, est fabriqué soit avec de la gutta-percha ramollie qu'on applique sur le bois et que l'on soumet à une forte pression pour la forcer à bien se modeler sur lui, soit avec de la cire. Voici la méthode que nous avons

Fig. 428. — Presse à faire les moules en cire.

vu suivre chez M. Stoesser, clicheur à Paris, qui préfère employer la cire, parce qu'elle ne subit point de retrait par le refroidissement et, par suite, ne donne pas lieu à des déformations inévitables avec la gutta-percha.

On fait fondre de la cire jaune et on la tamise; puis on la coule dans une espèce de cuvette en plomb peu profonde : quand elle est solidifiée, on la saupoudre de plombagine, on passe un blaireau à sa surface pour enlever l'excès et on glisse la cuvette, avec la cire qu'elle contient, dans une coulisse portée par la plate-forme supérieure et fixe d'une presse que représente la figure 428. Au-dessous d'elle et sur une plate-forme mobile, on place le bois dont on veut prendre l'empreinte. A l'aide d'une roue à bras que montre la figure, on manœuvre une vis qui fait ouvrir l'angle de deux plaques de fonte appelées *genoux* et situées au-dessous de la plate-forme mobile. (On ne voit sur la figure que l'un de ces genoux ; l'autre, qui est voisin de la roue, est en partie

Fig. 429. — Machine à dresser les clichés.

caché.) A mesure que la roue tourne, les genoux s'ouvrent, font monter la plate-forme et appliquent le bois sur la cire. Grâce à la pression considérable et très-régulière exercée par la machine, l'empreinte se fait sur la cire de la manière la plus délicate. Au bout de quelques instants, on a une épreuve en creux sur la planche de cire qui est devenue très-dure ; on la plombagine avec soin et on la porte au bain de sulfate de cuivre. L'action du courant décompose le sel et fait déposer le cuivre sur le moule ; après quarante-huit heures de bain, on obtient une planche de cuivre reproduisant avec finesse tous les détails du bois.

Cette planche ne serait pas assez solide pour servir à l'impression ; il faut la doubler d'une semelle en plomb. On étame sa face inférieure, puis on la place dans une cuvette et l'on coule sur la face étamée du plomb fondu qui, après solidification, forme la semelle destinée à rendre le cuivre plus résistant. Il n'y a plus maintenant qu'à nettoyer le cliché (ce qui se fait avec de l'essence minérale, de la poudre appelée *terre pourrie*, et de la sciure de bois), à le dresser et à le rendre parfaitement plan. Le dressage de la face de plomb est commencé sur le tour et achevé sur une machine que représente la figure 429. Elle se compose d'une plate-forme horizontale, mue par des engrenages et des crémaillères que met en mouvement une roue à bras ; au-dessus de cette plate-forme et à l'extrémité de la machine se trouve un rabot fixe. On place le cliché sur la plate-forme en mettant au-dessus la semelle de plomb ; l'ouvrier, en tournant la roue à bras, fait passer le cliché sous le rabot qui le dresse.

On découpe ensuite les bords à la scie circulaire, on les rabote et l'on dresse le cliché en le plaçant sur une pierre plane, en le recouvrant d'une planche d'acajou bien plane aussi, et en frappant sur elle avec un marteau ; enfin on dresse encore sur le tour la semelle de fonte et on lamine une dernière fois au rabot. Toutes ces précautions sont nécessaires pour que les clichés puissent s'agencer exactement dans les formes d'imprimerie.

C'est par ce procédé que l'on fabrique les clichés qui servent à faire les figures des ouvrages illustrés.

LITHOGRAPHIE.

La lithographie est un art qui consiste à imprimer les caractères et dessins tracés avec un corps gras sur une pierre calcaire appelée *pierre lithographique*. L'invention de cet art remonte à l'année 1799 ; elle est due à Aloys Senefelder, choriste au théâtre de la cour à Munich. Senefelder avait composé plusieurs pièces de théâtre ; mais n'ayant pas les ressources suffisantes pour subvenir aux frais de leur impression, il chercha le moyen économique de reproduire l'écriture. Après des essais assez nombreux, il eut l'idée d'utiliser à cet effet une pierre calcaire que l'on trouve en abondance aux environs de Munich, qui a le grain serré et peut recevoir un beau poli. Il imagina d'écrire sur cette pierre parfaitement polie, à l'aide d'un corps gras, puis de verser à sa surface un acide qui, rongeant la pierre aux endroits recouverts de corps gras et la respectant aux parties préservées par lui, mettrait les caractères en relief et produirait ainsi une véritable planche d'imprimerie. Senefelder n'obtint pas le relief nécessaire pour l'impression, mais il remarqua que la partie attaquée de la pierre était devenue incapable de recevoir l'encre d'imprimerie, si bien que, lorsqu'on passait à sa surface un rouleau à encrer, les caractères seuls se chargeaient d'encre. Il suffisait alors d'appliquer une feuille de papier sur la pierre, de la soumettre à une pression convenable pour avoir la reproduction des caractères tracés. Tel est encore le principe sur lequel repose la lithographie. Depuis Senefelder cet art a subi de remarquables perfectionnements; il fait aujourd'hui l'objet d'une importante industrie qui s'est répandue dans toutes les grandes villes, mais dont Paris surtout est le siége. Nous allons en décrire les principaux détails.

On emploie communément en France deux espèces de pierres lithographiques : celles d'Allemagne ou de Munich et celles des environs de Châteauroux, du Vigan et de Bruniquel. Les pierres de Munich réunissent toutes les qualités d'une bonne pierre lithographique : elles ont une pâte homogène, dure, serrée, et s'imbibent facilement d'eau ; elles peuvent servir pour les dessins au crayon et pour les écritures d'un travail fini. Les pierres de Châteauroux sont d'une qualité inférieure et ne sont utilisées que pour l'écriture à la plume.

Lorsqu'une pierre est neuve, il faut d'abord la dresser. Ce dressage se fait, comme pour le marbre, en frottant l'une sur l'autre deux pierres entre lesquelles on a mis une couche de grès pulvérisé et additionné d'eau. Après le dressage, on lave la pierre et, si on la destine à un dessin à la plume, on la frotte avec un morceau de pierre ponce préalablement dressé à la lime et que l'on mouille de temps en temps. Si la pierre doit recevoir un dessin au crayon, elle subit l'opération du *grainage*, qui a pour but de rendre sa surface légèrement grenue. Pour cela on saupoudre sur la pierre du sable passé au tamis très-fin ; on mouille avec une éponge et l'on frotte avec une autre pierre, absolument comme pour le dressage, en n'appuyant pas sur la pierre supérieure. L'opération est répétée plusieurs fois et dirigée suivant le grain que l'on veut obtenir. Les pierres sont ensuite lavées, séchées, passées au blaireau qui enlève les grains de sable restés à leur surface, enfin enveloppées dans du papier de soie et mises en réserve jusqu'au moment de leur emploi.

L'artiste chargé de tracer à la surface de la pierre les caractères à reproduire se sert à cet effet d'encre ou de crayons lithographiques : d'encre, quand il veut tracer des caractères d'écriture ou des dessins imitant le dessin ordinaire à la plume ; de crayons, quand il veut imiter le dessin au crayon. L'encre lithographique est un mélange dont la composition varie ; voici l'une des recettes suivies : 40 parties de cire vierge pure, 10 parties de mastic en larmes, 28 parties de gomme laque, 22 parties de savon blanc et 9 parties de noir de fumée léger. Pour se servir de cette composition, qui est solide, on la frotte à sec dans une soucoupe, et on la délaye avec le doigt dans une quantité d'eau qui varie avec la quantité d'encre que l'on veut obtenir. L'encre doit être assez épaisse. Ce liquide est employé à l'aide de pinceaux, de tire-lignes, de plumes métalliques ordinaires et de plumes faites avec une lame d'acier très-mince que chaque artiste taille avec une paire de ciseaux. Les crayons sont faits avec 32 parties de cire jaune, 4 parties de suif épuré, 24 parties de savon blanc, 1 partie de nitre et 7 parties de noir calciné et tamisé. Pour qu'après l'impression les caractères apparaissent sur le papier dans leur sens naturel, il est nécessaire que sur la pierre ils soient tracés à rebours. C'est une habitude que le lithographe prend peu à peu, et, pour se rendre compte de l'effet que produira son œuvre sur le papier, il a près de lui un miroir dans lequel il regarde de temps en temps les caractères tracés sur la pierre. Le miroir les lui présente dans leur sens naturel.

Lorsque le dessin est fait, on prépare la pierre pour l'impression en étendant à sa surface un liquide formé d'acide nitrique et d'une dissolution de gomme arabique. Par l'action de ce liquide, les parties nues de la pierre deviennent inaptes à recevoir l'encre d'imprimerie et les caractères tracés avec le corps gras prennent plus de fixité. On lave ensuite la pierre à l'eau, puis à l'essence de térébenthine. Celle-ci dissout le corps gras de l'encre lithographique et les caractères disparaissent. Ils existent cependant encore en ce sens que les parties qui étaient recouvertes par l'encre ou le crayon gras n'ont pas été attaquées par l'acide, de telle sorte que si, après avoir mouillé légèrement la pierre avec une éponge fine, on passe un rouleau encré à sa surface, ces parties seules prennent l'encre et les caractères reparaissent.

Il ne reste plus maintenant qu'à exécuter le tirage, qui se fait soit sur des presses à bras, soit sur des presses mécaniques.

La *presse à bras* se compose (fig. 430) d'un bâti rectangulaire dans l'intérieur duquel se trouve un chariot C qui peut glisser, dans le sens longitudinal du bâti, sur un cylindre placé transversalement. C'est sur ce chariot qu'on place la pierre; on la mouille avec une éponge et l'on passe à sa surface un rouleau semblable

FIG. 430. — Presse lithographique à bras.

comme forme aux rouleaux d'imprimerie, mais qui est fait avec du feutre et du cuir collés sur un cylindre de bois. (L'encrage du rouleau s'exécute comme en imprimerie typographique.) L'encre s'attache seulement sur les caractères et respecte les autres parties qui sont protégées par la préparation à l'acide et par la petite couche d'eau qui les mouille. On applique alors sur la pierre une feuille de papier rendue humide par un séjour de quelques minutes entre des feuilles mouillées appelées *intercales*; on place au-dessus une feuille de papier qui fera coussin et l'on rabat sur le tout un cadre, nommé *châssis*, dont la surface est formée par une lame de cuir fixée sur ses côtés. Sur ce cadre on amène une pièce verticale O nommée *râteau*, qui transmettra la pression. Pour cela l'ouvrier agrafe ce râteau à un levier qui peut s'abaisser par le mouvement d'une pédale sur laquelle il pose le pied. En même temps qu'il appuie sur la pédale, il fait tourner une roue verticale placée sur le côté de la machine et appelée *moulinet*. Cette roue produit l'enroulement d'une sangle attachée au chariot et force celui-ci à passer sous le râteau dont il subit la pression. En lithographie il est important, pour éviter la rupture des pierres, que cette pression ne soit pas exercée trop brutalement. La machine que nous venons de décrire satisfait à cette condition ; car, dès que l'ouvrier qui manœuvre la presse sent une résistance un peu trop forte, il appuie sur la pédale avec plus de précaution et, à l'aide de vis, règle la position du râteau, de manière à avoir une pression convenable. Quand le chariot a passé, l'ouvrier dégrafe le porte-râteau, le relève, et lorsqu'une chaîne à contre-poids a ramené le chariot dans sa position primitive, il ouvre le châssis, enlève la feuille qui a reçu l'impression et recommence l'opération.

Les *presses mécaniques* des lithographes ont une grande analogie avec celles qu'emploient les imprimeurs typographes. La pierre est mise sur un chariot mobile remplaçant le marbre : elle est encrée par des rouleaux disposés comme ceux des presses d'imprimerie typographique ; des rouleaux en molleton la mouillent au passage, et elle vient s'engager sous un cylindre de pression qui applique la feuille sur elle. Ce cylindre est monté de manière à se soulever de lui-même dès que la pression devient trop forte.

On comprend qu'une pierre lithographique ne puisse, comme une forme d'imprimerie, servir au tirage d'un grand nombre d'exemplaires sans être détériorée. C'était là un inconvénient assez grave, puisqu'il nécessitait que l'artiste dessinât sur une nouvelle pierre les caractères qu'il avait tracés sur la première. Le procédé des reports évite ce nouveau travail du dessinateur. Voici en quoi il consiste : Au moyen d'une feuille de papier humide encollée à sa surface avec de la *colle de pâte*, on tire une épreuve sur la pierre originale ; puis on applique cette feuille encore humide sur une autre pierre, le côté de l'épreuve en dessous, et l'on soumet à la presse. Sous l'influence de la pression, la couche de colle contracte de l'adhérence pour la pierre, et lorsque, après avoir lavé à l'eau, l'ouvrier soulève la feuille, la colle ne la suit pas et reste sur la pierre tenant emprisonnés entre elle-même et celle-ci les caractères qui étaient sur l'épreuve. On lave encore à l'eau, la colle s'en va et les caractères restent seuls, reproduisant sur la pierre le travail du dessinateur. Il n'y a plus maintenant qu'à traiter cette pierre comme on a traité la pierre originale, l'attaquer à l'acide, etc., et s'en servir pour le tirage. On comprend facilement l'avantage d'un tel procédé : il permet un tirage indéfini, car on pourra faire autant de reports que la pierre originale pourra donner d'épreuves sans être détériorée, et chaque report donnera lieu lui-même au tirage d'un grand nombre d'exemplaires.

L'*autographie* est un procédé qui remplace souvent la lithographie. Il en diffère en ce qu'au lieu d'écrire ou de dessiner sur la pierre lithographique, on le fait sur un papier préparé et recouvert d'une couche de gélatine, d'empois et de gomme-gutte ; le dessin est ensuite reporté sur une pierre lithographique que l'on soumet aux préparations que nous avons décrites. Ce procédé simplifie le travail du dessinateur, puisqu'on n'a plus à tracer la figure symétrique de celle que l'on veut reproduire.

CHROMOLITHOGRAPHIE.

La chromolithographie est un art qui permet de produire, à l'aide des procédés de la lithographie, des dessins en couleur, depuis la plus simple aquarelle jusqu'au tableau à l'huile le plus compliqué. Ce procédé est parvenu à donner des résultats véritablement artistiques ; il est employé pour faire des aquarelles qui se font remarquer par le fondu et la finesse des tons. On n'arrive là que par la superposition de nuances assez nombreuses et par des tirages répétés. Certains dessins exigent jusqu'à vingt tirages successifs. Voici comment on opère : nous prendrons pour exemple la reproduction du canard n° 6 de la planche ci-après. La première opération consiste à calquer avec de l'encre lithographique ou autographique la peinture que l'on veut reproduire. Ce calque *au trait* sur papier végétal encollé doit être fait avec le plus grand soin ; il devra porter l'indication des places des différentes nuances qui se trouvent sur la peinture. On y fera aussi des points de repère qui sont indispensables à l'imprimeur pour le guider dans les tirages successifs et pour assurer la superposition exacte des couleurs aux places qui leur conviennent. La figure 431 représente le calque en question.

Lorsque ce calque au trait est terminé, on le transporte sur une pierre et l'imprimeur en tire, avec une encre légère et sur du papier sec bien laminé, autant d'épreuves que la réproduction exige de couleurs; dans le cas qui nous occupe, il faudra six

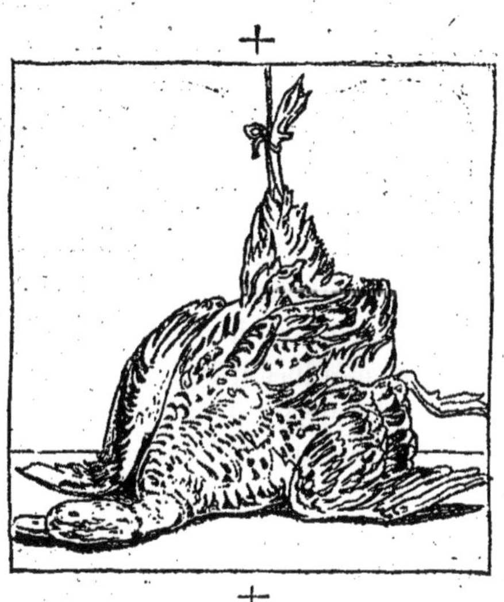

Fig. 431. — Épreuve de trait destinée à guider le chromolithographe dans le repérage des couleurs.

épreuves. Chacune de ces épreuves est reportée sur une pierre spéciale : ce report guidera l'artiste dans le travail qu'il a à faire sur chacune des pierres. Ici, pour la première pierre qui doit imprimer le jaune, l'artiste recouvrira d'encre grasse et noire toutes les parties qui doivent être jaunes et qui lui sont indiquées par le décalque du trait ; puis on attaque à l'acide. Il est évident que l'acide va ronger toutes les parties de la pierre qui ne sont pas couvertes d'encre grasse ; si, après l'attaque, on lave à l'essence pour enlever l'encre grasse et que l'on passe un rouleau imprégné d'encre jaune, cette encre s'attachera seulement sur les parties qui doivent être jaunes. Dans le travail de préparation que subissent les pierres, le calque au trait, qui a été fait avec de l'encre légère, disparaît peu à peu.

Sur chaque pierre terminée, l'artiste devra marquer avec une grande exactitude les points de repère qui sont indiqués par le calque au trait. Toutes les pierres étant préparées, on tire d'abord une épreuve sur la pierre destinée à donner le jaune, puis l'imprimeur applique cette épreuve avec soin sur la seconde pierre qui doit imprimer le *bleu*, et ainsi de suite : la même feuille de papier va donc être appliquée successivement sur les six pierres nécessaires à la reproduction du dessin colorié que nous avons pris pour exemple. Dans ces applications successives, il faut opérer avec une précision parfaite pour que le raccord des couleurs se fasse bien, et c'est là que se révèle la nécessité des points de repère dont nous avons parlé. Pour s'en servir avec exactitude, l'imprimeur a fait un petit trou sur la pierre au milieu de chaque point de repère : au premier tirage sur la feuille de papier, il a fait autant de petits trous et exactement aux mêmes endroits que sur la pierre ; dans les cinq autres tirages, avant de donner la pression et de tirer l'épreuve, il pique des aiguilles très-fines dans les trous du papier, et déplace la feuille à la surface de la pierre jusqu'à ce que chaque aiguille ait trouvé le trou qui lui correspond. Puis il enlève délicatement les aiguilles et donne la pression. Ce moyen de repérage ne s'emploie guère, du reste, que pour les épreuves d'essai ; dans le tirage définitif, on se sert, pour se repérer, de la machine elle-même.

La planche ci-contre donne une idée exacte de la superposition des couleurs et montre les différentes phases du travail. Le n° 1 représente le résultat fourni par une première pierre qui n'a imprimé que le jaune ; sur cette première épreuve on a imprimé avec la seconde pierre du bleu qui s'est fondu en certains points avec le jaune et a produit le vert. Dans le n° 3 on voit l'application sur le n° 2 de la couleur rouge qui, en certains points, a donné avec le jaune de l'orangé. Avec une quatrième pierre on a appliqué sur le n° 3 une teinte bistre clair qui a produit l'effet que l'on constate sur le n° 4. Le n° 5 fait voir l'effet obtenu par la superposition de parties grises ; enfin le n° 6 montre l'épreuve achevée par la superposition d'un ton bistre foncé.

Lorsque le tirage doit être considérable, on fait des reports comme pour la lithographie, mais en s'entourant de précautions particulières destinées à assurer l'exactitude des superpositions.

CHROMOLITHOGRAPHIE

États successifs obtenus par la superposition de six couleurs

Quand on veut appliquer de l'or ou de l'argent sur certaines lignes, on tire celles-ci avec une encre incolore appelée *mordant*, qui n'est autre qu'un vernis transparent : lorsque le vernis poisse encore les doigts, on applique de l'or ou de l'argent en poudre avec un tampon, la poussière métallique se fixe sur le vernis ; après avoir laissé sécher la feuille, on passe à la presse à satiner, qui donne le brillant au métal.

FIN.

TABLE DES MATIÈRES

LIVRE PREMIER

INDUSTRIES EXTRACTIVES

CHAPITRE PREMIER

Exploitation des mines et des carrières 5

CHAPITRE II

Extraction des principaux matériaux employés dans les constructions : pierre a batir, marbres, ardoises, etc 17
Pierre à bâtir 17
Marbre 23
Granite 28
Grès, meulières 30
Ardoise 31
Chaux 38
Ciments 41
Plâtre 42

CHAPITRE III

Houille ou charbon de terre 46
Extraction de la houille 49
Fabrication du coke et des agglomérés 76

CHAPITRE IV

Tourbe et charbon de bois 78
Extraction de la tourbe 80
Fabrication du charbon de bois 83

CHAPITRE V

Extraction du sel ou chlorure de sodium 88
Sel gemme 88
Marais salants 91

CHAPITRE VI

Métallurgie 97
Métallurgie du fer 97
Fabrication de la fonte dans les hauts fourneaux 103
Transformation de la fonte en fer 109
Tôle 121
Fil de fer 122
Rails 124
Fer-blanc et fer galvanisé 125
Acier 127

CHAPITRE VII

Extraction des métaux usuels autres que le fer 136
Plomb 136
Cuivre 139
Zinc 141
Aluminium 142
Étain, mercure, argent, or et platine 144

LIVRE DEUXIÈME

INDUSTRIES PRÉPARATOIRES

CHAPITRE PREMIER

Fonderie et forgeage 147
Fonderie 147
Forgeage 159

CHAPITRE II

Quincaillerie 164
Clouterie 164
Boulons 173
Vis 176
Fabrication des enclumes 178
Ustensiles de ménage en fer battu étamé 179
Taillanderie 181
Serrures 182

CHAPITRE III

Coutellerie et fabrication des armes blanches 187
Coutellerie non fermante 189
Coutellerie fermante 192
Armes blanches 194

CHAPITRE IV

Armes a feu 195
Fabrication des canons 195
Mitrailleuses 209
Fusil Chassepot 211
Armes de chasse ou de luxe 217

CHAPITRE V

Construction des machines 219
Machines-outils 220
Chaudronnerie 233

CHAPITRE VI

Produits chimiques 239
Soufre 240
Acides sulfurique, nitrique et chlorhydrique 243
Soudes et potasses 245
Féculeries et amidonneries 248
Fabrication du glucose 254

CHAPITRE VII

Huiles et savons 256
Huiles 257
Savons 262

CHAPITRE VIII

Préparation des peaux 277
Tannage 277
Corroierie 281
Mégisserie 284
Chamoiserie 284

CHAPITRE IX

Caoutchouc et gutta-percha 286

CHAPITRE X

Tabac 300
Râpé ou tabac à priser 301
Tabac à mâcher 304
Tabac à fumer ou scaferlati 305
Cigares 308

LIVRE TROISIÈME

INDUSTRIES DE L'ALIMENTATION

CHAPITRE PREMIER

FARINES, PAINS ET PATES ALIMENTAIRES 312
Meunerie 312
Pain 316
Pâtes alimentaires 320

CHAPITRE II

BEURRE ET FROMAGES 325

CHAPITRE III

CONSERVES ALIMENTAIRES 337

CHAPITRE IV

SUCRE, CONFISERIE, DRAGÉES, CHOCOLAT 346
Extraction du sucre de betterave 351
Confiserie, dragées 365
Chocolat 369

CHAPITRE V

BOISSONS 372
Vins 372
Bière 380
Cidre 386
Eaux-de-vie et alcools 388
Vinaigre 393

LIVRE QUATRIÈME

INDUSTRIES DU VÊTEMENT ET DE LA TOILETTE

CHAPITRE PREMIER

FILATURE DE LA SOIE 396

CHAPITRE II

FILATURE DU LIN, DU CHANVRE, DU JUTE. CORDES ET CORDAGES 417
Lin 417

Chanvre, cordes et cordages 437
Jute 441

CHAPITRE III

Filature du coton et de la laine, laines cardées et laines peignées 442
Coton 442
Laine 453
Laines peignées 455
Laines cardées 466

CHAPITRE IV

Fabrication des tissus 469
Étoffes unies ou à armures fondamentales 471
Étoffes à armure dessin et étoffes artistiques 478
Étoffes à fils relevés 482
Étoffes à fils sinueux, tissus à mailles 485
Nomenclature des principaux tissus. Lieux de fabrication 485
Tissus de coton 485
Tissus de lin et de chanvre 486
Tissus de laine 488
Tissus de soie 488
Dentelles 489
Tulles de soie et de coton 494
Broderie 495
Bonneterie 497

CHAPITRE V

Teinture, blanchiment, impression et apprêts des tissus. Fabrication des draps 498
Premiers apprêts des tissus, teinture et blanchiment 498
Impression des tissus 508
Derniers apprêts des tissus 514
Fabrication des draps 517

CHAPITRE VI

Confection des vêtements, des chapeaux, des chaussures et des gants 525
Confection des vêtements 525
Chapellerie 528
Cordonnerie 538
Ganterie 544

CHAPITRE VII

Fabrication des épingles, des aiguilles, des boutons, des brosses, des peignes, des bijoux et des éventails 549
Fabrication des épingles 549

Fabrication des aiguilles à coudre 551
Fabrication des agrafes et des dés à coudre 553
Fabrication des boutons 554
Fabrication des brosses 560
Fabrication des peignes (peignes fins et démêloirs) 562
Bijouterie 566
Fabrication des éventails 570

LIVRE CINQUIÈME

INDUSTRIES DU LOGEMENT ET DE L'AMEUBLEMENT

CHAPITRE PREMIER

CONSTRUCTION DES MAISONS 576

CHAPITRE II

TRAVAUX DE DÉCORATION DES MAISONS. FABRICATION DES PAPIERS PEINTS 589
Travaux de décoration 589
Fabrication des papiers peints 590

CHAPITRE III

ÉBÉNISTERIE 602

CHAPITRE IV

PORCELAINES, FAÏENCES, POTERIES COMMUNES, BRIQUES, ETC 607
Porcelaines 609
Faïences 619
Décoration de la porcelaine et de la faïence 620
Poteries communes et terres cuites, grès cérames, briques, carreaux incrustés 622

CHAPITRE V

VERRERIE ET CRISTALLERIE 625
Verres incolores 626
Verres à vitres 629
Fabrication des glaces 633
Fabrication des bouteilles 637
Gobeleterie 640

CHAPITRE VI

BRONZES D'ART ET D'AMEUBLEMENT, FONTES D'ART DIVERSES 651
Bronzes d'art et d'ameublement 651
Zincs d'art 663

CHAPITRE VII

INDUSTRIES DE L'ÉCLAIRAGE........ 666
Fabrication des chandelles........ 667
Fabrication des bougies stéariques........ 670
Gaz de l'éclairage........ 677
Fabrication des allumettes chimiques........ 684

LIVRE SIXIÈME

INDUSTRIES SATISFAISANT AUX BESOINS INTELLECTUELS

CHAPITRE PREMIER

FABRICATION DU PAPIER, DES PLUMES MÉTALLIQUES ET DES CRAYONS........ 692
Fabrication du papier........ 692
Fabrication des plumes métalliques........ 702
Fabrication des porte-plume........ 706
Fabrication des crayons........ 707

CHAPITRE II

IMPRIMERIE........ 708
Imprimerie typographique........ 709
Stéréotypie........ 725
Reliure........ 727

CHAPITRE III

GRAVURE ET LITHOGRAPHIE........ 734
Gravure........ 734
Lithographie........ 739
Chromolithographie........ 744

FIN DE LA TABLE DES MATIÈRES.

INDEX

OU

TABLE ALPHABÉTIQUE

A

Abatage des roches............ 5
Abatage des roches à la lance..... 11
Abatage des roches par le feu.... 12
Abatage des roches à la poudre... 13
Abatage des roches par rigoles et à la poudre............... 15
Abatage des roches par havage et à la poudre................ 16
Acier...................... 127
Acier Bessemer............... 131
Aciers cémentés et fondus....... 130
Aciers naturels et puddlés....... 128
Acides sulfurique, nitrique et chlorhydrique 243
Aérage des mines............. 69
Affinage de la fonte au petit foyer. 110
Agglomérés.................. 76
Agrafes pour vêtements.......... 553
Aiguilles à coudre.............. 551
Alcools..................... 388
Allumettes chimiques........... 684
Amidonneries................. 248
Apprêts (Premiers) des tissus..... 499
Apprêts (Derniers) des tissus..... 514
Ardoise (Extraction de l')........ 32
Ardoise (Repartonnage, taille et arrondissage de l')........... 36
Armes à feu.................. 195
Armes blanches............... 194
Armures (tissage)............. 476
Assemblage des bois............ 586

B

Banc à broches (filature)......... 430
Barattes diverses.............. 327
Beurre 326
Bière....................... 380
Bijouterie d'or et d'imitation..... 566
Blanchiment des fils de lin....... 434
Blanchiment des fils de soie...... 414
Blanchiment des étoffes......... 502
Blutoir 315
Bocards..................... 100
Bonneterie 497
Bougies..................... 670
Boulons..................... 173
Bouteilles 637
Boutons..................... 554
Briques..................... 622
Broderie.................... 495
Bronze...................... 141
Bronzes d'art et d'ameublement... 651
Brosses 560

C

Caoutchouc.................. 286
Caoutchouc durci.............. 297
Caoutchouc vulcanisé........... 293
Canons 195
Carde à coton................ 446
Carde à laine................. 456
Carreaux incrustés............ 624
Carrières.................... 5

Céramique 607
Chamoiserie 284
Chandelles 667
Chanvre 437
Charbon de bois.................... 83
Charbon de terre.................... 46
Chaudronnerie 233
Chaussures cousues, clouées et vissées.................... 539
Chaux.................... 38
Chevillage de la soie 415
Chocolat 369
Chromolithographie 744
Cidre.................... 386
Cigares 308
Ciments.................... 41
Clouterie.................... 164
Coke.................... 76
Confection des vêtements.................... 525
Confiserie 365
Conserves alimentaires.................... 337
Construction des maisons.................... 576
Cordes et cordages.................... 437
Corroierie.................... 281
Corroyage du fer.................... 120
Coton 442
Coupellation du plomb.................... 137
Coutellerie 187
Crayons.................... 707
Cristallerie 625
Cuirs.................... 278
Cuivre.................... 139

D

Défeutreur étireur pour la laine.. 459
Dentelles.................... 489
Décoration de la porcelaine et de la faïence 620
Décoration des verres et cristaux.. 650
Dés à coudre.................... 553
Dorure 656
Dragées.................... 365
Draps 517

E

Eaux-de-vie.................... 388
Ebarbage de la fonte.................... 159
Ébénisterie.................... 602
Emboutissage 233
Enclumes 178
Épingles 549
Escaliers.................... 580
Étampage 162
Étoffes unies.................... 471
Étoffes à armure dessin et artistiques.................... 478
Étoffes à fils relevés (velours, etc.). 482
Étoffes à fils sinueux et tissus à mailles 485
Éventails.................... 570
Exploitation des carrières.................... 19
Exploitation des houillères.................... 59
Exploitation des mines.................... 5

F

Faïences 619
Féculeries.................... 249
Fer 97
Fer-blanc.................... 125
Fer galvanisé 127
Filature de la laine cardée.................... 466
Filature de la laine peignée.................... 455
Filature de la soie.................... 396
Filature du coton 442
Filature du lin.................... 417
Fil de fer.................... 122
Filière.................... 123
Filons 2
Fils de caoutchouc.................... 291
Fonderie.................... 147
Fonderie de caractères d'imprimerie 710
Fonte de fer.................... 103
Fontes de moulage.................... 148
Forgeage 159
Fours à chaux.................... 39
Fromages 330
Fusils Chassepot.................... 211
Fusils de chasse.................... 217

G

Galeries de mines.................... 56
Galvanoplastie.................... 663

Gants 544
Gaufrage des velours........... 516
Gaz d'éclairage................ 677
Glaces......................... 633
Glucose........................ 254
Gobeleterie.................... 640
Granite........................ 28
Gravure sur bois............... 736
Gravure sur métal.............. 734
Gravure sur pierre............. 735
Gravure sur verre.............. 647
Grillage des étoffes........... 500
Gutta-percha 297

H

Harengs (pêche et saurissage)..... 341
Hauts fourneaux................ 103
Houblons 384
Houille........................ 46
Huiles......................... 256
Huîtres........................ 345

I

Impression des papiers peints..... 595
Impression des tissus............ 508
Imprimerie en taille douce....... 735
Imprimerie typographique......... 709
Industries de l'alimentation...... 311
Industries du logement et de l'ameublement 575
Industries du vêtement et de la toilette 395
Industries extractives........... 1
Industries préparatoires......... 145
Industries satisfaisant aux besoins intellectuels......... 691

J

Jute........................... 441

L

Laine.......................... 453
Laines cardées................. 466
Laines peignées................ 455
Laiton......................... 140
Laminoirs...................... 116
Lampes de mineurs.............. 72
Lavage des laines.............. 455
Limes.......................... 181
Lin............................ 417
Lithographie................... 739

M

Macaroni....................... 324
Machine à aléser............... 227
Machine à cintrer.............. 228
Machine à coudre............... 527
Machine à mortaiser............ 225
Machine à percer............... 225
Machine à raboter.............. 224
Machine à tailler les dents d'engrenage 229
Machines outils................ 220
Macquage du lin................ 419
Magnaneries.................... 397
Maisons........................ 576
Marais salants................. 91
Marbre (extraction, sciage et polissage) 23
Maroquin....................... 284
Marteau-pilon.................. 115
Mégisserie..................... 284
Menuiserie..................... 586
Métier à filer le lin........... 431
Métier à tisser................ 472
Métier Jacquard................ 479
Métier renvideur ou Self-acting... 451
Métallurgie.................... 97
Meunerie....................... 312
Minerais de fer................ 98
Mines et minières.............. 5
Mitrailleuse................... 209
Morue (pêche et salaison)........ 340
Moulage au châssis (fonderie)..... 149
Moulage au trousseau (fonderie) .. 152
Moulinage de la soie........... 410
Mule-jenny ou métier à filer..... 449

N

Navettes....................... 473

O

Obus fusants et percutants....... 203
Ourdissoire.................. 470
Outils des mineurs............ 6

P

Pain...................... 316
Papeterie.................. 692
Papiers peints................ 590
Parachute (mines)............ 64
Pâtes alimentaires............. 320
Pâtes d'Italie................ 324
Patouillets................... 100
Peaux...................... 278
Peignage de la laine........... 461
Peignage du lin............... 424
Peignes et démêloirs........... 562
Peigneuse Schlumberger........ 461
Peinture en bâtiments.......... 589
Perrotine.................... 512
Pics des mineurs.............. 8
Pierre à bâtir................ 17
Placage des bois.............. 603
Planchers.................... 579
Plâtre....................... 42
Plomb....................... 136
Plumes métalliques........... 702
Porcelaine................... 609
Potasses..................... 245
Produits chimiques............ 239
Puddlage de la fonte.......... 112
Puits de mine................. 51

Q

Quincaillerie.................. 164

R

Rails........................ 124
Reliure...................... 727
Rivage des tôles.............. 237
Rouissage du lin.............. 419

S

Sardines..................... 339
Savons...................... 262
Scieries..................... 230
Scies........................ 181
Sel gemme................... 88
Sel marin.................... 91
Semoule..................... 320
Serrures..................... 182
Soie........................ 396
Soudes...................... 245
Soufre....................... 240
Stéréotypie.................. 725
Sucre candi.................. 363
Sucre de betterave............ 351

T

Tabac à fumer................ 305
Tabac à mâcher.............. 304
Tabac à priser............... 301
Taillanderie.................. 181
Taille du verre et du cristal...... 646
Tannage des peaux............ 277
Teillage du lin............... 420
Teinture..................... 504
Tirage de la soie.............. 407
Tissage...................... 469
Tissage mécanique............ 475
Tôles........................ 121
Tour à pédale................. 220
Tour à pointes................ 221
Tour parallèle................ 222
Touraille (bière)............... 381
Tourbe...................... 80
Tréfilerie..................... 123
Trépan...................... 51
Tubes en caoutchouc.......... 292
Tulles....................... 494
Tuyaux de plomb.............. 139

U

Ustensiles de ménage en fer battu étamé....................... 179

V

Velours de soie, de coton et d'Utrecht 482
Vermicelle 321
Verrerie 625
Vers à soie 398
Vêtements imperméables 293
Vins 372
Vis 176
Vitres 629

Z

Zinc 141
Zincs d'art 663

FIN DE L'INDEX OU TABLE ALPHABÉTIQUE.

PARIS. — IMPRIMERIE DE E. MARTINET, RUE MIGNON, 2

www.ingramcontent.com/pod-product-compliance
Ingram Content Group UK Ltd.
Pitfield, Milton Keynes, MK11 3LW, UK
UKHW020612230726
13926UKWH00005B/2340